民用建筑暖通空调设计统一技术措施

2022

中国建筑设计研究院有限公司　编著

中国建筑工业出版社

图书在版编目（CIP）数据

民用建筑暖通空调设计统一技术措施. 2022 / 中国建筑设计研究院有限公司编著. —北京：中国建筑工业出版社，2022.7

ISBN 978-7-112-27525-0

Ⅰ. ①民… Ⅱ. ①中… Ⅲ. ①民用建筑-采暖设备-建筑设计②民用建筑-通风设备-建筑设计③民用建筑-空气调节设备-建筑设计 Ⅳ. ①TU83

中国版本图书馆CIP数据核字（2022）第102839号

责任编辑：张文胜 于 莉

责任校对：李美那

民用建筑暖通空调设计统一技术措施 2022

中国建筑设计研究院有限公司 编著

*

中国建筑工业出版社出版、发行（北京海淀三里河路9号）

各地新华书店、建筑书店经销

北京鸿文瀚海文化传媒有限公司制版

廊坊市海涛印刷有限公司印刷

*

开本：787毫米×1092毫米 1/16 印张：38¾ 字数：844千字

2022年7月第一版 2022年7月第一次印刷

定价：**149.00**元

ISBN 978-7-112-27525-0

（39495）

前　言

一、历史沿革

中国建筑设计研究院从20世纪50年代成立至今，在不同年代，分别组织并完成了暖通空调专业四部“设计技术措施”的编制工作（均正式出版），它们分别是：

1.《采暖通风设计技术措施》，1965年由建筑工程部北京工业建筑设计院组织编写，这也是我国第一部本专业的“设计技术措施”，主编：许照。

2.《民用建筑采暖通风设计技术措施》，1983年由中国建筑科学研究院、建筑设计研究所、建筑标准设计研究所联合编制出版。参编人：李娥飞、西亚庚、朱文倩、顾兴蓥、许佐达、贺绮华、黄文厚、熊育铭、洪泰杓。

3.《民用建筑暖通空调设计技术措施（第二版）》，1996年由建设部建筑设计院编制出版。主编：顾兴蓥，特邀主审：西亚庚；参编人：李娥飞、贺绮华、洪泰杓、蔡敬琅、黄文厚、朱文倩、王金森、潘云钢、许佐达、熊育铭、丁高、祁克顶、张义士、顾兴蓥。

4.《全国民用建筑工程设计技术措施 暖通空调·动力2003》，2003年由建设部工程质量安全监督与行业发展司和中国建筑标准设计研究所组织，由中国建筑设计研究院、中国建筑科学研究院空气调节研究所、清华大学建筑设计院、北京市煤气热力工程设计院联合编制。编制组负责人：蔡敬琅、王为；编制组成员（以姓氏笔画为序）：丁高、王为、王诗萃、丰涛、关文吉、孙淑萍、沙玉兰、宋孝春、李娥飞、金跃、赵志安、洪泰杓、徐稳龙、黄文厚、曹永根、熊育铭、蔡敬琅、潘云钢。

在此，向以上前辈、同行和编制者们致以崇高的敬意！

历史需要传承，技术需要发展。随着我院业务工作发展的需要，在继承上述各版“设计技术措施”的基础上，结合近20年来我国暖通空调事业的不断进步和工程设计实践，参考行业相关资料、书籍、论文等研究成果和相关规范标准，我们组织编制了《民用建筑暖通空调设计统一技术措施2022》（书中简称《措施》）。

二、编制思想与原则

《措施》不同于教科书，在编写过程中，对于一些专业的基础理论、基本原理和基本计算方法，没有作为编写重点，也没有全部列入和介绍，但这是工程设计时必须遵守的。考虑到工程设计中一些结合实践的基本方法和理论分析，在本专业的本科教材以及现有标准规范中并不一定都有详细体现，从传承和发展的思路出发，做了一定程度的保留。

《措施》不能等同于设计手册，在很多细节问题、具体详细数据、设备参数等方面，未占用过多的篇幅。《措施》也不能替代现行的标准规范，尤其涉及标准规范的强制性条文时，应以现行标准规范为准。

《措施》的定位是：介于设计手册与标准规范之间的一种技术性书籍。《措施》的编制原则是：以本专业基本理论和工程思维为指导、以现行国家标准规范为准绳、以设计技术合理应用为目标，适当引导对本专业现有前沿研究成果的应用和创新（包括集成创新），重点强调在工程设计中技术应用的落地和适宜性。

三、编制内容

《措施》对于建筑的适用性，重点仍然放在民用建筑。共分为基本规定、供暖、通风、空气调节、集中供暖空调系统的冷热源与室外管网、锅炉房、消声与减振、绝热与防腐、防排烟与防火、控制与监测十个章节。与之前的版本相比，《措施》主要有以下内容的变化：

1. 取消了“燃气供应”的章节和内容。

2. 增加了设计图例，补充完善了在方案设计、初步设计和施工图设计三个阶段的不同技术参数确定方法和各阶段设计深度及设计文件表达要求，方便设计师应用。

3. 结合“双碳”的国家政策要求，补充了绿色建筑、节能与低碳设计的要点和相关内容，增加了太阳能热水供暖系统的应用技术措施。

4. 为了结合我国的设计方法变革，增加了 BIM 设计内容。

5. 结合之前的各版措施的使用情况，《措施》根据实际工作的需求，对大部分条文增加了【说明】。条文的【说明】分为两种情况：一是解释性说明——对条文内容规定的原因做出解释，以便读者理解《措施》相关条款和规定的内涵及来源，把握条文和规定的本质与法理，以利更好地指导工程设计；二是补充性说明——结合各条文的实际应用情况和考虑条文体例、篇幅等原因，对一些条文在实际应用过程中，提出了具体的补充要求。与现行国家与行业标准规范的执行要求不同的是：补充性说明，也是我院设计人员在实际工程设计中应执行的。

四、编制与审查

1. 行业专家

在编制过程中，李娥飞大师给予了悉心指导；行业专家戎向阳、伍小亭、马伟骏、张杰、丁高、郝军、张小慧对《措施》进行了仔细的审查，并提出了许多宝贵意见和建议。这些都为《措施》的完善和水平提高，起到了极大的促进作用。

在此对李娥飞大师和审查专家们，表示衷心的感谢！

2. 编制组分工

主编：潘云钢

各章节编制负责人：

第 1 章　基本规定　　　　潘云钢

第 2 章　供暖　　　　　　　　　　　　　　　　李雯筠

第 3 章　通风　　　　　　　　　　　　　　　　胡建丽

第 4 章　空气调节　　　　　　　　　　　　　　徐　征

第 5 章　集中供暖空调系统的冷热源与室外管网　宋孝春

第 6 章　锅炉房　　　　　　　　　　　　　　　孙淑萍

第 7 章　消声与减振　　　　　　　　　　　　　刘玉春

第 8 章　绝热与防腐　　　　　　　　　　　　　龚京蓓

第 9 章　防烟排烟与防火　　　　　　　　　　　徐稳龙

第 10 章　控制与监测　　　　　　　　　　　　徐稳龙

附录　施工图主要设备表的编制　　　　　　　　李京沙

参编人：(以姓氏笔画为序)

王　加、王　芳、王　佳、王伟良、韦　航、朱慧宾、尹奎超、全　巍、刘　伟、刘燕军、劳逸民、李　莹、李　峰、李　娟、李　强、李　嘉、李远斌、何海亮、忻　瑛、宋　玫、张　昕、张　斌、张广宇、张亚立、陈　扬、金　健、金　跃、郑　坤、孟　桃、侯昱晟、姜　红、祝秀娟、郭　然、郭晓静、曹荣光、符竹舟、董俐言、蔡　玲。

《措施》是结合我院暖通空调专业的具体设计工作而编制的，也可供国内同行们参考。读者对象应是具备本专业基本知识和基本理论、熟悉和掌握现有国家与行业标准规范并对国家相关政策法规有所了解的暖通空调专业技术人员。由于参编人员的技术水平、对技术问题和标准规范的把握和理解等原因，《措施》难免存在一些遗漏、偏差与不足之处。敬请读者将使用过程中发现的问题和意见向编制组反馈和提出，以利未来更好的修订和完善。

中国建筑设计研究院有限公司

科学技术委员会暖通分委员会

2022 年 4 月

目　　录

1 基本规定

1.1 总　　则

1.1.1 《措施》适用于我院承担的新建、扩建、改建的民用建筑的供暖、通风、空调、制冷和锅炉房等的工程设计。

【说明】

《措施》主要针对我院所承接的项目情况编写，也可供国内同行参考使用。

1.1.2 暖通空调工程设计，应在符合国家、地方相关设计规范、技术标准以及政府法令的基础上，以目标导向为设计的总体原则。《措施》应用过程中，当具体项目采用的做法无法满足《措施》的条文规定时，应根据【说明】中提出的目标控制要求以及条文的核心思想，并通过适当的合理技术经济论证后，方可实施。

【说明】

设计规范、技术标准以及政府法令，是工程设计的基础，应严格遵守执行。但工程的具体情况并不是所有的标准规范以及《措施》所能够涵盖的，因此设计人员应用的关键还是应把握各条文的核心思想和法理，必要时通过技术经济的合理论证后，以目标控制为总体要求进行设计。

1.1.3 《措施》编制依据为国家和行业现行的相关标准、规范、规程（以GB、GB/T或JGJ编号，以下简称“国标”），并参考了目前的一些学/协会团体标准（以下简称“团标”）和地方标准（以下简称“地标”）。应用时应注意以下几点：

1 “国标”的应用，应以当前的有效版本为依据。

2 具体工程设计时，还需要遵守工程所在地“地标”的规定。

3 具体工程采用“团标”时，如果“团标”中的某些条文规定与“国标”存在矛盾，原则上应以“国标”为设计依据，必要时应与甲方协商后确定。

4 “地标”与“国标”的某些条文不一致时，原则上以“地标”为设计依据。

5 对于强制性条款，工程设计中应严格执行；当对于某个具体问题在理解上出现争议时，应进行相应的技术论证，并取得相应的标准规范编制单位的解释或认可后执行。

6 对于“国标”中的非强制性条款的采纳或“团标”的相关规定，原则上由工程设计的工种负责人依据具体项目，合理决定。

7 有施工图审查要求的省份，设计时还要与施工图审查机构做好沟通工作。

【说明】

本条提出了各标准规范在应用时的要求。

1.1.4 当工程有特定需求或工艺要求且超出了《措施》的内容和范围时，应在充分研究需求的基础上，进行合理的经济技术论证。

【说明】

满足使用要求是设计的一项基本原则。对于《措施》未规定的内容和要求，应进行技术经济分析和论证。

对中国建筑设计研究院有限公司（以下简称“院公司”）的项目必要时可由项目设计专业负责人提交“院公司”科学技术委员会暖通分委员会进行论证或审查，并按照论证或审查结论执行。

1.1.5 除方案设计和初步设计可采用1.7节的方法进行估算外，在施工图设计中，所有涉及的计算内容，应按照各章节的要求以及相关标准规范的规定，进行详细计算。

【说明】

设计指标与技术参数的估算结果，只是为本专业后期详细施工图设计和各专业的设计配合打下基础，并不能作为施工图设计的依据。

1.2 设 计 图 例

1.2.1 在进行初步设计和施工图设计时，设计图纸中必须提交与本项目设计内容相关的图例和图示符号。设计中的主要设备编号和图例，见表1.2.1-1～表1.2.1-4。当某项具体工程需要用到的图例在表中未列出时，可根据实际情况增加。

主要设备及系统编号　　表1.2.1-1

编号	名称	备注
a-L-n	冷水机机组编号	
a-T-n	冷却塔机组编号	
a-B-n	冷水循环泵编号	仅设置一级循环泵
a-B1-n	冷水一次循环泵编号	
a-B2-n	冷水二次循环泵编号	

续表

编号	名称	备注
a-YB-n	乙二醇循环泵编号	
a-b-n	冷却水循环泵编号	
a-BR-n	热水循环水泵编号	
a-RJ-n	热水板式换热器编号	
a-HR-n	热水换热机组编号	
a-LJ-n	冷水板式换热器编号	
a-LR-n	冷水换热机组编号	
a-TQ-n	真空脱气机编号	
a-RH-n	软化水系统编号	
a-DY-n	囊式定压补水装置编号	
a-Bb-n	定压补水泵编号	
a-ZCL-n	综合水处理器编号	
a-YCL-n	加药水处理装置编号	
a-JS-n	高压微雾加湿器编号	
a-CY-n	除氧装置编号	
a-P(Y)-m-n	排风兼排烟风机系统编号	
a-PY-m-n	排烟风机系统编号	
a-JB-m-n	排烟补风机系统编号	
a-J(B)-m-n	进风兼排烟补风机系统编号	
a-JY-m-n	加压风机系统编号	
a-K-m-n	空调机组系统编号	
a-KH-m-n	空调机组回风机系统编号	
a-KP-m-n	空调机组排风机系统编号	
a-X-m-n	新风机组系统编号	
a-XR-m-n	热回收新风机组系统编号	
a-XH-m-n	热回收新风换气机组系统编号	
a-XC-m-n	厨房补风机组系统编号	排油烟补风系统
a-P-m-n	排风机系统编号	
a-J-m-n	进风机系统编号	
a-PS-m-n	事故排风机系统编号	
a-JS-m-n	事故进风机系统编号	
a-P(S)-m-n	平时排风兼事故排风机系统编号	

续表

编号	名称	备注
a-J(S)-m-n	平时进风兼事故补风机系统编号	
a-FL-n	风冷热泵机组编号	
a-ZX-n	冷凝器在线清理器编号	
a-JH-m-n	厨房油烟净化装置编号	
a-PYY-m-n	厨房油烟排风机组编号	
a-KZ-m-n	直膨式空调机组编号	
a-KY-m-n	泳池热泵机组编号	
a-FT-m-n	分体空调系统编号	
a-DL-m-n	多联机空调室外机编号	
FNm-n	多联机空调室内机编号	m——室内机形式； n——室内机编号
FBm-n	变风量末端装置编号	m——末端装置形式； n——末端装置编号
FP-n	风机盘管编号	
V-n	吊顶式排气扇编号	包括吊顶式和侧墙安装式
YD-n	诱导风机编号	主要用于地下车库
FJ-m-n	地面辐射供冷、供暖分集水器编号	
FMX-m-n	循环风幕编号	送风不加热
FMR-m-n	热风幕编号	对送风循环加热
a-L(R)-n	立管编号	

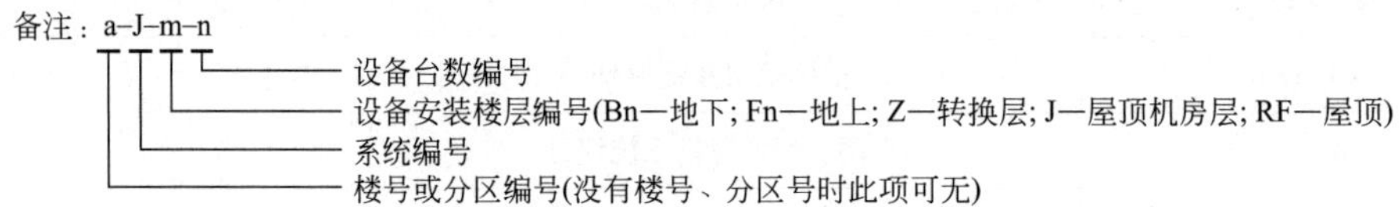

水系统主要图例 **表 1.2.1-2**

图例	名称	备注
	电动蝶阀	双位式(开关控制)
	电动蝶阀	调节式(开度可调)
	电动两通水阀	双位式(开关控制)
	电动调节水阀	调节式(开度可控)

续表

图例	名称	备注
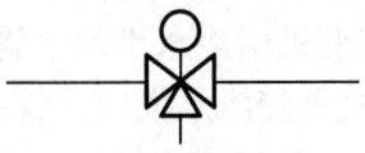	电动三通水阀	直流支路与旁流支路的流量比例可调
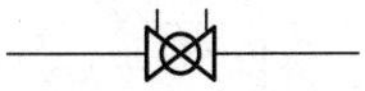	动态压差平衡阀	不依靠外力来保证所在环路的供回水压差不变
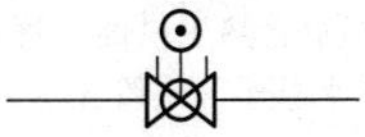	电动平衡调节阀	压差无关型流量调节阀
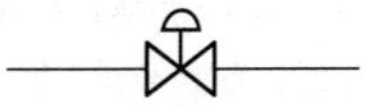	自立式两通恒温阀	不依靠外力调控阀门流量
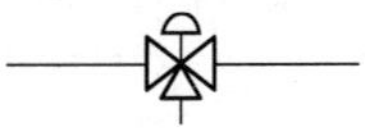	自立式三通恒温阀	不依靠外力调控阀门直流支路与旁流支路的流量分配
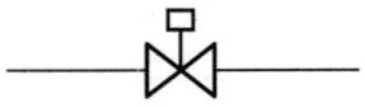	电磁阀	依靠电磁力完成双位式动作
	自力式定流量阀	不依靠外力来使得阀门的流量不变
	逆止阀	箭头方向为管内介质流向
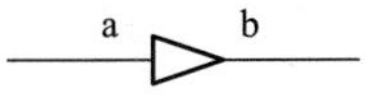 a b	水管变径(同心变径)	a——大管径;b——小管径
 a b	水管变径(底平偏心变径)	用于防止管内杂质存集场所; a——大管径;b——小管径
 a b	水管变径(顶平偏心变径)	用于防止管内集气场所; a——大管径;b——小管径
	软接头	用于设备水管进出口
	波纹管补偿器	
	冷/热量计量表	
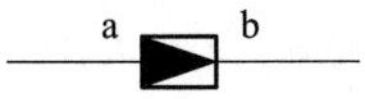 a b	蒸汽减压阀	a——高压;b——低压
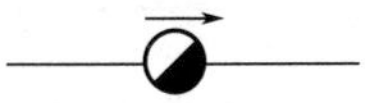	疏水器	箭头方向为管内介质流向
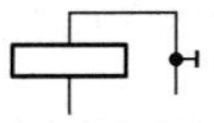	集气罐	用于循环水系统高点手动排气
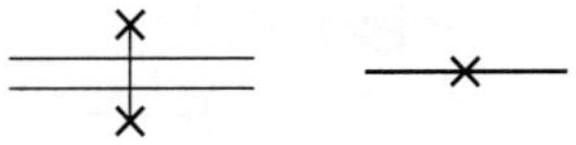	固定支架	左:多管道　右:单管道
	泄水丝堵　泄水阀	用于水系统低点手动泄水

续表

图例	名称	备注
—— Ln ——	冷水供水管	n:1——空调机组冷水供回水管； 2——风机盘管冷水供回水管； 空调冷水总供回水管无 n
----- Ln -----	冷水回水管	
—— Rn ——	空调热水供水管	n:0——一次热网供回水管； 1——空调机组热水供回水管； 2——风机盘管热水供回水管； 空调热水总供回水管无 n
----- Rn -----	空调热水回水管	
—— LRn ——	空调冷热水供水管	n:1——空调机组冷水供回水管； 2——风机盘管冷水供回水管； 空调冷水总供回水管无 n
—— LRn ——	空调冷热水回水管	
—— Y ——	乙二醇溶液供水管	
----- Y -----	乙二醇溶液回水管	
—— LQ ——	冷却水供水管(低温)	
----- LQ -----	冷却水回水管(高温)	
—— YR ——	空调预热热水供水管	
----- YR -----	空调预热热水回水管	
—— Z ——	蒸汽管	
—— N ——	蒸汽凝结水管	
—·—·—·—·—	空气冷凝水管	
—— r ——	软化水管	
—— F ——	冷媒管	
—— b ——	补水管	
—— j ——	加湿管	
—— LM ——	冷媒管及冷媒泄放管	用于直接膨胀式系统和冷水机组冷媒安全泄压排除
—— DRn ——	地板辐射供暖热水供水管	n:1——低区;2——中区;3——高区； 系统竖向不分区,无 n
----- DRn -----	地板辐射供暖热水回水管	
—— SRn ——	散热器供暖热水供水管	n:1——低区;2——中区;3——高区； 系统竖向不分区,无 n
----- SRn -----	散热器供暖热水回水管	
	水泵	系统图表示
	变频水泵	系统图表示

续表

图例	名称	备注
	闸阀	
	安全阀	
	静态平衡阀	
	截止阀	
	手动蝶阀	
	手动锁闭阀	
	球阀	
	自动排气阀	
	手动调节阀	
i=	管道坡度及坡向	
	水过滤器	
	温度计	
	压力表	
DNxxx	水管管径标注	公称直径，适用于钢管
Dexxx	水管管径标注	公称外径，适用于塑料管
n *n*	散热器	*n*——散热器长度或片数
	地面辐射供冷、供暖分集水器	
	管端封头	

风系统主要图例 **表 1.2.1-3**

图例	名称	备注
a×b	风管法兰及尺寸 a×b	a——风管宽度(水平面)； b——风管高度(垂直面)

续表

图例	名称	备注
	风管手动多叶调节阀	长边尺寸小于250mm时，可用单叶片表示
	风管三通调节阀	
	电动风阀	双位式(开关控制)
	电动调节风阀	调节式(开度可调)
	风管止回阀	
	风管软接头	
a×b ϕ	风管方圆变径管	
	消声器	
	消声弯头($b \times h$)	b——水平宽度(mm)； h——高度(mm)
	带导流叶片弯头($b \times h$)	b——水平宽度(mm)； h——高度(mm)
	管道向下	
	管道向上	
	离心风机箱	
	管道式通风机	平面图、系统图
	离心风机	左：平面图；右：剖面图

续表

图例	名称	备注
	离心风机	系统图
a b	风机盘管	a——无回风箱；b——带回风箱
	嵌入式多联机室内机	左:平面图；　右:剖面图
	排气扇	平面图
	屋顶式风机	左:平面图;右:剖面图
	诱导风机	
	排风口 回风口	
	送风口	
SA	送风	
FA	新风	
RA	回风	
EA	排风	
SE	排烟	
70℃	70℃防火阀	70℃熔断,平时常开,火灾时熔断关闭
70℃	70℃防火阀,电信号输出	70℃熔断,平时常开,火灾时熔断关闭,电信号输出
280℃	280℃防火阀	280℃熔断,平时常开,火灾时熔断关闭
280℃	280℃防火阀,电信号关闭	70℃熔断,平时常开,火灾时熔断关闭,电信号输出

续表

图例	名称	备注
150℃	150℃防火阀	150℃熔断，平时常开，火灾时熔断关闭(用于厨房排油烟系统)
150℃	150℃防火阀	150℃熔断，平时常开，火灾时熔断关闭，电信号输出(用于厨房排油烟系统)
	排烟阀 排烟口	平时常闭，火灾时电信号开启，电信号输出(带就地手动开关)
	高空电动排烟阀	平时常闭，火灾时电信号开启，电信号输出(带就地电动开关)
	常闭排烟阀	平时常闭，火灾时电信号开启，电信号输出(安装于前室加压口处，带就地手动开关)
	自力式余压阀	用于控制两侧的空气压差
	单层百叶风口	可用“DBY”标注
	双层百叶风口	可用“SBY”标注
	方形散流器	可用“FS”标注
	矩形散流器	可分为单面、双面、三面或四面出风型
	防雨百叶	可用“FBY”标注
	自垂百叶	可用“ZCB”标注
	侧喷口	可用“PK”标注
	球形喷口	可用“QPK”标注
	旋流风口	可用“XL”标注
	条缝形散流器	可用“TFS”标注

续表

图例	名称	备注
	条缝风口	可用"TF"标注
	圆形散流器	可用"YS"标注

其他图例 **表 1.2.1-4**

图例	名称	备注
(2.00)	平面图标高表示	相对于本层的标高(地上系统)
[2.00]	系统图标高表示	相对于±0.00 的标高
自控系统		
DI	数字输入量	
DO	数字输出量	
AI	模拟输入量	
AO	模拟输出量	
ΔP_A	空气压差传感器	测量两点的空气压差
ΔP_W	水压差传感器	测量两点的水压差
T	温度传感器	
F	流量传感器	
H	湿度传感器	
F	水流开关	
P	压力传感器	
人防		
a-RFP-m-n	人防排风机及系统编号	a、m、n 的含义同表 1.2.1-1
a-RFJ-m-n	人防进风机及系统编号	a、m、n 的含义同表 1.2.1-1
	油网滤尘器	
	过滤吸收器	

续表

图例	名称	备注
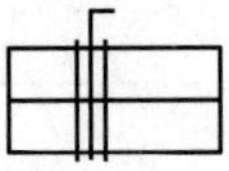	手动密闭阀	
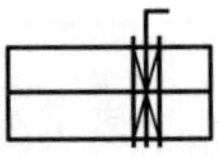	手电动密闭阀	
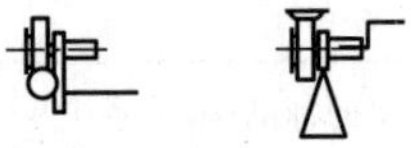	电动手摇两用风机	
	换气堵头	
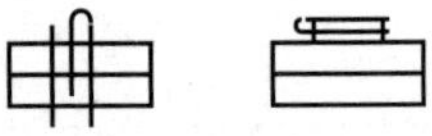	插板风口(插板阀)	
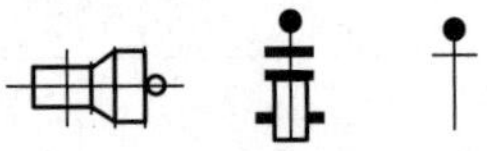	自动超压排气活门	
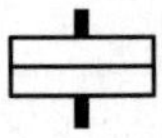	通风短管	
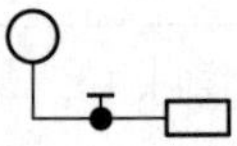	测压装置	

【说明】

1 除表中备注栏中特别指明外，在同一工程的初步设计和施工图中，对于同一表示对象，均应采用相同的图例。

2 上述图例为我院的工程项目设计时，一般情况下应执行的要求。

1.3 初 步 设 计

1.3.1 交付设计文件内容及一般要求：

1 设计文件内容包括：设计图纸、设计说明、设备表；

2 设计深度应符合住房和城乡建设部《建筑工程设计文件编制深度规定》；

【说明】

以纸质图纸文件形式提交设计图，以纸质文本文件形式提交设计说明和设备表。

1.3.2 设计图纸应包括以下内容：

图例、图纸目录，空调、供暖冷热源系统图及冷热源控制系统图，空调水系统图、空

调及通风风系统图、多联机空调系统图，防排烟系统图，供暖系统图，人防设计说明及设备表，通风、空调风管平面图，空调水管平面图，供暖平面图，多联机空调平面图，防排烟平面图，冷热源机房平面图。

1.3.3 设计图纸深度应符合以下规定：

1 系统图应表示系统服务区域名称、设备和主要管道所在区域和楼层及标高，标注设备编号，与结构设计或建筑室内设计有重要关系的主风管尺寸或水管主干管管径，系统主要阀件。

2 平面图应表示设备位置及编号、管道走向、风口位置、风（水）主干管管径。管道复杂处，应提前进行管道综合，并绘制关键点剖面图。

3 冷热源机房平面需绘制主要设备位置、管道走向、标注设备编号。

【说明】

第1.3.2条和第1.3.3条合并说明如下：

1 本条提到的系统图，也有的称为流程图。

2 本条提到的平面图，指的是各主要使用功能平面和设置了本专业设备的平面布置图。

3 扩初阶段各种风管及水管，均可绘制单线图，但应以不同的线条粗细来区分。

4 当防排烟系统平面图比较简单时，可与通风、空调风平面图合并；但当地另有规定时除外。

5 冷热源机房平面图比较简单时，可与空调水管平面图合并。

6 如果具体项目没有包括本条文中的某个系统，则不提供相关图纸。

1.3.4 设计说明应根据工程实际情况和采用的系统情况进行说明，包括（但不限于）以下内容：

1 工程概况：项目名称、地点、建筑性质、面积、层数及高度、主要使用功能；

2 设计范围及外协内容：应根据合同要求明确本设计所包含的范围和需要甲方另行委托设计的内容；

3 设计依据：设计所执行的标准或规范，包括“国标”“地标”或“团标”；设计任务书及其他依据性资料，包括可行性研究报告、会议纪要等文件；

4 室内外设计参数：室外计算参数及气候分区，供暖、通风或空调的室内设计参数；

5 通风房间的通风量设计标准；

6 冷、热负荷估算表：总负荷及单位建筑或空调面积冷、热指标；其他负荷，如厨房补风、实验室补风、地板供暖等；

7 冷热源设计：采用自建冷热源时，说明设备型式、设计供回水温度、冷热源机房位置等；采用外接冷热源时，说明市政条件、换热机房设置、二次水供回水温度、接口资用压力等；采用其他冷热源方式时，说明变冷媒流量多联机系统设置、冷却塔供冷系统、24h 冷却水系统等的设置情况；

8 空调水系统：冷热水系统形式及回路设置，工作压力及竖向分区，平衡水阀设置（设计采用时），定压补水方式，空调末端的加湿方式；

9 空调风系统：主要功能房间采用的空调末端形式（可采用列表形式），气流组织设计，厨房、洗衣房、泳池等特殊空间的设计，空气过滤净化措施，主要空调系统设置列表；

10 供暖系统：供暖方式、系统与末端形式，定压补水方式，工作压力及竖向分区，室温控制及计量方式；散热器系统应表述供回水管道敷设方式；地面辐射供暖系统应说明拟选用的管材和地面做法；对于热风幕，应说明设置区域及热风幕的热源；

11 通风系统：对各类通风房间，说明其通风方式，并给出通风系统设置表；

12 防排烟系统：应根据现行标准规范并结合实际工程进行说明，一般包括内容为：防排烟系统设计原则，防火阀、排烟阀设置，自然排烟系统设计，机械排烟系统设计，机械加压系统设计，事故排风设计要求，防排烟系统控制原则，防排烟系统管材及保温，防排烟系统设置表；

13 燃气锅炉房：当锅炉房规模不大时，可以与冷热源机房的设计内容合并编写和说明；当作为独立锅炉房设计时，一般包括内容为：锅炉选型与效率要求，锅炉房位置及泄爆设计、烟囱设置位置、材质及保温要求，燃料性质、燃气用量及燃气压力级别和来源，燃料计量与控制设计，辅机设计，水处理与定压补水系统设计；

14 人防通风设计：人防设计依据，平战转换设计，特定的施工要求；

15 空调自动控制系统：监控系统形式，冷热源系统及设备、空调末端设备的监控设计，通风设备与系统控制，多联机空调系统监控要求；

16 节能设计：建筑与围护结构节能设计和暖通空调系统节能设计，包括：围护结构热工性能参数、机组能效比、热回收、过渡季运行要求、CO 及 CO_2 浓度控制、水泵输送能耗、风机耗功率、气候补偿设计、水泵变频要求等；

17 环保设计：设备与管道系统的隔振、消声措施，污浊空气的净化处理、高空排放及负压要求，新风过滤与取风要求，制冷剂对环保冷媒的要求等；

18 绿建设计：根据项目的需求，包含：绿色建筑设计及评价依据，满足控制项条款，满足评分项条款；

19 机电抗震设计：抗震设计范围及规定，抗震设计要求；

20 空调管材、附件及保温：各类系统中的水管管材选用、阀门材质，风管管材选择，水管、风管相应保温材料；

21 提出在施工图开始之前，需要初步设计审批方或甲方解决或明确的问题或疑问。

【说明】

1 对于燃气、医用气体、压缩空气、数据机房、厨房工艺、实验室等涉及工艺的内容，当需要甲方另行委托设计时，应在设计说明或图纸中，明确本院和外协单位各自的设计范围。

2 对于具体项目，可以根据项目的功能需求和系统设置情况，对本条所列的内容进行合理选取，但不得遗漏设计中的内容。

1.3.5 初步设计阶段应以文本形式提出主要设备表，并作为初步设计说明文本的一部分。设备表中，主要性能部分的内容如下：

1 冷热源机组：制冷（热）量、供/回水温度、输入功率、水流量、工作压力、水压降、能效比、额定热效率（锅炉）、制冷综合性能系数（多联机）、噪声；

2 水泵：流量、扬程、功率、工作点效率、噪声；

3 空调机组（新风机组）：风量、冷量、热量、机外余压、风机功率、热回收效率（热回收机组）；

4 风机：风量、全压（静压）、功率；

5 其他主要的暖通空调设备，列出所需要的主要性能参数。

【说明】

主要设备表格式见表1.3.5。

主要设备表　　表1.3.5

系统编号	设备名称	主要性能	数量	服务对象	安装位置

1.4 施工图设计

1.4.1 设计文件交付的一般要求：

1 设计深度应符合住房和城乡建设部《建筑工程设计文件编制深度规定》；

2 所有设计文件均以纸质图纸形式交付。

【说明】

消防设计、节能计算、判定表格以及绿色建筑评价得分表中和暖通专业相关的条目等内容，可根据各地施工图审查的要求，作为“专篇”进行说明。

1.4.2 施工图设计图纸目录和排列顺序如下：图纸目录、图例、设计与施工说明、设备表、空调水系统原理图、空调及通风风系统原理图、供暖系统图、冷热源系统原理图、多联机空调系统原理图、防排烟系统原理图、自动控制原理图、风管平面图、空调水管平面图、供暖平面图、冷热源机房及设备机房放大图、详图。

【说明】

1 对于具体项目，可以根据项目的功能需求和系统设置情况，对所列的内容进行合理选取。

2 对于简单工程，水管与风管平面图也可合为一个平面图来绘制。

1.4.3 图纸表达深度及一般要求：

1 图纸目录应列出针对具体项目所绘制的图纸和选用的标准图集；

2 供暖平面注明散热器片数或长度、立管编号、阀门、泄水、放气、固定支架、热力入口装置、管沟及检查孔位置、管径及标高；

3 空调、通风风管平面图应绘制双线图，标注风管尺寸、定位、标高、风口尺寸、风口设计风量、各类设备的编号、消声器，风管平面图防火阀、调节阀表达完整；

4 空调水平面绘制管道阀门、放气、泄水、固定支架、伸缩器等，标注管径、标高、主要定位尺寸、立管编号；

5 多联机空调平面图绘制冷媒管、冷凝水管；

6 机房放大图的绘制比例不应小于1：50。图中应注明设备外形尺寸及设备基础的定位尺寸；在平面或剖面图上表示出设备、风管、水管及附件（各类阀门、仪表、过滤器、消声器）的连接关系，给出风管、管道尺寸、标高、介质流向及定位尺寸。

【说明】

供暖系统图中的主干管及其与立管的连接，宜为轴侧图。

1.4.4 设计与施工说明的一般要求：

1 设计说明和施工说明宜分别编写。当工程较小、设计内容相对简单时，也可合并。

2 设计说明和施工说明涉及相应的规范和标准时，应针对所设计的项目和内容进行说明，不应直接引用规范、标准等条文的要求。

3 施工图设计说明应能指导实际施工。

【说明】

工程项目复杂时，设计说明和施工说明、防排烟系统说明、人防设计说明以及绿色建筑节能说明等，可分为不同的内容章节编写。

施工图设计说明的内容与初步设计说明基本相同，可参见第1.3.4条，但内容应更加具体和详细。

1.4.5 设备表应将所设计项目采用的全部设备、主要附件以及有特定功能要求附件的性能及参数要求。

【说明】

施工图设计中的设备表，是确定设备技术参数的主要依据，应做到详细、无遗漏、无歧义和争议。

常用主要设备表的编制要求，见《措施》附录。

1.4.6 设计计算与计算书：

1 施工图设计时，应对冷热负荷、冷热水水系统阻力、主要风系统阻力以及某些特定设备的技术参数等进行计算，并完成相应的计算书和按照要求进行计算书的归档；

2 必要时，阻力计算应包含各支路的水力平衡计算；

3 计算书应包含负荷计算时对应的房间名称（或编号）图表和水力计算采用的系统计算简图。

【说明】

工程设计时，应按照相关的要求进行必要的设计计算。

计算书是本单位内部归档保存的技术资料，非必须要求时一般不对外提供。

1.5 室内外设计计算参数

1.5.1 供暖通风与空气调节的室内设计参数，应根据建筑及房间的使用性质、使用要求等因素，通过技术经济综合判断后选取，并宜与相关规范、标准的要求相符。

【说明】

室内设计参数的选取，与建筑或房间的使用要求密切相关。针对具体的工程，在设计时一般可按照相关的现行标准规范来选取。当具体工程有特殊需求时，在不违背“国标”强制性条文的条件下，设计人员可以与甲方协商确定。

1.5.2 除特殊情况外，设计图中的所有室内设计参数，宜表示为单值参数。

【说明】

在相关“国标”“地标”或“团标”中，大多数室内设计参数都是一个范围。例如：《民用建筑供暖通风与空气调节设计规范》GB 50736—2012 中，对供冷工况下的Ⅰ级热舒适等级规定为 24～26℃这一范围。在设计文件中，宜从该范围中选取某一确定的参数作为设计值（例如：24℃、25℃或 26℃），不宜用参数范围来表示。但当某些参数只有某一个单值限定时，设计文件中可以采用“≥”或“≤”来表示（例如：夏季室内设计相对湿度≤60%）。

1.5.3 对于保证人员舒适性为主的房间，在计算房间的供暖或空调负荷时，宜考虑室内末端换热方式以及太阳辐射的影响，合理确定室内空气计算温度 t_{NJ}。

1 对于室内采用对流末端时：$t_{NJ}=t_{N}$；

2 当室内采用辐射末端时，可采用式（1.5.3-1）或式（1.5.3-2）计算；

3 等效辐射温度，按式（1.5.3-3）计算；

4 当按照上述公式计算有一定困难时，可按照式（1.5.3-4）确定。

$$t_{NJ}=2t_{N}-\overline{t_{F}} \quad (1.5.3\text{-}1)$$

$$t_{NJ}=\frac{t_{N}(h_{C}+h_{F})-h_{F}\cdot\overline{t_{F}}}{h_{C}} \quad (1.5.3\text{-}2)$$

$$\overline{t_{F}}=\sum_{i=1}^{n}(A_{i}\cdot t_{i})/\sum_{i=1}^{n}A_{i} \quad (1.5.3\text{-}3)$$

$$t_{NJ}=t_{N}+\Delta t_{F} \quad (1.5.3\text{-}4)$$

式中 t_{N}——室内设计温度,℃，依据表 1.5.4 选取；

$\overline{t_{F}}$——等效辐射温度,℃，为包括辐射末端表面和周围壁面在内的各个壁面表面温度按照角系数进行加权的平均值，一般情况下可以按式（1.5.3-3）计算；

h_{C}、h_{F}——人员与周围空气的对流换热系数和辐射换热系数，W/（m^2·℃）。

A_{i}——室内不同围护结构的面积，m^2；

t_{i}——室内不同围护结构的表面温度,℃。

Δt_{F}——附加温度,℃。当房间采用辐射供暖时，取 $\Delta t_{F}=-2\sim-1$℃；当房间采用辐射供冷或低温送风系统时，取 $\Delta t_{F}=0.5\sim1$℃。

【说明】

室内设计温度 t_{N} 与室内空气计算温度有一定的差别，本条考虑了操作温度对室内的影响。操作温度本身并不是一个实际存在的温度，而是人员在室内感受到的温度（也有的文献称为“体感温度”），因此也可以视为设计中需要满足的、人员活动区的实际感受温度或室内设计温度 t_{N}。当房间设置了辐射末端，或者在房间使用时段有大面积透明围护结构形成对房间的辐射热时，辐射作用使得末端与人员的换热能力加强，操作温度一般会略微高于（供暖工况时）或低于（供冷工况时）该房间的实际空气温度，这种情况下与该房间采用全部对流末端设备时的室内空气设计温度 t_{N}，对于人员的热感受是相同的。提出本条的目的是：在保持室内人员同等舒适度的条件下，通过降低（供暖工况）或提高（供冷工况）室内设计温度，降低设计工况下供暖空调系统的冷热计算负荷。

本条规定的 t_{NJ}，即为在冷热负荷计算时采用的室内空气计算温度（也可简称为“负荷计算温度”）。实际工程设计中，当表述室内设计温度时，仍然应以室内设计温度 t_{N} 来表示。

1.5.4 舒适性空调或供暖的室内环境设计参数，应满足设计任务书的要求。当设计任务书没有明确要求时，宜根据建筑功能、使用房间性质与要求、地域特点和当地使用人员的习惯，并结合相关的设计标准规范等因素综合选取。一般情况下，冬夏季室内设计参数可参照表 1.5.4 选取。

室内主要设计参数 **表 1.5.4**

建筑类型	房间或空间类型	夏季			冬季			人员停留时间	人员活动方式
		温度	湿度	风速	温度	湿度	风速		
		(℃)	(%)	(m/s)	(℃)	(%)	(m/s)		
住宅	卧室	24～28	55～65	≤0.3	18～22	—	≤0.2	长	小
	起居室	24～28	55～65	≤0.3	18～22	—	≤0.2	长	小
	厨房	—	—	—	15～18	—	—	—	—
	卫生间	—	—	—	16～20	—	—	—	—
	楼梯间、走廊	—	—	—	12～14	—	—	—	—
公共建筑公共空间	大门厅	26～28	55～65	≤0.6	18～20	30～40	≤0.5	短	大
	会议厅	24～28	55～65	≤0.3	18～22	≥30	≤0.3	长	中
	多功能厅	24～28	55～65	≤0.3	18～22	≥30	≤0.3	长	中
	餐厅	24～26	55～65	≤0.4	18～22	≥30	≤0.3	长	中
	休息厅	24～28	55～65	≤0.3	18～22	≥30	≤0.3	长	中
	厨房	≤30	—	—	≥16	—	—	—	—
	公共卫生间	≤28	—	—	≥18	—	—	—	—
	公共走廊	≤28	—	—	≥16	—	—	—	—
	公共楼梯间	—	—	—	14～16	—	—	—	—
办公	办公室	24～27	50～60	≤0.3	18～22	≥35	≤0.2	长	小
	会议室	24～28	55～65	≤0.3	18～22	≥30	≤0.2	长	小
旅馆	客房	24～27	50～60	≤0.3	18～22	≥35	≤0.2	长	小
商业	百货、超市	25～28	55～65	≤0.5	16～20	30～40	≤0.4	中	大
	鲜品厅	23～26	55～65	≤0.5	16～18	—	≤0.4	短	大
	库房	—	—	—	8～12	—	—	—	—
交通建筑	入口大厅	26～28	55～65	≤0.8	18～20	≥30	≤0.4	短	大
	办票大厅	25～27	55～65	≤0.6	18～20	≥30	≤0.4	短	中
	候机(车)厅	24～27	50～60	≤0.3	18～22	≥35	≤0.2	中	小
	售票厅	26～28	55～65	≤0.8	18～20	≥30	≤0.4	短	大
影剧院	观众席	25～28	55～65	≤0.3	20～22	≥30	≤0.2	长	小
	舞台	25～27	55～65	按布景工艺确定	20～22	—	≤0.3	中	大
	乐池	24～26	50～60	≤0.3	20～22	35～45	≤0.3	长	小
	化妆、更衣	24～28	50～60	≤0.3	20～24	35～45	≤0.2	中	中

续表

建筑类型	房间或空间类型	夏季			冬季			人员停留时间	人员活动方式
		温度（℃）	湿度（%）	风速（m/s）	温度（℃）	湿度（%）	风速（m/s）		
学校	教室	25～28	55～65	≤0.3	18～20	—	≤0.2	长	小
	实验室	24～27	45～65	≤0.4	18～22	≥30	≤0.2	长	小
	阅览室	25～28	55～65	≤0.4	18～20	≥35	≤0.3	长	小
博物美术档案	展陈厅	24～27	45～65	≤0.6	18～22	—	≤0.3	中	大
	工作室	24～27	50～60	≤0.3	18～22	≥35	≤0.2	长	小
	库房	20～26	45～65	按工艺确定	16～20	≥35	工艺	—	—
体育场馆	观众席	26～28	≤65	≤0.3	16～18	—	≤0.3	长	小
	大球场	24～27	≤65	—	18～20	—	—	—	—
	小球场	24～27	≤65	≤0.2	18～20	—	≤0.2	—	—
	体操场	25～27	≤65	≤0.3	26～29	—	≤0.3	—	—
	游泳场	26～29	≤75	≤0.3	26～29	≤65	≤0.3	—	—
	练习场	24～27	—	按功能确定	18～20	—	按功能确定	—	—
广电建筑	录播室	24～27	50～60	≤0.3	18～22	≥35	≤0.2	长	小
	控制室	24～26	50～60	≤0.3	18～22	≥35	≤0.2	长	小

【说明】

1 “—”表示无要求，或者根据项目甲方的要求确定。

2 “风速”指的是房间或空间内的地板高度 2.0m 以内的人员活动区最大风速。

3 “人员停留时间”指的是人员正常使用该房间或空间的连续使用时间。时间较短时，温湿度标准取较低值；反之则取较高值。其区分标准为：长——超过 1h，中——0.5～1h，短——0.5h 之内。

4 “人员活动方式”指的是人员正常使用该房间或空间时，对其所处位置可自由选择的程度。划分标准为：大——可自由选择位置，中——受到一定的限制（例如会议厅座位的选择），小——人员位置基本固定不变。活动方式较大时，最大风速可较大。

5 当建筑内只考虑供暖系统时，表 1.5.4 中的室内相对湿度和夏季参数均不做要求；当供暖系统不采用热风供暖方式时，冬季室内风速可不做要求。

6 当住宅卫生间兼作淋浴间，且淋浴使用时有较高的温度要求时，可另设辅助供暖设备。

7 有特定工艺要求的建筑或房间，或者有温湿度精度控制的要求时，应按照相应的规范和标准执行。

8 当使用空间确定有一定的级别分别（例如酒店客房星级区分、办公室级别等），可在规定范围内分别选择不同的设计参数。

9 对于其他人员短期停留的区域，当夏季设计送风温差不大于5℃，或冬季设计送风温差不小于8℃时，区域内的空气流速不宜大于0.5m/s。

10 除项目有特殊要求外，夏热冬冷地区、夏热冬暖地区和温和地区冬季室内设计相对湿度可不做要求。

11 医疗建筑内各功能房间的室内设计参数，见本书第4章。

1.5.5 空调建筑的新风设计，应符合以下要求：

1 设置中央空调系统的公共建筑，应设计机械新风系统，人员使用房间的设计机械送风新风量，可按表1.5.5确定；

2 采用其他形式空调系统的建筑，可按照以下原则设计：

(1) 对于人员密集或室内人员使用需求差别较大的建筑公共区域，宜设置机械新风系统，其新风量可按表1.5.5的 L_{QX} 值确定；

(2) 个人使用的房间，当设置了可开启外窗且经分析论证自然进风量可满足表1.5.5的 L_{QX} 值时，可不设置机械新风系统。

公共建筑主要房间的设计新风量 **表1.5.5**

房间名称		冷热负荷计算用最小新风量 L_{QX}[m^3/(h·p)]	送风系统设计建议新风量 L_{SX}[m^3/(h·p)]	外区房间最小机械送风新风量修正系数 A
办公室	个人办公室	30	30	≤1.0
	集中办公室	30	≤60	≤0.9
酒店客房	五星级	50	50	≤1.0
	四星级	40	40	≤1.0
	三星及以下级	30	30	≤1.0
门厅、大堂		15	≤30	0.5～0.8
宴会厅、餐厅		20	≤40	0.8～0.9
影剧院		20	≤30	≤1.0
舞厅、游艺厅		30	≤40	≤1.0
酒吧、咖啡厅		20	≤30	≤1.0
体育馆观众席		20	≤30	0.6～0.8
商业建筑	精品店	30	≤40	≤1.0
	超市、百货	20	≤50	0.8～0.9
医院建筑	病房	50	50	≤1.0
	手术室	50	≤70	—
	诊疗室	50	≤80	0.8～0.9
展览厅		20	≤30	0.8～0.9
教室		15	≤30	0.8～0.9
图书馆阅览室		30	≤40	≤1.0

续表

房间名称		冷热负荷计算用最小新风量 L_{QX}[m^3/(h·p)]	送风系统设计建议新风量 L_{SX}[m^3/(h·p)]	外区房间最小机械送风新风量修正系数 A
交通建筑	候车(机)厅	25	≤45	0.7～0.8
	办票厅、门厅	15	≤30	0.4～0.6
	安检	30	≤40	≤1.0

【说明】

“中央空调系统”，即：以空调为目的，集中制备空调用冷、热水，并通过水管管道和水泵，输送至需要进行空气处理的末端设备之中的空调系统。又称为集中冷热源空调系统（见《建筑设备术语标准》（报批稿））。

本条所提到的“机械新风系统”，包括新风空调系统和引入了新风的全空气空调系统。设置中央空调系统的建筑，一般为使用要求较高的公共建筑，对外立面开窗方式和开窗面积等都有一定的限制，且使用功能多样化。采用机械新风系统，能够比较好地与建筑各专业设计相适应。

1 房间正常使用情况下的最小新风量，应包含机械送新风量和通过门窗缝渗透和侵入的室外新风。因此，当房间为内区（无外围护结构）时，机械新风量宜按照表 1.5.5 计算和设计；当房间有外门窗时，应考虑由于室外风压或热压引起的从室外渗透和侵入的室外风，尤其是使用过程中外门经常开启的交通建筑或其他民用建筑的门厅等。

2 在流行病疫情时，送风系统可以考虑加大通风量的措施。同时结合疫情时管理的情况，不同种类的房间，附加值可以有所区别：平时个人使用的房间可不附加，平时多人的房间，可考虑一定的附加值。在平时，机械送风系统可按照最小新风量运行；当疫情时，通过风机变频等方式，加大运行时的新风量。

3 表 1.5.5 的使用方式如下：

(1) 考虑“疫情”因素时，内区房间送风系统的风管和设备，可按 L_{SX} 的新风量确定；不考虑“疫情”因素时，可按 L_{QX} 的新风量确定；

(2) 外区房间的送风系统（特别是新风送风系统）的风管和设备选择时，宜根据房间密闭性能等情况，选取“最小机械送风新风量修正系数 A”，分别对考虑“疫情”因素时的 L_{SX} 和不考虑“疫情”因素时的 L_{QX} 进行修正；

(3) 内区房间的送风系统，按照 L_{SX} 来确定系统最小设计新风量；

(4) 计算空气处理系统的冷热负荷和冷热源设备的装机容量时，应取“冷热负荷计算用最小新风量 L_{QX}”。

4 《民用建筑供暖通风与空气调节设计规范》GB 50736—2012 以强制性条文的形式规定了公共建筑主要房间的人均最小新风量（以表 1.5.5 中的 L_{QX} 反映出来），作为一种目标导向的强制性规定，设计时应满足执行。但 GB 50736—2012（及其条文说明）并没有明确规定实现这一目标的措施。对于不采用中央空调系统的建筑（例如采用多联机系统、分散式空调或分体机等），由于每个空调系统（或空调机组）所对应的使用功能单一，新风量的实现目标，应考虑建设单位的要求、室内使用情况等多方面因素，并可采用多种方式来获得：

（1）对于建筑内人员密集（例如：教室、公共餐厅等），或者室内热源使用需求存在较大差别（大开间办公室等）的公共场所，由于使用过程中CO_2散发量较大（人员密集），或者不同人员对室内环境参数（温湿度、新风量、噪声等）的要求不一，采用开窗等自然通风方式有时无法取得室内人员的一致意见。因此建议这时宜设置机械新风系统。

（2）个人使用的房间（例如：酒店客房、个人办公室以及居住建筑的卧室和起居室等），如果经过分析论证后确保在空调使用时段内自然通风（包括外窗可开启方式）能够达到表1.5.5规定的L_{QX}且符合项目建设单位的要求时，可以不设置机械新风系统。

1.5.6 设置空调通风系统的建筑，其房间通风空调系统的噪声控制标准，可按表1.5.6-1和表1.5.6-2确定。

一般建筑内的主要房间允许噪声标准参考值　　表1.5.6-1

建筑类别		允许噪声标准(dB)
		单值:LA
居住建筑	住宅卧室	35
	公寓卧室	35
	集体宿舍	40
旅馆	宾馆	30
	旅游旅馆	35
	会议旅馆	40
	社会旅馆	40
医院	门诊	35
	病房	30
学校	教室	35
	阶梯教室	35
	视听教室	30
	音乐教室	30
	绘画室	40
会议	会议厅	30
	会议室	35
	学术报告厅	30
法院	审判厅	30
	预审室	25

续表

<table>
<tr><th colspan="2" rowspan="2">建筑类别</th><th>允许噪声标准(dB)</th></tr>
<tr><th>单值:LA</th></tr>
<tr><td rowspan="2">图书馆</td><td>阅览室</td><td>30</td></tr>
<tr><td>视听室</td><td>25</td></tr>
<tr><td rowspan="2">办公</td><td>办公</td><td>40</td></tr>
<tr><td>设计室、制图室</td><td>45</td></tr>
<tr><td>教堂</td><td>礼拜堂</td><td>35</td></tr>
<tr><td rowspan="2">剧场</td><td>歌剧院</td><td>25</td></tr>
<tr><td>多功能剧院</td><td>30</td></tr>
<tr><td rowspan="5">音乐厅</td><td>室内乐、演唱厅</td><td>20</td></tr>
<tr><td>近代轻音乐、电子乐</td><td>35</td></tr>
<tr><td>音乐排练厅</td><td>35</td></tr>
<tr><td>交响乐大厅</td><td>25</td></tr>
<tr><td>管风琴演奏厅</td><td>30</td></tr>
<tr><td rowspan="5">电影院</td><td>普通影院(35mm 片)</td><td>40</td></tr>
<tr><td>宽银幕立体声影院</td><td>30</td></tr>
<tr><td>70mm 片四声道立体声影院</td><td>25</td></tr>
<tr><td>全景电影院</td><td>35</td></tr>
<tr><td>标准放映室</td><td>30</td></tr>
<tr><td rowspan="6">体育馆</td><td>田径、体操馆</td><td>45</td></tr>
<tr><td>球类</td><td>50</td></tr>
<tr><td>溜冰馆</td><td>50</td></tr>
<tr><td>跳水、游泳馆</td><td>55</td></tr>
<tr><td>击剑、拳击</td><td>45</td></tr>
<tr><td>多功能体育馆</td><td>45</td></tr>
<tr><td rowspan="2">宴会厅</td><td>宴会厅</td><td>40</td></tr>
<tr><td>餐厅</td><td>50</td></tr>
<tr><td>商场</td><td>售货厅</td><td>60</td></tr>
</table>

特殊建筑的允许噪声标准参考值 **表 1.5.6-2**

<table>
<tr><th colspan="3" rowspan="2">建筑类别</th><th>允许噪声标准(dB)</th></tr>
<tr><th>评价曲线:NC-</th></tr>
<tr><td rowspan="5">录音播音</td><td rowspan="3">音乐</td><td>多声轨强吸声</td><td>20</td></tr>
<tr><td>自然混响</td><td>15</td></tr>
<tr><td>多功能</td><td>15</td></tr>
<tr><td rowspan="2">对白</td><td>对白、效果</td><td>20</td></tr>
<tr><td>解说词</td><td>15</td></tr>
</table>

续表

建筑类别			允许噪声标准(dB) 评价曲线：NC-
录音播音	对白	语言播音	20
		语言插播	15
		同期录音摄影棚	25
	演播	演播室	20
	混录	混合录音	30
	监听	监听控制	30
生理、心理实验室	测听室		10
	条件反射实验室		10
声学实验室	消声室		10
	混响室		20

【说明】

1　对于一般的民用建筑，宜采用表 1.5.6-1 中的“NR-”来评价。对于噪声标准较高的特殊建筑，宜采用表 1.5.6-2 中的“NC-”来评价。

2　LA、NR 和 NC 三种评价标准的关系为：LA＝NR＋5＝NC＋10。

1.5.7　房间污染物控制浓度，应根据工程的具体要求确定，并应符合相关卫生标准的要求。

【说明】

CO、CO_2、PM2.5、VOC 等，都属于不同的房间污染物，目前也有相关的标准对其提出了要求。在实际工程中，需要结合工程情况和甲方的要求，合理选择控制参数指标，并要求设计中有对应的可靠措施。

1.5.8　建筑内的辅助用房，其直流式通风换气系统，宜根据房间热湿散发量或污染物散发量的大小，通过能量平衡或质量平衡计算确定通风量。无特殊要求且无明显室内热源或湿源散发的房间，其平时运行的通风换气次数，可按表 1.5.8 确定。

一般通风换气房间的换气次数参考值　　表 1.5.8

房间名称	制冷机房①	热交换间	给水及消防水泵房	电梯机房	污水泵房及污水池间	中水处理机房	厨房全面通风换气②	车库
换气次数(h^{-1})	4～6	10～12	4～6	5～15	10～12	10～12	5～10	4～6

① 适用于采用全封闭式电机的冷水机组。当采用开式电机时，宜根据电机发热量计算。

② 厨房灶具排风量，按照工艺要求计算。

【说明】

对于发热量较大的房间，例如变配电室、电梯机房、热交换间等，宜按照房间的室温要求，综合采取人工制冷降温和通风降温方式的结合，合理确定设计通风量。

1.5.9 供暖、空调和通风的室外空气计算参数的选取，应符合以下优先原则：

1 在相关标准中列出了工程地点的代表性气象台站的室外空气计算参数时，应首先按照“国标”的数据选取；

2 相关有标准没有列出的地点，宜根据该地点的实际气候情况，参考有参数的最近气象台站的地点，合理确定；对于国内的项目，也可参考国内发布的可靠全年气象数据资料确定。

3 以上无法确定，或者承担境外援建工程项目时，设计前应进行实地调研或实测，并按照“国标”规定的统计方法，对数据进行分析和整理后得到相应的参数；当数据不全时，也可以按照第1.5.10条的简化计算方法获得。

【说明】

室外计算参数是暖通空调设计的计算的基础，应准确把握。

1 相关标准选择的优先顺序：国家标准、行业标准、地方标准和团体标准。

2 目前一些国内或国际机构发布的全年气象参数的资料和数据中，也有一部分资料按照“国标”规定的方法得到了相关地点的室外设计参数。在设计人研究评估后认为资料准确可靠时，也可以使用。

3 对于境外援建工程，应符合项目所在地的规定，当设计合同中注明可按照中国标准规范设计时，应进行实地考察、实测和收集资料并按照现行国家标准《民用建筑供暖通风与空气调节设计规范》GB 50736 的方法得到室外设计参数。对于境外非援建的商业项目，设计时按照设计合同的要求进行。

1.5.10 当无法直接获取冬夏室外计算参数时，可采用下列简化统计方法：

1 供暖室外计算温度可按下式确定：

$$t_{WN}=0.57t_{LP}+0.43t_{PMIN} \tag{1.5.10-1}$$

2 冬季空气调节室外计算温度可按下式确定：

$$t_{WK}=0.30t_{LP}+0.70t_{PMIN} \tag{1.5.10-2}$$

3 夏季通风室外计算温度可按下式确定：

$$t_{WF}=0.71t_{RP}+0.29t_{MAX} \tag{1.5.10-3}$$

4 夏季空气调节室外计算干球温度可按下式确定：

$$t_{WG}=0.47t_{RP}+0.53t_{MAX} \tag{1.5.10-4}$$

5 夏季空气调节室外计算湿球温度可按下列公式确定：

寒冷与严寒地区：$t_{WS}=0.72t_{SRP}+0.28t_{SMAX}$ (1.5.10-5)

夏热冬冷地区：$t_{WS}=0.75t_{SRP}+0.25t_{SMAX}$ (1.5.10-6)

夏热冬暖地区：$t_{WS}=0.80t_{SRP}+0.20t_{SMAX}$ (1.5.10-7)

6 夏季空气调节室外计算日平均温度可按下式确定：

$$t_{WP}=0.80t_{RP}+0.20t_{MAX} \tag{1.5.10-8}$$

式中 t_{WN}——供暖室外计算温度,℃；

t_{LP}——累年最冷月平均温度,℃；

t_{PMIN}——累年最低日平均温度,℃；

t_{WK}——冬季空气调节室外计算温度,℃；

t_{WF}——夏季通风室外计算温度,℃；

t_{RP}——累年最热月平均温度,℃；

t_{MAX}——累年极端最高温度,℃；

t_{WG}——夏季空气调节室外计算干球温度,℃；

t_{WS}——夏季空气调节室外计算湿球温度,℃；

t_{SRP}——与累年最热月平均温度和平均相对湿度相对应的湿球温度,℃，可在当地大气压力下的焓湿图上查得；

t_{SMAX}——与累年极端最高温度和最热月平均相对湿度相对应的湿球温度,℃，可在当地大气压力下的焓湿图上查得；

t_{WP}——夏季空气调节室外计算日平均温度,℃。

【说明】

本条第5款中提到的地区，是按照中国目前的气候区分类的。如果是境外的援建工程，可以根据工程所在地的相应纬度或其他气候特点，参照使用。

1.5.11 当设计项目处于建筑密集的城市中心时，冷热负荷计算时的室外计算温度的附加值，可按表1.5.11确定。

工程地点对室外计算温度的附加值 **表1.5.11**

夏季	冬季	
空调干球温度附加值(℃)	供暖温度附加值(℃)	空调干球温度附加值(℃)
0.5～1.0	−0.5～−1.0	−1.0～−1.5

【说明】

由于城市热岛效应，当设计项目位于建筑密集区的城市中心时，室外实际温度都略高于现有标准规范规定的各城市室外冬夏季计算温度，因此宜考虑附加。附加应在现有标准规范所规定的各城市室外计算参数的基础上进行。

1.5.12 进行全年逐时负荷计算时，所选用的全年气象数据模型和计算软件，由设计人与

甲方协商后确定。

【说明】

全年逐时负荷计算主要用于暖通空调系统的设计优化和指导，以及对系统能耗的分析，通常工程设计中不包括这项内容。但如果设计合同或任务书有要求时，其全年气象参数模型的选择，宜通过协商认定。

1.5.13 **当设计项目采用温湿度独立控制空调系统时，宜采用露点温度作为设计参数。室外空气露点温度宜根据“历年平均不保证 50h 的露点温度”，经统计计算后确定。一些主要城市的室外空气露点温度，可按表 1.5.13 采用。**

我国一些城市的室外设计参数 **表 1.5.13**

城市	夏季室外大气压力（Pa）	根据气象数据集统计						目前规范（夏季空调室外设计参数）			室外空气比焓（kJ/kg）	
		计算干球温度 t_a（℃）		计算湿球温度 t_s（℃）		计算露点温度 t_d（℃）		干球温度（℃）	湿球温度（℃）	露点温度（℃）	根据第 9 列和第 10 列计算	根据第 7 列和第 8 列计算
		DB	MWB	WB	MDB	DP	MDB					
1	2	3	4	5	6	7	8	9	10	11	12	13
北京	99987	33.6	23.2	26.3	29.9	25.4	28.7	33.5	26.4	24.0	82.8	82.2
天津	100287	33.9	24.1	26.9	30.3	26.2	29.5	33.9	26.8	24.5	84.4	85.5
石家庄	99390	35.2	23.9	26.8	30.8	25.9	29.8	35.1	26.8	24.1	84.9	85.3
太原	91847	31.6	21.1	23.8	28.5	22.6	26.5	31.5	23.8	21.1	76.2	75.5
呼和浩特	88837	30.7	18.4	21.0	26.7	19.5	24.0	30.6	21.0	17.0	66.3	65.6
沈阳	99850	31.4	23.6	25.2	28.9	24.3	27.7	31.5	25.3	23.1	78.1	77.7
长春	97680	30.4	21.6	24.0	27.4	23.3	26.6	30.5	24.1	21.7	74.2	74.7
哈尔滨	98677	30.6	21.4	23.8	27.3	23.0	26.3	30.7	23.9	21.3	72.9	73.0
上海	100573	34.6	27.5	28.2	31.8	27.4	29.8	34.4	27.9	25.9	89.4	89.9
南京	100250	34.8	27.2	28.1	32.3	27.2	30.9	34.8	28.1	26.1	90.6	90.5
杭州	99980	35.7	27.2	27.9	33.3	26.7	30.7	35.6	27.9	25.5	89.8	88.7
合肥	99907	35.1	27.1	28.1	32.7	27.2	30.8	35.0	28.1	26.0	90.8	90.6
福州	99743	36.0	27.4	28.1	34.4	26.6	32.0	35.9	28.0	25.6	90.4	89.9
南昌	99867	35.6	27.4	28.3	32.7	27.3	31.0	35.5	28.2	26.0	91.3	91.2
济南	99727	34.8	24.0	27.0	31.6	25.8	30.0	34.7	26.8	24.2	84.7	85.0
郑州	98907	35.0	24.9	27.5	31.3	26.6	30.1	34.9	27.4	25.0	88.1	88.4
武汉	99967	35.3	27.4	28.4	32.6	27.5	30.7	35.2	28.4	26.4	92.2	91.6
长沙	99563	36.5	27.4	29.0	33.1	26.9	30.7	35.8	27.7	25.2	89.0	89.7

续表

城市	夏季室外大气压力(Pa)	根据气象数据集统计						目前规范(夏季空调室外设计参数)			室外空气比焓(kJ/kg)	
		计算干球温度 t_a(℃)		计算湿球温度 t_s(℃)		计算露点温度 t_d(℃)		干球温度(℃)	湿球温度(℃)	露点温度(℃)	根据第9列和第10列计算	根据第7列和第8列计算
		DB	MWB	WB	MDB	DP	MDB					
1	2	3	4	5	6	7	8	9	10	11	12	13
广州	100287	34.2	26.9	27.8	32.0	26.8	29.6	34.2	27.8	25.8	89.1	87.7
海口	100340	35.1	27.4	28.1	32.8	27.1	30.2	35.1	28.1	26.0	90.5	89.4
南宁	100340	34.4	26.9	27.9	32.3	27.0	29.9	34.5	27.9	25.9	89.6	88.7
成都	100340	31.9	25.3	26.4	30.0	26.7	29.1	31.8	26.4	24.6	82.7	86.8
重庆	97310	36.3	26.4	27.3	32.9	26.2	30.6	35.5	26.5	23.5	84.8	88.5
贵阳	88817	30.1	21.9	23.0	27.9	21.8	25.5	30.1	23.0	20.5	74.6	73.7
昆明	80733	26.3	17.5	19.9	25.2	18.8	22.2	26.2	20.0	17.6	67.0	66.0
拉萨	65200	24.0	12.0	13.5	20.5	11.3	16.2	24.1	13.5	8.4	51.5	49.3
西安	95707	35.1	23.7	25.8	31.5	24.5	29.9	35.0	25.8	22.7	82.6	82.9
兰州	84150	31.3	18.6	20.1	28.0	17.9	24.7	31.2	20.1	15.4	65.3	64.4
西宁	77057	26.4	15.4	16.6	23.0	14.8	19.9	26.5	16.6	12.0	56.0	55.3
银川	88137	31.3	20.5	22.2	28.4	20.5	26.4	31.2	22.1	18.6	71.1	71.2
乌鲁木齐	93213	33.4	17.4	18.3	29.3	15.4	20.9	33.5	18.2	9.3	54.0	51.3

注:DB——计算干球温度,℃;WB——计算湿球温度,℃;DP——计算露点温度,℃;MDB——在计算湿球/露点温度下的平均干球温度,℃;MWB——在计算干球温度下的平均湿球温度,℃。

【说明】

在温湿度独立空调系统设计时,空气的除湿问题是更为关注的问题。而与空气除湿密切相关的,是空气的露点温度。

表1.5.13选自《温湿度独立控制(THIC)空调系统设计指南》(中国建筑工业出版社)。

1.5.14 典型设计日的逐时气象参数,应按照以下规定确定:

1 夏季典型设计日室外空气逐时干球温度,应按式(1.5.14-1)、式(1.5.14-2)计算;

2 夏季典型设计日室外空气逐时湿球温度,可按照逐时干球温度 t_{sh} 与夏季室外计算参数状态点等含湿量线的交点,通过计算或查焓湿图确定;

3 夏季典型设计日的逐时太阳辐照度,应根据当地的地理纬度、大气透明度和大气压力,按照7月21日的太阳赤纬计算确定;

4 冬季供暖负荷采用非稳态方法进行计算时,冬季典型设计日的室外逐时参数,可

采用 1 月 23 日的典型年数据。

$$t_{sh}=t_{wp}+\beta\times\Delta t_r \tag{1.5.14-1}$$

$$\Delta t_r=\frac{t_{wg}-t_{wp}}{0.52} \tag{1.5.14-2}$$

式中 t_{sh}——夏季室外空气逐时干球温度,℃，按有关规范选取；

t_{wp}——夏季空调室外计算日平均温度,℃，按有关规范选取；

β——夏季室外温度逐时变化系数，见表 1.5.14；

Δt_r——夏季室外计算平均日较差,℃，按有关规范选取；

t_{wg}——夏季空调室外计算干球温度,℃，按有关规范选取。

夏季室外温度逐时变化系数 β **表 1.5.14**

时刻	1	2	3	4	5	6	7	8	9	10	11	12
β	−0.35	−0.38	−0.42	−0.45	−0.47	−0.41	−0.28	−0.12	0.03	0.16	0.29	0.40
时刻	13	14	15	16	17	18	19	20	21	22	23	24
β	0.48	0.52	0.51	0.43	0.39	0.28	0.14	0.00	−0.10	−0.17	−0.23	−0.26

【说明】

本条规定了冬夏季典型设计日室外空气逐时参数的计算方法，主要用于典型设计日的逐时负荷计算。例如：新风逐时冷热负荷、蓄冷系统逐时冷负荷的计算，以及在利用太阳能等可再生能源供热时需要对逐时热负荷和集热量的计算。

1.5.15 **以消除室内余热或余湿为目标的机械通风系统或自然通风系统，风量计算时应采用夏季通风的室外计算温度和室外计算相对湿度。**

【说明】

采用通风系统来消除余热或余湿时，一般用于无人工制冷空调的场所（例如表 1.6.8 所列出的房间），采用夏季通风的室外计算温度一般来说比夏季空调室外计算温度高，计算出来的送风量会略低一些，但由于这些场所对室内温湿度控制精度的要求相对较低，一般也可以满足室内的要求。

1.6 围护结构热工

1.6.1 **施工图设计时，应根据项目实际的围护结构热工设计进行供暖空调负荷详细计算。对于非特殊围护结构的建筑，如果在供暖空调负荷计算时建筑专业无法提供完整、详细的围护结构热工性能或做法，可按照相关节能标准的限值规定来选取围护结构的热工参数进行计算，但在施工图完成之前，应依据建筑专业最终确定的实际围护结构，对计算结果和**

相应的设计进行校核和必要的修改，确保最终的计算参数与实际做法的一致性。

【说明】

实际工程设计是一个多专业配合工作。供暖空调负荷计算是施工图设计的基础，宜尽可能及早完成。但由于建筑设计程序基本上是一个多专业平行作业而不是流水作业的方式，建筑专业往往也不能在施工图设计开始时就能够提供完整的围护结构做法和性能。为了不影响本专业的设计进度，这时可以选取节能标准规定的限值和参数来计算。一旦围护结构热工性能明确之后，应按照实际性能进行校核或重新计算。同时，应根据实际情况，对已有设计的不准确部分，进行必要的调整和修改。

1.6.2 **应协调和核对建筑专业对建筑围护结构建筑热工的相关参数，必要时提醒建筑专业进行修改。除必须满足相关节能标准的强制性规定（或条文）的要求外，围护结构建筑热工设计还应满足以下要求：**

1 **围护结构热桥部位应进行冬季内表面结露验算，保证热桥内表面温度不低于房间空气露点温度；**

2 **夏季空调房间外墙和屋面内表面平均最高温度与空气温度的温差，应符合表 1.6.2。**

外墙和屋面内表面平均最高温度与空气温度的温差限值（℃）　　表 1.6.2

围护结构	重质围护结构（$D \geq 2.5$）	轻质围护结构（$D < 2.5$）
外墙	≤ 2	≤ 3
屋面	≤ 2.5	≤ 3.5

【说明】

满足使用要求和节能标准的强制性规定，是工程设计的基本原则。从使用上看，有两点是必须关注的：

1 由于围护结构的施工存在一定的热桥，因此在冬季还应确保热桥部位不发生室内表面的结露，必要时热桥部位应做好保温措施。

2 在夏季，内表面温度过高时，辐射热将导致人体的热舒适性下降。

由于“冷桥”对于表面的平均辐射温度影响不大，因此这里采用了“表面平均最高温度”作为计算基准。

表 1.6.2 来自《民用建筑热工设计规范》GB 50176—2016（强制性条文）。在夏热冬暖地区，如果外墙的传热系数仅仅满足节能标准的要求，在某些情况下可能会出现超过表 1.6.2 中的限值情况，因此这时应向建筑专业明确提出修改意见。

墙体、楼屋面内表面温度，可按式（1.6.2-1）、式（1.6.2-2）计算。

地面、地下室外墙内表面温度可按式（1.6.2-3）、式（1.6.2-4）计算。

$$\frac{t_i-\theta_i}{R_i}=\frac{t_i-t_e}{R_0} \tag{1.6.2-1}$$

$$\theta_i=t_i-\frac{R_i}{R_0}(t_i-t_e) \tag{1.6.2-2}$$

$$\frac{t_i-\theta_{i\cdot g(b)}}{R_i}=\frac{\theta_{i\cdot g(b)}-\theta_e}{R_{g(b)}} \tag{1.6.2-3}$$

$$\theta_{i\cdot g(b)}=\frac{t_i\cdot R_{g(b)}+\theta_e\cdot R_i}{R_{g(b)}+R_i} \tag{1.6.2-4}$$

式中 θ_i——围护结构内表面温度,℃;

t_i——室内计算温度,℃;

t_e——室外计算温度,℃;

R_i——内表面换热阻，可取 0.115m^2·℃/W;

R_0——围护结构的传热阻，m^2·℃/W。

$\theta_{i\cdot g(b)}$——地面（地下室外墙）内表面温度,℃;

$R_{g(b)}$——地面（地下室外墙）热阻，m^2·℃/W;

θ_e——地面层/地下室外墙与土体接触面的温度,℃，应取最冷月平均温度。

1.6.3 各围护结构的最小热阻的计算，按以下要求进行：

1 楼屋面最小热阻值，应按式（1.6.3-1）计算；

2 墙面最小热阻值，应按式（1.6.3-2）计算；

3 地面层和地下室外墙最小热阻值，可按式（1.6.3-3）计算，或按《民用建筑热工设计规范》GB 50176—2016 选用。

$$R_{min\cdot w}=\frac{(t_i-t_e)}{\Delta t_w}R_i-(R_i+R_e) \tag{1.6.3-1}$$

$$R_{min\cdot q}=\varepsilon_1\varepsilon_2\frac{(t_i-t_e)}{\Delta t_w}R_i-(R_i+R_e) \tag{1.6.3-2}$$

$$R_{min\cdot g}=\frac{(\theta_{i\cdot g}-t_e)}{\Delta t_w}R_i \tag{1.6.3-3}$$

式中 $R_{min\cdot w}$——楼屋面最小热阻值，m^2·℃/W;

t_i、t_e、R_i——同式（1.6.2-1）;

Δt_w——温差限值,℃，按表 1.6.2 取值；

R_e——外表面换热阻，可取 0.044m^2·℃/W。

$R_{min\cdot q}$——楼屋面最小热阻值，m^2·℃/W;

ε_1——维护结构的密度修正系数，可按表 1.6.3-1 选用；

ε_2——围护结构的温差修正系数，可按表 1.6.3-2 选用；

$R_{min \cdot g}$——地面层或地下室外墙最小热阻值，m² · ℃/W；

$\theta_{i \cdot g}$——地面层或地下室外墙内表面温度,℃。

计算最小热阻值时的密度修正系数ε_1 **表 1.6.3-1**

密度 ρ(kg/m³)	$\rho \geq 1200$	$1200 > \rho \geq 800$	$8000 > \rho \geq 500$	$\rho < 500$
修正系数ε_1	1.0	1.2	1.3	1.4

注:ρ 为围护结构的密度。

计算最小热阻值时的温差修正系数ε_2 **表 1.6.3-2**

部位	修正系数ε_2
与室外空气直接接触的维护结构	1.0
与有外窗的不供暖房间相邻的围护结构	0.8
与无外窗的不供暖房间相邻的围护结构	0.5

【说明】

本条给出了不同围护结构的最小热阻计算方法。

1.6.4 **各围护结构的热阻和传热系数，应按下式计算确定：**

$$R = \frac{1}{\alpha_n} + \sum \frac{\delta}{\lambda \times \alpha} + R_k + \frac{1}{\alpha_w} \tag{1.6.4-1}$$

$$K = \frac{1}{R} \tag{1.6.4-2}$$

式中 R——**围护结构的传热阻，(m² · ℃) /W；**

α_n——**内表面的换热系数，W/ (m² · ℃)，见表 1.6.4-1；**

α_w——**外表面的换热系数，W/ (m² · ℃)，见表 1.6.4-2；**

δ——**各层材料的厚度，m；**

λ——**各层材料的导热系数，W/ (m · ℃)；**

α——**导热系数的修正系数，见表 1.6.4-3；**

R_k——**空气间层的热阻，m² · ℃/W，见表 1.6.4-4。**

内表面换热系数 α_n 和内表面换热阻 R_n **表 1.6.4-1**

适用季节	表面特征	α_i[W/(m² · ℃)]	R_i(m² · ℃/W)
冬季和夏季	墙面,地面,表面平整或有肋状突出物的顶棚但 $h/s \leq 0.3$ 时	8.7	0.11
	有肋状突出物的顶棚,当 $h/s > 0.3$ 时	7.6	0.13

注:h 为肋高,s 为肋间净距。

外表面换热系数 α_w 和外表面换热阻 R_w 表 1.6.4-2

适用季节	表面特征	α_w[W/(m²·℃)]	R_w(m²·℃/W)
冬季	外墙、屋面与室外空气直接接触的地面	23.0	0.04
	与室外空气相通的不采暖地下室上面的楼板	17.0	0.06
	闷顶、外墙上有窗的不采暖地下室上面的楼板	12.0	0.08
	外墙上无窗的不采暖地下室上面的楼板	6.0	0.17
夏季	外墙和屋面	19.0	0.05

常用保温材料导热系数的修正系数 α 值 表 1.6.4-3

材料	使用部位	修正系数 α			
		严寒和寒冷区	夏热冬冷地区	夏热冬暖地区	温和地区
聚苯板	室外	1.05	1.05	1.10	1.05
	室内	1.00	1.00	1.05	1.00
挤塑聚苯板	室外	1.10	1.10	1.20	1.05
	室内	1.05	1.05	1.10	1.05
聚氨酯	室外	1.15	1.15	1.25	1.15
	室内	1.05	1.10	1.15	1.10
酚醛	室外	1.15	1.20	1.30	1.15
	室内	1.05	1.05	1.10	1.05
石棉、玻璃棉	室外	1.10	1.20	1.30	1.20
	室内	1.05	1.15	1.25	1.20
泡沫玻璃	室外	1.05	1.05	1.10	1.05
	室内	1.00	1.05	1.05	1.05

封闭空气间层热阻 R_k (m²·℃/W) 表 1.6.4-4

空气间层			辐射率											
位置	热流方向	温差(K)	13mm 空气间层			20mm 空气间层			40mm 空气间层			90mm 空气间层		
			0.20	0.50	0.82	0.20	0.50	0.82	0.20	0.50	0.82	0.20	0.50	0.82
水平	向上	5.6	0.27	0.17	0.13	0.28	0.18	0.13	0.30	0.19	0.14	0.32	0.20	0.14
45°倾斜	向上	5.6	0.29	0.19	0.13	0.33	0.20	0.14	0.33	0.20	0.14	0.35	0.21	0.14
垂直	水平	5.6	0.29	0.19	0.14	0.37	0.21	0.15	0.40	0.22	0.15	0.38	0.22	0.15
45°倾斜	向下	5.6	0.29	0.19	0.14	0.37	0.21	0.15	0.45	0.24	0.16	0.44	0.24	0.16
水平	向下	5.6	0.29	0.19	0.14	0.37	0.21	0.15	0.49	0.25	0.17	0.60	0.28	0.18

【说明】

对于 3000m 以上高海拔地区，由于空气密度的较小，表 1.6.4-1 和表 1.6.4-2 不宜直接应用。当设计高海拔地区的建筑时，上述具体数据可按照《民用建筑热工设计规范》GB 50176—2016 的要求确定。

1.6.5 对于舒适性供暖空调为主的建筑，其外墙平均传热系数按下式计算：

$$K=\varphi K_P \tag{1.6.5}$$

式中 K——外墙平均传热系数，W/（m^2·K）；

K_P——外墙主体部位传热系数，W/（m^2·K）；

φ——外墙主体部位传热系数的修正系数，可按表 1.6.5 取值。

外墙主体部位传热系数的修正系数 φ 表 1.6.5

气候分区	外保温	夹心保温（自保温）	内保温
严寒地区	1.30	—	—
寒冷地区	1.20	1.25	—
夏热冬冷地区	1.10	1.20	1.20
夏热冬暖地区	1.00	1.05	1.05

【说明】

由于外围护结构存在热桥（冷桥）的原因，在计算平均传热系数时，应进行修正。

1.6.6 有顶棚的斜屋面，当采用顶棚面积计算其传热量时，屋顶和顶棚的综合传热系数按下式计算：

$$K=\frac{K_1\times K_2}{K_1\times\cos\alpha+K_2} \tag{1.6.6}$$

式中 K——屋顶和顶棚的综合传热系数，W/（m^2·℃）；

K_1——顶棚的传热系数，W/（m^2·℃）；

K_2——屋顶的传热系数，W/（m^2·℃）；

α——屋顶与顶棚间的夹角。

【说明】

采用顶棚面积计算其传热量时，实际上是对斜屋面的传热进行了面积加权计算。

1.6.7 供暖建筑外围护结构的防潮措施，应符合以下基本原则：

1 室内空气湿度不宜过高；当室内需要维持高湿高温环境时，宜在围护结构高温侧设置隔汽层。

2 合理设置保温层，地面、外墙表面温度不宜过低，防止围护结构内部冷凝。

3 和室外雨水、土壤相接触的围护结构，应设置防水（潮）层。

【说明】

采取防潮措施是为了防止保温材料受潮，消除冷凝对围护结构的损害。《民用建筑热工设计规范》GB 50176—2016 规定了不同材质的围护结构保温材料因冷凝受潮而增加的重量允许增量。

1.7 设计技术参数估算

1.7.1 在方案设计和初步设计时，可采用简化计算或指标法对暖通空调系统的总冷热负荷或冷热源安装容量进行估算。

【说明】

本部分适用于建筑暖通空调系统的方案设计和初步设计，施工图设计时，应按照相关规定的要求进行详细计算。

1.7.2 按照单位面积的冷热指标估算冷热负荷时，一般以地上建筑面积为基础。估算时应考虑以下主要因素：

1 建筑所在地的气候条件（或气候分区）；

2 建筑类型、建筑热工（包含不同朝向尺寸、围护结构热工性能、体形系数等）；

3 对同一地点的同类项目使用现状的调研数据；

4 建设单位对该建筑室内环境参数的使用要求；

5 地下建筑宜根据不同的使用功能和要求，单独估算；

6 相关标准、规范的规定。

【说明】

1 本条给出了估算中需要考虑的因素。冷热指标的选取，需要结合一定的经验和数据统计，必要时应对同地区的同类项目进行调研、分析。

2 对于一般的民用建筑，可以按照地上的建筑面积为基准进行计算。但当建筑地下部分的房间人员较多且使用面积较大时，宜将其建筑面积合并到地上建筑面积之中。

1.7.3 方案设计时，供暖系统的热负荷和热源设计容量，可按表1.7.3中的建筑面积热指标进行估算。

方案设计用供暖系统面积热负荷指标（$W/m^2_{建筑面积}$）　　表1.7.3

建筑类型	气候区		
	严寒	寒冷	夏热冬冷
住宅	40～50	35～45	25～35
办公楼	50～70	45～65	40～55
酒店	50～65	45～60	35～50
商场	55～75	50～65	40～55

续表

<table>
<tr><th colspan="2" rowspan="2">建筑类型</th><th colspan="3">气候区</th></tr>
<tr><th>严寒</th><th>寒冷</th><th>夏热冬冷</th></tr>
<tr><td colspan="2">图书馆、博物馆、美术馆、展览馆</td><td>50～65</td><td>45～60</td><td>35～50</td></tr>
<tr><td colspan="2">学校</td><td>40～60</td><td>35～50</td><td>30～40</td></tr>
<tr><td colspan="2">体育馆</td><td>55～70</td><td>45～60</td><td>35～50</td></tr>
<tr><td colspan="2">医院</td><td>50～65</td><td>45～60</td><td>35～50</td></tr>
<tr><td colspan="2">会议中心</td><td>50～65</td><td>45～60</td><td>35～50</td></tr>
<tr><td colspan="2">餐饮楼</td><td>55～70</td><td>50～65</td><td>40～55</td></tr>
<tr><td rowspan="3">交通建筑</td><td>航站楼</td><td>60～80</td><td>55～70</td><td>45～60</td></tr>
<tr><td>高铁站房</td><td>55～70</td><td>50～65</td><td>40～55</td></tr>
<tr><td>码头、港口、汽车客运站</td><td>50～60</td><td>45～55</td><td>35～50</td></tr>
<tr><td colspan="2">广电建筑</td><td>50～65</td><td>45～60</td><td>35～50</td></tr>
</table>

【说明】

表 1.7.3 不适用于建筑内具体房间的热负荷估算。

1　根据气候区内不同地点的室外温度，合理选取。

2　内区面积较大的建筑，取较低值；内区面积较小的建筑，取较高值。

3　表 1.7.3 适合于热水连续供暖的系统负荷估算。当建筑采用分户或间歇式热水供暖时，建筑供暖系统的设计安装容量，宜在表 1.7.3 的基础上附加 10%。

4　当建筑全部采用电热直接供暖且电供热装置只能根据室温做开关式运行控制（例如常见的电暖气、电热膜、发热电缆等）时，建筑供暖电力安装容量，宜在表 1.7.3 的基础上附加 10%～30%。

5　表 1.7.3 包括了设置通风的房间在冬季的通风热负荷，但不包括严寒地区和寒冷地区的餐饮（包括酒店和商场餐饮）厨房的热风补风加热。

1.7.4　**方案设计中确定建筑空调系统的热负荷和热源设计容量时，可在第 1.7.3 条的基础上，增加冬季设计工况下的新风热负荷。建筑的总新风量，按第 1.5.5 条的取值，经计算汇总后确定。**

【说明】

与单独设置供暖系统的建筑相比，设置冬季空调系统的建筑，还包括对空调新风加热的新风热负荷。由于是估算，并不要求在这时扣除门窗部分渗透风量的热负荷。

1.7.5　**方案设计时，中央空调系统冷负荷和冷源设计容量，可按表 1.7.5 中的建筑面积**

冷指标进行估算。

方案设计用空调系统设计面积冷负荷指标估算（$W/m^2_{建筑面积}$） 表 1.7.5

建筑类型		气候区			
		严寒	寒冷	夏热冬冷	夏热冬暖
办公楼		60～75	65～85	75～100	90～110
旅馆		55～70	65～80	75～90	80～100
商场		75～100	90～115	100～130	110～150
图书馆、博物馆、美术馆、展览馆		65～90	75～100	85～110	90～120
学校		65～80	75～90	85～100	90～110
体育馆		60～80	70～90	80～100	90～110
医院		60～80	70～90	80～100	90～110
会议中心		75～100	90～110	100～120	110～140
餐饮楼		75～100	90～110	100～120	110～140
交通建筑	航站楼	70～90	80～100	90～110	100～120
	高铁站房	70～90	80～100	90～110	100～120
	码头、港口、汽车客运站	60～80	70～90	80～100	90～110
广电建筑		60～80	70～90	80～100	90～110

【说明】

1 根据气候区内不同地点的室外温湿度参数，合理选取；

2 空调供冷面积占建筑面积的比例较小时，取较低值；较大时，取较高值；

3 根据表 1.7.5 计算得到的系统冷负荷，即是方案设计时的冷源设备设计装机容量。

1.7.6 初步设计时，供暖和空调系统的热负荷和热源设计容量估算，宜符合以下原则：

1 当已知建筑的高度、总窗墙比、体形系数，或外立面总面积、地上建筑面积时，供暖系统的设计热负荷可采用式（1.7.6-1）或式（1.7.6-2）进行估算：

$$Q_n=(7a+1.7)(SF \cdot H-1)(t_N-t_W)/n \qquad (1.7.6\text{-}1)$$

$$Q_n=A \cdot (7a+1.7)(t_N-t_W)/F \qquad (1.7.6\text{-}2)$$

式中 Q_n——建筑供暖系统热指标，W/m^2；

a——建筑的总窗墙比；

H——建筑地上总高度，m，取室外地面至建筑檐口的高度；

SF——建筑体形系数；

n——建筑楼层数；

A——建筑外立面总面积，m^2；

F——计算建筑面积，m^2；见第 1.7.2 条说明第 2 款；

t_N——室内供暖设计温度，℃；

t_W——室外供暖计算温度，℃。

2 当数据不全、无法进行上述计算时，供暖系统热负荷和热源装机容量，也可按照第1.7.3条和第1.7.4条进行估算。

【说明】

从一般要求来看，初步设计的估算应比方案设计时更为准确一些。因此在采用方案设计的指标进行估算时，其指标的选取，需要设计师进一步结合实际情况来分析和选取。

1.7.7 设置了冬夏空调的建筑，初步设计时应根据房间功能、房间朝向等影响因素，分别进行各房间和末端空调系统的设计冷热负荷估算。

1 房间设计热负荷可取表1.7.3中同类建筑中房间热指标的高限值，并考虑房间的朝向修正；

2 房间设计冷负荷估算时，在表1.7.5中同类建筑中房间指标的高限值的基础上，考虑房间朝向的影响进行修正；也可以按照表1.7.7估算；

3 当采用全空气空调系统时，末端空调系统的设计冷热负荷，应分别为房间设计冷热负荷与按照房间设计新风量计算的新风冷热负荷之和；

4 当各房间不设置新风系统时，房间空调器的安装容量应为房间设计冷热负荷与按照房间设计新风量计算的新风冷热负荷之和。

空调房间设计冷负荷指标估算表 表1.7.7

序号	房间名称	冷负荷指标（$W/m^2_{建筑面积}$）	序号	房间名称	冷负荷指标（$W/m^2_{建筑面积}$）
1	旅馆客房	60～80	16	医院门诊室	80～100
2	酒吧、咖啡厅	70～120	17	医院病房	70～90
3	西餐厅	80～120	18	一般手术室	100～140
4	中餐厅、宴会厅	140～220	19	洁净手术室	240～350
5	精品商店	80～120	20	X线、CT、B超室	100～140
6	商场、超市营业厅	150～200	21	体育场馆比赛厅	80～100
7	中庭、门厅	80～150	22	展览馆观众参观室	100～150
8	休息、接待、贵宾室	80～110	23	图书阅览室	80～100
9	会议室(厅)	150～220	24	科研、实验室	100～180
10	影剧院观众厅	130～180	25	住宅起居室、客厅	70～90
11	健身房	100～140	26	住宅卧室	60～80
12	室内游泳池	80～150	27	舞厅	180～250
13	个人办公室	70～90	28	交通建筑售票厅	120～160
14	大开间办公室	80～100	29	候车(机)厅	110～150
15	教室	120～150	30	值机、办票厅	120～180

注：不包含房间的新风冷负荷。

【说明】

房间冷热设计负荷，是初步设计时确定房间末端设备主要技术性能的重要依据。房间的设计冷热负荷除了与房间面积、使用功能以及围护结构的情况有关外，还与房间朝向有较大的关系。由于仅设置供暖的建筑，初步设计时不需要注明各房间的供暖设备性能参数，因此本条规定针对的是设置了冬夏空调系统的建筑，不适用于仅设置供暖的建筑。

1 房间热负荷按照表 1.7.3 的高限值指标取值时，各朝向的修正系数建议：北向及西向 1.1～1.2，东向 1.05～1.1，南向 1.0。

2 同理，按照指标对房间冷负荷计算时，各朝向也宜进行修正，修正系数建议：北向 1.0，东向 1.05～1.1，西向和南向 1.1～1.2。

3 当采用全空气空调系统时，空调系统的设计冷热负荷，应为房间设计冷热负荷加上新风负荷。当新风独立处理（例如风机盘管加新风系统）时，房间的空调设备装机容量与房间冷热负荷相同，新风负荷由新风系统负担。

4 房间不设置新风系统（例如分体式空调机组、无新风的多联机等）时，为了保证人员的卫生标准，应考虑门窗的可开启或门窗不严密所形成的新风负荷。这时的新风负荷应由房间内的空调设备承担。新风负荷的大小可按照表 1.5.5 中的“冷热负荷计算用最小新风量 L_{QX}”来计算。

1.7.8 初步设计时，如果建筑采用集中冷源的中央空调系统，建筑空调系统的设计冷负荷和冷源设备的装机容量，按照以下方法确定：

1 当建筑的围护结构热工参数较为确定时，宜将整个建筑视为一个大空间（房间），采用典型设计日逐时计算方法，并将各类负荷逐时求和。

2 计算条件不具备时，可根据第 1.7.7 条第 3 款估算得到的各末端空调系统设计冷负荷进行累计求和，并按照下式进行计算：

$$Q_k = k \cdot \sum Q_{ki} \tag{1.7.8}$$

式中 Q_k——建筑空调系统的设计冷负荷（或装机容量），kW；

k——对各房间同时使用情况和峰值不同时出现时的修正系数，k=0.6～0.85；

Q_{ki}——按照第 1.8.7 条估算的各末端估算冷负荷之和，kW。

3 在初步设计前期，为了专业配合设计的需要，也可按照第 1.7.5 条进行冷负荷的估算；但初步设计文件交付之前，应按照前述条款进行核算，必要时修改。

【说明】

与方案设计不同的是，空调初步设计，对工程概算等经济性指标的影响比较大，所以应尽可能准确。

1 将全楼视为一个“大空间”来进行逐时计算，工作量并不大，但一些工程实践证明其准确度比采用指标法高得多，应优先采用。

2 由于建筑内各房间和末端空调系统的使用时段不一定完全相同，且即使使用时段完全相同时，也不会同时出现最大值（由于朝向等的影响），因此如果不具备上述计算条件而采用指标法计算（相对简单），则应将各房间或末端的冷负荷累计求得结果进行修正。根据目前对已有建筑的实际调研结果可知，大都存在冷源设备装机容量过大的情况，有必要降低。

3 根据设计进度和安排，为了向其他专业提供配合资料（例如向电专业提出总用电量等）的需要且时间要求较为紧迫时，可以按照方案设计的指标法来估算。但为了更符合实际工程的情况，在初步设计完成之前，应按照本条第1款、第2款的要求进行复核，差距过大时，应修改后才能交付设计文件。

1.7.9 初步设计按照第1.7.8条第1款计算建筑中央空调系统的冷负荷时，相关计算参数的选取，应符合以下要求：

1 可根据表1.7.9中的在室人员总数和照明冷负荷指标，进行人员与照明冷负荷估算；

2 夏季新风冷负荷宜逐时计算，新风逐时计算参数按照第1.5.14条规定的方法，经计算后确定；

3 建筑有特殊使用要求时，其特定部分的冷负荷，宜按照使用要求确定。

室内人员密度与照明冷负荷指标 **表1.7.9**

房间名称		单位面积在室人数（$p/m^2_{建筑面积}$）	照明冷负荷（$W/m^2_{建筑面积}$）
旅馆客房		0.10～0.15	6～7
商店营业厅	首层	0.20～0.40	10～12
	其他层	0.15～0.25	10～12
精品商场		0.10～0.15	15～17
餐厅、宴会厅		0.30～0.50	12～13
办公室	普通	0.10～0.20	8～9
	个人	0.05～0.10	13～15
会议室		0.40～0.50	8～9

【说明】

1 商场随着楼层的增加，取值减小。

2 表1.7.9中未列出的功能房间，可根据实际情况确定人员数量与照明冷负荷。当某些区域有装饰性照明的设计需求时，照明冷负荷指标宜在表1.7.9的基础上增加100%～200%。

3 结合不同的室外气候来计算新风逐时冷负荷。

4 数据机房采用集中冷源时，应计入工艺冷负荷；有大量高精度的恒温恒湿空调系统时，应考虑空气冷却除湿后再热形成的冷负荷。

1.7.10 当冬夏都采用同一个全空气空调系统时，系统的设计送风量，应按冬夏两个设计工况所计算的送风量的较大者确定。

1 夏季可按照空气冷却处理焓差12～15kJ/kg进行计算；

2 冬季应按照预定的热风送风温度计算送风量。

【说明】

初步设计设备表中，空调机组的风量是一个主要的参数。

1 由于初步设计时尚缺乏焓湿图计算的条件（热湿比不能准确确定），因此给出一般情况下的夏季计算方法。

2 除严寒地区外，按照夏季计算的风量通常大于冬季的风量需求。对于严寒地区，如果房间热负荷比冷负荷在数值上大得多，且需要考虑气流组织的影响时，则需要校核冬季送风量需求。

1.7.11 采用中央空调系统时，其集中冷热源机房的面积，宜按照以下原则配置：

1 集中制冷机房，按照中央空调系统负担的总建筑面积的0.5%～1%计算；

2 集中换热站，按照集中供暖（或中央空调）系统负担的总建筑面积的0.06%～0.15%计算；

3 仅用于集中供暖（或空调）的燃气锅炉房，按照所负担的总建筑面积的0.15%～0.3%计算。

【说明】

1 采用吸收式冷水机组时，取较大值。

2 目前用于暖通空调的冷热水换热站，大都采用了体积较小的板式换热器；服务面积较大时，取较小值。当采用其他形式的换热器（例如壳管式换热器等）时，应根据换热器的特点确定。

3 当采用蓄能（蓄冷、蓄热）系统时，应根据设计蓄能量和蓄能装置的特点确定。

1.7.12 集中冷热源机房的位置和净高要求，见《措施》第5章和第6章的相关要求。

【说明】

冷热源机房的净高，在方案设计和初步设计中也应提前向建筑提出要求。由于不同的冷热源设备形式，其要求无法统一确定，见《措施》第5章和第6章的相关规定。

1.7.13 空调通风机房的位置、面积和净高，宜按照以下要求配置：

1 有条件时，尽可能靠近服务区域设置，但空调通风机房不应与噪声要求严格的房

间贴临布置；

2 新风空调系统的机房面积，按照其服务区域空调面积的1%～1.5%计算；

3 全空气系统的空调机房面积，按照其服务区域空调面积的4%～6%计算。

【说明】

初步设计时，应配合土建专业提出各空调通风机房的位置、面积和净高要求。

1 为了减少空气输送的能耗，空调机房宜靠近服务区域。对于室内噪声有严格要求的使用房间，则空调通风机房不应与其贴临布置，防止由此带来的噪声影响。

2 应按照系统估算的送风量、预选的设备尺寸以及可能的风道布置（尤其是新风道和排风道的路由），合理要求空调通风机房的面积。当多个设备放在一个机房内时，可取较小值。

1.7.14 初步设计对供暖与空调系统的循环水泵扬程估算时，应考虑设备的水流阻力、管道系统的摩擦阻力和局部阻力。水系统管道的平均比摩阻和局部阻力，以及主要空调设备的水流阻力估算值，可分别按照表1.7.14-1、表1.7.14-2选取。

系统管道的比摩阻及局部阻力 表1.7.14-1

系统形式	平均比摩阻(Pa/m)	局部阻力
供暖系统	80～120	管道摩擦阻力的30%～50%
空调冷冻水系统	120～200	管道摩擦阻力的50%～80%
空调冷却水系统	100～180	管道摩擦阻力的30%～50%
空调热水系统	80～120	管道摩擦阻力的30%～50%

空调设备水流阻力估算值 表1.7.14-2

设备名称	水流阻力(kPa)	备注
冷水机组蒸发器	30～50	采用大温差机组时，取大值
冷水机组冷凝器	50～70	采用大温差机组时，取大值
空调机组冷水盘管	30～50	处理焓差大时，取大值
空调机组独立热水盘管	20～40	处理温差大时，取大值
两管制系统合用冷热盘管	—	见【说明】第2款
风机盘管	15～25	—
冷却塔	50～80	不含引射式冷却塔，见【说明】第3款
末端自控阀	30～40	指的是阀门的全开阻力

【说明】

由于系统不同，循环水泵的扬程也有较大的差距，因此建议通过计算确定。

1 设计流速越高，比摩阻取值越大。由于水系统的附件设置情况（类型和数量）相对固定，因此当水系统的作用半径较大时，局部阻力的比例取较小值。

2 采用冷热合用的两管制冷热盘管末端时，盘管的冷水流动阻力可按照空调机组的冷水盘管阻力考虑，盘管热水流动阻力按照第 1.7.15 条计算。

3 引射式冷却塔需要较高的喷嘴出口压力，并全部由冷却水泵来承担；不同产品对该压力的要求有较大的差距。因此表 1.7.14-2 不适用于引射式冷却塔。

4 按照本条得到的估算值即为水泵选择扬程，初步设计选泵时不应再附加安全系数。

1.7.15 当用户侧采用管制空调水系统时，用户侧（冷热公用管道及末端设备）管道系统阻力，按式（1.7.15）计算。

$$\Delta P_{R}=\Delta P_{L}\times\left(\frac{Q_{R}\times\Delta t_{R}}{Q_{L}\times\Delta t_{L}}\right)^{2} \tag{1.7.15}$$

式中 ΔP_{R}——用户侧热水系统阻力，kPa；

ΔP_{L}——用户侧冷水系统阻力，kPa；

Q_{R}、Δt_{R}——系统设计热负荷和热水系统设计温差，kW、℃；

Q_{L}、Δt_{L}——系统设计冷负荷和冷水系统设计温差，kW、℃。

【说明】

冷热水合用管道、阀门及附件的系统，其冷热水系统的阻力比，可按照设计冷热水流量比的二次方进行计算。

1.8 设备、附件及管道设计的一般原则

1.8.1 施工图设计时，应按照实际的设计工况选择暖通空调设备的性能参数。设计文件中，设备的性能应标明实际设计工况下的性能参数。

【说明】

国家或行业的产品标准，是对产品质量和规定工况下性能参数的检验和约束，主要适用于对设备性能的评价。但由于项目所在的气候区不同和室内环境参数的差别，室内外空气参数与产品标准也是不一致的。例如，风机盘管设备标准对冷工况的性能参数检测时，其进风参数为：干（湿）球温度 27℃（19.5℃），而大部分设计工况下，室内设计参数（视同为风机盘管的进风参数）为干球温度 25～26℃、相对湿度 50%～60%。显然，如果符合产品标准的风机盘管用于这一室内设计参数时，在冷水温度不变的条件下，其实际供冷能力无法达到产品标准所规定的供冷能力。同样，设计中也有可能采用不同的水温，这样对于冷热源设备和末端设备的实际性能均会产生一定的影响。

因此，应按照实际的设计工况选择设备，并在设计文件中加以明确。当设计图中采用“国标”工况标注产品性能参数时，设计人应核实并确保所选用产品能够满足所设计项目

在实际设计工况下要求的性能参数。

施工图设计时各常用设备性能要求见《措施》附录 施工图主要设备表的编制。

1.8.2 除其他有关章节有明确规定或特定工艺要求外，普通机械通风系统风机选择时的风量和风压附加，应符合以下规定：

1 风机选择风压时，宜在风道阻力计算要求风压的基础上，附加 1.05～1.15 倍；

2 风机选择风量时，宜在计算要求风量的基础上，附加 1.1～1.15 倍；但当采用换气次数法计算得到通风系统的设计风量时，风机选择风量不应再进行修正。

【说明】

1 考虑在设计计算过程中的某些局部阻力系数不准确，以及施工时的局部变动和修改，对选择风机风压时提出附加系数的要求。

2 考虑风道漏风情况（见第 1.8.3 条），对选择风机风量时提出风量附加系数的要求。由于换气次数法适用于需要机械通风的普通房间，其依据来自于经验。因此风机风量选择时，不再需要进行安全系数附加。

1.8.3 采用金属风管时，空调机组送风机选择时的风量和风压附加，应符合以下规定：

1 组合式空调机组的选择风量，应按照下式计算：

$$G_0=(1.02+0.0015\times L)\times G_S \quad (1.8.3\text{-}1)$$

2 整体式空调机组的选择风量，应按照下式计算：

$$G_0=(1+0.0015\times L)\times G_S \quad (1.8.3\text{-}2)$$

式中 G_0——组合式空调机组的选择风量，m^3/h；

G_S——组合式空调机组的计算风量，m^3/h；

L——送风管的长度，m。

3 空调系统中的风机风压附加可参考第 1.8.2 条第 1 款执行。

【说明】

本条给出了采用钢板等金属送风管时空调机组的选择风量要求，依据来自《通风与空调工程施工质量验收规范》GB 50243—2016。

1 由于组合式空调机组现场进行功能段的安装组合，在功能段连接时，最大允许漏风量不应超过设计送风量的 2%。整体式空调机组原则上按照机组不漏风考虑。

2 风管的漏风计算则依据《通风与空调工程施工质量验收规范》GB 50243—2016 表 4.2.1 中的低压风管（大部分民用建筑中的实际情况）进行（风道漏风附加系数为 0.0015）。对于中压风管，按照本条计算结果选择送风量时，相对趋于保守和安全，从工程上是合理的。如果为了优化，也可按照《通风与空调工程施工质量验收规范》GB 50243—2016 的要求进行详细计算后确定。

3 空调机组的风机风压附加，与普通机械通风系统相同（注意：全空气空调系统应包括送风道和回风道）。

4 当采用非金属风道时，风道的漏风量按照金属风管的 1.5 倍计算［采用式(1.8.3-1) 计算时，相应的风道漏风附加系数取 0.00225］。

1.8.4 除其他有关章节有明确规定外，冷热水循环水泵选择时的扬程和流量附加，应符合以下规定：

1 水泵流量应按照系统设计计算的流量选择，附加系数应≤5%；

2 水泵扬程可在设计计算其承担的系统水阻力的基础上，附加 5%～10%的安全系数；

3 流量和扬程的附加系数，不应同时取高限。

【说明】

工程应用的产品，本身应是符合国家标准的产品。空调供暖冷热水系统中，决定循环水泵流量的主要因素是冷热负荷与设计温差。实际工程的空调或供暖水系统中，大流量小温差的运行情况较为普遍，其中水泵流量和扬程参数选择偏大，是导致系统实际循环流量过大的主要原因之一。

水流量过大还会导致水泵电机的过载运行，长时间运行易出现“跳闸”等故障。

1 水系统与风系统不同，其密闭和试压都非常严格，平时运行中也几乎不会出现明显的漏水情况，因此原则上水泵流量选择时不宜再进行附加。在考虑到水泵产品国家标准允许负偏差的基础上，流量的附加系数不应超过 5%。

2 水泵扬程的附加系数取值原则与风系统相同，主要是考虑在设计或施工过程中可能存在的以下情况：

(1) 阻力计算不准确——尤其是一些局部阻力和附件的阻力系数，现有资料给出的并不完整，导致阻力计算出现偏差；

(2) 施工过程中带来的某些变化——尤其是水泵产品采购之后发生的变化，导致更换产品的时间不能满足竣工时间的要求。

因此，首先应该强调水力计算的准确性。

3 设计时应进行具体分析，不能简单地采用本条的高限值进行附加。由于实际水系统中，水泵的流量与扬程运行工况是相关联的，因而不应对流量和扬程同时采用高限值附加。

1.8.5 风机盘管选择时，应符合以下要求：

1 应优先采用低余压型；

2 宜按照中档风量下的性能参数进行选择；

3 投资条件允许时，可采用配置直流无刷电机的风机盘管。

【说明】

1 风机盘管直接设置于室内，余压过高时，噪声较大（部分产品超过了50dB），且能耗也会增加，故不宜选择高出口余压的风机盘管机组。当某些应用场所必须采用高余压风机盘管时，应做好相应的隔声和消声措施。

2 为了满足使用的灵活性、个性化需求以及未来可能出现的功能变化的需要，同时考虑设备在全寿命期的性能保证需求，末端设备的选择原则是适当加大，使其最大能力适应于上述要求。因此，设计时宜按照中档风量来选择风机盘管。

3 配置直流无刷电机的风机盘管，电量省、噪声低，但初投资较大。

1.8.6 空气处理机组选型时，冷热盘管的实际换热面积，应在采用焓湿图计算参数对盘管进行选型计算的基础上，增加附加系数。

1 对于夏季工况，附加系数宜取1.3～1.4；

2 对于冬季工况，附加系数宜取1.2～1.3。

【说明】

空调机组的换热性能附加，与风机盘管的附加原则相同。但空调机组一般没有分档风量选择，且机组内的主要功能部件（例如冷热盘管、风机等），可以按照设计要求来配置和供货，因此空调机组的换热性能附加，宜针对冷热盘管的换热面积进行。

1 在实际使用过程中，有可能出现两种情况：

(1) 由于换热器长时间使用后带来的性能下降；

(2) 空调系统所服务的房间，实际使用情况可能导致其负荷（尤其是冷负荷）超过原设计时的计算条件。

2 上述情况都可能导致系统实际运行时的性能不满足使用要求，从而使得末端冷热水系统变成“小温差大流量”的实际情况，不但影响系统的正常使用，而且带来水输配系统的能耗大幅增加。

3 这里强调加大实际应用的末端换热器能力，并不是说在盘管设计参数中将空调系统的设计负荷增加（否则与空气处理过程不对应），而是对盘管换热能力的一种要求——按照空气处理过程的计算参数选择盘管后，在设计图中提出对所需选型换热器的换热面积的附加，因此本条应理解为换热器选型时预留的换热面积安全系数的要求。

1.8.7 在设备的型号与规格选用和应用时，应符合以下要求：

1 除示范工程项目、特殊工艺或特定参数有明确要求外，不应在设计文件中标注设备的品牌；

2 除通用设备外，不宜标注设备型号；

3 尺寸较大的空调设备，宜按照市场上的主流品牌中的较大尺寸，作为设计的基础

依据。

【说明】

按照《中华人民共和国建筑法》的规定，设计不能指定设备生产厂商（换句话说也就不能指定产品的品牌），但暖通空调工程设计工作，又是在产品性能支持的情况下进行的，因此设计时要同时兼顾这两个要求。比较合理的做法是：对目前同类设备的主流品牌进行综合分析，提取它们的“共性点”作为设计依据。

当采用的设备为通用设备（例如：风机盘管、常规风机等）时，必要时可标示设备的通用型号或规格。

但是，对于有特殊工艺或特定参数要求（例如一些结合科研的示范工程项目），当不得不明确产品型号或品牌时，应在设计过程中与甲方沟通并取得同意后方可标注。

1.8.8 **供暖空调系统冷热量计量设计，应符合下列原则：**

1 **供暖系统计量，应符合相关标准的强制性规定以及工程所在地的政策法规；**

2 **一般建筑，应对供暖空调系统的总供热量、供冷量进行计量；**

3 **根据甲方要求，对某些供暖与供冷区域设置分项计量装置；**

4 **接口管径大于或等于 *DN*100 时，宜选用流量与温度测量分体式计量装置，通过远传电信号由集中能源管理系统计算冷、热量；接口管径小于或等于 *DN*50 时，宜选用流量与温度测量一体式计量装置。**

【说明】

1 目前，我国很多地区都有关于冷热计量的管理规定和要求，设计时应遵守。

2 计量的总体目的是促进用户自主节能。为了做好建筑的总体能源管理和冷热源机房的群控优化，应对总供热量和供冷量进行计量。

3 在一些项目中，还可按照建设方的要求，为了实现区域冷热量的分摊而对特定区域的供热量和供冷量进行计量。

4 一体式冷热量计量装置使用方便、安装简单。但目前的产品管径通常不大，适合于就地管理和读取数据的小型系统（例如分户供暖系统）。

当需要采用较大的接口管径时，一般其系统规模也会较大，适合于建筑的集中能源管理模式，因此宜采用远传电信号方式。一般采用供、回水的温度测量和循环水流量测量，通过计算得到冷热量瞬时值（kW），并通过积分功能得到某时段的冷热量累积值（kWh）。

当所选择的计量装置的接口管径在 *DN*50～*DN*100 时，可根据市场产品情况、运行管理要求等，确定类型。

1.8.9 **暖通空调系统中的主要附件，在设计选用时应符合以下要求：**

1 **尽可能选用技术性能先进、功能强、可靠性高的通用附件，并应标注附件的规格，**

必要时明确主要技术性能要求；

2 **不得不采用特定技术性能的附件时，应在设计文件中明确标示附件的技术性能要求，必要时可标注选型的参考型号。**

【说明】

附件的选择和应用，与设备选择的原则和应用相同。

一些特定技术要求的附件，应明确表示其主要技术性能。例如：系统中的自动控制阀，其主要技术性能应为流通能力 K_V（见《措施》第4章），但满足不同 K_V 的产品，其口径可能是不同的，因此不应标注控制阀的管径作为最终的订货依据。

1.8.10 **系统管路（水管和风管）的设计流速，应根据实际管道占用和布置空间、节能与水力平衡等要求，通过技术经济比较后确定。**

1 **新建项目，应选取合理的设计流速，不应直接采用《措施》中的最大流速限值；**

2 **改造工程项目，有条件时其设计流速应按照新建工程的要求选择；条件有限时，不应超过《措施》中的最大流速限值。**

【说明】

最大流速限值是设计的底线，不应超过。设计还应考虑运行水力工况、运行节能等相关因素，综合确定。就目前来看，一般较合理的流速在《措施》规定的最大流速的1/2～2/3的范围。

1 对于新设计的工程，经济技术的合理性是首要目标。新建建筑，应该具有合理的条件，因此不应按照最大流速设计，而应合理降低设计流速。

2 对于改造工程，具备较好的条件时，也宜选用经济技术合理的设计流速；只有当空间条件有限时，才不得不采用较高的设计流速，但也不应超过最大流速限值。

1.8.11 **常用设备和阀件的工作压力，可按表1.8.11考虑：**

主要设备及阀件的常用工作压力 **表1.8.11**

设备名称	工作压力(MPa)				
	1.0	1.6	2.0	2.5	最大值
制冷机组	√	√	(√)	(√)	2.5
空调机组	×	√	(√)	×	2.0
风机盘管	×	√	(√)	×	2.0
循环水泵	√	√	(√)	√	2.5
板式换热器	√	√	(√)	√	2.5
水管阀件	√	√	×	√	2.5

注：√——常用；×——不使用；(√)——不常用，但部分厂家可生产。

【说明】

1 目前的铸铁散热器大都采用“稀土铸铁”，工作压力不应大于0.8MPa；钢板散热器的工作压力不应大于1.0MPa，钢管散热器（包括钢管带翅片式）可等同于风机盘管。

2 当特殊原因（例如超高层建筑）要求设备或附件的工作压力超过表1.8.12中的最大值时，应进行调研分析并确认后方可进行设计。

1.8.12 管道材质宜按照表1.8.12选择。

管道材质选型推荐表　　表1.8.12

管道分类	用途						
类型	供暖热水管	空调冷热水管	冷却水管	空气冷凝水管	蒸汽管	蒸汽凝结水管	地埋管
焊接钢管	$P\leqslant1.0$MPa	$P\leqslant1.0$MPa	$P\leqslant1.0$MPa	—	—	√	—
无缝钢管	√	√	√	—	√	—	—
镀锌钢管	$DN\leqslant80$	—	—	√	—	—	—
塑料管	—	—	—	√	—	—	√

【说明】

1 地埋管包括：室内地板冷热辐射用地埋管、土壤源热泵地埋管等，具体使用要求，分别见《措施》对应章节。

2 不锈钢管适用于高压微雾加湿系统。

3 乙二醇溶液与含锌的材料接触易发生化学反应，因此乙二醇的载冷剂管路系统严禁选用内壁镀锌或含锌的管材及配件。

1.8.13 管道的连接方式，应根据系统工作压力确定，并符合表1.8.13的要求。

管道连接方式　　表1.8.13

设备名称	工作压力(MPa)				
	1.0	1.6	2.0	2.5	最大值
塑料管热熔	√	×	×	×	1.0
螺纹连接	√	(√)	×	×	1.6
焊接连接	√	√	√	√	2.5
法兰连接	√	√	√	√	2.5
沟槽连接	√	√	×	×	1.6

注：√——常用；×——不用；(√)——有条件使用。

【说明】

1 工作压力大于1.0MPa、采用螺纹连接时，应采用“长丝螺纹”。

2 采用沟槽连接时，应重视其管道伸长后的推力，设计时，对固定支架应给出防推力的构造做法和措施。

1.8.14 **设计时，管道的尺寸表示方法应符合以下要求：**

1 **塑料管采用“*De*”表示；**

2 **设计图中，所有钢制管道的管径均采用公称直径 *DN*XXX 表示；当采用无缝钢管时，应在设计说明中给出其公称直径 *DN* 与采用的无缝钢管外径和壁厚的对应表。**

【说明】

1 塑料管的壁厚 δ，应根据管材类型、管道外径、工作温度、工作压力等确定，具体可见相关的规范和标准要求。例如：*De*20 表示外径为 20mm 的塑料管，同时在设计文件中应给出对塑料管壁厚的要求。

2 采用无缝钢管时，公称直径 *DN* 所对应的无缝钢管规格，可按表 1.8.14 采用。

无缝钢管外径（*d*）和壁厚与公称直径的对应表（材质为 20[#] 钢）　　表 1.8.14

公称直径 *DN*		15	20	25	32	40	50
工作压力 *P*(MPa)	$P \leqslant 1.0$	*d*22×3	*d*27×3	*d*32×3	*d*38×3	*d*48×4	*d*57×4
	$1.0 < P \leqslant 2.5$	*d*22×3	*d*27×3	*d*32×3	*d*38×3	*d*48×4	*d*57×4
	$2.5 < P \leqslant 4.0$	*d*22×3	*d*27×3	*d*32×3	*d*38×4	*d*48×4	*d*57×4
公称直径 *DN*		65	80	100	125	150	200
工作压力 *P*(MPa)	$P \leqslant 1.0$	*d*76×4	*d*89×4	*d*108×4	*d*133×4	*d*159×5	*d*219×5
	$1.0 < P \leqslant 2.5$	*d*76×4	*d*89×4	*d*108×4	*d*133×4	*d*159×5	*d*219×5
	$2.5 < P \leqslant 4.0$	*d*76×4	*d*89×4	*d*108×5	*d*133×5	*d*159×6	*d*219×7
公称直径 *DN*		250	300	350	400	450	500
工作压力 *P*(MPa)	$P \leqslant 1.0$	*d*273×6	*d*325×7	*d*377×7	*d*426×8	*d*477×8	*d*530×8
	$1.0 < P \leqslant 2.5$	*d*273×6	*d*325×7	*d*377×7	*d*426×8	*d*477×8	*d*530×9
	$2.5 < P \leqslant 4.0$	*d*273×8	*d*325×9	*d*377×10	*d*426×11	*d*477×12	*d*530×13

注：1. *d* 为无缝钢管的外径。
2. 当使用管道的工程直径大于 *DN*500 时，壁厚应通过计算确定，必要时适当增加厚度。

1.9 绿色建筑、节能与低碳设计要点

1.9.1 **建筑设计的全过程中，应充分贯彻绿色、节能与低碳理念，在满足相关法规的基础上，通过采用合理可行的技术措施来实现绿色、节能与低碳的要求。**

【说明】

绿色、节能与低碳设计理念，应贯彻在建筑设计的始终。

本节中提到的设计要点，是针对一般性原则而提出的相关措施，其中绝大部分也是当

前的相关标准与规范中有明确规定的（甚至是强制性条文），《措施》中各章节的内容也包含了对节能减排措施的具体规定，因此设计中不能将各章节提到的措施与本节的内容割裂开来。列出这些，应理解为是为了给设计时的一种引导和提醒，或者说这是一些基本的底线要求。在设计过程中，每个环节都应以绿色、节能、低碳和经济性为指引，而不是仅仅满足于本节提到的内容和措施。

随着时代的发展，这些措施也会产生相应的变化和深入。因此，这些措施（除了相关标准或规范规定的强制性条文外）不应被机械地应用，而应针对具体项目合理分析后采用。

1.9.2 公共建筑围护结构传热系数、窗墙面积比及透明围护结构太阳得热系数，须满足“国标”“行标”和“地标”的限值要求。

1.9.3 居住建筑设计应符合以下规定：

1 建筑体形系数满足限值要求；

2 居住建筑窗墙比满足限值要求、屋面天窗与所在房间屋面面积的比值不大于规定限值；

3 围护结构传热系数（包括非透光围护结构及透光围护结构）应满足规范限值要求；

4 夏热冬冷地区、夏热冬暖地区、温和地区 A/B 区居住建筑外窗的通风开口面积，应满足规范限值要求；

5 夏热冬暖地区居住建筑东、西向外窗遮阳系数应满足规范限值要求；

6 居住建筑幕墙、外窗及敞开阳台门的空气渗透量应满足规范限值要求；

7 居住建筑外窗玻璃的可见光透射比应满足规范限值要求；

8 居住建筑的主要使用房间窗地面积比应满足规范限值要求；

9 当采用建筑围护结构热工性能权衡判断时，其围护结构传热系数、透明结构太阳得热系数、窗墙比，应满足《建筑节能与可再生能源利用通用规范》GB 55015—2021 附录 C 的基本要求。

1.9.4 公共建筑设计应符合以下规定：

1 建筑体形系数满足限值要求；

2 甲类公共建筑屋面透光部分面积不大于屋面总面积的 20%；

3 围护结构传热系数应满足规定限值；

4 公共建筑主要功能房间应设置可开启窗扇或通风换气装置；

5 公共建筑入口大堂为全玻璃幕墙时，全玻璃幕墙非中空玻璃面积不超过同一立面透光面积的 15%，且应加权计算平均传热系数；

6 夏热冬冷地区、夏热冬暖地区，甲类公共建筑东、西、南向外窗及透光幕墙应采取遮阳措施；

7 当采用建筑围护结构热工性能权衡判断时，其围护结构传热系数、透明结构太阳得热系数、窗墙比，应满足《建筑节能与可再生能源利用通用规范》GB 55015 附录 C 的基本要求。

1.9.5 采取控制与降低建筑碳排放的有效措施。

1.9.6 符合《建筑节能与可再生能源利用通用规范》GB 55015 列出的条件之一时，可采用电直接加热设备作为供暖热源。

【说明】

第 1.9.2～1.9.6 条统一说明如下：

1 上述条文主要适用于暖通设计人员与建筑专业设计时的配合及能耗计算过程中应遵循的约束条件。

2 相关的国家标准和行业标准包括：《建筑节能与可再生能源利用通用规范》GB 55015—2021、《严寒和寒冷地区居住建筑节能设计标准》JGJ 26—2018、《夏热冬冷地区居住建筑节能设计标准》JGJ 134—2010、《夏热冬暖地区居住建筑节能设计标准》JGJ 75—2012、《温和地区居住建筑节能设计标准》JGJ 475—2019 及各地方标准。

3 甲类公共建筑的屋顶透光部分面积不应大于屋顶总面积的 20%（《建筑节能与可再生能源利用通用规范》GB 55015—2021 第 3.1.6 条）。

4 当公共建筑入口大堂采用全玻璃幕墙时，全玻璃幕墙中的非中空玻璃的面积不应超过同一立面透光面积（门窗和玻璃幕墙）的 15%，且应按同一立面透光面积（含全玻璃幕墙面积）加权计算平均传热系数（《建筑节能与可再生能源利用通用规范》GB 55015—2021）。

5 严寒地区居住建筑的屋面天窗与所在房间屋面面积的比值不应大于 10%；寒冷地区不应大于 15%；夏热冬冷地区不应大于 6%，夏热冬暖地区不应大于 4%，温和地区 A 区不应大于 10%。

6 夏热冬暖地区居住建筑的东、西向外窗的建筑遮阳系数不应大于 0.8。

7 夏热冬暖地区、温和地区 B 区居住建筑外窗的通风开口面积不应小于房间地面面积的 10%或外窗面积的 45%，夏热冬冷地区、温和地区 A 区居住建筑外窗的通风开口面积不应小于房间地面面积的 5%。

8 建筑围护结构热工性能权衡判断的合格标准为：总耗电量不大于参照建筑。

9 按照当前的要求，新建居住建筑平均设计能耗水平应在 2016 年执行的节能标准上降低 30%。严寒及寒冷地区居住建筑平均节能率应为 75%，其他气候区居住建筑平均节能率应为 65%；新建公共建筑平均设计能耗水平应在 2016 年执行的节能标准上降低 20%。公共建筑平均节能率应为 72%；新建居住及公共建筑碳排放强度应对标在 2016 年节能设计标准的基础上平均降低 40%，碳排放强度平均降低 $7kgCO_2/(m^2 \cdot a)$ 以上。

10 随着建筑电气化的推进，利用电能供暖的范围也会随之有所增加。

1.9.7 室内设计参数的选择应根据建筑使用功能和节能设计标准确定，同时根据项目功能和建设标准确定新风量、室内风速等其他参数。

【说明】

确定室内标准时，分为仅按照供暖和设置空调两种情况。供暖、空调室内设计参数可按照《民用建筑供暖通风与空气调节设计规范》GB 50736—2012“室内空气设计参数”章节中的相关规定及《措施》第1.5节进行选取。

1.9.8 供暖系统的热源和空调系统的冷热源选择，应满足国家及地方节能设计标准的相关规定和《措施》第5章的相关要求。

【说明】

冷源类型、单台容量、性能系数（*COP*、*SCOP*、*EER* 等）、综合部分负荷性能系数（*IPLV*）、台数、热源类型、热媒种类等设计和选用的参数，在《民用建筑供暖通风与空气调节设计规范》GB 50736—2012 及《公共建筑节能设计标准》GB 50189—2015“冷源和热源”章节等相关的国家标准，以及项目所在地的地方标准中，都有相应的规定。

1.9.9 集中供暖系统的热力入口处及供水或回水管的分支管路上，应根据水力平衡要求，合理设置水力平衡装置。

【说明】

设计工况下的水力平衡是合理设计的前提。设计时首先应该通过对管道（管长、管径等）的调整来得到符合要求的水力平衡率。由于管道直径存在分级的差距，具体工程设计时，有可能增大或减小管径都不能实现要求的水力平衡率，或者为了水力平衡调整管径导致管道内的水流速严重不合理，这时需要设置静态水力平衡阀等措施，来实现环路的水力平衡。但设置平衡阀等措施，会增加管道系统的阻力。因此，每个环路都并联设置，甚至同一个环路中多处“串联”设置平衡阀，都是不合理的。

1.9.10 输配系统中，供热、供冷系统循环水泵的耗电输热（冷）比，应满足相应的规范或标准的规定。

【说明】

输配系统耗电输热（冷）比的具体要求见《民用建筑供暖通风与空气调节设计规范》GB 50736—2012“空调冷热水及冷凝水系统”及《公共建筑节能设计标准》GB 50189—2015“输配系统”中的有关内容。

1.9.11 集中供暖系统的循环水泵宜采用变速调节控制。中央空调冷热水系统应采用变流量水系统；新建工程的中央空调冷水系统应优先采用冷水机组变流量系统。

【说明】

水泵变频运行时，可以在达到使用要求的基础上节省运行能耗。

目前，大部分冷水机组产品可以变流量运行，因此中央空调冷水系统，应优先采用冷水机组变流量方式。详细设计见《措施》第5章。

1.9.12 **室外管网设计时，应根据系统规模、冷热源布局、冷热介质参数、管网布置形式、管道敷设方式、用户连接方式、调节控制方式等经技术经济比较确定。根据不同的热网输配形式确定相应的输送效率。冷、热水系统应根据系统规模、使用功能、系统作用半径、季节转换等要求，确定合理的系统形式和供、回水温差。**

【说明】

民用建筑设计单位的设计项目中，涉及的室外管网主要是为设计项目直接服务的建筑周围的冷热水管网和区域管网（俗称“小市政”）。其中区域管网也可能会包括相应的冷热源设计。

1.9.13 **公共建筑设置集中供暖系统时，管路宜按南、北分区布置，并分别设置室温调控装置；建筑内部分属不同使用单位的各部分可按照使用要求分别设置热计量装置。居住建筑设置集中供暖系统时，必须具备分户热计量条件，并根据不同计量方式配合建筑、电气专业预留安装条件。室内末端设备应根据建筑空间布局及使用功能选择合理的形式。**

【说明】

由于南、北向负荷不同，同一时段负荷存在较大差异，管路分区布置易于运行调节及控制室温；建筑内的计量除按规范执行外，还应在项目前期同甲方或业主沟通，以确定合理的计量要求及计量方式，根据热计量装置不同（如热量表、热分摊方法中的通断时间面积法、户用热量表法等），对土建条件、电气专业要求及室内末端阀门形式等的要求不同，需要在项目前期确定。

1.9.14 **根据建筑所在城市的气候特点，夏季、过渡季应充分利用自然通风降温；本专业应与建筑专业配合，确定合理的开窗面积、位置等；必要时可通过模拟分析来得到结果，或设置机械通风系统。**

【说明】

利用自然通风或复合通风能达到建筑室内热环境参数在适应性舒适区域的，为节省运行能耗，应鼓励采用通风方式，自然通风由于受朝向、开窗高度、开启方式等的影响，需要在建筑方案阶段进行配合，根据空间形式不同，可采用简化计算法、计算机模拟法等进行计算分析。

1.9.15 空气调节风系统设计时，对排风热回收系统的设计应进行合理的技术经济论证，并符合相关标准规范的强制性要求，排风热回收的效率根据所选择的回收方式确定。

【说明】

当相关标准对排风热回收有一定的要求（有“应”“宜”等要求，但不强制）时，如果该项目不设置排风热回收系统，则应进行技术经济比较，充分考虑项目所在地气象条件、能量回收系统的使用时间、后期运行维护等因素，计算静态投资回收期。从目前实际项目的运维情况看，对热回收良好的维护管理并不完全到位，导致其运行过程中的实际热回收效果逐年下降，因此，当静态投资回收期超过5年时，可不采用。

1.9.16 空调风系统应采用单风道系统。除有室内温湿度精度控制要求以及特殊的场所之外，一般的舒适性空调系统中，空气处理系统不应同时有冷却和加热处理过程。

【说明】

单风道系统有利于减少风管占用室内空间和降低系统的复杂程度，且运行时可降低能耗，适用于室内温湿度允许在一定范围内波动的舒适性空调房间。当室内为温湿度有精度要求的工艺性房间时，应优先满足工艺要求；当室内为游泳馆等特殊环境时，为满足室内温湿度及防止因送风温度过低出现风口结露，可以考虑设置再热措施。除上述情况外，在一般舒适性空调中为减少冷热抵消导致的能量浪费，不应同时有冷却和加热过程。

1.9.17 在人员密度相对较大且变化较大的房间，宜采用新风需求控制。

【说明】

在不能利用新风作冷源的季节，根据室内CO_2浓度检测值增加或减少新风量，在CO_2浓度符合卫生标准的前提下，尽可能减少新风冷热负荷。

1.9.18 对冬季或冬季过渡季存在一定量供冷需求的建筑内区，设计时应优先考虑可加大新风量或采用冷却塔供冷的措施。

【说明】

本条针对建筑内区存在冬季或冬季过渡季的供冷需求。

对于全空气系统，通过加大新风量对房间直接冷却，具有运行节能的显著效益。

对于风机盘管加新风系统，直接加大新风量的可能性较小，宜采用冷却塔提供冷水的措施；考虑冷却塔供冷时，空调水系统应为四管制系统或分区两管制系统。冷却塔供冷应综合考虑以下因素，以确定冷却塔供冷系统的各项参数和设备规格：

1 末端盘管的供冷能力，应在所能获得的空调冷水的最高计算供水温度和供回水温差条件下，满足冬季冷负荷需求；宜尽可能提高计算供水温度，延长利用冷却塔供冷的时间。

2 冷却塔的最高计算供冷水温、温差和冬季供冷冷却塔的使用台数，应根据冷负荷需求、空调冷水的计算温度、冷却塔在冬季室外气象参数下的冷却能力（由生产厂提供或参考有关资料）、换热器的换热温差等因素，经计算确定。

3 开式冷却塔应设置板式换热器，可考虑1～2℃换热温差；闭式冷却塔可直接供水。

4 冬季空调冷水的循环泵和设置板式换热器的冷源水循环泵的规格、台数，应与冬季供冷工况相匹配。

1.9.19 冬季有防冻要求、全天间歇性使用的房间，采用全空气空调系统时，宜考虑值班空调或值班供暖系统。

【说明】

尽管全天采用全空气空调系统对房间进行热风供暖也可以做到夜间的防冻，但房间不使用时，全空气空调系统的运行能耗较大，浪费严重。设置值班空调或值班供暖系统，可与全空气空调系统在房间使用时联合运行，也可在全空气空调系统不运行时维持必要的温度，有利于降低运行能耗。

1.9.20 集中供暖通风与空气调节系统，应进行监测与控制。监测控制内容应根据建筑功能、相关标准、系统类型等，通过技术经济比较确定。冷热源站房应设计能量计量、自动控制装置，并实现能源优化管理和智能运维。供暖空调系统应设室温调控装置；散热器及辐射供暖系统应安装自动温度控制阀。

【说明】

为降低运行能耗，供暖通风与空调系统应进行必要的监测与控制。监测控制的内容包括参数检测、参数与设备的状态显示、自动调节与控制、工况自动转换、能量计量以及中央监控与管理。工程应用中应根据项目实际情况，通过技术经济比较确定具体的控制内容。建筑节能要求加强建筑用能的量化管理，在冷热源站房设计量装置，是实现用能总量量化管理的前提和条件，同时也便于操作。末端设置室温调控装置能够使用户根据自身需求，利用空调供暖系统的调节阀主动调节和控制室温，是实现按需供热、行为节能的前提条件。

1.9.21 应根据甲方的需求，确定所采用的国家或地方对本项目的绿色评价等级。暖通空调设计时，并按照相应的条文和等级来进行。

【说明】

绿色建筑目前应用于设计时，主要有两类标准：一是评价标准，二是设计标准。设计标准是设计中应该贯彻的，评价标准尽管是一个可选标准，但通常其最低等级（控制项）

也是设计中应满足的。

主要的标准包括：国家标准《绿色建筑评价标准》GB/T 50378 及根据不同建筑功能细分的绿色建筑评价标准、各地方《居住建筑节能设计标准》、行业标准《民用建筑绿色设计规范》JGJ/T 229 和各地方《绿色建筑设计标准》。

1.9.22　绿色建筑设计的控制项要求如下：

1　室内空气中的氨、甲醛、苯、总挥发性有机物、氡等污染物浓度应符合现行国家标准《室内空气质量标准》GB/T 18883 的有关规定；

2　应采取措施避免厨房、餐厅、打印复印室、卫生间、地下车库等区域的空气和污染物串通到其他空间；应防止厨房、卫生间的排气倒灌；

3　应采取措施保障室内热环境：采用集中供暖空调系统的建筑，房间内的温度、湿度、新风量等设计参数应符合现行国家标准《民用建筑供暖通风与空气调节设计规范》GB 50736 的有关规定；采用非集中供暖空调系统的建筑，应具有保障室内热环境的措施或预留条件；

4　围护结构热工性能应符合第 1.9.2～第 1.9.6 条的相关规定；

5　主要功能房间应具有现场独立控制的热环境调节装置；

6　地下车库应设置与排风设备联动的一氧化碳浓度监测装置；

7　建筑设备管理系统应具有自动监控管理功能；

8　应采取措施降低部分负荷、部分空间使用下的供暖、空调系统能耗；应按照房间的朝向细分供暖、空调区域，并应对系统进行分区控制；空调冷源的部分负荷性能系数（*IPLV*）、电冷源综合制冷性能系数（*SCOP*）应符合现行国家标准《公共建筑节能设计标准》GB 50189 的规定；

9　应根据建筑空间功能设置分区温度，合理降低室内过渡区空间的温度设定标准；

10　冷热源、输配系统和照明等各部分能耗应进行独立分项计量；

11　室外热环境应满足国家现行有关标准的要求。

【说明】

控制项的评定结果为达标或不达标。当满足全部控制项要求时，绿色建筑等级为基本级。

1.9.23　建设项目有绿色建筑评价等级要求时，可对暖通空调设计进行预评价。

【说明】

本条适用于对暖通空调设计的绿色建筑等级评分项的预评价和评价。所涉及的可再生能源应用比例应为可再生能源的净贡献量。

根据《绿色建筑评价标准》GB/T 50378—2019，预评价的评分项可按以下规定计算：

1 控制室内主要空气污染物的浓度，评价总分值为12分。其中：氨、甲醛、苯、总挥发性有机物、氡等污染物浓度低于现行国家标准《室内空气质量标准》GB/T 18883规定限值的10%，得3分；低于20%，得6分；室内PM2.5年均浓度不高于25$\mu g/m^3$，且室内PM10年均浓度不高于50$\mu g/m^3$，得6分。

2 具有良好的室内热湿环境，评价总分值为8分。采用自然通风或复合通风的建筑，建筑主要功能房间室内热环境参数在适应性热舒适区域的时间比例，达到30%时得2分；每再增加10%，再得1分，最高得8分。采用人工冷热源的建筑，主要功能房间达到现行国家标准《民用建筑室内热湿环境评价标准》GB/T 50785规定的室内人工冷热源热湿环境整体评价Ⅱ级的面积比例，达到60%，得5分；每再增加10%，再得1分，最高得8分。

3 优化建筑空间和平面布局，改善自然通风效果，评价总分值为8分。对于住宅建筑：通风开口面积与房间地板面积的比例在夏热冬暖地区达到12%，在夏热冬冷地区达到8%，在其他地区达到5%，得5分；每再增加2%，再得1分，最高得8分。对于公共建筑：过渡季典型工况下主要功能房间平均自然通风换气次数不小于$2h^{-1}$的面积比例达到70%，得5分；每再增加10%，再得1分，最高得8分。

4 设置分类、分级用能自动远传计量系统，且设置能源管理系统实现对建筑能耗的监测、数据分析和管理，评价分值为8分。

5 设置PM10、PM2.5、CO_2浓度的空气质量监测系统，且具有存储至少一年的监测数据和实时显示等功能，评价分值为5分。

6 优化建筑围护结构的热工性能，评价总分值为15分。围护结构热工性能比国家现行相关建筑节能设计标准规定的提高幅度达到5%，得5分；达到10%，得10分；达到15%，得15分。建筑供暖空调负荷降低5%，得5分；降低10%，得10分；降低15%，得15分。

7 供暖空调系统的冷、热源机组能效均优于现行国家标准《公共建筑节能设计标准》GB 50189的规定以及现行有关国家标准能效限定值的要求，评价总分值为10分，按表1.9.23-1的规则评分。

冷、热源机组能效提升幅度评分表 **表1.9.23-1**

机组类型	能效指标	参照标准	评分要求	
电机驱动的蒸气压缩循环冷水(热泵)机组	制冷性能系数(*COP*)	现行国家标准《公共建筑节能设计标准》GB 50189	提高6%	提高12%
直燃型溴化锂吸收式冷(温)水机组	制冷、供热性能系数(*COP*)		提高6%	提高12%
单元式空气调节机、风管送风式和屋顶式空调机组	能效比(*EER*)		提高6%	提高12%

续表

<table>
<tr><th colspan="2">机组类型</th><th>能效指标</th><th>参照标准</th><th colspan="2">评分要求</th></tr>
<tr><td colspan="2">多联式空调（热泵）机组</td><td>制冷综合性能系数[IPLV(C)]</td><td rowspan="3">现行国家标准《公共建筑节能设计标准》GB 50189</td><td>提高 8%</td><td>提高 16%</td></tr>
<tr><td rowspan="2">锅炉</td><td>燃煤</td><td>热效率</td><td>提高 3 个百分点</td><td>提高 6 个百分点</td></tr>
<tr><td>燃油燃气</td><td>热效率</td><td>提高 2 个百分点</td><td>提高 4 个百分点</td></tr>
<tr><td colspan="2">房间空气调节器</td><td>能效比(EER)、能源消耗效率</td><td rowspan="3">现行有关国家标准</td><td rowspan="3">节能评价值</td><td rowspan="3">1 级能效等级限值</td></tr>
<tr><td colspan="2">家用燃气热水炉</td><td>热效率值(η)</td></tr>
<tr><td colspan="2">蒸汽型溴化锂吸收式冷水机组</td><td>制冷、供热性能系数(COP)</td></tr>
<tr><td colspan="4">得分</td><td>5 分</td><td>10 分</td></tr>
</table>

8 供暖空调系统的冷、热源机组能效均优于现行国家标准《公共建筑节能设计标准》GB 50189 的规定以及国家现行有关标准能效限定值的要求。

9 采取有效措施降低供暖空调系统的末端系统及输配系统的能耗，评价总分值为 5 分。其中：通风空调系统风机的单位风量耗功率比现行国家标准《公共建筑节能设计标准》GB 50189 的规定低 20%，得 2 分；集中供暖系统热水循环泵的耗电输热比、空调冷热水系统循环水泵的耗电输冷（热）比比现行国家标准《民用建筑供暖通风与空气调节设计规范》GB 50736 的规定值低 20%，得 3 分。

10 采取措施降低建筑能耗，评价总分值为 10 分。建筑能耗相比国家现行有关建筑节能标准降低 10%，得 5 分；降低 20%，得 10 分。

11 结合当地气候和自然资源条件合理利用可再生能源，评价总分值为 10 分，按表 1.9.23-2 的规则评分。

可再生能源利用评分表 **表 1.9.23-2**

<table>
<tr><th colspan="2">可再生能源利用类型和指标</th><th>得分</th></tr>
<tr><td rowspan="5">由可再生能源提供的生活用热水比例 R_{hw}</td><td>$20\% \leqslant R_{hw} < 35\%$</td><td>2</td></tr>
<tr><td>$35\% \leqslant R_{hw} < 50\%$</td><td>4</td></tr>
<tr><td>$50\% \leqslant R_{hw} < 65\%$</td><td>6</td></tr>
<tr><td>$65\% \leqslant R_{hw} < 80\%$</td><td>8</td></tr>
<tr><td>$R_{hw} \geqslant 80\%$</td><td>10</td></tr>
<tr><td rowspan="3">由可再生能源提供的空调用冷量和热量比例 R_{ch}</td><td>$20\% \leqslant R_{ch} < 35\%$</td><td>2</td></tr>
<tr><td>$35\% \leqslant R_{ch} < 50\%$</td><td>4</td></tr>
<tr><td>$50\% \leqslant R_{ch} < 65\%$</td><td>6</td></tr>
</table>

续表

可再生能源利用类型和指标		得分
由可再生能源提供的空调用冷量和热量比例 R_{ch}	$65\% \leqslant R_{ch} < 80\%$	8
	$R_{ch} \geqslant 80\%$	10
由可再生能源提供电量比例 R_e	$0.5\% \leqslant R_e < 1.0\%$	2
	$1.0\% \leqslant R_e < 2.0\%$	4
	$2.0\% \leqslant R_e < 3.0\%$	6
	$3.0\% \leqslant R_e < 4.0\%$	8
	$R_e \geqslant 4.0\%$	10

12 为了鼓励项目根据建设所在地的气候、资源特点，进一步提升建筑围护结构热工性能、提高供暖空调设备系统能效，以最少的能源消耗提供舒适的室内环境，当采取了措施来进一步降低建筑供暖空调系统的能耗时，设计预评价时的加分计算方式为：建筑供暖空调能耗相比国家现行有关建筑节能标准降低40%得10分为起点，每再降低10%，创新加分再得5分，最高可得30分。

1.9.24 绿色建筑设计与评价等级划分为基本级、一星级、二星级、三星级4个等级。

【说明】

满足全部控制项要求时，绿色建筑等级为基本级。

一星级、二星级、三星级3个等级的绿色建筑均应满足全部控制项的要求，且每类指标预评价时的评分项得分不应小于其评分项满分值的30%；当预评价总得分分别达到60分、70分、85分且满足表1.9.24要求时，绿色建筑预评价等级可分别为一星级、二星级、三星级。

一星级、二星级、三星级绿色建筑的技术要求　　表1.9.24

	一星级	二星级	三星级
围护结构热工性能的提高比例，或建筑供暖空调负荷降低比例	围护结构提高5%，或负荷降低5%	围护结构提高10%，或负荷降低10%	围护结构提高20%，或负荷降低15%
严寒和寒冷地区住宅建筑外窗传热系数降低比例	5%	10%	20%
节水器具用水效率等级	3级	2级	
住宅建筑隔声性能	—	室外与卧室之间、分户墙（楼板）两侧卧室之间的空气声隔声性能以及卧室楼板的撞击声隔声性能达到低限标准限值和高要求标准限值的平均值	室外与卧室之间、分户墙（楼板）两侧卧室之间的空气声隔声性能以及卧室楼板的撞击声隔声性能达到高要求标准限值

续表

	一星级	二星级	三星级
室内主要空气污染物浓度降低比例	10%	20%	
外窗气密性能	符合国家现行相关节能设计标准的规定，且外窗洞口与外窗本体的结合部位应严密		

注：1. 围护结构热工性能的提高基准、严寒和寒冷地区住宅建筑外窗传热系数降低基准均为国家现行相关建筑节能设计标准的要求。

2. 住宅建筑隔声性能对应的标准为现行国家标准《民用建筑隔声设计规范》GB 50118。

3. 室内主要空气污染物包括氨、甲醛、苯、总挥发性有机物、可吸入颗粒物等，其浓度降低基准为现行国家标准《室内空气质量标准》GB/T 18883 的有关要求。

1.9.25 在工程项目设计过程中，暖通专业在配合建筑围护结构热工、系统设计与设备选择等方面应充分考虑低碳设计。

1 配合建筑专业，提升建筑热工性能，减少建筑物运行过程中的能源消耗；

2 选用高性能暖通空调系统及设备，提高能源利用率；

3 建筑内应减少以化石能源为冷热源的系统形式，积极推进建筑用能电气化；

4 根据项目所在地气候、地质、经济条件等因素，通过技术经济分析比较，积极推进零碳能源的高效利用。

【说明】

为实现“2030年碳达峰、2060年碳中和”的目标，建筑应向实现直接排放零碳化目标努力，需要逐步减少建筑内直接化石能源消耗，逐步实现建筑用能电气化。

1 建筑性能提升是降低供暖空调系统能耗的基础，应充分降低建筑供暖空调负荷需求，根据不同建筑气候分区，分清热工性能提升重点，如以供暖为主的严寒和寒冷地区的建筑，建筑性能提升的重点应放在提高围护结构保温性能上；以供冷为主的夏热冬冷及夏热冬暖地区，建筑性能以隔热为主要目标，以提升建筑透明围护结构的遮阳为重点等。

同时，应该与建筑专业配合，加强自然通风等被动技术的应用。

2 供暖空调系统性能的提升，应包括设备本身性能的提升和系统集成应用时的性能提升。

3 一般的建筑，宜考虑以电能驱动的制冷系统，以直燃型冷水机组作为冷热源的吸收式制冷空调系统，只应在有余热或废热可利用的条件下使用。供暖系统宜减少燃气、燃油锅炉的使用，有条件时积极推进建筑用能电气化，例如采用高性能热泵机组替代燃气、燃油锅炉，利用峰谷电价选用蓄能系统等。

4 在项目冷热源选型时，根据项目自身特点，经技术经济比较选用符合当地条件的零碳能源，有条件时，积极推进太阳能、生物质能、空气能、浅层地热能、中深层地热能等能源的合理应用，促进暖通空调低碳设计，力争实现建筑直接排放零碳化。

1.10 BIM 设 计

1.10.1 本专业进行BIM设计时，应与各专业和相关产品制造业密切配合，力争将所有本专业所需要的各专业信息资料，在建筑BIM图中得以体现。并利用模拟设计方法，完成整个系统的信息化设计。

【说明】

为满足全年的使用要求，暖通空调系统是一个需要全年不断实时调节和运行的动态系统。本专业BIM设计的最终目标应该是：将本专业的系统参数、信息和未来使用的运行方式，通过模拟方式反映出来，为暖通空调系统的建造和运行提供重要支撑。因此，本专业在BIM设计时，既要关注设计过程中的几何与空间信息，更需要关注非几何信息。

在设计时的非几何信息包括：各空间功能与使用方式、建筑各部件的热工性能、区域人数、照明设置、空调设备设备性能参数，以及本专业的相关设计参数等。通过对这些参数的提取与应用，实现自动冷热负荷计算、自动设备选型，在设计思想指导下自动完成系统构建、系统水力计算和设计文件的自动输出等工作。

为了给运行维护提供支持，在本专业全年负荷与能耗分析软件应用的基础上，通过BIM设计还能够进行全年系统运行的模拟分析，并给出系统优化运行的模式和建议。

1.10.2 设计命名应符合综合因素和清晰识别两个基本原则。

【说明】

BIM设计的命名，会对设计行为、项目数据管理模式、协同工作流程和最终交付成果带来影响，因此需要对相关的命名做出原则性规定。

1 对设计行为影响：BIM设计经常需要在多文件、多专业间进行文件链接、数据信息共享与传递、数据统计、视图显示及构件样式控制等，统一、规范的数据级BIM命名规则，将更大地提高上述工作效率和成果质量。

2 对项目数据管理模式影响：BIM设计各阶段将产生大量BIM项目文件，及由BIM项目文件导出、打印产生的大量相关延伸BIM成果文件（BIM浏览模型、BIM碰撞报告、BIM模拟分析报告、PDF图纸、DWG图纸等），加上项目前期的基本资料、往来文档、最终交付和归档文件等。高效地存储、共享、管理、检索海量项目文件，BIM文件级命名规则将起到重要作用。

3 对协同工作流程影响：前述BIM构件的数据级命名规则、文件级命名规则，对BIM设计在多文件、多专业间的文件链接关系、BIM信息传递、BIM协同工作流程（包括提资、校审、碰撞检查、施工模拟等）。

4 对最终交付BIM成果影响：命名规则对BIM成果的影响，除BIM模型质量、BIM图纸信息完整、图面美观等影响外，最重要的影响体现在，由BIM模型成果能否高效地得到满足需要的BIM成果（BIM浏览模型、BIM算量统计、CAD图纸、各项经济技术指标等）。

5 综合因素原则应考虑的内容如下：

（1）项目、子项、专业、功能区、视图、图纸；

（2）文件、类型与实例、参数；

（3）不同BIM软件、文件格式、数据管理与共享；

（4）连接符、分隔符、中英文应用/构件统计、构件选择过滤与控制等。

6 清晰识别原则应考虑的内容如下：

（1）易于识别、记忆、操作、检索：使用专业术语、通用代码等；

（2）分级命名：结合数据管理结构分级命名，避免太长的名称，例如Revit的族文件名、族类型名称，两级命名结合即可快速识别；

（3）中英文应用：除专业代码、项目编号、构件标记等通用的缩写英文、数字代码外，其他名称尽量使用中文，方便识别；

（4）连接符、分隔符、井字符、括号：只用“—”“_”“#”字符分隔（“—”表示分隔或并列的文件内容，“_”表示“到”，“#”表示项目子项编号）；不使用或少使用空格；需要注释的可以用西文括号“（）”。

1.10.3 设计代码命名，宜按如下规则：

1 各项目阶段代码命名规则，见表1.10.3-1；

2 暖通专业系统代码命名规则，见表1.10.3-2。

项目阶段代码命名规则　　表1.10.3-1

阶段	策划阶段	方案设计阶段	初步设计阶段	施工图设计阶段	招投标阶段	施工深化设计阶段	竣工图阶段	运维阶段
代码	PP	SD	DD	CD	BP	CP	DP	OP

暖通专业系统代码命名规则　　表1.10.3-2

风系统	净化送风	加压送风	厨房排油烟	排烟	排风	排风兼排烟	消防补风	进风	空调新风	空调回风	送风兼消防补风	通风	除尘系统
	JH	JY	PYY	PY	P	P(Y)	JB	J	X	KH	J(B)	TF	CC
水系统	空调热水供水	空调热水回水	空调冷水供水	空调冷水回水	冷却供水	冷却回水	泄水	空调冷热水供水	空调冷热水回水	乙二醇供水	乙二醇供水	空调冷凝水	空调冷媒
	RG	RH	LG	LH	LQG	LQH	XS	LRG	LRH	YG	YH	n	F

续表

水系统	蒸汽	补水	软化水	加湿水	地暖热水供水	地暖热水回水	供暖热水供水	供暖热水回水
	Z	b	r	j	DRG	DRH	SRG	SRH

【说明】

BIM项目全生命周期须经历许多阶段，不同的阶段可用不同的代码进行命名。通过对专业代码的命名，可清晰识别模型中管路及设备的系统类型及系统名称，便于模型信息从设计阶段向施工运维阶段传递。

1.10.4 **项目中心文件划分应符合以下要求：**

1 设计项目可根据项目具体情况和专业特点划分中心文件；

2 轴网应单独放置在一个中心文件里，作为独立于所有专业之外的单一文件存在。各专业的所有中心文件都链接轴网文件，采用复制监视的方式创建轴网。

【说明】

1 中心文件的划分，是为了减小中心文件的体积和在同一模型文件上工作的人数，让模型文件运行更流畅，从而提高工作效率。

2 轴网是整个项目设计的基础定位依据。为保证各专业和各中心文件定位的一致性，轴网应独立于所有的专业文件之外。

1.10.5 **暖通专业中心文件，一般情况下可按照以下规则划分：**

1 地下车库、人防区域等与其他系统关联较少的可拆分为独立中心文件；

2 制冷机房、人防区域等管路复杂、管道附件繁多的可拆分为独立中心文件；

3 各层面积较大且系统复杂时，可每层划分为一个中心文件；但如果竖向系统较多且重要时，则不宜每层划分；

4 超高层建筑可根据竖向分区进行划分。

【说明】

暖通专业中心文件划分，应考虑系统与区域的关联程度、模型构件量的多少以及系统大小及具体设置等因素，综合确定。

1.10.6 **工作集设置，应综合考虑项目情况、设计人数、工作量及工作习惯。**

【说明】

工作集包括通用工作集和暖通空调专业工作集。

1 通用工作集包括：(1) G-轴网：只包含轴线；(2) G-标高：包含除结构专业专用标高以外的所有标高。(3) G-链接：包含所有二维或三维的链接文件。

2 暖通空调专业工作集包括：(1) H-共享标高和轴网：包含标高和轴网对象；(2) H-空调水系统：包含空调水系统、供暖水系统的管道、管件及相应管路附件；(3) H-空调风系统：包含空调风系统、通风系统、防排烟系统的风管、管件、风管附件、末端风口；(4) H-共享设备：包含风、水系统的共享设备。

1.10.7 应根据设计信息将模型单元进行系统分类，并应在属性信息中表示。暖通空调系统分类，宜符合表1.10.7的要求。

暖通空调系统分类 **表1.10.7**

一级系统	二级系统	三级系统
暖通空调系统	供暖系统	热源系统
		散热器供暖系统
		热水辐射供暖系统
		电热供暖系统
		户式燃气炉、户式空气源热泵供暖系统
	通风系统	机械排风系统
		机械送风系统
		事故通风系统
		防排烟系统
		排油烟系统
	空气调节系统	冷热源系统
		全空气调节系统
		蒸发冷却空调系统
		多联式空调系统
		直接膨胀式空调系统
		风机盘管加新风系统
		温湿度独立控制系统
	除尘与有害气体净化系统	除尘系统
		气体净化系统
		抑尘及真空清扫系统

【说明】

暖通空调专业在对模型单元进行系统分类时，应结合建筑信息模型进行。建筑信息模型一般包括：模型单元的系统分类、模型单元的关联关系、模型单元几何信息及几何表达精度和模型单元属性信息及信息深度。

1.10.8 暖通空调系统模型单元的几何表达精度，应符合表1.10.8-1的规定。

暖通空调系统的模型单元几何表达精度 表 1.10.8-1

单元	几何表达精度	几何表达精度要求
设备	G1	宜以二维图形表示
	G2	应体量化建模表示主体空间占位
	G3	应建模表示设备尺寸及位置； 应粗略表示主要设备内部构造； 宜表达其连接管道、阀门、管件、附属设备或基座等安装构件
	G4	宜按照产品的实际尺寸建模或采用高精度扫描模型
风管和管件	G1	宜以二维图形表示
	G2	应体量化建模管道空间占位
	G3	应建模表示管线实际规格尺寸及材质； 应建模表示风管支管和末端百叶的实际尺寸、位置； 有保温的管道宜按照实际保温材质及厚度建模； 应建模表示管道支架的尺寸
	G4	应按照管线实际规格尺寸及材质建模； 应建模表示风管支管和末端百叶的实际尺寸、位置； 有保温管道宜按照实际保温材质及厚度建模； 宜按照管道实际安装尺寸进行分段或分节； 管件宜按照其规格尺寸和材质建模； 应建模表示管道支架的尺寸和材质
液体输送管道和管件	G1	宜以二维图形表示
	G2	应体量化建模管道空间占位
	G3	应按照管线实际规格尺寸及材质建模，管线支线应建模； 有坡度的管道宜按照实际坡度建模； 有保温管道宜按照实际保温材质及厚度建模； 应建模表示管道支架的尺寸
	G4	应按照管线实际规格尺寸及材质建模，管线支线应建模； 有坡度的管道宜按照实际坡度建模； 有保温管道宜按照实际保温材质及厚度建模； 管件宜按照其规格尺寸和材质建模； 应建模表示管道支架的尺寸和材质
管道附件	G1	宜以二维图形表示
	G2	应体量化建模表示空间占位
	G3	应建模表示构件的实际尺寸及材质
	G4	应建模表示构件的实际尺寸、材质、连接方式、安装附件等
管道支吊架	G1	宜以二维图形表示
	G2	应体量化建模主要构配件空间占位
	G3	应建模表示构件的实际尺寸及材质
	G4	应建模表示构件的实际尺寸、材质、连接方式、安装附件等

【说明】

几何表达精度一般划分为 G1～G4 共 4 个级别，见表 1.10.8-2。

几何表达精度等级的划分　　表 1.10.8-2

等级	英文名	代号	等级要求
1级几何表达精度	level 1 of geometric detail	G1	满足二维化或者符号化识别需求的几何表达精度
2级几何表达精度	level 2 of geometric detail	G2	满足空间占位、主要颜色等粗略识别需求的几何表达精度
3级几何表达精度	level 3 of geometric detail	G3	满足建造安装流程、采购等精细识别需求的几何表达精度
4级几何表达精度	level 4 of geometric detail	G4	满足高精度渲染展示、产品管理、制造加工准备等高精度识别需求的几何表达精度

1.10.9　在各设计阶段，暖通空调系统工程对象模型单元和元素模型单元的交付深度，应分别符合表 1.10.9-1、表 1.10.9-2 的规定。

暖通空调系统对象模型单元交付深度　　表 1.10.9-1

系统		方案设计	初步设计	施工图设计	深化设计	竣工移交
供暖系统	热源系统	N1	N1	N2	N3	N4
	散热器供暖系统	N1	N1	N2	N3	N4
	热水辐射供暖系统	N1	N1	N2	N3	N4
	电热供暖系统	N1	N1	N2	N3	N4
	户式燃气炉、户式空气源热泵供暖系统	N1	N1	N2	N3	N4
通风系统	机械排风系统	N1	N1	N2	N3	N4
	机械送风系统	N1	N1	N2	N3	N4
	事故通风系统	N1	N1	N2	N3	N4
	防排烟系统	N1	N1	N2	N3	N4
	排油烟系统	N1	N1	N2	N3	N4
空气调节系统	冷热源系统	N1	N1	N2	N3	N4
	全空气调节系统	N1	N1	N2	N3	N4
	蒸发冷却空调系统	N1	N1	N2	N3	N4
	多联式空调系统	N1	N1	N2	N3	N4
	直接膨胀式空调系统	N1	N1	N2	N3	N4
	风机盘管加新风系统	N1	N1	N2	N3	N4
	温湿度独立控制系统	N1	N1	N2	N3	N4
除尘与有害气体净化系统	除尘系统	N1	N1	N2	N3	N4
	气体净化系统	N1	N1	N2	N3	N4
	抑尘及真空清扫系统	N1	N1	N2	N3	N4

暖通空调元素模型单元交付深度　　表 1.10.9-2

工程对象		方案设计	初步设计	施工图设计	深化设计	竣工移交
冷热源设备	冷水机组	N1	G2/N1	G2/N2	G3/N3	G4/N4
	溴化锂吸收式机组	N1	G2/N1	G2/N2	G3/N3	G4/N4

续表

工程对象		方案设计	初步设计	施工图设计	深化设计	竣工移交
冷热源设备	换热设备	N1	G2/N1	G2/N2	G3/N3	G4/N4
	热泵	N1	G2/N1	G2/N2	G3/N3	G4/N4
	锅炉	N1	G2/N1	G2/N2	G3/N3	G4/N4
	单元式热水设备	N1	G2/N1	G2/N2	G3/N3	G4/N4
	蓄热蓄冷装置	N1	G2/N1	G2/N2	G3/N3	G4/N4
水系统设备	冷却塔	—	G2/N1	G2/N2	G3/N3	G4/N4
	水泵	—	G2/N1	G2/N2	G3/N3	G4/N4
	膨胀水箱	—	G1/N1	G2/N2	G3/N3	G4/N4
	自动补水定压装置	—	G1/N1	G2/N2	G3/N3	G4/N4
	软化水器	—	G1/N1	G2/N2	G3/N3	G4/N4
	集分水器	—	G1/N1	G2/N2	G3/N3	G4/N4
供暖设备	散热器	—	G1/N1	G2/N2	G3/N3	G4/N4
	暖风机	—	G1/N1	G2/N2	G3/N3	G4/N4
	热空气幕	—	G1/N1	G2/N2	G3/N3	G4/N4
	空气加热器	—	G1/N1	G2/N2	G3/N3	G4/N4
通风、除尘及防排烟设备	风机	—	G1/N1	G2/N2	G3/N3	G4/N4
	换气扇	—	G1/N1	G2/N2	G3/N3	G4/N4
	风幕	—	G1/N1	G2/N2	G3/N3	G4/N4
	除尘器	—	G1/N1	G2/N2	G3/N3	G4/N4
空气调节设备	组合式空调机组	—	G1/N1	G2/N2	G3/N3	G4/N4
	新风热交换器	—	G1/N1	G2/N2	G3/N3	G4/N4
	新风处理机组	—	G1/N1	G2/N2	G3/N3	G4/N4
	风机盘管	—	G1/N1	G2/N2	G3/N3	G4/N4
	变风量末端	—	G1/N1	G2/N2	G3/N3	G4/N4
	多联式空调机组	—	G1/N1	G2/N2	G3/N3	G4/N4
	房间空调器	—	G1/N1	G2/N2	G3/N3	G4/N4
	单元式空调机	—	G1/N1	G2/N2	G3/N3	G4/N4
	冷冻除湿机组	—	G1/N1	G2/N2	G3/N3	G4/N4
	加湿器	—	G1/N1	G2/N2	G3/N3	G4/N4
	精密空调机	—	G1/N1	G2/N2	G3/N3	G4/N4
	空气净化装置	—	G1/N1	G2/N2	G3/N3	G4/N4
管路及管路附件	管道	—	G1/N1	G2/N2	G3/N3	G4/N4
	风管	—	G1/N1	G2/N2	G3/N3	G4/N4
	阀门	—	G1/N1	G2/N2	G3/N3	G4/N4
	集气罐	—	G1/N1	G2/N2	G3/N3	G4/N4
	热量表	—	G1/N1	G2/N2	G3/N3	G4/N4

续表

工程对象		方案设计	初步设计	施工图设计	深化设计	竣工移交
管路及管路附件	消声器	—	G1/N1	G2/N2	G3/N3	G4/N4
	补偿器	—	G1/N1	G2/N2	G3/N3	G4/N4
	仪表	—	G1/N1	G2/N2	G3/N3	G4/N4
	管道支撑件	—	G1/N1	G2/N2	G3/N3	G4/N4
	设备隔振	—	G1/N1	G2/N2	G3/N3	G4/N4
	其他	—	—	—	—	—
风道末端	风口	—	G1/N1	G2/N2	G3/N3	G4/N4

【说明】

信息深度一般划分为 N1～N4 共 4 个级别，见表 1.10.9-3。

信息深度等级的划分 **表 1.10.9-3**

等级	英文名	代号	等级要求
1 级信息深度	level 1 of information detail	N1	宜包含模型单元的身份描述、项目信息、组织角色等信息
2 级信息深度	level 2 of information detail	N2	宜包含和补充 N1 等级信息，增加实体系统关系、组成及材质，性能或属性等信息
3 级信息深度	level 3 of information detail	N3	宜包含和补充 N2 等级信息，增加生产信息、安装信息
4 级信息深度	Level 4 of information detail	N4	宜包含和补充 N3 等级信息，增加资产信息和维护信息

2 供　暖

2.1 一　般　规　定

2.1.1　应根据建筑物的用途、使用要求、室外气象条件、能源状况、管理水平、地域特点与做法及相关专业要求，经过技术经济比较来确定供暖方案。

【说明】

因建筑物用途不同，对末端方式的采用提出了要求，决定了采用热能、电能、热风的形式；室外气象条件决定了连续或间歇供暖的要求；能源状况决定了选用的可能性；管理水平决定了系统形式的选择；习惯做法源于地区的经济水平、生活习惯、生产能力及材料供应情况；相关专业要求来自于设计配合的要求。

2.1.2　位于严寒地区的民用建筑，宜设置热水集中供暖系统，一般情况下不应全部采用空调热风系统进行冬季供暖。位于寒冷地区时，应根据建筑功能及等级、供暖天数、能源消耗及运行费用等因素，经综合比较后确定是否另外设置热水集中供暖系统。

【说明】

冬季需要连续供暖的地区及场合，设置集中供暖系统室内温度场均匀性、稳定性及节能性，均优于空调送热风的形式；尤其是严寒地区，夜间需要保证室内防冻，如果全部采用空调送热风，会导致风机消耗电能过大。

2.1.3　应根据资源情况、环境保护、能源效率及用户对供暖费用可承受的能力等综合因素，以及国家节能减排和环保政策的相关规定，经技术经济分析比较及通过综合论证后，确定供暖系统的热源，同时应符合下列原则：

1　集中能源：应以热电厂与区域锅炉房为主要热源；在城市集中供热范围内时，应优先采用城市集中供热提供的热源；位于工厂区附近时，应充分利用工业余热及可供利用的稳定的废热；

2　锅炉房规模：集中锅炉房中单台锅炉的容量不宜小于7.0MW；对于规模较小的住宅区，锅炉的单台容量可适当降低，但不宜小于4.2MW；除受特定条件限制外，不宜采用直供式借助水泵提升的“常压热水锅炉”供热；

3　模块锅炉选用：模块式组合锅炉房宜以楼栋为单位设置，其组合规模宜为4～8

台，不应超过10台；

4 电能供暖：对于特殊项目，当电力充足和电力政策支持，且除电能外无其他能源可以利用时，应优先采用热泵供暖；严寒地区，当热泵供暖方式无法使用而不得不采用电热供暖时，宜采用蓄热系统；

5 其他能源形式：有条件时应积极利用太阳能、地热能等可再生能源。

【说明】

集中能源包括可利用的集中热源、余热、废热以及电力及燃气；其中废热包括可利用的稳定的再生水热源。锅炉房规模不宜过小，适当集中设置，以提高锅炉运行管理效率，同时减少烟囱排放的设置点。模块锅炉尺寸紧凑，对锅炉房层高要求不高，适用于规模不大或改建、扩建的项目；模块锅炉台数过多时，对于热水系统的供水温度控制与运行调节会产生不利影响。采用电能时，要充分考虑热泵制热系数的大小和区域的适宜性。严寒地区无其他能源且不能采用热泵时，可采用谷电蓄热的电热供暖方式。

利用可再生能源，降低二氧化碳排放。

2.1.4 居住建筑的集中供暖系统，应按热水连续供暖进行设计和供暖热负荷计算，不考虑间隙附加值。商业、文化及其他夜间不使用的公共建筑，确定末端供暖设备安装容量时，宜考虑间歇附加；附加值应根据间歇使用情况及预热时间、室温保证时间等因素通过计算确定。

【说明】

夜间不使用的公共建筑，从运行节能的要求来看，在使用时段与非使用时段，应该采用不同的室温进行控制，因为实际运行时为部分间歇使用方式。为了保证使用时能够较快地满足室温要求，末端设备宜适当增大容量。

2.1.5 民用建筑供暖系统的热媒应采用热水，热水的供水温度应根据建筑物性质、供暖方式、热媒性质及管材等因素，并结合热源形式来合理确定，可参照表2.1.5的水温。

供暖系统热水供水温度及适用管材 表2.1.5

供暖系统	管材	应用场所	供水温度限值(℃)
散热器供暖	钢管	居住类建筑，如住宅、集体宿舍、旅馆、幼儿园、医院等	≤75
		人员长时间停留的公共建筑，如办公楼、商场等	≤75
		人员短时间停留的高大空间，如车站、码头、展览馆、影剧院、体育场馆等	≤85
	塑料管	当管道需要设置于地面垫层内时	≤80
地板辐射系统	塑料管或内衬塑料管		≤60

【说明】

1 采用散热器供暖，水温较高时可以减少散热器在室内的占用空间。

2 地板辐射供暖系统中大面积采用塑料管埋地设置，其更换和维修显然是不方便的。因此地暖管的使用寿命应与建筑相同，相对低一些的水温有利于提高塑料管的使用寿命。

3 当系统中有少量塑料管（例如和散热器连接的支管）时，如果出现问题需要更换或维修的影响面比较小，同时考虑到散热器供水温度需求相对较高的情况。因此如果必须时，允许热水温度可以适当提高至80℃。但这时散热器和系统都应按塑料管允许的热水供水温度来进行设计，并且在设计图中应明确提出对塑料管相应的水温要求。

4 热媒的确定，除了与使用需求相关外，还与可供应的热源形式有关。在满足同样的需求时，尽可能降低热媒温度，有利于低品位热源的充分利用。

2.1.6 供暖热水系统的设计供回水温差 Δt 的确定，应符合以下原则：

1 考虑不同种类热源设备的性能、供暖负荷与室内末端设备的能力；

2 满足相关标准对系统耗电输热比的要求；

3 考虑供水温度 t_g 的影响。当 t_g＞70℃时，Δt 宜≥20℃；当 55＜t_g≤70℃时，Δt 宜取 15～20℃；当 45℃＜t_g≤55℃或采用辐射供暖末端时，Δt 宜取 5～10℃。

【说明】

1 热水供回水温度与热源设备类型及室内末端设备有关；热源为燃气锅炉时，供回水温差不得小于20℃；热源为热电联产集中供热时，供回水温差宜为15～20℃；热源为各类热泵时，供回水温差宜在10℃以内；当负担供热规模较大时，温差可适当加大，对应热泵供热 *COP* 降低，热泵能耗增加；室内末端设备为散热器时，若供水温度过高，则室内舒适度差，温度过低，则散热器面积过大；室内末端设备为地板辐射供暖时，供水温度过高，地表面平均温度超标，影响舒适度，温度过低，散热量不足，室温不易达标。

2 节能标准中规定的水泵耗电输热比的目的是为了防止采用过大功率的循环水泵，以提高输送效率；不同管道长度、不同供回水温差因素直接影响系统阻力大小。

3 供回水温差受供水温度的影响。供水温度大于70℃时，温差不低于20℃利于降低热水循环泵能耗；供水温度小于70℃、大于55℃时，温差宜为15～20℃，利于降低热水循环泵能耗同时提高热水的平均温度；供水温度小于55℃、大于45℃时，温差宜为5～10℃，利于提高地表面的平均温度，兼顾室内舒适度及降低循环水泵能耗。

2.1.7 当散热器供暖系统与空调两管制冷/热水系统共用热水系统时：

1 宜分别设置独立环路，并根据水力计算的情况调整管径或设置静态水力平衡阀等水力平衡措施；

2 系统管路的冬夏转换阀，不应采用蝶阀。

【说明】

1 由于散热器的水阻力与空调末端的水阻力通常是不同的，如果散热器供暖系统与空调供热系统合用，则冬季供热水时需要考虑水力平衡问题。为了方便初调试，供暖与空调系统，宜从主环路（通常为分、集水器接管处）分开；散热器系统内环路之间不宜采用设置水力平衡阀的措施。

2 由于构造原因，蝶阀关闭时不够严密，通常会出现一定的泄漏量。当夏季供冷水时，如果冷水进入散热器，会导致其表面结露。

2.1.8 在满足室内各环路水力平衡的前提下，应尽量减少建筑物供暖系统的热力入口数量。热力入口的设置位置，应尽量减少引入管线的长度，并便于维护检修。

【说明】

减少热力入口的数量，便于减少运行维护量。引入管线较长，既增加了管路阻力，也不利于维修。

2.1.9 采用集中供暖系统的建筑物热力入口处必须设置楼前热量表；居住建筑应设置住户分户热计量（分户热分摊）的装置或设施；建筑内的公共用房或空间供暖时，应设置独立的供暖系统或环路，并单独设置热计量装置。

【说明】

1 设置楼前热量表是该建筑物供暖耗热量的热量结算点。

2 设置分户用热表满足居住建筑分户热计量的要求。

2.1.10 热量表的选择与应用，应符合以下要求：

1 根据计量场所的要求，合理选择热量表的类型；楼栋热计量表，宜选用电信号远传式、精度高于3级的超声波或电磁式热量表，并有150d的日供热量储存值，或可采用数据远传的方法存储日供热量；

2 热量表的相关性能参数应符合检测需求；

3 热量表前应设置过滤器。

【说明】

1 热量表有机械式、电磁式、超声波式、振荡式等，机械式热量表有旋翼式及螺翼式。旋翼式热量表应水平安装，螺翼式热量表及超声波热量表，可水平或垂直安装在立管上。超声波热量表安装位置不受限制。

热量表计算器及传感器安装时，如果热媒温度高于80℃，热量表的流量传感器宜安装在回水管道上，且热量表的计算仪表与测量仪表应为分体式，计算仪表和显示器宜设置于墙上。

机械式流量计量热量表的价格低于非机械式流量计量的热量表；非机械式热量表的精度及长久稳定性优于机械式，相应的故障率及运行维护成本也低于机械式。选用时应结合一次投资、维护保养成本及工程具体情况等因素综合考虑确定。

热量表应满足一定天数的日供热储存值或数据远传日供热量，便于查询及管理。

2　热量表的流量：热量表的公称流量（在精度等级内经常通过热表的流量），可按系统设计流量的100%考虑，不应按供暖系统管道的直径选配热量表；热量表的最大流量（在精度等级内短时间通过热表的最大流量）（<1h/d，<200h/a）应为额定流量的2倍，最小流量（在精度等级内允许通过热表的最小流量，以占额定流量的比例表示）应为额定流量的1/250～1/25。

热量表在额定流量下，热媒流经热量表的压力损失不应大于25.0kPa。

热量表的承压等级分PN10、PN16及PN25三种，应根据系统工作压力选用相应额定压力的热量表；管道内的压力波动超过额定压力的1.5倍时，可能损坏流量测量元件。

3　机械式热量表作为楼栋热量表时，入口前应设两级过滤，初级滤网孔径宜取3mm；次级滤网孔径宜取0.65～0.75mm；如果户内采用机械式热量表作为分户热量（费）分摊的工具，在户用热量表前应再设置一道滤径为0.65～0.75mm的过滤器；机械式热量表的上游，应保持$5D$～$10D$长度的直管段，下游应保持$2D$～$8D$长度的直管段（D为连接管的外径）。

2.1.11　设计图或设备表中，应给出所采用的热量表的形式和主要性能参数。

【说明】

设计图中应按照第2.1.10条的要求，给出热量表类型、额定流量、工作压力、计量精度、接口公称直径、远传功能等技术要求。

2.2　供暖热负荷

2.2.1　供暖热负荷计算时，室内空气计算温度，按照第1章的要求确定。

【说明】

见《措施》第1.5节。

2.2.2　以辐射供暖方式向房间的局部区域供暖时，辐射供暖系统承担的热负荷，按照下式进行计算：

$$Q_F = K \times Q_J \qquad (2.2.2)$$

式中　Q_F——辐射供暖系统承担的热负荷，W；

K——局部辐射供暖热负荷修正系数，见表 2.2.2；

Q_J——维持与局部供暖同一室温时的房间全面供暖的计算热负荷，W。

局部辐射供暖热负荷修正系数 表 2.2.2

局部供暖区面积与房间总面积的比值	≥0.75	0.55	0.40	0.25	≤0.20
修正系数 K	1	0.72	0.54	0.38	0.30

【说明】

本条提供了房间局部辐射供暖热负荷的简化计算方法。

如果房间还设置有其他供暖末端，则计算其他供暖末端承担的热负荷时，不应重复计算辐射供暖所负担的局部区域。

当实际工程中的面积比值与表 2.2.2 所列数据不相同时，可采用算术插值法计算。

2.2.3 民用建筑中，房间的供暖设计热负荷，应包括下列各项的累加值：

1 该房间所对应的外围护结构热负荷；

2 高度附加热负荷；

3 间歇附加热负荷；

4 邻室传热热负荷；

5 加热通过门、窗缝隙渗入室内的冷风热负荷。

【说明】

房间热负荷的计算原则。其中外围护结构包括两部分：与室外空气相接触的外围护结构（负荷计算见第 2.2.4 条）和不与室外空气相接触的地面及地下室外墙（负荷计算见第 2.2.5 条）。

2.2.4 在进行围护结构的热负荷计算时，应包括围护结构基本热负荷、附加热负荷和地下室外墙热负荷以及地面的热负荷，分别按如下方法计算：

1 房间各外围护结构基本热负荷 Q_1（W），应按下式计算：

$$Q_1=K\times F\times(t_n-t_w)\times\alpha \tag{2.2.4}$$

式中 K——该面围护结构的传热系数，W/（m^2·℃）；外墙及屋面等可查询相关资料或根据实际构造进行计算；门窗的传热系数，在没有详细资料时，按表 2.2.4-1 确定；

F——该面围护结构的散热面积，m^2；

t_w——供暖室外计算温度，℃；

t_n——室内供暖计算温度，℃；

α——温差修正系数，见表 2.2.4-2。

门、窗的传热系数 表 2.2.4-1

窗框材料	窗户类型	空气层厚度（mm）	玻璃厚度（mm）	传热系数［W/(m^2·℃)］
钢、铝	单框单玻	—	6	6.4
	单框中空	6	6	4.3
		9	6	4.1
		12	6	3.9
		16	6	3.7
	双层窗	100～140	6	3.5
	单框中空断热桥	6	6	3.3
		12	6	3
塑料、木门	单层木窗或玻璃木门	—	—	5.8
	单框(塑料)单玻	—	6	4.7
	单框中空	6	6	3.4
		9	6	3.2
		12	6	3
		16	6	2.8
	双层窗	100～140	6	2.5
	单层窗＋单框双玻窗	—	—	2
	木外门	—	—	4.5
	木内门	—	—	2.9

注：表中窗户包括一般窗户、天窗和阳台门上部的玻璃部分。

温差修正系数 α 表 2.2.4-2

序号	围护结构特征		α
1	外墙、屋顶、地面及与室外空气相通的楼板		1.00
2	闷顶的地板、与室外空气相通的地下室上面的楼板		0.90
3	非供暖地下室上面的楼板	地下室外墙上有窗	0.75
		地下室外墙上无窗且位于室外地面以上	0.60
		地下室外墙上无窗且位于室外地面以下	0.40
4	与有外门窗的非供暖楼梯间之间的隔墙	首层	0.70
		二～六层	0.60
		七～三十层	0.50
5	与有外门窗的非供暖房间之间的隔墙或楼板		0.70
6	与无外门窗的非供暖房间之间的隔墙或楼板		0.40
7	与有供暖管道的屋顶设备层相邻的顶板		0.30
8	与有供暖管道的高层建筑中间设备层相邻的顶板和地面		0.20
9	伸缩缝、沉降缝墙		0.30
10	抗震缝墙		0.70

2 围护结构的附加热负荷，应按其占基本热负荷的百分数计算，各项附加百分率宜按下列规定选用：

(1) 朝向修正率见表 2.2.4-3。

朝向修正率 表 2.2.4-3

朝向	北、东北、西北	东、西	东南、西南	南
修正率	0～10%	−5%	−15%～−10%	−30%～−15%

(2) 风力附加率：建筑物位于不避风的高地、河边、湖滨、海岸、旷野时，其垂直的外围护结构的传热耗热量应附加 5%～10%；

(3) 窗墙面积比过大修正率：当该立面的窗墙面积比大于 0.5 时，外窗应附加 10%；

(4) 外门开启附加率：对于不设置大门热风幕的外门，按照表 2.2.4-4 附加。

无热风幕的外门附加率 表 2.2.4-4

外门开启频繁度	一道门	两道门(有门斗)	三道门(有两个门斗)
一般	65%×n	80%×n	60%×n
频繁开启	(100%～130%)×n	(120%～160%)×n	(90%～120%)×n

注：1. 表中的修正率，是在外门的总传热量计算值基础上的附加。
2. n 指的是外门所在层以上的建筑楼层数量。

3 地下室外墙及地面的热负荷计算，见第 2.2.5 条。

【说明】

1 冬季日照率小于 35%时，东南、西南和南向的修正率宜取−10%～0，东、西向不修正。

2 日照被遮挡时，南向可按东西向、其他方向按北向进行修正。

3 偏角小于 15°时，按主朝向修正。

4 外门是指建筑物底层入口的门，而不是各层各户的外门。仅计算冬季经常开启的外门。阳台门不应计算外门开启附加率。

5 外门开启附加率仅适用于短时间开启的、无热风幕的外门。

6 外门的附加率，最大不应超过 500%。

2.2.5 地面热负荷及地下室外墙热负荷 Q_2 (W)，可按以下两种方式之一进行计算：

1 地面综合传热系数法

$$Q_2 = F_d \times k_d \times (t_n - t_w) \tag{2.2.5}$$

式中 k_d——非保温地面的综合传热系数，W/(m^2·℃)，见表 2.2.5-1 及表 2.2.5-2；

F_d——房间地面总面积，m^2。

房间仅有一面外墙时的非保温地面的综合传热系数k_d 表 2.2.5-1

房间长度或进深(m)	3～3.6	3.9～4.5	4.8～6	6.6～8.4	9
k_d[W/(m²·℃)]	0.4	0.35	0.3	0.25	0.2

房间有两面相邻的外墙时的k_d 单位：[W/(m²·℃)] 表 2.2.5-2

房间长度或进深(m)	房间宽度(开间)(m)					
	3.00	3.60	4.20	4.80	5.40	6.60
3.0	0.65	0.6	0.57	0.55	0.53	0.52
3.6	0.6	0.56	0.54	0.52	0.50	0.48
4.2	0.57	0.54	0.52	0.49	0.47	0.46
4.8	0.56	0.52	0.49	0.47	0.45	0.44
5.4	0.53	0.5	0.47	0.45	0.43	0.41
6.0	0.52	0.48	0.46	0.44	0.41	0.40

注：1. 当房间长度或宽度超过6.0m时，超出部分可按表2.2.5-1查K_d。
2. 当房间有三面外墙时需将房间先划分为两个相等的部分，每部分包含一个冷拐角。然后根据分割后的长度与宽度，使用本表。
3. 当房间有四面外墙时，需将房间先划分为四个相等的部分，做法同本注2。

2 地带传热系数法

从平行于外墙、从外向内每2m划分室内地带，室内不同地带分别取不同的传热系数，计算后累计。各地带传热系数见表2.2.5-3。

室内各地带传热系数 表 2.2.5-3

室内地带划分	第一地带	第二地带	第三地带	第四地带
各地带传热系数[W/(m²·℃)]	0.47	0.23	0.12	0.07

3 地下室外墙热负荷，可按照地带传热系数法划分地带和计算。

【说明】

地下室与土壤接触的外墙，也可按照表2.2.5-3的原则来划分地带，即：室外地坪以下2m为第一地带、2～4m为第二地带，以此类推。

2.2.6 供暖房间（除楼梯间外）高度大于4m时，应以房间各项外围护结构热负荷之和为基础，计算高度附加率。对于散热器供暖房间，每高出1m应附加2%，总附加率不大于15%。地面辐射供暖房间每高出1m宜附加1%，总附加率不大于8%。

【说明】

1 计算高度附加率时，应结合房间的供暖设备应用方式进行。

2 房间高度大于4m时，由于竖向温度梯度的影响，导致上部空间温度升高和围护结构的热负荷增加。但竖向温度分布并不总是逐步升高，因此对高度附加率的上限给予限制。

2.2.7 对于间歇使用的建筑物（或房间），宜在高度附加后的热负荷基础上，按下列规定计算间歇附加率：

1 仅白天使用的建筑物：15%～20%；

2 不经常使用的建筑物：20%～30%。

【说明】

1 间歇附加率，应综合考虑保证室温的时间和预热时间等因素确定。

2 仅白天使用的建筑，如办公楼、教学楼等，在夜间允许室内温度自然降低。

3 不经常使用的建筑举例：如体育馆、礼堂、展览馆等。

2.2.8 邻室传热形成的热负荷 Q_C（W），按照以下方式分别计算：

1 与不供暖房间相邻时，应按照下式计算供暖房间向不供暖房间的传热形成的全部热负荷；

$$Q_C=\frac{(t_n-t_w)\times(0.37\times L+K_a\times F_a+K_b\times F_b+\cdots)\times(K_1\times F_1+K_2\times F_2+\cdots)}{(K_1\times F_1+K_2\times F_2+\cdots+0.37\times L+K_a\times F_a+K_b\times F_b+\cdots)} \quad (2.2.8)$$

式中 t_n、t_w——同式（2.2.4）；

K_1、K_2——不供暖房间与供暖房间之间围护结构的传热系数，W/（m^2·℃）；

K_a、K_b——不供暖房间与室外空气相邻的围护结构的传热系数，W/（m^2·℃）；

F_1、F_2——对应于 K_1、K_2 围护物的传热面积，m^2；

F_a、F_b——对应于 K_a、K_b 围护物的传热面积，m^2；

L——由渗透及通风等进入不供暖房间的室外空气量，m^3/h。

2 采用分户热计量系统时，户间传热的计算和附加，还应满足第2.2.15条的规定。

【说明】

与不供暖房间相邻的围护结构传热量，应全部计入房间的热负荷中。

2.2.9 加热通过门、窗缝隙渗入室内的冷风耗热量 Q_3（W），应按下式计算：

$$Q_3=0.278\times C_p\times L\times\rho_w\times(t_n-t_w) \quad (2.2.9)$$

式中 C_p——空气的定压比热容，kJ/（kg·K），取1.01kJ/（kg·K）；

ρ_w——供暖室外计算温度下的空气密度，kg/m^3；

L——渗透空气量，m^3/h，见第2.2.10条。

t_n、t_w——同式（2.2.4）。

【说明】

供暖系统本身无法保持室内的正压，因此室外空气会通过门、窗缝进入室内。

2.2.10 冷风渗透量计算时，应考虑室外风速随高度变化的影响。

1 外窗中心标高不超过10m时，室外冬季最多风向的平均风速按照相关规范的规定采用；

2 外窗中心标高大于10m时，室外冬季最多风向的平均风速按照下式计算：

$$v=\left(\frac{h}{10}\right)^{0.2}\times v_0 \tag{2.2.10}$$

式中 v——室外不同高度处的冬季最多风向的平均风速，m/s；

h——外窗中心标高，m；

v_0——相关规范规定的室外冬季最多风向的平均风速，m/s。

【说明】

随着建筑高度的增加，风速加大，冷风渗透量加大。

2.2.11 民用建筑的冷风渗透量 L（m^3/h），可按下列方法之一计算：

1 缝隙法

外门窗的冷风渗透量 L（m^3/h），按下式计算：

$$L=\sum(l\times L_0\times n\times m^b) \tag{2.2.11-1}$$

式中 L_0——纯风压作用下，单位长度门窗缝隙的冷风渗透量，m^3/（m·h），按式（2.2.11-2）计算；

l——房间某朝向上的可开启门窗缝隙的长度，m；

n——在纯风压作用下渗风量的朝向修正系数；当外门窗的中心标高大于10m时，$n=1$；不大于10m时，见表2.2.11-1；

m——各朝向冷风渗透量的综合修正系数，见第2.2.12条；

b——外窗、门缝隙的渗风指数，$b=0.67$。

$$L_0=a_1\times(\rho_w\times v^2/2)^b \tag{2.2.11-2}$$

式中 a_1——外门窗缝隙的渗风系数，m^3/（m·h·Pa），见表2.2.11-2；

v——室外不同高度处的冬季最多风向的平均风速，m/s，按式（2.2.10）计算；

ρ_w——同式（2.2.9）。

纯风压作用下的各朝向冷风渗透的朝向修正系数　　表2.2.11-1

城市	朝向							
	N	NE	E	SE	S	SW	W	NW
北京	1.00	0.50	0.15	0.10	0.15	0.15	0.40	1.00
天津	1.00	0.40	0.20	0.10	0.15	0.20	0.10	1.00
张家口	1.00	0.40	0.10	0.10	0.10	0.10	0.35	1.00

续表

城市	朝向							
	N	NE	E	SE	S	SW	W	NW
太原	0.90	0.40	0.15	0.20	0.30	0.20	0.70	1.00
呼和浩特	0.70	0.25	0.10	0.15	0.20	0.15	0.70	1.00
沈阳	1.00	0.70	0.30	0.30	0.40	0.35	0.30	0.70
长春	0.35	0.35	0.15	0.25	0.70	1.00	0.90	0.40
哈尔滨	0.30	0.15	0.20	0.70	1.00	0.85	0.70	0.60
济南	0.45	1.00	1.00	0.40	0.55	0.55	0.25	0.15
郑州	0.65	1.00	1.00	0.40	0.55	0.55	0.25	0.15
成都	1.00	1.00	0.45	0.10	0.10	0.10	0.10	0.40
贵阳	0.70	1.00	0.70	0.15	0.25	0.15	0.10	0.25
西安	0.70	1.00	0.70	0.25	0.40	0.50	0.35	0.25
兰州	1.00	1.00	1.00	0.70	0.50	0.20	0.15	0.50
西宁	0.10	0.10	0.70	1.00	0.70	0.10	0.10	0.10
银川	1.00	1.00	0.40	0.30	0.25	0.20	0.65	0.95
乌鲁木齐	0.35	0.35	0.55	0.75	1.00	0.70	0.25	0.35

建筑外窗空气渗透性能分级及缝隙渗风系数上限值a_1　　表 2.2.11-2

外窗空气渗透性能级别	1	2	3	4	5	6	7	8
a_1[m^3/(m·h·Pa)]	0.4	0.35	0.3	0.25	0.20	0.15	0.10	0.05

2　换气次数法

缺乏相关的数据时，居住建筑的渗透冷风量L（m^3/h），可按下式估算：

$$L=N\times V \tag{2.2.11-3}$$

式中　N——换气次数，h^{-1}，见表 2.2.11-3；

V——房间净体积，m^3。

居住建筑的房间换气次数 N　　表 2.2.11-3

房间暴露情况	一面有外窗或门	两面有外窗或门	二面有外窗或门
换气次数(h^{-1})	0.5	0.5～1.0	1.0～1.5

【说明】

优先推荐采用缝隙法计算。换气次数法适用于居住建筑在资料不全时的计算。

2.2.12　各朝向冷风渗透的综合修正系数m，应按下式计算：

$$m=C_r\times\Delta C_f\times(n^{\frac{1}{b}}+C)\times C_h \tag{2.2.12-1}$$

式中　C_r——热压系数，按表 2.2.12 选取；

ΔC_f——风压差系数，取0.7；

n——同式（2.2.11-1）；

C——作用于外门、窗缝隙两侧的有效热压差与有效风压差之比，见第2.2.13条；

C_h——高度修正系数，可按下列原则计算确定：

对于大城市：

$$C_h=0.3\times h^{0.4} \tag{2.2.12-2}$$

对于中小城市及大城市郊外：

$$C_h=0.4\times h^{0.4} \tag{2.2.12-3}$$

式中　h——计算门、窗的中心线标高，m。

热压系数 C_r 值　　**表2.2.12**

序号	建筑内部隔断状况	热压系数 C_r 值	
		气密性差	气密性好
1	室外空气经过外门、窗缝隙入室，经由内门缝或户门缝流往走廊后，便直接进入热压井（即内部有一道隔断）	1.0～0.8	0.8～0.6
2	如上述，但在走廊内，又遇走廊门缝或前室门缝或楼梯间门缝后才进入热压井（即内部有两道隔断）	0.6～0.4	0.4～0.2
3	室外空气经外门、窗缝进入室内后，不遇阻隔径直流入热压井时，即为开敞式（即内部无隔断）	1.0	1.0

【说明】

热压系数：指在纯热压作用下，通过外窗、门缝两侧的热压差渗入或渗出所计算房间的实际风量，占该房间按照室内外温差计算热压差所渗入或渗出风量的比例。

2.2.13　有效热压差与有效风压差之比 C，应按下式计算：

$$C=\frac{C_r\times(h_z-h)\times g\times(\rho_w-\rho_n)}{C_r\times\Delta C_f\times C_h\times v^2\times\rho_w/2} \tag{2.2.13-1}$$

对于大城市：

$$C=\frac{70\times(t'_n-t_w)\times(h_z-h)}{\Delta C_f\times v^2\times(273+t'_n)\times h^{0.4}} \tag{2.2.13-2}$$

对于中大城市及大城市郊区：

$$C=\frac{50\times(t'_n-t_w)\times(h_z-h)}{\Delta C_f\times v^2\times(273+t'_n)\times h^{0.4}} \tag{2.2.13-3}$$

式中　h_z——纯热压作用下建筑物中和界的标高，m，可取建筑物总高度的1/2；

t'_n——建筑物内热压竖井内的空气计算温度，℃；

t_w——室外供暖计算温度，℃；

v——见第2.2.10条。

【说明】

当走廊及楼梯间不供暖时，t'_{n} 按温差修正系数取值，供暖时取 16℃或 18℃。

2.2.14 房间的总渗透风量，应为该房间所有外门窗渗透风量之和。当室内有连续机械排风的运行要求时，如果机械排风的总量大于按照第 2.2.9～2.2.13 条计算出的渗透风量之和且没有采取机械补风加热措施时，则取机械排风量为房间的渗透风量；反之，则以第 2.2.9～2.2.13 条计算出的渗透风量之和作为房间的渗透风量。

【说明】

房间中渗透风量引起的热负荷计算，应考虑房间的通风方式。本条适用于室内设置连续机械排风但不设置机械补风系统的房间的冷风渗透热负荷计算。如果因工艺等要求室内换气量大于按照计算的渗透风量之和，房间供暖热负荷计算时，冷风渗透量应按照机械排风量来计算；反之，以上述计算的冷风渗透量为基准计算冷风渗透热负荷。

2.2.15 在确定集中供暖分户计量供暖系统的户内供暖设备容量和户内管道时，应计算各分户间的传热，且符合以下要求：

1 所计算的户间传热量，仅作为供暖房间末端设备所要求的供热量附加值，不应作为供暖系统总热负荷的附加值；

2 计算通过户间楼板和隔墙的传热量时，如果采用散热器或热风供暖，与邻户的温差可按 6℃计算；如果采用地暖供暖，与邻户的温差可按 8℃计算；

3 房间供暖末端负荷的附加值，不应超过所计算的所有户间传热量总和的 50%。

【说明】

户间传热负荷指的是分户热计量系统中某些用户因为在供暖的某些时段不使用时的室温低于设计室温，由此产生对相邻用户的热负荷。

1 户间传热不会对整个供暖负荷的安装容量产生影响，不应将户间传热负荷在供暖系统总热负荷计算中附加。

2 分户热计量供暖系统中，户间传热对房间供暖负荷附加量的大小，会直接影响到房间内供暖末端和供暖管道的设计。房间的附加热负荷应根据建筑的使用情况合理取值。

2.3 供　暖　末　端

2.3.1 散热器的选择，应符合下列要求：

1 承压能力不小于供暖系统工作压力的要求；

2 相对湿度较大的房间应采用耐腐蚀的散热器；

3 采用钢制散热器时，应满足产品对水质的要求，在非供暖季节供暖系统应充水保养；

4 采用铝制散热器时，其与热水接触部分的材质应与水质相适应；

5 不同材质散热器对供暖水质的要求见表 2.3.1；

6 安装热量表和恒温阀的热水供暖系统不宜采用水流通道内含有黏砂的铸铁散热器；

7 高大空间供暖不宜单独采用对流型散热器。

8 施工图设计时，应在设计说明中明确所选散热器的单位散热量（W/片或 W/m）评价标准（或计算公式）。

采用散热器的集中供暖系统水质要求　　表 2.3.1

散热器材质	适用的供暖水质(循环水)			适用的供暖水质(补充水)		
	pH(25℃)	氯根 Cl	溶解氧	pH(25℃)	氯根 Cl	溶解氧
		mg/L	mg/L		mg/L	mg/L
钢制	9.5～12.0	≤250	≤0.1	7.0～12.0	≤250	—
铜制	8.0～10.0	≤100	—	8.0～10.0	≤100	—
铝制	6.5～8.5	≤30	—	6.5～8.5	≤30	—

【说明】

1 环境湿度较高的房间如浴室、游泳馆等，应优先选择采用耐腐蚀的铸铁散热器；

2 表 2.3.1 摘自《采暖空调系统水质》GB/T 29044—2012。当补充水水质超过本标准时，补充水应作相应的水质处理；采用散热器集中供暖系统应设置相应的循环水水质控制装置。

3 本条摘自《民用建筑供暖通风与空气调节设计规范》GB 50736—2012 第 5.3.6 条。

4 当水质中存在溶解氧时，会导致铝制散热器腐蚀。目前的铝制散热器一般采用两种防腐蚀的措施：一是采用铜铝复合散热器，其与水接触的部分为铜管；二是采用内防腐铝制散热器，通过内部涂刷防腐层来起到阻氧作用。前者价格高于后者，但后者在持久性和使用寿命方面低于前者。

5 散热器散热量计算方法可按照国家建筑标准设计图集《散热器选用与管道安装》17K408。

2.3.2 每组（个）散热器散热片数或长度 n，应按下式计算：

$$n=(Q_J/Q_s)\cdot\beta_1\cdot\beta_2\cdot\beta_3\cdot\beta_4 \tag{2.3.2}$$

式中 Q_J——每组散热器的设计供暖热负荷，W；

Q_s——单位（每片或每米长）散热器在设计工况下的散热量，W/片或 W/m；

β_1——柱型散热器（如铸铁柱型、柱翼型、钢制柱型等）的组装片数修正系数及扁管型、板型散热器长度修正系数，见表 2.3.2-1；

β_2——散热器支管连接方式修正系数，见表 2.3.2-2；

β_3——散热器安装形式修正系数。散热器应明装，必须暗装时，其暗装形式的修正系数，见表 2.3.2-3；

β_4——进入散热器流量修正系数，见表 2.3.2-4。

散热器安装片数或长度修正系数β_1 **表 2.3.2-1**

散热器形式	各种铸铁及钢制柱型				钢制板型及扁管型(长度:mm)		
每组片数或长度	＜6 片	6～10 片	11～20 片	＞20 片	≤600	800	≥1000
β_1	0.95	1.00	1.05	1.10	0.95	0.92	1.00

散热器支管连接方式修正系数β_2 **表 2.3.2-2**

连接方式	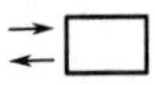	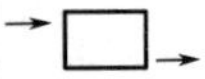	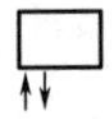	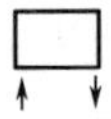	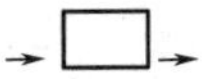	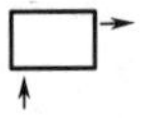	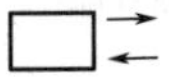	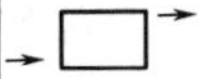
各类柱型	1.00	1.009	—	—	1.251	—	1.39	1.39
铜铝复合柱翼型	1.00	0.96	1.14	1.08	1.10	1.38	1.39	—

散热器安装形式修正系数β_3 **表 2.3.2-3**

安装形式图示	安装说明	β_3	安装形式图示	安装说明	β_3
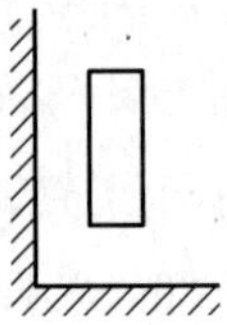	散热器明装	1.00	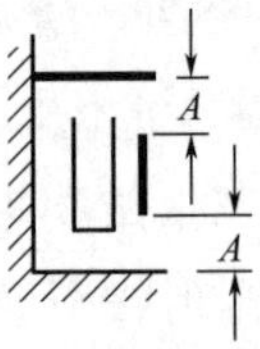	暖气罩前面板上下开口：A＝130mm： 洞口敞开 洞口设格栅	 1.2 1.4
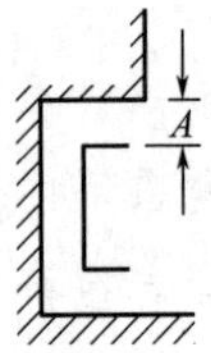	散热器安装在墙龛内 A＝40mm A＝80mm A＝100mm	 1.11 1.07 1.06	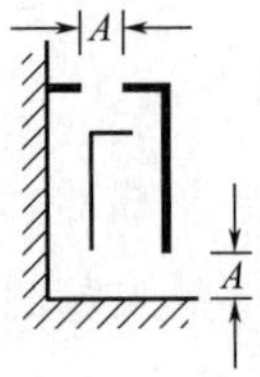	暖气罩上面及前面板下部开口： A＝260mm A＝220mm A＝180mm A＝150mm	 1.12 1.13 1.19 1.25
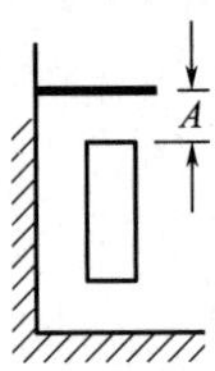	散热器上设置搁板 A＝40mm A＝80mm A＝100mm	 1.05 1.03 1.02	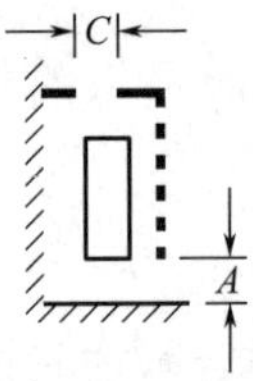	暖气罩上面开口宽度C不小于散热器厚度，暖气罩前面下端空口高度不小于100mm，其余为格栅	1.15

进入散热器的流量修正系数β_4 **表 2.3.2-4**

散热器类型	散热器实际流量/设计流量			
	1.0	2.0	3.0	4.0
柱型、柱翼型、多翼型长翼型，镶翼型	1.0	0.9	0.86	0.85
扁管型散热器	1.0	0.94	0.93	0.92

【说明】

针对实际应用与安装情况，单片散热器的实际散热量应在其设计工况（设计水温和室温）下的散热量基础上进行修正，由此可得到实际应用的散热器片数。

由于工程中的散热器设置数量太多，一般的工程设计时，很难对每组散热器的技术参数提出详细的要求，而是依据一个统一的计算方法（例如与热水进出水温差或传热温差相关的公式）提出性能要求，大多数是给出单位（单片或单位长度）散热器在给定工况下的散热量。而实际工程中，由于设计水温（甚至室温）的不同，传热温差是不同的，实际应用的散热器流量与所给出的统一方法或计算公式的流量是完全不同的，因此引入了流量修正系数 β_4。

2.3.3 散热器实际安装的片数或长度，应按以下原则取舍：

1 双管系统：散热器数量计算长度或片数不小于计算值；

2 单管系统：上游 1/3 和中间 1/3 的散热器数量按照其计算长度或片数得到的散热量，分别不超过所需散热量的 108%和 105%时，采用去尾法取整，反之则按照收尾法取整；下游 1/3 的散热器数量计算长度或片数按照收尾法取整。

3 铸铁散热器的组装片数，不宜超过下列数值：

粗柱型（包括柱翼型） 20 片；

细柱型 25 片。

4 片式组对散热器的长度，底层每组不应超过 1500mm（约 25 片），上层不宜超过 1200mm（约 20 片）；当片数过多而采用分组串联连接时，串接组数不宜超过两组，串联接管管径应大于或等于 *DN*25，且供回水支管应采用异侧连接方式。

【说明】

当按照式（2.3.2）计算得出的散热器片数 n 为小数时，小数点后面位数按照本条的舍进原则来实际配置散热器数量片数或长度。

2.3.4 当室内供暖管道为明装不保温管道时，计算散热器所需要的散热量时，应考虑室内明装不保温管道的散热量的影响：

1 对于串联楼层数≥8 层且立管明装设置的垂直单管系统，宜按以表 2.3.4-1 增加下游散热器的数量。

垂直单管立管明装系统散热器附加率（%） 表 2.3.4-1

楼层	下游 1、2 层	下游 3、4 层	下游 5、6 层
附加率	15	10	5

2 对于双管系统，明装不保温供暖管道的散热量 Q_P（W）应按下式计算：

$$Q_P = F \times K \times (t_p - t_n) \times \eta \tag{2.3.4}$$

式中 F——明装不保温管道的外表面积，m^2/m；

K——明装不保温管道的传热系数，W/（m^2·℃），见表 2.3.4-2；

t_p——散热器内热媒的平均温度,℃；

t_n——室内供暖计算温度,℃；

η——管道安装位置的修正系数；沿地面敷设的管道：η=1.0；沿顶棚敷设的管道：η=0.5；靠墙敷设的立管 η=0.75。

明装不保温管道的传热系数［单位：W/(m^2·℃)］ 表 2.3.4-2

公称直径(mm)	热媒水平均温度与室内空气温度之差(℃)					蒸汽压力(MPa)	
	40～50	50～60	60～70	70～80	≥80	0.07	0.2
≤*DN*32	12.8	13.4	14.0	14.5	14.5	15.1	17.0
*DN*40～*DN*100	11.0	11.6	12.2	12.8	13.4	14.0	15.6
*DN*125～*DN*150	11.0	11.6	12.2	12.2	13.2	13.4	15.0
≥*DN*200	9.9	9.9	9.9	9.9	9.9	13.4	15.0

【说明】

立管明装后，其热量会直接散入室内，计算表明这部分热量对室内有明显的影响。尤其是当采用单管串联时，如果不考虑明装管道的散热，下游散热器的水温将低于设计水温。

表 2.3.4-2 中的蒸汽部分，只适用于有特定工艺要求的蒸汽供暖系统（例如民用建筑中附属的工艺用房），不适用于普通民用建筑。

2.3.5 散热器的布置，应符合以下规定：

1 散热器宜明装，并宜布置在外窗的窗台下。室内有两个或两个以上朝向的外窗时，散热器应优先布置在热负荷较大的窗台下；当安装或布置散热器或管道有困难，且房间进深不超过 8m 时，也可靠内侧墙安装。

2 幼儿园、老年人和特殊功能要求的建筑的散热器，必须暗装或加装人员活动触碰时无伤害的防护罩。

3 除体育馆等高大空间外，散热器不宜高位安装。

4 散热器暗装时，装饰罩应有合理的气流通道、足够的通道面积，并方便维修。

5 门斗内不应设置散热器。

6 楼梯间的散热器，应尽量布置在底层；当底层无法布置时，可按表 2.3.5 进行分配。

楼梯间散热器的分配比例 表 2.3.5

建筑物的总楼层数	散热器所在楼层					
	一层	二层	三层	四层	五层	六层
2	65%	35%	—	—	—	—
3	50%	30%	20%	—	—	—
4	50%	30%	20%	—	—	—
5	50%	25%	15%	10%	—	—
6	50%	20%	15%	15%	—	—
7	45%	20%	15%	10%	10%	—
≥8	40%	20%	15%	10%	10%	5%

【说明】

表 2.3.5 摘自《实用供热空调设计手册（第二版）》（中国建筑工业出版社）。

2.3.6 暖风机的安装台数不宜少于两台。暖风机设计工况下的供热量应按下式计算：

$$\frac{Q}{Q_m}=\frac{t_p-t_n}{t_p-15} \tag{2.3.6}$$

式中 Q——暖风机的实际供热量，W；

Q_m——暖风机的名义供热量，W；

t_p——热媒的平均温度，℃；

t_n——实际进风温度，℃。

【说明】

暖风机的名义供热量，通常是根据进风温度为 15℃的基准标定。当实际进风温度不等于 15℃时，应按照实际的使用工况修正得到实际供热量需求。

2.3.7 热风幕的设置，应符合以下要求：

1 严寒地区公共建筑，其频繁开启且无条件设置门斗或前室的外门，应设置热风幕；

2 寒冷地区的公共交通建筑，其频繁开启且无条件设置门斗或前室的外门，宜设置热风幕。

【说明】

1 严寒地区设置热风幕，可以有效减少冷风侵入的热负荷，对室内温度均匀性有一定的益处。

2 公共交通建筑，由于大量人员出入，且安检提前，外门经常处于常开状态，设置热风幕可以有效减少冷风侵入，保证室内参数的均匀性。

2.3.8 空气幕宜采用从上向下送风的空气幕。当门上部的设置条件限制时，开启宽度不大于 6m 的外门，热空气幕也可采用侧向送风设计。

【说明】

1 空气幕宜能够通过调节出风口格栅角度，改变出风方向；

2 由于室内装修等原因，外门顶部无法设置贯流式空气幕时，热空气幕可以通过侧向送风设计方式来得到。当外门的开启宽度不超过 3m 时，可采用单侧送风方式；3～6m 时，宜双侧送风。侧向送风时，可通过在外门内侧的两侧设置送风（或回风）立管的方式。

2.3.9 严寒地区直接安装于外门顶部的热风幕，宜采用贯流式电热空气幕。热风幕的设计送风参数应通过计算确定，且应符合下列要求：

1 热空气幕的送风末端速度，不宜小于当地冬季室外平均风速；

2 热空气的送风温度不宜高于 40℃；

3 寒冷地区采用热水作为热媒时，通过外门进入室内的混合空气的温度不应低于 12℃。

【说明】

贯流式电热风幕的结构简单、应用方便，且不会发生热水型热风幕可能出现的冻结情况。

1 由上向下送风的热空气幕，末端风速计算时还应考虑热压的影响。

2 热空气的送风温度过高，人员感觉不适。

3 尽管空气幕的进风口在室内，但由于外门冷风渗透较大，是最容易造成热水盘管冻结的地方（尤其是夜间），因此必须做好防冻措施，确保空气幕的热水盘管不出现冻结情况。较安全的做法是：

（1）在整个冬季，均保证热空气幕热水盘管的水流量基本恒定不变，即使夜间热空气幕停止运行时，热水也不应停止流动。因此，其供回水管道上不应设置实时的流量自动控制阀。

（2）夜间采用空气幕吸风口处的空气温度来控制热风空气幕的启停。当吸风口空气温度不高于 12℃时，空气幕运行。

2.3.10 辐射供暖地板的供热量和热媒供应量计算，应符合以下要求：

1 上层房间采用地板辐射供暖时，本层房间所需有效散热量，按下式计算：

$$Q_1 = Q - Q'_2 \tag{2.3.10-1}$$

2 供暖房间热媒的供热量，按下式计算：

$$Q_m = Q_1 + Q''_2 \tag{2.3.10-2}$$

3 单位地板面积所需有效散热量和向下传热的热损失量，应按下式计算：

$$q_1 = Q_1/(\alpha \cdot F) \tag{2.3.10-3}$$

$$q_2 = Q''_2/F \tag{2.3.10-4}$$

式中 Q——房间供暖热负荷，W；

Q_1——房间所需有效散热量，W；

Q'_2——来自上层地板辐射供暖房间的热量，W；

Q_m——房间热媒的供热量，W；

Q''_2——向下层的热损失，W；

q_1——单位地板面积所需有效散热量，W/m^2；

q_2——单位地板面积向下传热的热损失量，W/m^2；

α——考虑家具和地面覆盖物遮挡的有效面积系数（%）。对于办公室，可取80%～90%；对于住宅，可参考表2.3.10选取（酒店客房可按照主卧室选取）；其他类型的房间，应根据实际遮挡面积确定；

F——房间敷设加热管的地板面积，m^2。

住宅家具对地面遮挡的有效面积系数 α **表 2.3.10**

房间名称	主卧室	次卧室	起居厅	书房
地板面积(m^2)	15～20	8～15	20～50	10～15
家具遮挡率(%)	35～30	40～25	20～15	15
有效面积系数α(%)	65～70	60～75	80～85	85

注：1. 面积小的房间遮挡率取大值。
2. 面积范围内可采用内插法确定系数。

【说明】

有效散热量，即为供暖地板向所服务的房间的供热量。在设计时，房间的地暖管通常都是均匀布置，但实际使用时会存在由于室内家具等形成对地面辐射的遮挡情况（尤其是住宅建筑的卧室等区域），导致有效供暖面积减小，因此应进行有效供热量的修正。当地面辐射供暖的实际供热能力不满足房间热负荷需求时，应设置其他供暖措施。

2.3.11 辐射地板表面平均温度，按下式计算：

$$t_{ep} = t_n + 9.82\left(\frac{q_1}{100}\right)^{0.969} \tag{2.3.11}$$

式中 t_{ep}——辐射地板表面平均温度，℃，按表2.3.11中的适宜范围选取；

q_1——按第2.3.10条计算的单位地板面积所需有效散热量，W/m^2；

t_n——地板辐射供暖室内计算温度，℃。

地板的表面平均温度 t_{ep} 表 2.3.11

环境条件	适宜范围(℃)	最高限值(℃)	室温 22℃时的最大允许供热量 q_{1max}(W/m^2)
人员长期停留区域	25～27	29	70.5
人员短期停留区域	28～30	32	101
无人员停留区域	35～40	42	208

【说明】

设计时应对房间的地板表面平均温度进行校核。当 q_1 过大导致地板温度超标时，该房间应采取其他辅助供暖措施。也可以通过式（2.3.11）计算出各类型房间采用辐射地板供暖时单位面积的最大供热能力 q_{1max}，当 $q_1>q_{1max}$ 时，应采取其他措施。

例如：当室温为 22℃时，计算出的每个环境条件下的地板最大发热量，如表 2.3.11 所示。

2.3.12 单位地板面积的有效散热量 q_1 和向下传热的热损失量 q_2 应根据热媒的平均温度和流速、室内空气温度、加热管管径和材质、覆盖加热管的地面层热阻、加热管布管密度等因素，通过计算确定。

【说明】

当辐射供暖地面与其他供暖房间相邻、加热管为 PB 或 PE－X 管，混凝土填充式热水辐射供暖时，单位地面面积向上供热量和向下传热量可按《辐射供暖供冷技术规程》JGJ 142—2012 附录 B 选用。

2.3.13 辐射地板供暖系统的加热管设计应符合以下规定：

1 辐射地板的加热管内热媒的设计流速不宜小于 0.25m/s，供回水阀门以后（含阀门、加热管和热媒集配装置等构件）的系统阻力，应进行计算，并不宜大于 30kPa。单一环路的加热管总长度，不应超过 120m。

2 同一热媒集配装置系统各分支路的加热管长度宜尽量接近；不同房间和住宅的各主要房间，宜分别设置分支路。住宅建筑中较小房间如卫浴的加热管，可串接在其他环路中；进深和面积较大的房间，当分区域计算热负荷时，各区域应独立设置环路；不同标高的房间地面，不宜共用一个环路。

3 加热管管材可采用塑料管材。塑料管材可选用耐热聚乙烯管（PE－RT）、聚丁烯管（PB）、交联聚乙烯管（PE－X）、无规共聚聚丙烯管（PP－R）和铝塑复合管（热水用 PAP 或 XPAP）等。与钢制散热器联合供暖时，塑料管材宜采用铝塑复合管或带有阻氧层的其他热塑性塑料管材。

4 加热管的使用条件应满足现行国家标准《冷热水系统用热塑性塑料管材和管件》GB/T 18991 中的 4 级，管系列、材质和壁厚应按现行行业标准《地板辐射供暖供冷技术

规程》JGJ 142 确定，加热管应使用带阻氧层的管材。

5 垫层内不得设机械连接管件，热熔连接应可靠。

6 加热管的环路布置不宜穿越填充层内的伸缩缝。必须穿越时，伸缩缝处应设长度大于或等于 200mm、直径比加热管大一号的柔性套管。

7 应根据房间的热工特性和保证温度均匀的原则进行布管，并应符合下列要求：

(1) 现场敷设的加热管应根据房间的热工特性和保证地面温度均匀的原则，并考虑管材允许的最小弯曲半径，采用回折型或平行型等布管方式。热负荷或冷负荷明显不均匀的房间，宜将高温管段优先布置在外围护结构侧。

(2) 加热管的敷设间距应大于或等于 150mm，但宜小于或等于 400mm；

(3) 加热管距离外墙内表面以及与内墙距离均应大于或等于 200mm，距卫生间墙体内表面宜大于或等于 150mm；

(4) 地面上固定设备和卫生器具下，不应布置加热管道。

【说明】

1 各类塑料管或铝塑复合管的阻力损失，可按《地板辐射供暖供冷技术规程》JGJ 142—2012 附录 D 计算；

2 加热管总长度与加热管的实际产品制造能力有关；

3 垫层内热熔管的连接应按照操作规程，既要连接紧密，又要防止热熔过度堵塞管道流通断面。

2.3.14 地面辐射供暖系统的地面构造，宜由楼板或与土壤相邻的地面、防潮层（对与土壤相邻地面）、绝热层、加热管与填充层、隔离层（对潮湿房间）、找平层（根据面层需要）和面层等组成，并符合以下要求：

1 加热管应采用细石混凝土填充覆盖，加热管以上的填充层厚度不宜小于 30mm，不应小于 20mm；

2 地面荷载大于 20kN/m^2 时，加热管上皮的填充层，应经设计计算确定加固构造措施；

3 辐射供暖地板铺设在土壤上时，绝热层以下应做防潮层；辐射供暖地板铺设在潮湿房间（如浴室、游泳馆、洗手间、卫生间、厨房等）内的楼板上时，填充层以上应做防水层；

4 绝热层材料宜采用高发泡聚乙烯泡沫塑料或模塑聚苯乙烯泡沫塑料板，厚度宜不小于 20mm；

5 填充层的材料，宜采用 C15 豆石混凝土，豆石粒径宜为 5～12mm；豆石混凝土填充层的厚度不宜小于 50mm。当地面荷载大于 20kN/m^2 时，应向结构专业提出对地面采取加固构造措施的要求。

【说明】

1 地面构造做法，应与建筑沟通，达成一致；

2 地面荷载过大的区域，垫层内不宜布置地板供暖管。

2.3.15 直接与室外空气接触的楼板或与不供暖供冷房间相邻的地板作为供暖辐射地面时，必须设置绝热层。如果绝热层采用聚苯乙烯泡沫塑料（EPS）板，其厚度应符合下列要求：

1 与不供暖房间相邻楼板，大于或等于 30mm；

2 直接与室外空气接触的楼板，大于或等于 40mm。

【说明】

当采用其他绝热材料时，宜按等效热阻确定其厚度。见《地板辐射供暖供冷技术规程》JGJ 142—2012 中相关要求。

1 采用 EPS 板作为绝热层，且以塑料卡钉固定加热管时，为了增强 EPS 板的表面强度，确保卡钉能将加热管牢固地固定在 EPS 板上，在 EPS 板的表面必须复合一层夹筋镀铝膜层；当采用其他固定方式固定加热管时，如钢丝网绑扎或采用挤塑板（XPS）作为绝热层时，可以不设置夹筋镀铝膜层。

2 当工程允许地面按双向散热进行设计时，各楼层间的楼板上可不设绝热层。

2.3.16 辐射地板的伸缩缝设置，应符合下列要求：

1 地面面积超过 30m²，或长度大于 6m 时，每间隔 5m 应设置宽度大于或等于 8mm 的伸缩缝；

2 在填充层与墙（含过门处）、柱等垂直构件的交接处，应预留宽度大于或等于 10mm 的不间断伸缩缝；

3 与内、外墙和柱子交接处的伸缩缝，应直至地面最后装饰层的上表面为止，保持整个截面隔开；

4 所有伸缩缝，宜从绝热层的上表面开始，直至填充层的上表面为止；

5 伸缩缝宜采用高发泡聚乙烯泡沫塑料板，或预设木板条待填充层施工完毕后取出，槽缝内满填弹性膨胀膏或玻璃胶；

6 施工图设计中，平面图上应明确标注出需要设置伸缩缝的位置；

7 伸缩缝应有效固定，泡沫塑料板也可在铺设绝热层时挤入绝热层中。

【说明】

设置伸缩缝是为了防止由于热胀冷缩造成地面做法被破坏。

2.3.17 采用燃气红外线辐射供暖时，必须采取相应的防火防爆和通风换气等安全措施，

并符合国家现行有关燃气、防火规范的要求。

【说明】

燃气在民用建筑中使用时，存在较高的安全要求，且燃气红外辐射供暖系统通常有温度较高的表面，因此必须采用相应的防火和通风换气措施。

2.3.18 燃气红外线辐射供暖系统应与可燃物之间的最小的距离，按表 2.3.18 确定。

与可燃物间的最小距离　　表 2.3.18

发生器功率(kW)	与可燃物的最小距离(m)		
	可燃物在发生器的下方	可燃物在发生器的上方	可燃物在发生器的两侧
≤15	1.5	0.3	0.6
20	1.5	0.3	0.8
25	1.5	0.3	0.9
30	1.5	0.3	1.0
35	1.8	0.3	1.0
45	1.8	0.3	1.0
50	2.2	0.3	1.2

【说明】

规定最小距离是为了确保使用安全；发生器功率越大，要求的最小距离越大。

2.3.19 除用于农作物、蔬菜、花卉温室等场合外，燃气红外线辐射供暖系统的尾气必须排至室外。室外尾气排出口应符合下列要求：

1 应设在人员不经常通行的地方，距地面高度不低于 2m；

2 以排出口为圆心，半径 5m 内不得有可燃物；

3 水平安装的排气管，其排出口伸出墙面不少于 0.5m；

4 垂直安装的排气管，其排出口高出半径为 6m 以内的建筑物最高点不少于 1m；

5 排气管穿越外墙或屋面处加装金属套管。

【说明】

1 为了保证室内人员的安全，燃烧废气管必须接至室外排出。

2 为了保证高温尾气排出时对周围建筑或设施的安全，规定了排出口与周围可燃物的距离要求。

2.3.20 燃气红外线辐射供暖系统的操作控制系统，应设置于便于操作的位置，并与燃气泄漏报警系统联锁。利用通风机供应空气时，通风机与供暖系统应设置联锁开关。

【说明】

1 燃气泄漏报警时，应自动关闭供暖系统，并连锁关闭燃气系统入口总阀门。

2 机械进风的通风机应优先于供暖系统启动，并滞后于供暖系统停止。

2.3.21 高大空间仅某些局部区域采用辐射供暖时，辐射器数量不应少于两个，并符合以下原则：

1 宜在局部供暖区域的侧上方两侧布置；

2 每个辐射器负担的区域应覆盖局部供暖区域。

【说明】

1 保证可从两个方向向人体活动区辐射供暖，降低单向辐射导致的人员不舒适感；

2 使辐射供暖的作用更为有效。

2.3.22 燃气红外线辐射供暖系统的燃料，应根据产品的要求确定。

【说明】

一般的产品，可采用天然气、人工煤气、液化石油气。燃气输配系统应符合现行国家标准《城镇燃气设计规范》GB 50028 的有关规定。燃气压力及耗气量应满足产品设计资料要求。

2.3.23 燃气红外线辐射器的安装高度，应根据人体舒适度确定，但不应低于3m。当燃气红外线辐射供暖辐射管的安装高度超过6m时，还应对安装高度超过6m的高差部分进行安装高度附加，附加系数为0.033/m。

【说明】

1 辐射管安装过低时，容易发生人员烫伤等安全问题。

2 安装高度不大于6m时，可以认为辐射管的辐射热能够作为人员活动区的有效热量。当辐射管的安装高度较高时，辐射至人员活动区的有效热量会降低，因此超过6m时，对于同样的人员活动区负荷需求来说，辐射管的热功率应适当增加，以补偿安装高度的影响。

2.3.24 应优先考虑室外空气作为保证燃烧的空气量。当采用室内供应空气时，燃烧器所需要的空气量不应超过按照该房间换气次数为0.5h^{-1}计算得到的空气流量。采用室外供应空气时，进风口应符合下列要求：

1 设在室外空气洁净区，距地面高度不低于2m；

2 与距排尾气排出口同一安装标高时，其水平间距不应小于6m；

3 与排风口在同一水平投影线时，应低于排风口标高不小于3m；

4 应设置防护过滤网及防雨水措施。

【说明】

1 空气量供应不足会导致燃烧不完全，生成一氧化碳。

2 采用室外供应空气时，可采用自然进风或机械进风方式。

2.4 室内集中热水供暖系统

2.4.1 散热器集中供暖系统的设计供水温度不宜大于75℃；当采用城市热网或区域锅炉房提供热水时，供回水设计温差不宜小于20℃。

【说明】

1 设计供水温度来源于《民用建筑供暖通风与空气调节设计规范》GB 50736—2012的要求。

2 提高设计温差，有利于降低输送系统能耗。

当采用低品位热源或可再生能源（例如空气源热泵、太阳能等）时，供暖系统的热水温差，应按照热源可利用的最大效率来合理选取。

2.4.2 供暖热水来自城市或小区热网，且通过设置热水换热器方式提供时，室内强制对流末端装置、热水地面辐射或毛细管辐射供暖的集中供暖系统，对于供水温度不应大于60℃。供回水设计温差，应按照以下原则选取：

1 强制对流末端，严寒地区不应小于15℃，寒冷地区不宜小于15℃，夏热冬冷地区不宜小于10℃；

2 热水地面辐射，不应小于5℃；

3 毛细管辐射末端，不应小于3℃。

【说明】

1 从热水地面辐射系统供暖的安全、寿命和舒适考虑，规定供水温度不超过60℃。实践表明：对于大多数建筑，热水地面辐射系统的供水温度在35～45℃是比较合适的范围。设计中也可根据不同设置位置覆盖层热阻及遮挡因素，确定毛细管辐射系统供水温度。

2 对于强制对流装置，适当加大热水供回水温差，现有的末端设备和产品是能够满足使用要求的。对于热水地面辐射，其供回水温差不宜大于10℃，不应小于5℃，保持较小的供回水温差，增大流量，有利于管网平衡和有效减少实际运行中的房间过热。对于毛细管或地埋管辐射末端，分为单独供暖和冷暖两用的情况：单独供暖时其供回水温差适当加大；冷暖两用时，供回水温差应兼顾产品的供冷供热量需求确定，其热水供回水设计温差宜为3～6℃。

2.4.3 当集中供暖系统的热水来自低品位热源时，供暖系统的热水设计供水温度不应超过低品位热源装置在满足一定能效比要求时所能提供的最高出水温度。热水设计供水温度宜根据采用的室内供暖末端类型，并根据建筑内所有房间末端所需要的最高供水温度的需求决定。

【说明】

1 热泵、太阳能集热器等装置作为供暖系统热源时，其合理的最高热水出水温度应在满足其规定能效的基础上确定。

2 为了使低品位热源装置具有更高的效率，工程中一般并不是以其可提供的最高供水温度来作为系统的设计温度的，而是应该结合室内供暖末端设备，在对每个房间进行热负荷、设备能力与供回水温度联合分析之后，才能得到优化的系统供水温度。主要分析与计算步骤如下：

(1) 按照每个房间可接受的最大末端型号（例如：可布置的风机盘管的最大规格、可设置的最大地板辐射或毛细管辐射面积等），布置末端设备；

(2) 根据每个房间的热负荷和所布置的末端设备，计算和确定每个房间的供回水温度（供回水温差按照第 2.4.2 条的原则选取）；

(3) 校核每个房间的末端设备温度是否超标（例如送风温度、辐射表面温度是否超过要求）。对于超标末端，应按照规定的温度高限调整（减小）末端规格后再重新完成第 (2) 项的计算；

(4) 提取各房间要求的最大供水温度；如果该温度不超过低品位热源装置合理的最大出水温度，则该温度可作为集中供暖系统的供水温度。

(5) 当超过低品位热源装置合理的最大出水温度的末端热负荷与供暖系统设计供热总负荷的比例不超过 5%时，也可以其余 95%中的最大末端供水温度需求作为系统的设计供水温度，同时对超出的 5%的末端采取电热或其他辅助供热措施来保证。当超过的比例达到 10%以上时，宜通过合理的技术经济分析，调整修改房间末端的类型，或者改变低品位热源装置的类型。

3 为了提高低品位能源的利用率，在条件允许的前提下，可适当放大末端设备规格，以取得系统能效和经济性的综合平衡。

2.4.4 供暖系统应采用闭式系统并优先机械循环方式。供暖环路的划分，应以便于水力平衡、有利于节省投资及能耗为主要依据；有条件时宜按朝向分别设置环路。

【说明】

供暖系统采用南北向房间分环布置的方式，既平衡南北向房间的温差，也有利于系统调试。

2.4.5 水平双管供暖系统采用散热器为末端或各并联末端水阻力相近时，同一个水平双管环路中的各散热器，宜采用同程式管道连接方式；采用其他供暖末端形式时，系统管道连接形式可根据实际情况，合理采用。

【说明】

1 系统的水力平衡率对各末端的影响，与系统管道流程方式无关，因此无论是同程系统还是异程系统，对各环路的水力平衡率的计算要求都是相同的。

2 散热器供暖系统中，由于散热器阻力与管道阻力相比较小，因此同一个环路中的各散热器采用同程方式连接时，有利于该环路内所有散热器的水力平衡，因此推荐优先采用。对于垂直双管系统，上供下回或下供上回环路中的散热器本身就是同程连接的；下供下回环路虽然是异程连接，但大规模供暖系统中，供暖环路数量很多且环路长度差距也较大，采用同程系统并不比采用异程系统具有更好的水力平衡优势，反而造成管道布置过于复杂、经济性不好、系统总阻力可能会增大的情况。因此，对于各环路之间的连接方式，不做特定要求。

3 对于地板辐射供暖、风机盘管供暖等末端装置，其末端阻力占系统阻力的比例远大于散热器，因此其管道连接形式也不做特殊要求。

2.4.6 居住建筑室内供暖系统，宜采用垂直双管系统或共用立管的分户独立循环双管系统，也可采用垂直单管跨越式系统。公共建筑供暖系统宜采用双管系统，也可采用单管跨越式系统。既有建筑的室内垂直单管顺流式系统改造时，宜按照垂直双管系统或垂直跨越式系统进行改造设计，不宜改造为分户独立循环系统。热水供暖系统形式的选择原则见表2.4.6。

热水供暖系统形式的选择原则　　表2.4.6

序号	系统形式	适用范围	备注
1	垂直双管系统	4层及4层以下的建筑物； 每组散热器设有恒温控制阀且满足水力平衡要求时，不受此限制	应优先采用下供下回方式，散热器的连接方式，宜采用同侧上进下出。每组供水立管的顶部，应设自动排气阀
2	垂直单管跨越式系统	6层及6层以下的建筑物	应优先采用上供下回跨越式系统，垂直层数不宜超过6层
3	水平双管系统	缺乏设置众多立管条件的多层或高层建筑； 实施分户热计量的住宅	住宅建筑中，户内末端中应优先采用下供下回式，管径不应大于$DN25$
4	水平单管跨越式系统	缺乏设置众多立管条件的多层或高层建筑； 实施分户热计量的住宅	系统散热器组数不宜超过6组，管径不应大于$DN25$； 散热器的接管宜采用异侧上进下出或采用H形分配阀
5	水平单管串联式系统	缺乏设置众多立管条件的多层或高层建筑； 实施分户热计量的住宅户内系统	系统散热器组数不宜超过6组，管径不应大于$DN25$； 散热器的接管宜采用异侧上进下出或采用H形分配阀

【说明】

1　垂直双管系统排气方式一般多为散热器配置手动排气阀或立管顶端设置自动排气阀；特殊情况下，如学生宿舍属于私人空间的建筑，不便于运维人员进出调试时，根据运行管理的要求，供暖系统需要设置上排气干管便于集中排气。

2　采用垂直单管跨越式系统，解决上层过热的问题时，若层数过多不易控制。

3　采用水平双管并联系统，所带散热器末端不宜过多，避免散热器之间的水力不平衡造成冷热不均。

4　采用水平单管跨越式系统，所带散热器末端不宜过多，避免不易调节。

5　采用水平单管串联系统，所带散热器末端不宜过多，避免支环路阻力过大，以及末端散热器水温过低造成片数过多。

2.4.7　供暖系统的工作压力，应根据设备的承压能力、管材和管件的强度特性、提高工作压力的成本等因素，经综合考虑后确定，并符合下列规定：

1　建筑物的供暖系统，高度超过50m时，宜竖向分区设置；

2　铸铁散热器的工作压力不应大于0.8MPa，钢制散热器的工作压力不宜大于1.2MPa；

3　低温地面辐射供暖系统地埋管的工作压力不应大于0.8MPa；

4　毛细管网辐射系统的末端工作压力不应大于0.6MPa。

【说明】

1　供暖系统的最大工作压力（表压），一般会发生在系统最低点的供水管或循环水泵出口。

2　各供暖系统可承受的实际工作压力，与各散热设备的承压能力密切相关。当工程条件必须突破上述规定时，应校核供暖系统最低点散热设备和管道的最大工作压力，并采用能承受相应压力的设备、管材和管件。

2.4.8　居住建筑采用共用立管的分户独立系统时，应符合下列要求：

1　共用立管宜采用双管下供下回系统，供水立管和回水立管的顶部应设置自动排气阀；

2　共用立管和各住户的入口装置均应设置于管井内，管井应临近楼梯间或户外公共空间；

3　每组共用立管连接的户数不宜超过40户，每层连接的户数不宜多于3户；

4　同一共用立管上连接的各户的室内供暖系统，应采用相同的系统形式；

5　室内共用立管宜按照等径设计，立管最大比摩阻宜为30～60Pa/m，各住户供暖系统的计算压力损失不宜大于30kPa。

【说明】

1 居住建筑应优先采用共用立管的分户独立系统，干管环路布置均匀，各组共用立管的负荷宜接近。共用立管应采用双管下供下回系统形式。

2 设置共用立管和各户的入口装置的公共管井应具备查验和检修条件。

3 每组共用立管连接的户数和每层连接的户数不宜过多，当每层连接的户数多于3户时，管井内宜设置分、集水器，使入户管通过分、集水器进行转接。

4 同一共用立管各户室内供暖系统采用相同的系统形式有利于实现水力平衡。

5 各住户供暖系统的计算阻力，以共用供回水立管连接处计算。

2.4.9 采用毛细管网辐射系统供暖时，应优先考虑地面埋置方式；当地面面积不足时，可考虑墙面或顶棚设置。

【说明】

毛细管网末端有地面、墙面、顶棚等不同的安装位置，当单独供暖时毛细管网辐射系统采用地面埋置方式，效果等同于低温地板辐射供暖系统，因此宜优先考虑。

2.4.10 管径小于或等于 *DN*50 的室内供暖系统管道，可采用热镀锌钢管或钢塑复合管，丝扣或热熔连接。室内埋地管道宜采用耐温较高的聚丁烯（PB）、耐热聚乙烯（PE-RT）的塑料管。

【说明】

镀锌钢管不允许焊接。对于一些直径较大的供暖干管，当采用焊接时，应提出管道内外表面的防锈处理要求。

2.4.11 干管和立管（不含建筑物的供暖系统热力入口）上阀门的设置，应遵守下列规定：

1 供暖系统各并联环路，应设置关闭和调节装置；

2 供水立管的始端和回水立管终端均应设置阀门，回水立管底部还应设置泄水装置；

3 室内共用立管与进户供回水管相连处的进户管上，应设置关断阀；

4 仅用于维修的阀门，应选择关闭严密的阀门；承担流量调节功能的阀门，应选择调节性能较好的阀门。

【说明】

维修用阀门的要求是关闭时应严密不漏水，同时全开时的阻力系数较低且价格相对便宜，例如闸阀、截止阀、球阀等；当初调试需要调节流量时，对阀门的流量调节性能要求比较高，例如平衡阀、调节阀等，但其价格相对较高。由于后者通常也具有较好的关闭严密的特点，因此当某处需要同时具备关闭与调节功能时，只设置后者即可，不宜同时串联设置关断阀和调节阀；但这时调节阀应有明确的开度显示，以使得维修关闭后再开启时能够精确定位其开度。

2.4.12 静态水力平衡阀，应根据热媒设计流量、工作压力及阀门实际工作压差等参数，经计算确定，其安装位置应保证阀门前后有足够的直管段，没有特别说明的情况下，阀门前直管段长度不应小于5倍管径，阀门后直管段长度不应小于3倍管径。

【说明】

静态平衡阀应根据水力平衡要求经计算决定是否设置。静态平衡阀安装在回水管上。

2.4.13 热水供暖系统中的最高点及有可能集聚空气的部位，应设置带阻断阀的自动排气阀、集气罐或手动跑风等系统内的空气排除装置，自动排气阀的接管口径不宜小于*DN*20。空气排除装置的设置，还应符合以下规定：

1 上供下回供暖系统，应在供水干管末端设置自动排气阀或集气罐；

2 下供下回供暖系统，应在供水立管或回水立管顶部设置自动排气阀或集气罐；

3 垂直双管系统，当散热器采用下进下出连接方式时，散热器顶部应设置手动跑风；

4 水平双管或水平单管串联供暖系统：每组散热器顶部应设置手动跑风。

【说明】

1 热水供暖系统内的空气应及时排出，各供暖系统均应在系统最高点及可能集聚空气的部位，设置空气排除装置。

2 自动排气阀不应设置在重要房间内，尽可能设在卫生间、设备机房等便于排水的位置，且应便于维护和管理。

3 当采用下供下回双管系统或单管系统时，散热器顶部均配置手动排气阀，便于需要时手动排气。

2.4.14 热水供暖系统中的最低点及有可能积水而产生杂质沉淀的部位，应设置排污泄水装置；泄水管的接口口径不应小于*DN*25。

【说明】

泄水管应附设闸阀或球阀，平时阀门常闭，泄水时阀门打开。

2.4.15 室内供暖管道布置时，应考虑管道的固定支架与热补偿措施：

1 计算供暖管道膨胀量时，管道的安装温度应按冬季环境温度考虑，一般可取−5～0℃；

2 供暖系统管道应充分利用自然补偿的可能性；当利用管段的自然补偿不能满足要求时，应设置补偿器；

3 补偿器应优先采用方形或Z形；并应设置于两个固定点之间；

4 固定支架的受力位置，应设置于建筑的受力结构处；

5 水平干管或总立管固定点的布置，应保证分支管接点处的最大位移量不大于40mm；连接散热器的立管，应保证管道分支接点由管道伸缩引起的最大位移量不大于20mm；无分支接点的管段，间距应保证伸缩量不大于补偿器或自然补偿所能吸收的最大补偿量；

6 垂直双管或跨越管与立管同轴的单管系统的散热器立管，长度小于或等于20m时，可在立管中间设固定卡；长度大于20m时，应采取补偿措施；

7 采用套筒补偿器或波纹补偿器时，应设置导向支架；当管径大于或等于$DN50$时，应进行固定支架的推力计算，验算支架的强度，并向结构专业提出固定支架的推力；

8 户内长度大于10m的供回水管与水平干管相连接时，以及供回水支管与立管相连接处，宜设置2～3个过渡弯头或弯管，避免采用“T形”直连方式。

【说明】

1 供暖系统的管道由于热媒温度变化而引起热膨胀，不但要考虑干管的热膨胀，还要考虑立管的热膨胀，在可能的情况下，利用管道的自然弯曲补偿是简单易行的，如果自然补偿不能满足要求，则应根据不同情况通过计算选型设置补偿器。

2 设置2～3个过渡弯头或弯管，不但有利于自然热补偿，也有利于管内水力状况的改善。

2.4.16 供暖系统水平管道的敷设应有一定的坡度，坡向应有利于排气和泄水，并应符合下列要求：

1 供回水支、干管的坡度：宜采用0.003，不小于0.002；

2 立管与散热器连接的支管，坡度不小于0.01；

3 因条件限制，热水管道（包括水平单管串联系统的散热器连接管）采用无坡度敷设时，管内的设计流速不得小于0.25m/s。

【说明】

本条是考虑便于排除供暖管道中的空气，参考国外有关资料并结合具体情况制定的。当水流速度达到0.25m/s时，方能把管中空气裹挟走，使之不能浮升。因此，采用无坡敷设时，管内流速不得小于0.25m/s。

2.4.17 供暖系统供水干管末端和回水干管始端的管径不应小于$DN20$。

【说明】

供暖系统供水（汽）干管末端和回水干管始端的管径，应在水力平衡计算的基础上确定。当计算管径小于$DN20$时，为了避免管道堵塞等情况的发生和有利于排出系统内的空气，宜适当放大管径，一般不小于$DN20$。

2.4.18 穿越建筑物基础、伸缩缝、沉降缝、防震缝的供暖管道，以及埋设在建筑结构里的立管，应采取预防建筑物下沉而损坏管道的措施。

【说明】

在布置供暖系统时，若必须穿过建筑物变形缝，应采取预防由于建筑物下沉而损坏管道的措施，如在管道穿过基础或墙体处埋设大口径套管内填以弹性材料等。

2.4.19 供暖管道穿越防火墙时，应预埋钢套管，并在穿墙处一侧设置固定支架，管道与套管之间的空隙应采用耐火材料封堵。

【说明】

为了保持防火墙墙体的完整性，以防发生火灾时烟气或火焰等通过管道穿墙处波及其他房间；另外，要求封堵穿墙或楼板处的管道与套管之间的空隙，除了能防止烟气或火焰蔓延外，还能起到防止房间之间串音的作用。

2.4.20 供暖管道不得与输送蒸汽燃点小于或等于120℃的可燃液体或可燃、腐蚀性气体的管道在同一管沟内敷设。

【说明】

本条的目的是防止表面温度较高的供暖管道触发其他管道中燃点低的可燃液体、可燃气体引起燃烧和爆炸，或其他管道中的腐蚀性气体腐蚀供暖管道。

2.4.21 敷设供暖管道的室内管沟，应符合下列规定：

1 应设计采用半通行管沟，管沟净高宜大于或等于1.2m，净宽宜大于或等于0.8m；连接水平支管处或有其他管道穿越处，通道净高宜大于0.5m；

2 长度大于20m的室内半通行管沟，宜应设置通风孔或通风管；通风孔间距宜小于或等于20m，通风口（管）面积宜大于或等于0.1m^2；

3 管沟应设置检修人孔，且应符合下列要求：

（1）人孔直径不应小于0.7m；

（2）人孔间距不宜大于30m；

（3）管沟长度大于20m时，人孔数不应小于2个；

（4）人孔应布置在需检修的阀门和配件附近，不应设置于浴厕、有较高防盗要求的房间、人流较大的主要通道及住宅的户内，必要时可延伸至室外；

（5）管沟端头宜设置人孔；

（6）管沟不应与电缆沟、土建风道等相通。

【说明】

1 规定的净高、净宽为满足检修的最小尺寸；有条件时适当加大尺寸；

2 管沟过长时，需要设置通风条件，为运维人员创造检修条件；

3 管沟规定的人孔直径、间距、数量等，均为便于检修；人孔布置在需要检修的阀门及配件附近，便于操作；人孔的位置不应对房间的使用带来安全隐患；管沟不与电缆沟、土建风道等相通，均是使用安全的要求。

2.4.22 **热力小室的设置，应符合以下规定：**

1 居住建筑供暖系统的热力入口装置不宜设置于室外管沟内；

2 有地下室的建筑，宜在地下室设置专用热力小室，空间净高不应低于2.0m，前操作面净距离不应小于1.0m；

3 对于无地下室的建筑，宜在楼梯间下部设置小室，操作面净高不应低于1.4m，前操作面净距离不应小于1.0m；

4 根据管径不同并考虑阀门安装，热力小室进深可为2.0～4.8m（对应管径范围为*DN*50～*DN*150）；

【说明】

一些地下管沟中的环境非常恶劣，潮湿闷热甚至管路被污水浸泡，因此不建议将热力入口装置设置于室外管沟。本条规定热力小室的尺寸，方便人员操作，热力小室的进深为推荐尺寸，保证热力入口装置可以有效安装。

2.4.23 **热力入口的设计，应符合以下规定：**

1 在满足室内各环路水力平衡的前提下，应尽量减少建筑物供暖系统的热力入口；

2 供水、回水管道上应分别设置关断阀、温度计、压力表；

3 在供回水阀门前应设旁通管和能严密关闭的旁通阀，其管径宜为供水管的0.3倍；

4 供水干管上宜设置两级过滤器初级过滤器滤径宜为3mm，优先选用桶型立式直通除污器以减少阻力；二级过滤器滤径宜为0.65～0.75mm；

5 热力入口须设置楼前热量表，作为建筑物供暖耗热量的热量结算点，居住建筑还需考虑分户热计量的装置或设施。

【说明】

1 减少热力入口，可以减少初投资及运维管理点；

2 集中供暖系统应在热力入口处的供回水总管上分别设置关断阀、温度计、压力表，其目的主要是为检修系统、调节温度及压力提供方便条件。

3 旁通管是考虑系统运行维护时需要设置的；正常运行时关闭旁通阀，避免外网供水短路；用户热力入口关断检修时，开启旁通阀进行入口支环路防冻结循环；

4 过滤器是保证管道配件及热量表等不堵塞、不磨损的主要措施；

5 楼栋热计量的热量表宜选用超声波或电磁式热量表，超声波和电磁式热量表故障较少，计量精确度高，不容易堵塞，水阻力较小。

2.4.24 进深大于6m的房间采用地板辐射供暖系统时，宜以距外墙6m为界分成内外区，分别计算内外区的供暖热负荷和进行地板辐射供暖系统设计。

【说明】

当房间进深较大时，对于一般建筑的中间楼层，内区基本不存在热负荷，地板辐射管道宜设置在外区。但对于底层和顶层或者内区存在大量内隔墙传热（例如大面积核心筒）时，从计算上看，内区会存在一定的热负荷，但其数值与外区相比会小得多（无外围护结构传热）。因此，大进深房间宜在设计时区分内外区，各自独立计算负荷与进行不同的地埋管（间距等）布置。

2.4.25 民用建筑地面辐射供暖系统户内的供水温度，应根据实际建筑和房间的热负荷确定，并符合第2.4.2条的规定。严寒与寒冷地区的居住建筑不宜高于45℃，超过时宜在楼栋的供暖热力入口处设置换热装置或混水装置。

【说明】

考虑锅炉烟囱的防腐蚀要求，不宜采用锅炉房直接为地面辐射供暖系统提供温度小于或等于60℃的热媒。

2.4.26 地板辐射供暖系统应按房间或区域设置独立的热媒集配装置，并应符合下列要求：

1 住宅每户至少应设置一套集配装置；

2 在分水器供水管上顺水流方向应安装阀门、过滤器、阀门及泄水管；在集水器出水管上应设置泄水管、平衡阀或其他可关断的调节阀；

3 每个分水器、集水器分支环路不宜多于8路，每个分支环路供回水管上均应设置具有关断功能的手动或自动调节阀；

4 分水器、集水器最大断面流速不宜大于0.8m/s；分水器和集水器之间宜设旁通管和关断阀；

5 设置混水泵的混水系统，当外网为定流量时，应设置平衡管并兼作旁通管使用，平衡管上不应设置阀门。旁通管和平衡管的管径不应小于连接分水器和集水器的进出口总管管径；

6 分水器、集水器上均应设置手动或自动排气阀；

7 地板辐射供暖系统应设计室温自控装置，辐射供暖系统进出口水温测点宜布置在分水器、集水器上；

8 公共建筑中，集配装置优先设置于公共空间；住宅中的分集水器优先设置于厨房或卫生间。

【说明】

1 住宅每户设置集配装置，便于管理及控制；

2 分水器供水管上顺水流方向安装的阀件，用于开关、过滤及泄水；集水器出水管上安装的阀门，用于泄水、水力平衡及关断或调节作用；

3 每个分、集水器分支环路若过多，环路之间不宜平衡；

4 分、集水器断面流速小于0.8m/s有利于各支环路平衡；设旁通管和关断阀的目的是为了在冲洗系统管道时与集配装置隔绝，以防污物进入集配装置和加热管。

5 设置混水泵的系统，其连接如图2.4.26所示。

6 分、集水器上设置排气阀，便于系统排气；

7 设置室温自控装置，便于室温调节；进出水温测点布置在分、集水器上便于准确计算热计量。

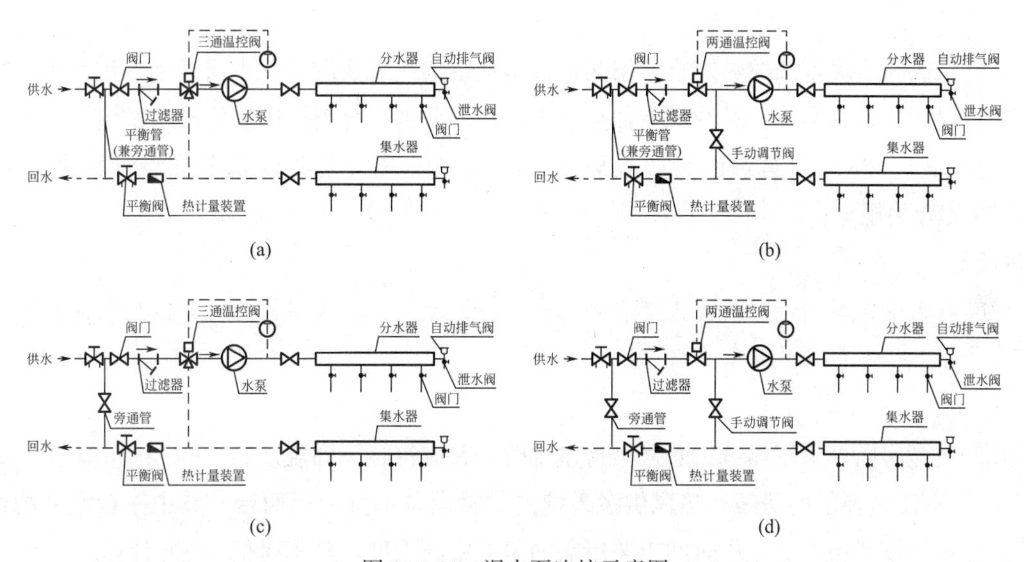

图 2.4.26 混水泵连接示意图

(a) 采用三通阀的混水系统（外网定流量）；(b) 采用两通阀的混水系统（外网定流量）；

(c) 采用三通阀的混水系统（外网变流量）；(d) 采用两通阀的混水系统（外网变流量）

2.4.27 符合下列条件之一的场合，可采用热风供暖系统：

1 室内允许利用循环空气进行供暖；

2 热风供暖系统能与机械送（补）风系统合并设置时；

3 供暖热负荷特别大、无法布置大量散热器的高大建筑；

4 设有散热器防冻值班供暖系统，又需要间歇正常供暖的房间；

5 由于防火、防爆和卫生要求，必须采用全新风供暖时；

6 利用热风供暖经济合理的其他场合。

【说明】

间歇正常供暖的房间，例如：学生食堂、餐厅、商场、展厅、体育场馆等间歇使用的场所。

2.4.28 **对噪声控制较严格的房间，不宜采用暖风机供暖。空间较大、单纯要求冬季供暖的餐厅、体育馆、商场等类型的建筑物以及间歇使用的建筑或房间，可采用暖风机与散热器值班供暖系统配合应用。**

【说明】

1 暖风机的最大优点是升温快、设备简单、初投资低。

2 配合使用时，散热器供暖系统的供暖能力按照维持值班温度（根据不同情况来确定值班温度的具体数值）计算，房间或建筑正常使用时，运行暖风机来维持室内使用温度。

2.4.29 **热风供暖系统的热媒宜采用热水。当有余热或废蒸汽时，也可采用蒸汽作为加热盘的热媒。当采用燃气、燃油或电加热空气时，应分别符合现行国家标准《城镇燃气设计规范》GB 50028、《建筑设计防火规范》GB 50016 和《公共建筑节能设计标准》GB 50189 的有关规定。**

【说明】

从使用情况看，一般供暖温度下的热媒参数，完全可满足室内热风供暖的需求，因此不宜为热风供暖单独配置蒸汽源。

2.4.30 **当房间仅采用热风供暖来维持室温时，并应符合下列规定：**

1 有工艺要求的房间，热风供暖系统的供暖设备不宜少于两台，其中一台设备的最小供热量，按照保持非工作时间工艺所需的最低室内温度，且不得低于5℃计算；

2 净高大于或等于 10m 的空间，当只设有采用热风供暖时，可采取将空间内的空气自上向下的强制对流措施。

【说明】

1 如果房间热风供暖系统只有一台供暖设备，一旦发生故障，室内温度无法满足工艺的需求，还会导致室内供排水管道和其他用水设备有冻结的风险。

2 本条的目的是为了降低高大空间沿高度方向的温度梯度。具体做法是：将空间上部的热空气通过风机（必要时设置竖风道），引入到空间下部向空间送风，加强空间内部的空气循环。

2.4.31 室内供暖系统的总压力损失，宜在计算值的基础上附加10%。当采用室外热网直接连接供暖时，附加后的总压力损失，不应大于外网给定的进出口资用压差。如果超过资用压差，应调整室内供暖系统的设计；条件允许时，也可设置附加的供暖循环泵。

【说明】

供暖系统计算压力损失的附加值采用10%，是对计算误差、施工误差及管道结垢等因素的综合考虑。

如果附加后的总压力损失大于室外热网所给定的资用压差，首先应该调整室内系统的设计。当室内系统无法调整，必须采用加压泵等措施时，为了防止加压泵的运行影响整个外网，应详细核算加压泵的选型参数，并应取得室外热网管理方的书面同意后方可实施。

2.4.32 热水供暖系统并联环路（不包含公共段）之间压力损失的相对差额，不应大于15%。一般可采取下列水力平衡措施：

1 环路布置应力求均衡对称，作用半径不宜过长，负担的立管数不宜过多；

2 尽可能通过调整管径或所选设备的阻力特性，使并联环路之间压力损失的计算相对差额达到最小；

3 上述措施仍不能满足要求时，可设置静态水力平衡阀。

【说明】

室内热水供暖系统各并联环路之间的压力损失差额不大于15%的规定，是基于保证供暖系统的运行效果，并参考国内外资料而规定的。

1 环路布置的均匀性，可减少各环路压力损失的差额。

2 在水力平衡中，调整管径应该是首要工作。一般情况下，由于管道的经济流速及经济比摩阻都有一定的范围，通过改变不同管道的设计流速，能够满足本条的要求。

3 当调整管径或设备阻力特性不能满足要求时，可根据供暖系统的形式，在低阻力环路上设置适当的静态水力平衡阀等水力平衡装置。但由于平衡阀的阻力较大，因此不应在系统所有的串联环路上同时设置，以防止整个供暖系统的设计阻力过大。

2.4.33 室内供暖系统管道中的热水流速，应根据系统的经济性、能耗限值、水力平衡要求以及防噪声要求等因素确定，管路的最大流速不应超过表2.4.33的规定。

室内供暖系统热水管道的最大流速（m/s） **表2.4.33**

公称直径(*DN*)	15	20	25	32	40	≥50
有特殊安静要求的热水管道	0.50	0.65	0.80	1.00	1.00	1.00
一般室内热水管道	0.80	1.00	1.20	1.40	1.80	2.00

【说明】

关于供暖管道中热媒的最大允许流速，目前国内尚无专门的试验资料和统一规定，但设计中又很需要这方面的数据，因此，参考国外的有关资料并结合我国管材供应等的实际情况，作出了有关规定。最大流速与推荐流速不同，它只在极少数公用管段中为消除剩余压力或为了计算平衡压力损失时使用，如果把最大允许流速规定得过小，则不易达到平衡要求，不但管径增大，还需要增加调压板等装置。苏联在关于机械循环供暖系统中噪声的形成和水的极限流速的专门研究中得出的结论表明，适当提高热水供暖系统的热媒流速不至于产生明显的噪声，其他国家的研究结果也证实了这一点。

当水力计算调整管径后，设计工况下的最大流速超过表 2.4.33 的规定时，应加大管径并设置相应的阀门等手动调节措施。

2.4.34 对于垂直双管系统、垂直分层的单管水平串联系统、同一环路而层数不同的垂直单管系统，当重力水头的作用高差大于 10m 时，并联环路之间的水力平衡，应按下式计算重力水头 H（Pa）：

$$H=\frac{2}{3}\times h\times(\rho_r-\rho_s)\times g \tag{2.4.34}$$

式中 h——计算环路散热器中心之间的高差，m；

ρ_r——设计回水温度下的密度，kg/m³；

ρ_s——设计供水温度下的密度，kg/m³；

g——重力加速度，m/s²，取 $g=9.8\text{m/s}^2$。

【说明】

在整个供暖期内，重力水头是随着供水温度的变化而不断变化的；取设计值的 2/3，是考虑整个供暖期内的平均值。

2.4.35 计算供暖系统阻力时，可采用以下两种计算方法：

1 局部阻力系数法

$$\Delta H=\Delta H_y+\Delta H_j=Rl+\sum\zeta\frac{\rho v^2}{2} \tag{2.4.35-1}$$

式中 ΔH——管段的总阻力损失，Pa；

ΔH_y——管段的沿程阻力损失，Pa；

ΔH_j——管段的局部阻力损失，Pa；

R——比摩阻，Pa/m；

l——管段的长度，m；

ζ——管段的局部阻力系数，常用局部阻力系数 ζ 见表 2.4.35-1。

ρ——流体的密度，kg/m³；

v——流体的流速，m/s。

常用管道配件的阻力系数　　表 2.4.35-1

序号	名称		局部阻力系数ζ									
1	截止阀	管径	DN	15	20	25	32	40	≥50			
		直杆式	ζ	16	10	9	9	8	7			
		斜杆式	ζ	1.5	0.5	0.5	0.5	0.5	0.5			
2	止回阀	管径	DN	15	20	25	32	40	≥50			
		升降式	ζ	16	10	9	9	8	7			
		旋启式	ζ	5.1	4.5	4.1	4.1	3.9	3.4			
3	旋塞阀		DN	15	20	25	32	40	≥50			
			ζ	4.0	2.0	2.0	2.0	—	—			
4	蝶阀		0.1～0.3									
5	闸阀		DN	15	20～50	80	100	150	200～250	300～450		
			ζ	1.5	0.5	0.4	0.2	0.1	0.08	0.07		
6	变径管	渐缩	0.10(对应小断面的流速)									
		渐扩	0.30(对应小断面的流速)									
7	突然扩大		1.0(按其中较大断面流速计算)									
8	突然缩小		0.5(按其中较大断面流速计算)									
9	焊接弯头	管径	DN	80	100	150	200	250	300			
		90°	ζ	0.51	0.63	0.72	0.72	0.87	0.78			
		45°	ζ	0.26	0.32	0.36	0.36	0.44	0.39			
10	普通弯头	管径	DN	15	20	25	32	40	≥50			
		90°	ζ	2.0	2.0	1.5	1.5	1.0	1.0			
		45°	ζ	1.0	1.0	0.8	0.8	0.5	0.5			
11	弯管(摵弯)：R—弯曲半径；D—直径		D/R	0.5	1.0	1.5	2.0	3.0	4.0	5.0		
			ζ	1.2	0.8	0.6	0.48	0.36	0.30	0.29		
12	括弯		DN	15	20	25	32	40	≥50			
			ζ	3.0	2.0	2.0	2.0	2.0	2.0			
13	水箱接管	进水口	1.0									
		出水口	0.5(箱体上的出水管在箱内与壁面保持平直，无凸出部分)									
		出水口	0.75(箱体上的出水管在箱内凸出一定长度)									
14	水泵入口		1.0									
15	无网滤水阀		2.0～3.0									
	有网底阀		DN	40	50	80	100	150	200	250	300	500
			ζ	12	10	8.5	7	6	5.2	4.4	3.7	2.5
16	平衡阀		14～15									

续表

序号	名称	局部阻力系数 ζ
17	方形补偿器	2.0
18	套筒补偿器	0.5

2 当量长度法

将管段的局部损失折算成管段的沿程损失来计算，则管段阻力可简化为：

$$\Delta H=\Delta H_{y}+\Delta H_{j}=Rl+Rl_{d}=R(l+l_{d}) \tag{2.4.35-2}$$

式中 l_d——局部阻力损失的当量长度，m，见表 2.4.35-2；

其他符号同式（2.4.35-1）。

热水供暖系统局部阻力当量长度 l_d（m） **表 2.4.35-2**

局部阻力名称	公称管径 DN(mm)						
	15	20	25	32	40	50	70
$\zeta=1$	0.343	0.516	0.652	0.99	1.265	1.76	2.30
柱形散热器	0.7	1.0	1.3	2.0	—	—	—
铸铁锅炉	—	—	—	2.5	3.2	4.4	5.8
钢制锅炉	—	—	—	2.0	2.5	3.5	4.6
突然扩大	0.3	0.5	0.7	1.0	1.3	1.8	2.3
突然缩小	0.2	0.3	0.3	0.5	0.6	0.9	1.2
直流三通	0.3	0.5	0.7	1.0	1.3	1.8	2.3
旁流三通	0.5	0.8	1.0	1.5	1.9	2.6	3.5
分(合)流三通	1.0	1.6	2.0	3.0	3.8	5.3	6.9
裤衩三通	0.5	0.8	1.0	1.5	1.9	2.6	3.5
直流四通	0.7	1.0	1.3	2.0	2.5	3.5	4.6
分(合)流四通	1.0	1.6	2.0	3.0	3.8	5.3	6.9
方形补偿器	0.7	1.0	1.3	2.0	2.5	3.5	4.6
集气罐	0.5	0.8	1.0	1.5	1.9	2.6	3.5
除污器	3.4	5.2	6.5	9.9	12.7	17.6	23.0
截止阀	5.5	5.2	5.9	8.9	10.1	12.3	16.1
闸阀	0.5	0.3	0.4	0.5	0.6	0.9	1.2
弯头	0.7	1.0	1.0	1.5	1.3	1.8	2.3
90°摵弯和乙字弯头	0.5	0.8	0.7	1.0	0.6	0.9	1.2
括弯	1.0	1.0	1.3	2.0	2.5	3.5	4.6
急弯双弯来	0.7	1.0	1.3	2.0	2.5	3.5	4.6
缓弯双弯头	0.3	0.5	0.7	1.0	1.3	1.8	2.3

【说明】

由于设备及附件的形式越来越多，当实际工程中使用的设备和附件在表中未列出时，应根据实际选用的设备或附件，确定阻力、局部阻力系数或局部阻力当量长度。

2.4.36　垂直供暖系统的水力平衡计算时，可采用等温降法和非等温降法。

【说明】

采用等温降方法时，已知设计温差和各管段承担的热负荷，可计算每一管段的设计流量，用式（2.4.36-1）计算管段的阻力损失。系统中并联管路的阻力损失应相等，需在运行时改变阀门的开度使并联环路阻力损失趋于相等。等温降水力计算方法比较简单，但阀门调节性能不佳时，供暖系统容易产生失调。

采用非等温降水力计算方法的实质是在设计阶段考虑实际运行时并联管路的阻力损失相等的原理，并按此分配并联管路的流量，用分配得到的流量来计算立管的供回水温差。各立管的供水温度相同，回水温度不同，用水力计算得到的立管温度计算散热器面积，从而在设计阶段减轻失调。考虑到片式散热器的阻力占系统总阻力的比例较低，因此当采用片式散热器时，推荐优先采用非等温降法计算。

以下介绍两种计算方法。

1　等温降法

原理：垂直式热水供暖系统中各立管或水平式系统各水平支管中水的温降相等（当不计算管道热损失时），均等于系统入口的设计供回水温差。

$$\Delta t=\Delta t_1=t_g-t_h \tag{2.4.36-1}$$

式中　Δt——供暖系统的设计供回水温差,℃；

Δt_1——立管（或水平支管）的计算温差,℃；

t_g、t_h——分别为设计供水温度和设计回水温度,℃。

计算方法如下：

(1) 流量：根据已知热负荷和供回水温差，计算每根管道的流量；

(2) 管径：根据已算出的流量在允许流速范围内，选择最不利环路中各管段的管径（当系统压力损失有限制时，应先算出平均的单位长度摩擦损失后，再选取管径）；

(3) 压力损失：根据流量和选择好的管径，根据式（2.4.35-1）和式（2.4.35-2）计算各管段的压力损失；

(4) 环路压力平衡：按已算出的各管段压力损失，进行各并联环路间的压力平衡计算，如不满足平衡要求，再调整管径，使之达到平衡为止，即：

$$\text{不平衡率}=\left|\frac{\text{并联管路资用压头}-\text{管路阻力损失}}{\text{并联管路资用压头}}\right|\times100\%\leqslant15\% \tag{2.4.36-2}$$

2　非等温降法

原理：由于实际垂直式热水供暖系统中各立管或水平式系统各水平支管中水的温降并不相等（散热器规格选择时存在去尾法与收尾法的影响，以及水平干管立管实际温降的存在），因此，每副立管的实际温降并不完全相等。

计算方法如下：

（1）选择一个总环路，计算平均比摩阻，计算所选最不利环路中的最远立管和与其串联的供回水干管阻力。再计算与最远立管相邻的立管，及与之串联的供回水干管阻力。按上述步骤对总环路内其他供、回水干管和立管从远到近顺次进行计算。最终得到所选环路的初步计算流量和阻力损失；

（2）按方法（1）计算其他总环路的初步计算流量和阻力损失；

（3）初步计算流量通过各总环路的阻力损失不相等，调整流量使其阻力损失相等。调整后的各立管计算总流量$\sum G_j$与设计温降的实际总流量$\sum G_t$不相等，需进行调整，对各立管乘以调整系数，最后得出立管实际流量、温降和压降。

（4）各立管的调整系数为：

温降调整系数
$$a=\frac{\sum G_j}{\sum G_t} \tag{2.4.36-3}$$

流量调整系数
$$b=\frac{\sum G_t}{\sum G_j} \tag{2.4.36-4}$$

压降调整系数
$$c=\left(\frac{\sum G_t}{\sum G_j}\right)^2 \tag{2.4.36-5}$$

2.4.37 热水地板辐射供暖系统的水力计算，按以下方法进行：

1 塑料管道的摩擦阻力系数λ，可按下式计算：

$$\lambda=\left[\frac{0.5\times\left[\frac{b}{2}+\frac{1.312\times(2-b)\times\lg 3.7\times\frac{d}{K_d}}{\lg Re_s-1}\right]}{\lg\frac{3.7\times d_n}{K_d}}\right]^2 \tag{2.4.37-1}$$

$$Re_s=\frac{d\times v}{\mu_t} \tag{2.4.37-2}$$

$$b=1+\frac{\lg Re_s}{\lg Re_z} \tag{2.4.37-3}$$

$$Re_z=\frac{500\times d_n}{k_d} \tag{2.4.37-4}$$

式中 b——水的流动相似系数；

d_n——塑料管内径，m；

k_d——管道的当量粗糙度，取$k_d=1\times10^{-5}$m；

Re_s——实际雷诺数；

v——设计水流速，m/s；

μ_t——水的运动黏度，m^2/s，根据设计水温有关确定；

Re_z——阻力平方区的临界雷诺数。

2 塑料管附件的局部阻力系数，可按表 2.4.37-1 确定；

塑料管附件的局部阻力系数 ζ 表 2.4.37-1

管路附件	ζ	管路附件		ζ
90°弯头($R\geqslant$5D)	0.3～0.5	三通	直流	0.5
乙字弯	0.5		旁流	1.5
扩弯	1.0		合流	1.5
突然扩大	1.0		分流	3.0
突然缩小	0.5	四通	直流	2.0
压紧螺母(连接件)	1.5		分流	3.0

3 根据表 2.4.37-2 计算塑料管及铝塑复合管的沿程压力损失。

塑料管及铝塑复合管比摩阻计算表（$t=60$℃） 表 2.4.37-2

比摩阻 R_{60} (Pa/m)	12×16(mm)		16×20(mm)		20×25(mm)	
	流速 v (m/s)	流量 G (kg/h)	流速 v (m/s)	流量 G (kg/h)	流速 v (m/s)	流量 G (kg/h)
0.51	—	—	0.01	6.64	0.01	11.25
1.03	0.01	3.95	0.02	13.27	0.02	22.50
2.06	0.02	7.90	0.03	19.91	0.03	33.74
4.12	0.03	11.84	0.04	26.35	0.05	56.24
6.17	0.04	15.79	0.06	39.82	0.07	78.73
8.23	0.05	19.74	0.07	46.46	0.08	89.98
10.30	0.06	23.69	0.08	53.10	0.10	112.48
20.60	0.10	39.48	0.12	79.65	0.15	168.71
41.19	0.15	59.22	0.18	119.47	0.22	247.45
61.78	0.19	75.02	0.23	152.65	0.28	314.93
82.37	0.22	86.86	0.27	179.20	0.33	371.17
102.96	0.25	98.71	0.31	205.75	0.37	416.16
123.56	0.28	110.55	0.34	225.66	0.41	461.15
144.15	0.31	122.40	0.37	245.57	0.45	506.14
164.75	0.33	130.29	0.40	265.48	0.48	539.88
185.35	0.35	138.19	0.43	285.39	0.52	584.87
205.94	0.38	150.03	0.45	298.67	0.55	618.62
226.53	0.40	157.93	0.48	318.58	0.58	652.36
247.13	0.42	165.83	0.50	345.13	0.60	674.85
267.72	0.44	173.72	0.52	365.04	0.63	708.60

续表

比摩阻 R_{60} (Pa/m)	12×16(mm)		16×20(mm)		20×25(mm)	
	流速 v (m/s)	流量 G (kg/h)	流速 v (m/s)	流量 G (kg/h)	流速 v (m/s)	流量 G (kg/h)
288.31	0.45	177.67	0.55	378.31	0.66	742.34
308.91	0.47	185.57	0.57	391.58	0.68	764.83
329.50	0.49	193.47	0.59	391.58	0.71	798.58
350.09	0.51	201.36	0.61	404.86	0.73	821.07
370.69	0.52	205.31	0.63	418.13	0.76	854.81
391.28	0.54	213.21	0.65	431.41	0.78	877.31
411.87	0.56	221.10	0.67	444.68	0.80	899.80
432.47	0.57	225.05	0.69	457.95	0.82	922.30
453.06	0.59	232.95	0.70	464.59	0.84	944.79
473.66	0.60	236.90	0.72	477.87	0.87	978.54
494.26	0.61	240.84	0.74	491.14	0.89	1001.03
514.85	0.63	248.74	0.75	497.78	0.91	1023.53
535.44	0.64	252.69	0.77	511.05	0.93	1046.02
556.04	0.66	260.59	0.79	524.32	0.94	1057.27
576.63	0.67	264.53	0.80	530.96	0.96	1079.76
597.22	0.68	268.48	0.82	544.24	0.98	1102.26
617.82	0.70	276.38	0.83	550.87	1.00	1124.76
638.41	0.71	280.33	0.85	564.15	1.02	1147.25
659.00	0.72	284.28	0.86	570.78	1.04	1169.75
679.60	0.73	288.22	0.88	584.06	1.05	1180.99
700.19	0.75	296.12	0.89	590.69	1.07	1203.49
720.79	0.76	300.07	0.91	603.97	1.09	1225.98
741.38	0.77	304.02	0.92	610.61	1.11	1248.48
761.97	0.78	307.97	0.94	623.88	1.12	1259.73
782.58	0.79	311.91	0.95	630.52	1.14	1282.22
803.17	0.80	315.86	0.96	637.15	1.15	1293.47
823.77	0.82	323.76	0.98	650.43	1.17	1315.96
844.36	0.83	327.71	0.99	657.06	1.19	1338.46
871.25	0.84	331.65	1.00	663.70	1.20	1349.71
885.55	0.85	335.60	1.02	676.98	1.22	1372.20
906.14	0.86	339.55	1.03	683.61	1.23	1383.45
926.73	0.87	343.50	1.04	690.25	1.25	1405.94
947.33	0.88	347.45	1.06	703.52	1.26	1417.19
967.92	0.89	351.40	1.07	710.16	1.28	1439.69

续表

比摩阻 R_{60} (Pa/m)	12×16(mm)		16×20(mm)		20×25(mm)	
	流速 v (m/s)	流量 G (kg/h)	流速 v (m/s)	流量 G (kg/h)	流速 v (m/s)	流量 G (kg/h)
988.51	0.90	355.34	1.08	716.80	1.29	1450.93
1009.11	0.91	359.29	1.09	723.44	1.31	1473.43
1029.70	0.92	363.24	1.10	730.07	1.32	1484.68
1070.90	0.94	371.14	1.13	749.98	1.35	1518.42
1112.08	0.96	379.03	1.15	763.26	1.38	1552.16
1153.27	0.98	386.93	1.17	776.53	1.41	1585.90
1194.46	1.00	394.83	1.20	796.44	1.43	1608.40
1235.64	1.02	402.72	1.22	809.72	1.46	1642.14
1276.83	1.04	410.62	1.24	822.99	1.48	1664.64
1318.02	1.06	418.52	1.26	836.26	1.51	1698.38
1359.20	1.08	426.41	1.28	849.54	1.54	1732.12
1440.40	1.09	430.36	1.31	869.45	1.56	1754.62
1441.59	1.11	438.26	1.33	882.72	1.59	1788.36
1482.77	1.13	446.15	1.35	896.00	1.61	1810.86
1523.96	1.14	450.10	1.37	909.27	1.63	1833.35
1565.15	1.16	458.00	1.39	922.55	1.66	1867.09
1606.33	1.18	465.90	1.41	935.82	1.68	1889.59
1647.52	1.19	469.84	1.43	949.09	1.70	1912.08
1680.32	1.21	477.74	1.45	962.37	1.73	1945.83
1729.90	1.23	485.64	1.46	696.00	1.75	1968.32
1771.09	1.24	489.59	1.48	982.28	1.77	1990.82

注：表中管道规格表示为：内径×外径(mm)。

4 当管内平均水温不等于60℃时，应在表2.4.37-2计算的基础上，按下式进行修正：

$$R = R_{60} \times a \tag{2.4.37-5}$$

式中 R——设计温度和设计流量下的比摩阻，Pa/m；

R_{60}——在设计流量下和热水平均温度等于60℃时的比摩阻，Pa/m；

a——比摩阻修正系数，见表2.4.37-3。

塑料管比摩阻的水温修正系数 **表2.4.37-3**

供、回水平均温度(℃)	60	55	50	45	40
修正系数 a	1.00	1.015	1.03	1.045	1.06

【说明】

表2.4.37-2中的比摩阻是根据平均水温 t=60℃计算得出的；当管内平均水温与该表

的水温不一致时，应根据式（2.4.37-5）进行修正。

2.4.38 集中供暖的建筑应设置热量计量装置，并具备室温调控功能。用于热量结算的热量计量装置应采用热量表。

【说明】

计量的目的是促进用户自主节能，室温调控是节能的必要手段。室温调控包括室温的分室调控和住宅建筑中的分户调控，分室调控指每个房间的温度均能调控，分户调控指每户针对一个典型房间进行温度调控，作为每户温度调节的代表。

2.4.39 热量计量装置的设置，应符合下列规定：

1 居住建筑可按照楼栋为单元设置热量表作为热量结算点；当热量结算点为每户安装的户用热量表时，可直接进行分户热计量。

2 热源和换热机房应设热量计量装置。

3 当热量结算点为楼栋或者换热机房设置的热量表时，分户热计量可采取用户热分摊的方法确定。在同一个热量结算点内，用户热分摊方式应统一，仪表的种类和型号应一致。

4 对同期建设且建筑类型、围护结构做法相同、用户热分摊方式一致的若干栋建筑，可设置一个共用的热量表。

【说明】

1 热源和换热机房热量计量装置的流量传感器宜安装在一次管网的回水管上。用户热量分摊计量方式是在楼栋热力入口处（或换热机房）安装热量表计量总热量，再通过设置在住户内的测量记录装置确定每个独立核算用户的用热量占总热量的比例，计算分摊热量实现分户热计量。

2 从运行管理上看，热源或者换热机房应设置热计量装置。

3 同一热量结算点内的各用户分摊方式统一，分摊才有较好的基础。

4 在同一时期建设的多个同类型建筑，当其围护结构相同、采用同样的热分摊方式时，共用热表可以使得系统简单、投资降低。

2.4.40 分户热量（热费）分摊的具体实施方式，应根据不同的系统情况，并结合管理方的要求，合理确定。

【说明】

《供热计量技术规程》JGJ 173—2009 提出的用户热分摊方法有：散热器热分配计量法、流量温度法、通断时间面积法和户用热量表法。方法的选择应满足当地热力公司的要求。一般情况下可按照表 2.4.40 进行选择。

分户热量（费）分摊的实施方法　　表 2.4.40

序号	方法	系统组成及实施途径	备注
1	散热器热分配计法	在建筑物热力入口处设置楼栋热计量表，在每台散热器的散热面上安装分配表。在供暖开始前和结束后，分别读取分配表的读数，并根据楼前热计量得出的供热量，计算出每户应担负的热费	适用于新建和改造的各种散热器供暖系统，特别适合室内垂直单管顺流式系统改造为垂直单管跨越式系统，该方法不适用于地面辐射供暖系统。采用该方法时必须具备散热器与热分配计的热耦合修正系数。热分配计有蒸发式、电子式及电子远传式三种
2	流量温度法	此户间热量分摊系统由流量热能分配器、温度采集器处理器、单元热能仪表、三通测温调节阀、无线接收器、三通阀、计算机远程监控设备以及建筑物热力入口设置的楼栋热量表等组成。根据流量热能分配器、温度采集器处理器测量出的各个热用户的用热比例，按此比例对楼栋热量表从测量出的建筑物总供热量进行户间热量分摊	适用于垂直单管跨越式供暖系统和具有水平单管跨越式的共用立管分户循环供暖系统。该方法需要对分摊系统中的三通测温调节阀进行预调节，在收费时需对住户位置进行修正。该方法只是分摊计算用热量，室内温度调节需另安装调节装置。除应使用小型超声波流量计外，更要注意超声波流量计在现场的正确安装与使用
3	通断时间面积法	此分摊系统由室温通断控制器、温控器、热量表组成。在每户的代表性房间设置温控器，通过无线通信，控制该户的通断控制阀。使用者可通过温控器设定需要的室温，温控器根据实测室温与设定值之差，确定在一个控制周期内通断调节阀的开停比，并按照这一开停比控制通断控制阀的通断，以此调节送入室内的热量。温控器同时记录和统计各户通断控制阀的接通时间，从而得出一个供热时间段内累积的接通时间。各户可按照其累计接通时间结合供暖面积分摊整栋建筑的热量	适用于共用立管分户循环供暖系统，不适用于采用传统垂直供暖系统的既有建筑的改造。该方法同时具有热量分摊和分户室温调节的功能，即室温调节时对户内各个房间室温作为一个整体统一调节而不实施对每个房间单独调节。这种方法收费时不需对住户位置进行修正
4	户用热量表法	此分摊系统由各户用热量表以及楼栋热量表组成；户用热量表安装在每户供暖环路中，可以测量每个住户的供暖耗热量；热量表由流量传感器、温度传感器和计算器组成	户用热量表法在收费时需要对住户位置进行修正；适用于分户独立式室内供暖系统及分户地面辐射供暖系统，不适用于采用传统垂直系统的既有建筑改造

2.4.41　用于热量结算的热量表的选型和设置，应符合下列规定：

1　热量表的公称流量，应按照最接近且不小于系统设计流量的原则选型；

2　热量表的流量传感器宜安装在回水管上。其安装位置应保证表前后有足够的直管段，没有特别说明的情况下，阀门前直管段长度不应小于5倍管径，阀门后直管段长度不应小于3倍管径，并符合仪表其他的安装要求。

【说明】

1　热量表选型时，其公称流量（即在设计规定流速下的最大测量流量），应满足系统设计流量的要求。热表选型过小，会导致水流阻力过大；选型过大，低流量下的测量精度会大大降低。一般来说，当选择某口径的热表的公称流量最接近且不小于系统设计流量时，该热表的口径选择就是合理的。

2 热表设计安装位置的要求，是为了保证热表的测量精度。

2.4.42 散热器室内供暖系统，可根据需要设置自力式或热电式恒温控制阀对室温进行调控。恒温控制阀的选用和设置应符合下列规定：

1 当室内供暖系统为垂直或水平双管系统时，应在每组散热器的供水支管上安装高阻恒温恒湿控制阀；超过5层的垂直双管系统宜采用有预设阻力调节功能的恒温控制阀；

2 单管跨越式系统，宜在跨越管上设置两通恒温控制阀；

3 水平单管串联系统中的每组散热器上，应设置带恒温控制器的单管配水阀；

4 当散热器暗装时，应采用温包外置式恒温控制阀；传感器应设置在能正确反映房间温度的部位；

5 恒温控制阀设置时，应使其阀柄及阀头与地面保持水平，且应避免阳光直射；

6 恒温控制阀应具有带水、带压清堵或更换阀芯以及防冻设定的功能；

7 一般情况下可按接管公称直径直接选择恒温阀口径；当有较高的温度控制精度要求时，恒温控制阀的规格，应根据设计流量和预定压差，通过计算确定。

【说明】

1 当采用没有设置预设阻力功能的恒温控制阀时，双管系统如果超过5层将会有较大的垂直失调，因此提出对于超过5层的垂直双管系统，宜采用带有预设阻力功能的恒温控制阀。

2 水平单管串联系统中，每组散热器设置的带恒温控制器的单管配水阀常见的为单管H形阀等。

3 恒温控制阀阀头分为内置温包式、外置温包式和远程调控式，不同类型的安装方式有不同要求，如常见的内置温包式，安装时其阀头应与地面保持水平。感温温包均应设置在无散热体、无遮挡、无阳光直晒、无风直吹、正确反映室温的位置。

4 热电式恒温阀属于远程调控式，其温度传感器与阀体可分离设置，但其动作原理为双位式（开关式控制），对于室内温度的控制精度有一定影响。一般情况下不宜使用，仅散热器需要暗装的场所适当采用。

2.4.43 低温热水地面敷设供暖系统应能够有效进行室温自动控制，室温控制器宜采用远传式且设在被控房间的典型区域，自动控制阀可采用热电式控制阀或自力式恒温控制阀并可内置于集水器中。自动控制阀的设置可采用分环路控制和总体控制两种方式，并应符合下列规定：

1 采用分环路控制时，应在分水器或集水器处，分路设置自动控制阀，控制相关房间或区域的温度设定值。

2 采用总体控制时，宜在集水器回水总管上设置自动控制阀，控制用户代表性区域

的室内温度设定值。

【说明】

1 室温控制器应设在无散热体、无遮挡、无阳光直晒、无风直吹、正确反映室温的位置，不宜设在外墙上，高度宜距地1.2～1.5m。对于开敞大堂等不能感受所在区域空气温度的情况，可采用红外式地温传感器，其所在位置不应有家具、地毯等覆盖或遮挡，宜布置在人员经常停留的位置。

2 热电式控制阀流通能力适用于小流量供暖系统，且具有噪声小、体积小、耗电量小、使用寿命长、设置方便等特点，因此在低温热水地面辐射供暖系统中推荐使用。

2.4.44 **末端设置了温控阀的室温自动控制时，供暖系统应按照变流量系统的要求进行设计。**

【说明】

室温自动控制的供暖系统为变流量系统，不应设自力式流量控制阀。

2.4.45 **符合下列情况的室内供暖管道应进行保温处理：**

1 **敷设于非供暖空间时；**

2 **管道通过的房间或地点有保温要求时；**

3 **楼栋供暖系统的总立管。**

【说明】

1 非供暖空间指的是：敷设于管沟、管井、技术夹层、阁楼及顶棚内等导致无益热损失较大的空间内或易被冻结的地方；

2 供暖系统总立管对供暖系统影响较大，为减少散热损失，应进行保温处理。

2.5 电直接加热与户式燃气炉供暖

2.5.1 **采用电直接加热供暖时，应优先选择比例可调型温度控制装置。**

【说明】

直接加热的设备的末端装机容量，都是以满足房间热负荷要求而设计的。但在建筑的实际运行过程中，并不是所有的末端都会同时在设计装机容量下运行。为了降低建筑的瞬时电力负荷的最大值，各电热末端设备宜采用比例可调式温控装置，当房间热负荷需求较小时，按照一定的比例减小末端的电流。

当采用开关型温度控制设备时，建筑供暖电力设备安装的总容量应按照全部末端电热的总容量累加计算。当采用比例可调型温度控制装置时，应考虑末端的同时使用系数或热负荷逐时性系数，设计时应以整栋建筑的综合热负荷最大值来计算；考虑到目前大部分设计中建筑热负荷采用的是稳态法计算，因此建议在末端累加电功率的基础上，乘以0.8～0.9的修正系数，作为建筑供暖电力设备安装的总容量的确定依据。

2.5.2 安装于距地面高度2.4m以下的电供暖元器件，应向电气专业提出明确的接地及剩余电流保护措施要求；电热元器件（及其插座），不应设置在卫生间的淋浴区。

【说明】

对电供暖装置的接地及漏电保护要求引自《民用建筑电气设计标准》GB 51348—2019，安装于地面及距地面高度2.4m以下的电供暖元件，存在因误操作（如装修破坏、水浸等）导致的漏、触电事故的可能性，因此必须可靠接地并配置漏电保护装置。

为了防止淋浴水引起电路短路等风险，电热元器件和插座，应尽可能远离淋浴区。

2.5.3 采用发热电缆辐射供暖时，应优先采用地板式；发热电缆的布置，应考虑家具遮挡的影响以及使用环境的潮湿情况。

【说明】

无论是在地面布置还是墙面布置，都需要考虑家具的遮挡。当环境潮湿时，宜根据产品的要求，采取相应的措施，防止漏电。

2.5.4 发热电缆宜采用平行型（直列型）的布置形式，每个房间宜独立设置发热电缆回路，且符合以下要求：

1 发热电缆热线之间的最大间距不宜超过300mm，最小间距不应小于50mm，碳纤维发热线布置间距不宜小于100mm；

2 发热电缆热线距外墙内表面应大于或等于100mm，距内墙墙面应大于或等于200mm。

【说明】

限制其最大间距，是为保证地面温度的均匀性，限制最小间距是从安全角度考虑电缆的弯曲能力及避免两根电缆接触。

2.5.5 发热电缆线设置于地面时，其地板表面平均温度应符合表2.3.11的规定。当发热电缆设计为连续供暖时，发热电缆的线功率应满足以下规定：

1 当敷设间距为50mm，且发热电缆连续供暖时，发热电缆的线功率不宜大于17W/m；当敷设间距大于50mm时，发热电缆线功率不宜大于20W/m；

2 当面层采用带龙骨的架空木地板时，发热电缆的线功率不应大于10W/m，并应采取散热措施，使单位地面的功率密度不宜大于80W/m^2；

3 当面层为其他材料时，发热电缆的线功率应不超过下式的计算值：

$$N=\frac{3}{250}\times S+16.4 \tag{2.5.5}$$

式中 N——发热电缆的线功率，W/m；

S——发热电缆线间距，mm。

4 宜采用表面温度为35～50℃的发热电缆，最高不应大于60℃。

【说明】

规定线功率的限值，是从安全性上考虑的。

1 当面层采用塑料类材料（面层热阻 $R=0.075\text{m}^2\cdot\text{K/W}$）、混凝土填充层厚度为35mm、聚苯乙烯泡沫塑料绝热层厚度为20mm、发热电缆间距为50mm、发热电缆表面温度为70℃时，计算发热电缆的线功率为16.3W/m。因此，规定发热电缆的线功率不宜超过17W/m，以控制发热电缆表面温度，保证其使用寿命，并有利于地面温度均匀且不超出最高温度限制。

2 采用带龙骨的架空木板作为地面时，发热电缆裸敷在架空地板的龙骨之间，需要对发热电缆有更加严格安全规定。根据式（2.5.5）计算可知，发热电缆地面敷设时的功率密度为67～340W/m^2（辐射地板面积），一般可满足常见民用建筑的热负荷需求（参见表2.3.11）。当热负荷低于67 W/m^2 时，也可适当增大电缆间距，或只在房间地面的局部设置。

2.5.6 混凝土填充式地面供暖的绝热层热阻与厚度不应小于表2.5.6-1和表2.5.6-2的规定。

聚苯乙烯泡沫塑料板绝热层热阻　　表2.5.6-1

绝热层位置	绝热层热阻（$\text{m}^2\cdot\text{K/W}$）
楼层之间地板上	0.488
与土壤或不供暖房间相邻的地板上	0.732
与室外空气相邻的地板上	0.976

发泡水泥绝热层厚度（mm）　　表2.5.6-2

绝热层位置	干体积密度（kg/m^3）		
	350	400	450
楼层之间地板上	35	40	45
与土壤或不供暖房间相邻的地板上	40	45	50
与室外空气相邻的地板上	50	55	60

【说明】

为减少无效热损失和相邻用户之间的传热量，分别给出了各类型供暖地面绝热层的最低要求。当工程条件允许时，宜在此基础上再增加10mm左右。

当采用混凝土填充式供暖地面时，即使上、下层相邻房间不分别计量热量或为一个用户，也应铺设绝热层。

2.5.7 采用预制沟槽保温板时，绝热层设置应符合下列要求：

1 与供暖房间相邻的楼板，可不设置绝热层；

2 底层土壤上部的绝热层宜采用发泡水泥；

3 直接与室外空气接触的楼板以及与不供暖房间相邻的地板，绝热层宜设在楼板下，绝热材料宜采用泡沫塑料绝热板；

4 绝热层厚度不应小于表2.5.7的规定；

5 供暖地面采用架空木地板时，绝热层与地板间净空不宜小于30mm。

预制沟槽保温板供暖地面的绝热层厚度　　表2.5.7

绝热层位置	绝热材料		厚度(mm)
		干体积密度(kg/m³)	
与土壤接触的底层地板上	发泡水泥	350	35
		400	40
		450	45
与室外空气相邻的地板下	聚苯乙烯泡沫塑料		40
与不供暖房间相邻的地板下	聚苯乙烯泡沫塑料		30

【说明】

预制沟槽保温板本身由泡沫塑料绝热材料构成，如下层为供暖房间，不需另外设置绝热层；如铺设在与土壤接触的底层地板上，发泡水泥绝热层厚度可比混凝土填充式地面供暖时少5mm，以免占据室内过多高度。

采用预制沟槽保温板时，在土壤上部不宜采用泡沫塑料板作绝热层，直接与室外空气接触的楼板不应在楼板上部做泡沫塑料板绝热层，避免保温板与聚苯乙烯泡沫塑料板铺设在一起而产生相对位移，保护面层不开裂。土壤上部采用发泡水泥容易与保温板牢固结合；直接与室外空气接触的楼板在下面做外保温可与外墙外保温连为一体；与不供暖房间相邻的地板也可在地板下表面贴泡沫塑料绝热板。

2.5.8 预制沟槽保温板供暖地面应根据下列要求铺设金属导热层：

1 发热电缆不得与保温板直接接触，应采用铺设有金属导热层的保温板；

2 面层为木地板时，应采用铺设有金属导热层的保温板，保温板和发热电缆之上宜铺设金属导热层。

【说明】

面层为木地板时，发热电缆与木地板之间无起均热作用的水泥砂浆找平层，因此应在保温板和发热电缆之间铺设金属导热层，即采用铺设有金属导热层的保温板。

2.5.9 **设置地面供暖的房间，地面面层的选择应符合下列规定：**

1 **混凝土填充式供暖地面宜采用瓷砖或石材等热阻较小的面层；**

2 **预置沟槽保温板供暖地面宜采用直接铺设的木地板面层；**

3 **采用发热电缆地面供暖时，地面上不宜铺设地毯。**

【说明】

面层材料对地面散热量影响较大，采用热阻小的材料利于供暖地面散热。

采用瓷砖或石材面层需增加水泥砂浆找平层，水泥砂浆对敷设发热电缆的预置沟槽保温板金属导热层有腐蚀作用。因此除住宅厨房、卫生间等不宜使用木地板的场合外，均应采用木地板面层。

采用发热电缆地面供暖时，面层上如铺设厚地毯，热阻很大，满足供暖要求需要的电功率很大，造成地板内温度过高，对于恒电阻率电缆，还易形成安全院患。因此，必须铺设地毯的场合不应采用发热电缆地面供暖；采用发热电缆地面供暖时，设计文件中应提示用户不得铺设地毯。

2.5.10 **发热电缆辐射供暖的负荷计算和内外区划分及布置要求，与热水地板辐射供暖系统相同。**

【说明】

见第 2.3.10 条和第 2.4.24 条。

2.5.11 **电阻式发热电缆的长度和布线间距应按下式计算确定：**

$$L \geqslant \frac{(1+\delta)\times\alpha\times Q_X}{P_X} \tag{2.5.11-1}$$

$$S \approx 1000F/L \tag{2.5.11-2}$$

式中 L——按发热电缆规格选定的电缆总长度，m；

δ——向下热损失占发热电缆供热功率的比例，见表 2.5.11；

α——考虑家具等遮挡的安全系数，见表 2.3.10；

Q_X——房间热负荷，W；

P_X——恒电阻率发热电缆额定电阻时的线功率，W/m，应根据发热电缆产品规格选取，且满足第 2.5.5 条的要求；

S——发热电缆布线间距，mm，且满足第 2.5.4 条和第 2.5.5 条的要求；

F——房间安装发热电缆的地面面积，m^2。

发热电缆供暖地面向下热损失占总供热量的比例　　表 2.5.11

绝热层材料	面层类型			
	瓷砖	塑料面层	木地板	地毯
聚苯乙烯泡沫塑料	16%	21%	23%	27%
发泡水泥	15%	21%	23%	26%

【说明】

表 2.5.11 是将发热电缆供暖地面内部复杂的三维导热，近似简化为按发热电缆供暖地面上部和下部热阻的比例作为内部导热量的近似比例，并结合地板表面向上和向下的对流和辐射散热计算公式，采用有限单元法，应用 ANSYS 软件，按铺设间距 100mm、线功率为 10W/m 的条件进行数值模拟计算的结果。随着电缆线功率的增加，热损失将减少，因此 10W/m 的计算条件为最不利情况。

对于混凝土填充式，由于发热电缆设于混凝土填充层之间，可以将填充层视为均匀的发热整体板，上述简化与实际较为接近。

对于预制沟槽保温板式，由于上述简化已考虑最不利条件，计算结果也偏安全。

2.5.12　采用发热电缆时，应优先选择可调型温度控制器，并符合下列要求：

1　不同温度要求的房间不应共用一根发热电缆；每个房间宜通过发热电缆温控器单独控制温度；

2　对于面积较大的房间，宜采用温控器和接触器相结合的形式实现控制功能；

3　客厅、卧室等普通房间，可选择室温型温控器或地温型温控器；

4　大空间场所，室温调控装置应布置在对应的系统敷设区域附近；

5　浴室、卫生间地面及游泳池周边地面等潮湿区域，应采用地温型温控器；地温型温控器的传感器宜设置在发热线缆之间、上方经常有人员停留的位置，且不应被家具、地毯等覆盖或遮挡；

6　对需要同时控制室温和限制地表温度的场合应采用双温型温控器。

【说明】

供暖地面有一定的蓄热能力，室温控制不可能也不要求高精确度，可采用相对简单的通断控制。

需要限制地表面温度的场合，如采用热阻很大的实木地板面层，或用户有可能在地面上大面积铺设阻挡散热的地毯等，有可能引起恒电阻率电缆过热的情况。

仅采用地面温度控制方式时，地温的设计温度较高，负荷减少时室温可能较高或不精确，可根据实际室温和气候变化等因素人为改变温度设定值。

相关电气标准按电击危险程度对第5款中提到的潮湿场所进行了区域划分，不同区域电气设备的防护等级有不同的要求。温控器布置时不仅考虑室温的代表位置，还应同时满足相关电气规范要求，当房间过小，不能满足该区域电气设备安装的要求时，应采用地面温度控制方式。

2.5.13 采用金属发热电缆时，宜设置防电磁辐射屏蔽层，或采用双导线布线方式。

【说明】

金属发热电缆通电后利用自身的电阻发热。单根金属电阻线在通电过程中会产生一定的电磁辐射，因此宜设置防电磁辐射屏蔽层，也可采用双导线布线方式。

2.5.14 采用碳纤维发热电缆供暖时，应符合以下规定：

1 应做等电位连接，等电位连接线应与配电系统的地线连接；

2 碳纤维发热电缆设计时不宜分段连接；当回路过长必须分段连接时，冷线和热线接头应在出厂前采用专用设备和工艺连接后供货。

【说明】

碳纤维发热电缆以高性能碳纤维作为发热材料，通过对其两端加电压，使碳纤维材料发热。

2.5.15 额定工作电压220V、额定工作频率50Hz的碳纤维发热电缆，其性能指标应符合下列规定：

1 在额定电压及正常工作温度下，其输入功率对其额定输入功率的偏差在±10%内；

2 在工作温度下的热态泄漏电流小于或等于0.25mA；

3 在正常温度条件下应能承受50Hz、3750V的交流电压，历时1min的电气强度测试；

4 法向全发射率大于或等于0.86；

5 冷态绝缘电阻和热态绝缘电阻不应小于50MΩ。

【说明】

本条来源于现行行业标准《建筑用碳纤维发热线》JG/T 538，除文中所述，其他性能参数应满足该标准。

2.5.16 采用电热辐射膜作为供暖末端时，电热膜电磁辐射量应小于100μT。电热膜发热区范围内，不应有任何相互交叉、搭接的情况。

【说明】

为了保证人身安全，防止人体受到较强的电磁辐射。根据国际非电离放射线防护委员会 ICNIRP 规定，电辐射供暖相关产品的电磁辐射量应限定为 100μT 以下。

2.5.17 房间净高≤4m 时，电热辐射膜宜采用顶棚式设置，大于 4m 时宜壁挂式明装设置；其饰面层热阻宜小于 0.05（m^2·K）/W，在辐射方向上不应有遮挡。顶棚或墙面设置时，绝热材料宜采用厚度为 50mm 无贴面玻璃丝棉毡，不得使用含有金属的绝热材料。顶棚上布置时，还应考虑对灯具、烟（温）感探头、喷头、风口、音响等的影响，与温感探头的距离应不小于 1.5m。墙面安装时，电热膜应安装在距地高度宜 200～2000mm 的部位。电热膜供暖系统的棚面、墙表面平均温度值不应高于 35℃。

【说明】

电热辐射膜可以结合室内装修设计，与室内的顶棚、墙面、壁挂物等组合为一体。

2.5.18 电热辐射膜在地面内安装时，宜采用挤塑聚苯乙烯泡沫塑料板材作为其下部绝热材料；电热膜地面辐射供暖系统应设置均匀分布的过热保护装置，且电热膜功率密度不宜大于 150W/m^2。设置于卫生间、洗衣间、浴室和游泳馆等潮湿房间地面内时，应提高防护等级，地面应设置隔离层。

【说明】

电热膜供暖地面构造：自下而上依次应为楼板或与土壤相邻地面、绝热层、电热膜、保护层、填充层和饰面层；填充层材料宜采用 C15 豆石混凝土，豆石粒径宜为 5～12mm，厚度不应小于 30mm。安装电热膜的地面构造层与四周墙面接触部位应设置绝热层。

2.5.19 电热辐射膜房间内的安装数量（片数），按以下式计算；当计算结果出现小数时，采用收尾法取整。

$$N=(1+K)P/P_{m} \tag{2.5.19}$$

式中 N——所需电热膜数量，片；

K——附加运行系数，取 0.20；

P——计算房间热负荷值，W；

P_{m}——每片电热膜有效热功率，W。

【说明】

电热膜有一定的规格。为满足使用要求，计算值应采用收尾法。

每片电热膜的额定功率转化成热量后，在上、下两个方向传热，其中对铺设房间的传热量为有效功率，上、下的传热量视结构不同而变化。

2.5.20 无集中热水供暖且有燃气供应的居住建筑，可采用户式燃气炉供暖。户式燃气炉

热水供暖系统，应按照分户供暖系统设计。户式燃气炉的供暖装机容量，宜根据生活习惯、建筑特点、间歇运行、邻室供暖情况等因素，在计算供暖负荷的基础上，考虑一定的附加。

【说明】

户式燃气炉供暖属于分户供暖系统的一种形式。与建筑中的集中热水供暖系统相比，仅仅是热水由全楼集中变为了每户分散，但基本设计原则、负荷计算与设计方法、系统形式、室温控制方式等，与集中热水分户供暖系统相同；供暖时管路可采用单管水平跨越式、双管水平并联式、双管放射式等形式。因此，在燃气炉的供暖负荷计算中应该包括户间传热量。在此基础上，可以再适当附加5%～10%。

2.5.21 户式燃气炉的供暖水温，应符合以下要求：

1 供暖系统采用散热器和塑料管材时，供水温度不宜大于60℃，设计供回水温差不宜小于15℃；

2 供暖系统采用散热器和金属管材时，供水温度不宜大于75℃，设计供回水温差不宜小于15℃；

3 供暖系统采用地板辐射供暖时，按照第2.4.2条第2款的要求执行。

【说明】

1 采用散热器和塑料管材时，供水温度不高于60℃，塑料管使用寿命较长；温差不宜过小，避免埋地管管径过大。

2 采用散热器和金属管材时，供水温度不高于75℃，室内舒适度较高；温差不宜过小，避免干管管径过大。

3 采用地板辐射供暖时，供水温度不宜过高，塑料管使用寿命较长，室内舒适度高；温差不宜大于10℃，也不宜小于5℃，在保证水力平衡的前提下，避免埋地管管径过大。

2.5.22 户式燃气炉的设备选型和布置，应符合以下原则：

1 应设置专用的进气及排气通道；

2 应采用全封闭式燃烧、平衡式强制排烟型；

3 配置的循环泵扬程，应与室内供暖系统相匹配；

4 具有防冻保护、熄火保护等可靠的自动安全保护装置；

5 不应设置在人员长期停留的房间，也不应安装在门窗附近受冷风影响的地方和受散热器、太阳光等辐射热影响的位置；当设置在儿童可能触及的位置时，应采取防护措施；

6 宜配置热水系统三通恒温阀和室温调控功能，并应设置定压补水、排气、泄水装置；

7 配置完善且具有同时自动调节燃气量和燃烧空气量的功能，并配置限制温控器；

8 热效率应符合《家用燃气快速热水器和燃气采暖热水炉能效限定值及能效等级》GB 20665—2015 中能效等级 2 级的规定值。

【说明】

1 为保证锅炉运行安全，要求户式供暖炉设置专用的进气及排气通道。

2 户式燃气炉使用出现过安全问题，采用全封闭式燃烧和平衡式强制排烟的系统是确保安全运行的条件。

3 通过详细的水力计算，选择合适的循环水泵扬程，确保流量满足设计要求。

4 配置防冻保护及熄火保护等安全装置，确保燃气炉使用安全。

5 有条件时，燃气供暖热水炉宜设置室内温度/时序控制器。

6 热水系统配置三通恒温阀和室温调控装置，确保温度可调；设置排气、泄水装置，保证运行安全可靠。

7 燃气供暖炉大部分时间只需要部分负荷运行，如果单纯进行燃烧量调节而不相应改变燃烧空气量，会由于过剩空气系数增大使热效率下降。因此，宜采用具有自动同时调节燃气量和燃烧空气量功能的产品。

8 燃气设备的能效等级要求不低于《家用燃气快速热水器和燃气采暖热水炉能效限定值及能效等级》GB 20665—2015 中的 2 级。

2.5.23 **户式燃气炉的进排气管，应直接接至室外；排烟口应保持空气畅通，且远离人群和新风口；**

【说明】

燃气供暖热水炉在工作时，需通过独立的进气管与排烟管分别汲取空气和排放废气。

2.6 太阳能热水供暖系统

2.6.1 **当建筑物设置太阳能热水供暖系统时，其设计应符合以下原则：**

1 常规能源缺乏、交通运输困难而太阳能资源丰富的地区，在进行建筑物的供暖设计时，宜优先考虑设置太阳能供暖系统；夏热冬冷地区可在住宅建筑中合理采用太阳能供暖；

2 建筑物的建筑热工设计应满足或高于所在气候区的国家、行业和地方建筑节能设计标准和实施细则的要求；

3 设计集热量、太阳能供暖系统的贡献率及太阳能供暖系统类型的选择，应根据所在气候区、太阳能资源条件、建筑物类型、使用功能、业主要求、投资规模、安装条件等

因素综合确定；

4 既有建筑上增设太阳能供暖系统时，须经建筑结构安全复核；

5 新建建筑设置太阳能供暖系统时，应设计蓄热系统；

6 需要在供暖季保持设计室温的建筑，设置太阳能热水供暖系统时，应同时设置辅助热源系统；

7 有冻结危险的地区，应采取对太阳能集热水室外管道的防冻措施；

8 夏季不使用的太阳能集热系统，应采取防过热措施；

9 有条件时，可考虑同时提供生活热水或其他用热。

【说明】

1 我国的青藏高原地区，太阳能资源非常丰富，常规能源相对匮乏（能源运输代价较大），应优先利用太阳能作为供暖（和空调）的能源。

2 由于太阳能属于低品位热源，因此建筑围护结构传热系数的取值宜低于所在气候区国家、行业和地方建筑节能设计标准和实施细则的限值指标规定，这样可以降低太阳能供暖的负荷，从而降低对集热系统的水温要求。我国的太阳能资源情况，见表 2.6.1。

3 太阳能资源在不同地区，可利用的效率也不相同。同时，不同的太阳能集热装置，其集热的能源品质和集热效率也不一致。因此，在确定太阳能供暖系统的设计集热量和系统形式时，应从经济性和可实现性上，做好相应的技术经济分析。太阳能集热系统的设计集热量，指的是在典型设计日（通常可用冬至日）最大辐照量情况下，太阳能集热系统所能够得到的热量。太阳能供暖系统的贡献率，指的是在某个特定时段（一般可以分为典型设计日和全年两个指标），太阳能系统的热量占全年供暖系统中耗热量的比值（kWh/kWh）。

4 在既有建筑上（例如屋顶）增设太阳能集热系统时，屋顶的荷载应进行结构复核验算，防止出现结构安全隐患。

5 全天和全年的太阳辐照都是不同的。尤其是在初冬和冬末季节（甚至典型设计日的白天太阳能辐照度较大的时刻），太阳能集热系统的热量一般会大于建筑热负荷的需求。因此，应将这部分“多余”的集热量储存后，在夜间使用；同时，也可以通过蓄热系统，实现“部分跨季节蓄热”。

6 由于太阳辐照量与天气情况密切相关，为了保证阴天、雨雪天时的室内温度，应设置辅助热源系统，当太阳能供暖系统不能满足要求时，辅助热源系统投入运行。

7 夜间太阳能集热系统无法使用。当夜间室外温度低于 0℃时，应考虑集热器和室外管道的防冻措施。

8 夏季不使用时，为了防止太阳辐射导致集热器温度过高而损坏，应设置相应的措施。对于非跟踪型的集热器，一般可采取设置（手动）遮阳；对于跟踪型集热器，宜将辐照接收面调至不受太阳辐射的“阴面”。

9 实现太阳能集热的综合利用，提高设备利用率和经济性。

我国太阳能资源区划 **表 2.6.1**

分区	太阳辐照量 [MJ/(m^2·a)]	主要地区	月平均气温≥10℃、日照时数≥6h的天数(d)
资源极富区	≥6700	新疆南部、甘肃西北一角	275左右
		新疆南部、西藏北部、青海西部	275～325
		甘肃西部、内蒙古巴彦淖尔市西部、青海一部分	275～325
		青海南部	250～300
		青海西南部	250～275
		西藏大部分	250～300
		内蒙古乌兰察布市、巴彦淖尔市及鄂尔多斯市一部分	＞300
资源丰富区	5400～6700	新疆北部	275左右
		内蒙古呼伦贝尔市	225～275
		内蒙古锡林郭勒盟、乌兰察布市、河北北部一隅	＞275
		山西北部、河北北部、辽宁部分	250～275
		北京、天津、山东西北部	250～275
		内蒙古鄂尔多斯市大部分	275～300
		陕北及甘肃东部一部分	225～275
		青海东部、甘肃南部、四川西部	200～300
		四川南部、云南北部一部分	200～250
		西藏东部、四川西部和云南北部一部分	＜250
		福建、广东沿海一带	175～200
		海南	225左右
资源较富区	4200～5400	山西南部、河南大部分及安徽、山东、江苏部分	200～250
		黑龙江、吉林大部分	225～275
		吉林、辽宁、长白山地区	＜225
		湖南、安徽、江苏南部、浙江、江西、福建、广东北部、湖南东部和广西大部分	150～200
		湖南西部、广西北部一部分	125～150
		陕西南部	125～175
		湖北、河南西部	150～175
		四川西部	125～175
		云南西南一部分	175～200
		云南东南一部分	175左右
		贵州西部、云南东南一隅	150～175
		广西西部	150～175
资源一般区	＜4200	四川、贵州大部分	＜125
		成都平原	＜100

2.6.2 太阳能供暖系统设计之前，应进行适宜性评价。

【说明】

在适宜性评价时，首先应分析太阳能供暖技术应用的可能性和合理性，同时结合太阳能资源稳定性评估，可确定辅助热源设置的必要性，为太阳能供暖系统整体方案设计提供基础依据。

然后，结合太阳能集热器的类型，分析其集热效率、合理的安装方位角与倾角，通过计算全生命周期内单位太阳能集热设备投入与产出，得到太阳能供暖设备的回收期，以此作为所涉及工程的适宜性依据。

2.6.3 进行建筑的太阳能供暖系统设计时，宜进行典型设计日的逐时动态建筑热负荷计算和逐时太阳集热量计算。

【说明】

由于太阳能的不稳定性和非连续性，导致建筑热负荷需求和太阳能热量供给存在巨大的时序差且波动剧烈，因此，应分别进行热负荷和集热量的逐时计算，合理确定系统的优化配置方案和相应的设计参数，实现设计方案技术经济合理的目标。某建筑的太阳能热水供暖系统“集热-负荷”情况如图 2.6.3 所示。

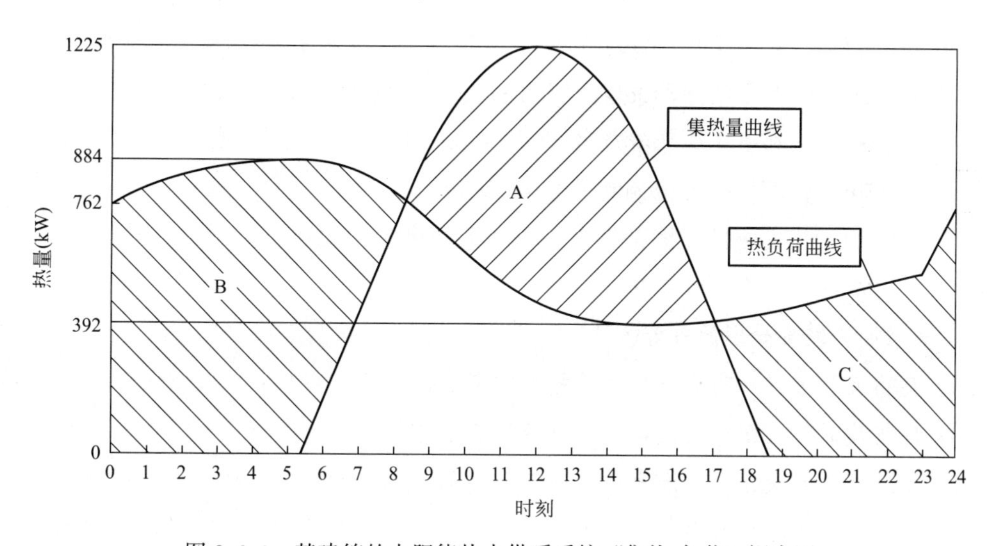

图 2.6.3 某建筑的太阳能热水供暖系统“集热-负荷”耦合图

2.6.4 确定集热器集热面积时，应按照第 2.6.3 条的要求，进行集热系统与供暖系统的动态热平衡耦合设计，并经技术经济分析计算确定。集热器选择时应在计算面积的基础上附加 2%～5%的积灰修正系数。

【说明】

太阳能热水供暖系统不同于太阳能生活热水系统，其集热器进水温度远远高于生活热水的给水温度，生活热水的给水温度一般在12～18℃，供暖系统回水温度通常为40～50℃。采用直接式供暖系统时，集热器进水温度为供暖回水温度；采用间接式供暖系统时则高于回水温度（见表2.6.10）。因此存在第2.6.6条说明中提到的“有效集热”和“有效太阳辐照度”的问题。

为了保证集热水温满足要求，应进行集热系统与供暖（取热）系统的热平衡耦合计算，并以此作为确定集热面积的依据。

太阳能集热器的采光面积集热面积可用如下方法确定：

1　基于集热器布置面积的确定方法

当屋顶可布置的集热面积受限时，根据集热器的安装倾角和安装间距，在充分考虑设备布置合理的情况下，直接确定集热器面积。

2　基于费用年值法的确定方法

费用年值法是常用的经济评价方法，参与比较的各个方案的初投资和运行维护费这两项性质不同的费用，利用基于投资效果系数的折算比率，将初投资折算成在使用期内的年折算费用，二者相加求得“年计算费用”，取年计算费用中最小的技术方案作为最佳方案。其经济模型如下式：

$$Z(A_{r,w})=\theta_g K(A_{r,w})+P(A_{r,w})=\frac{i(1+i)^n}{(1+i)^n-1}K(A_{r,w})+P(A_{r,w}) \tag{2.6.4}$$

式中　$Z(A_{r,w})$——对应集热器占地面积$A_{r,w}$时的年计算费用，元/a；

$K(A_{r,w})$——对应集热器占地面积$A_{r,w}$时的初投资，元；

i——利率或内部收益率，%，取8.0%；

n——集热器的设计使用寿命，取15年；

$P(A_{r,w})$——集热器占地面积$A_{r,w}$时的运行费用，元；

θ_g——资金回收系数。

3　基于太阳能贡献率的确定方法

增大集热面积可以提高太阳能的贡献率，从而降低运行费用；但是当太阳能集热面积增加到一定程度时，太阳能贡献率的提升速率就非常慢了。

太阳光入射到积灰集热器表面时，一部分太阳光入射到玻璃盖板表面，而另一部分则照射到积尘表面，会产生反射、吸收和穿透现象。由于积尘表面凹凸不平，入射光线会发生漫反射现象。由于太阳能集热器置于室外，因此需要结合室外空气的含尘量，考虑积灰修正。

2.6.5　集热系统宜采用强制循环系统。

【说明】

实际工程的研究结果表明：与采用集热水自然循环集热系统相比，强制循环系统可以通过加强集热热媒的流动，大大提高集热系统的效率。所增加的水泵能耗（按照燃煤电厂的发电效率折算为化石能热量），远远小于所带来的集热量提高。

2.6.6 太阳能热水供暖系统的集热器选择，应根据系统对集热温度的需求、集热效率等因素，并结合技术经济分析后确定。

【说明】

目前几种常用集热器的特点，见表 2.6.6。

集热器分类及特点 **表 2.6.6**

类型	允许最高集热温度(℃)	投资成本	过热、防冻	承压能力	平均集热效率
真空管集热器	≤70	结构简单，造价低	存在过热、防冻问题	低	45%
平板集热器	≤70	工艺简单，造价低	存在过热、防冻问题	高	35%
聚光集热器	≤200	技术要求高，造价高	不存在过热问题	高	60%

需要特别注意的是："平均集热效率"指的是辐照值、空气温度值等在规定工况下的效率。在具体工程应用时，应根据实际工况，计算确定集热效率。

2.6.7 非聚光型太阳能集热器的效率，按下式计算：

$$\eta=\eta_0-U(t_i-t_a)/I \tag{2.6.7}$$

式中 η——基于集热器总面积的集热效率，%；

η_0——基于集热器总面积的瞬时效率曲线截距，%；一般应由产品制造方提供，当产品不能确定时，可取 $\eta_0=0.70\sim0.75$；

U——基于集热器总面积的瞬时效率曲线斜率，W/（m^2·℃）；一般应由产品制造方提供，当产品不能确定时，对于真空管集热器，$U=2.0\sim2.1$；对于平板型集热器，$U=4.8\sim5.0$；

t_i——集热器热水进口温度，℃；

t_a——集热器周围环境空气温度，℃；

I——集热器法线方向的太阳总辐照度，W/m^2。

【说明】

不同产品的 η_0 和 U 值存在一定的区别。

太阳能光热供暖系统集热效率不仅受太阳辐照度的影响，还与室外环境空气干球温度有关，在温度与太阳辐照度较低的日出和日落时段及雨雪天气时段，集热器并不能获得有效的热量用于加热载热介质。将工质进口温度（或工质平均温度）和环境温度的差值与太阳辐照度之比定义为归一化温差，集热器的效率为 0 时的温差为临界归一化温差。

太阳能集热系统的有效集热量，是当某时刻归一化温差小于临界归一化温差时，太阳能集热器所吸收的太阳辐射能量与集热器散失到周围环境的能量之差，称为该时刻的有效集热量；太阳能集热器获得有效集热量时刻所对应的太阳辐射照度值称为该时刻的有效太阳辐照度。

由此可知，并不是所有的太阳辐照量都能够对集热器的热水进行升温。

2.6.8 非跟踪型集热器布置时，应符合以下要求：

1 应以有效集热量最大为优化目标函数，使得集热器在供暖季节获得的有效集热量为最大值，确定集热器安装方位角与安装倾角。

2 集热器之间的距离应大于日照间距，避免相互遮挡，集热器前后排之间的最小距离按下式计算：

$$D = H \times \cot\alpha_s \times \cos\gamma_o \tag{2.6.8}$$

式中 D——集热器与遮光物或集热器前后排的最小距离，m；

H——遮光物最高点与集热器最低点的垂直距离，m；

α_s——计算时刻的太阳高度角，°；

γ_o——计算时刻的太阳光线在水平面上的投影线与集热器表面法线在水平面的投影之间的夹角，°。

【说明】

由于各地的太阳高度角不同，且各地区室外空气温度的变化规律略有差距，导致集热器的安装倾角和方位角，对于整个供暖季的集热量会产生较大的影响。本条（款）的目的是使得集热器在整个冬季的集热效率最优。由于对整个冬季进行逐时计算的工作量过大，因此实际工程设计时，一般可按照面向正南方向且垂直于当地冬至日辐射方向，分别确定方位角与安装倾角。

2.6.9 供暖系统辅助热源的设计容量，应符合下列要求：

1 需要在供暖季实时严格保持设计室温的建筑，宜根据建筑热负荷确定；

2 允许全天有一定室温波动的建筑，可按低于波动温度的最低允许值1～2℃的负荷计算值确定；如果其蓄热系统在典型设计日能够在夜间提供部分供热量，也可按照“建筑热负荷－蓄热系统夜间最大供热能力”的原则确定。

【说明】

1 需要实时严格保持设计室温的建筑，例如医院、养老院、幼儿园、高级酒店等室内环境温度要求较高的建筑。

2 办公、商业等建筑，夜间通常不使用，因此其辅助热源可以减少。考虑到建筑本身的蓄热能力，按照低于波动温度的最低允许值1～2℃的负荷计算值，实际房间的温度一般也不会低于最低限值。当蓄热系统能够在夜间提供一定的供热能力时，辅助热源的设计容量可扣除蓄热系统的供热量。

考虑到某些寒冷天气下太阳辐照量低于典型设计日的情况，第2款中减少辅助热源安装容量的两种方式，应选择其一，而不能同时“串联”采用。从安全上看，建议按照两者计算出的辅助热源容量需求的较大值采用。

2.6.10 **供暖（取热）系统的设计，应符合以下要求：**

1 **当系统较大、负担范围较大时，宜采用间接供暖方式；系统较小时，也可采用直接供暖方式；**

2 **采用聚光型集热器时，应采用间接供暖方式。**

【说明】

1 直接供暖方式，供暖系统一般为开式系统，因此不适用于系统较大的情况。

2 聚光型集热器产生的热媒温度较高，不适合直接用于供暖系统。

根据集热系统与供暖系统之间的关系，一般可分为强制循环间接系统、强制循环直接系统两种方式，如表2.6.10所示。

太阳能热水供暖系统的取热方式 **表2.6.10**

系统形式	系统原理图	系统特点	适用范围
强制循环间接系统	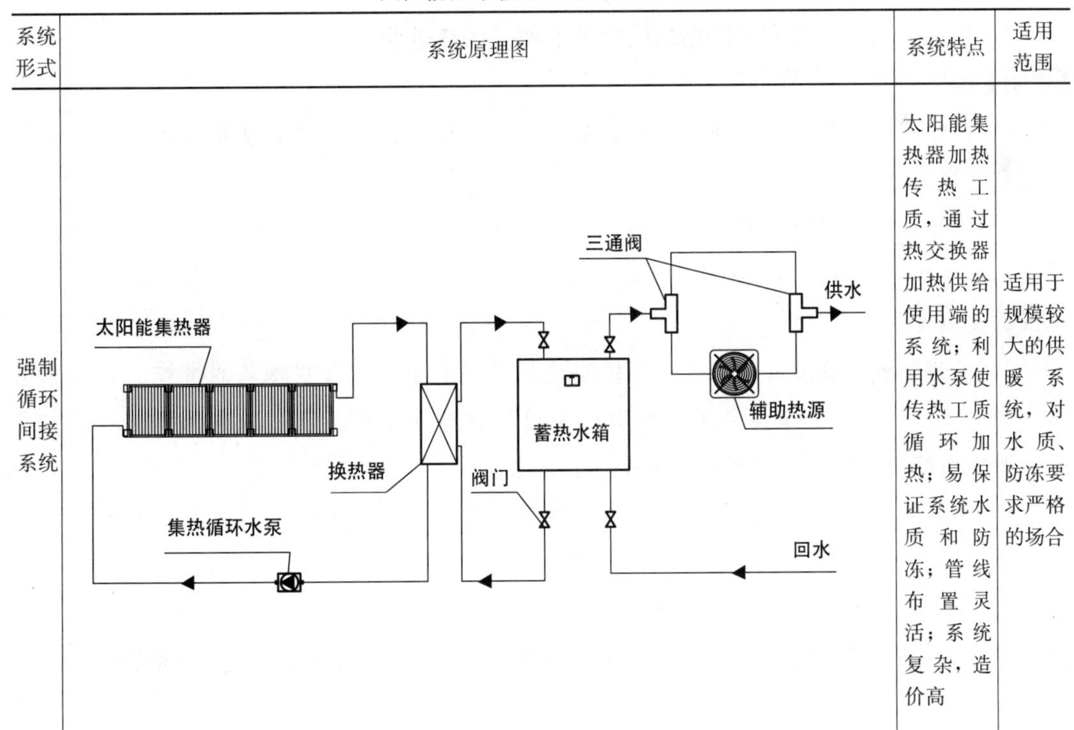	太阳能集热器加热传热工质，通过热交换器加热供给使用端的系统；利用水泵使传热工质循环加热；易保证系统水质和防冻；管线布置灵活；系统复杂，造价高	适用于规模较大的供暖系统，对水质、防冻要求严格的场合

续表

系统形式	系统原理图	系统特点	适用范围
强制循环直接系统	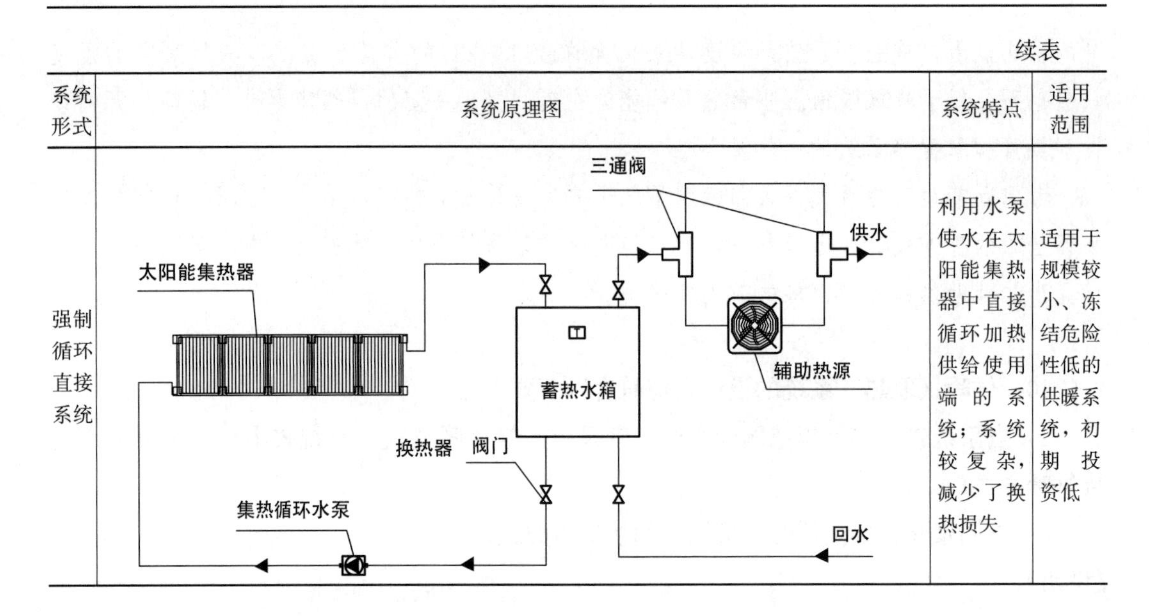	利用水泵使水在太阳能集热器中直接循环加热供给使用端的系统；系统较复杂，减少了换热损失	适用于规模较小、冻结危险性低的供暖系统，初期投资低

2.6.11 **集热器的防冻，可采取以下措施：**

1 **采用空气热管式集热器，有利于集热管的防冻；**

2 **小型间接式系统，以防冻液作为集热器一次回路的循环工质；**

3 **设置集热水系统排空或排回措施；**

4 **在集热器的联箱和可能结冰的管道上敷设伴热电缆。**

【说明】

1 空气热管式集热器，管内无水，有利于集热管的防冻。但其联箱（水箱）应与管道进行同样的防冻处理。

2 集热溶液采用防冻液时，需要注意防冻液的使用温度与环境最低温度是否适应。同时，由于防冻液对金属有一定腐蚀性，系统中的管道、阀门和附件等，均应能够适应防冻液的使用要求。

3 集热系统不使用时，将集热系统室外管道中的水放至蓄热水箱的措施。为了确保措施的有效性，放空措施宜采用“自动＋手动”的双重模式。采用回排至蓄热水箱方式时，蓄热水箱应能够容纳管道系统的全部存水量。

4 伴热电缆的防冻方式，会带来电能的增加和投资的较大增加，因此只适合于小型集热系统。

对于夜间最低室外温度略低于0℃但低温时段比较短的地区，采用蓄水箱热水在夜间自控循环，也可以在一定程度上防止集热器和管道冻结，但这种方式会浪费蓄热水箱蓄存的热量。

2.6.12 **非跟踪型集热器，宜采取以下防过热的设计措施：**

1 **采用开式集热系统时，设置 T/P 自动泄压阀；**

2 采用闭式集热系统时，在系统上设置膨胀罐；

3 设置集热系统可控排回装置；

4 夏季不使用的集热系统，宜设置集热器遮阳措施。

【说明】

当系统用热量和散热量低于太阳能集热系统得热量时，贮水箱温度会逐步升高，如系统未设置防过热措施，集热器或集热水箱的温度会快速提升甚至沸腾。集热系统的各部件应具备耐高温的能力。

1 当热水受热膨胀达到压力设定值时，T/P 阀自动开启泄水，压力恢复到设定值以下后自动关闭。

2 利用膨胀罐吸收工质沸腾造成的体积变化，防止系统压力和温度过高，实现系统防过热。膨胀罐应能满足部分工质气化后的膨胀量，同时应设置安全阀等泄压装置。

3 集热水温度大于设定值时，通过对排回装置的控制，集热器中水回流到蓄热水箱，同时连锁停止集热水泵的运行。

4 在夏季不使用时，一些非跟踪型集热器也应考虑空管过热情况，宜设置手动或自动遮阳措施。

2.6.13 跟踪型太阳能集热器的效率，可按下式计算：

$$\eta = 0.755 \cdot K_{\theta} + 0.037462 \cdot \left(\frac{\Delta T}{I_{D\cdot\theta}}\right) - 6.9526\times10^{-4} \cdot \left(\frac{\Delta T^2}{I_{D\cdot\theta}}\right) \qquad (2.6.13\text{-}1)$$

式中 η——集热器的集热效率；

ΔT——室外空气与集热介质的温差，℃；

$I_{D\cdot\theta}$——槽式集热器开口面太阳直射辐射强度，W/m²；

K_{θ}——入射角修正系数。

【说明】

某槽式跟踪型集热器的实际性能曲线如图 2.6.13 所示。

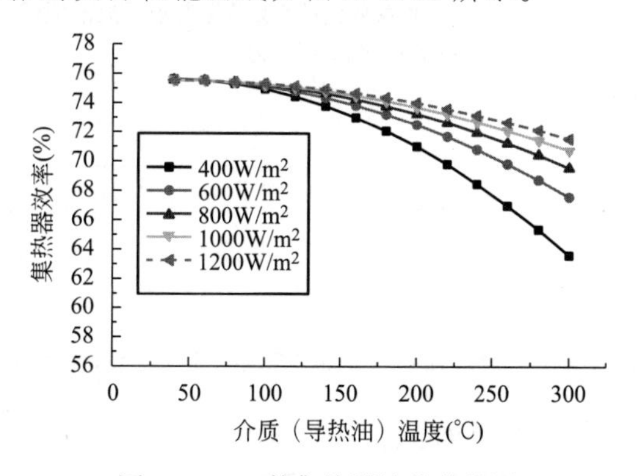

图 2.6.13 某集热器性能曲线图

为提高对太阳能的利用率，槽式跟踪型集热器在应用中需要在方位角和高度角两个方位上不断跟踪太阳。常用的单轴跟踪方式包括：焦线南北水平布置，东西跟踪；焦线东西水平布置，南北跟踪。两种跟踪方式的工作原理基本相似，具体计算方法见表 2.6.13。

典型跟踪方式计算模型与计算方法 **表 2.6.13**

<table>
<tr><td rowspan="2">布置方式</td><td>东西水平轴</td><td>南北水平轴</td></tr>
<tr><td>焦线南北水平布置，东西跟踪</td><td>焦线东西水平布置，南北跟踪</td></tr>
<tr><td>物理模型</td><td> 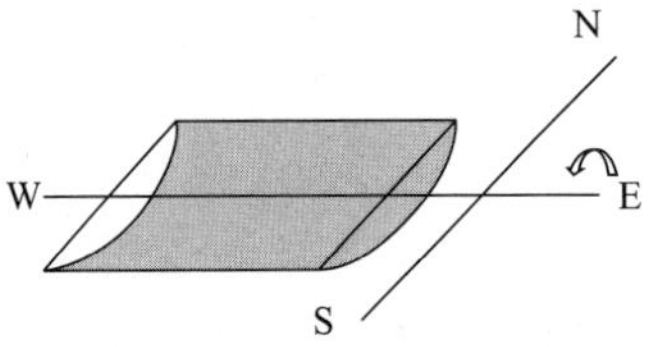</td><td> 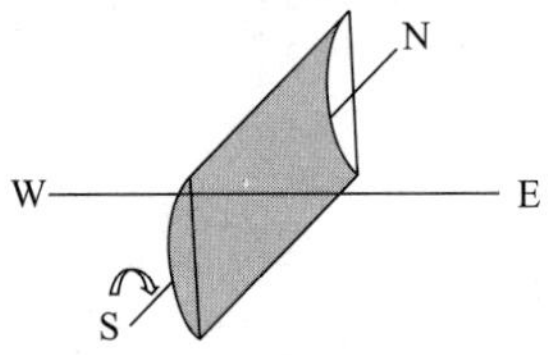</td></tr>
<tr><td rowspan="3">计算公式</td><td colspan="2">$\cos\theta=\sin S\cdot\cos\alpha_{s}\cdot\cos(r_{s}-r_{n})+\cos S\cdot\sin\alpha_{s}$ (2.6.13-2)
$\frac{d(\cos\theta)}{d(S)}=\cos\alpha_{s}\cdot\cos S\cdot\cos(r_{s}-r_{n})-\sin S\cdot\sin\alpha_{s}=0$ (2.6.13-3)
$\tan S=\cot\alpha_{s}\cdot\cos(r_{s}-r_{n})$ (2.6.13-4) 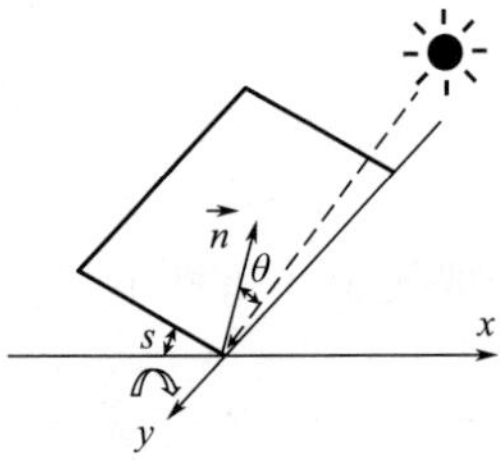</td></tr>
<tr><td>集热器绕东西水平轴旋转，槽型开口面向南，集热器方位角为 0°。
集热器的跟踪角：
$\tan S=\frac{\sin\alpha_{s}\cdot\sin\Phi-\sin\delta}{\sin\alpha_{s}\cdot\cos\Phi}$ (2.6.13-5)
太阳光线入射角：
$\cos\theta=(1-\cos^{2}\delta\cdot\sin^{2}\omega)^{1/2}$ (2.6.13-6)</td><td>集热器绕南北水平轴旋转，集热器方位角上午为 −90°，下午为 +90°。
集热器的跟踪角：
$\tan S=\frac{\cos\delta\cdot\sin\omega}{\sin\Phi\cdot\sin\delta+\cos\Phi\cdot\cos\delta\cdot\cos\omega}$ (2.6.13-7)
太阳光线入射角：
$\cos\theta=(\sin^{2}\alpha_{s}+\cos^{2}\delta\cdot\sin^{2}\omega)^{1/2}$ (2.6.13-8)</td></tr>
<tr><td colspan="2">由于聚光集热器只能利用槽型开口面接收到的直射太阳辐射，故槽型开口面太阳辐射强度只需计算直射辐射部分。槽型开口面上的太阳直射辐射照度为：
$I_{D\cdot\theta}=I_{DH}\cdot\frac{\cos\theta}{\sin\alpha_{s}}$ (2.6.13-9)</td></tr>
<tr><td>符号说明</td><td colspan="2">S——槽型开口面与水平面之间的夹角，°；
α_{s}——太阳高度角，°；
Φ——地理纬度；
δ——太阳赤纬角；
ω——时角，每小时对应的时角为 15°，从正午算起，上午为负，下午为正，数值等于离正午的时间 (h) 乘以 15°；
θ——入射角（太阳入射光线与接收表面法线之间的夹角），°；</td></tr>
</table>

续表

布置方式	东西水平轴	南北水平轴
	焦线南北水平布置，东西跟踪	焦线东西水平布置，南北跟踪
符号说明	$I_{D\cdot\theta}$——槽型开口面上的太阳直射辐射照度，W/m^2； I_{DH}——水平面上的直射辐射照度，W/m^2。	

2.6.14　**跟踪型太阳能集热器及集热系统设计时，还应考虑风力和导热油阻力变化对性能的影响，并做好高温管路的保温。**

【说明】

1　风力对跟踪型集热系统的影响：风力较大的地区需对集热器及其安装支架和安装基础进行抗风设计，避免风载荷造成集热器变形或安装基础损坏，集热器变形容易导致集热器聚焦偏离。

2　温度变化对系统阻力的影响：由于采用的导热油的动力黏度系数随着温度的降低变化极大，比如早晨时段，导热油温度较低，其动力黏度系数很大，由此造成系统阻力明显增加，因此在系统水力计算中应考虑低温工况系统的阻力变化。

3　槽式跟踪型集热系统的管路保温：采用聚光集热系统的太阳能导热介质设计运行温度为150～200℃，与环境温度的温差为170～220℃。可采用新型保温材料，如气凝胶隔热毡，其具有传热系数低、耐高温、易施工等特点。

2.6.15　**蓄热系统设计时，应优先采用水蓄热方式。**

【说明】

太阳能热利用系统常用的蓄热方式主要有显热蓄热和相变蓄热（PCM）。

相变蓄热材料具有蓄热密度高、蓄热体积小等特点，但是其成本高、寿命短，不适宜大型蓄热。相变材料在放热过程中，从液态冷却到相变材料的凝固点下容易出现结晶现象，导致相变材料的稳定性差，影响实际应用效果。

水蓄热利用的是水的显热进行蓄热与放热。尽管同样蓄热量情况下，水蓄热比相变蓄热占用更大的空间，但其在技术上应用简单，一般情况下应优先采用。

2.6.16　**水蓄热系统可采用温度自然分层式、隔膜式、迷宫式和柔性多槽（罐）式。**

1　温度分层式、隔膜式和柔性多槽式，宜采用钢制蓄热水罐；

2　迷宫式宜采用土建式蓄热水池。

【说明】

水蓄热方式主要有钢罐蓄热和大型人工水池蓄热。钢结构蓄热罐制作方便，受地质基础的限制较少，但蓄热罐的体积受限，成本相对较高。大型人工蓄热水池，池底和壁面利用耐高温的塑料薄膜，池顶部利用耐高温防水膜防水，保温材料可以浮在水面的防水膜上面。常用的蓄热方式及其特点见表 2.6.16。

常用的蓄热方式及其特点　　表 2.6.16

分类	图示	原理
温度自然分层式	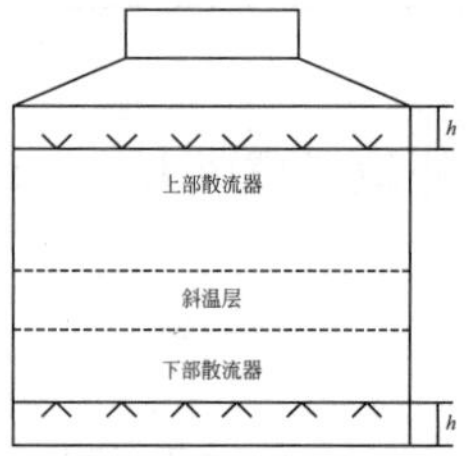 上部散流器 斜温层 下部散流器 h	利用水温降低密度增大的原理，达到冷温水自然分层的目的。在蓄热罐中下部冷水与上部温水之间由于温差导热会形成温度过渡层即斜温层，能够防止冷水和温水的混合，但也减少了实际可用热水容量，降低了蓄热效率
隔膜式	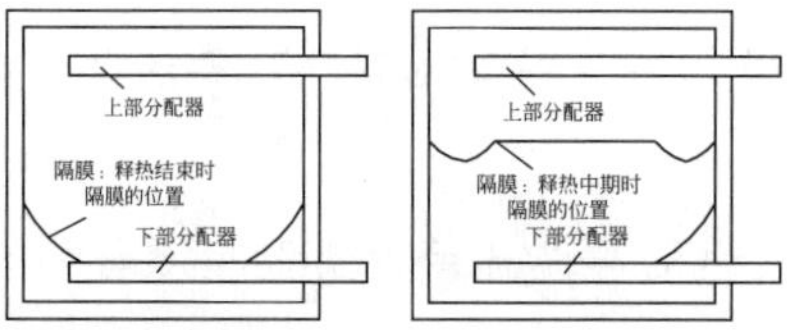 上部分配器 隔膜：释热结束时隔膜的位置 下部分配器 上部分配器 隔膜：释热中期时隔膜的位置 下部分配器	在蓄水罐内部安装活动柔性隔膜或可移动的刚性隔板，来实现冷热水的分离，隔膜或隔板通常水平布置。蓄水罐可不用散流器，但隔膜或隔板的初投资和运行维护费用与散流器相比并不占优势
迷宫式	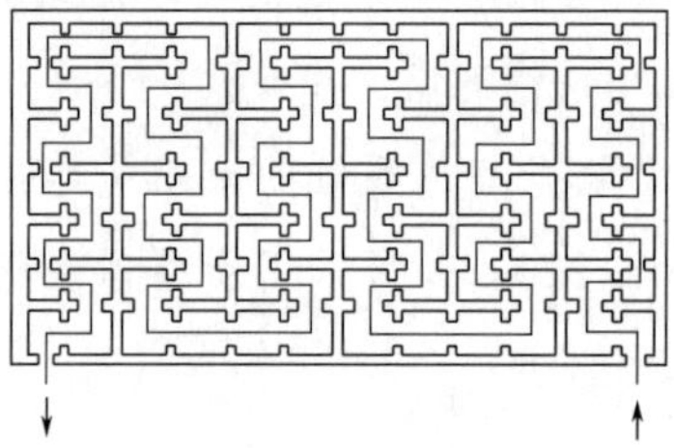	采用隔板将蓄热水槽分隔成很多单元，水流按照设计的路线依次流过每个单元格。能较好地防止冷热水混合，但水的流速过高会导致扰动及冷热水混合；流速过低会在单元格中形成死区，减小蓄热容量
柔性多槽式	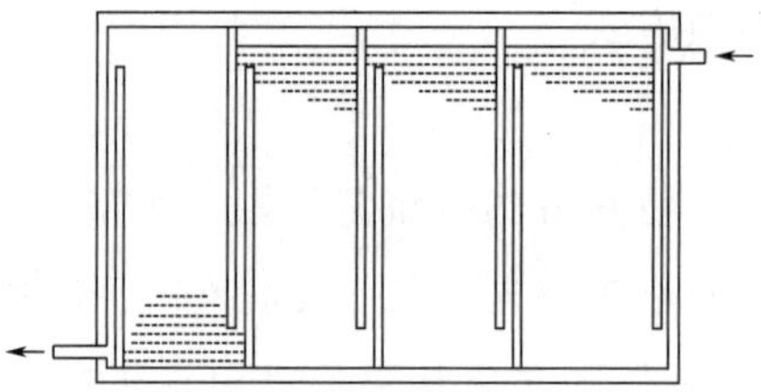	冷水和热水分别储存在不同的罐中，以保证送至负荷侧的热水温度维持不变。多个蓄水罐连接方式不同，一种是空罐方式，保持系统中总有一个罐在蓄热或放热循环开始时是空的，随着蓄热或放热的进行，各罐依次倒空。另一种连接方式是将多罐串联连接或将一个罐分隔成几个相互连通的分格。系统在运行时单个蓄水罐可以从系统中分离出来进行检修维护，但系统的管路和控制较复杂，初投资和运行维护费用较高

2.6.17　水蓄热系统的蓄热水罐（水箱或水池），应做好有效的保温处理。保温材料的选用，宜按照以每天的一个蓄热时间段内蓄热水的温降不大于 5℃为原则来确定。

【说明】

加强对蓄热体的保温，减少了集热热量的浪费。每天内的一个蓄热时间段，指的是从集热系统停止运行开始，至集热系统再次启动运行时为止。

2.6.18　水蓄热系统的蓄热水罐（水箱或水池）有效容积设计，可选择以下两种方法之一：

1 采用柔性多槽式蓄热系统时，可按照典型设计日的负荷平衡法；

2 如果采用其他蓄热系统，有条件时，宜采用全年优化方法。

【说明】

1 典型设计日负荷平衡法，其核心思想是在冬季典型设计日，将“多余集热量”作为水蓄热（如图 2.6.3 中的 A 部分）。根据蓄存热量和蓄热水温差的大小，同时考虑热损失的情况，来确定有效容积。

需要特别注意的是：当集热系统设置了排回系统时，蓄热水箱的实际容积，还应能容纳集热系统的全部水容量。

当可布置的集热器面积有限时，有可能典型设计日无法得到“多余集热量”（即图 2.6.3 中的 A=0），这时按照典型设计日负荷平衡法计算，则不需要蓄热；或者 A 值很小时，由于其散热而在典型设计日成为耗热系统。但由于建筑供暖的时段室外并不都是处于典型设计日状态，显然，在室外温度高于典型设计日的天气下，建筑热负荷降低而集热量反而增加，这样在某些天内仍然有可以作为夜间供暖用的“多余集热量”存在，这时设计蓄热系统仍然是合理的。从另一个情况来看，当典型设计日的“多余集热量”过大时，要求蓄热水有效容积就比较大，这样在某些非典型设计日时，蓄热系统可能会成为“全负荷蓄热”甚至“超负荷蓄热”系统，带来投资上的不经济。这是典型设计日负荷平衡法设计的一个主要问题。

柔性多槽式蓄热系统，可以在一定程度上解决这个问题。将蓄热系统分为多个小型独立的蓄热罐，这样可以通过适当提高各个蓄热罐的水温，使多个蓄热罐联合运行，来满足蓄热水容积的柔性调节。

2 采用全年优化方法，其核心思想是以太阳能供暖系统能流平衡关系为约束条件，蓄热系统容积为优化决策变量，在投资最小的基础上，以辅助热源全年能耗最低为优化目标函数，建立优化模型，最终确定太阳能热水供暖系统的最优蓄热容积。以下对此方法做简单介绍。

(1) 约束条件

1) 系统逐时热量平衡关系：

第 h 时刻集热器直接供热量可表示为：

$$Q_{j.g}(h)=\begin{cases}Q_j(h), Q_f(h)>Q_j(h)\\ Q_f(h), Q_f(h)\leqslant Q_j(h)\end{cases} \tag{2.6.18-1}$$

第 h 时刻水箱余热量的热平衡方程可表示为：

$$Q_y(h,V)=\begin{cases}Q_y(h-1,V)+\hat{Q}(h,V)-Q_{g.q}(h), & Q_y(h-1,V)\geqslant Q_{g.q}(h)\\ 0, & Q_y(h-1,V)<Q_{g.q}(h)\end{cases} \tag{2.6.18-2}$$

第 h 时刻由太阳能集热直接供热后不足的热量可表示为

$$Q_{g.q}(h)=\begin{cases}Q_j(h)-Q_f(h), & Q_f(h)-Q_j(h)<0\\0, & Q_f(h)-Q_j(h)\geqslant 0\end{cases} \quad (2.6.18\text{-}3)$$

第 h 时刻水箱即时蓄热量可表示为：

$$\hat{Q}(h,V)=\begin{cases}Q_j(h)-Q_f(h), & Q_j(h)-Q_f(h)>0\\0, & Q_j(h)-Q_f(h)\leqslant 0\end{cases} \quad (2.6.18\text{-}4)$$

第 h 时刻辅助热源供热量可表示为：

$$\hat{Q}_{fz}(h)=\begin{cases}Q_{g.q}(h)-Q_y(h-1,V), & Q_y(h)=0\\0, & Q_y(h)\neq 0\end{cases} \quad (2.6.18\text{-}5)$$

$$Q_j(h)=\int_{h-1}^{h}\frac{3600\eta_h^{+}\cdot A_{r.w}/\cos\theta\cdot I(h)}{1000} \quad (2.6.18\text{-}6)$$

2）全年能耗量（以电量来算）：

$$Q(V)=\sum_{h=0}^{8760}\frac{\hat{Q}_{fz}(h)}{COP(h)} \quad (2.6.18\text{-}7)$$

水箱水温上限约否条件：$t\leqslant t_{max}$ (2.6.18-8)

（2）目标函数

辅助热源全年能耗最小：

$$S=\min Q(V)=\min\sum_{h=0}^{8760}\frac{\hat{Q}_{fz}(h)}{COP(h)} \quad (2.6.18\text{-}9)$$

式中 Q_j（h）——第 h 时刻集热器集热量，kWh；

Q_f（h）——第 h 时刻供暖所需热量，kWh；

θ——集热器安装倾角，°；

I（h）——第 h 时刻倾斜面的太阳辐照强度，W/m^2；

Q（V）——全年能耗量（以电量来算），kWh；

COP（h）——第 h 时刻空气源热泵的制热性能系数，W/W。

t_{max}——水箱的最大水温，℃。

3 通 风

3.1 一 般 规 定

3.1.1 **建筑物通风设计时，应优先采用自然通风方式。符合下列情况的房间应设置机械通风系统：**

1 **需要排除大量余热、余湿的房间；**

2 **需要排除大量异味、刺激性以及有害气体的房间；**

3 **人员长期停留并且仅采用自然通风不能满足温、湿度需求的房间；**

4 **需要设置事故通风的房间。**

【说明】

自然通风节省能源，当通风量足够，能够为室内创造舒适的环境，应优先采用。

通风设计应从总平面规划、单体建筑设计、室内要求等方面综合考虑。

由于自然通风受到室外气候条件的影响，在多数情况下不能实时满足室内的需求。例如：当建筑物持续存在大量余热余湿、散发刺激性气味及有害物质时，为了及时有效地排除这些污染物并防止其在房间内扩散，应采用机械通风措施。当室外大气对污染物种类及浓度有标准要求时，在排放前必须采取相应的净化措施，达到国家、行业、地方现行相关环境质量标准、污染物排放标准、建设项目环境评价报告等要求。

大空间建筑、住宅、办公室、教室等易于在外墙设置可开启外窗的，通过室内人员行为调节实现通风功能，可采用自然通风和机械通风相结合的复合通风方式，降低人工能源的使用。

3.1.2 **对于全年某些时段存在室外空气污染严重、噪声污染严重的地区，为室内人员服务的通风系统宜采用复合通风方式。**

【说明】

1 室外空气污染严重的区域采用复合通风（机械通风＋自然通风）方式。机械通风系统中宜采取过滤措施，在室外污染严重时运行；室外空气品质满足时按照第 3.1.1 条要求使用。噪声污染严重区域除加强建筑隔声措施以外，机械通风系统应考虑消声措施。

2 空气污染严重是指污染物浓度在全年的某些时段或者相当多时段超过室内空气品质的要求，设计时应根据建设地点的室外空气品质状况设置必要的空气净化措施。

根据生态环境部发布的《2020 中国生态环境状况公报》，中国空气质量差与好的 20 个城市如表 3.1.2 所示。

部分城市空气品质 表 3.1.2

空气质量差的城市	临汾、太原、鹤壁、安阳、新乡、淄博、咸阳、阳泉、渭南、运城、聊城、石家庄、邯郸、焦作、保定、枣庄、唐山、邢台、济南、滨州、晋城
空气质量好的城市	海口、拉萨、黄山、舟山、福州、厦门、丽水、深圳、惠州、珠海、贵阳、雅安、台州、中山、肇庆、昆明、南宁、遂宁、张家口、东莞

具体工程设计时，表 3.1.2 中提到的"空气质量差"的城市，为室内人员服务的通风系统应采取空气过滤净化措施。"空气质量好"的城市，可按第 3.1.1 条的要求执行；设计项目位于其他城市时，应根据该城市的室外空气情况，合理设计机械通风和空气净化过滤措施。

3.1.3 **平时使用的通风设备机房应避免设置在对噪声、振动敏感的功能区贴临位置。**

【说明】

1 敏感位置通常指对噪声、振动有严格控制要求的房间，以酒店客房、卧室、宿舍、医养护理单元、培训教室、办公、会议室、VIP、录音室等最为常见。

2 贴临位置通常指平层紧邻，楼上、楼下层同一水平投影位置。

3.1.4 **设有事故排风的空间，当不具备自然补风条件时，应设置机械补风系统，补风量宜为排风量的 80%，补风机应与事故排风机连锁。**

【说明】

服务空间通常事故通风量要求 $12h^{-1}$ 换气的风量，排风的风量大，需要大量补风才可以正常运行。为防止补风不够无法实现房间的实际排风量需求，当自然补风不能满足时，应增设机械补风。

3.2 自然通风

3.2.1 **自然通风系统进、排风装置的设计，宜按以下要求进行：**

1 进风装置可采用各种形式的可开启外窗以及外立面设置的进风百叶；

2 排风装置可采用天窗、侧高窗以及屋顶无动力通风器。

【说明】

自然通风是利用室内外温度差所形成的热压或室外风力造成的风压实现通风换气的形式。它是一种有组织的全面通风方式。适宜的条件下自然通风可以提供充足的新鲜空气，满足室内热舒适度，减少人工能源的投用时间。自然通风广泛应用于居住、办公、工业厂房、学校等类建筑物。

1 进风装置应根据建筑方案确定的类型、开启方式、有效面积、密封性能、阻力系数等技术参数进行计算，并与相关专业密切配合按需优化。

2 在夏热冬冷和夏热冬暖地区，当室内散热量大于或等于 $23W/m^2$，其他气候分区的室内散热量大于或等于 $35W/m^2$，夏季室外平均风速大于或等于 1m/s 时，可采用避风天窗或侧高窗。对于不可调节天窗开启角度的工业建筑，可采用具有防雨及雨水倒灌措施的孔洞代替。

3 屋顶无动力通风器是全避风型自然通风装置。通风器直径的确定应以计算为依据，且不宜小于通风竖井的当量直径。

3.2.2 设计采用自然通风时，应符合下列规定：

1 系统设计时应对建筑物或房间进行自然通风潜力分析，依据建设地点的气候条件确定自然通风策略，优化建筑立面开口位置。

2 总平面设计中，建筑单体应优先采用错列式、斜列式的布置方式。

3 自然通风应采用阻力系数小、易于操作和维修的进、排风口形式；

4 严寒、寒冷地区的进、排风口应考虑保温措施；

5 自然通风系统的风量计算应同时考虑热压以及风压的作用。

【说明】

1 必要时进行计算机模拟计算（CFD），进一步量化进风口、排风口技术条件。

2 斜列式布置：建筑参照季节主导风向按照一定的倾斜角度进行成排布置的方式；错列式排布：建筑参照季节主导风向采用前后排错位排布的方式，见图 3.2.2-1 和图 3.2.2-2。

在确定高大建筑的朝向时，可利用夏季最多风向来增加自然通风的风压作用或对建筑形成穿堂风。因此建筑的迎风面与最多风向宜形成 60°～90°角。

3 春秋季节时段长的地区应充分利用自然通风。

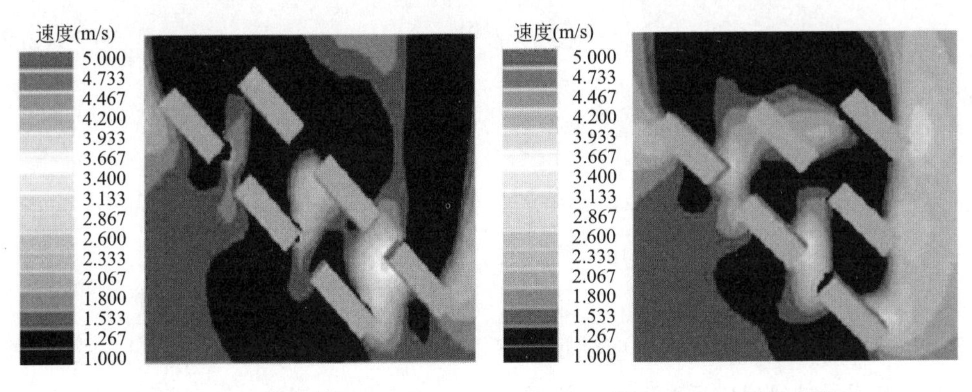

图 3.2.2-1 斜列式布置　　图 3.2.2-2 错列式排布

4 为提高自然通风的能力，应采用流量系数较大、阻力系数低的进、排风口。

5 热压通风的适宜条件可设定为室外温度 12～20℃，风速 0～3.0m/s 的环境。

6 建筑物自然通风效果是热压和风压综合作用的结果。两种作用可能会相互叠加，也可能是相互抵消。需要设计人在计算时区分不同的季节和朝向，综合评判。

3.2.3 热压作用下的通风量，宜按下列方法确定：

1 室内发热量均匀、空间形式简单的单层大空间建筑，可采用简化计算方法确定；

2 住宅、办公建筑中，考虑多个房间之间或多个楼层之间的通风效果，可采用多区域网络法计算；

3 建筑体形复杂或室内发热量明显不均的可采用 CFD 数值模拟方法确定。

【说明】

本条来自《民用建筑供暖通风与空气调节设计规范》GB 50736—2012。

3.2.4 风压作用下的通风量，按下列原则确定：

1 应分别计算过渡季及夏季的自然通风量，并按两者中的较小值，作为自然通风的可保证风量；

2 室外风向按计算季节中的当地室外最多风向确定；

3 室外风速按基准高度（一般距地面 10m）室外最多风向的平均风速确定；当采用 CFD 数值模拟时，应考虑地形条件及其梯度风、遮挡物的影响；

4 只有当建筑迎风面与计算季节的最多风向呈 45°～90°角时，该立面上的通风外窗、有效开口才可作为进风口计算。

【说明】

本条来自《民用建筑供暖通风与空气调节设计规范》GB 50736—2012，风压作用下的风量确定可按照下式计算：

$$P_f = k\frac{v_w^2}{2}\rho_w \tag{3.2.4}$$

式中 P_f——风压，Pa；

k——空气动力系数，

v_w——室外空气流速，m/s；

ρ_w——室外空气密度，kg/m³。

3.2.5 自然进、排风口的设置，应满足以下要求：

1 自然通风进风口应远离室外污染源；

2 夏季自然通风进风口，其下缘距室内地面的高度不宜大于 1.2m；冬季自然通风进

风口，当其下缘距室内地面的高度小于4m时，应采取有效防止冷风直吹人员活动区的技术措施；

3 采用自然通风的房间，通风开口有效面积不应小于地面面积的5%；住宅厨房的通风开口有效面积不小于该房间地面面积的10%且不小于0.60m^2。

【说明】

自然通风口应远离已知的污染源，如烟囱、排风口、排风罩等3m以上。夏季自然通风进风口尽可能低位设置，有利于在热压小的季节室外新鲜空气直接进入人员活动区。冬季当低位进风时要避开人员活动区或采取其他措施。

根据《民用建筑设计统一标准》GB 50352—2019，生活、工作的房间的通风开口有效面积不应小于该房间地板面积的1/20。

3.2.6 采用被动式技术强化自然通风效果时，可结合建筑方案采用以下措施：

1 采用捕风装置；

2 采用屋顶无动力风帽装置；

3 风压有限或热压不足时，可采用太阳能诱导通风方式。

【说明】

突出屋面一定高度的太阳能烟囱，通过风帽设计、调节风门的设置、有利的补风朝向，可以有效加强自然通风，或利用其负压效果带动室内自然通风。

3.2.7 复合通风系统设计参数、运行控制策略应通过技术经济比较与节能分析评价后确定。

【说明】

必要时，可进行全年运行风量的计算。复合通风系统中全年自然通风量不宜低于通风系统运行总风量的30%。

3.2.8 复合通风系统应具备运行工况转换功能，并符合下列规定：

1 优先运行自然通风；

2 当受控参数不能满足要求时启用机械通风系统；

3 同时设置了空调系统的房间，当通风不能满足室内温、湿度要求时，应关停通风系统，开启空调系统。

【说明】

复合通风采用自然通风与机械通风的联合设置，根据不同的室外环境参数与确定的室内温湿度标准分时段、分区域运行。当复合通风也不能满足使用需求的应运行空调系统。

3.2.9 净高高度大于15m的室内空间，设置复合通风系统时应考虑室内温度梯度，并宜采取分层送风方式，如图3.2.9所示。

【说明】

此类空间的地面面积与其外围护结构面积的比值与普通办公室等典型房间的同类比值相比小得多，且通常具有大面积玻璃幕墙或相当比例的透明天窗，空间的冷、热负荷大并且具有较强的特殊性。通过机械通风、自然通风方式排除室内上空聚集的热量，减小对流辐射热形成的冷负荷。通过可调节遮阳、低位送风、辐射供冷供热、幕墙散热器等技术措施营造下部人员活动区的热舒适微环境，有效降低室内温度梯度，减少人工能源的使用需求。

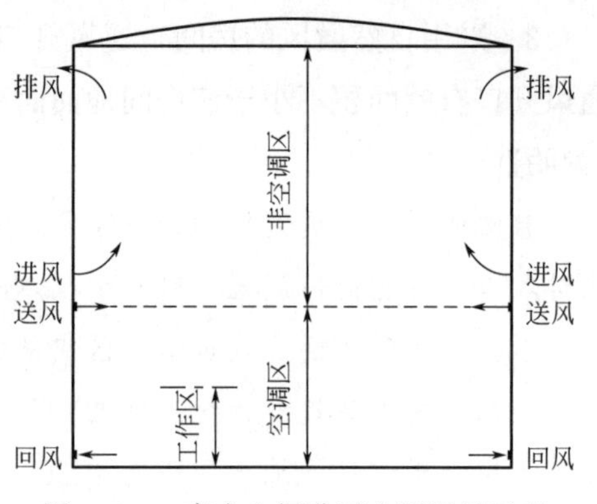

图3.2.9 高大空间分区空调通风示意

3.2.10 自然通风系统的设计风速宜按表3.2.10选用。

自然通风系统风速 **表3.2.10**

部位	进、排风百叶	地面出风口	通风竖井	顶棚出风口
风速(m/s)	0.5～1.0	0.2～0.3	1.0～2.0	0.5～1.0

【说明】

本条结合了《民用建筑供暖通风与空气调节设计规范》GB 50736—2012和一些项目的设计总结。

3.3 机 械 通 风

3.3.1 机械通风应优先采用局部排风。当局部排风不能满足某些区域的使用要求时，应采用全面排风。

【说明】

室内污染物、挥发物从源头开始进行控制。在明确污染源类型的前提下，采用室内污染源头控制法、通风换气稀释等措施有效降低源头区域或者高污染物区域浓度，减少污染物进一步扩散。因此优先采用局部排风系统。

3.3.2 同时设置了全面机械通风及机械制冷的房间，应根据室外气象条件、室内余热余

湿散发量、室内温湿度控制要求，分时段分系统节能运行。

【说明】

应根据全年气候条件与运行要求，合理设计通风量和机械制冷降温设备的安装容量。通风降温排湿与机械制冷运行工况的转换，可根据使用需求以间歇运行为原则，按以下设计参数或工况转换：

1 全年采用通风降温排湿的风机能耗；

2 全年采用机械制冷降湿的能耗；

3 结合上述措施，得到“风机能耗+空调能耗”的全年最小值。

当技术参数不全时，可按照表 3.3.2 进行系统选择。

通风与机械制冷联合运行的设计配置方式 **表 3.3.2**

气候带/技术措施	排除余热	排除余湿	排除余热余湿
严寒地区	自然通风/复合通风/蒸发冷却	自然通风/复合通风	自然通风/复合通风/机械通风
寒冷地区	复合通风/蒸发冷却	复合通风	复合通风/空调
夏热冬冷地区	复合通风/空调制冷	复合通风/除湿	复合通风/空调
夏热冬暖地区	机械通风/空调	机械通风/空调	机械通风/空调
温和地区	自然通风/复合通风/空调制冷	复合通风/机械通风/空调	复合通风/机械通风/空调

3.3.3 **平时使用的机械通风系统（包括与热风供暖合用系统）的设置，应符合下列要求：**

1 **使用需求（送风参数、使用时间等）不同的房间或场所，宜独立设置通风系统；**

2 **散发异味以及有害气体的房间，不应与其他房间合设系统；**

3 **以排出房间余热余湿为主的排风系统，当条件受限而不得不与其他房间的排风系统合并设置时，应采取有效防止其进入相邻区域的技术措施；**

4 **当室外空气品质低于房间洁净度要求时，室内应保持一定的正压值；**

5 **放散粉尘、有害气体或有爆炸危险物质的房间，应保持一定的负压值；**

6 **排除有毒、有害气体的通风管道，不应穿越人员正常使用的房间，当条件受限时，其位于室内的风道应为负压段，负压值应按照排除气体的分类确定；**

7 **重要房间、场所的通风系统应具有防止通过系统传播疾病或交叉感染的技术措施；**

8 **设置全面排风系统时，应满足从高温、高湿、高浓度的区域排出的气流组织方式。**

【说明】

1 使用需求不同的房间或场所，其排风系统分别设置时，有利于运行管理和节能运行。例如：厨房内的洗碗机和热加工灶具，在使用时间、风量要求等参数上都存在明显的区别，宜分设系统。

2 散发异味以及有害气体独立设置系统是为了防止其通过管道进入其他房间。

3 散发大量余热余湿的场所，宜设置独立排风系统；如果与其他有排风要求的较清洁房间合并设置系统时，排风机应设置在总排风管道上，使得运行时排风管交汇处保持负压值。同时在较清洁房间的排风干管上设置风道止回阀，以保证系统停止运行时，余热、余湿不通过风道进入较清洁房间。

4 第4～7款均是为了防止室外污染空气通过门、窗等房间开口对室内空气造成污染。应根据房间正（负）压值计算确定系统总送风、排风量差值。除特殊要求外，可暂按以下方式估算：维持正压的排风量宜为送风量的80％～90％。维持负压的送风量宜为排风量的80％～90％。交叉感染指人与人之间通过各种不同途径引起的相互感染。感染的病原体通常通过水、空气、医疗设备等引发间接感染。较为常用的技术措施有：避免设置水-空气系统方式、独立设置风系统、减少管道穿越重点房间、重点区域维持合理的正（负）压值、管道连接方式及系统漏风量严格受控等措施。

5 排风系统的排风口应布置在高温、高湿、高浓度污染区域，使得室内空气从低温、低湿、低浓度的区域流向高温、高湿、高浓度的区域。

3.3.4 下列情况均应独立设置排风系统：

1 空气混合后，能引起燃烧或爆炸、形成有毒有害物质或腐蚀性加剧、可能使蒸汽凝结并积聚粉尘时；

2 放散强烈异味或产生剧毒物质的房间或设备；

3 建筑物内储存易燃、易爆物质的房间或有防爆要求的功能房间；

4 有卫生防疫、检疫的区域。

【说明】

分系统设置主要目的为：防止不同种类及性质的有害物混合后会引起燃烧和爆炸；避免形成毒性更大的混合化学物；减缓或者防止蒸汽在管道中凝结聚积粉尘，堵塞管道影响通风效果；避免剧毒物质通过通风管道及风口传入其他房间造成严重影响。

3.3.5 全面排风系统的风量分配及室内吸风口布置，应符合以下原则：

1 当放散气体的相对密度小于或等于0.75，或者虽然比空气重，但因室内显热导致其全年均能形成稳定的上升气流的，应从房间上部排出；

2 当放散气体的相对密度大于0.75，且室内显热不足以形成稳定的上升气流而沉积在下部区域的，应从下部空间排出总排风量的2/3以上；

3 当污染的气体与空气混合后的浓度未超过人员活动区卫生标准，且混合后气体的相对密度与空气密度接近时，可只设上部或下部排风口；

4 当只设置全面排风系统时，其风量中应包括该区域内局部需求的排风量；当区域内设置有独立的局部排风系统时，该区域内的全面排风量不应包括独立排风系统的风量。

【说明】

1 空间的上、下部高度分界通常以地面以上2m进行划分。

2 密度小于0.75的常见放散气体：天然气或管道煤气（厨房及以燃气为能源的设备机房），氢气（铅酸蓄电池室）。

密度大于0.75的放散气体：气态制冷剂（制冷机房的制冷剂泄漏）、六氟化硫气体SF_6（高低压变配电站，断路开关）、不同浓度的七氟丙烷HFC—227ea / FM200，不同浓度的IG541、热气溶胶（气体灭火剂）。

3 大多数情况民用建筑的房间在顶部设置排风口，从使用功能及装修设计层面都有非常高的可实施性。

4 当某些房间局部排风量需求较少且局部散发物允许在室内扩散时，为此单独设置排风系统存在困难或经济性不佳的问题，可只设置全面排风系统，其风量应包含稀释局部散发物所需要的风量。

室内排风口的设置高度见表3.3.5。表3.3.5中：房间下部排风口指的是上沿标高，房间上部排风口指的是下沿标高。

室内排风口设置高度 **表3.3.5**

项目内容		排放气体密度大于空气密度		排放气体密度小于空气密度
		有稳定显热	无稳定显热	
排风口位置		房间上部	房间下部	房间上部
排风口下沿距顶棚/距地面标高(m)	常规气体	0.4	0.2～0.5	0.4
	可燃气体	—	0.3	0.4
	氢气混合气	—	—	0.1
	气体灭火废气	—	0.3	—
	制冷剂	—	上部、下部	—
	氟利昂制冷剂	—	1.2	—
	氨制冷机房	—	—	侧墙/屋顶

注：不包括医疗建筑的负压房间或负压隔离病房等。

3.3.6 通风系统的室外进风口和排风口设置位置，应符合以下要求：

1 进风口应设置在室外空气品质优良、排风口的上风侧且低于排风口；当进、排风口标高相近时应选择不同方向；排风口不应朝向室外空气动力阴影区以及空气动力正压区；进、排风百叶边距宜按照表3.3.6-1设置。

室外进、排风口设置位置 **表3.3.6-1**

室外进、排风口设置		排出有污染物		排出无污染物	事故通风	
相同朝向	百叶水平间距	≥10m	<10m	≥5m	≥20m	<20m
	百叶垂直高差	—	≥6m	—	—	≥6m

续表

室外进、排风口设置		排出有污染物	排出无污染物	事故通风
不同朝向	百叶水平间距	≥6m	≥3m	≥20m
	百叶垂直高差	—	—	—

2 进风口的底部距室外地坪不低于 2m，当进风口设在绿化带时其底部距地高度不小于 1m；

3 排风出口应远离老人、儿童活动场地、邻近的可开启外窗以及主要人员出入口；当排风口临近室外人员活动区时，地下汽车库的排风出口底部距室外地坪不宜低于 2.5m，其他排除余热余湿的出口底部距地不宜低于 2.0m。

4 进风口、排风口风速的确定，应结合建筑功能性质、项目噪声评价标准以及平时运行的最大风量综合确定。一般可按表 3.3.6-2 选取。

进、排风口风速（m/s） 表 3.3.6-2

建筑类别	新风取风口	排风口
一般性居住、公共建筑	≤5.0	≤6.0
高档居住、公寓	≤4.5	≤5.0
站房、库房、设备区	≤5.0	≤6.5

【说明】

1 通常情况下，空气排出室外时，会随着室外空气上浮，因此当进风口与排风口在同一建筑立面时，排风口要高于进风口。特别需要注意的是：这是对整个建筑立面而言的，设计时不仅关注本层，还要综合考虑上下楼层。进、排风口应避免同时设置于建筑物的内转角、内廊、凹廊、狭窄的下沉庭院、通风不良的建筑灰空间等可能产生气流短路的区域。表 3.3.6-1 不适合于生物安全实验室进排风及餐饮业的油烟排放。

2 （第 2、3 款）建筑项目室外进、排风口的设置，还应兼顾到排风出口附近的人员活动区域情况和周围已有建筑的进、排风口设置情况，其原则和要求相同。例如：本建筑的进风口应远离室外吸烟区，餐饮排油烟出口、冷却塔排风口的上部及下风侧，轨道交通的风亭，锅炉及燃气热水机组的排烟出口等。同理，本建筑排出污染空气（例如厨房排风等），也不应对周围环境及临近建筑产生不利影响。

3 风口风速应按实际有效面积计算。噪声敏感区建议取低值，消防系统的进风口风速可适当增加 20%～30%。计算风口有效面积时，普通百叶风口的遮挡率可取 25%～28%；常用外墙防雨百叶风口遮挡率可取 39%～45%。

4 设置在−15°以上的外倾斜面、挑空屋檐或楼板下等避雨区域的风口，可根据建筑外立面造型需求采用内衬过滤网的格栅、高穿孔率孔板等形式替代防雨百叶。

3.3.7 需要高位排放时，排出口高出屋脊的高度应满足下列规定：

1 排出无毒气体时，高出屋面大于或等于 0.5m；

2 排出最高允许浓度小于 $5mg/m^3$ 的有毒有害气体时，应高出屋面大于或等于 3.0m；

3 排出最高允许浓度大于 $5mg/m^3$ 的有毒气体时，应高出屋面大于或等于 5.0m。

【说明】

有毒、有放射性污染、强刺激气味的应高空排放。其他根据环境评价、安全评价意见需要高位排放的系统，排放浓度应满足现行国家规范、行业标准以及环保、卫生防疫部门的具体要求。当排出口浓度不符合时应先进行相应的过滤、净化、吸附处理，达标后方可排放。

3.3.8 机械通风系统风量应按以下原则确定：

1 人员长期活动或使用的空间，应符合卫生标准要求的新风量，可按照表 1.5.5 确定；

2 当采用全面排风方式消除室内余热时，通风量应按下式确定：

$$L=3600\times\frac{Q}{c\rho(t_p-t_s)} \tag{3.3.8-1}$$

式中 L——消除余热所需通风换气量，m^3/h；

Q——室内显热发热量，W；

c——空气比热，kJ/（kg·℃）；

ρ——空气密度，kg/m^3；

t_p——室内排风设计温度，℃；

t_s——送风温度，℃，可按建设地点通风温度计算。

3 采用全面排风方式消除室内余湿时，应根据余湿量和送、排风含湿量差，通过平衡计算确定所需通风量；

$$L=\frac{W}{\rho(d_p-d_s)} \tag{3.3.8-2}$$

式中 L——消除余湿所需通风换气量，m^3/h；

W——室内散湿量，g/h；

d_p——室内空气含湿量，g/kg；

d_s——送风空气含湿量，g/kg，可按建设地点室外空气含湿量计算；

ρ——空气密度，kg/m^3。

4 采用全面排风方式消除室内有害物质时，应根据物质的散发量、送风中物质含量以及房间有害物质的允许值，通过平衡计算确定。计算结果与相关规范、标准提供的最小

换气次数进行校核，确定较大值为通风量；

$$L=\frac{G}{y_p-y_s} \tag{3.3.8-3}$$

式中 L——消除有害物质的通风量，m^3/h；

G——室内有害物散发量，mg/h；

y_p——室内允许的有害物浓度，mg/m^3；

y_s——送风的有害物浓度，mg/m^3。

5 当所需要的技术数据不能确定时，全面通风量可暂按已建成的同类房间的实测结果或采用换气次数法计算；

$$L=Vn \tag{3.3.8-4}$$

式中 L——排风量，m^3/h；

V——房间容积，m^3；

n——换气次数，h^{-1}。

6 同时放散余热、余湿和有害物质或多种有害物质同时放散于室内时，全面通风量应按上述风量计算的最大值确定。

【说明】

1 见第1.5.5条说明。

2 本款使用条件：室内设计温度高于室外温度。当室内温度低于夏季室外计算通风温度时，应补充采取其他降温措施。

3 送风（进风）的含湿量原则上应按照通风运行时段的室外空气最大含湿量计算，也可根据项目具体情况结合系统不保证小时数综合考虑具体取值范围。当需要严格将室内含湿量控制在某个限值内时，如果该限值低于夏季空调室外计算参数下的含湿量，则应采取其他除湿措施。

4 室内有害物稀释，采用式（3.3.8-3）的浓度平衡法计算后，还应与相关的标准规范中的规定比较后取大值。

5 对于非污染物散发房间的排风系统，换气次数法的计算结果可用于施工图设计。但对人员有害的污染物排风系统，换气次数法的计算结果应仅作为配合土建预留条件的依据，施工图设计应对排风量进行详细计算校核。

6 由于通风可以同时带走上述余热、余湿、污染物，因此可按第1～5款计算的最大值采用。但对于有多种溶剂蒸气或多种刺激性气体放散的房间，应按照现行国家标准《工业建筑供暖通风与空气调节设计规范》GB 50019的规定执行。

3.3.9 补风系统的设置应满足以下要求：

1 每天运行时间不超过2h且设计换气次数≤$4h^{-1}$的场所，以及尽管经常有人使用但

存在一定污染的局部排风系统，在满足系统风平衡的前提下，优先采用自然补风；

2 寒冷和严寒地区冬季从室外直接自然补风可能导致室温降低无法满足要求的，或密闭空间无法采用自然补风满足风平衡时，应增设机械补风（送风）系统；

3 人员活动区、有明确室内温度需求的房间，冬季机械补风系统应根据室内热平衡要求设置加热装置；

4 平时运行的空调房间，为维持室内的风平衡而设置的排风，可作为非人员停留、设备机房排风系统的补风。

【说明】

1 房间换气量不大，无论是采用室外风自然补风还是利用相邻房间的正压来补风，都是比较合理的。卫生间属于人员经常使用的区域，但为了防止其排风系统出现故障时卫生间为正压而向卫生间外的室内正常使用区域逸出污浊空气，也不宜设置机械补风系统。

2 对自然补风加热比较困难，寒冷和严寒地区，冬季从室外直接自然补风有可能导致室温大幅度降低；当房间采用防火门防火墙分隔，或从使用上要求密闭的空间依靠门窗缝隙进行自然补风较为困难时，应增设机械补风加热系统并按第 3 款执行。

3 冬季补风加热的目的是防止室内人员的不舒适或保持要求的房间温度（例如防冻温度等要求）。

4 为维持空调房间风平衡的排风系统，平时运行时仅是排风温湿度、CO_2 浓度的变化，把它作为对空气品质要求不高的地下垃圾暂存区、污水泵房、隔油器间、中水处理间等机房等以及车库等非空调区域的补风使用，在一定程度上改善室内环境，且做法简单容易实现。但该补风系统尚应具有当空气传播的疫情出现时直接排向室外的转换措施。

3.3.10 **机械送风或补风系统中，加热器的冬季设计加热量计算时，应按下列原则确定室外计算温度：**

1 人员正常使用且长期停留的房间采用热风供暖时，应采用冬季供暖室外计算温度；

2 仅用于通风房间的排风耗热量进行补偿时，可采用室外通风计算温度。

【说明】

加热器的设计加热量，涉及设备、能源的投资与室内温度保障率之间的平衡。

1 人员正常使用且长期停留的房间，无论采用何种供暖方式，其室内温度的保证率都应该满足供暖系统的设计与使用要求。因此，当房间采用热风供暖方式时，无论这些房间是否设置有通风系统，计算加热器能力时，室外温度都应按照冬季供暖室外温度计算。

2 对于仅设置通风系统的房间（例如民用建筑中的地下车库、厨房热加工间、机电用房等），室温的保障率允许适当降低。按照室外通风计算温度来计算时，加热器能力可适当降低要求，减少加热器投资和加热能耗。

3.4 事故通风

3.4.1 有可能突然放散大量有害气体或有爆炸危险气体的功能房间，应设置事故通风系统。

1 事故通风采用机械排风系统，并按需设置机械补风系统；

2 通风系统应采取消除排风死角的措施；

3 设置相应的检测报警及控制系统。

【说明】

1 采用机械排风系统将危险气体排出室外。当房间较为密闭时，应设置补风系统。

2 对于有可能存在的“排风死角”，一般可以采用以下措施来消除：

(1) 设置导流或诱导装置（例如诱导式通风器等）；

(2) 通过全面、有组织的送、排风气流引导来实现。

3.4.2 以下房间应设置独立的事故通风系统：

1 铅酸蓄电池室应在设备间顶棚设置氢气浓度检测报警装置并设置排除氢气与空气的混合气体的事故排风；

2 安装含有六氟化硫（SF_6）设备的变配电间（或管线夹层），低位区应配备 SF_6 泄漏报警器及低位事故排风装置；

3 使用氟利昂制冷剂、氨制冷剂的制冷机房、空气压缩机房设置冷媒泄漏报警探测器及事故通风设施；

4 以天然气、管道燃气、液化石油气等可燃气体为燃料的锅炉房、供热机房、直燃机（含补燃型吸收机）房、厨房热加工间、燃气计量表间等应在房间设置燃气泄漏检测报警及事故通风设施，并应符合现行国家标准《城镇燃气设计规范》GB 50028 的相关规定；

5 柴油发电机房的储油间设置事故通风系统；

6 生产加工、使用过程中因粉尘、气体混合后导致产生爆炸、产生有毒有害气体的其他空间。

【说明】

1 在设计阶段蓄电池室内设备类型通常不能确定，应根据规范要求设置氢气与空气混合的事故通风系统，并直接排出室外。

2 六氟化硫在电力绝缘中具有重要作用，其惰性强，密度为空气的 5 倍，不易燃、难溶于水。但高浓度的气体会使人窒息，应在使用中实施监测。装有六氟化硫绝缘的配电装置机房，应在房间（或设备管线夹层）底部易聚集部位设排风口及报警检测。

3 氨是可燃气体，其爆炸下限浓度为16%，氨气大量泄漏遇到明火或者电火花会引起燃烧爆炸，此部分的设计应该遵循现行国家标准《冷库设计标准》GB 50072 的相关规定。

3.4.3 事故通风量应根据放散物的种类、安全及卫生浓度要求，按房间全面排风计算确定，且换气次数不小于 $12h^{-1}$。

【说明】

本条来自《民用建筑供暖通风与空气调节设计规范》GB 50736—2012。

3.4.4 事故通风系统的风机选择与控制，应符合以下要求：

1 排除有爆炸危险气体的排风机以及设置于有爆炸危险气体的房间或空间内的进风机，应采用防爆风机和防爆电机，且风机与电机不应采用皮带传动；

2 应向电气专业提出在有爆炸危险气体的房间或空间区内、外便于操作的位置，设置事故通风机手动开关的要求。

【说明】

1 无论风机设置于何处，由于爆炸危险的气体气流会通过风机，因此风机必须防爆。为了防止风机与电机的连接处漏风引起的危险，风机配置的电机也应采用防爆电机。当进风机设置于专用机房内时，风机与电机可不考虑防爆要求。

2 便于操作的位置通常指防护区外门附近距地 1.3～1.5m 的位置。此要求应作为设计配合资料向电气专业明确提出，并宜在本专业设计文件中明确标识。

3.4.5 事故通风的检测传感器、报警系统及控制系统的设置，应符合以下要求：

1 应根据放散物的种类设置相应的检测报警及控制系统；

2 室内吸风口及检测传感器的设置位置应根据放散物的密度、位置、高度合理设置。

【说明】

1 事故通风作为保证安全生产、人们生命安全的一项技术措施。由于服务房间的性质不同，放散物类型不同，因此应采用与其相适合的检测传感器，例如燃气、氟利昂、氨、六氟化硫等；因为各类放散物导致的结果不同，有的是有燃烧爆炸危险，有的是有毒有害或引起窒息危险等，因此控制系统预设定的报警下限也不同，不可通用。

2 为保证检测的敏感度与有效性，检测位置应根据放散物种类不同而设置。

3.4.6 当利用平时使用的通风系统作为事故排风时，其排风口应符合第 3.3.5 条的规定，系统风道设计时风量应按照事故通风量与平时风量的较大值选用。当事故通风量大于平时系统风量时，风机可采用分台数设置或选用双速风机等方式，并确保通风设备按需运行。

【说明】

事故通风系统风量比平时通风量大很多，并且运行机会极少。与平时通风系统联合设置，可以降低投资。当分台数设置时，应采用风量、风压相同的同类型设备，并根据设备并联运行曲线进行技术参数校核。当系统风量、风压可以匹配双速风机性能时，选择双速风机，高速设定为事故通风运行工况。所有兼用的设备及管道、风口阀部件均应符合事故通风系统的设置标准。

3.5 住宅通风

3.5.1 住宅的卧室、起居室（厅）、厨房应可自然通风，并符合以下要求：

1 每套住宅自然通风开口面积不小于地面面积的5%；

2 厨房开口有效面积不小于该房间地面面积的10%，且不应小于0.60m^2。

【说明】

自然通风开口主要是可开启外窗，设计中需要与建筑专业密切配合。开窗通风在全年大部分时间段能够为室内提供较舒适的环境，也符合大多数人的居住习惯，设计中应优先采用。

1 5%是对整套住宅的自然通风开口总面积的要求。同时，卧室、起居室（厅）、有外窗的卫生间自然通风的开口面积不小于地面积的1/20。

2 当房间外设置阳台时，阳台的自然通风开口面积不小于阳台与房间地面积之和的1/20。

3.5.2 无外窗的卫生间应设置机械排风，全面通风换气次数不宜小于3h^{-1}。

1 竖向预留专用排风竖井具有防火、防倒灌及均匀气流的功能；

2 排风竖井每层预留排风管接口，房间门下部应考虑必要的进风面积。

【说明】

1 住宅的卫生间通常根据服务楼层数、层高选用建筑成品变静压风道，该成品风道占地面积小，具有一定的气流均匀功能，成品风道每层高位预留一个排风口。

2 为保证排风的有效性，应在门下部设置百叶口或缝隙作为自然补风条件。

3.5.3 厨房应预留竖向排油烟专用竖井，风道具有防火、防倒灌及均匀气流的功能。竖井每层预留排油烟管道接口。

【说明】

本条来自《住宅厨房污染控制通风设计标准》T/CECS 850—2021。

3.5.4 **居住建筑空调系统的新风，按以下原则设置：**

1 **一般居住建筑，宜考虑开窗取新风，或每套住宅或每个主要功能房间（严寒地区除外），设计时在外墙上预留新风（和/或）排风的孔洞；**

2 **施工图设计文件设有新风系统的，室外新风应直接送至人员的主要活动区；**

3 **采用机械新风系统时，新风量应按照每室人均新风量不小于 $30m^3/h$ 和换气次数 $0.5h^{-1}$ 两者计算出的较大值选取；**

4 **采用温湿度独立控制系统时，机械新风系统的新风量应按照室内除湿计算风量和换气次数 $1.0h^{-1}$ 两者计算出的较大值选取。**

【说明】

1 居住建筑的使用特点与公共建筑不同，开窗取新风是很多中国家庭的习惯，且在全年大部分时段的效果都远远优于机械新风系统。但为了方便住户入住后增设新风设施，也可在外墙预留新风（和/或）排风孔洞，孔洞推荐按照 ϕ100 预留。严寒地区冬季室外冷风对室内的影响较大，不宜采用预留新风孔的方式。

考虑到不同家庭的使用特点，当采用预留新风孔方式时，设计还应提供洞口封堵的措施。

2 集中系统新风应直接送至卧室、起居室，通过厨房和卫生间排风，形成良好户内的新风气流组织。

3 同时满足卫生条件和换气次数要求。

4 采用温湿度独立控制系统时，通常除湿所需要的风量可达到卫生标准的最低新风量需求。

3.6 设备机房通风

3.6.1 **机电设备机房通风，应符合下列规定：**

1 **设备机房设计时应考虑通风，当自然通风不能满足要求时，应设置机械通风系统；**

2 **设备有特殊要求时，其通风应满足设备工艺要求；**

3 **对空气洁净度要求较高的机电设备房，当室外空气品质不能满足要求时，应采取相应的空气过滤处理措施。**

【说明】

机房通风可以有效排除设备运行产生的余热余湿并改善设备运行环境、延长使用寿命，也是运维管理的需求。

普通小型通风空调机房（例如：每层分散设置的机房），运行时空气流动，管道也存在一定程度的漏风，可以不考虑设置独立的机械通风系统；但对于高温高湿地区，多台机组集中设置的大型通风空调机房或全年以输送热媒为主的大型机房，为保证设备的使用寿命，宜考虑设置合理的自然通风或机械通风。

一些以信息处理为主或设置有比较高精度的精密仪器或机电设备的房间，应设置进风过滤措施。

3.6.2 柴油发电机房的通风设计，应包括以下内容：

1 排出辐射热的通风系统和发电机组空冷器（水箱）散热系统；

2 柴油机燃烧烟气排出系统；

3 发电机房的进风量应包含设备燃烧空气量与排热系统的补风量；

4 柴油发电机房内的储油间应设独立通风兼事故通风系统。

【说明】

1 柴油机运行时会对房间产生大量的辐射热。为控制机房室内温度，宜设置全面排风系统；同时，当柴油机的水箱与设备集成一体时，有效排除水箱散热是保证柴油机正常工作的主要措施。

当空冷器（水箱）本身配置有散热风扇时，可利用其自带的风扇将热量排走，无需另设风机。但排风井面积应按照自然通风条件设置，并校核设备的相关参数。确保排风通路及排风风量的有效性。当条件不满足时，应增设接力排风机，竖井面积可按照机械通风风速预留。

2 燃烧烟气排除系统，常规发电机燃烧后的高温烟气温度可达465～580℃，水平烟道不穿越防火分区、变形、沉降缝以及重要房间。保温隔热、管道热膨胀、管道坡度、凝水排水措施等可参照锅炉房烟囱的设计要求进行。

3 当自然补风不能满足需求时，应设置机械补风系统（包括接力风机）。机械补风机的风量、风压应经过计算保证设备有效燃烧并与柴油机的连锁启停控制，补风机应不晚于柴油启动后15s内启动，且应在柴油机停止后延时5～10s停止运行。

4 储油间存在可燃物，其机械通风系统应独立设置。

3.6.3 柴油发电机房的计算边界条件，可按照以下规定选取：

1 柴油发电机房各功能间的室内温、湿度要求见表3.6.3；

2 柴油机燃烧排出的烟气量，可按照10～12m^3/kWh的机组额定功率估算；保温后的排烟管表面平均温度可按60℃计算；

3 柴油发电机燃烧所需要的空气量，可根据机组的额定功率，按7m^3/kWh估算；

4 当利用一体式空冷器发电机组本身自带的散热风扇排除余热（散热）时，应对进、排风系统的风道总阻力进行计算，并不大于机组自带风扇的风压。当散热风扇的风压不能

满足要求时，应另行增设接力排风扇。

柴油发电机房各功能间温湿度要求　　表 3.6.3

房间名称	冬季		夏季	
	温度(℃)	相对湿度(%)	温度(℃)	相对湿度(%)
机房(就地操作)	15～30	30～60	30～35	40～75
机房(隔室操作、自动化)	5～30	30～60	32～37	≤75
控制及配电	16～18	≤75	28～30	≤75
值班室	16～20	≤75	28	≤75

【说明】

1　表 3.6.3 摘自《民用建筑电气设计标准》GB 51548—2019。当无特殊要求时，柴油发电机房室温不宜超过 35℃。

2　第 2～4 款均是根据现有发电机组的统计得到。柴油发电机通常自带散热风扇的压头一般为 150Pa。

3.6.4　柴油发电机房的送风系统可采用机械送风或自然进风方式，其送风量应为消除机房余热的排风量与发电机组燃烧所需的空气量之和。

1　发电机房的排热系统的排风量，可按照下式计算：

$$L=3600\times\frac{Q}{c\rho(t_{p}-t_{s})} \tag{3.6.4}$$

式中　L——消除余热所需通风换气量，m^3/h；

c——空气定压比热，kJ/（kg·℃），标准状态下的空气定压比热为 1.01kJ/（kg·℃）；

ρ——空气密度，kg/m^3；

t_p——室内排风设计温度，℃；

t_s——送风温度，℃，可按建设地点通风温度计算，通常温差 t_p-t_s 的值在 4～8℃之间；

Q——室内显热发热量，kW；当采用水箱一体风冷式发电机组时，Q 为柴油机、发电机和排烟管散热量，以及水箱排热量之和；当采用水箱远置式或水冷式发电机组时，Q 可按照柴油机、发电机和排烟管散热量之和计算。

2　排烟管对机房的实际散热量，应根据机房内布置排烟管的长度来计算。

【说明】

1　柴油发电机组从冷却方式上可分为：水箱一体风冷式、水箱远置式和水冷式三种。水箱一体风冷式发电机组自带有冷却风扇，因此排热系统应将设备的辐射余热和水箱散热量带走；水箱远置式和水冷式（散热设备一般设置于室外）的冷却热不进入发电机房，机房排热系统的风量远远小于一体式。

2 上述热量数据宜由生产厂家提供。当无确切资料时，可按照表3.6.4-1估算。

机房内各系统散热量列表 表3.6.4-1

发电机组形式	机组辐射热	空冷器散热	排烟管散热
水箱一体风冷式	5%～10%的发电机额定容量	—	按照保温后表面温度60℃计算
水箱远置式或水冷式		30%的发电机额定容量	

3 当无确切资料时，排热系统的进排风竖井面积可按照表3.6.4-2估算。

发电机房自然进排风参数估算表 表3.6.4-2

发电机容量 N (kVA)	排风量 (m^3/h)	排烟量 (m^3/h)	分体式冷却水容量 (L)	进排风井面积 (m^2)
$N \leqslant 400$	30000～31500	≤4200	72～76	1.9～2.1
$700 \geqslant N \geqslant 550$	39600～32000	4500～7350	72～76	2.7～3.0
$900 \geqslant N \geqslant 750$	70500～74000	7500～9500	160～170	3.8～4.2
$1800 \geqslant N \geqslant 1100$	81000～97500	13700～19500	270～390	5.3～6.5
$2500 \geqslant N \geqslant 2000$	102000	26500	460～470	6.8～7.2

4 对于水箱远置式或水冷式的冷却器，当需要采用风冷方式散热时，其散热风量可根据机组额定功率，按大于或等于20m^3/kVA估算。

3.6.5 柴油发电机房设计时还应考虑以下措施：

1 机房内应保持适当的温度；

2 所有进排风竖井应独立设置，各通风口应可调节或连锁启闭；

3 柴油发电机的排烟短管及出口消声器宜由设备配套提供；

4 排烟管应有隔热、热补偿和排除冷凝水的技术措施。

【说明】

1 保持必要的室内及供油系统温度，是柴油机组的正常启动的保证。一般而言，大部分水箱一体风冷式柴油机组可采用防冻液作为冷却液，但水箱远置式或水冷式机组由于冷却液管路较长，当采用普通的水冷却时，机房应保持防冻温度，防止机组停用时冷却水结冰。

2 采取通风口可调节或连锁启闭措施，便于机组停用时可自动或人工关闭与室外的连通口，是防冻的措施之一，同时也有利于机房的清洁。

3 一般情况下，机组提供总长为6m的标准排烟管道、一个弯头和一个消声器的标准配置。为了保证机组运行时烟气的正常排出，排烟管的管径应由供货商根据产品性能结合项目中水平和垂直烟管的设置情况提供修正后的数据。当技术资料不全或排烟系统已超出了这一基本配置时，排烟管的截面积应适当加大：一个90°弯头相当于其外径2.5～2.8

倍的排烟管有效长度，且排烟管有效长度每增长 6m，烟管截面积宜加大 4%～6%。

4 隔热计算时，绝热层厚度按防止人员烫伤的要求来计算，通常表面温度取 60℃，排烟温度由设备厂商提供。绝热材料应采用高耐温、抗压缩且耐火等级 A 级的无石棉含量的材料。

3.6.6 变配电室（机房）的通风系统应独立设置，并符合下列要求：

1 变压器室排风温度不宜高于 40℃，UPS 机房室温不高于 25℃。除了特殊设备需求外，无人值守的变配电室，其室内平均温度不宜超过 35℃；当长期有人值班时，应按照人员舒适性确定值班室设计温度。

2 变压器室通风设计时，应优先考虑自然通风；温和地区、夏热冬暖地区、夏热冬冷地区的变配电室，应设置（预留）机械制冷措施；设置于寒冷地区的变配电室，应通过经济性分析合理采用人工制冷或通风措施来保证室内参数；设置于严寒地区的变配电室，应以通风为主要的降温措施；UPS 室、电容器室、蓄电池室应设置机械制冷降温措施。

3 UPS 室、电容器室、蓄电池室以及配套有电子类温、湿度敏感器件的，应设置室温显示及超限报警装置。变压器室、电容器室的机械通风系统，其气流宜由高低压配电区流向变压器设置区，再由变压器区排至室外。

4 集中供暖地区的控制室、值班室宜设置供暖设施。当室内低温影响电气设备元件和仪表的正常运行时，应结合通风系统设置热风供暖设施。当服务区内设置散热器供暖系统时，散热器应成组供货、管道采用焊接连接，此区域不应设置阀门、软连接、排气泄水等附件。

5 当采用气体灭火系统时，应设置灭火后排出废气的通风系统及相应的自动控制系统。

【说明】

1 保证变配电室的电气元件正常工作的需要。

2 变配电室的发热量大多集中在变压器室、低压配电区，需要进行降温处理。降温的方式应结合工程所在地气候特点优化确定。结合我国气候分区的特点，温和地区、夏热冬暖地区、夏热冬冷地区和部分寒冷地区，夏季室外通风设计温度通常高于 30℃，有的甚至超过了 35℃，且室外空气的含湿量高。完全利用通风降温排湿，会导致设备配电装机容量大、运行时房间的温湿度超标，因此设置独立的制冷装置。严寒地区夏季室外通风计算温度相对较低、空气含湿量低，可有效利用通风降温除湿。寒冷地区则介于上述两者之间，需要经过经济技术比较后确定。

UPS 房间、电容器室、蓄电池室等房间，对室内温湿度参数均有一定的要求，应结合通风与人工降温措施，综合考虑。

3 变配电室及相关区域通风气流组织的相关要求。

4 目的是保证人员的舒适和设备工作的可靠性。

5 平时通风系统所有进风和排风的温差不宜大于15℃。风量不小于$5h^{-1}$的换气量时可以兼作灭火后废气排风系统使用。但由于灭火后的粉尘密度大于空气，灾后排风口应转换为下部排风。

3.6.7 变配电室的通风量应根据其发热量计算。

1 变压器发热量宜由设备厂商提供，无详细资料时可按下式计算：

$$Q=(1-\eta_1)\eta_2\Phi W=(0.0126\sim0.0152)W \tag{3.6.7}$$

式中 Q——变压器发热量，kW；

η_1——变压器效率，一般取0.98；

η_2——变压器负荷率，一般取0.70～0.80；

Φ——变压器功率因数，一般取0.90～0.95；

W——变压器安装容量功率，kVA。

2 当资料不全时，可采用换气次数法确定风量，变电室可按照6～$8h^{-1}$，配电室按照3～$4h^{-1}$计。

【说明】

1 按照消除余热来计算风量时，见式（3.3.8-1）。式中排风温度应根据使用需求确定。

2 按照换气次数计算时，需要核实房间的净高。大型变配电室机房按照不同电缆出线的方式设置时净高要求不同。上进上出线的机房净高不低于4.0m，设置电缆沟的下进下出线方式时，电缆沟上部净高不低于3.4m。此高度未包含必要的通风、空调系统占用高度，未包含设置电缆沟的土建做法高度，此数据应根据具体项目适当增加。当空调通风设施可以避开电力设备正上方及正上方45°角度范围内时，净高可以维持不变。

3.6.8 制冷机房的通风设计，应符合下列要求：

1 地上制冷机房优先采用自然通风或机械排风＋自然补风方式，当上述条件不能满足要求时采用机械通风；设置在地下的制冷机房应设置机械通风；

2 制冷机房的机械通风系统应独立设置，排风应直接排向室外；

3 制冷机房应设置事故通风系统；

4 制冷机房应根据制冷剂的种类特性，设置制冷剂泄漏检测及报警装置，并与机房内的事故通风系统连锁，测点应设在制冷剂最易泄漏或易聚积的部位；

5 氨制冷机房应设置平时机械排风系统和事故通风系统。平时通风量不小于$3.0h^{-1}$换气次数；事故通风量宜按$183m^3/(m^2\cdot h)$计算，且不小于$34000m^3/h$。通风设备应采用防爆风机；氨制冷机房事故排风口应位于侧墙高处或屋顶。

【说明】

1 地上制冷机房采用自然通风方式时，自由开口面积可按下式计算。

$$F=0.138G^{0.5} \quad (3.6.8)$$

式中 F——自由开口面积，m^2；

G——机房内最大制冷系统灌注制冷工质量，kg。

2 制冷机房运行中产生一定的余热，良好的通风可以消除余热并有效稀释泄漏的微量制冷剂。在通风系统连续运行时，风量可按照机房面积 $9m^3/hm^2$ 与排除余热的计算风量相比，两者取大值。消除余热按照室内温度不高于35℃或温升最高不超过10℃计算。

3 由于高浓度制冷剂可导致人员窒息、具有一定的毒性或易燃等，设置事故通风的目的是为了及时将冷水机组泄漏的冷媒排出室外。

3.6.9 当制冷机房事故通风系统与平时通风系统合并设置时，系统设计风量按以下要求确定：

1 采用封闭或半封闭式压缩制冷机，或采用大型水冷却电机的制冷设备时，按事故通风量确定。

2 采用开式制冷机时，应按消除设备余热计算的风量与事故通风量的大值选取；其中设备发热量应包括制冷机、水泵等电机的发热量以及其他管道、设备的散热量；设计通风量以夏季计算为依据，其室内温度按照35℃计算。

3 氟利昂制冷机发热量的数据不全时，可采用换气次数法确定风量，一般取 $4\sim6h^{-1}$。

4 事故通风量应根据制冷机冷媒特性和生产厂商的技术要求确定。当资料不全时，事故通风量按式（3.6.9）计算，但不应小于按换气次数 $12h^{-1}$ 计算得到的风量；

$$L=247.8G^{0.5} \quad (3.6.9)$$

式中 L——计算通风量，m^3/h；

G——机房内最大制冷系统冷媒（工质）充液量，kg。

5 事故排风口上沿距室内地坪的距离不应大于1.2m。

【说明】

以一个体积为 $3200m^3$ 的制冷机房内设置了3台，最大单台冷量为2500RT水冷离心制冷机组为例：

1 事故通风量

其制冷剂总充注量为1632kg，按照式（3.6.9）计算的事故通风量为 $10010m^3/h$；按照 $12h^{-1}$ 换气次数计算的事故通风量为 $38400m^3/h$。

2 平时通风量

单机环境散热量为8.313kW，室外温度为30℃，排风温度为35℃，按照式（3.3.8-1）计算得到单台设备排风量为 $5000m^3/h$，3台设备合计的通风量为 $15000m^3/h$（暂不考虑水泵及管道的余热排除）；按 $6h^{-1}$ 换气次数计算的平时通风量为 $19200m^3/h$。

因此该机房的通风设计参数为：平时通风量 $19200m^3/h$，事故通风量 $38400m^3/h$。

3.6.10 锅炉房的通风，除满足第6.9.15条的要求外，还应符合下列要求：

1 设置于地上时，宜采用自然通风或机械排风与自然补风相结合的通风方式；当条件不能满足或设置在地下、半地下空间时，应设置机械通风；

2 锅炉间、直燃机（含补燃型吸收机）房以及与之配套的储油罐、日用油箱间、油泵间、燃气调压和计量间，宜分别独立设置通风系统；

3 燃气泄漏事故通风系统应与浓度报警连锁；当浓度达到爆炸下限的1/4时，系统应能够自动启动运行。

【说明】

根据低碳发展的要求，除特殊情况外《措施》不推荐使用直燃机，有条件时尽量降低化石能源的应用。当采用直燃机时，与锅炉房通风设计的要求相同。

1 地上设置时，应优先采用自然通风。

2 这些房间的使用时间和使用方式不一致，宜分别设置独立的通风系统。

3 “连锁”和“联锁”，在应用上存在区别，前者意味着不通过软件计算的“硬连接”。对于事故通风系统而言，应采用“硬连接”方式，做到及时可靠。

3.6.11 除符合表1.5.8的要求外，其他辅助机电用房的通风换气次数，可按表3.6.11选用。

辅助机电用房的通风换气次数 **表3.6.11**

机房名称	电影放映机房*	软水间	发电机房储油间	铅酸蓄电池室
换气次数 h^{-1}	10～12	4	≥5	10～12

* 采用数字电影投影设备的放映机房通风量宜根据排热量计算；资料缺乏时，可按照5～6h^{-1}换气次数估算。

【说明】

本表结合表1.5.8一起使用。

表3.6.11给出的是针对35mm放映机和70mm胶片式放映机（IMAX）的换气次数。随着技术的进步，胶片式电影放映机正逐步被数字式放映机替代。

3.6.12 电话机房采用铅酸蓄电池时，其蓄电池室的排风设备及管道，应采用无机玻璃钢或其他非金属防腐材料制作。

【说明】

无机玻璃钢材料耐火等级为A级，同时能有效防止铅酸电池产生的一定酸性气体腐蚀。采用玻璃钢材质风管适用耐久。

3.7 实验室通风

3.7.1 实验室通风设计应遵守以下一般规定：

1 通风系统应根据实验室的工艺要求并结合供暖空调系统进行综合设计，在减少通风系统对供暖空调系统影响的同时，降低供暖通风空调系统的运行能耗；设置机械进、排风系统的实验室应进行风平衡和热平衡计算；

2 按标准单元组合设计的通用实验室，其送、排风系统宜按标准单元组合设计；

3 每个排风装置宜设独立的排风机；同一个实验室内相同使用性质的排风装置可合用一个排风系统，但一个系统内合并设置的实验室通风柜不宜多于4台；不同楼层的通风柜不宜合用排风系统；

4 排除含有污染物质的通风系统应优先考虑局部排风；

5 设计风量小且间歇使用的排风系统，可采用自然进（补）风；工作时段连续使用的实验室以及间歇使用但排风量大于 $2h^{-1}$ 换气的实验室，应设置送风系统，送风量宜为排风量的70%；

6 根据不同的实验室工艺需求，必要时对送风采取降温、除湿、加热、加湿和空气过滤净化处理措施；

7 不得利用建筑物的可燃和难燃烧结构直接作为风管侧壁；对于使用对人体有害的生物、化学试剂和腐蚀性物质的实验室以及排除易于冷凝的气体时，不得利用建筑结构作为风管侧壁；

8 使用强腐蚀剂的实验室，应独立设置排风系统；排除有害气体的排风机设置在室内时应设置机房，设备不得设置在送风机房内；排除有害气体的排风机房应设置通风措施，换气次数按照不小于 $1h^{-1}$ 计算；

9 排出气体的有害物浓度超过相关标准规范规定的允许排放标准时，应采取吸附、净化等措施达到排放要求；放射性同位素的通风系统设计应符合现行相关标准规范的规定，并获得有关安全评价、环境评价的许可；

10 非工作时段会产生有害、有刺激性气体的实验室应设置值班通风，值班通风可按 $1\sim2h^{-1}$ 换气设计；存放少量日常使用的化学品的实验室，应设置24h持续通风的专用化学品储存柜。

【说明】

1 民用建筑中的实验室种类较多，通风设计时应考虑对房间供暖空调系统的影响。

2 送、排风系统按标准单元组合设计时，使用灵活方便，相互影响较小。

3 如果一个房间内有多个排风柜，实际使用时可能存在分别使用的情况（包括不同楼层的通风柜)。因此，最好是一个排风柜独立设置一个排风机。当合用一个排风机时，应适当控制所负担的排风柜数量，有利于满足功能需求前提下降低投资，提高设备的利用率。

4 局部排风是防止污染物扩散到相邻区域的最有效手段。常用的局部排风设施为通风柜、万向排气罩、原子吸收罩、吹吸式排风罩等。当采用全面通风系统时，室内送、排风气流组织的设计应避免余热、有害物质流入低浓度区，并且不应影响局部排风的正常运行。

5 科研类实验室的排风机宜设置在实验房间以外。实验室排风通常需要维持室内一定的负压值，因此排风系统风量通常大于送风或者补风系统风量。

6 对于有严格室内热环境和空气品质要求的实验室，必要时应采取冷热、湿度以及空气含尘浓度控制的技术措施。普通实验室的补风可以加热到15℃。

7 实验室排风气体可能含有高温或易燃气体，风管应具有一定的耐火等级。当有空气凝结水产生时管道应采取防结露保温措施。

8 排除有害物质时，有机气体一般采用活性炭吸附，无机气体一般采用喷淋塔，利用酸、碱雾化来中和无机物。排除强酸（例如硝酸、盐酸）强碱强腐蚀气体的通风设备及管道应采用达到防火要求的复合PP材质或无机玻璃钢制作。

9 常用的标准规范有：《大气污染物综合排放标准》GB 16297、《民用建筑工程室内环境污染控制标准》GB 50325、《工作场所有害因素职业接触限值》GBZ 2；《电离辐射防护与辐射源安全基本标准》GB 18871、《操作非密封源的辐射防护规定》GB 11930等。

10 防止非工作时段有害气体散发后，对工作时段人员的影响。

3.7.2 实验室内的气流组织应根据实验室性质确定，实验室区域内部的压力梯度应符合相关标准的要求。化学实验室宜采用下排风。

【说明】

通风柜内产生的有害气体密度比空气小，或者柜内有发热体时，应采用上部排风，也是较为常用的一种方式。通风柜内产生的有害气体密度比空气大，或者柜内没有发热体时，应采用下部排风。柜内既有发热体，又同时产生密度大小不等的有害气体时，应采取上下联合排风。

3.7.3 中小学实验室设计时，各实验室的排风系统和通风柜排风系统均应独立设置且应优先采用自然通风方式。当采用机械通风系统时，其全面通风的风量应按照以下要求得到的最大值选取。

1 按照浓度平衡法计算：

$$L=\frac{M}{(C_y-C_j)} \tag{3.7.3}$$

式中 L——全面通风量，m^3/h；

M——室内有害物散发量，mg/h；

C_y——室内有害物质最高允许浓度，mg/m^3；

C_j——室外空气中的有害物质浓度，mg/m^3。

2 化学实验室人均新风量不宜小于 $30m^3/(h \cdot p)$，物理、生物实验室人均新风量不应小于 $20m^3/(h \cdot p)$。

3 房间换气次数不应低于 $3h^{-1}$。

4 化学与生物实验室、药品储藏室、准备室的最小通风效率应为75%。

【说明】

不同的中小学实验室，使用时间、实验内容等存在较大区别，应独立设置。当没有特殊需要时，各实验室通风方式可按照表3.7.3选择。

中小学实验室通风方式 **表3.7.3**

实验室性质	自然通风	全面通风	局部排风
物理实验室	√		
物理仪器室	√		
物理准备室	√		
化学实验室		√	*
化学仪器室		√	√
化学准备室		√	√
化学药品存放室		√	√
生物实验室		√	*
生物准备室		√	
生物仪器室		√	

注：*表示有可能设置局部通风柜或万向排风罩。

1 机械通风包括全面通风及通风柜、通风罩等的局部排风系统。当具备较为详细的要求条件时，应通过浓度平衡法计算确定。

2 人均新风量指的是学生在实验室做实验过程中需要满足的最小新风量。

3 当中小学校的实验室无法提供实验过程有害物散放的具体数据时，其全面排风量可按照房间换气次数确定；教室、物理、化学实验室的换气次数不低于 $3h^{-1}$。

4 通风效率：实际参与稀释的风量与送入房间通风量之比。

3.7.4 理化类科研实验室的通风设计，应符合下列要求：

1 严寒和寒冷地区进风系统的送风温度，不宜低于15℃，加热器应采取防冻措施。当室内有洁净要求时，进风应设置相应等级的空气过滤装置。

2 间歇使用的排风系统，排风量不大于$2h^{-1}$换气时，宜设置有组织的进风；连续使用的排风系统或虽间歇使用但排风量大或无法进行自然进风时，应设置机械补风系统，补风量取排风量的70%。

3 光学暗室通风宜采用机械排风、自然进风的通风方式，全面排风量可按照换气次数不小于$5h^{-1}$取值，排风口宜设在水池附近；进风口可设置在下部，并采用遮光式百叶风口，口部风速宜小于或等于2m/s。

【说明】

1 理化类实验室即使不使用时也应保持必要的室内温度，因此严寒和寒冷地区的送风温度不宜过低，且应考虑加热盘管的防冻。

2 为了保证理化实验的正常进行，室内宜保持合理的气流组织。

3 光学暗室可能散发污染气体，应保持室内负压。一般来说，暗室的房间体积并不大，自然补风方式可以满足要求。

3.7.5 实验室通风柜柜口面风速应按表3.7.5确定。

实验室通风柜柜口面风速　　表3.7.5

散发有害物种类	实验室内空气中有害物的最高容许浓度(mg/m^3)	柜口面风速值(m/s)	
		平均值	最低值
低毒	>15	0.35	0.25
有毒或有危险	0.2～15	0.50	0.40
极毒或少量放射性	<0.2	0.75	0.65

【说明】

操作口的风速会对实验效果及排风效果有非常大的影响。“国标”对通风柜面风速规定标准为：0.4～0.6m/s，排风量计算公式为：

$$L=L_1+v\cdot F\cdot B \tag{3.7.5}$$

式中 L——排风量，m^3/s；

L_1——柜内污染气体散发量，m^3/s；

v——操作口部面风速，m/s；

F——操作口开启面积，m^2；

B——安全系数，可在1.1～1.2的范围内取值。

3.7.6 生物安全实验室的通风设计，应符合下列要求：

1 生物安全实验室不宜采用自然排风系统。送、排风系统的设计应考虑所用生物安全柜、动物隔离设备等的使用条件。

2 生物安全实验室可按表 3.7.6-1 的原则选用生物安全柜。

3 医学 BSL-2 实验室应依据风险评估、所操作病原微生物样本及材料的感染性及危害性选择通风方式，有明确负压设计要求的房间应设置独立的机械排风系统。

4 二级生物安全实验室中的 b2 类实验室宜采用全新风系统，防护区的排风应根据风险评估来确定是否需经高效空气过滤器过滤后排出。

5 三级和四级生物安全实验室的主实验室送风、排风支管和排风机前应安装耐腐蚀的密闭阀，阀门严密性应与所在管道严密性要求相适应。

6 三级和四级生物安全实验室应采用全新风系统；实验室防护区的排风必须经过高效过滤器过滤后排放，且对排风高效空气过滤器的原位消毒和检漏工作均应在防护区内进行。四级生物安全实验室防护区应能对其送风高效空气过滤器进行原位消毒和检漏。

7 三级和四级生物安全 b1 类实验室中可能产生污染物外泄的设备，必须设置带高效空气过滤器的局部负压排风装置，负压排风装置应具有原位检漏功能。

8 ABSL-4 的动物尸体处理设备间和防护区污水处理设备间的排风应经过高效过滤器过滤。

9 不同级别、种类生物安全柜与排风系统的连接方式应按表 3.7.6-2 选用。

10 ABSL-3 实验室和四级生物安全实验室应设置备用送风机。三级和四级生物安全实验室防护区应设置备用排风机；备用排风机应能自动切换，切换过程中应能保持有序的压力梯度和定向流。

11 主实验室内必须设置室内全面排风口，生物安全柜或其他负压隔离装置不得作为房间的全面排风装置。

12 生物安全实验室送、排风系统所用风机应选用风压变化较大时风量变化较小的类型。

13 生物安全实验室气流组织宜采用上送下排方式，送风口和排风口布置应有利于室内可能被污染的空气排出。饲养大动物生物安全实验室的气流组织可采用上送上排方式。

14 在生物安全柜操作面或其他有气溶胶产生地点的上方附近不应设送风口，排风口应设在室内被污染风险最高的区域，不应有障碍。排风管段室内侧应保持负压。

15 生物实验室的送、排风系统应设置可靠的联动控制；三级和四级生物安全实验室的连锁控制要求应为：排风先于送风开启，后于送风关闭。

16 生物实验室排风系统的正压段不应穿越其他房间。

生物安全柜类型 表 3.7.6-1

防护类型	选用生物安全柜类型
保护人员，一级、二级、三级生物安全防护水平	Ⅰ级、Ⅱ级、Ⅲ级
保护人员，四级生物安全防护水平，生物安全柜型	Ⅲ级
保护人员，四级生物安全防护水平，正压服型	Ⅱ级
保护实验对象	Ⅱ级、带层流的Ⅲ级
少量的，挥发性的放射和化学防护	Ⅱ级 B1，排风到室外的Ⅱ级 A2
挥发性的放射和化学防护	Ⅰ级、Ⅱ级 B2、Ⅲ级

生物安全柜与排风系统的连接方式 表 3.7.6-2

生物安全柜		工作口平均进风速度（m/s）	循环风比例（%）	排风比例（%）	连接方式
Ⅰ级		0.38	0	100	密闭连接
Ⅱ级	A1	0.38～0.50	70	30	可排到房间或套管连接
	A2	0.50	70	30	可排到房间或套管连接或密闭连接
	B1	0.50	30	70	密闭连接
	B2	0.50	0	100	密闭连接
Ⅲ级		—	0	100	密闭连接

注：三级和四级生物安全实验室中，动物隔离设备或其局部排风罩与排风系统应采用密闭连接方式。

【说明】

本条引自《生物安全实验室建筑技术规范》GB 50346—2011 的相关内容。

1　生物安全实验室根据所操作致病性生物因子的传播途径可分为 a 类和 b 类。a 类指操作非经空气传播生物因子的实验室；b 类指操作经空气传播生物因子的实验室。b1 类生物安全实验室指可有效利用安全隔离装置进行操作的实验室；b2 类生物安全实验室指不能有效利用安全隔离装置进行操作的实验室。

2　气流组织采用上送下排时，高效过滤器排风口下边沿距地面不宜低于 0.1m，且不宜高于 0.15m；上边沿高度不宜超过地面之上 0.6m。排风口排风速度不宜大于 1m/s。

3　三级和四级生物安全实验室各区之间的气流方向应保证由辅助工作区流向防护区，辅助工作区与室外之间宜设一间正压缓冲室。

4　需要消毒的通风管道应采用耐腐蚀、耐老化、不吸水、易消毒灭菌的材料制作，并应为整体焊接。

5　排风高效过滤器应就近安装在排风口等易于对过滤器进行安全更换和检漏的位置。

3.7.7 生物安全实验室通风柜操作口处的风速，可按表 3.7.7 选取，对于特殊的有害气体应根据使用数据的相关要求确定。

生物安全实验室通风柜操作口处的风速（m/s） 表 3.7.7

空气有害程度	通风柜在室内的位置	
	一般情况	靠近门窗或风口处
对人体无害仅污染空气	0.30～0.40	0.35～0.45
有害蒸汽或气体浓度小于或等于 0.01mg/L	0.50～0.60	0.60～0.70
有害蒸汽或气体浓度大于 0.01mg/L	0.70～0.90	0.90～1.00

【说明】

安全柜附近不得有超过安全柜正面吸入风速（大于 0.5m/s）的气流。禁止在有人员频繁进出的场所、门和通道口处及空调送风口附近安装使用安全柜，以免空气干扰操作口及排气口气流。

3.7.8 三级和四级生物安全实验室防护区排风系统的室外排风口应设置在建筑常年主导风的下风向，排风口底部标高应高出建筑屋面 2m 以上，并与建筑的新风室外取风口的水平距离不小于 12m、与周围建筑的水平距离不小于 20m。

【说明】

为了防止交叉污染或空气传播，本条规定了三级和四级生物实验室室外排风口的设置位置，以及排风口与新风取风口和排风口与周围建筑的间距要求。

3.8 公共厨房通风

3.8.1 公共厨房的通风系统应按全面排风（房间换气）与补风系统、局部排风（油烟罩）及其补风系统设计，系统设置可按以下原则确定：

1 应设置全面通风的机械排风；

2 厨房炉灶上部应设置局部排风罩和对应的机械排风系统；使用时间段不相同的排风罩，其机械排风系统宜分别设置；

3 应设置灶具与灶具排风系统连锁的机械补风系统；

4 连锁冠名品牌酒店厨房通风空调系统，应根据相关设计标准及厨洗顾问的意见设置；

5 机械排油烟系统不应与消防排烟系统合用设备、管道及风口部件。

【说明】

1 厨房灶具不使用时，通常灶具排风系统也不运行。但厨房空气中仍存在一定的气味，应设置全面机械排风系统，使厨房始终保持负压，防止异味溢出。全面排风系统的风量一般不需要太大，首先考虑从临近空调房间自然补风。当全面排风系统的风量不能依靠临近房间自然补风或房间空气品质不佳（例如汽车库）或为防止空气交叉污染等，宜设置与全面排风系统连锁运行的全面机械补风系统。

厨房中各类库房自然通风时，通风开口面积不应小于地面面积的 1/10。

2 采用局部排风罩能够有效地排出热炒蒸煮灶具产生的油烟、蒸汽等污染物。使用时间不同的排风罩，分开设置排风系统能够减少运行能耗。

3 公共厨房灶具排风系统运行时风量较大，自然补风将导致厨房负压过大、排油烟不畅，很难满足使用要求，应设置相应的机械补风系统，与排烟罩排风系统联锁启停。

4 某些冠名酒店对于厨房中的热加工间、主副食库、冷库、裱花等功能间，有明确的通风空调设计标准。当其作为设计条件和设计依据时，应遵照执行。

3.8.2 对于产生油烟的厨房热加工间，应设置带有油烟过滤功能的灶上排风罩和带有油烟净化装置的机械排风系统。对于可能产生大量蒸汽的厨房加工间应设置机械式排风罩。

【说明】

排油烟管道的第一级油烟净化设施就是灶上具有油烟净化功能的排风罩，先行过滤后所连接的通风管道内含油量降低，有利于气体输送。

3.8.3 厨房灶具排风量应由厨房工艺提供。当厨房工艺未提供明确的灶具排风罩的风量但提供了排风罩的布置尺寸时，可按以下计算得到的 L_1 和 L_2 中的较大者选择。

1 按排风罩口断面计算风量：

$$L_1 = 3600 \times A \times v_1 \times k \tag{3.8.3-1}$$

式中 L_1——按照罩口断面风速计算的排风量，m^3/h；

A——排风罩罩口截面积，m^2；

v_1——罩口风速，按 0.5～0.6m/s 取值；

k——排风罩漏风系数，可取 1.02～1.05。

2 按照排风罩周边气流断面计算风量：

$$L_2 = 3600 \times P \times H \times v_2 \times k \tag{3.8.3-2}$$

式中 L_2——按照罩周边风速计算的排风量，m^3/h；

P——罩子敞开面（不靠墙）的周长，m；

H——罩口边沿距灶面的最小距离，m；

v_2——排风罩周边断面风速，按 0.3～0.4m/s 取值；

k 同式（3.8.3-1）。

【说明】

灶台高度一般为800mm，位于人员操作面的排油烟罩底边安装高度距地1.9～2.1m。油烟罩排风时，既要保证必要的罩口风速，也要保证排风罩周边的“逸出风速”。因此，应能够按照两种计算得到的最大值确定。

1 当厨房内气流组织合理、排风罩区域没有横向空气流动所产生的扰动时，上两式计算时，v_1、v_2 均可取较低值。

2 应用式（3.8.3-2）时，靠墙的罩口边不计入计算周长。

3 H 不是罩口至灶台的垂直高差，当罩口面积大于灶台面积时，应按三角形的斜边长度计算。

3.8.4 洗碗间宜设置独立的排风系统，其排风量按排风罩断面速度不宜小于0.2m/s计算；一般洗碗间的排风量可按每间2000～3000m^3/h选取。

【说明】

洗碗间的工作时间与热加工间不完全相同，因此不宜与热加工间的灶具排风合并为同一个排风系统。如果因为风道布置的条件所限，将洗碗间排风量合并到其他灶具的排风系统时，洗碗间排风罩的风量宜按照其设计排风量的30%计入系统总风量中。

本条的排风量是按照300人左右的餐饮配置的洗碗间，如果餐饮人数较少，可适当减小排风量。

3.8.5 厨房全面排风系统的风量按照不小于5h^{-1}的房间换气次数计算。

【说明】

厨房全面排风宜根据下列原则设计：用室外新风直接补风时夏季室内计算温度宜取35℃，向室内送冷风时宜取25～28℃。局部排风应依据厨房规模、使用特点等分设系统，机械补风系统设置宜与排风系统风量及运行策略相适应。

3.8.6 当厨房通风不具备准确计算条件时，其灶具排风量可按下列换气次数进行估算，并预留机房及相关设备和风管尺寸：

1 营业性中餐厨房热加工间60～80h^{-1}，或者按照全部厨房区面积120～150m^3/(h·m^2)；

2 西餐厨房40～60h^{-1}；

3 职工餐厅厨房热加工间60～70h^{-1}；

4 厨房粗加工间15～25h^{-1}。

【说明】

近年来营业性餐饮厨房排风的土建条件预留普遍不足，导致实际厨房灶具运行时排风效果不良。同时，随着灶具平面布置的占地面积在厨房中的比例越来越大，经实际调查给出了上述数值。

换气次数取值的原则如下：

1 设计阶段可根据预留厨房的房间边长来选取。房间有利于靠墙布置器具时，可取较小值，反之取较大值。

2 当按吊顶下的房间体积计算风量时，应取上限值；按楼板下的房间体积计算风量时，可取下限值。

3 某些酒店中带有自助式厨房的客房，有两种排烟罩配置：

(1) 顶棚式烟罩（四围边）：烟罩排油烟量 $2750m^3/hm^2$；

(2) 挂墙式烟罩：烟罩排油烟量 $1850m^3/hm^2$。

当自助式厨房为房间内的独立空间时，其烟罩排烟量可按照以上不同烟罩的风量直接选用；当房间采用开放式厨房（厨房与房间无分隔）时，厨房设计排风量宜在上述烟罩排风量的基础上附加10%以上，防止厨房空气溢出串味。

4 当设计阶段没有明确的技术条件，仅需要预留土建管道井条件时，应充分考虑敷设金属管道及保温隔热层的空间条件。

3.8.7 厨房补风应采用直流式系统，并符合下列要求：

1 补风系统的设置宜与排风系统和排油烟系统相对应，且设置联锁启停功能；

2 当厨房设置有多个不同工作时段的排风或排油烟系统，受条件所限补风仅设置一个系统时，总风量可按厨房实时最大排风量的80%～90%确定，补风系统的风机应采用变频调速风机；

3 补风系统宜根据室外空气品质情况，按需设置空气净化设施。补风系统根据运行季节不同可进行空气降温或加热处理。

4 补风系统宜采用岗位送风与厨房全面送风相结合的方式。

【说明】

1 为了保持厨房的风平衡和微负压，补风机应与排风机联锁启停。当厨房与餐厅有门洞口相通时，送入餐厅的新风量可作为厨房补风的一部分，但气流进入厨房开口处的风速不宜大于1m/s。

2 当只设计一个补风系统时，为了防止某些排风系统不开启时厨房处于正压的情况，机械补风机应采用变速调节风机，且最低转速时的补风机风量应小于厨房最小排风系统的运行风量。

3 夏季厨房灶具排风的补风系统，宜结合室外空气品质的优劣采用直接补风或增设空气过滤净化装置。厨房全面排风的补风系统，除严寒地区外，条件许可的可采用降温处理。补风系统送风温度的确定，宜按照不考虑热加工使用时的热平衡计算确定。当热平衡计算条件不具备时，夏热冬冷地区和夏热冬暖地区排油烟的岗位送风，夏季宜进行降温处理，补风送风温度宜按照 26～28℃选取。严寒和寒冷地区冬季应对补风进行加热处理，灶具排油烟的岗位补风系统送风温度不宜低于 20℃。

3.8.8 厨房送风口、排风口的布置，不应影响灶具的排风效果。

1 灶具排风的补风风口应沿排风罩方向布置，与排风罩的间距不宜小于 0.7m；

2 全面排风的补风送风口，应设置于人员活动区，并与全面排风口和排风罩口保持合理的间距，防止气流短路。

【说明】

所有补风的气流组织应有利于排风系统有效排除污染物，不应有气流组织短路情况。全面通风的补风主要服务于工作人员，应设置在人员活动区并远离排风口。

3.8.9 排油烟风机前应设置油烟净化设施，其设置位置应便于油烟净化设施的维护、清理、更换。油烟排放浓度及净化设备的最低去除效率不应低于国家及地方现行相关标准的规定。

【说明】

根据《饮食业油烟排放标准》GB 18483—2001，对油烟净化设备的最低油烟去除效率要求为：小规模厨房大于 60%，中规模厨房大于 75%，大规模厨房大于 85%。标准中还规定油烟排放浓度不得超过 2.0mg/m^3，某些部分地方标准对上述要求有较大的提高，并要求设置在线监控设施。国内一些城市的现行地方标准如表 3.8.9 所示。

国内一些地区的餐饮业油烟排放标准（现行） 表 3.8.9

城市	地方标准
上海	《饮食行业环境保护设计规程》DG J08－110 《餐饮业油烟排放标准》DB 31/844
山东	《饮食业油烟排放标准》DB 37/597
海南	《海滨酒店、餐饮店污水、油烟排放标准》DB 46/163
天津	《餐饮业油烟排放标准》DB 12/644
深圳	《饮食业油烟排放控制规范》SZDB/Z 254
北京	《餐饮业大气污染物排放标准》DB 11/1488
重庆	《餐饮业大气污染物排放标准》DB 50/859
河南	《餐饮业油烟污染物排放标准》DB 41/1604

异味参照《恶臭污染物排放标准》GB 14554—1993，臭气浓度限值为 500（无量纲值），部分地方标准要求不超过 60。有条件的项目可以在粗加工间、隔油器间、垃圾暂存等房间设置净味装置。

3.8.10 厨房油烟净化排风系统的设计，应符合下列要求：

1 厨房排油烟风管宜采用不锈钢钢板焊接制作，不应采用土建式风道。

2 排风管段在室内宜设计为负压段，并尽可能避免穿越防火分区；水平设置的风管应设不小于0.2%的坡度，坡向排水点或排风罩，最低点设有除油装置及带存水弯的凝结水导流管。

3 主风管设计风速宜为10～12m/s，排风罩接风管的喉部风速宜为4～6m/s。

4 严寒和寒冷地区的排油烟管敷设在室外的部分应设保温，室内竖向管道不应与消防管道共用土建管道井。

5 厨房排油烟系统经油烟净化和除异味处理后的油烟排放口，应远离以下区域并与周边环境敏感目标的水平距离不应小于10m：

(1) 住户、办公的可开启外窗、出入通道；

(2) 冷却塔、风冷设备进风侧；

(3) 空调、通风系统新风取风口；

(4) 老人、儿童的室外活动场地；

(5) 室外主导风向的建筑上风侧。

6 饮食业单位所在建筑物高度小于或等于15m时，油烟排放口应高出屋顶；建筑物高度大于15m时，油烟排放口高度应大于15m。

【说明】

1 土建风道漏风严重，并且排风中细微油滴冷却后贴敷在井壁上，长时间使用会成为火灾隐患。

2 公共厨房的排油烟系统净化处理通常比净味处理容易实现，因此对于新风取风口、室外活动场地存在一定的气味污染。

3 风冷冷凝器及冷却塔进风侧受油烟污染后会导致换热效率大幅度降低，产生连带不利影响。

4 室外排油烟管道保温是防止温度较高的排风在管道内产生冷凝水、细微油滴冷凝在管壁上。

5 环境敏感目标指的是：居住、医疗卫生、文化教育、科研、办公等建筑。当工程所在地有相应的管理规定时，按照当地规定执行。

3.8.11 采用燃气灶具的地下室、半地下室（液化石油气除外）或地上密闭厨房，通风系统设计应符合下列要求：

1 房间应设置独立的机械送排风系统和事故通风系统；

2 室内应设燃气泄漏及一氧化碳浓度检测报警器，并与事故通风系统连锁；

3 进风量应包含满足灶具燃烧所需的空气量。

【说明】

使用燃气作为灶具的能源，相应设置与其对应的通风及事故通风系统。

3.8.12 **厨房用通风设备选择，应符合以下要求：**

1 灶具排风机应优先选用离心式风机或排油烟专用外置电机型箱式风机；

2 风压选择应根据排风罩阻力、净化设备的风阻力（两级净化）及管道阻力，根据水力计算确定，并在计算阻力值的基础上附加10%～20%的安全系数；

3 当按照排烟罩尺寸计算风量或按照工艺提供的排烟罩风量作为设计风量时，风机选型风量可附加5%～10%的安全系数；当按照换气次数法估算风量时，风机风量不应再附加。

【说明】

1 厨房灶具排风（排油烟）系统的阻力一般会大于普通的通风换气系统，离心式风机性能曲线能够较好地适应设计工况点。当采用箱式风机时，其电机应外置，防止电机长时间处于油烟气流中，影响性能和寿命。

2 厨房灶具类型多样，且厨房设备的订货很难在本专业的设计图中提出技术要求，计算阻力可能会与实际应用的产品出现较大的误差。因此，选择风机时的风压附加系数宜略高一些。当按照第3.8.3条计算或采用工艺提供的风量时，一般不会出现大的误差，风量附加系数可略微减少；但如果采用换气次数法计算风量，则不应再附加。

3.8.13 **厨房内设置的冷库通风系统设置，应符合以下要求：**

1 厨房用冷库制冷装置宜采用水冷或分体风冷式冷凝器，冷凝器宜设置在室外；

2 当采用一体式气冷机组或者风冷冷凝器设置在机房内或冷库顶部时，为冷凝器冷却的通风量，不宜少于1500m^3/（h·kW压缩机功率）。

【说明】

1 采用水冷式或分体风冷式冷凝器，有利于其散热。

2 风冷冷凝器设置于机房或冷库顶部（包括一体式气冷机组）时，应做好通风。建议的通风量按照目前的低温库的制冷系统*COP*为1.3～1.4、室外进风温度30℃、冷凝器排风温度35℃（冷凝温度不超过40℃）的计算结果，并适当附加安全系数。

3.9 洗衣房通风

3.9.1 **洗衣房的通风应符合下列要求：**

1 全面通风优先采用自然通风；当自然通风不能满足室内环境要求时，应设置机械

通风。

2 机械通风的送（补）风系统，应采用岗位送风与全面送风相结合的方式。送风系统可按以下要求进行冷热处理：夏热冬冷地区和夏热冬暖地区夏季宜降温处理；严寒地区冬季应加热处理，寒冷地区及其他地区冬季宜加热处理。

3 局部机械排风系统，宜按照不同设备的使用要求独立设置。

【说明】

洗衣房夏季室内温度一般控制在30～33℃，相对湿度60%～75%，当室内温度取高值时相对湿度应取低值。温度、湿度设定标准过高会导致维持室内环境的能耗大幅度增加。由于洗衣房内有熨烫机、烘干机、消杀设施等产生余热余湿的设备，因此空调送风通常是工作人员的岗位送风与全面送风相结合的方式。

冬季室内是否需要设置补风加热应根据建设地点的气象条件以及室内余热余湿散发量、室外新风直接补入时是否会产生结露等情况综合考虑。

3.9.2 **局部机械排风系统的设置，应符合以下要求：**

1 洗衣机、烫平机、干洗机、压烫机、人形熨烫机等散热量大或有异味散出的设备上部，应设置排风罩；

2 干洗机设备的排风系统应独立设置；

3 收衣间的排风系统应独立设置。

【说明】

1 设备设置排气罩时，其罩口面风速应大于或等于0.5m/s。

2 干洗工艺一般采用干洗剂等有刺激性气味的化学制剂，收衣间可能存在微生物污染等情况，应独立设置排风系统。

3.9.3 **洗衣房的通风量应按以下原则确定：**

1 按洗衣房设备的散热、散湿量来确定，该数值一般由工艺提供；按照排热排湿方法计算时，洗衣房室内计算温度可按照冬季12～16℃，夏季小于或等于33℃考虑；

2 当无确切的散热、散湿量计算参数时，洗衣房总通风量可按下列换气次数估计：生产用房换气次数采用20～30h^{-1}，辅助用房换气次数为15h^{-1}。当有局部通风设施时，全面排风取5h^{-1}，补风取2～3h^{-1}；

3 洗衣房的机械排风量应大于机械送（补）风量。

【说明】

大型洗衣房设置熨烫工艺，有大量的余热余湿产生，因此夏季考虑局部降温，冬季空气加热温度应低于普通房间温度。排风量大于补风量可维持洗衣房各分区的房间风压为负值，减少洗涤、消杀、熨烫的余热及气味扩散到邻室。

3.9.4 洗衣房补风包括工艺补风和全面通风补风系统，有条件时宜采用自然补风系统。当设置机械补风系统时，其风量等参数，可参照第3.9.3条确定。

【说明】

补风系统设置应保证服务空间维持微负压，负压值不大于5Pa。同时，补风系统是维持室内温度的技术措施，补风系统的送风温度应满足使用要求。

3.9.5 设在公共建筑内的自助式洗衣房，其室内参数以满足人员舒适性为基准进行设计。可采用自然通风或设置按需运行的机械通风系统。

【说明】

通常在一些公寓、宿舍以及快捷酒店中会设置部分自助洗衣设施，而这些自助服务用的洗衣机和烘干机都属于家用机型，以电力驱动为主，发热量少，通风系统可按需间断运行。

3.9.6 有条件时，可对洗衣房的排风进行热回收，或设置热泵机组。

【说明】

洗衣房的排风量和机械补风量都比较大，且基本上是同步运行。因此，热回收或热泵机组可以为其补风提供加热用热源，减少人工热源的消耗量。

3.10 地下汽车库通风

3.10.1 地下汽车库的通风方式和冬季补风温度宜按表3.10.1选择。

地下车库通风机补风设置 **表3.10.1**

气候区	地下一层	地下二层及以下	冬季补风温度	备注
温和地区、夏热冬暖地区、夏热冬冷地区	机械排风、自然补风	机械排风、机械补风	无要求	—
寒冷地区	机械排风、自然补风或机械排风、机械补风	机械排风、机械补风	宜加热至5℃	地下一层与室外坡道相通的区域，水管宜采取防冻措施
严寒地区	机械排风、机械补风	机械排风、机械补风	加热至5～10℃	地下一层水管宜采取防冻措施

【说明】

1 当地下汽车库设有开敞的车辆出入口、车辆和其他（例如人员）的开敞出入口总合计面积大于或等于 0.3m²/辆（以全部停车数量计算），且开敞出入口分布较均匀时，可采用自然进风、机械排风的方式。除严寒地区外，具有与室外相通汽车坡道（未设置出入感应卷帘或防盗卷帘）的地下一层区域，可采用机械排风、自然补风方式。

2 寒冷及严寒地区，小型车库地下一层有与室外相通的汽车坡道，即使没有运行通风系统，冬季车库内的温度也很难维持稳定。因此需要考虑消防水管防冻措施，具体内容参见第 3.10.7 条。

3 严寒地区根据现行行业标准《车库建筑设计规范》JGJ 100 的要求保证车库室内温度。

3.10.2 **当地下汽车库采用机械通风系统时宜独立设置。地下汽车库的平时通风系统，可以与消防排烟系统、补风系统合用通风管道；当风量、风压相匹配时，风机可兼用。平时使用的通风系统，应根据噪声要求来考虑消声措施。**

【说明】

合用通风管道时，风管的加工制作应满足排烟风管的相关要求。

风量、风压匹配的含义是：通过单风机的变速调节或多台风机组合运行，能够实现风机（组）平时通风、消防排烟的风量和风压满足各运行工况的要求。通常完全匹配的可能性较小，但当其在低速工况（通常是平时工况）时的风量和风压均不超过使用要求的 1.2 倍以上时，则可以认为是参数基本匹配。

系统采用多台风机并联设置时，应选择相同特性曲线的通风机。

为了减少兼用风机在平时使用时噪声过大带来的影响，应设置消声措施。但应注意的是：消声措施的设置，还应考虑排风口对室外噪声的影响。

3.10.3 **排风系统的室外排风口，应设置在建筑的下风向且远离人员活动区，排风百叶底边宜高出室外地坪 2.5m。**

【说明】

本条引自《车库建筑设计规范》JGJ 100—2015。

3.10.4 **车流随时间变化大的地下车库，宜采用多台并联设备或采用调速风机的系统形式。单层停放的地下汽车库，其排风量可采用换气次数法计算。两层以上地下立体停车库，其排风量应采用稀释浓度法计算。**

【说明】

多台风机并联运行或者风机调速，可以采用车库 CO 浓度作为控制指标，在运行过程中根据实际需求来降低风机的运行能耗。

地下车库排风量计算方法一般有换气次数法和稀释浓度法。必要时可采用单位车辆通风量指标法校核。

1 换气次数法

排风量根据住宅、商业、办公等不同功能区的停车场确定通风的换气次数。当净高小于 3m 时按实际高度计算换气体积；当净高不小于 3m 时，按 3m 计算换气体积。单层车库最小换气次数推荐值见表 3.10.4-1。

单层车库最小换气次数 **表 3.10.4-1**

建筑类型	住宅、居住类	商业、医疗建筑	办公类建筑
单层停车换气次数(h^{-1})	4	6	5

2 稀释浓度法

采用车库内 CO 浓度控制的原则，按照稀释浓度法计算设计通风量。通过相关实验分析得出：当 CO 稀释到允许浓度时，NO_x 和 C_mH_n 的浓度远低于相应的允许浓度。因此只要保证 CO 的排放浓度达标，即使室内污染物浓度分布不均匀，也足够安全。

$$L=\frac{G}{(y_1-y_0)} \tag{3.10.4-1}$$

$$G=M\cdot y \tag{3.10.4-2}$$

$$M=\frac{T_1}{T_0}m\cdot t\cdot k\cdot n \tag{3.10.4-3}$$

式中 L——车库排风量，m^3/h；

G——车库内排放 CO 的量，mg/h；

y_1——车库内 CO 的允许浓度，为 $30mg/m^3$；

y_0——室外大气中 CO 的浓度，一般取 $2\sim3mg/m^3$；

M——车库内汽车排出气体的总量，m^3/h；

y——典型汽车排放 CO 的平均浓度，mg/m^3，根据目前的汽车尾气排放现状，通常情况下可取 $55000mg/m^3$；

T_1——库内车的排气温度，500+273=773K；

T_0——库内以 20℃计的标准温度，20+273=293K；

m——单台车单位时间的平均排气量，可取 $0.02\sim0.025m^3/min$；

t——车库内汽车的运行时间，一般取 2～6min；

k——1h 内出入车数与设计车位数之比（也称车位利用系数），可取 0.5～1.2；

n——车库中的设计车位数。

3 单位车辆通风量指标法

根据每辆汽车所要求的通风量指标［单位：m^3/（h·车）］，直接计算。从目前实际工程的统计结果来看，单位车辆通风量法的计算风量，一般低于换气次数与稀释浓度法计算值，且由于在设计阶段之初设计车位数及车型并不准确，因此，不建议采用此方法确定地下车库风量。但可以作为校核计算的方法。

为了更好地阐明上述几种计算方法的应用情况，以及计算后的数据结果，表3.10.4-2给出了一些案例的计算结果。

车库通风计算案例 **表3.10.4-2**

稀释浓度法								
	机械停车				单层停车			
	车库1	车库2	车库3	车库4	车库1(yy1)	车库2	车库3	车库4
层高(m)	4.8	5	4.5	5.1	3.6	3.9	4.5	3.7
净高(m)	3.8	4	3.65	4.2	3.3	3.1	3.6	2.9
面积(m^2)	2400	2400	2400	2400	3700	3700	3700	2300
停车位 n	121	121	121	121	124	124	124	67
车位利用系数 k	1	1	1	1	1	1	1	1
运行时间 t (min)	4	4	4	4	4	4	4	4
单台车单位时间排气量 m(m^3/h)	0.025	0.025	0.025	0.025	0.025	0.025	0.025	0.025
库内车排气温度 T_1(K)	773	773	773	773	773	773	773	773
以20℃记的标准温度 T_0(K)	293	293	293	293	293	293	293	293
库内汽车排出气体总量 M(m^3/h)	31.92	31.92	31.92	31.92	32.71	32.71	32.71	17.68
典型汽车排放CO平均浓度 y(mg/h)	55000	55000	55000	55000	55000	55000	55000	55000
车库内排放的CO的量 G(mg/h)	1755739	1755739	1755739	1755739	1799270	1799270	1799270	972186
CO允许浓度 y_1(mg/m^3)	30	30	30	30	30	30	30	30
室外大气CO浓度 y_2(mg/m^3)	2.5	2.5	2.5	2.5	2.5	2.5	2.5	2.5
车库所需排风量 L(m^3/h)	63845	63845	63845	63845	65428	65428	65428	35352
按层高折算为换气次数(h^{-1})	5.5	5.3	5.9	5.2	4.9	4.5	3.9	4.2
按净高折算为换气次数(h^{-1})	7	6.7	7.3	6.3	5.4	5.7	4.9	5.3
按3m高折算为换气次数(h^{-1})	8.9	8.9	8.9	8.9	5.9	5.9	5.9	5.1
换气次数法								
	机械停车				单层停车			
换气次数(h^{-1})	6	6	6	6	6	6	6	6
按层高算 L	69120	72000	64800	73440	79920	86580	99900	51060
按净高算 L	54720	57600	52560	60480	73260	68820	79920	40020
按3m或净高算 L(m^3/h)	43200	43200	43200	43200	66600	66600	66600	40020
地下三层(双层机械停车位)								
	机械停车				单层停车			
每辆车排风量	400	400	400	400	400	400	400	400
排风量 L	48400	48400	48400	48400	49600	49600	49600	26800
折合换气次数(净高)(h^{-1})	5.31	5.04	5.53	4.80	4.06	4.32	3.72	4.02

3.10.5 车库通风有条件时应优先采用自然补风；当采用机械补风时，补风量宜为排风量的80%～90%。

【说明】

对于地下一层的车库，当车库通道常开时，应采用自然补风（通过进出车道)。地下二层及以下的车库，通过进出车道自然补风的有效性大幅度降低，应采用机械补风。

3.10.6 车库内排风口宜设置在停车位上部或附近区域，补风送风口宜设置在人员通行区域。当采用诱导通风方式时，诱导通风器的射流方向宜朝向排风口方向并应做好局部区域的气流组织，防止通风死角。

【说明】

汽车在启动时的尾气排放浓度最高，因此排风口应尽可能设置在汽车停放区，以利于及时排出汽车尾气。

地下净高受限的汽车库，在通风管道和排风口布置难以满足车库2.2m净高与全区域均匀排风的设置要求时，为防止汽车库内产生气流死角，降低排风的有效性，可以采用诱导通风器替代部分通风管道的设置方式。每个诱导通风器调整设备至下倾15°角，接力运行的风速不宜低于0.5m/s。投资条件允许时，可采用自带废气浓度检测装置并根据设定控制浓度自动启动控制模块的智能型诱导通风器。

3.10.7 除使用人员对室温有要求外，地下车库的室温设计以及冬季防冻设计，应符合以下要求：

1 除严寒和寒冷地区外，可为自然室温；

2 位于寒冷地区时，宜按照自然室温设计，但各种有冻结风险的水管道，应采取保温防冻措施；

3 位于严寒地区时，车库进、出口宜设置电热式热风空气幕，宜采取“散热器＋热风”的联合供暖措施。

【说明】

地下车库属于人员临时通行场所，一般情况下不需要考虑人员对室温的舒适性要求。

1 除严寒和寒冷地区外，其他气候区的地下车库可以不考虑冬季防冻问题。从目前使用情况发现，在夏热冬暖地区一些直接与室外地面相邻的地下一层车库，存在夏季过热的情况，必要时可通过局部降温、建筑风平衡排风进车库等措施，使车库内温度不高于35℃。

2 寒冷地区冬季防冻要求的时间不长，如果冬季对车库保持全空间的防冻温度，投资较大、运行经济性差。可采用车库入口处设置感应卷帘，水管道采取加强保温，局部设置电伴热，分区设置预作用消防喷淋系统等技术措施；

3 严寒地区的地下车库，为了防冻，其车道进、出口一般采用封闭式管理。因此，通常机械排风与机械补风系统需要同时设置。考虑到目前大部分车库都是间歇使用或根据CO浓度来控制通风量，因此可采取如下防冻措施：通常车库出入口处设置感应启闭式保温卷帘以及成组设置的电热风幕，车库内一般设置散热器供暖系统，当采用热风补热方式时应避免水加热设备设置在服务区内。

(1) 在进、出口设置电热风幕，对室外直接进入车库的自然补风进行加热。电热风幕的加热能力应按照机械排风量与机械送风量的风量差，并保证室外风加热至5℃计算；

(2) 室内散热器供暖系统，按照维持室温大于或等于8℃计算和配置，该系统主要用于补偿地下车库围护结构的基本耗热量；

(3) 机械补风系统应与机械排风系统连锁启停，并设置空气加热措施，送风温度宜大于或等于10℃。

3.10.8 地下汽车库电动汽车的充电桩停车区，其应按照的防火分隔区单独设置进、排风系统。电动汽车停车区的排风量，宜根据充电桩的类型、充电效率等因素，按照充电时的发热量计算。

【说明】

随着近年电动汽车的市场占有率大幅度增加，充电桩停车区在很多地区成为配建指标。当电动汽车充电桩停车区发生火灾时，一般属于C类火灾，较难快速扑灭，火灾发生后危害极大。因此，应按照专用分区独立设置通风系统。

目前常用的电动汽车充电桩有三大类（均指单个容量）：

(1) 7kW充电桩，适合于办公建筑和家庭用，充电时间一般在6～8h；

(2) 30kW充电桩，适合于需要较快速充电的场所，例如：体育建筑、展览建筑、观影建筑等公共活动场所，充电时间一般为2～4h；

(3) 60kW充电桩，适合于商业、餐饮等需要快速充电的场所，充电时间一般为1～2h。

计算排风量时，可采用排出室内余热的热平衡计算方法，见式（3.6.4）。其中：

(1) 电动汽车停车区的排风温度可按照35℃计算；

(2) 充电桩发热负荷按照其额定容量的5%～10%计算，其中充电桩的同时使用系数：家庭车库取1.0，办公楼车库取0.8～0.9，其他公共场所取0.7～0.8。

(3) 车库内空气温度（补风温度）的确定原则：

1) 对于个人用车库，可采用夏季室外通风平均温度；当无法获取时，也可按照式（1.5.4）计算出的夏季典型设计日18：00的室外空气干球温度的0.8～0.9倍采用；

2) 对于办公楼和其他公共建筑，按照夏季室外通风温度采用。

3.11 卫生间及其他区域的通风

3.11.1 无可开启外窗的公共卫生间、酒店客房卫生间、私人（VIP）卫生间、开水间、淋浴间、更衣室等可能产生污浊气体或水蒸气的房间，应设机械排风系统；有可开启外窗的公共卫生间，宜设置机械排风系统。设计应符合下列要求：

1 宜采用机械排风、自然补风方式；

2 卫生间排风系统宜独立设置，当与其配合使用的淋浴间等排风合并设置时，应有防止串气味的措施；

3 卫生间排风不得与主要功能房间、开水间、母婴室、化妆间、储藏室等的排风系统合并设置。

【说明】

1 公共建筑中的大型卫生间通常不设置房间门，而是采用迷宫式布局，即采用具有视线遮挡作用的前厅、休息区、转换通道等进行使用区与公共区的分隔。此种做法有利于排风系统的自然补风。补风时的洞口风速不宜大于0.7m/s。

2 私人卫生间通常封闭好、私密性强，每个使用隔间基本处于密封状态。此类型每隔间排风（扇）口应分别设置，每隔间风量宜为50～60m^3/h，每个门底部缝不小于8mm。

3 主要是防止空气品质不佳的排风影响到其他功能房间。

3.11.2 卫生间的排风量或排风换气次数，按下列原则计算确定：

1 航站楼、铁路客运站、交通枢纽、港口码头、商业综合体、体育场馆、观演建筑内设置的公共卫生间：15～20h^{-1}；

2 办公楼、学校内设置的公共卫生间：10～15h^{-1}；

3 小型独立卫生间、餐饮包间配套卫生间、VIP套间卫生间：8～10h^{-1}；

4 设置有集中新风送风的酒店客房卫生间，排风量取所在房间新风量的70%～80%。

【说明】

1 第1～3款的情形，宜依据实际使用人员的最高密度情况确定换气次数。

2 有集中新风送风的酒店客房卫生间，以保持客房为正压作为其排风量的确定依据。无集中新风时，酒店客房卫生间可按照每个卫生间的排风量60～80m^3/h考虑。

3.11.3 观演建筑的集中化妆间和体育建筑的兴奋剂检测间，应独立设置排风系统，换气次数取10h^{-1}。

【说明】

化妆间一般会因为造型需要有美发、美容、美甲等功能，有一定的刺激性气体产生。目前，兴奋剂检测的主要方式是尿样检验，血液检验只是一个辅助方式，因此其排风应独立设置。

3.11.4 公共建筑的母婴室、开水间、开敞型餐吧的通风换气次数可取 5～8h^{-1}，小型储藏室的换气次数 3～4h^{-1}。

【说明】

母婴室一般是哺乳、为婴儿更换尿不湿、擦拭、母婴更衣的地方，而且房间一般都是没有自然通风条件的内区房间，因此需要设置通风系统。

3.11.5 当建筑内设置有吸烟室时，应设独立机械排风系统并宜采用自然补风；排风量宜按 15～25h^{-1} 换气计算。排风设备的启停宜按照烟气浓度检测与红外感应方式控制。

【说明】

当吸烟室采用室内自循环过滤装置时，排风换气次数可取低值。吸烟室内如果设置岗位排风罩，全面通风的换气次数可以降至 5～8h^{-1}。

3.11.6 当排风系统同时设置集中排风机和各分区独立控制的排风设备时，排风系统的设计应符合以下要求：

1 各区域排风机及其排风支管，按照所承担的排风量确定；

2 排风总管和集中排风机的设计风量，应考虑各区域排风的同时使用系数，办公、商业建筑的公共卫生间可取 0.8～0.9；酒店客房卫生间可取 0.7～0.8；住宅卫生间可取 0.4～0.5；有工艺要求的排风系统，按照工艺要求确定；

3 当办公、商业建筑的公共卫生间排风系统的集中排风机安装容量大于或等于 3.0kW，以及住宅厨房排油烟系统、酒店客房卫生间和住宅卫生间排风系统的集中排风机安装容量大于或等于 2.2kW 时，宜采用变速风机。

【说明】

“集中排风机+分区排风设备”系统是一种常见的应用形式，具有对分区排风量保证较好性的特点。

1 各区域排风机按照需求设置，满足使用要求。

2 由于各分区排风机可独立控制，全部同时投入使用的情况不多，因此集中排风机和总排风管应考虑各区域排风的同时使用系数。

3 为了适应使用时排风量变化和节能运行，安装容量较大的集中排风机应优先采用变速风机。酒店客房卫生间和住宅卫生间排风系统，使用过程中的风量变化较大；超高层公寓、住宅厨房排油烟系统，最大风量工况和最小风量工况的差值非常大，排风设备需要适应的风量变化范围大。一些工程案例的计算分析表明：安装容量大于或等于 2.2kW 的风机，采用变速调节措施，可以在两年左右回收增量投资。办公、商业建筑的公共卫生间排风系统，在使用时间段的风量相对稳定，因此其设置变速风机的安装容量范宽至大于或等于 3.0kW。

3.11.7 **公共浴室、洗浴中心各房间或区域的空气压力分布应为：浴室、按摩湿区、卫生间＜更衣区及服务区＜办理等其他配套公共区域。湿区宜设置气窗；无气窗设置条件时，应设独立的机械排风系统，其排风量宜按照 10～15h^{-1} 换气次数计算。**

【说明】

此部分通风设置原则同卫生间。

3.11.8 **医院手术室每间排风量不宜小于 200m^3/h，各手术室排风系统和辅助用房排风系统应分别独立设置。**

【说明】

各手术室的排风管可单独设置，也可并联设置，均应与送风系统联锁。排风管上应设对大于 1μm 大气尘计数效率不低于 80%的高中效过滤器和止回阀。排风管出口应直通室外，不得设在技术夹层内。

3.11.9 **医院消毒供应中心、急诊留观室、负压（负压隔离）病房以及处置室消毒间、核医学检查室、放疗治疗间等功能区，应设置独立排风系统。**

【说明】

在医院中相互隔离相互封闭的区域、污染物严重的区域、避免交叉感染的区域、有毒有害物排放的区域等均需要设置独立排风系统，并按照压力梯度要求进行设计。气流流向总体描述为：无菌区→清洁区→污染区→室外。排出废气根据污染物浓度及相关排放标准及环评、安评结论设置尾气过滤、吸收装置。

3.11.10 **通行管沟，宜每间隔 30～45m 在地坪 300mm 以上高度范围设置自然通风口或通风塔，通风口内应设置防虫网；当不具备自然通风条件时，可采用机械通风措施，其换气次数按照 1～2h^{-1} 计算。**

【说明】

为便于人员定期检修维护，可通行水暖管沟、电缆沟等应设置自然通风条件。若条件所限，维修时可以通过检修人孔利用移动式通风设备进行临时通风换气。

3.11.11 地下综合管廊应设置通风措施：

1 宜划分通风单元，分区间设置通风系统。每一段管廊通风区间为一个通风单元。通风单元具备独立通风换气能力；

2 管廊的通风方式、运行工况、通风量应依据综合管廊舱室内容纳管线的性质及数量确定。宜采用自然通风与机械通风相结合的方式。可燃气体和有污水管道的舱室应采用机械通风方式；

3 通风系统设计应遵循风量平衡的原则；管廊通风单元平时排风量，按管廊通风区间所需最少新鲜空气量及消除管廊与管廊内容纳管道、线缆、设备等产生的余热量的最大值，并根据排风计算温度不宜超过 40℃的要求，计算确定；

4 普通舱室的通风换气次数不应小于 $2h^{-1}$，事故通风换气次数不小应于 $6h^{-1}$；

5 天然气管道舱应设防爆风机。平时的换气次数不应小于 $6h^{-1}$，事故通风换气次数不小应于 $12h^{-1}$。当舱内燃气浓度大于其爆炸下限浓度值（体积浓度）20%时，应启动事故段分区及相邻分区的事故通风系统；

6 综合管廊的室外通风口应满足城市防洪要求，并应采取防止地面水倒灌及小动物进入的措施；

7 当综合管廊舱室发生火灾时，发生火灾的防火分区及其相邻分区的通风设备应能够自动关闭；

8 综合管廊内应设置事故后机械排烟设施。

【说明】

本章节条款来自《城市综合管廊工程技术规范》GB 50838—2015。

1 地下综合管廊长度都以千米计，通常会划分多个单元。设置的通风单元系统应具备独立运行的条件。

2 除设置有危险或污染管线外，一般可采用机械排风、自然进风的通风方式。综合管廊不同类别的舱室，通风系统不宜合用。不同通风单元的通风设备不宜合用。

3 管廊内温度高于 40℃或者需要进行线路检修时开启通风系统，并满足综合管廊内环境控制要求。

4 通风口处排风出口风速不高于 5m/s，管廊内部风速不宜超过 1.5m/s。

5 燃气事故通风的进风口、排出口应避免设置在可燃及腐蚀介质排放处附近，进风口不设置在上述情况的下风侧，避免次生事故发生。

6 由于露出地面的通风口净尺寸还应满足通风设备进出的最小尺寸要求，因此一般比较大，有可能成为地面水倒灌和小动物进出的通道，因此要设置间距 10mm 的金属防护网及挡水措施。

7 综合管廊大都处于地下，不用于一般建筑。发生火灾时应及时可靠地关闭通风设备。

8 火灾扑灭后残余的有毒烟气难以排除，因此应设置事故后机械排烟系统。

3.12 通风机、风管及附件

3.12.1 排出的气体中带有腐蚀性时，其排风道和排风设备应采用防腐材质制作且该排风系统不宜跨越防火分区。

【说明】

1 排出有酸、碱性等对金属制品有腐蚀的气体时，风道和风机均应采用具有防腐性能的材料制作。

2 管道防腐材料可采用PVC，PP或无机玻璃钢制品，风机一般采用工程塑料制品。由于塑料的防火性能较差，因此，腐蚀性气体的排风系统不宜跨越防火分区。必须跨越时，应在跨越处设置70℃防火阀，管道设置防火包覆。

3.12.2 通风系统中风机的性能应按下列原则确定：

1 普通通风系统的风机选择风量和风压，应符合第1.8.2条的要求。有特定的工艺时，以工艺要求或相关规范的规定为准；

2 以热平衡计算为基础选择通风机时，输送非标准状态的空气，应进行空气密度的修正；

3 风机选用的设计工况效率，不应低于现行节能设计标准的规定。

【说明】

1 见第1.8.2条说明。

2 热平衡计算是以空气的质量流量为基础进行的。当非标准状态时，其密度有较大的变化，导致系统风量差异比较大。

3 《公共建筑节能设计标准》GB 50189—2015中规定单位风量耗功率（W_s）应满足设计标准限制值，当有较高绿色建设计要求时，风机单位风量耗功率要优于标准限制值20%。风机选型满足《通风机能效限定值及能效等级》GB 19761—2020中节能评价二级值的要求。

3.12.3 服务于同一通风系统采用多台风机并联设置时，宜选用同型号（特性曲线相同）的通风机，且每台风机出口应设置防回流装置。其联合运行工况下的风量和风压应依据风机特性曲线和管道阻力特性曲线确定。

【说明】

系统风量大，运行时风量变化也较大的系统，当多台风机并联设置时，每台风机采用相同的型号，有利于获得相同的风量和压力，并提高整个通风系统的运行效率。

设置防回流装置的目的是：防止部分风机运行时非运行风机回流。通常采用机械防回流阀（风道止回阀）或与风机联锁启闭的电动风阀来实现。

3.12.4 通风系统的压力损失（包括摩擦阻力损失和局部阻力损失）应通过计算确定。在计算条件尚不具备的阶段，为了配合专业互提资料的需要，可以按照节能设计标准中对单位风量耗功率（W_s）的要求为基础进行估算。

【说明】

按照一般的设计进度和配合流程时间安排，通常要求与电气专业互提资料的时间早于完成详细管道水力计算工作。因此可按照 W_s 的规定值先进行估算后提出用电资料。在施工图完成时，设备表中的风压及最终的电量，应根据实际设计情况进行水力计算后完善并及时修正，有修改时，应及时反馈给电气专业。

3.12.5 严寒地区使用的进风机，其入口应设置与风机连锁的电动保温风阀。

【说明】

防止室外新风通过管道及风机灌入室内。电动保温风阀应尽可能设置在靠外墙的部位，并与风机启停连锁启闭。

3.13.6 如果通风系统使用时间较长，当风机运行参数（风量和压力）需求实时变化时，宜采用变频调速风机；当运行过程中为两个交替的运行参数时，可采用双风机。

【说明】

长时间变参数运行的风机，采用变频调速风机是节能运行的技术措施。如果运行过程中只需要在两个交替运行参数的参数，也可采用双速风机，这样初投资可以比变频风机低一些。

3.12.7 通风系统应在适当的位置设置风量调节阀。

1 采用对开式调节阀时，宜与风机保持一定的直管段距离；

2 大型风机的吸入口宜采用光圈式入口阀。

【说明】

为便于系统初调试阶段调节通风机的风量和压力等参数，应在分支设置调节措施。

1 为了保证风机进、出口的气流稳定性，对开式调节阀不宜靠近风机（特别是风机吸入口）。

2 光圈式入口阀设置于风机吸入口时，可以在一定程度上改善风机的性能，在大型风机（风量超过 50000m^3/h）上应用，有一定节能效果。但因为光圈式入口阀价格较高，在中小型风机上应用时，由于入口管道直径较小，节能效果并不明显，且经济性不佳。

3.12.8 风管系统设计时应进行水力平衡计算，各并联支路的压力损失差不宜超过15%。当通过调整风管尺寸仍无法达到要求时，应设置风量调节装置。

【说明】

为了避免出现噪声等不利影响，对民用建筑主要使用房间内的风道最高风速有一定的限制，由此导致一些风阻力较小的支路无法在流速限定的范围内实现水力平衡。这时首先应重新调整各支风道的截面积与管道布置，不应将风阻力很小、风量小的支风道接至靠近风机的主风管上。

3.12.9 通风系统在需要检测风管内空气参数的位置处应设测量孔，并宜在施工图中标示或说明，宜按照如下原则设置：

1 应设置于风道内气流稳定处，与局部阻力较大的附件（或弯头、三通等）的前、后距离分别不小于5倍和3倍的管段直径（矩形管道采用水力当量直径）；

2 测量孔设置数量，应满足对系统和主要功能区域的风量测量的需求。

【说明】

为确保测量的准确性，测点避免设置在变径及局部阻力大的管段。矩形风管的水力当量直径按下式计算：

$$d_e = \frac{2ab}{a+b} \tag{3.12.9}$$

式中 a、b——矩形风管的两个边长，m。

3.12.10 机械通风及空调系统中，风道内的空气流速（m/s）可按表3.12.10取值。

风管风速表（m/s） **表3.12.10**

系统部位	空气过滤器	换热盘管	风机入口	风机出口	主风管	支风管
居住	1.2～1.75	2.0～2.5	3.5 4.5	5.0～8.0 8.5	3.5～4.5 6.0	3.0 5.0
公共建筑	1.75～2.0	2.5～3.0	4.0 5.0	8.0～10.5 12.5	5.0～6.5 8.0	3.0～4.5 6.5
站房、库房、机房	1.75～2.0	2.5～3.0	8.0～14.0	8.0～14.0	6.0～12.0	4.0～7.0

注：上行为推荐流速，下行为一般情况下不应超过的最高风速。

【说明】

当采用风道截面中有小于90°角的多边形风道或采用土建风道时，流速宜取较低值。

3.12.11 风管系统设计应符合以下要求：

1 风管截面宜为圆形或长、短边之比不大于4的矩形或长、短边之比不大于6的椭

圆形；长、短边比最大值不宜超过 8∶1；风管的截面尺寸宜优先选用国家现行标准的规格。

2 矩形风管弯头内曲率半径宜为 1.0～1.5b（b 为风管弯边的宽度），最小内曲率半径不应小于 100mm 且宜采用带导流叶片弯头，圆风管弯头中心曲率半径宜不小于 1.0D（D 为风管直径）；弯头的转向角度不应小于 90°；不宜采用方（矩）形箱式管件或静压箱替代弯头。

3 风管的变径应采用渐扩或渐缩形；各边的变形角度不宜大于 30°。

4 采用分配气流的静压箱时，其最小截面积不宜小于所连接的主风道面积的 2 倍，或断面最大风速不宜大于 2.5m/s。

5 风道中的连续弯头、渐扩（缩）管、三通、调节阀等管件，应尽可能加大相互之间的间距。

6 采用无支撑型的纤维织物复合式风管时，应对其工作时的风道形状进行校核，最小气流流通截面积不应小于风道设计截面积的 90%。

7 风管与风机、风机箱、空气处理机、风机盘管等设备相连处应设置柔性短管；设置于风机入口时长度不应超过 150mm，设置于风机出口时长度不宜超过 200mm；与设备相连接的柔性短管，不可用作调整接管标高。

8 当一次机电设计考虑为室内装修带来一定的灵活性时，局部风管可采用可伸缩性软风管；其自由长度不宜超过 1.0m，安装时管道不应有塌陷且弯头转角不应小于 90°。

9 风机吸入口处的风管，宜有一定长度的直管段；离心式风机出口连接的风管，其变径接管和转弯方向应根据风机的旋转方向合理确定；风机出口处至转弯处宜有一定长度的直管段。

10 采用弹簧式止回阀时，宜设置于管内风速不小于 7.0m/s 的风管上；采用重力式止回阀时，宜设置于竖风管上。

11 室外设置的通风设备，其电机部分应设置防雨罩；直通室外的风口，还应装设金属防护罩（网）。

【说明】

1 从管内气流的均匀性看，长短边之比越大，均匀性越差，相同截面积下当量半径越小，有效通风量越小。

2 气流通过无曲率半径的直角转向时，其局部阻力系数大。因此，本条对弯头的曲率半径做出了规定（包括不应直接采用静压箱来替代弯头）。当需要风管弯头转向角度小于 90°时，宜采用两个以上大于 90°的弯头串联设置。

3 根据有关资料的介绍，变径管各边的最佳变形角度为 8°～15°（风阻力最小），在实际工程中执行起来可能有一定困难时，可放宽到 30°。

4 静压箱流速过大时，将导致各分配支路的风管水力不平衡情况加大。

5 加大各附件之间的间距是为了防止空气在流过各附件产生涡流时的相互影响。

6 纤维织物复合式风管的应用方便，但在使用时应核实其局部风道的变形情况，防止出现过大的局部阻力。

7 设备进出口设置柔性软管，是为了减少设备振动向风道的传递。由于风机进口负压较大，软管过长时容易导致变形引起的风阻力过大并影响风机吸入口的气流流型（对风机性能产生影响）。设备进出口设置柔性软管也不应作为调整接管标高的用途来使用，以防止因其受力的改变而导致软管损坏和漏风。

8 与送风末端或送风口相连接的风道采用可伸缩性软风管时，由于其风阻力大，容易形成死弯，因此其长度应有所限制，防止施工阶段随意设置。

9 为保证风机性能不受影响而做出的规定。条件许可时，风机吸入口可先与一定长度的直管段（应在风机房内）连接后再设置柔性软管。

10 弹簧式止回阀依据自身配置的弹簧元件关闭，其打开时的风道阻力较大，因此宜设置于风速较高的风管上。重力式止回阀依靠叶片受到的重力关闭，宜设置于垂直风管上。

11 为防止有鸟类在风机入口处做窝、负压吸入口不受落叶等杂质的影响，所有直通室外的口部应设防护网，百叶进、排风口内侧也应设置金属网。

3.12.12 **风管安装设计要求：**

1 风管接口不得安装在墙内或楼板内。风管沿墙体或楼板安装时，距离墙面、楼面的距离应考虑风管段连接与保温施工的要求；一般情况下，外保温风管不宜小于150mm，不保温风管不宜小于100mm。

2 风管穿越需要封闭的防火、防爆楼板或墙体时，应设壁厚为1.6～2.0mm的预埋管或防护套管，风管与防护套管之间应采用柔性防火材料封堵。

3 当风管内设有电加热器时，电加热器前后各800mm范围内的风管和穿过有火源等容易起火房间的风管及其保温材料均应采用不燃材料。

4 风管连接方式应根据服务系统来确定，并满足规范的漏风量要求。消防排烟管道、高压风管应采用角钢法兰连接，厨房排油烟管道、洗碗间排风管道宜采用不锈钢板制作，其正压管路宜采用焊接连接方式。

【说明】

1 如果风管平行于墙面或楼面的宽度超过1200mm，为了保证风管外保温施工的质量，与墙面或楼面的间距应加大。

2 消防用风管一般风压大、管道尺寸大、管路敷设距离长，采用角钢法兰时强度大、密闭性好，使用更安全可靠。

3.12.13 有燃烧、爆炸危险的混合物或有害空气的排风系统，其风道布置应符合以下要求：

1 应尽可能减少正压管段的长度，且正压管段不应穿过人员长期停留区域；

2 有燃烧、爆炸危险混合物的通风系统，风道材料不应采用容易积聚静电的材料，并应采取防静电接地措施（包括法兰跨接）。

【说明】

1 正压风道存在向外漏风的可能性，因此当排出危险气体和有害空气时，正压管段不应穿过人员长期停留区域，防止漏风对人员的影响。

2 常用的通风管道及设备都是金属材质，但是由于法兰连接内部有非金属垫片或填料，所以通常用铜编织带作法兰位置的跨接，确保防静电接地的有效性。此款应在施工图设计说明中表述。

3.12.14 排除潮湿或含有油污等气体的排风管道，应顺气流方向设置≥0.5%的下行坡度，同时在风管和设备最低处应设置水封及排液装置。排除有氢气或其他比空气密度小的可燃气体混合物时，排风系统的风管应顺气体流动方向设置≥0.5%的上行坡度。

【说明】

前者有利于排风中的液体排出，后者有利于防止可燃气体在风道中聚集。

3.12.15 含有有害气体的排风系统，其排风出口设置在建筑物顶部并设置防雨风帽。可能出现严重雨雪天气的地区，其屋面进、排风口应考虑夏季防止积水，冬季不被积雪掩埋的措施。

【说明】

有毒有害气体经净化吸收处理后应向上空排放，所以应设置防雨措施。有严重雨、雪灾害的地区，所有出屋面的风口都应设置防护措施。

4 空气调节

4.1 一般规定

4.1.1 符合下列条件之一时，应设置空气调节系统：

1 只采用供暖通风无法满足人体对室内热湿环境的舒适性要求，或无法达到工艺对室内温度、湿度、洁净度等要求时；

2 对提高工作效率和经济效益、保证身体健康、促进康复有显著作用和效果时。

【说明】

1 当夏季室外空气温度高于室内空气温度，无法通过通风降温达到室内温度时，或在室内发热量较大的区域，采用通风降温所需的设计通风量很大，所需进排风口和风管占据的空间很大，采用空调降温方式可节省投资，更经济。

2 工艺要求指民用建筑中计算机房、博物馆文物、医院手术室、特殊实验室、计量室等对室内的特殊温度、湿度、洁净度等要求。

3 随着社会经济的不断发展，空调的应用也日益广泛。例如办公建筑设置空调后，有益于提高人员工作效率和社会经济效益，当医院建筑设置空调后，有益于病人的康复，都应设置空调。

4.1.2 有一定室内温湿度控制精度要求的房间，应尽可能减少外围护结构传热和房间的使用方式带来的影响。

【说明】

民用建筑中也可能存在一些需要控制室内温湿度的房间，例如：要求较高的博物馆、展览馆、实验室等。由于外围护结构的传热总是在实时变化的，博物馆的展厅等由于人员的流动也会导致室内热湿负荷的较大波动，都有可能影响房间的控制精度。前者应该是在设计中尽可能减少的——原则上应该按照有工艺要求的房间对待，具体项目设计时可根据现行国家标准《工业建筑供暖通风与空气调节设计规范》GB 50019 的规定并满足对应建筑的相关设计标准的要求；后者则是使用要求，在暖通空调设计中需要重视。

4.1.3 舒适性空调的室内环境设计参数，应满足设计任务书的要求。当没有明确要求时，宜根据建筑功能、使用房间性质与要求，并结合标准规范、地域特点和当时使用人员的习

惯等因素，综合选取。

【说明】

标准规范和设计任务书是空调设计时对室内参数选取的最主要依据。但标准规范一般都给出一个范围而不是单值，因此，需要结合实际工程的情况合理确定。

4.1.4 **在选择空调方式时，综合考虑建设方的需求和建筑的使用特点，并符合以下原则：**

1 **5万 m^2 以上的大型公共建筑，宜采用设置集中冷热源的中央空调系统；**

2 **住宅建筑应采用分散式空调系统；**

3 **工艺性空调在满足空调区环境要求的条件下，宜减少空调区的面积和空间。**

【说明】

1 对于一些间歇性使用的公共建筑，例如运动场馆、展览管、美术馆等，如果主体系统为中央空调系统时，其全年长时间有人员停留的场所（例如值班室、不间断使用的管理用房、消防控制中心等），应配置独立的分散式空调系统或设备。

2 住宅建筑的使用差别很大，中央空调很难实现“按需供应”的要求，因此会导致不能完全满足用户使用要求以及大量能源浪费的情况出现。

4.1.5 **应优先考虑局部空调。当采用局部空调不能满足空调区环境要求时，才采用全室性空调。**

【说明】

民用建筑的暖通空调系统主要针对的是人员，因此大部分场所都只需要满足地面以上2～3m的人员活动区的热湿环境即可。例如在办公室，条件具备时应优先考虑岗位送风方式；在演播建筑和体育馆等的观众区，采用座椅下送风方式，等等。减少空调空间。

4.1.6 **公共建筑中，除了主要进出口大厅之外，空调房间一般宜保持对室外空气的正压；工艺性空调房间的空气压力，应按工艺要求确定。**

【说明】

空调区内的空气压力，应满足下列要求：

1 舒适性空调，空调区与室外或临近房间有压差要求时，其压差值宜取5～10Pa，最大不应超过30Pa；

2 工艺性空调，应按工艺对空调区环境的要求确定。

一般情况下可以认为：房间的机械设计新风量可作为房间的正压风量。但对于有一定工艺要求的建筑或房间，正压所需的新风量可按表4.1.6中的换气次数估算。

保持室内正压所需的换气次数（h^{-1}） **表 4.1.6**

室内正压值(Pa)	无外窗的房间	有外窗,密封较好的房间
5	0.4～0.5	0.6～0.8
10	0.8～1.0	1.2

注:“密封较好”指门窗的气密度等级达到 4 级及以上。

4.1.7 **存在下列情况之一时，可进行空调内、外区划分，且符合以下规定：**

1 **当空调区冬季存在较大余热时；**

2 **当空调房间的进深较大，或存在房间沿垂直于进深方向二次分隔的可能性时；**

3 **大开间办公室的内、外区，一般按照距离外围护结构 3～5m 作为分区界限；**

4 **商场等内热较大的空调区，以冬季计算热平衡分界线为依据划分内、外区；**

5 **内、外区分别设置空调系统。**

【说明】

冬季存在较多的室内余热的商场等场所，营业时的内部发热量往往大于围护结构的传热量，因此在其核心区域（内区），一般要考虑适当的供冷，而外区则需要供暖。其分区方式是，按照计算的外围护结构热负荷（包括门窗等的冷风渗透形成的热负荷）与内部发热量相等时得到的分界线作为内、外区的划分界限。由于商场的一层外门经常性开启，会导致一层热负荷的增加，因此商场一层的内外区分界线距外围护结构的距离远远大于二层及以上层。

对于大开间办公室，本条提出的 3～5m 的内、外区分界线，主要是依据目前大部分办公建筑在实际使用中存在的房间二次分隔情况所制定的，这也是为了给建筑未来的灵活使用提供一个好的条件。对于个人办公室或大开间房间不存在沿垂直于进深方向的分隔时，一般可不划分内、外区。

由于内、外区在使用时的负荷性质不同，应分别设置各自的空调系统。

4.1.8 **舒适性空调区的建筑热工性能，应根据建筑物性质和所处的建筑气候分区设计，并符合国家现行节能设计标准的有关规定。**

【说明】

建筑热工性能应满足现行国家标准《建筑节能与可再生能源利用通用规范》GB 55015 的相关规定，公共建筑还应符合现行国家标准《公共建筑节能设计标准》GB 50189 的有关规定，严寒和寒冷地区、夏热冬冷地区、夏热冬暖地区的居住建筑应分别符合现行行业标准《严寒和寒冷地区居住建筑节能设计标准》JGJ 26、《夏热冬冷地区居住建筑节能设计标准》JGJ 134、《夏热冬暖地区居住建筑节能设计标准》JGJ 75 的有关规定。其中以下各项应注意：

1 空调建筑的外窗和透明屋顶的面积不宜过大，每个朝向的建筑窗墙面积比（包括透明幕墙）以及屋顶透明部分与屋顶总面积之比，应符合上述各项标准的有关规定。

2 夏热冬冷地区、夏热冬暖地区的公共建筑以及寒冷地区的大型公共建筑，外窗（包括透明幕墙）宜设置外部遮阳。外部遮阳的遮阳系数应符合《公共建筑节能设计标准》GB 50189 和现行地方标准的有关规定。

3 设计工况下室内相对湿度大于或等于80%的潮热房间，校核其内表面和结构内部是否会出现结露的情况，并向建筑师提出处理措施。

4 舒适性空调区人员出入频繁的外门应符合下列要求：

(1) 宜设置门斗、旋转门或弹簧门等，且外门应避开冬季最大频率风向；当不可避免时，应采取设置热风幕或冷热风幕等防风渗透的措施，或在严寒、寒冷地区设置散热器、立式风机盘管机组、地板辐射供暖等下部供热设施；

(2) 建筑外门应严密，当门两侧温差大于或等于7℃时，应采用保温门。

5 当围护结构热工性能不满足现行国家和地方标准的有关规定时，必须按标准规定的方法进行权衡判断。

4.1.9 夏季供冷的公共建筑的外门，宜设置循环式空气幕，循环式空气幕的送风末端速度不宜小于当地夏季室外平均风速。

【说明】

以供冷为主的地区，夏季设置循环式空气幕，可以有效减少热空气的进入。

4.1.10 除地面送风或座椅送风的静压箱之外，不应采用土建风道作为空调系统的送风道或输送进行过冷、热处理的新风。

【说明】

土建风道的漏风情况一般远大于钢板制风道。当用于输送经过冷、热处理的空气时，会带来冷、热量的大量浪费。

对于设置地面送风口或剧场等采用的座椅送风口，利用地板下的土建空间作为送风静压箱的做法相对简单，在工程中容易实现，但必须对土建式的送风静压箱做好严密的防漏风和保温处理。

4.1.11 采用全年模拟方法进行设计时，宜按照以下要求进行：

1 选择成熟的模拟软件。

2 结合建设方的要求选择合理的设计目标。模拟设计可根据甲方对以下三大类目标之一的选择来进行：能耗优化目标、初投资优化目标和全寿命期技术经济优化目标。

3 针对不同的系统及设备配置，通过模拟软件的计算与分析，提出优化的系统配置

方案和相关设计参数。

4 按照优化方案和参数，完成施工图设计。

【说明】

模拟设计是一种目标导向的设计方法，值得在设计中提倡和采用。

1 成熟的模拟软件是模拟设计的基础，以保证模拟设计结果真实有效。

2 一般的民用建筑，根据甲方的不同要求，大致可以分为：全年能耗最小化目标、初投资最小化目标和全寿命期费用最低化目标。后者是对前两者的综合，既考虑了投资也考虑了未来的运行费用。就目前而言，空调系统主要设备的寿命期按照20年来计算是较为合理的。

3 设计时首先结合标准规范的要求和自身的经验，配置不同的系统和设备。再通过模拟软件的计算和分析，可得出针对同一目标的不同结果。通过对这些结果的分析，进一步得到优化的系统方案和相关的设计参数。

4 模拟优化分析计算结果应反映在最终的施工图设计中。

4.2 负 荷 计 算

4.2.1 空调区的设计负荷应采用成熟可靠的计算软件进行计算，必要时以手工计算作为辅助。

【说明】

当计算软件的输入条件或计算条件与实际工程无法一致时，可采用手工计算。例如：对于有较大玻璃幕墙外围护结构的民用建筑门厅，按照第4.1.5条的要求，空调区一般为门厅之上的2～3m空间，因此高于此部分的幕墙温差传热可以不计入，但辐射直射冷负荷宜全部或部分计入室内冷负荷中。显然，这时采用一般的计算软件时，在计算输入上很难符合计算软件的要求，宜结合手工计算来得到最后结果。

4.2.2 施工图阶段应对空调区的冬季设计热负荷和夏季逐项逐时设计冷负荷进行计算。

【说明】

空调冷负荷，应采用不稳定传热计算方法，因此应逐时计算。空调热负荷计算方法，一般情况下与供暖热负荷计算方法相同，可以采用稳定传热方法来计算（见第4.2.13条）；但当利用太阳能作为热源时，宜采用不稳定传热方法进行冬季典型设计日的逐时热负荷计算。

4.2.3 空调区的夏季冷负荷计算时，应结合空调区的蓄热特性，对以下各项得热量形成

的冷负荷分别计算：

1 通过围护结构传入的热量；

2 通过透明围护结构进入的太阳辐射热量；

3 人体散热量；

4 照明散热量；

5 设备、器具、管道及其他内部热源的散热量；

6 食品或物料的散热量；

7 渗透空气带入的热量；

8 伴随各种散湿过程产生的潜热量。

【说明】

空调各项冷负荷的详细计算方法，可按照相关规范的规定，并参照相关设计手册来完成。

4.2.4 **除室温允许波动范围超过±1℃的空调区、通过非轻型外墙传入的传热量之外，均应按非稳态方法计算下列各项得热量对空调区形成的夏季冷负荷：**

1 通过外围护结构进入的非稳态传热量；

2 通过透明围护结构进入的太阳辐射得热量；

3 人体显热散热量；

4 非全天 24h 使用的设备、照明灯具散热量等。

【说明】

按照空调冷负荷的形成机理，这些得热量在被室内围护结构、家具等吸收后再通过对流传热到空气中才形成了空调冷负荷，因此，得热量与冷负荷之间存在时间延迟并导致同一时刻的冷负荷总是小于该时刻同类得热量的峰值。

当室温允许一定的波动、外围护结构的热惰性较大（$R\geqslant2.5$）时，其内表面温度的波动较小，对房间冷负荷的影响相对较小，允许按照稳定传热方法计算。

4.2.5 **空调区的下列各项得热量形成的冷负荷，可按稳态方法计算：**

1 空调区与邻室的夏季温差大于 3℃时，通过隔墙、楼板等内围护结构传入的传热量；

2 距外墙 2m 范围内的首层地面传热量；

3 潜热散热量；

4 全天处于人员密集时的人员密集区人体全热散热量；

5 全天 24h 使用的设备、照明灯具散热量等。

【说明】

1 建筑中的空调区与邻室之间的温差相对稳定，传热也是稳定的。当空调区与邻室的夏季温差不大于3℃时，可不计算内围护结构的传热。

2 地面（或土壤）的温度随室外气温变化较小，传热量基本稳定。计算时地面传热系数可参照第2.2.5条取值。本款仅针对工艺性空调，舒适性空调可不计算地面传热形成的冷负荷。

3 包括人体潜热、食物散湿、池水等潜热散热量，会立即进入空气形成冷负荷。

4 人员密集区是指人员密度大于或等于0.5人/m^2的区域。当人员全天处于密集情况下时，宜按稳定传热计算。

5 24h使用的设备、灯具等，其全天散热量是稳定的。

4.2.6 房间设置有吊顶时，应按如下原则计算外围护结构负荷：

1 当采用格栅式吊顶或密闭式空调回风吊顶时，外围护结构计算尺寸应按照无吊顶考虑；

2 当采用密实吊顶且空调非吊顶回风时，与吊顶接触的外墙部分，宜按照不小于1/2的吊顶高度计入房间的外墙计算高度；

3 建筑顶层房间的屋顶，应按照无吊顶计算。

【说明】

1 采用格栅式吊顶时，吊顶空间可视为室内的一部分；当采用吊顶回风（无论是否采用格栅吊顶）时，外围护结构对吊顶内形成的传热量，会被空调回风带走，因此增加了空调系统的冷负荷。

2 如果吊顶内无空气流通，外围护结构对吊顶内的传热量会使得吊顶内的空气温度上升，并通过吊顶再传入室内。因此，这时应考虑这部分冷负荷，本条给出的是一个简化的计算方法。

3 对于顶层而言，由于水平面的太阳辐射量较大，吊顶空间温度较高，从负荷计算的安全角度出发，宜按照无吊顶考虑。对于密闭式吊顶，也可将吊顶和其空间的空气层作为屋顶计算热阻的一部分进行计算。

4.2.7 计算房间内人体、照明和设备等散热形成的冷负荷时，应考虑人员群集系数、同时使用系数、设备功率系数和通风保温系数。

【说明】

人员群集系数是指根据人员的年龄、性别构成以及密集程度等情况不同而考虑的折减系数。设备功率系数是指设备小时平均实耗功率与其安装功率之比。设备的通风保温系数是指考虑设备有无局部排风设施以及设备热表面是否保温而采取的散热量折减系数。

4.2.8 空调区的夏季计算散湿量，应考虑散湿源的种类、人员群集系数、同时使用系数以及通风系数等，并根据下列各项确定：

1 人体散湿量；

2 计算房间外部渗透空气带入的湿量；

3 化学反应过程的散湿量；

4 非围护结构各种潮湿表面、液面或液流的散湿量；

5 食品或气体物料的散湿量；

6 设备散湿量；

7 围护结构散湿量。

【说明】

散湿量直接关系到空气处理过程设计和空调系统的冷负荷大小。“通风系数”是指考虑散湿设备有无排风设施而引起的散湿量折减系数。

当确保房间在使用期间为正压时，第 2 款可以不计。

4.2.9 人体散热形成的冷负荷和散湿量可根据空调房间内的人数、每个人散发的显热量和散湿量等进行计算。成年男子散热量和散湿量可按表 4.2.9 取值。

不同温度条件下的成年男子散热量和散湿量　　表 4.2.9

劳动		静坐				极轻劳动				轻度劳动				中等劳动				重度劳动			
		显热(W)	潜热(W)	全热(W)	散湿(g/h)	显热(W)	潜热(W)	全热(W)	散湿(g/h)	显热(W)	潜热(W)	全热(W)	散湿(g/h)	显热(W)	潜热(W)	全热(W)	散湿(g/h)	显热(W)	潜热(W)	全热(W)	散湿(g/h)
室内温度(℃)	16	99	17	116	26	108	34	142	50	117	71	188	105	150	86	236	128	192	215	407	321
	17	93	20	113	30	105	36	141	54	112	74	186	110	142	94	236	141	186	221	407	330
	18	90	22	112	33	100	40	140	59	106	79	185	118	134	102	236	153	180	227	407	339
	19	87	23	110	35	97	43	140	64	99	84	183	126	126	110	236	165	174	233	407	347
	20	84	26	110	38	90	47	137	69	93	90	183	134	117	118	235	175	169	238	407	356
	21	81	27	108	40	85	51	136	76	87	94	181	140	112	123	235	184	163	244	407	365
	22	78	30	108	45	79	56	135	83	81	100	181	150	104	131	235	196	157	250	407	373
	23	74	34	188	50	75	59	134	89	76	106	182	158	97	138	235	207	157	256	407	382
	24	71	37	108	56	70	64	134	96	70	112	182	167	88	147	235	219	145	262	407	391
	25	67	41	108	61	65	69	134	102	64	117	181	175	83	152	235	227	140	267	407	400
	26	63	45	108	68	61	73	134	109	58	123	181	184	74	161	235	240	134	273	407	408
	27	58	50	108	75	57	77	134	115	51	130	181	194	67	168	235	250	128	279	407	417
	28	53	55	108	82	51	83	134	123	47	135	182	203	61	174	235	260	122	285	407	425
	29	48	60	108	90	45	89	134	132	40	142	182	212	52	183	235	273	116	291	407	434
	30	43	65	103	97	41	93	134	139	35	147	182	220	45	190	235	283	110	297	407	443

【说明】

1 计算人员散湿量时，宜区分在室人员的性别和年龄。成年女子的散湿量可按照表4.2.9中数值的85%计算，12岁以下儿童（小学生）按表4.2.9中数据的75%计算。

2 对于一般的公共建筑中的房间，可按照男子和女子的人数比例各50%计算。对于儿童游艺场所，儿童人数比例按照60%计算，对于小学教室，儿童人数比例按照80%～90%计算。

4.2.10 **在计算餐厅负荷时，需要计算食物的散热量和散湿量，其中显热和潜热应分别计算。一般可按下列数值取值：**

1 **食物全热17.4W/人，食物显热8.7W/人，食物潜热取8.7W/人；**

2 **食物散湿量取11.5g/h人。**

【说明】

餐厅室内人数可按餐厅设计时的座位布置数量取值。

4.2.11 **在常压下，由暴露水面或潮湿表面蒸发出来的水蒸气量按下式计算：**

$$G=(\alpha+0.00013v)\cdot(P_{q\cdot b}-P_q)\cdot A\cdot\frac{B}{B'} \tag{4.2.11}$$

式中 G——散湿量，kg/h；

A——敞露水面的面积，m^2；

$P_{q\cdot b}$——相应于水表面温度下的饱和空气的水蒸气分压力，Pa；

P_q——室内空气的水蒸气分压力，Pa；

B——标准大气压，1.01325MPa；

B'——当地实际大气压，Pa；

v——蒸发表面的空气流速，m/s；

α——在不同水温下的水蒸气扩散系数，kg/（$m^2\cdot h\cdot Pa$），见表4.2.11。

水蒸气扩散系数 **表4.2.11**

水温(℃)	<30	40	50	60	70	80	90	100
α[kg/(m²·h·Pa)]	0.00017	0.00021	0.00025	0.00028	0.00030	0.00035	0.00038	0.00045

【说明】

对于室内的湿表面来说，v的取值和室内气流速度有关，一般情况下可按0.2～0.3m/s选取。对于水面扰动较大（如室内游泳池或室内有垂直水流情况）时，可取大值；对于平静的室内水景等，宜取较小值。

4.2.12 **各空调区的冷负荷，应按该空调区各项逐时冷负荷的综合最大值确定。当一个空**

调风系统带有多个空调区时，风系统中的空调区计算总冷负荷，应按以下规定计算：

1 采用带有变风量装置的变风量系统时，按所服务的各空调区逐时冷负荷的综合最大值确定，并考虑各空调区的同时使用系数；

2 采用定风量系统时，按所服务的各空调区的设计冷负荷之和确定，且可不考虑同时使用系数。

【说明】

这里提到的“空调区冷负荷”，指的是某个房间或局部独立使用功能区域的按照第4.2.3条计算的逐时冷负荷，不包括空调系统的新风负荷和各种空调系统中的附加冷负荷。空调区的“综合最大值”，指的是典型设计日逐时冷负荷计算值的逐时累计求和后，得到的各时刻累计冷负荷的最大值。

“风系统中的空调区计算总冷负荷”，指的是用于计算风系统风量时所采用的全热冷负荷 Q_q（采用焓差计算时）或显热冷负荷 Q_x（采用温差计算时），见式（4.4.3）。

对于采用了末端变风量装置的变风量空调系统而言，从运行节能等要求来看，各空调区均应配置合理的室内温度控制措施，因此，空调系统的总冷负荷应为该空调系统所服务的各空调区逐时冷负荷的综合最大值。当这些空调区的设计使用时间段完全相同时，同时使用系数按照1.0考虑。当使用时间段不同时，应以最大同时使用的综合冷负荷作为空调区的计算总负荷。

定风量空调系统，应按照各空调区的综合最大值的叠加，作为系统冷负荷的最大值。这样做的出发点是：使得空调系统的能力能够保证各空调区的参数不超过设计参数的要求。但由于各空调区无法按照需求来控制，可能会出现系统内不同空调区在使用时室温不一致的情况。因此一般情况下，定风量系统不宜同时负担两个及以上不同使用需求的空调区。

无末端变风量装置的区域集中变风量系统，与定风量系统的计算方法相同。同样，这样的系统也不宜负担两个及以上不同使用需求的空调区。

4.2.13 空调区的冬季热负荷可按稳定传热计算。一般情况下，其室外计算温度应采用冬季空调计算温度，并计算下列各项传热量：

1 通过围护结构的传热量；

2 由于室外空气侵入而散失的热量；

3 加热新风所需的热量。

【说明】

当确保室内为正压时，仅考虑外门开启时室外空气侵入而散失的热量。

4.2.14 计算空调系统的冬季热负荷时，可根据实际使用的情况，适当扣除稳定的室内发

热量，或适当调整冬季室外空调计算温度。

【说明】

1 需要全天不间断运行的空调系统，冬季室外空调计算温度应按照规范规定来确定，但可以扣除室内的稳定发热，例如：全天稳定使用的照明系统和设备产生的发热量。

2 对于仅白天使用的空调系统，宜考虑空调系统的运行时间（对于冬季供暖运行而言，一般应比房间或建筑的使用时间提前1～2h），可以采用典型设计日中空调系统运行时段内的室外空气温度较低值，作为计算空调热负荷时的冬季空调室外计算温度。

3 对于冬季太阳辐射较强的地区，还应校核在建筑使用时间段，南向、西向、东向外区房间在内热及太阳辐射作用的情况下是否出现冷负荷。

4.2.15 **当建筑物划分了空调内、外区时，空调内区的冬季冷负荷宜按下列原则确定：**

1 **计算冬季空调内区冷负荷时，内区室温可按照比冬季正常设计室温高2～3℃来计算冬季内区空调冷负荷；**

2 **当建筑物内、外区有隔墙分隔时，内区的室内照明功率、人员数量、设备功率等宜与夏季取值相同；**

3 **当建筑物内、外区无隔墙分隔时，室内照明功率、人员数量、设备功率等的取值宜比夏季有所减少，并应根据内区面积、送风方式等因素综合确定。**

【说明】

1 从节能角度，冬季的室内设计温度不易过高，但内区需要送冷风排除室内热量，提高内区的室内设计温度可以提高送风温度或减小送风量，但不宜与相邻外区设计温度相差过大，2～3℃较为合适。

2 内外区有隔墙分隔时，内区为相对封闭的区域，与外区空气流通很小，内热均需由内区设备排走，因此应按夏季内扰取值。

3 如果内外区之间没有隔墙分隔，为一个连通的大空间，内区和外区之间并没有明显的界线，内区的一部分发热量会以对流和辐射的方式进入外区，因此可以对内区热扰进行一定折减。

4.2.16 **高大空间的空调冷负荷计算，应符合以下要求：**

1 **采用顶部送风方式时，应按照全室空调计算各部分冷负荷；**

2 **当设计只保证人员活动区参数或采用分层空调方式时，对于屋顶以及处于人员活动区之外的外墙和外窗，只计算屋顶、外墙和外窗进入空调区的辐射得热部分形成的冷负荷；或按照全室性空调计算的逐时冷负荷乘以修正系数的方法确定，修正系数可在0.5～0.85范围内选取；**

3 **采用分层空调方式时，必要时也可按照第4.2.17条进行详细计算。**

【说明】

1 高大空间顶部送风时，没有明显的非空调区，应按全室空调计算冷负荷；

2 采用分区或分层空调方式时，非空调区大部分得热量可由排风带走，仅计入进入空调区的得热量；采用修正系数法时，修正系数与空调区和设计的非空调区的高度比，以及位于空调区和非空调区的外墙、外窗面积比等因素相关。当上述高度比以及位于空调区的外窗和外墙较大时，修正系数宜取较大值；反之则取较小值。但对于同一个高大空间，采用分层空调时的修正系数取值，应小于分区空调方式。

4.2.17 高大空间采用分层空调时，冷负荷计算方法如下：

1 空调区分层空调冷负荷，按式（4.2.17-1）计算；

$$q_{cl}=q_{lw}+q_{ln}+q_{x}+q_{f}+q_{d} \tag{4.2.17-1}$$

式中 q_{cl}——空调区分层空调冷负荷，W；

q_{lw}——通过空调区外围护结构得热形成的冷负荷，W，按全室空调冷负荷计算方法计算；

q_{ln}——空调区内部热（湿）源散热（散湿）形成的冷负荷，W，按全室空调冷负荷计算方法计算；

q_{x}——空调区室外侵入风或渗透风形成的冷负荷，W，按全室空调冷负荷计算方法计算；

q_{f}——非空调区向空调区辐射热转移形成的冷负荷，W，按式（4.2.17-2）计算；

q_{d}——非空调区向空调区对流热转移形成的冷负荷，W，按式（4.2.17-3）计算。

2 非空调区向空调区辐射热转移形成的冷负荷 q_{f}

（1）辐射热转移量 Q_{f} 可按下式计算：

$$Q_{f}=C_{1}(\Sigma Q_{id}+\Sigma Q_{fd})=C_{1}\left\{\Sigma\varphi_{id}F_{i}\varepsilon_{i}\varepsilon_{d}C_{0}\left[\left(\frac{T_{i}}{100}\right)^{4}-\left(\frac{T_{d}}{100}\right)^{4}\right]+\rho_{d}\varphi_{chd}F_{ch}J_{ch}\right\} \tag{4.2.17-2}$$

式中 ΣQ_{id}——非空调区各个面对地板的辐射换热量，W；

ΣQ_{fd}——透过非空调区玻璃窗被地板接受的日射得热量，W；

C_{1}——修正系数，取 1.3；

φ_{id}——非空调区各辐射面对地板的形态系数，见图 4.2.17-1 和图 4.2.17-2；

F_{i}——非空调区各辐射面的计算表面积，m^{2}；

ε_{i}，ε_{d}——非空调区各辐射面和地板的表面材料黑度，见表 4.2.17；

C_{0}——黑体的辐射系数，$C_{0}=5.68W/(m^{2}\cdot K^{4})$；

T_{i}，T_{d}——非空调区各辐射面和地板的绝对温度，K；

ρ_d——空调区地板吸收率，见表 4.2.17；

φ_{chd}——非空调区外窗对地板的形态系数，见图 4.2.17-1 和图 4.2.17-2；

F_{ch}——非空调区外窗的面积，m^2；

J_{ch}——透过非空调区外窗的太阳辐射强度，W/m^2。

常用建筑材料黑度和吸收率表　　表 4.2.17

材料名称	黑度 ε	吸收率 ρ	材料名称	黑度 ε	吸收率 ρ
玻璃	0.94		抹白灰墙	0.92	0.29
水泥地面	0.88	0.56～0.73	刷油漆构件	0.92～0.96	0.75
石灰粉刷	0.94	0.48	铝箔贴面	0.05～0.2	0.15

(2) 辐射热转移形成的冷负荷 q_f

$$q_f = C_2 Q_f \tag{4.2.17-3}$$

式中　C_2——冷负荷系数，通常 $C_2=0.45 \sim 0.72$，对一般舒适性空调可取 $C_2=0.5$。

3　非空调区向空调区对流热转移形成的冷负荷 q_d

$$Q_1 = 空调区得热量 = q_{1w} + q_{1n} + q_x + q_f \tag{4.2.17-4}$$

$$q_1 = 空调区热强度 = \frac{Q_1}{V_1} \tag{4.2.17-5}$$

$$Q_2 = 非空调区得热量 = Q_{2w} + Q_{2n} - Q_f \tag{4.2.17-6}$$

$$q_2 = 非空调区热强度 = \frac{Q_2}{V_2} \tag{4.2.17-7}$$

$$Q_P = 非空调区排热量 = c_p \rho V_2 n_2 \Delta t_p / 3600 \tag{4.2.17-8}$$

式中　Q_1/Q_2——非空调区与空调区热量比；

Q_{2w}——通过非空调区外围护结构的得热量，W；

Q_{2n}——非空调区内部热源散热量，W；

V_1、V_2——空调区和非空调区体积，m^3；

c_p——空气定压比热，kJ/（kg·℃）；

ρ——空气密度，kg/m^3；

n_2——非空调区换气次数，h^{-1}；

Δt_p——进排风温差，可取 2～3℃。

根据非空调区与空调区热强度比 $\overline{q}_{21}$（$=q_2/q_1$）和非空调区的排热率 $\overline{Q}_P$（$=Q_1/Q_2$），查图 4.2.17-3，即可求得无因次对流热转移负荷 $\overline{q}_d$（$=q_d/Q_{2\_}$）以及 Q_2 值。

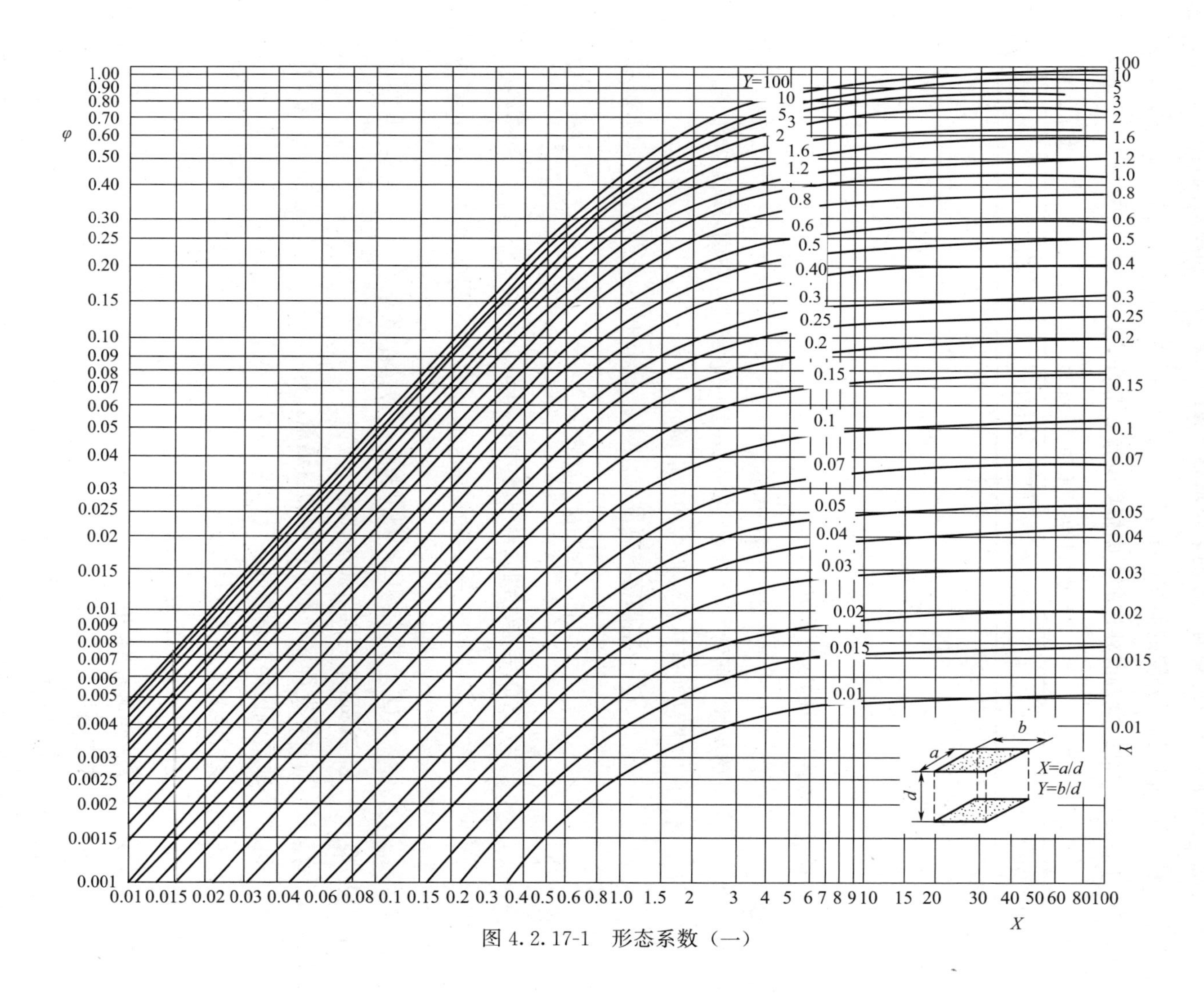

图 4.2.17-1 形态系数（一）

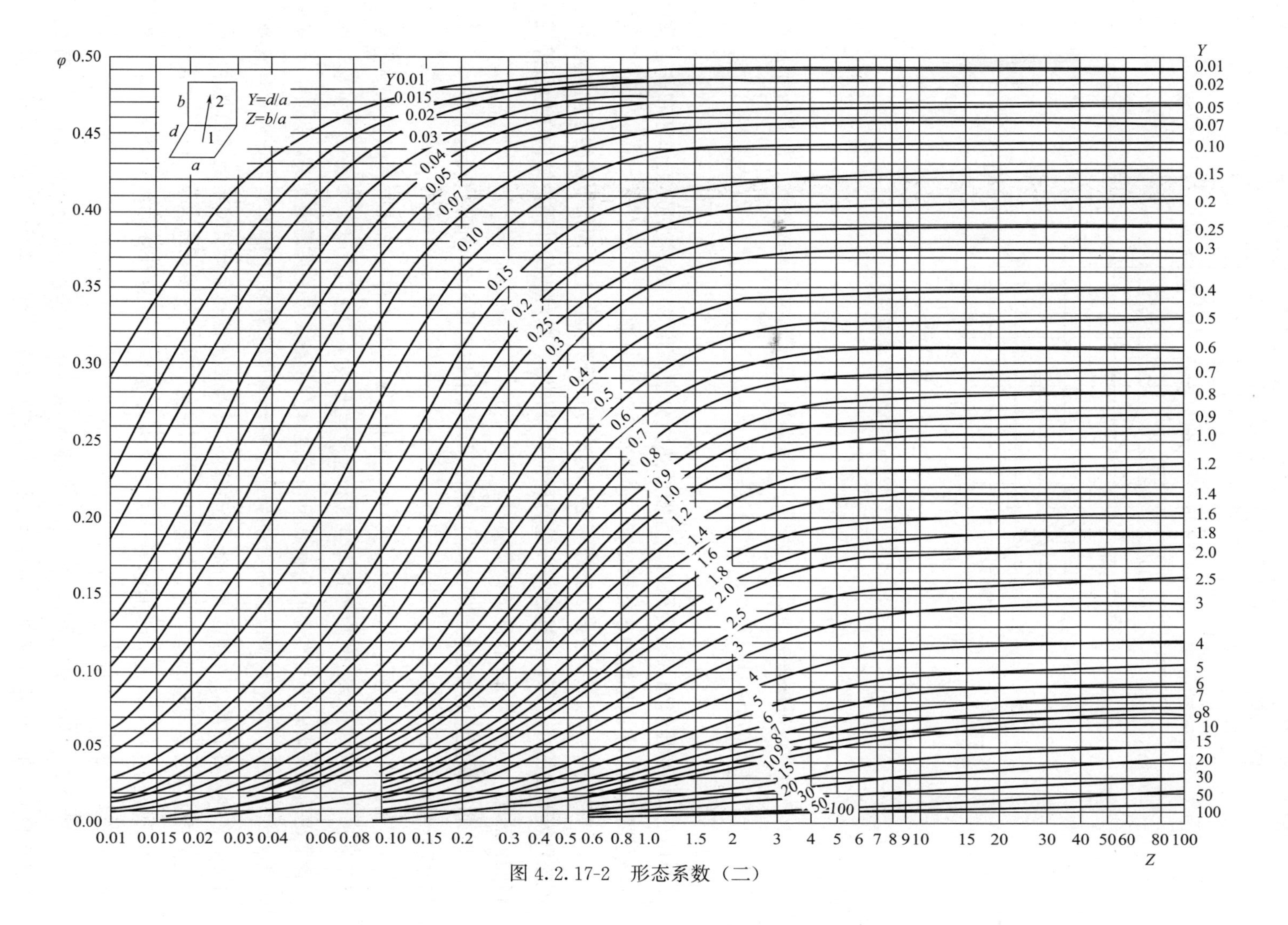

图 4.2.17-2 形态系数（二）

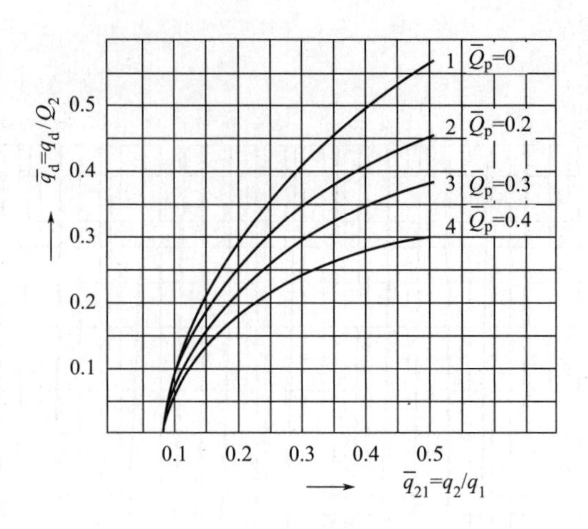

图 4.2.17-3 分层空调对流转移负荷图

【说明】

本条来自于《实用供热空调设计手册》(第二版)。给出本计算方法的目的是为了应对某些较特殊的室内空间在分层空调设计计算的需要。

4.2.18 采用静压箱地板送冷风时，宜按照热力分层高度 2.0m 来划分工作区和非工作区；空调房间和空调系统的冷负荷计算，还应符合下列要求：

1 在按照第 4.2.16 条第 2 款计算工作区冷热负荷的基础上，附加下层楼板向地板静压箱传热形成的冷负荷；当地板静压箱有外围护结构时，其对应的外围护结构向地板静压箱的传热量，也应计入工作区的冷负荷；

2 非工作区域的外围护结构对流换热，不计入工作区域内的空调冷负荷。

【说明】

1 地板静压箱对应的外围护结构传热负荷计算时，地板静压箱的空气温度原则上应按照地板送风温度计算。但由于这与空气处理过程形成了“迭代”计算关系——在焓湿图上计算送风温度时，需要准确的房间负荷，而这部分传热又与送风温度相关，因此，可采用简化方法计算：按地板静压箱所对应的外围护结构实际面积附加 20%，计入空调区所对应朝向和对应性质（外墙或透明外围护结构）的外围护结构负荷计算时的面积之中。地板送风静压箱下层为空调房间时，其楼板传热不计算。当下层为非空调房间时，楼板底部应作保温处理并按照内围护结构传热计算方法来计算下层房间向静压箱的传热。在计算时，其传热计算面积也附加 20%。

2 由于架空层的温度较低，实际上架空地板本身也会向房间传热，考虑这一情况的实际结果是：房间的送风量可以进一步降低（房间负荷的一部分可以通过地板传热负担）。但这样将导致计算过程的复杂；因此除非专门的研究需要，设计时不要求计算架空地板的传热量，这样可能带来实际的设计送风风量大于需求值；但是在考虑到本条第 2 款规定中提出的“非工作区域内的对流热量不应计入工作区域内的空调冷负荷”的方法，可使得焓湿图计算时的风量下降。综合两者“相互抵消”的作用，总体的设计送风量会略大于实际要求，可满足实际工程的需求，也不会导致过大的送风能耗的增加和浪费。

3 对于办公室，其内部典型热源对流与辐射热量分配可参考表4.2.18。

办公室内典型热源对流与辐射热量 **表4.2.18**

热源	辐射热(%)	对流热(%)
太阳直射(无内遮阳)	100	0
太阳直射(有内遮阳)	63	37
荧光灯(悬挂在室内,无灯罩,无通风)	67	33
荧光灯(安装在顶棚内,有通风灯罩)	59	41
白炽灯	80	20
外墙传热	63	37
屋面传热	84	16
空气渗透	0	100
电脑	10～15	85～90
显示器	35～40	60～65
电脑和显示器	20～30	70～80
激光打印机	10～20	80～90
复印机	20～25	75～80
传真机	30～35	65～70
人体显热	40	60

注:1. 本表数值根据ASHRAE手册整理。

2. 所有的数值基于室温为24℃,当室温为27℃时,显热减少约20%,潜热值相应增加。

4.2.19 下列情况宜采用计算机模拟软件进行全年动态负荷计算：

1 需要对空调方案进行能耗和投资等经济性分析时；

2 设计中，利用热回收装置回收冷热量、利用室外新风作冷源来调节室内负荷、冬季利用冷却塔提供空调冷水等节能措施，需要评估各措施的节能效果时；

3 采用蓄冷蓄热装置，需要优化确定装置的容量时；

4 采用土壤源热泵系统，需要进行土壤全年热平衡计算时。

【说明】

采用全年动态模拟计算是一个好的设计方法。但由于从目前的模拟计算结果并不能准确确定设计工况下的负荷，因此模拟计算主要用于对全年的能耗、经济性等评价时。

1 当需要进行经济性分析时，宜以全年冷热负荷为基础能耗及运行费用，因此需要进行全年动态负荷分析。

2 对采取热回收、冬季免费冷源等措施后能够取得的节能效果，仅仅评价其设计工况是远远不够的，宜按全年动态参数来计算节能量。

3 蓄冷蓄热装置的最佳容量，宜根据全年的负荷与运行策略，通过计算年运行费用来确定其经济合理性。

4 为了保证土壤的取热、排热效果，土壤源热泵全年向土壤的排热量和取热量应保持基本平衡（必要时还应考虑土壤的温度自恢复情况）。全年的排热量和取热量应以全年空调负荷为基础计算得到。

4.2.20 **全年动态空调负荷计算应采用计算软件进行计算。计算主要步骤包括：建立建筑模型、输入建设地点、设定围护结构参数、设定室内人员、灯光、设备的作息时间表、设定空调作息表、模拟计算及输出。**

【说明】

全年动态空调负荷计算量非常大，应采用成熟的计算软件进行计算。除冬、夏季设计日负荷计算的输入参数之外，还需要设定各类内扰的作息表及空调系统启停的作息表。

4.2.21 **全年动态负荷计算在进行冬季热负荷计算时，软件应根据作息表扣除相应的室内得热及散湿量。**

【说明】

冬季进入室内的热量和散湿量可降低室内热负荷和湿负荷。从运行节能等要求来看，房间空调系统应配置合理的室内温、湿度控制措施，空调系统实际运行时将根据室内空气状态调整系统的制热量和加湿量，因此在进行全年动态负荷计算时应扣除这部分得热和散湿量。

4.3 空调风系统

4.3.1 **选择和确定空调风系统时，应符合下列总体原则：**

1 根据建筑物的用途、规模、使用特点、负荷变化情况、参数要求、所在地区气象条件和能源状况，以及设备价格、能源预期价格等，经技术经济比较确定；

2 功能复杂、规模较大的公共建筑，宜进行方案对比并优化确定；

3 干热气候区应考虑其气候特征的影响。

【说明】

1 选择空调系统的总原则，是在满足使用要求的前提下，尽量做到一次投资少、运行费经济、能耗低等。对规模较大、要求较高或功能复杂的建筑物，在确定空调方案时，原则上应对各种可行的方案及运行模式进行全年能耗分析，使系统的配置合理，以实现系统设计、运行模式及控制策略的最优。

2 气候是建筑热环境的外部条件，气候参数如太阳辐射、温度、湿度、风速等动态变化，不仅直接影响到人的舒适感受，而且影响到建筑设计。

3 强调干热气候区的主要原因是：该气候区（如新疆等地区）地处内陆，大陆性气候明显，其主要气候特征是太阳辐射资源丰富、夏季温度高、日较差大、空气干燥等，与其他气候区的气候特征差异明显。因此，该气候区的空调系统选择，应充分考虑该地区的气象条件，合理有效地利用自然资源，进行系统对比选择。

4.3.2 除集中新风空调系统外，符合下列情况之一的空调区，宜分别设置空调风系统；不得不合用时，应对标准要求高的空调区采取专门措施，或空调系统按照较高标准来设计。

1 使用时间不同；

2 温湿度基数和允许波动范围不同；

3 空气洁净度标准要求不同；

4 噪声标准要求不同，以及有消声要求和产生噪声的空调区；

5 需要同时供热和供冷的空调区。

【说明】

将不同要求的空调区放置在一个空调风系统中时，分室控制存在困难，有可能会影响使用，所以强调不同要求的空调区宜分别设置空调风系统。但由于建筑平面的多样化，为某个局部空调区独立设置一套空调系统有时候会存在一定的困难（机房设置、风道布置等），从简化空调系统设置、降低系统造价等原则出发，这时可与邻近房间合用空调风系统。但此时应对标准要求高的空调区进行处理，如同一风系统中有噪声标准要求不同的空调区时，应对噪声标准要求高的空调区采取增设符合要求的消声器等处理措施。

需要同时供热和供冷的空调区，是指不同朝向、周边区与内区等。进深较大的开敞式办公用房、大型商场等，内、外区负荷特性相差很大，尤其是冬季或过渡季，常常外区需供热时，内区因过热需全年供冷；过渡季节朝向不同的空调区也常需要不同的送风参数，此时可按不同区域划分空调区，分别设置空调风系统，以满足调节和使用要求；当需要合用空调风系统时，应根据空调区的负荷特性，采用不同类型的送风末端装置，以适应空调区的负荷变化。

一般而言，新风系统不承担室内冷热负荷，仅仅是维持室内人员的新风需求。因此，即使不同使用要求的房间共用新风系统，也不会导致室内温湿度的失控。

但从运行节能的角度来看，在有条件时，按照不同使用要求分别设置新风系统，仍然是最合理的方式。

4.3.3 空气中含有易燃易爆或有毒有害物质的空调区，应独立设置空调风系统。

【说明】

根据建筑消防规范、实验室设计规范等，强调了空调风系统中，对空气中含有易燃易爆或有毒有害物质空调区的要求。当房间内的易燃易爆气体浓度大于或等于其爆炸下限值的10%时，应采用全新风系统。

具体做法应遵循国家现行有关防火、实验室设计规范等的相关要求。

4.3.4 建筑物或空调区的空气调节系统形式，应经过认真的技术经济比较后确定。

1 全空气定风量空调系统应采用单风道系统；

2 各空调区存在一定的负荷变化差异性、部分负荷运行时间较长、要求温度独立控制但温湿度波动范围或噪声标准要求不严格、卫生标准和集中运行管理要求都较高，以及全年都需要供冷的大型建筑物的内区，可合用带有变风量末端装置的全空气变风量系统，且宜按照朝向设计风系统；对于单独的大空间，当室内负荷变化较大且条件允许时，也可采用不带变风量末端装置的区域变风量系统，通过室内温度直接对风机进行变速控制；

3 空调区较多、建筑层高较低，各区温度要求独立控制，可采用风机盘管加新风系统；但空调区的空气品质和温湿度波动范围要求严格或空气中含有较多油烟时，不宜采用风机盘管加新风空调系统；

4 空调区数量多且分散、各区域要求温度独立控制，并具备设置室外机条件的中小型空调系统，可采用变制冷剂流量多联分体式空调系统；

5 全空气变风量系统或采用温湿度独立控制的直流式新风系统等送风温度恒定的空调系统，有低温冷媒可利用时，宜采用低温送风方式；空气相对湿度较大或要求送风换气次数较大的空调区，不宜采用低温送风；

6 潜热冷负荷在总冷负荷中的占比较小，且经技术经济比较合理时，应采用温湿度独立控制空调系统；

7 夏季空调室外计算露点温度较低的地区，经技术经济比较合理时，宜采用蒸发冷却空调系统；

8 下列情况时，应采用直流式（全新风）空调系统：

(1) 系统所服务的各空调区排风量大于按冷负荷或热负荷计算的送风量；

(2) 室内散发有毒有害物质，以及防火防爆等要求不允许空气循环使用；

(3) 卫生或工艺要求采用直流式（全新风）空调系统；

9 建筑内各房间或区域负荷特性相差较大，并要求温度单独调节的办公、商业等建筑，在冬季或过渡季节需同时对不同区域进行供冷与供热，且所需供冷量较大时，可采用水环式水源热泵空调系统；

10 住宅、独立小型建筑物、大型建筑物内布置分散且面积较小的空调房间，或在设

有集中冷源的建筑物中，少数因使用温度或使用时间要求不一致的空调房间，宜采用多联式空调系统、分体式或整体式空调机组。

【说明】

1 单风道全空气系统形式简单，可用于空间较大、人员较多，且房间温湿度参数、洁净度要求、使用时间等基本一致的场所，如商场、影剧院、展览厅、餐厅、多功能厅、体育馆等。也可用于需要温湿度允许波动范围小、噪声或洁净度标准高的高级环境的场合，如净化房间、医院手术室、电视台、播音室等。从目前的实践来看，单风道一次回风系统可满足绝大多数房间的正常使用要求。

2 全空气变风量空调系统具有控制灵活、卫生、节约电能（相对定风量空调系统而言）等特点，按系统所服务空调区的数量，其可分为带末端装置的变风量空调系统和区域变风量空调系统。带末端装置的变风量空调系统是指系统服务于多个空调区的变风量空调系统，区域变风量空调系统是指系统服务于单个空调区的变风量空调系统。对区域变风量空调系统而言，当空调区负荷变化时，系统通过改变风机转速来调节空调区的风量，以达到维持室内设计参数和节省风机能耗的目的。

空调区有内、外分区的建筑物中，对常年需要供冷的内区，由于没有围护结构的影响，可以以相对恒定的送风温度送风，通过送风量的改变，基本上能满足内区的负荷变化；外区较为复杂，受围护结构的影响较大——不同朝向的外区合用一个变风量空调系统时，过渡季节为满足不同朝向空调区的要求，常需要送入较低温度的一次风。对需要供暖的空调区，则通过末端装置上的再热盘管加热一次风供暖。当一次风的空气处理冷源采用制冷机时，需要供暖的空调区会产生冷热抵消现象。

与风机盘管加新风系统相比，变风量空调系统由于末端装置无冷却盘管，不会产生室内因冷凝水而滋生的微生物和病菌等，对室内空气质量有利。但变风量空调系统的投资大、控制复杂；同时，与风机盘管加新风系统相比，其占用空间也大，这是其应用过程中需要解决的主要问题。另外，变风量空调系统的风量变化有一定的范围，其湿度不易控制。因此，规定在温湿度允许波动范围要求高的工艺性空调区不宜采用。对带风机动力型末端装置的变风量空调系统，其末端装置的内置风机会产生较大噪声，因此，规定不宜应用于播音室等噪声要求严格的空调区。

3 风机盘管系统的特点：房间可独立温度调节，相互无干扰，与全空气空调系统相比可节省建筑空间，与变风量空调系统相比造价较低等，适用于旅馆客房、医院病房、办公室等。同时，又可与变风量空调系统配合使用在空调外区。

普通风机盘管加新风空调系统，室内温湿度精度控制的能力有限。同时，常年使用时，冷却盘管外部因冷凝水而滋生微生物和病菌等，对室内空气质量可能产生一些影响。因此，在室内温湿度精度和卫生等要求较严格的空调区使用时，可根据需要提出相应的处理措施。

由于风机盘管对空气进行循环处理，无特殊过滤装置，所以不宜安装在厨房等油烟较多的空调区，否则会增加盘管风阻力并影响其传热。

4 由于多联机空调系统的制冷剂直接进入空调区，当用于有振动、油污蒸气、产生电磁波或高频波设备的场所时，易引起制冷剂泄漏、设备损坏、控制器失灵等事故，故这些场所不宜采用该系统。

多联机空调系统形式的选择，需要根据建筑物的负荷特征、所在气候区等多方面因素综合考虑：当仅用于建筑物供冷时，可选用单冷型；当建筑物按季节变化需要供冷、供热时，可选用热泵型；当同一多联机空调系统中需要同时供冷、供热时，可选用热回收型。

多联机空调系统的部分负荷特性主要取决于室内外温度、机组负荷率及室内机运行情况等。当室内机组的负荷变化率较为一致时，系统在50%～80%负荷率范围内具有较高的制冷性能系数。因此，从节能角度考虑，不同时使用或负荷特性相差较大的空调区，不宜合并到同一系统中。

热回收型多联机空调系统是高效节能型系统，它通过高压气体管将高温高压蒸气引入用于供热的室内机，制冷剂蒸气在室内机内放热冷凝，流入高压液体管；制冷剂自高压液体管进入用于制冷的室内机中，蒸发吸热，通过低压气体管返回压缩机。室外热交换器根据室内机运行模式起着冷凝器或蒸发器的作用，其功能取决于各室内机的工作模式和负荷大小。

室内、外机组之间以及室内机组之间的最大管长与最大高差，是多联机空调系统的重要性能参数。为保证系统安全、稳定、高效运行，设计时，系统的最大管长与最大高差不应超过所选用产品的技术要求。

多联机空调系统是利用制冷剂输配能量，系统设计中必须考虑制冷剂连接管内制冷剂的重力与摩擦阻力等对系统性能的影响，因此，应根据系统制冷量的衰减来确定系统的服务区域，以提高系统的能效比。

室外机变频设备与其他变频设备保持合理距离，是为了防止设备间的互相干扰，影响系统的安全运行。

5 低温送风空调系统具有以下优点：

(1) 由于送风温差和冷水温升比常规系统大，系统的送风量和循环水量小，减小了空气处理设备、水泵、风道等的初投资，节省了机房面积和风管所占空间高度；当冷源采用蓄冷系统时，充分利用高品质的低温冷水，可取得较好的经济效益；

(2) 特别适用于空调负荷增加而又不允许加大风管、降低房间净高的改造工程；

(3) 由于送风除湿量的加大，造成了室内空气的含湿量降低，增强了室内的热舒适性。

低温冷媒可由蓄冷系统、制冷机等提供。由于蓄冷系统需要的初投资较高，当利用蓄冷设备提供低温冷水与低温送风系统相结合时，可减少空调系统的初投资和用电量，更能够发挥减小电力需求和运行费用等优点；其他能够提供低温冷媒的冷源设备，如采用直接膨胀式蒸发器的整体式空调机组或利用乙烯乙二醇水溶液作冷媒的制冷机，也可用于低温送风空调系统。

采用低温送风空调系统时，空调区室内空气相对湿度一般为30%～50%，系统的送风量也较小。因此，应限制在空气相对湿度或送风量要求较大的空调区应用，如植物温室、手术室等。

6 空调系统承担着排除空调区余热、余湿等任务。温湿度独立控制空调系统由于采用了温度与湿度两套独立的空调系统，分别控制着空调区的温度与湿度，从而避免了常规空调系统中温度与湿度联合处理所带来的损失；温度控制系统处理显热时，冷媒温度要求低于室内空气的干球温度即可，为天然冷源等的利用创造了条件，且末端设备处于干工况运行，避免了室内盘管等表面滋生霉菌等。同时，由于冷水供水温度高，系统可采用天然冷源或*COP*值较高的高温型冷水机组或高温直接膨胀式末端（室内机），对系统的节能有利。但由于需要增加末端装置的换热面积，需要从投资上进行一定的合理性分析。

空调区的全部散湿量由湿度控制系统承担，采取何种除湿方式是实现对新风湿度控制的关键。

7 蒸发冷却空调系统是指利用水的蒸发来冷却空气的空调系统。在室外气象条件满足要求的前提下，推荐在夏季空调室外设计露点温度较低的地区（通常在低于16℃的地区），如干热气候区的新疆、内蒙古、青海等，采用蒸发冷却空调系统，以有利于空调系统的节能。

8 直流式（全新风）空调系统是指不使用回风，采用全新风直流运行的全空气空调系统。考虑节能、卫生、安全的要求，一般全空气空调系统不应采用冬夏季能耗较大的直流式（全新风）空调系统，而应采用有回风的空调系统。

9 水环式水源热泵空调系统或机组的使用条件如下：

(1) 冬季建筑内有较多的余热，因此冬季有较大的供冷需求；

(2) 室内噪声要求相对放宽。

10 多联式空调系统、分体式或整体式空调机的独立性强，适用于住宅、独立小型建筑物、大型建筑物内布置分散且面积较小的空调房间，或在设有集中冷源的建筑物中，少数因使用温度或使用时间要求不一致的空调房间，如出租商店、餐厅、小型计算机房、电话机房、消防控制室等。

4.3.5 全空气定风量空调系统设计应符合下列规定：

1 允许采用较大送风温差时，应采用一次回风式系统；

2 送风温差要求较小、相对湿度要求不严格时，可采用二次回风式系统；

3 除温湿度波动范围要求严格的空调区和热湿比特别小的空调区之外，同一个空气

处理系统中，不应有同时加热和冷却过程。

【说明】

湿度控制要求不严格的房间，当送风量大于用负荷和允许送风温差计算出的风量以及采用下送风方式的空调风系统时，可采用避免再热损失的二次回风系统。目前，空调系统控制送风温度常采用改变冷热水流量方式，而不常采用变动一、二次回风比的复杂控制系统；同时，由于变动一、二次回风比会影响室内相对湿度的稳定，不适用于湿负荷大、湿度要求较严格的空调区；因此，在不使用再热的前提下，一般工程推荐采用系统简单、易于控制的一次回风式系统。

4.3.6 **空调风系统的作用半径，除满足单位风量耗功率（W_s）的规定值之外，还应符合以下要求：**

1 **全空气系统的送风作用距离，不宜超过 100m；**

2 **新风空调系统的送风作用距离，不宜超过 120m；**

3 **办公建筑的全空气空调系统，不宜跨层设置；**

4 **高层和超高层建筑采用垂直式新风空调系统时，新风送风最远的楼层数量，不宜超过 10 层，不应超过 15 层。**

【说明】

满足 W_s 值的规定，是节能的基本要求。限制送风系统的作用距离，除了可以降低空气输送能耗外，还考虑到建筑中尽可能减少风道，以有利于房间的装饰设计。对于大型公共建筑，由于其体量大、功能多，风道设计长度不受本条作用距离的限制，但应满足相关标准对 W_s 的规定。

高层办公建筑一般是分楼层使用的，因此空调系统不宜跨楼层设置。

垂直新风系统常见用于办公建筑的集中新风供应和高层酒店客房新风供给。规定楼层数，是为了调试时更好地保证风量分配的均匀性。对于不超过 100m 的高层建筑来说，楼层数一般不会超过 30 层，因此采用顶层和底层设置集中新风机房分别送风，其送风最大距离是可以涵盖的。对于超过 100m 的超高层建筑，按照相关消防规范的要求，每 50m 会设置一个避难层。因此可在避难层内设置集中新风机房，即使单向送风，一般也不会超过 15 层；如果采用上下同时送风，则单向负担的送风楼层数不会超过 10 层。

4.3.7 **空调系统的新风、回风和排风设计，应符合下列原则：**

1 **除冬季利用新风作为全年供冷区域的冷源的情况外，冬、夏季设计工况时，应按照最小新风量进行设计；**

2 **舒适性空调和条件允许的工艺性空调，有条件时应考虑过渡季加大新风量直至采用达到 100%（最少不低于 70%）送风量的措施；**

3 在大型民用建筑物的内区，当空气调节房间内冬季仍有余热时，应首先考虑充分利用室外低温空气进行降温处理，新风量和回风量的比例应可调节；

4 新风量较大且密闭性较好，或过渡季节可能使用大量新风的空调区，应有排风出路；采用机械排风时，排风量应适应新风量的变化。

【说明】

1 为了节能，冬夏设计工况下，新风量应为满足卫生要求的最小新风量。

2 在过渡季加大新风送风量，是运行节能的重要措施之一。但温湿度允许波动范围小的工艺性房间的空调系统或洁净室内的空调系统，考虑到减少过滤器负担，不宜改变或增加新风量。

3 冬季有室温控制要求的舒适性空调系统，如果室内存在余热，首先应采用调节新风比的方式来调节室温。当控制新风比无法调节室温时，按照冬季或夏季设计工况运行。

4 当房间设计新风量较大且房间密闭性较好时，为了防止房间正压过大导致送入的新风量达不到要求，应充分考虑房间的排风措施。

4.3.8 全空气定风量空调系统新风口的进风面积和新风管截面积，应满足第 4.3.7 条对全年最大新风量的运行要求；新风管、回风管、排风管以及回/排风机的设置，应符合以下要求：

1 当要求新风量可无级调节时，应设置回风机和排风管，新风、回风和排风管上均应设置可调式电动风阀；也可设置不带回风阀的变速排风机系统；

2 对于无供热要求的空调系统，其新风阀可采用三位控制方式（全开、最小开度和全关三个位置），回风阀宜采用双位控制（全开和全关），并宜设置定速排风机及排风管；

3 当房间有较多的对外出入口且外门开启时间较多时，可不考虑过渡季的机械排风系统设置，但新风阀与回阀的控制方式与本条第 2 款相同。

【说明】

为了保证过渡季加大新风送风量直至全新风，新风管和进风口截面积应能满足全年最大新风量（可视为空调机组的送风量）的需求。同时，为了防止室内正压过大导致送风量下降，还应设置合理的室内排风措施。通常可以采用设置回风机（兼做过渡季排风机）、专用排风机的方式，也可利用建筑的对外出口来实现。

1 设置回风机后，系统为双风机系统。当回风机采用定速运行方式时，通过调节新风阀、回风阀和排风阀的开度，可以实现不同的新风量引入。如果由于机房内管道布置复杂，无法按照双风机系统来设置时，也可为该房间设置独立的排风系统，采用变速排风机方式来调节过渡季的新风量；排风机过渡季应与送风机连锁运行，其转速变化应与新风阀和回风阀的开度同步。

2 不供热的空调系统，在冬季仅做通风运行。供冷运行工况中，当室外焓值低于室内焓值（夏季过渡季时）时，采用全新风模式（而不是调节新风比模式）更为节能（冷盘管的负荷更低）。由此可知，对新风阀的控制要求是：夏季工况——最小开度；夏季过渡季工况——最大开度。因此这时可采用定速排风机方式（从投资考虑，比变速排风机经济）。

3 对于公共建筑的大堂或门厅，以及交通建筑的大厅等，由于外门开启时间较长，或者如交通建筑中几乎处于常开的情况，过渡季运行时，可以利用这些室外出入口直接正压排风。

4.3.9 **风机盘管加新风空调系统设计，应符合下列规定：**

1 新风宜直接送入人员活动区；

2 采用干式风机盘管时，系统设计应符合第 4.3.11 条的要求；

3 风机盘管承担一部分除湿要求时，夏季新风送风状态点可处理到室内空气状态的等焓线上；

4 新风量较大且密闭性较好，或过渡季节可能使用大量新风的空调区，应有排风出路；采用机械排风时应使排风量适应新风量的变化。

【说明】

1 当新风与风机盘管机组的进风口相接，或只送到风机盘管机组的回风吊顶处时，将会影响室内的通风；同时，当风机盘管机组的风机停止运行时，新风有可能从带有过滤器的回风口处吹出，不利于室内空气质量的保证。因此，推荐新风直接送入人员活动区。

2 对空气质量标准要求较高的空调区，如医院等，采用处理后的新风负担空调区的全部散湿量时，让风机盘管机组干工况运行，有利于室内空气质量的保证；这时的做法与温湿度独立控制系统时等同的。见第 4.3.11 条。

3 如果允许风机盘管除湿运行，夏季将新风处理至室内空气等焓线上，对于风机盘管的选型比较方便——冷量按照空调区的冷负荷来选型即可。

4 做好房间的风平衡是新风有效送入房间的前提。

4.3.10 **舒适性空调的空调区和空调系统的设计新风量，应符合下列规定：**

1 室内人员所需最小新风量，应根据人员的活动和工作性质，以及在室内的停留时间等确定，并符合第 1.5.5 条的规定；

2 空调区的新风量，应按不小于人员所需最小新风量，补偿排风和保持空调区空气压力所需新风量之和以及新风除湿所需新风量中的最大值确定；

3 新风空调系统的新风量，宜按所服务空调区或系统的新风量累计值确定；

【说明】

按以上方法确定出的新风量，是全空气空调系统的设计最小新风量。对于全年允许变新风量的系统，在过渡季节，可增大新风量，利用新风冷量节约运行费用，同时也可得到较好的卫生条件。

4.3.11 温度湿度独立控制空调系统设计，应符合下列规定：

1 温度控制系统的末端设备，不应承担空调区的潜热负荷；

2 湿度控制系统应负担空调区的全部散湿量，其处理方式应根据夏季空调室外计算湿球温度和露点温度、新风送风状态点要求等，经技术经济比较确定；

3 当采用冷却除湿处理新风时，新风最低出风温度与冷媒进口温度之差宜大于或等于3℃，并宜考虑设置新风再热措施；采用转轮或溶液除湿处理新风时，转轮或溶液再生不应采用直接电热方式；

4 对于以辐射为主的末端装置，应采取确保末端设备表面不结露的自动控制措施。

【说明】

1、2 温湿度独立控制系统，一般采用干式末端设备来应对室内显热负荷，湿负荷则可通过送入房间的新风来排出，或者由其他独立的湿度控制环节（例如就地设置的除湿机等方式）来实现。

3 当采用冷却除湿的新风排除室内余湿时，不宜过分降低传热温差，以防止过大的表冷器换热面积需求带来的经济性不好。本条来源于《民用建筑供暖通风与空气调节设计规范》GB 50736—2012 第 7.3.13 条的要求。

4 防止辐射末端设备表面出现凝水，是基本的要求。

4.3.12 空调风系统设计时应尽可能降低风机的设计安装容量，并符合以下规定：

1 风道设计时，应尽可能降低阻力，风机风压或空气处理机组机外余压应通过对风道的阻力计算后确定；

2 应采用高效率的风机和电机，有条件时宜优先选用直联驱动的风机和直流无刷电机；

3 风量大于 10000m^3/h 的空调通风系统，其风道系统单位风量耗功率（W_s）不宜大于表 4.3.12 规定的限值。风道系统单位风量耗功率（W_s）应按下式计算：

$$W_s = P/(3600 \times \eta_{CD} \times \eta_F) \tag{4.3.12}$$

式中 W_s——风道系统单位风量耗功率，W/（$m^3 \cdot h$）；

P——空调机组的余压或通风系统风机的风压，Pa；

η_{CD}——电机及传动效率，%，η_{CD} 取 85.5%；

η_F——风机效率，%，按设计图中标注的效率选择。

风道系统单位风量耗功率 W_s 限值　　表 4.3.12

系统形式	W_s 限值[W/($m^3 \cdot h$)]
机械通风系统	0.27
新风系统	0.24

续表

系统形式	W_s 限值[W/(m³·h)]
办公建筑定风量系统	0.27
办公建筑变风量系统	0.29
商业、酒店建筑全空气系统	0.30

【说明】

规定 W_s 的目的是要求设计师对常规空调通风系统的风管系统在设计工况下的阻力进行一定的限制，同时选择高效的风机。

由于空调系统中的空调机组构成和功能段要求不同，设计师能够完全控制的主要是风道系统的设计。因此 W_s 计算中，对于空调系统采用机组余压；对于通风系统，则采用的是通风机风压。

4.4 空调区送风量与气流组织

4.4.1 空调区的设计送风温差，应根据空气处理过程的焓湿图计算结果，并符合以下规定：

1 舒适性空调，采用上送、侧送等送风方式时，夏季宜采用最大送风温差，但不宜大于15℃；采用地板送风时，夏季送风温度不宜低于16℃；采用置换通风、岗位送风或人员长期处于送风射流区的下送风方式时，夏季送风温度不宜低于18℃；

2 舒适性空调冬季热风的送风温差，采用定风量系统时，不宜大于10℃，不应大于12℃；采用变风量时，不宜大于8℃；

3 工艺性空调，夏季送风温差按表4.4.1确定，并符合空调区换气次数的要求；

4 工艺性空调冬季热风的送风温差，应符合该空调区换气次数的要求。

工艺性空调的夏季送风温差　　表4.4.1

室温允许波动范围(℃)	送风温差(℃)
±0.1～±0.2	2～3
±0.5	3～6
±1.0	6～9
>±1.0	人工冷源：≤15，天然冷源：可能的最大值

【说明】

焓湿图是暖通空调计算的基本工具。规定送风温差是为了保证空调区的人员舒适度或保证工艺空调的精度。

1、2 夏季工况时，采用上送或侧送时，一般来说人员处于送风回流区，人员周围的风速相对较低，允许较大的送风温差以降低送风量。地板下送风一般会用于高大空间，尽管这些场所的人员活动有一定的灵活性和位置的可选择性，但在送风口附近由于冷风流速较大会带来一些不舒适，因此其送风温差应小于上送风或侧送风方式。当置换通风、岗位送风或人员长期处于送风射流区时，为防止冷风带来的不舒适感，夏季的送风温度应提高。

3 当冬季送热风时，如果送风温度过高，人员舒适感不佳，且送风温度过高后，由于热压效应，送风效率偏低，导致热风不能全部有效地被送到被空调区。因此，规定了热风送风温差的最大限值。当采用变风量空调系统时，由于运行过程中风量随热负荷的减小而降低，因此设计送风温差宜比定风量空调系统更小一些。

4 工艺性空调的送风温差，主要根据室温允许的波动决定。送风量换气次数，实际上与送风温差是对应的。

对于采用低温送风的空调系统，其空调区的送风温度应以系统直接送风量与房间诱导风量之和作为空调区送风量来计算。

4.4.2 一般的舒适性空调，其设计送风量可不考虑换气次数要求。其他空调区的送风量，应满足以下对空调区换气次数的要求：

1 医疗用房的送风量不宜小于房间 $6h^{-1}$ 的换气次数；

2 工艺性空调区的换气次数不宜小于表 4.4.2 所列数值。

工艺性空调区的换气次数 **表 4.4.2**

室温允许波动范围(℃)	每小时换气次数(h^{-1})	备注
±0.1～±0.2	12	
±0.5	8	
±1.0	5	高大空间除外

【说明】

以系统直接送风量来计算。

4.4.3 空调区的设计送风量，应根据焓湿图计算的结果和空调区送风换气次数要求计算出的风量两者的较大值来确定。空调系统夏季送风量的焓湿图计算时，按照以下公式：

$$G=\frac{Q_q}{h_N-h_O}=\frac{Q_x}{C_p(t_N-t_O)}=\frac{W}{d_N-d_O} \tag{4.4.3}$$

式中 G——送风量，kg/s；

Q_q——空调区全热负荷，kW；

h_N——室内焓值，kJ/kg$_{干空气}$；

h_O——送风焓值，kJ/kg$_{干空气}$；

Q_x——空调区显热负荷，kW；

C_p——空气定压比热，kJ/(kg·℃)；

t_N——室内温度,℃；

t_O——送风温度,℃；

W——室内湿负荷，kg/s；

d_N——室内含湿量，kg/kg$_{干空气}$；

d_O——送风含湿量，kg/kg$_{干空气}$。

当（t_N-t_O）大于表 4.4.1 所规定的送风温差的最大值时，应在焓湿图设计时减小送风温差。

【说明】

本条主要针对的是负担了空调区冷热负荷的全空气系统（包括直流式全空气系统）。在送风量计算时，首先应在焓湿图上进行空气处理过程计算。根据焓湿图计算的结果，用送风温差限值和换气次数要求来进行校核，并最终确定设计送风量。

4.4.4 **当冬、夏季空调系统采用同一送风量时，其设计送风量应分别按照冬季和夏季工况进行计算，并以其中的较大者作为空调区的设计送风量。**

【说明】

目前绝大多数全空气空调系统都采用了定风量空调系统，其运行时冬、夏的送风量一般会保持不变。对于夏热冬暖地区、夏热冬冷地区和大部分寒冷地区的建筑，一般的做法是：按照夏季设计工况计算出送风量之后，根据这一送风量进行冬季的处理过程计算。如果这时计算出的冬季送风温度符合第 4.4.1 条的规定，则采用此送风量作为设计送风。对于严寒地区和部分寒冷地区的某些冬季热负荷较大而夏季冷负荷较小的建筑，则情况可能相反，这时就应根据冬季送风温差的限值来确定设计送风量并校核是否满足夏季送风温差的要求。

4.4.5 **空调区的气流组织形式应根据空调区的温湿度参数、允许风速、噪声标准、空气质量、温度梯度以及空气分布特性指标（ADPI）等要求，结合内部装修、工艺或家具布置等确定。**

【说明】

对于特定的空调区，其气流组织形式与风口布置、风口形式等直接相关。应在首先满足室内环境的基础上，与室内装修设计进行协调。

4.4.6 空调房间的气流组织设计，应符合下列要求：

1 应进行必要的气流组织计算；

2 满足室内设计温湿度及其精度、人员活动区的允许气流速度、室内噪声标准和室内空气质量等要求；

3 气流应均匀分布，避免产生短路并减少死角。

【说明】

1 对于小开间的办公室、酒店客房等常规尺度下的空调区，可以通过对所选择的送风口特点来核查其气流组织的合理性。对于高大空间，应做气流组织的详细计算。

2 气流组织计算时，一般情况下可根据所采用的送风口形式、送风射流特点、送回风口布置等，采用手工计算；对于空间复杂的空调区，或对室内参数的均匀度要求较高时，宜采用计算流体动力学（CFD）数值模拟软件计算。

3 气流组织计算过程应结合室内装修时实际采用风口形式，以保证气流的合理性。

4.4.7 房间净高超过 10m 的高大空间，可采用分区空调方式。当房间净高超过 20m 时，宜采用分层空调方式。

【说明】

分层空调与分区空调是有差别的。分区空调指的是局部空调的概念，即只需要对局部空间送风来满足要求，但空间中各点的空气参数随高度的变化“斜率”基本相同，是“渐变”的，不会出现明显的参数突变点；分层空调则一般需要采用附加的空气幕等措施作为非空调空间和空调空间的“隔断层”，因此在隔断层，其空气参数会有明显的“突变”（变化的“斜率”与其他空间有明显的区别）。岗位送风和座椅下送风，属于典型的分区空调方式分层空调方式在一些高大厂房的案例中可以看到，尤其对于“高径比”（或空间净高与地面面积之比）较大的空间，其送风气流可以起到良好的阻隔作用，因此具有较好的适宜性。

4.4.8 空调区的气流组织形式，可按以下原则确定：

1 有条件时，优先采用岗位送风方式；

2 采用置换送风、地板送风等下送风方式时，回风口设置高度宜为 2～3m；

3 当采用上送或高位侧送方式时，回风口宜设置于房间下部低位处；

4 仅为夏季降温服务的空气调节系统，且房间净高较低时，可采用上送上回方式，但送、回风口的间距应保证不出现气流短路的情况；

5 以冬季送热风为主的空气调节系统，当房间净高较高时，宜采用下送方式；

6 净高较低、单位面积送风量较大，且人员活动区内的风速或区域温差要求较小时，宜采用孔板下送风方式；

7 全年使用的空气调节系统，应对冬夏气流组织进行校核；

8 应防止送风气流被阻挡。

【说明】

1 岗位送风的效率最高，应优先采用。

2 下送风时，回风口宜适当提高安装高度，保证气流顺畅和防止送风气流短路。

3、4 与下送风相反，上送或高位侧送时，从气流组织上看，回风口宜设置于房间的较低位置。实际工程中由于房间布置等原因，有时很难做到理想的气流组织。因此当仅为夏季降温时，可以采用上送上回方式。在送风口与回风口布置时，其间距应大于送风空气主体射流段的扩散距离（尤其是采用散流器顶部平送风时），防止气流短路。

5 冬季对高大空间送热风时，由于热压作用会导致上送风方式的效率降低，因此宜采用下送风方式。

6 孔板送风在民用建筑舒适性空调房间中应用不多，主要适用于有一定温度精度要求或空调区温度均匀性要求的场所。根据测定可知，在距孔板 100～250mm 的汇合段内，射流的温度、速度均已衰减，可满足±0.1℃ 的温度波动要求，且区域温差小，在较大的换气次数下（每小时达 32 次），人员活动区风速一般均在 0.09～0.12m/s 范围内。

7 对于冬、夏季均使用的空调系统，气流组织需要兼顾冬、夏两个工况。

8 送风气流被阻挡后，将严重影响原设计的气流组织，需要引起重视。

4.4.9 送风口选型应符合下列规定：

1 除第 4.4.13 条第 2 款所列情况外，岗位送风、置换送风及地板送风口，宜采用扩散性能较好的旋流风口；

2 净高较低的房间，采用顶部送风时，宜采用贴附型散流器平送；

3 侧送风口宜采用的双层百叶风口、可调条缝型风口等射流收缩角可调的风口；

4 体育馆、展览馆、演播室等高大空间集中送风时，宜采用喷口送风；有条件时宜采用可伸缩风口；

5 冬夏合用的变风量系统，有条件时可采用可调送风角度的风口；

6 应对送风口表面温度进行校核，当低于室内露点温度时，应采用低温风口；

7 当采用与灯具结合的一体式风口时，与送风相接触的静压箱等部分，应采取与送风管同等级别的保温措施。

【说明】

送风口的形式是影响气流组织的关键因素。

1 岗位送风、置换送风及地板送风方式，由于送风可能会直接吹向人体，因此要求扩散性能较好。岗位送风口作为个性化送风装置，还宜具有风量和送风角度可调的功能。

2 净高较低的房间，气流组织设计的重点是防止冷风直接吹向人体，因此要求送风口贴附性能较好，与贴附型散流器（也称为平送型散流器）的特点较为吻合。当有吊顶可利用时，采用这种送风方式较为合适。对于室内高度较高的空调区（如影剧院等），以及室内散热量较大的空调区，应采用向下送型散流器。

3 侧送风是已有几种送风方式中比较简单经济的一种，在大多数舒适性空调中均可以采用。当采用较大送风温差时，侧送贴附射流有助于增加气流射程，使气流混合均匀，既能保证舒适性要求，又能保证人员活动区温度波动小的要求。侧送时，通过贴附作用有利于增加射程。送风射程可通过扩散角可调来实现。

4 喷口送风主体段的射程远，出口风速高，可与室内空气强烈掺混，能在室内形成较大的回流区，同时还具有风管布置简单、便于安装、经济等特点，达到布置少量风口即可满足气流均布的要求，适用于高大空间的集中送风。结合工艺的需要（例如演播室），采用可伸缩风口来提高送风效率，减少送风射程，可以实现岗位送风。

5 冬夏合用的变风量系统，往往是按照夏季送冷风来选择风口的。由于在使用过程中送风量不断变化，且冬季绝大部分时间的送风量会小于夏季，因此需要特别注意其冬季的送风气流组织，必要时可采用可变射流流型的送风口。

6 送风口表面温度与送风口的送风温度并不完全等同。在送风时由于存在风口对室内空气的诱导卷吸作用，因此风口表面所接触的空气并不完全是室内空气。同时，不同的风口材质由于传热的不同也会影响风口表面温度的分布。在一般情况下，夏季时风口表面的防结露温度可按照送风温度提高 1～2℃来核算。低温风口与常规散流器的主要差别是：可以通过诱导方式使其风量加大，因此低温风口所适用的温度和风量范围较常规散流器广。选择低温风口时，一般与常规方法相同，但应对低温送风射流的贴附长度予以重视。在考虑风口射程的同时，应使风口的贴附长度大于空调区的特征长度，以避免人员活动区吹冷风现象发生。

7 采用灯具式风口时，为了防止灯具散热对送风进行加热，应有相应的保温措施。

4.4.10 送风方式采用散流器贴附顶送时，应符合下列要求：

1 应根据空气调节房间吊顶高度、允许的噪声要求等参数，确定散流器允许的最大喉部送风速度、散流器的形式和数量。

2 每个散流器或其送风连接的支管上，宜设置风量调节阀。

3 散流器平面位置时，应有利于送风气流对周围空气的诱导，风口中心与侧墙的距离不宜小于 1.0m，避免产生死角，射流射途中不得有阻挡物。

4 兼作热风供暖，且风口安装高度较高时，宜具有改变射流出口角度的功能。

【说明】

1 散流器布置应结合空间特征，按对称均匀或梅花形布置，以有利于送风气流对周围空气的诱导，避免气流交叉和气流死角。与侧墙的距离过小时，会影响气流的混合程度。散流器有时会安装在暴露的管道上，当送风口安装在顶棚以下 300mm 或者更低的地方时，就不会产生贴附效应，气流将以较大的速度到达工作区。

2 散流器平送时，平送方向的阻挡物会造成气流不能与室内空气充分混合，提前进入人员活动区，影响空调区的热舒适。

3 散流器安装高度较高时，为避免热气流上浮，保证热空气能到达人员活动区，需要通过改变风口的射流出口角度来加以实现。温控型散流器、条缝型（蟹爪形）散流器等能实现不同送风工况下射流出口角度的改变。

4.4.11 采用孔板上送风时，应符合下列规定：

1 孔板上部稳压层的高度应按计算确定，且净高不应小于 0.2m；

2 稳压层内设置的送风口的出口流速宜小于或等于 3m/s；当送风口距最远孔口的送风距离大于 4m 时，稳压层内宜设置送风分支管；

3 孔板布置应与室内局部热源分布相适应；

4 利用吊顶上部空间做静压箱，在吊顶上直接设孔板或风口时，吊顶四周及顶部围护结构应保温和密封。

【说明】

稳压层的压力均匀，是保证孔板均匀送风的必要条件。无论是稳压层净高控制、风速控制还是设置送风分支管，都是为了达到这一目的。

4.4.12 采用喷口送风时，应符合下列规定：

1 人员活动区宜位于回流区；

2 喷口送风的射程和速度、喷口直径及数量、喷口安装高度，应根据空调区的高度和回流区分布等确定；

3 冬夏合用喷口时，宜采用具有改变射流出口角度的功能。

【说明】

1 将人员活动区置于气流回流区是从满足卫生标准的要求而制定的。

2 喷口送风的气流组织形式和侧送是相似的，都是受限射流。受限射流的气流分布与建筑物的几何形状、尺寸和送风口安装高度等因素有关。送风口安装高度太低，则射流易直接进入人员活动区；太高则使回流区厚度增加，回流速度过小，两者均影响舒适度。

3 对于兼作热风供暖的喷口，为防止热射流上升，设计时应考虑使喷口具有改变射流角度的功能。目前在大空间集中送风系统中，已经开始采用了送风角度自动可调的喷口。当夏季送冷风时，射流一般为水平出口；冬季送热风时，则将风口角度自动向下，使热风更容易送至空调区。

4.4.13 **地板下送风设计，应符合下列原则：**

1 地板下送风的风口不应设置在人员长期停留区域；人员活动区的风速应符合表1.5.4的规定；采用地板散流器下送时，地板散流器布置宜与室内局部热源的分布相适应，且不宜直接安装在人员座位下，应离开人员座位至少50cm；

2 有大面积玻璃幕墙的房间，宜采用沿外墙地面或窗台向上送风的方式；

3 空调区内不宜有其他气流组织。

【说明】

1 尽管下送风要求的温度高于上送或侧送，但也不宜直接吹向人员长期停留的区域。地板下送风在房间内会产生垂直温度梯度和空气分层。典型的空气分层分为三个区域：第一个区域为低区（混合区），此区域内送风空气与房间空气混合，射流末端速度为0.25m/s。第二个区域为中区（分层区），此区域内房间温度梯度呈线性分布。第三个区域为高区（混合区），此区域内房间热空气停止上升，风速很低。房间内空气一旦上升到分层区以上时，就不会再进入分层区以下的区域。

热分层控制的目的是在满足人员活动区舒适度和空气质量的要求下，减少空调区的送风量，降低系统输配能耗，以达到节能的目的。热分层主要受送风量和室内冷负荷之间平衡关系的影响，设计时应将热分层高度维持在室内人员活动区以上，一般为1.2～1.8m。

2 建筑的大堂等采用大面积玻璃幕墙时，沿着幕墙送风可以改善幕墙内表面温度（冬季提高、夏季降低），对室内人员的舒适性有较大的好处。一些游泳馆的外围护幕墙采用这种方式时，还能够起到玻璃内表面防结露的效果。对于天窗，也是同样的道理，可在室内设置贴附天窗的送风措施。

3 如果空调区中还有其他的气流组织形式，地板下送风的效果会受到一定的影响。

4.4.14 **地板送风空调系统房间送风量，按下列要求确定：**

1 空气处理过程的计算送风量，宜按照工作区的计算负荷和其设计空气参数，通过焓湿图计算得到；

2 当采用有压式地板静压箱时，空调机组的设计送风量应考虑静压箱漏风情况，在上述计算送风量的基础上进行适当的附加。对于普通办公室，附加率可选10%～20%；当地板静压箱的尺寸较大或单一地板送风系统供给的物理分隔空间数量较多时，可取25%～30%的附加率。采用无压式地板静压箱或者架空地板空间仅仅作为空调风道布置空间时，空调机组的设计送风量附加率按照常规空调系统选取。

【说明】

1 因为非工作区的负荷也通常是由空调系统带走的，如果仅仅考虑工作区的负荷，对于盘管而言显然有所欠缺。但是这里主要是强调在计算风量时的负荷和参数选取方法；

当计入非工作区负荷时，实际上应按照室内工作区与非工作区的空气平均参数来计算，这样得到的计算风量值，与本条第1款基本相等。

2 地板静压箱分为有压静压箱和零压静压箱：

(1) 有压静压箱：直接依靠空调机组提供的送风保证静压箱的压力，静压箱相对房间的正压值以克服地板送风口的阻力为原则来确定。有压静压箱应具有良好的密封性，当大量的不受控制的空气泄漏时，会影响空调区的气流流态。地板静压箱与非空调区之间建筑构件，如楼板、外墙等，应有良好的保温隔热处理，以减少送风温度的变化。

(2) 无压（或零压）静压箱；依靠架空地板空腔中设置的末端装置为房间送风，静压箱内的空气压力可视为空调房间的压力。

尽管要求地板静压箱应严密，但实际工程中由于施工等原因，地板静压箱的实际漏风情况也远远大于风管漏风，需要设计时认真考虑。但是，其中的大部分漏风是地板静压箱通过架空地板向房间的漏风，成为送入工作区的“空调送风”。因此，普通办公室地板送风系统漏风量的附加，可按照风管漏风附加的较高值选取。

4.4.15 地板下送风或座椅送风的静压箱，应满足下列要求：

1 静压箱的高度应满足静压箱内系统装置最大部件的安装、空气流动和电气布线的要求，并应考虑建筑层高（使用净高）、经济性等因素；

2 采用有压地板送风静压箱时，各区域的静压箱应分别整体密封，且与非空调区之间有保温隔热处理。

【说明】

1 地板送风静压箱的测试结果表明：高度为100mm时，静压箱内仍能够获得较好的气流分布。当电气布线与地板送风系统综合使用时，地板送风静压箱的典型高度为300～450mm。

2 在观演建筑和体育建筑中，当采用座位送风方式时，座位下通常都是一个与观众区平面尺寸相同的非常大的送风静压空腔（人员可进入），这种情况下，土建专业的密封程度远不如办公室，且管理人员出入门的漏风情况也相对较大，因此送风量的附加率宜适当提高。

4.4.16 地板送风装置或送风口的选型与布置，应符合下列规定：

1 应根据房间热负荷分配状况、热舒适性和控制要求及地板送风口的特性等因素，经技术经济比较后选用地板送风装置形式；

2 为个人/岗位服务的送风口宜邻近使用人员布置；

3 应根据房间送风量、内外分区、工作岗位分布情况等确定地板送风口的数量和送风量；

4 **应根据热力分层高度、有压地板送风静压箱的静压值（采用被动式送风口时），按产品提供的送风装置的性能参数选择；热力分层处的风速宜控制在0.20～0.30m/s。**

【说明】

常用地板送风装置类型和特征见表4.4.16。

常用地板送风装置类型和特征 **表4.4.16**

分类		构造和特征
被动式	旋流型地板散流器	空调送风呈旋流状射出，与工作区域的空气快速混合后达到散流器垂直射程； 可通过旋转散流器，或打开散流器调节风量控制阀进行手动有限调节； 增加电控装置，通过风量控制阀可实现自动控制
	可变面积地板散流器	空调送风通过地板上的方形条缝格栅以射流方式送出； 采用内部风阀调节散流器的可活动面积，当送风量减少时，其出风速度基本维持不变； 使用人员可通过调节格栅的方向来改变送风射流的方向； 送风量可由使用者控制，或通过区域温度控制器自动控制
	条缝型地板格栅风口	送风的射流呈垂直面状，适于布置在外区靠近外窗处； 布置在外区时，为减少送风冷量损失，宜通过风管接入送风； 风口一般配有多叶调节风阀，可对风量进行一次性微调
主动式	地板送风单元	在单一地板块上安装多个射流型出风格栅； 可转动格栅调节出风方向； 风机送风量可通过改变风机转速控制
	岗位/个人环境送风控制单元	有桌面送风柱、桌面下散流器、隔断散流器等形式； 可以调节送风方向，可以手动或自动调节送风量

注：送风口宜带有集尘装置。

4.4.17 **置换送风方式设计时，应符合下列规定：**

1 **房间净高宜大于2.7m；**

2 **热源以人员、设备（计算机、复印机等）、灯光为主，且人员密度变化不大，人员活动量较轻，空调区的单位面积冷负荷宜小于或等于120W/m²；**

3 **污染源与热源位置相近，浓度不大且稳定；**

4 **人脚踝处风速不宜超过0.2m/s；**

5 **空调区内不应有其他气流组织。**

【说明】

置换通风为下部送风的一种特例，其原理是送入的冷空气层依靠热浮升力的作用上升带走热湿负荷和污染物，置换通风的主导气流主要由室内热源控制，室内上部区域可以形成垂直的温度梯度和浓度梯度，而非依靠风速产生送风射程，因此适用于有热源或热源与污染源伴生的、全年送冷的区域。当送入热风或送风速度较大时，便不再属于置换通风范畴，为一般下送风方式。冬季有大量热负荷需求的建筑物外区，不宜采用置换通风系统。对室内空气含尘量要求严格的舒适性空调系统，也不适于采用。

采用置换通风方式的区域，如果有其他的气流组织，将使置换通风的效果受到较大的影响。

4.4.18 **置换送风口的选择和布置原则如下：**

1 **设置高度宜小于或等于 0.8m；**

2 **布置置换送风口时，室内人员长期停留位置应在其扩散平面临近区以外；**

3 **置换送风口应布置在室内空气易流通处，送风口附近不应有遮挡物；**

4 **回风口应设置在室内热力分层高度以上。**

【说明】

1 置换送风主要依靠自然作用力，因此，送风口不应过高，否则送风气流不易下沉；

2 为了防止人员的吹冷风感，置换送风口与人员长期停留处宜保持一定的距离；

3 置换送风的扩散力很小，当有遮挡时，严重影响其使用效果。

4.4.19 **高大空间的舒适性空调，采用侧送风方式的分区空调方式时，其气流组织设计应符合下列规定：**

1 **空调区可采用采用侧送或空调区顶部下送风方式；当采用喷口侧送时，喷口高度宜距地 4～5m，其单股射流长度宜为 15～25m；**

2 **回风口宜布置在与送风口同侧的房间下部；**

3 **多股侧送平行射流至送风射程最远处时，应互相搭接；采用双侧对送射流时，每侧的射程可按相对喷口间距的 1/2 计算；**

4 **宜在非空调区上部设置夏季排风措施；**

5 **冬季宜设置将高大空间上部热风作为下部送风供暖的措施。**

【说明】

1 送风射流长度要求过大，会导致送风口的噪声过大；

2 回风口可以采用集中设置的方式；

3 为了保证分区空调这一重要原则，必须侧送多股平行气流应互相搭接，以便形成覆盖。

4 通过空间顶部或上部设置的机械排风或自然排风，可以在夏季减少非空调区向空调区的热转移；

5 在冬季，当上部空间温度较高时，可以通过设置风机的室内循环方式，将热空气引至下部空调空间，作为供暖的部分送风使用。上部设置的排风系统，冬季不宜运行。

4.4.20 高大空间的舒适性空调，采用分层空调方式时，应符合以下规定：

1 当采用地板下送风时，应满足第4.4.16条的要求；

2 在空调区和非空调区之间，宜设置水平式空气幕，空气幕的送风射程要求与空调区的送风射流长度相同；空气幕可采用室外空气；水平空气幕送风口的设置高度，应保证空气幕不扩散到空调区；

3 冬季供热时，可按照第4.4.16条考虑。

【说明】

1 在供冷时，分层空调设计的关键是在整个空间内形成空调区和非空调区。设置合理的水平风幕来阻断非空调区向空调区对流热量的转移是主要的措施。作为空气“阻断层”的水平风幕，其同侧送风的多股平行侧送气流，宜尽可能减少风口间距以使得送风尽早互相搭接；双侧对送射流的射程可按相对喷口中点距离的90%计算。与第4.4.16条一样，为减少非空调区向空调区的热转移，应采取消除非空调区的散热量等措施。实验结果表明，当非空调区内的散热量大于4.2W/m^{3}时，在非空调区适当部位设置送、排风装置，可以取得较好的效果。

2 空气幕可以直接采用室外空气，其送风口高度与送风口的形式以及射程有关。空气幕射流可按照半无限场计算，且射程端部的射流下边沿，宜高出空调区1～2m。

3 在冬季，水平式空气幕以及上部排风设施不宜运行。

4.4.21 空调区的送风口风速，应根据建筑物使用性质、对噪声的不同要求、送风方式、送风口类型、安装高度、空调区允许风速和噪声标准等，经计算确定。风口最大风速，不宜超过表4.4.21-1～表4.4.21-2的规定。

侧送百叶送风口最大送风速度 表4.4.21-1

建筑物类别	最大送风速度(m/s)	建筑物类别	最大送风速度(m/s)
录音、广播室	≤2.5	电影院	≤6.0
住宅、公寓、客房、会堂、剧场、展厅	≤3.8	商店	≤7.5
一般办公室	≤6.0	医院病房	≤4.0
高级办公室	≤4.0		

散流器喉部最大送风速度（m/s） 表4.4.21-2

建筑物类别	吊顶高度			
	3	4	5	6
广播室	3.9	4.15	4.25	4.35
住宅、剧场、手术室	4.35	4.65	4.85	5.00
公寓、旅馆大堂、办公室	5.15	5.40	5.75	5.85
餐厅、商店	6.15	6.65	7.00	7.15
公共建筑物	7.35	8.00	8.35	8.60

孔板、条缝、喷口的最大送风速度 表 4.4.21-3

送风方式	送风速度(m/s)	备注
孔板顶送	≤3.0	送风均匀性要求高或送热风时,取较大值
条缝风口顶送	≤4.0	送风口位置高或活动区允许风速高和噪声标准低时,取较大值
喷口	≤8.0	当空调区域内噪声要求不高时,最大值可取10m/s
地板下送	≤2.0	当直接吹向人体时,应≤1.0
置换通风下送	≤0.3	

【说明】

送风口的出口风速，应根据不同情况通过计算确定。

侧送和散流器平送的出口风速，受两个因素的限制：一是回流区风速的上限，二是风口处的允许噪声。回流区风速的上限与射流的自由度$\sqrt{F}/d_0$有关，侧送和散流器平送的出口风速采用2～5m/s是合适的。

孔板下送风的出口风速，从理论上讲可以采用较大的数值。因为在一定条件下，出口风速较大时，要求稳压层内的静压也较高，这会使送风较均匀；同时，由于送风速度衰减快，对人员活动区的风速影响较小。但当稳压层内的静压过高时，会使漏风量增加，并产生一定的噪声。一般不宜超过3m/s。

条缝型风口气流轴心速度衰减较快，对于舒适性空调，其出口风速宜为2～4m/s。

喷口送风的出口风速根据射流末端到达人员活动区的轴心风速与平均风速经计算确定。喷口侧向送风的风速宜取4～10m/s。

4.4.22 回风口的布置，应符合下列规定：

1 不应设在送风射流区内；

2 兼作热风供暖且房间净高较高时，宜设在房间的下部区域；

3 气流组织合理时，可采用公共区域集中回风；

4 采用置换通风、地板送风时，设置位置宜略高于人员活动区；

5 当室内采用顶送方式时，且以夏季送冷风为主的空气调节系统，可采用与灯具一体的顶部回风口；

6 建筑顶层，或吊顶上部存在较大发热量，或吊顶空间较大时，夏季不宜直接从吊顶回风。

【说明】

回风口对房间的气流组织影响远远小于送风口。因此，回风口的形式可以多样化，其重点在于合理的回风口风速设计（避免回风阻力过大）和防止送风气流短路（未进入房间而直接进入回风口）。

按照射流理论，送风射流引射着大量的室内空气与之混合，使射流流量随着射程的增加而不断增大。而回风量小于（最多等于）送风量，同时回风口的速度场图形呈半球状，其速度与作用半径的平方成反比，吸风气流速度的衰减很快。所以在空调区内的气流流型主要取决于送风射流，而回风口的位置对室内气流流型及温度、速度的均匀性影响均很小。设计时应考虑尽量避免射流短路和产生“死区”等现象。采用侧送时，把回风口布置在送风口同侧效果会更好些。

4.4.23 回风风速可按表4.4.23选用。当房间内对噪声要求较高时，回风口的吸风速度应适当降低。

回风风速 **表4.4.23**

回风口位置		风速(m/s)
房间上部		2.0～3.0
房间下部	人员不经常停留的地点	⩽3.0
	人员经常停留的地点	⩽1.5
门上格栅或墙上回风口		2.5～5.5
门下端缝隙		⩽3.0
用走廊回风时		⩽1.0

【说明】

确定回风口的吸风速度（即面风速）时，主要考虑三个因素：一是避免靠近回风口处的风速过大，防止对回风口附近经常停留的人员造成不舒适的感觉；二是不要因为风速过大而扬起灰尘及增加噪声；三是尽可能缩小风口断面，以节省投资。

当回风口处于空调区上部时，人员活动区风速不超过0.25m/s，在一般常用回风口面积的条件下，回风口面风速为4～5m/s；实践经验表明，利用走廊回风时，为避免在走廊内扬起灰尘等，装在门或墙下部的回风口面风速宜采用1～1.5m/s。

4.4.24 当室内装饰设计的风口与设计不一致时，应根据实际情况对风口有效面积和风速、气流组织设计等参数进行校核，必要时对室内装饰设计提出调整要求。

【说明】

由于室内装修设计的不同想法，风口与设计不一致是比较常见的情况。为了确保气流组织的合理性，应进行校核。校核时，风口有效面积和送风遮挡的情况应作为重点内容。

4.4.25 设有空气调节系统和机械排风系统的建筑物，其送风口、回风口和排风口位置，应有利于维持各房间之间的相对空气压力状态要求：

1 建筑物内的空气调节房间，宜维持与室外空气的相对正压；

2 建筑物内的厕所、盥洗间及散发气味、有害气体或温度较高的各种设备用房，应

维持与其他贴邻房间的相对负压；

3 旅馆客房内应维持与卫生间的相对正压；

4 餐厅应维持与厨房的相对正压；

5 办公室宜维持与走廊的相对正压。

【说明】

本条的目的是为了保证房间正常使用时所需要的压力，防止污浊空气形成的交叉污染，并更好地维持空调区的室内环境。

4.4.26 **空调风系统应设置下列调节装置：**

1 风系统的支路应根据水力平衡的要求，必要时设置调节风量的手动调节阀，可采用多叶调节阀；

2 送风口宜设风量调节装置，要求不高时可采用双层百叶风口。

3 空气处理机组的新风入口、回风入口和排风口处，应设置具有开闭和调节功能的密闭对开式多叶调节阀，当需频繁改变阀门开度时，应采用电动对开式多叶调节阀。

【说明】

1 当无法通过调整风道尺寸来满足各支路的水力平衡要求时，可采用风阀调节。

2 双层百叶风口，既可进行一定的风量调节（通过调整百叶风口的净面积），也可做一定的送风角度调节（通过调节叶片角度），在无特殊要求时，可以采用。

3 空调机组的新风、回风和排风（如果设置）管上设置手动风阀是为了初调试时的方便。对于需要过渡季实时变新风比运行的系统，应采用电动调节式风阀。

4.5 空 气 处 理

4.5.1 **空气处理系统的设计冷、热负荷，可按下列两种方法之一来确定：**

1 方法一：负荷叠加法。

(1) 夏季冷负荷包括：空调区的总冷负荷、新风冷负荷、再热负荷、空气输配过程中产生的附加冷负荷以及由于风道漏风带来的冷损失；

(2) 冬季热负荷包括：空调区的总热负荷、新风热负荷、风道传热引起的热负荷以及由于风道漏风带来的热损失。

2 方法二：按照空气处理过程的焓湿图计算确定。

【说明】

1 空气处理系统中，如果含有新风处理，则应计入新风负荷。对于某些夏季有再热要求的空调系统（例如：冷风送风温度有最低限值要求时），则应考虑空气冷却再热对空气冷却处理系统形成的冷负荷。风机输配的能耗也全部变成了对空气加热而形成的冷负荷，风道传热也会带给冷却处理设备冷负荷。风道漏风导致送入房间的风量减少，要求空调机组的风量应大于空调区需要的送风量，当按照房间热湿平衡计算风量时，则实际上是以降低送风温度来抵消漏风带来的冷损失，因此也应计入空气处理系统的冷负荷中。

对于冬季而言，由于不存在“再热”要求，并且风机产生的热量相对较低（且对于供热来说是有利的），因此不再计算。

方法一是一种按照能量守恒原则的确定方法。

2 焓湿图是本专业的基础。通过焓湿图计算，不但能够确定空调系统的冷负荷（也就是空调系统冷盘管的冷量），而且能够明确知道空气处理过程中各个环节的详细空气参数，为冷热处理设备和空调机组的选型提供依据。因此，建议采用方法二进行计算，同时可采用方法一进行校核。

方法一和方法二在理论逻辑上是相同的。如果计算精确，其结果也是相同的（忽略计算或查图的误差）。

4.5.2 在采用焓湿图计算时：对于供冷工况，空气综合温升宜取 1.0℃；对于供热工况，不考虑该空气温升。

【说明】

空气在输送过程中，风机的电耗全部成为最终对空气的加热（包括克服风道阻力是产生的摩擦热），从而形成了对空气处理系统的冷负荷。同时，由于风道在输送过程中与周围环境存在一定的热传递。经过对大量实际工程的计算发现，这两部分附加冷负荷形成的空气温升，存在一定的相互“补偿效应”——当风管内风速较大时，风机风压要求较高，风机动力引起的温升较大，但风道传热引起的温升较小。反之则是前者较小、后者较大。两者的合计值，在 0.8～1.0℃。为了简化计算，这里规定取 1.0℃进行计算。

在焓湿图计算中，该综合温升可作为冷却盘管处理后的“再热”温升的一部分。

当为了分析的需要或者在某些特定情况下需要详细计算时，空气通过风机和风道过程中，由于输配动力系统产生的空气温升（简称：风机及风管温升），以及由于风管传热损失产生的温升或温降，可分别按照以下进行计算或估算：

1 空气通过风机时的温升可按式（4.5.2-1）计算：

$$\Delta t=\frac{3.6\times\dfrac{L\cdot H}{3600\eta_2}\times\eta}{1.013\times1.2\eta_1\cdot L}=\frac{0.0008H\cdot\eta}{\eta_1\cdot\eta_2} \tag{4.5.2-1}$$

式中 Δt——空气通过风机后的温升，℃；

L——风机的风量，m^3/h；

H——风机的全压，Pa；

η——电动机安装位置的修正系数，当电动机安装在气流内时，取 $\eta=1$；当电动机安装在气流外时，取 $\eta=\eta_2$；

η_1——风机的全压效率，应取实际效率；

η_2——电动机效率。

当电动机的效率 $\eta_2=0.85$ 时，Δt 可按表 4.5.2-1 确定。

空气通过通风机的温升 Δt（℃） **表 4.5.2-1**

通风机风压(Pa)	电动机在气流外($\eta=0.85$)		电动机在气流内($\eta=1$)	
	$\eta_1=0.5$	$\eta_1=0.6$	$\eta_1=0.5$	$\eta_1=0.6$
300	0.48	0.42	0.57	0.48
400	0.64	0.56	0.76	0.64
500	0.82	0.70	0.95	0.82
600	0.96	0.84	1.14	0.96
700	1.12	0.98	1.33	1.12
800	1.28	1.12	1.52	1.28

注：需要计算空气通过通风机所增加的冷负荷百分率时，可将表中所查得的 Δt 值除以送风温差（送风温度与空调房间内空气温度之差值）。

2 空调系统送回风管由于传热导致的空气温升或温降，按下式计算：

$$\Delta t_{\mathrm{f}}=(t_{\mathrm{dw}}-t_{\mathrm{dn}})(1-\mathrm{e}^{\frac{3.6KEl}{L\rho C}}) \tag{4.5.2-2}$$

式中 Δt_{f}——空气通过送回风管的传热温升，℃；

K——风管传热系数，$\mathrm{W/(m^2 \cdot ℃)}$；

E——风管周长，m；

l——风管长度，m；

L——通过该风管的风量，$\mathrm{m^3/h}$；

ρ——空气密度，一般取 $1.2\mathrm{kg/m^3}$；

C——空气定压比热，一般取 $1.013\mathrm{kJ/(kg \cdot ℃)}$；

t_{dw}——风管外空气温度，℃；

t_{dn}——风管内起始空气温度，℃。

当风管传热系数为 $1.09\mathrm{W/(m^2 \cdot ℃)}$［按风管绝热层热阻为 $0.81\mathrm{(m^2 \cdot ℃)/W}$，风管外表面对流换热热阻为 $0.11\mathrm{(m^2 \cdot ℃)/W}$ 计算］、风管内外空气温差为10℃时，空气通过保温风管的温升（管内空气温度低于管外空气温度时）或温降（管内空气温度高于管外空气温度时）可参考表 4.5.2-2。

空气通过风管的温升或温降（℃） **表 4.5.2-2**

$E/L\times10^4$	风管长度(m)									
	10	20	30	40	50	60	70	80	90	100
0.5	0.0	0.0	0.0	0.1	0.1	0.1	0.1	0.1	0.1	0.2

续表

$E/L\times10^4$	风管长度(m)									
	10	20	30	40	50	60	70	80	90	100
1	0.0	0.1	0.1	0.1	0.2	0.2	0.2	0.3	0.3	0.3
1.5	0.0	0.1	0.1	0.2	0.2	0.3	0.3	0.4	0.4	0.5
2	0.1	0.1	0.2	0.3	0.3	0.4	0.4	0.5	0.6	0.6
2.6	0.1	0.2	0.2	0.3	0.4	0.5	0.6	0.6	0.7	0.8
3	0.1	0.2	0.3	0.4	0.5	0.6	0.7	0.7	0.8	0.9
3.5	0.1	0.2	0.3	0.4	0.5	0.7	0.8	0.9	1.0	1.1
4	0.1	0.3	0.4	0.5	0.6	0.7	0.9	1.0	1.1	1.2
4.5	0.1	0.3	0.4	0.6	0.7	0.8	1.0	1.1	1.2	1.3
5	0.2	0.3	0.5	0.6	0.8	0.9	1.1	1.2	1.3	1.5
5.5	0.2	0.3	0.5	0.7	0.8	1.0	1.2	1.3	1.5	1.6
6	0.2	0.4	0.6	0.7	0.9	1.1	1.3	1.4	1.6	1.8
6.5	0.2	0.4	0.6	0.8	1.0	1.2	1.4	1.5	1.7	1.9
7	0.2	0.4	0.7	0.9	1.1	1.3	1.5	1.6	1.8	2.0
7.5	0.2	0.5	0.7	0.9	1.1	1.3	1.6	1.8	2.0	2.1
8	0.3	0.5	0.7	1.0	1.2	1.4	1.6	1.9	2.1	2.3
8.5	0.3	0.5	0.8	1.0	1.3	1.5	1.7	2.0	2.2	2.4
9	0.3	0.6	0.8	1.1	1.3	1.6	1.8	2.1	2.3	2.5
9.5	0.3	0.6	0.9	1.2	1.4	1.7	1.9	2.2	2.4	2.6
10	0.3	0.6	0.9	1.2	1.5	1.8	2.0	2.3	2.5	2.8

4.5.3 送风管道漏风引起的冷、热量损失，应计入空调机组的冷、热盘管的冷热量需求中，其数值可根据选择风机时的漏风附加系数确定。

【说明】

1 选择风机时的漏风附加系数为5%～10%。

2 漏风引起的冷、热量损失，实际上是在焓湿图计算风量与计算冷热量的基础上，根据实际选择的风机风量对盘管冷热量的附加，并不是改变焓湿图的设计。因此，采用焓湿图计算时，送风管道漏风引起冷热损失，不应作为计算送风过程线时的冷负荷附加，而是附加在盘管冷热量和风量上，并体现在施工图的设备表中。

4.5.4 空气冷却装置的选择应符合下列规定：

1 采用循环水蒸发冷却或天然冷源时，宜采用直接蒸发式冷却装置、间接蒸发式冷却装置和空气冷却器；

2 采用人工冷源时，宜采用冷水式空气冷却排管作为空气冷却器；

3 采用循环喷水、蒸发冷却或采用地下水、山涧水、深井回灌水作为冷源时，宜采用双级喷水冷却的喷水室，并尽量做到回水再利用。

【说明】

1 直接蒸发冷却是绝热加湿过程，实现这一过程是直接蒸发冷却装置的特有功能，是其他空气冷却处理装置所不能代替的。当采用地下水、江水、湖水等自然冷源作冷源时，由于其水温相对较高，采用间接蒸发冷却装置处理空气时，一般不易满足要求，而采用直接蒸发冷却装置则比较容易满足要求。

2 采用人工冷源时，原则上应选用表面式空气冷却器（简称表冷器）。空气冷却器具有占地面积小、冷水系统简单、空气出口参数可调性好等优点；特别是其一般均为闭式冷水系统，可减少冷水输配系统的能耗。

4.5.5 除采用直接蒸发式空气冷却器进行空气冷却的空调系统外，中央空调系统宜采用水冷式表冷器。常温送风空调系统表冷器的选择应符合下列规定：

1 采用水冷式表冷器时，空气离开冷盘管的最低温度，应高于冷水的进口温度（或直接膨胀式空气冷却器的蒸发温度）至少 3.5℃；

2 采用直接膨胀式空气冷却器时，空气离开冷盘管的最低温度不应低于 5℃；

3 舒适性空调系统中，表冷器的面风速不宜超过 2.0m/s；当超过 2.5m/s 时，应在冷却器后设置挡水板；医院手术室洁净空调系统中，空气冷却器的迎风风速不应大于 2.0m/s；

4 低温送风空调系统的空气冷却器还应符合第 4.6.14 条的相关要求。

【说明】

1 表冷器换热面积越大，则空气冷却时的出风温度越低，但投资越高。因此规定空气经表冷器后的出口干球温度与其冷媒进口温度的差值应大于或等于 3.5℃，以取得表冷器的经济性和换热能力的协调。

2 制冷剂直接膨胀式空气冷却器要求满负荷时的蒸发温度不应低于 0℃，考虑一定的换热安全系数，因此规定空气离开盘管的温度不应低于 5℃。

3 表冷器计算时，是依据质量流速［kg/（m^2·s）］为基准的。为了简单起见，这里采用了体积流速，方便大多数设计师直接应用。对于高海拔地区，则应将此折算为质量流速来进行计算。

4.5.6 空调系统不得采用氨作制冷剂的直接膨胀式空气冷却器。

【说明】

为防止氨制冷剂泄漏时，经送风机直接将氨送至空调区，危害人体或造成其他事故，所以采用制冷剂直接膨胀式空气冷却器时，不得用氨作制冷剂。

4.5.7 空气加热器的选择，应符合下列规定：

1 除严寒地区冬季新风的预热外，加热空气的热媒应采用热水；

2 工艺性空调，当室温允许波动范围小于±1℃或室内相对湿度允许波动范围小于±5%时，送风末端可增设用于精度调节的电热式空气加热器。

【说明】

1 从目前的产品性能看，采用热水作为热媒完全可以满足正常使用时的加热量要求。当对于严寒气候区的某些高寒地区，如果从预热器防冻安全上考虑，当有合适的蒸汽源时，可采用蒸汽作为预热盘管的热媒。

2 对于工艺性空调系统，为了满足空调区温湿度控制精度的要求而需要对送风末端进行再热调节时，采用电热式空气加热器应用方便、控制简单、调控实时性更好。

4.5.8 寒冷和严寒地区，热盘管在冬季可采取以下防冻措施：

1 除严寒地区新风系统使用的预热器之外，寒冷和严寒地区冬季使用的全空气空调系统及新风空调系统的热水空气加热器水路上，应设置自动控制的电动水阀；

2 严寒地区新风入口处应设置保温风阀，并应设置独立的预热盘管；

3 当水系统采用两管制时，如果冷水与热水的设计水流量比值大于4.0，可采用两级盘管分别设置的方式，并通过机组外的阀门切换来实现供冷或供热的运行工况转换，冬季的加热盘管应根据加热量来计算并应设置在顺机组气流方向的上风侧，如图4.5.8（a）所示；

4 两管制水系统中，如果冷却盘管和加热盘管的设计水流量相差不大，末端盘管也可采用冷热合用盘管，并设置一个与电动阀并联的小口径手动阀，如图4.5.8（b）所示。

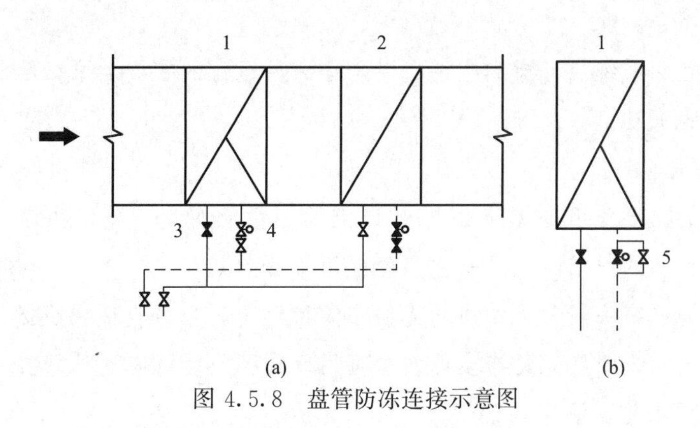

图4.5.8 盘管防冻连接示意图

1—冷/热盘管；2—冷盘管；3—通用阀门；4—电动两通调节阀；5—小口径手动阀

【说明】

1 作为空气加热处理功能的加热器，设置自控阀是为了满足末端变流量的设计要求。但为了防止冬季空调设备不运行时预热盘管冻结，严寒地区使用的预热盘管，不宜设置自控阀。

2 保温风阀可以使得风阀的传热量大大降低，带加热电缆的保温风阀还具备将漏风加热的功能，也是防止盘管冻结的措施之一。

3 在两管制系统中，如果末端设备的冷热设计水流量比大于4.0（通常是因为热水温度较高且温差较大引起）时，按照供冷工况选择的盘管，由于供热时换热面积过大，当冬季采用自动调控的电动阀时，容易出现需求的热水流量过低而发生冻结的危险。因此宜采用两级盘管分别设置：冬季加热盘管按照全部供热量选择，夏季两级盘管同时使用，第二级盘管的供冷量应不小于总供冷量与第一级盘管用于夏季时的供冷量之差。

4 如果末端设备的冷热设计水流量差距较小，合用一般也不会出现问题。但对于某些寒冷地区，为了确保防冻，建议设置一个与电动阀并联的小口径手动阀——冬季保持防冻所需的最小热水流量的固定开度，夏季此手动阀宜关闭。

4.5.9 空调系统的新风和回风应经过滤处理。空气过滤器的设置应符合下列规定：

1 舒适性空调，当采用粗效过滤器不能满足室内要求时，应设置中效过滤器；

2 工艺性空调，应按空调区的洁净度要求设置过滤器；

3 空气过滤器的阻力应按终阻力计算；

4 空气过滤器宜设置于空调机组内，如果设置于风道上时，其面风速应符合过滤器的技术要求，并应具备更换条件。

【说明】

按过滤性能，过滤器可分为粗效过滤器、中效过滤器、高中效过滤器、亚高效过滤器和高效过滤器。一般民用建筑中舒适性空调系统的空调机组一般只采用粗效过滤器或采用粗、中效过滤器组合。

由于全空气空调系统要考虑到空调过渡季全新风运行的节能要求，因此其过滤器应能满足全新风运行的需要。

1 粗效过滤器

粗效过滤器的主要作用是去除2.0μm以上的大颗粒灰尘，起保护中、高效过滤器和空调机组中其他设备的作用，并延长它们的使用寿命。

粗效过滤器的滤料一般为无纺布，无纺布无毒无臭，呈白色毡状，能耐温、耐温、耐酸碱、耐有机溶剂，吸附在无纺布上的灰尘可用水洗掉。无纺布过滤器具有阻力小、效率高、容尘量大、可重复使用等特点。

粗效过滤器框架一般由金属或纸板制作，其结构形式有板式、折叠式、袋式和卷绕式，其过滤风速一般可取1～2m/s。一般当阻力达到初阻力的两倍时，过滤器需清洗或更换。

《空气过滤器》GB/T 14295—2019对粗效过滤器的主要性能规定为：初阻力小于或等于50Pa，对粒径大于或等于2.0μm微粒的过滤效率为20%～50%，终阻力小于或等于100Pa。

2 中效过滤器

中效过滤器的主要作用是去除0.5μm以上的灰尘粒子，其目的是减少高效过滤器负担，达到室内洁净度要求。中效过滤器的滤料一般是无纺布，有一次性使用和可清洗两种。框架多为金属板制作，其结构形式有折叠式、袋式和楔形组合式等，过滤速度为0.2～1.0m/s。

《空气过滤器》GB/T 14295—2019对粗效过滤器的主要性能规定为：初阻力小于或等于80Pa，对粒径大于或等于0.5μm微粒的过滤效率为20%～70%，终阻力小于或等于160Pa。

4.5.10 对于人员密集空调区或空气质量要求较高的场所，其全空气空调系统宜设置保证室内空气品质的净化装置。空气净化装置的类型，应根据人员密度、初投资、运行费用及空调区环境要求等，经技术经济比较确定，并符合下列规定：

1 空气净化装置的类型应根据空调区污染物性质选择；

2 空气净化装置的指标应符合相关现行标准。

【说明】

空气净化与第4.5.9条要求的空气过滤，实质上都是提高室内空气品质的措施之一。空气过滤主要是针对空气的颗粒，净化则包含了对空气中的化学物质（异味、VOC等）的去除。

1 根据国家标准《室内空气质量标准》GB/T 18883—2002中的规定，室内空气设计计算参数可参照表4.5.10-1中规定的数值选用。

室内空气质量标准 表4.5.10-1

序号	参数类别	参数	单位	标准值	备注
1	物理性	温度	℃	22～28	夏季空调
				16～24	冬季空调
2		相对湿度	%	40～80	夏季空调
				30～60	冬季空调
3		空气流速	m/s	0.3	夏季空调
				0.2	冬季空调
4		新风量	$m^3/(h\cdot p)$	30	—

续表

序号	参数类别	参数	单位	标准值	备注
5	化学性	二氧化硫(SO_2)	mg/m^3	0.50	1h均值
6		二氧化氮(NO_2)	mg/m^3	0.24	1h均值
7		一氧化碳(CO)	mg/m^3	10	1h均值
8		二氧化碳(CO_2)	%	0.10	日平均值
9		氨(NH_3)	mg/m^3	0.20	1h均值
10		臭气(O_3)	mg/m^3	0.16	1h均值
11		甲醛(HCHO)	mg/m^3	0.10	1h均值
12		苯(C_6H_6)	mg/m^3	0.11	1h均值
13		甲苯(C_7H_8)	mg/m^3	0.20	1h均值
14		二甲苯(C_8H_{10})	mg/m^3	0.20	1h均值
15		苯并[a]芘B(a)P	ng/m^3	1.0	日平均值
16		可吸入颗粒PM10	mg/m^3	0.15	日平均值
17		总挥发有机物(TVOC)	mg/m^3	0.60	8h均值
18	生物性	菌落总数	cfu/m^3	2500	依据仪器定
19	放射性	氡(222Rn)	Bq/m^3	400	年平均值(行动水平)

注：1. 新风量要求小于标准值，除温度、相对湿度外的其他参数要求大于标准值。
2. 行动水平即达到此水平建议采取干预行动以降低室内氡浓度。

2 国家标准《环境空气质量标准》GB3095—2012将环境功能区空气品质分为两级，其中一级适合于自然保护区、风景名胜区和其他需要特殊保护的区域，二级适合于居住区、商业交通居民混合区、文化区、工业区和农村地区。各级对应的各类污染物的浓度限值分别见表4.5.10-2、表4.5.10-3。

环境空气污染物基本项目浓度限值 **表4.5.10-2**

序号	污染物项目	平均时间	浓度限值		单位
			一级	二级	
1	二氧化硫(SO_2)	年平均	20	60	μg/m^3
		24h平均	50	150	
		1h平均	150	500	
2	二氧化氮(NO_2)	年平均	40	40	
		24h平均	80	80	
		1h平均	200	200	
3	一氧化碳(CO)	24h平均	4	4	mg/m^3
		1h平均	10	10	
4	臭氧(O_3)	日最大8h平均	100	160	μg/m^3
		1h平均	160	200	

续表

序号	污染物项目	平均时间	浓度限值		单位
			一级	二级	
5	颗粒物(粒径小于或等于 10μm)	年平均	40	70	μg/m³
		24h 平均	50	150	
6	颗粒物(粒径小于或等于 2.5μm)	年平均	15	35	
		24h 平均	35	75	

环境空气污染物其他项目浓度限值 **表 4.5.10-3**

序号	污染物项目	平均时间	浓度限值		单位
			一级	二级	
1	总悬浮颗粒物(TSP)	年平均	80	200	μg/m³
		24h 平均	120	300	
2	氮氧化物(NO_X)	年平均	50	50	
		24h 平均	100	100	
		1h 平均	250	250	
3	铅(Pb)	年平均	0.5	0.5	
		季平均	1	1	
4	苯并[a]芘 B(a)P	年平均	0.001	0.001	
		24h 平均	0.0025	0.0025	

3 大气含尘浓度一般有三种表示方法：

(1) 计数浓度：以单位体积空气中含有的粒子个数表示 (pc/m^3)。

(2) 计重浓度：以单位体积空气中含有的粒子质量表示 (mg/m^3)。

(3) 沉降浓度：以单位时间单位面积上沉降下来的粒子数表示 [$pc/(cm^2 \cdot h)$]。

计数浓度主要用于洁净室设计，空气洁净度等级标准明确的是 0.1～5μm 粒径的浓度限值。计重浓度一般多用于环境保护，空气中全部粉尘量为总悬浮颗粒物，在表 4.5.10-3 中有其浓度限值，去掉其中 10μm 以上的粉尘，剩下的就是可吸入颗粒物，标为 PM10，将 2.5μm 以上的再去掉，标为 PM2.5。由此可见 PM2.5 只是环境和室内空气质量标准之一。

《环境空气质量标准》GB 3095—2012 中二类区（居住区、商业交通居民混合区、文化区、工业区和农村地区）的环境 PM2.5 的日平均标准为 75μg/m³，室内 PM2.5 标准还未正式发布。

4 与空气过滤器为保护换热器而设置的目的不同，空气净化装置是为了保证室内空气品质而设置的。但在目前的一些实际工程中发现：部分应用未达到设计效果，其主要原因是：

(1) 系统设计风速超过空气净化装置的额定风速。

(2) 空气净化装置与管道和其他系统部件连接过程中缺乏基本的密封措施，造成污染物未经处理泄露。

（3）空气净化装置没有完全按照设计进行安装、维护和清理。

因此，选择空气净化装置时，除了确保其净化技术指标、电气安全和臭氧发生指标等除应符合现行国家标准《空气过滤器》GB/T 14295及相关的产品制造和检测标准要求外，在设计中，对空气流速也应进行控制。

5　目前，工程常用的空气净化装置有高压静电、光催化、吸附反应型三大类空气净化装置。各类空气净化装置具有以下特点：

（1）高压静电式空气净化装置对颗粒物净化效率良好，对细菌有一定去除作用，对有机气体污染物去除效果不明显。因此在颗粒物污染严重的环境，宜采用此类净化装置，初投资虽然较高，但空气净化机组本身阻力低，系统能耗和运行费用较低。此类净化装置有可能产生臭氧，设计选型时需要特别注意查看产品有关臭氧指标的检测报告。

（2）光催化型空气净化装置对细菌等达到较好的净化效果，但此类净化装置易受到颗粒物污染造成失效，所以应加装中效空气过滤器进行保护，并定期检查清洗。此类净化装置有可能产生臭氧，设计选型时需要特别注意查看产品有关臭氧指标的检测报告。

（3）吸附反应型净化装置对有机气体污染物效果最好，对颗粒物等也有一定效果，无二次污染，但是净化设备阻力较高，需要定期更换滤网或吸附材料等。

另外，可靠的接地是用电安全的必要措施，高压静电空气净化装置有相应的用电安全要求。

4.5.11　空气净化装置的设置应符合下列规定：

1　空气净化装置在空气净化处理过程中不应产生新的污染；

2　空气净化装置宜设置在空气热湿处理设备（组合式空调机组、风机盘管等）的进风口处，净化要求高时可在出风口处设置二级净化装置；

3　应设置故障报警措施并设置检查口；

4　高压静电空气净化装置应与风机的连锁启停。

【说明】

高压静电空气净化装置在净化空调中应用时稳定性差，同时容易产生二次扬尘，光催化型空气净化装置不具备颗粒物净化的功能，因此在洁净手术部、无菌病房等净化空调系统中不得将它们作为末级净化设施使用。

由于空气净化装置的净化工作过程受环境影响较大，设置报警装置可在设备的净化功能失效时能及时进行维护检修；

为了防止在无空气流动时启动空气净化装置造成空气处理设备内臭氧浓度过高，高压静电空气净化装置应与其风机连锁运行。

4.5.12 冬季空调区湿度有要求时，应设置加湿装置。加湿装置的类型，应根据加湿量、相对湿度允许波动范围要求等，经技术经济比较确定，并应符合下列规定：

1 有蒸汽源时，宜采用干蒸汽加湿器；加湿蒸汽的压力宜为0.05～0.07MPa；医院洁净手术室净化空调系统宜采用以蒸汽为热源，间接加热纯净水产生干蒸汽；

2 无蒸汽源且空调区温度控制精度要求严格时，宜采用电热式蒸汽加湿器；

3 湿度要求不高时，可采用高压微雾、湿膜、超声波、高压喷雾等绝热加湿器；采用绝热加湿方式时，应核算加湿前的空气温度，确保达到设计要求的加湿量；

4 加湿装置的供水水质应符合卫生要求。

【说明】

目前常用的加湿装置有干蒸汽加湿器、电加湿器（分电极式、电热式两种）、高压喷雾加湿器、湿膜加湿器等。

1 干蒸汽加湿器具有加湿迅速、均匀、稳定，并不带水滴，有利于细菌的抑制等特点，因此，在有蒸汽源可利用时，优先考虑采用干蒸汽加湿器。由于蒸汽的温度随着压力的升高而升高，为了防止加湿过程中的明显升温情况，干蒸汽加湿器宜采用低压蒸汽。手术室由于对空气品质要求高，其加湿用水宜采用纯净水。

2 电加湿器宜优先采用电热式。

3 湿度要求不高是指相对湿度值不高或湿度控制精度要求不高的情况，适用于普通民用建筑的舒适性空调。绝热加湿器具有耗电量低、初投资及运行费用低等优点，在普通民用建筑中得到广泛应用。但绝热加湿器的效率有限，其加湿效率一般在33%～50%（高压微雾加湿器除外），对进口空气的温度要求也高于干蒸汽加湿器。同时，该类加湿器存在产生微生物污染的可能性（尤其是湿膜加湿方式），卫生要求较严格的空调区（如医院手术室等），不应采用。超声波加湿器宜使用纯水，以防止加湿过程中产生白色粉末。

采用绝热加湿方式时，应核算加湿前的空气温度。根据加湿效率的计算可以看出：绝热加湿时，加湿前的空气温度（或空气湿球温度）越高，可得到的实际加湿量越大。因此，一般的空气处理过程中，加湿器都应设置于空气加热器之后（先加热、后加湿）。

4 由于加湿处理后的空气会影响室内空气质量，因此，加湿器的供水水质应符合卫生标准要求，可采用生活饮用水等。

4.5.13 空气加湿系统设计应符合下列要求：

1 加湿器的有效加湿量应经焓湿图计算后确定；舒适性空调系统，加湿量计算时可不计室内的非稳定散湿量，直接按室内外空气的含湿量差和新风量进行计算；

2 空气的加湿应在加热处理之后进行；

3 宜在空气处理机组中设置加湿段，不宜在风管上设置加湿器。

【说明】

1　加湿量计算结果是选配加湿器的主要依据。对于一般的舒适性空调系统，计算时可不计入室内人员、食物等随使用而产生的非稳定散湿量。但室内长期存在较大的水面（例如室内水景、游泳池等）的散湿量，应在计算中考虑（采用焓湿图计算）。

2　无论何种加湿器，进口空气温度越高，距离相对湿度饱和线越远，可加湿的量越大。因此，在加热处理之后进行加湿，更能够保证加湿量。

3　加湿器可能会出现水滴（即使是干蒸汽加湿器，也可能出现少量的蒸汽凝结水），因此宜将加湿器设置于空调机组内。

4.5.14　**当蒸汽采用集中供应时，干蒸汽加湿器的应用应符合下列设计要求：**

1　**当蒸汽源为高压蒸汽时，应减压后使用；**

2　**加湿器入口应设过滤器；**

3　**蒸汽加湿器的底部应设置疏水器和凝结水的排放、回收装置。**

【说明】

由于蒸汽的温度随着压力升高而升高，为了防止加湿过程中的明显升温情况，干蒸汽加湿器所采用的蒸汽压力宜为低压。

干蒸汽加湿器的干燥腔与蒸汽管直接相通，当干蒸汽加湿器停止工作时，干燥腔和蒸汽管中的蒸汽会由于冷却而源源不断地产生凝结水。这会导致再次启动时出现加湿器带水的情况。因此，应设置疏水器并考虑蒸汽凝结水的排放或回收利用措施。

4.5.15　**采用电极式或电热式蒸汽加湿器时应符合下列要求：**

1　**电极式蒸汽加湿器不得使用纯水；**

2　**电热式蒸汽加湿器宜采用纯水，使用自来水时宜选择有自动除垢装置的产品；**

3　**应根据产品的要求确定是否使用软水。**

【说明】

电极式或电热式蒸汽加湿器具有蒸汽加湿的各项优点，且控制方便灵活，可以满足空调区对相对湿度允许波动范围要求严格的要求，但该类加湿器耗电量较大。电极式蒸汽加湿器一般比电热式蒸汽加湿器价格低，但采用硬度较高的自来水时需经常更换电极。有条件时，建议采用有自动除垢装置的电热式蒸汽加湿器。

电极式加湿器如果采用软化水，当 Na^+ 浓度过高时易产生泡沫，有可能影响水位和加湿量的控制精度。因此，对水质软化的要求应根据产品的要求确定。

4.5.16　**采用湿膜加湿器时，应符合下列设计要求：**

1　**应根据产品要求确定迎面风速，且加湿器之后应设置挡水板；**

2 宜采用循环加湿方式；当采用自来水加湿时，排水宜考虑回收利用措施；

3 应选择有灭菌措施的产品，且应定期清洗。

【说明】

1 湿膜加湿器存在少量的带水情况，应在加湿器后设置挡水板。

2 由于加湿效率有限，部分未进入空气中的加湿水会流入水盘中。因此宜采用循环加湿方式。当采用自来水加湿时，从节约水资源的角度出发，宜综合考虑回收再利用的措施。

3 无论是直流还是循环使用，含水状态的加湿模块易产生微生物，因此应有相应的对策。

4.5.17 采用高压微雾加湿装置时，应符合下列要求：

1 应采用软水；

2 一台高压微雾加湿主机服务的区域或空气处理机组数量，按产品要求确定，但高压管不宜穿过人员长期停留的房间；

3 选用的主机供水量和喷嘴出雾量，不应小于所需总加湿量的1.25倍；

4 加湿段后宜设置专用微雾挡水板，底部设置积水盘和排水装置。

【说明】

高压微雾加湿设备通过高压柱塞泵将水加压并传送到喷嘴，以3～15μm的微雾向空气加湿，加湿效率可达80%以上。

由于高压微雾加湿管工作压力较大，为了人员安全，主机宜和需要加湿的空调机组设置于同一房间。当不在同一房间时，高压加湿管不应穿过人员长期停留的房间。

4.5.18 设有集中排风的空调系统，且技术经济合理时，宜设置空气—空气能量回收装置，并符合下列要求：

1 能量回收装置的类型，应根据处理风量、新排风中显热量和潜热量的构成以及排风中污染物种类等选择；

2 额定热回收效率不应低于60%；当采用全热回收时，宜分别明确其温度效率和焓效率；当装置的排风侧气流上游无过滤器时，积尘影响的效率衰减可按照额定效率的5%～10%考虑；

3 严寒地区采用时，应对热回收装置的排风侧是否出现结霜或结露现象进行核算；当出现结霜或结露时，应采取预热等保温防冻措施。

【说明】

是否设置热回收首先应进行经济技术的合理性分析，并不是所有设置的热回收都具有节能的效益。热回收的经济性分析，宜从以下几个方面考虑：

1 设计点工况分析

由于热回收设备的设置增加了排风侧和新风侧的空气阻力，对排风机和新风机的风压要求有一定提高。因此，在设计工况下，回收的冷热量可以折算为电量。折算方式是：回收冷量时，供冷系统（包括制冷系统和冷水输配系统）在供冷设计工况下的性能系数可按照4.0计算；回收热量时，可以按照风冷热泵系统在供热设计工况下的供热系数2.0计算。由此可以得出供冷和供热设计工况下回收的电能（折算量）。当回收的电能（kW）小于排风机和新风机增加的电耗时，则采用空气热回收装置是不经济的，不应该设置空气热回收。

2 全年工况分析

即使设计工况下回收的电能（kW）大于风机增加的电耗，也并不一定是节能的。因为设计工况是全年的新、排风温差（或焓差）最大工况，随着室外气温的变化，在非设计工况下的电能回收量将变小。因此，这时应进行全年工况的分析——对所有可能进行热回收时间段进行逐时热回收量计算，并按照冬夏季分别进行累加得到全年回收的电量（kWh），与风机在这段时间运行的总耗电量（kWh）比较，如果前者大于后者，则说明全年具有一定的节能效益。

3 经济性分析

宜采用全寿命期经济分析法，计算节约的电能费用与投入的费用（包括初投资、运行管理等）。只有前者大于后者，才说明设置热回收在经济上的合理性。典型的能量回收装置的主要性能见表4.5.18。

（1）应根据新风的显热与潜热的比例选择换热器，在严寒与寒冷地区宜选用显热类型；其他地区，尤其是夏热冬冷地区宜选用全热类型。

（2）空气能量回收装置有多种，常用的有转轮式全热换热器、板式显热换热器和热管换热器等，转轮式全热换热器的换热效率最高，全热换热效率高达70%以上。由于适用场所不同，设计时宜根据需求，分别对温度效率与焓效率提出要求。

（3）严寒地区有存在排风侧降温过大而出现排风出口温度低于其露点温度（甚至低于0℃）的情况，因此应进行防冻和防结露计算。必要时在新风进风管上设空气预热器，或对换热后的新风温度进行控制，当温度达到霜冻点时，自动关闭新风阀门或并启预热器。

典型的能量回收装置主要性能 表4.5.18

项目	能量回收装置形式					
	转轮式	液体循环式	板式	热管式	板翅式	溶液吸收式
能量回收形式	显热或全热	显热	显热	显热	全热	全热
能量回收效率	50%～85%	55%～65%	50%～80%	45%～65%	50%～70%	50%～85%
排风泄漏量	0.5%～10%	0	0～5%	0～1%	0～5%	0
适用对象	风量较大且允许排风与新风间有适量渗透的系统	新风与排风热回收点较多且比较分散的系统	仅需回收显热的系统	含有轻微灰尘或温度较高的通风系统	需要回收全热且空气较清洁的系统	需回收全热并对空气有过滤的系统

4 效率计算

当新、排风量相等时，全热换热器的效率有温度效率、湿度效率和焓效率（全热效率），计算公式如下：

（1）温度效率 η_t

$$\eta_t=\frac{t_1-t_2}{t_1-t_3}\times 100\% \tag{4.5.18-1}$$

（2）湿度效率 η_d

$$\eta_d=\frac{d_1-d_2}{d_1-d_3}\times 100\% \tag{4.5.18-2}$$

（3）焓效率（全热效率）η_h

$$\eta_h=\frac{h_1-h_2}{h_1-h_3}\times 100\% \tag{4.5.18-3}$$

式中 t_1，d_1，h_1——新风进换热器时的温度，℃，含湿量，g/kg，比焓，kJ/kg；

t_2，d_2，h_2——新风出换热器时的温度，℃，含湿量，g/kg，比焓，kJ/kg；

t_3，d_3，h_3——排风进换热器时的温度，℃，含湿量，g/kg，比焓，kJ/kg。

4.5.19 **空气能量回收系统设计，应符合下列要求：**

1 当新风量和排风量不等时，应对实际热回收性能参数进行修正；

2 在装置的新风侧和排风侧宜设置旁通管，新风机和排风机宜采用变速调节风机；

3 存在质交换的空气热交换设备，应保持新风侧对排风侧的相对正压；

4 设计采用热管式热回收器时，应设置冬夏不同倾斜度的调节装置。

【说明】

1 空气热交换器的额定热回收效率是指两侧风量相等时测得的热交换效率。当两侧风量不等（例如办公室设置同层热回收时，由于需要保持正压以及厕所排风等，通常可用于热交换器的排风量会小于新风量）时，应根据产品技术性能，对实际性能参数进行修正。

2 全年总是存在排风温度与新风温度相等的时段，这时热回收设备完全变成了一个空气增加阻力的耗能设备。同样根据第 4.5.18 条对热回收的分析方法，在运行总体并不节能（回收量小于增加的总电耗）的时间段，也不应该投入使用。设置两侧的旁通管，可以降低新风系统和排风系统的阻力系数，并结合对风机的变速调节，降低风机能耗。

3 当新风侧与排风侧存在质交换或者存在排风侧向新风侧漏风的可能性时，为了防止排风中的一些污染物进入新风系统，应采取新风侧保持对排风侧相对正压的措施。一般来说，热交换器的新风侧宜与新风系统的正压段连接，而排风侧宜设置于排风系统的负压段上。

4 空气流过热管时，热管的放热侧应高于其得热侧。由于排风管与新风管基本上是固定不变的，因此需要在冬季和夏季通过调节装置使得热管放热侧与得热侧分别位于不同的风道气流之中。同时，冬季倾斜度5°～7°、夏季倾斜度10°～14°，一般认为是比较合理的角度。

4.5.20 **有人员长期停留且不设置集中新风、排风系统的空气调节区或空调房间，当经济技术分析合理时，可在各空气调节区或空调房间分别安装带热回收功能的双向换气装置。**

【说明】

第4.5.18条和第4.5.19条主要是针对集中式新风系统的空气热回收设置提出的要求。本条则是对分散设置热回收时的要求。设计应用时的总体原则与第4.5.18条、第4.5.19条是一致的。

4.6 变风量空调系统

4.6.1 **变风量系统设计时，应符合以下原则：**

1 **风机应采用转速调节，并明确风机的转速控制方案；**

2 **给出风机的最小风量或最低转速限值。**

【说明】

1 变风量空调系统的送风量改变采用风机转速调节，是目前认为最节能的方式，不宜采用恒速风机，通过改变送、回风阀的开度来实现变风量等简易方法。风机转速调节可以通过电压调节或变频器调节实现，对于常用的交流电机，变频调速时应用最多的方式。在设计转速控制时，应给出实现转速控制所需要的参数（例如：CO_2浓度、风道压力等）。

2 目前常用的风机电机一般为同轴冷却风扇电机，电机转速降低时，其冷却风扇对电机的冷却能力会下降，过低的转速甚至会带来电机因冷却不良而产生故障或使其使用寿命大幅下降。

4.6.2 **风机最低转速，应取以下几个因素确定的数值中的最大值：**

1 **保证最低新风量要求的最低转速；**

2 **保证电机正常工作的最低转速；**

3 **空调区气流组织要求的最低转速；**

4 **应大于风机减振器的自振频率。**

【说明】

1 变风量过程中，新风量也会变化（尤其是全空气系统）。

2 从目前来看，常用风机的电机最低转速宜为其额定转速的50%，最小不应低于

40%。当采用变频调节时，其对应的频率变化范围也是同样的比例。例如：工频50Hz的电机，最低转速宜大于或等于25Hz，最小不低于20Hz。

3 变风量过程中，空调区的气流组织将发生一定的变化，尤其是冬季送热风、夏季送冷风合用的全空气空调系统，应保证合理的冬季气流组织。

4 风机一般都配置了减振装置。随着风机转速的下降，风机扰动频率与减振器的自振频率之比将变小，当两者接近时，风机有可能产生共振。

风机运行时的扰动频率计算公式：$f_R=n_S/60$，其中n_S为风机转速（r/min）。

4.6.3 变风量系统可根据送风系统的性质和房间要求，采用以下几种方式：

1 新风变风量系统，适用于全年有变新风送风量需求的场合；

2 单一空间全空气变风量系统，可采用无受控末端装置的变风量系统；

3 多区域全空气变风量系统，多个房间共用一个全空气系统时，应采用带受控末端装置的变风量系统。

【说明】

只要全年运行过程中，通过技术手段实现风量随不同时段的使用情况要求而变化的风系统，都可称为变风量系统。

1 新风变风量系统，一般用于两种情况：

(1) 按照最小新风量设计的新风系统，根据空调区的人员使用情况或CO_2浓度，改变新风量。这一系统的最大送风量，也就是满足卫生标准的最小新风量；

(2) 当需要全年的某些季节加大新风量（例如为过渡季消除室内余热的新风系统）时，新风系统的风机装机容量及风管等，均应按照最大需求的新风送风量设计。同时采用调速风机，在过渡季全速运行的同时，还可根据空调区的人员使用或CO_2浓度改变新风量。当采用这种方式时，应设置合理的机械排风系统或合理考虑排风的出路。

2 大空间采用无末端装置的变风量系统时，可采用室温直接控制风机转速。

3 多个房间空调区合用一个全空气系统时，为了控制各空调区的参数，各空调区应设置受控末端装置，一般采用该区域的室内温度进行控制。

4.6.4 多区全空气变风量系统的设计新风比，应按以下公式计算：

$$Y=X/(1+X-Z) \tag{4.6.4-1}$$

$$Y=V_{ot}/V_{st} \tag{4.6.4-2}$$

$$X=V_{on}/V_{st} \tag{4.6.4-3}$$

$$Z=V_{oc}/V_{sc} \tag{4.6.4-4}$$

式中 Y——修正后的系统新风量在送风量中的比例；

V_{ot}——修正后的总新风量，m^3/h；

V_{st}——总送风量，即系统中所有房间送风量之和，m^3/h；

X——未修正的系统新风量在送风量中的比例；

V_{on}——系统中所有房间的新风量之和，m^3/h；

Z——新风比需求最大的房间的新风比；

V_{oc}——新风比需求最大的房间的新风量，m^3/h；

V_{sc}——新风比需求最大的房间的送风量，m^3/h。

【说明】

在全空气系统的设计中，在不降低人员卫生条件的前提下，应根据实际情况尽量减少系统的设计新风比以利于节能。当一个空调风系统负担多个空调房间时，由于每个房间人员数量与负荷条件的不同，新风比会有很大的差别。为了保证每个房间都能获得足够的新风，有些设计人员会将各个房间新风比值中的最大值作为整个空调系统的新风比取值，从原理上看，对于系统内其他新风比要求小的房间，这样的做法会导致其新风量过大，因而造成能源浪费。因此，对于一个空调系统为多个房间服务的场合，为了较合理地确定空调系统的最小新风量，做到保证人员健康的卫生要求，又尽可能地减少空调系统的能耗，需根据空调房间和系统的风量平衡来确定空调系统的最小新风量。如果采用上述计算公式计算，将使得各个房间在满足要求的新风量的前提下，系统的新风比最小，因此可以节约空调风系统的能耗。

规定人均最小新风量的出发点是为了使室内的 CO_2 浓度满足卫生要求。每人实际使用的新风量就是相关规范规定的最小新风量，如果某个房间在送风过程中新风量有多余（人员少、新风量过大），则多余的新风（CO_2 浓度较低）必将通过回风重新回到系统中，再通过空调机重新送至所有房间。经过一定时间和一定量的系统风循环之后，新风量将重新趋于均匀，由此可使原来新风量不足的房间得到更多的新风。因此，如果按照以上要求来计算，在考虑上述因素的前提下，各房间人均新风量可以满足要求。

4.6.5 多区全空气变风量系统的受控末端装置类型的选择，应符合下列基本原则：

1 宜选用压力无关型，且应根据空调区域的特性和变风量装置的特点选择；

2 仅为夏季供冷时，应采用节流型；冬夏合用系统且需要保持较好的气流组织时，末端装置宜采用风机动力型。

【说明】

1 变风量空调系统的末端装置类型很多，根据是否补偿系统压力变化可分为压力无关型末端和压力相关型末端两种。压力无关型末端是指当系统主风管内的压力发生变化时，其压力变化所引起的风量变化被检测并反馈到末端控制器中，控制器通过调节风阀的开度来补偿此风量的变化。因此，压力无关型末端采用可以提高系统的稳定性，也是目前常用的变风量末端装置。

2 节流型末端装置投资和运行能耗低、构造简单、控制方便、设计难度小，仅为夏季供冷时一般也不会出现气流组织等不利影响。对于节流型和串联式风机动力型末端，一次风阻力可取较小值（或接口风速较小值），这样可减少对集中送风机和末端风机的风压要求；对于并联式风机动力型末端，一次风阻力可取较大值（或接口风速较大值）。

多区全空气变风量系统一般应由集中空气处理机组、空调区变风量末端装置及其送回风系统组成。末端装置的选型、分类和适用性见表4.6.5。

常用变风量空调系统末端装置的分类和适用性 **表4.6.5**

<table>
<tr><th colspan="2">常用类型</th><th>适用性</th></tr>
<tr><td rowspan="2">节流型(无风机动力)</td><td>单冷型</td><td rowspan="2">适用于负荷相对稳定的空调区域;需全年供冷的空调内区采用单冷型,冬季加热量较小的外区宜采用再热型</td></tr>
<tr><td>再热型</td></tr>
<tr><td rowspan="2">并联式风机动力型</td><td>单冷型</td><td rowspan="2">负荷变化范围较大且需全年供冷的空调内区宜采用单冷型,冬季加热量较大的外区宜采用再热型</td></tr>
<tr><td>再热型</td></tr>
<tr><td rowspan="2">串联式风机动力型</td><td>单冷型</td><td rowspan="2">适用于下列情况:
室内气流组织要求较高、要求送风量恒定;
低负荷时气流组织不能满足要求(例如高大空间);
采用低温送风或一次风温度较低,且送风散流器的扩散性能与混合性能不满足要求</td></tr>
<tr><td>再热型</td></tr>
<tr><td colspan="2">双风道型</td><td>适用于采用独立送新风,一次风变风量、新风定风量送风,共用末端装置的系统</td></tr>
</table>

注:1. 变风量末端装置均为一次风风阀节流型,诱导型、旁通型等末端装置未列入。
2. 进行冷热混风等不常用的双风道型末端装置未列入。

4.6.6 变风量系统受控末端装置的规格，宜按照设计风量下的阻力80～150Pa，或者入口设计风速5～7m/s来选择，并尽可能使系统中所有的末端装置在设计工况下的阻力相等或接近。

【说明】

末端装置在使用过程中需要不断受室温控制进行调节，因此应具备较好的调节能力。如果为了降低设计阻力而将末端装置的规格选择过大，其调控能力将下降、风量可调比降低。根据已有工程的实际使用情况并综合平衡调控能力与系统阻力，提出了本条规定。

4.6.7 采用多区全空气变风量系统时，应合理划分空调区域，并按以下原则选择空调方案：

1 负荷特性显著不同的空调区，宜纳入不同的变风量空调系统中；

2 当房间进深较大，需要划分空调内、外区时，内、外区宜分别设置独立的变风量系统；

3 内、外区合用同一个风系统时，外区可采用带热水盘管的再热型变风量末端装置；也可在内、外区均采用节流型末端装置，并在外区另设置供暖系统；

4 内、外区分别设置系统时，内区全年供冷，外区按季节转换供冷或供热；外区集中空气处理机组宜按朝向分别设置，使每个系统中各末端装置服务区域的转换时间一致；

5 当空调区域需要新风量恒定时，宜采用独立新风系统；变风量系统负担其余室内负荷；

6 当房间平面有明确的最终使用分隔时，每个房间宜设置至少一个变风量末端装置；当房间为大开间，但未来使用过程中可能对房间进行分隔，但设计时无法明确时，内区末端装置的服务面积宜为30～50m²，外区末端装置的服务面积宜为20～30m²。

【说明】

多区全空气变风量空调系统设计的基本思路是对各类负荷分别处理，即：内、外区负荷分别处理；冷、热负荷分别处理；不同温度控制区域负荷分别处理，等等。因此，应根据建筑使用功能和负荷情况恰当地进行空调分区，使空调系统能更方便地跟踪负荷变化，改善室内热环境和节省空调能耗。

空调区划分非常重要，其影响因素主要有建筑模数、空调负荷特性、使用时间等；空调区的划分不同，其空调系统形式也不相同。变风量空调系统用于空调区内、外分区时，常有以下系统组合形式：当内区独立采用全年送冷的变风量空调系统时，外区可根据其空调负荷特性，设置风机盘管空调系统、定风量空调系统等；当内、外区合用变风量空气处理机组时，内区可采用单风道型变风量末端装置，外区则根据其空调负荷特性，设置带再热盘管的变风量末端装置，用于外区的供暖；当内、外区分别设置变风量空气处理机组时，内区机组仅需要全年供冷，而外区机组需要按季节进行供冷或供热转换；同时，外区宜按朝向分别设置空气处理机组，以保证每个系统中各末端装置所服务区域的转换时间一致。

1 空调内、外区划分及系统设置

首先应以房间的分隔为依据。无外围护结构的房间，应为空调内区。

对于大开间房间，当房间进深不超过8m时，可以不考虑独立的空调内区。当必须划分时，内、外区的划分及系统设置，除符合第4.1.7条的要求外，还宜考虑以下原则：

(1) 以距离外围护结构3～5m的范围作为过渡区，过渡区在设计时不设置送风口；

(2) 外区负荷计算时，计算边界为靠近外围护结构5m的区域；内区负荷计算时，计算边界为房间内墙至外围护结构3m。

2 采用独立新风系统时，新风可直接送入房间，也可与变风量系统的送风口合并后送入房间。

3 末端装置的服务面积需要结合初投资和未来的个性化分隔两个因素来考虑。必要时，宜和甲方充分协商。

4.6.8 多区全空气变风量系统设计时，其负荷计算和末端装置的设置应按照以下原则

进行：

1　内外区的负荷计算，宜按照第4.6.6条关于内、外区划分的说明进行；

2　对于无分隔的敞开式办公，宜按照每个建筑开间为计算单位，分朝向进行计算；

3　应按照上述负荷计算区域，分别布置对应的末端装置。

【说明】

结构柱（建筑平面主轴线）通常会成为使用时的房间分隔边界。由于各使用区域的朝向不同，使用过程中的负荷与送风量需求也是不同的，特别是当房间分隔后，不同朝向的房间会出现明显的不同需求。因此，即使设计时是多开间的敞开式大空间，也应按照建筑主轴线和朝向来划分和设置末端装置，有利于减少后期分隔后的修改和变动。

4.6.9　风机动力型末端装置的一次风风量，应按下列原则确定：

1　一次风的设计送风量，应按所服务空调区域的逐时冷负荷综合最大值和送风温差，经计算确定。

2　一次风的最小送风量，应按照末端装置本身的可调范围与风速传感器测量要求、温度控制区域的最小新风量和新风分配均匀性要求以及气流分布要求等因素中的最大限值确定；末端装置的可调范围一般可取设计送风量的30%。

3　串联式风机动力型末端装置的内置风机风量为一次风和室内回风风量的总和。内置风机设计风量应按照供冷工况，根据室内要求和送风口特性确定混合后的送风温度，一次风最大设计风量和温度、室内回风温度、混合风送风温度，经计算后确定；一般情况下可按照一次风设计风量的100%～130%来取值。

4　并联式风机动力型末端装置内置风机的设计风量，应按下列方法确定：

(1) 内区采用单冷末端装置时，宜取一次风最大设计送风量的40%～50%；

(2) 外区末端装置风机应按冬季工况确定，应按风口特性和室内舒适度要求确定末端装置的送风温度，并根据一次风最小风量和温度、室内回风温度、末端装置的供热量及送风温度，计算确定末端装置风机风量；一般情况下可取一次风最大设计风量的50%～80%。

【说明】

1　采用风机动力型末端装置时，空调区的冷负荷仍然是由中央空调机组提供的一次风负担的（热负荷可由一次风和末端装置中的加热盘管共同负担）。

2　一次风最小送风量按照设计送风量的30%考虑，是结合第4.6.5条第3款的选型要求和目前的产品实际性能来确定的。实际产品中，也有一些可达到10%～20%，在选用时应根据实际需求和产品性能来确定。

4.6.10　风机动力型末端装置内置风机的风机静压，应按下列原则确定：

1　采用串联式时，应能克服回风口及风机下游的全部送风阻力；

2 采用并联式时，应能克服回风口、再热盘管和一次风在最小风量时末端装置之后的全部送风阻力。

【说明】

1 风机下游的全部送风阻力包括：再热盘管、风管与风口阻力。

2 并联式的内置风机风压包括：回风口阻力、再热盘管风阻力，以及回风和一次风混合后送至空调区的风阻力。

风机动力型末端装置用于内区时，无再热盘管（风阻力为 25～30Pa），相应的风机风压可以减少。

4.6.11 **变风量系统的技术设计，还应符合下列要求：**

1 设计送风温度和送风量，应按照第 4.4.1～4.4.4 条的相关要求确定；

2 应采取保证卫生要求的最小新风量的措施；

3 宜具备最大限度地利用新风作冷源的条件；

4 空气处理机组的送风机，宜采用叶轮为后向叶片的离心风机，其风量—风压曲线宜采用陡降型；风机应采用自动转速调节来实现风量的变化。

【说明】

1 变风量空调系统属于全空气空调系统的一种形式，因此系统风量计算方法与全空气空调系统基本相同。但对于多区域变风量空调系统，需要注意的是：

（1）由于末端采用的是温度控制，因此，各空调区可采用以消除显热负荷为目标来计算送风量；

（2）送风温度应取各区域计算得到的送风温度的最低值，因此宜分别对各空调区进行送风量的计算（焓湿图计算）；

（3）根据第（2）项中计算的送风温度，求出各末端所负责的每个空调区的送风量，并配置相应的末端设备；

（4）由于各区域的末端均能够按照负荷来实时调节风量，因此集中送风的空调机组的总送风量应按照所有空调区的综合显热负荷的最大值和第（2）项中确定的送风温度来计算。

2 变风量空调系统随送风量减少，其新风量随之减少，存在新风量不能满足最小新风量要求的可能性。因此，设计时应重视采取保证最小新风量的措施。对采用双风机式变风量空调系统而言，当需要维持最小新风量时，为使新风量恒定，回风量则往往不是随送风量的变化按比例变化，而是要求与送风量保持恒定的差值。因此送、回风机宜按转速分别控制，以满足最小新风量的要求。

保证卫生要求新风量的措施主要体现在运行控制时的策略，一般来说可以通过以下方式来实现：

(1) 在空调机组的新风取风管上设置自力式定风量阀。

(2) 设置电动回风阀。当送风机变速调节时，回风阀做相应的调节，保持新风量不变——当送风量减小时，实际的新风比加大。

(3) 当无法采用新风或回风的有效控制手段时，可按照以系统最小送风量时满足人员最低新风量的原则来确定——在设计工况下，新风量将大于卫生要求的最小新风量要求，是一种不太节能的设计方式。因此，如果采用此方式，最小送风量不宜低于设计送风量的50%（相当于设计新风量为常规最小新风量的一倍）。

3 当空调机房设置于核心筒内，且通过竖向设置的集中新风道送新风时，如果要在过渡季时加大新风量，则需要的新风道截面尺寸非常大，实际上实现起来的难度也是非常大的。因此，变风量空调机组的机房宜靠外墙设置，每个机组直接从室外独立引入新风，有利于过渡季运行时加大新风量。

4 后向叶片的离心风机不但效率较高，而且其风量—风压曲线相对较陡。变风量空调系统一般都采用风道内的风压来控制风机转速的控制方式，当曲线较陡时，风量的较小变化能够使得风压的变化相对较大，有利于提高系统控制的灵敏性和准确性。

4.6.12 多区全空气变风量空调系统的风管，应按下列要求设计：

1 送风宜采用环形风管；当采用枝状风管时，宜采用静压复得法的原理来设计和计算风管；

2 用于公共建筑时，送风总管设计工况下的最大流速可在第3.13.10条规定的基础上适当提高，但不宜超过10m/s；

3 系统各段风管均应按所服务的空调区域最大送风量设计；

4 回风可采用吊顶回风方式；当设置回风管时，每个空调区的回风口和回风管面积应满足其设计回风量的要求，且各空调区回风管道的阻力不平衡率不应超过15%；

5 主风管与末端装置支风管连接时，不应采用直角三通连接；末端装置入口的支风管应为直管段，其长度宜为末端装置入口直径的3～5倍；当为了初调试而在连接末端装置的直风管上设置手动调节阀时，其位置应在直管段之前；

6 末端装置出风口至送风管之间采用软管连接时，应符合第3.13.11条第8款的规定；

7 根据现行国家标准《通风与空调工程施工质量验收规范》GB 50243中对中压系统风管的要求，应提出对风管安装的漏风量或漏风率限值。

【说明】

变风量空调系统中各末端装置的入口静压宜保持基本一致，以保证其运行控制品质。采用环形风道有利于降低并均化风管内静压，为将来增加或调整变风量末端装置提供灵活性；但有些实际工程可能存在因环形风管布置困难而采用了枝状风管，这时宜采用静压复得法来计算和设计风管，使其各末端装置的入口静压尽可能均匀，减少调试工作的难度。

4.6.13 变风量空调系统的送回风口与气流组织设计设计，应符合下列要求：

1 各末端送风量应按如下原则确定：

(1) 采用节流型末端装置的系统，设计送风量应为末端装置的设计风量；

(2) 采用串联式风机动力型末端装置的系统，设计送风量应为末端装置内置风机的风量；

(3) 采用并联式风机动力型末端装置的系统，设计送风量应采用一次风设计风量或按末端装置最小一次风风量与内置风机的风量之和中的较大值。

2 节流型末端装置的送风口应具有在风量变化时满足空调区气流组织的要求。

3 当房间净高不超过3.0m且全年以供冷为主时，变风量空调系统可采用上送上回或上送下回的气流组织形式，其回风口与送风口的距离不应导致送风气流的短路；当房间净高较高或冬夏都对气流组织要求较严格时，宜采用风机动力型末端装置，或者采用地板下送风方式。

【说明】

若变风量空调系统的送风口选择不当，送风口风量的变化会影响到室内的气流组织，影响室内的热湿环境无法达到要求。

1 根据不同的末端装置，确定不同的送风量。

2 采用节流型末端装置时，送风口的风量总是在不断变化的。

3 风机动力型末端装置能够保持空调区的送风量基本不变，当其一次风变风量时，对气流组织的影响比较小。

4.6.14 有条件时，变风量系统可采用低温送风空调系统，其设计参数的确定和负荷计算应符合下列要求：

1 风机及风管的温升可按照第4.5.2条分别计算，计算条件不全时，综合温升可取1.5～2℃；

2 变风量空调系统采用低温送风时，室内设计相对湿度取值范围宜为40%～50%。

【说明】

1 尽管对于低温送风系统的风管保温要求更高一些，但风机温升明显提高。

2 由于送风温度降低，送风含湿量也较低，在空调区热湿比不变的情况下，室内空气相对湿度会略低于常温空调系统。

4.6.15 低温送风系统的空气处理，应按下列要求设计选用：

1 空气冷却器的出风温度与冷媒的进口温度之差不宜小于3℃；采用冷水盘管时，

空调机组的出风温度宜为9～11℃，采用直接膨胀式蒸发器时，出风温度应大于或等于7℃；

2 表冷器的面风速宜小于或等于1.6m/s；

3 机组冷凝水排水管的管径应比常规空调系统放大一号，且宜考虑冷凝水的回收利用。

【说明】

1 空气冷却器的出风温度：制约空气冷却器出风温度的条件是冷媒温度，当冷却盘管的出风温度与冷媒的进口温度之间的温差过小时，必然导致盘管传热面积过大而不经济，以致选择盘管困难；同时，对直接膨胀式蒸发器而言，送风温度过低还会带来盘管结霜和液态制冷剂进入压缩机等问题。低温送风系统一般会采用冰蓄冷系统制取集中冷水作为冷盘管的冷源，其冷水供水温度一般为2～4℃；如果采用直膨式系统，其蒸发温度不应低于0℃。由于制取低温冷源的*COP*低于常规冷源，因此有必要对冷盘管的性能提出略高一些的要求，故与第4.5.5条相比，离开冷盘管的空气最低温度与冷水进口温度的差值减少了0.5℃。根据这一要求，也在此给出了合理的盘管出风温度的选取范围。

2 空气冷却器的迎风面风速低于常规系统，是为了减少风侧阻力和冷凝水吹出的可能性，并使出风温度接近冷媒的进口温度；为了获得较低出风温度，冷却器盘管的排数和翅片密度大于常规系统，但翅片过密或排数过多会增加风侧或水侧阻力、不便于清洗、凝水易被吹出盘管等，故应对翅片密度和盘管排数进行权衡取舍，进行设备费和运行费的经济比较后，确定其数值；为了取得风、水之间更大的接近度和温升，解决部分负荷时流速过低的问题，应使冷媒流过盘管的路径较长，温升较高，并提高冷媒流速与扰动，以改善传热，因此冷却盘管的回路布置常采用管程数较多的分回路布置方式，但会增加盘管阻力。基于上述诸多因素，低温送风系统不能直接采用常规系统的空气处理机组，必须通过技术经济分析比较，严格计算，进行设计选型。

3 低温送风系统表冷器对空气的除湿能力要求提高，因此冷凝水会较多，冷凝排水管应适当加大，且冷凝水宜进行回收（例如：可作为空调冷水系统或冷却水的补水等使用）。

4.6.16 采用节流型和并联风机动力型末端装置时，直接向空调房间送低温冷风的空调系统，应采用诱导性能较好的专用低温送风口，并应采取软启动措施。

【说明】

节流型末端装置直接送入房间的低温空气，并联风机动力型末端装置在设计工况下也是一次低温风送入空调区。低温风口应具有高诱导比，为了防止风口出现结露，应采用低温风口。当送风量较小时，还应对低温风口的扩散性或空气温合性有更高的要求。

初始运行时或经过夜晚、周末、节假日等长时间停运后重新启动时，为避免房间内表面结露，系统开始运行时采用常规送风温度，然后逐步降低送风温度，直至室内达到设计工况后，再按照低温送风的送风设定值运行。

当采用串联风机动力型末端装置时，由于混风温度高于一次风温度，允许采用普通风口，一般可不考虑软启动措施。

4.6.17 采用低温送风系统时，空气处理机组至送风口处的所有设备与管件应进行严格的保冷与隔汽，保冷层厚度应经计算确定。

【说明】

由于低温送风系统的送风温度比常规系统低，为减少系统冷量损失和防止结露，应保证系统设备、风管、送风末端的正确保冷与密封，保冷层热阻应比常温空调系统更大一些。

4.6.18 当变风量系统采用地板送风时，应合理分区，并应通过经济技术比较，采用合理的系统组合方式。

【说明】

1 全年送冷风的区域，送风装置宜采用以下形式：

(1) 采用可调的被动式地板送风口，风口阻力由压静压箱克服；

(2) 采用节流型末端装置+被动式地板送风口时，由全空气处理机组通过敷设在架空地板内的送风管道，向风口送风并提供压力；

(3) 采用串联式风机动力型末端装置+被动式地板送风口时，末端装置调节一次风风量，送入房间的风量恒定，由末端装置风机克服地板送风口的阻力；

(4) 采用主动式地板送风装置时，风量调节一般由送风装置所带变速风机实现，并克服风口阻力。

2 夏季供冷、冬季供热的区域，送风装置常采用以下形式：

(1) 当该区域采用被动式地板送风口时，应与全年供冷区域分别设置空调机组，冬季供热；

(2) 可采用带电加热器或热水盘管的风机动力型末端装置+被动式地板送风口；

(3) 冬季供热可采用风机盘管或散热器。

4.7 建筑内空调水系统

4.7.1 采用集中冷热源的中央空调系统时，空气处理设备的冷热水供水温度和供回水温差，应与集中冷热源的供应侧相协调，空气处理设备的冷（热）水供回水温度，宜考虑输送过程中的管道传热损失引起的温升（或温降），并符合以下原则：

1　在同一水系统中，各末端设备的供回水温差不应大于最远末端的设计温差；

2　当计算出的最大末端的冷水温升不超过0.25℃，或热水温降不超过1℃时，可不考虑对末端设备换热能力的影响。

【说明】

当中央空调系统集中供应冷热水时，要求空气处理设备的供水温度和温差与供应侧相协调，并不是要求两者完全相同（实际上由于输送过程中的传热等，也不可能是相同的），而是要求冷热源供应侧的能力能够满足同一个水系统内各末端设备的需要，并保持管道系统中的热平衡。例如：在没有其他冷源时，各末端的冷水供水温度应不低于最远末端所要求的设计供水温度；否则，可以采取混水、热交换器等措施；同样，冷热源侧的集中冷水的回水设计温度，也不宜高于最远末端的冷水设计回水温度。对于热水，道理是同样的（与上述的冷水温度和温差相反）。

无论是冷水还是热水，在输配过程中都会由于管道的传热而形成“热能损失”。

对于冷水，输配过程中的水温升可根据冷热源机房至末端设备的输送距离按照表4.7.1估算。

每100m长有绝热层冷水管道内的冷水温升　　　　**表4.7.1**

冷水管道绝热层外径(mm)	50	70～80	100	150	200以上
冷水温升(℃)	0.15	0.10	0.07	0.05	0.03

注：本表适用于常规空调冷水，不适用于热水或冷却水。

4.7.2　**除采用直接蒸发冷却系统外，空调水系统应采用闭式循环系统。**

【说明】

除设蓄冷蓄热水池等直接供冷供热的蓄能系统及用喷水室处理空气的开式系统外，空调水系统一般采用开式膨胀水箱定压的闭式循环系统，为了减少腐蚀，也可采用密闭式膨胀罐定压方式或补水泵变频定压方式，使水系统全封闭。

采用水蓄冷（热）的系统，当水池设计水位高于水系统的最高点时，可以采用直接供冷供热的系统（实际上也是闭式系统，不存在增加水泵能耗的问题）。当水池设计水位低于水系统的最高点时，应设置热交换设备，使空调水系统成为闭式系统。

间接和直接蒸发冷却器串联设置的蒸发冷却冷水机组，其空气-水直接接触的开式换热塔（直接蒸发冷却器），进塔水管和底盘之间的水提升高差很小，因此也不做限制。

4.7.3　**中央空调水系统冷热水管道的制式选择，应符合以下规定：**

1　**当建筑物所有区域只要求按季节进行供冷和供热转换时，应采用盘管冷热共用的两管制的空调水系统；**

2 当建筑物内不同区域全年对供冷和供热的要求时段不一致时，可采用盘管冷热共用的分区两管制空调水系统；

3 对全年空调冷热供应的要求较高、空调区供冷和供热工况需要频繁转换或需同时使用时，可采用盘管冷热共用的切换式四管制系统，或采用冷热盘管分别与冷热水系统独立连接的四管制系统。

【说明】

1 盘管冷热共用的两管制空调水系统简单，初投资省，经济性好，但必须全楼统一进行冬夏工况的切换。适合于我国的大部分普通舒适性建筑的空调。

2 当采用分区两管制系统或四管制系统时，应按朝向和内、外区进行分区，以解决过渡季不同朝向及冬季内、外区对负荷的要求，向不同的区域分别供冷和供热。

(1) 分区两管制系统将相同使用要求（同时供冷或供热）的末端作为独立的水系统，通过在冷、热源侧的切换，进行分区供冷或供热；

(2) 盘管冷热共用的切换式四管制系统，冷、热水均已经送至末端附近，但为了节约投资，末端采用了共用冷热盘管的方式。供冷和供热切换时，通过末端设置的冷热水阀进行；

(3) 冷热源和末端均为四管制时，实际上冷、热水系统是完全独立的。供热时，也可以采用供暖系统等方式。

4.7.4 空调水系统的管道设置方式，宜符合以下原则：

1 一般情况下，可采用异程式水系统；

2 当各并联末端环路的设计水流阻力较为接近且末端设计水阻力占并联环路设计水阻力的比例不超过50%时，该并联环路宜采用同程式系统设计；

3 整个空调水系统可以同时包含同程式环路和异程式环路；

4 共用立管环路，宜采用同程式环路。

【说明】

同程式和异程式并非必须的要求，其目标都是使得各并联环路间阻力相对差值小于或等于15%。

1 空调系统的末端设备阻力一般来说远大于供暖系统的散热器，并且末端系统在建筑中较为分散，末端支路阻力差异较大，因此一般情况下可采用异程式管道布置方式。

2 建筑标准层水系统管路，当末端设备十其支路阻力相差不大时，建议用同程式水系统。

3 在整个空调水系统中，应根据实际情况对不同的环路采取不同的管道布置方式。例如：办公建筑中，主管道可采用异程式，标准层可采用同程式；酒店建筑中，公共区域可采用异程式，客房可采用同程式，等等。

4 共用立管采用同程式布置的主要优点是可以使管道中的空气与水同向流动，便于排出系统中的空气。

4.7.5 空调冷、热水系统的水流量可按下式计算：

1 计算管段的水量应按下式计算：

$$G=\frac{Q}{1.163\Delta t} \tag{4.7.5}$$

式中 G——计算管段的水量，m^3/h；

Q——计算管段的空调冷、热负荷，kW；

Δt——冷、热水供回水设计温差，℃。

2 计算管段的水量可按所接空气处理机组和风机盘管设计流量的叠加值进行简化计算，当其总水量达到与水泵流量相等时，总管的水流量值不再增加。

【说明】

由于变流量系统各末端出现的峰值在时间上不同，原则上宜按照各管段综合流量的最大值来计算。但这样会导致计算变得非常复杂，一般来说需要采用软件进行模拟计算。水量计算的目的是为了水力计算，从实际情况看，即使采用软件模拟，其水力计算的结果也与上述简化计算的结果相差很小。因此设计时可采用直接叠加的方式。

但由于设计总流量是按照综合最大值来确定的，按照管段流量叠加法的结果，会导致最终的叠加流量大于设计总流量，因此这时应按照设计流量计算，不再增加。

4.7.6 空调冷水系统的阻力计算应符合下列规定：

1 管道每米长摩擦阻力可按下式计算：

$$H_i=105C_h^{-1.85}d_j^{-4.87}q_s^{1.85} \tag{4.7.6}$$

式中 H_i——计算管段的比摩阻，kPa/m；

d_j——管道计算内径，m；

q_s——设计秒流量，m^3/s；

C_h——海澄-威廉系数，钢管闭式系统 $C_h=120$，开式系统 $C_h=100$。

2 比摩阻宜控制在100～200Pa/m且并联环路的干管比摩阻宜采用较低值；除管径小于 $DN40$ 外，不应大于300Pa/m。最不利环路的管道流速不宜超过表4.7.6-1的限值。

3 乙二醇管路比摩阻宜控制在50～200Pa/m，并应按第5.4.14条加以修正。

4 水路电动调节阀的设计阻力，应根据其连接的表冷器（或热水加热器）的设计水阻力及水系统总阻力的情况，按第10.4.5条的要求确定。

5 一般阀门和其他管件局部阻力当量长度可参考表4.7.6-2。

6 各种设备（包括空调末端设备、过滤设备等）阻力应根据产品提供的数据确定。

空调房间内空调水管流速限值 表 4.7.6-1

管径 DN(mm)	20	25	32	40	50	70	80	100
最大流速(m/s)	0.5	0.6	0.8	0.9	1.0	1.1	1.2	1.4
管径 DN(mm)	125	150	200	250	300	350	400	450
最大流速(m/s)	1.5	1.5	1.6	1.7	1.8	2.0	2.2	2.5

空调冷水局部阻力当量长度计算表 表 4.7.6-2

管径 DN (mm)	球形止回阀	闸阀	90°弯头			45°弯头		180°回弯	分(合)流三通	直通三通		
			标准	$R/D=1.5$	$R/D=1$	标准	$R/D=1$			同径	变径小1/4	变径小1/2
15	5.5	0.2	0.5	0.3	0.8	0.2	0.4	0.8	0.9	0.3	0.4	0.5
20	6.7	0.3	0.6	0.4	1.0	0.3	0.5	1.0	1.2	0.4	0.6	0.6
25	8.8	0.3	0.8	0.5	1.2	0.4	0.6	1.2	1.5	0.5	0.7	0.8
32	12	0.5	1.0	0.7	1.7	0.5	0.9	1.7	2.1	0.7	0.9	1.0
40	13	0.5	1.2	0.8	1.9	0.6	1.0	1.9	2.4	0.8	1.1	1.2
50	17	0.7	1.5	1.0	2.5	0.8	1.4	2.5	3.0	1.0	1.4	1.5
65	21	0.9	1.8	1.2	3.0	1.0	1.6	3.0	3.7	1.2	1.7	1.8
80	26	1.0	2.3	1.5	3.7	1.2	2.0	3.7	4.6	1.5	2.1	2.3
100	37	1.4	3.0	2.0	5.2	1.6	2.6	5.2	6.4	2.0	2.7	3.0
125	43	1.8	4.0	2.5	6.4	2.0	3.4	6.4	7.6	2.5	3.7	4.0
150	52	2.1	4.9	3.0	7.6	2.4	4.0	7.6	9.1	3.0	4.3	4.9
200	62	2.7	6.1	4.0	—	3.0	—	10	12	4.0	5.5	6.1
250	85	3.7	7.6	4.9	—	4.0	—	13	15	4.9	6.7	7.6
300	98	4.0	9.1	5.8	—	4.9	—	15	18	5.8	7.9	9.1
350	110	4.6	10	7.0	—	5.5	—	17	21	7.0	9.1	10
400	125	5.2	12	7.9	—	6.1	—	19	24	7.9	11	12
450	140	5.8	13	8.8	—	7.0	—	21	26	8.8	12	13
500	160	6.7	15	10	—	7.9	—	25	30	10	13	15
600	186	7.6	18	12	—	9.1	—	29	35	12	15	18

注:本表适用的管道当量绝对粗糙度为:闭式系统或钢塑复合管 $K=0.2$mm,开式系统 $K=0.5$mm。

【说明】

表 4.7.6-1 是对最不利环路（一般情况下为最远环路）的管道流速限值，对于非最不利环路，由于水力平衡计算的需要，不受此表的限制。但为了防止流速过高造成的噪声及对附件冲刷引起的磨损，管道中的最大流速均不应超过 3m/s。

在施工图配合前期预估系统阻力时，冷水阀可按 3～5m 选取，热水阀可按 1～2m 选取。

4.7.7 **四管制系统管道阻力应按空调冷水和热水管路分别计算，空调热水管路阻力的计算方法与供暖系统相同。**

【说明】

供暖系统和空调热水系统的管道阻力计算方法相同，但末端阻力或阻力系数有较大差别。

4.7.8 **当采用两管制系统时，应按供冷和供热设计流量的较大者来确定管径；当按照夏季冷水系统进行阻力计算和确定管径时，冬季空调热水系统的阻力可根据冷水管路阻力按下式进行估算：**

$$H_R = \alpha (G_R / G_L)^2 \times H_L + H_J \tag{4.7.8}$$

式中 H_R——**冬季空调热水系统的阻力，kPa；**

α——**考虑到各环路冷热水设计流量比不等时的修正系数，取 0.95～1.15；**

G_R——**空调热水流量，m^3/h；**

G_L——**空调冷水流量，m^3/h；**

H_L——**空调冷水系统用户侧的管路阻力，kPa；**

H_J——**空调热水系统机房侧的水流阻力，kPa。**

【说明】

两管制系统夏季供冷水、冬季供热水，因此应按照夏季冷水设计流量和冬季热水设计流量的较大值来确定管径。在用户侧（以分集水器作为分界线），水系统的阻力与流量一般呈二次方的分布关系，因此当冷水流量较大（这是大部分中央空调建筑的情况）且用于确定管径时，用户侧的热水系统计算阻力可按照冷水系统的计算阻力 H_L 和冷、热水的设计流量来估算。但由于每个水环路的冷热水设计流量比值并不是完全相等的，因此需要考虑到最不利的热水环路的情况。同时，还考虑到热水的黏滞系数小于冷水等因素。因此，当各环路的冷水与热水设计流量比的差异较小时（各环路冷热水流量比的最大值与最小值之比为 1.0～1.2），修正系数 α 可取较小值；较大时（各环路冷热水流量比的最大值与最小值之比大于 1.2），宜取较大值。

4.7.9 **空调水系统布置和选择管径时，应减少并联环路之间压力损失的相对差额。空调水系统的水力平衡应符合下列要求：**

1 **因温差引起的重力水头，计算中可忽略不计；**

2 **设计工况下，并联环路之间压力损失的相对差额超过 15%时，宜在阻力较小的支环路上设置具有流量测量功能的手动流量调节或水力平衡装置。**

【说明】

1 由于空调末端阻力所占比例较大，因此可不考虑水温差变化带来的重力水头的影响。

2 由于管径并不是连续的，且存在最大流速（3m/s）的限制，完全依靠调整管径来解决水力平衡问题总是存在一定的困难，必要时可设置手动调节装置。为了保证初调试的精确，调节装置或水力平衡装置应具有流量测量功能。

应注意的是，如果从头至尾的每个环路都设置手动调节装置，显然是不合理的，因此强调的是“阻力较小的支环路”。

4.7.10 空调水系统的主要水环路，宜采用分、集水器进行分配。分、集水器的直径应按总流量通过时的断面流速（0.5～1.0m/s）初选，且应大于最大接管直径的2倍。

【说明】

为了保证分、集水器的流量分配均匀，对其流速做一定的限制。

4.7.11 空气处理末端设备的供水入口，宜设置水过滤器。过滤器的过滤孔径可进行如下选择：

1 空气处理机组和新风机组进口：2.5mm；

2 风机盘管进口：1.5mm。

【说明】

考虑施工过程中带入的杂质和系统冲洗不净。

4.7.12 空调水系统应根据需要在下列部位设置初调试和/或关断阀门：

1 空气处理机组（或风机盘管）的供回水支管；

2 垂直系统每对立管和水平系统每一环路的供回水总管；

3 分、集水器处供回水干管。

【说明】

关断阀主要用于设备及系统的检修用。但采用初调试阀作为关断阀时，应有开度刻度标示。检修完成后，重新调至原开度。

4.7.13 应按下列要求设置温度计或压力表：

1 过滤器或除污器的前后，应设压力表；

2 空气处理机组进、出水口，应设温度计和压力表。

【说明】

设置这些附件是为了方便运维人员的日常检查。

4.7.14 空调水系统的管道设计应符合下列规定：

1　利用自然补偿不能满足要求时，应设置补偿器；

2　冷水系统的水平管道，宜顺水流方向做大于或等于 0.3%的上行坡度；当条件所限无法做到时，其水平管道顺水流方向的末端处应设置自动排气阀，排气阀接口高出管道上沿宜大于或等于 50mm；

3　热水系统的管道坡度可按热水供暖管道的要求执行。

【说明】

1　必要时，根据有关手册进行自然补偿的计算。

2　闭式系统的排气是非常重要的问题，大多数水流不畅的原因都和系统内存在的空气相关。为了有利于集气和排气，排气阀应高出水平管道的上沿。

4.7.15　空调水系统应根据水流方向和位置，在系统和管道局部最低处设置泄水装置。

【说明】

“局部最低处”指的是：在水流环路中，存在向下流动的水管的底部；既包括立管，也包括水平布置时因某些原因设置的“下凹”管道。

4.7.16　空气冷凝水管道的设置，应符合下列规定：

1　当空调机组的冷凝水盘位于机组内的正压段时，凝水盘的出水口宜设置水封；位于负压段时，应设置水封，且水封高度应大于凝水盘处正压或负压值；

2　风机盘管等末端设备凝水盘的泄水支管沿水流方向坡度宜大于或等于 1%；冷凝水干管坡度宜大于或等于 0.5%，最小不应小于 3‰，且不允许在管道中途有积水部位；水平干管始端应设置扫除口；

3　冷凝水管道宜采用塑料管或热镀锌钢管；当凝结水管表面可能产生二次冷凝水且对使用房间有可能造成影响时，凝结水管道应采取防结露措施；

4　冷凝水管宜采用独立排水；冷凝水不应接入污水系统，也不得与室内雨水系统直接连接；当接入废水排水系统时，应有空气隔断措施；

5　冷凝水管管径应按冷凝水的流量和管道坡度确定；当最小坡度为 0.003 时，冷凝水管管径可按表 4.7.16 进行估算；

6　住宅空调器冷凝水宜设置立管集中排放；

7　冷凝水管保冷材料及厚度，见《措施》第 8 章。

冷凝水管管径估算表　　表 4.7.16

冷负荷(kW)	<10	11～20	21～100	101～180	181～600
管径 *DN*(mm)	20	25	32	40	50

【说明】

1 空调机组的冷却盘管，一般位于风机吸入口处，如果没有水封，凝结水盘中的水将无法有效排除。当设置于机组正压段时，为了防止送风空气通过冷凝水管漏风，也宜设置水封。

2 风机盘管的风机风压很小且凝水盘直接与大气相通，因此冷凝水排出时不用设置水封。

3 采用塑料管或镀锌钢管是为了防止金属管道锈蚀产生的锈渣对排水造成的堵塞。

4 接入污水系统有产生空气污染的风险。如果接入雨水系统，由于雨水排水量过大时可能出现从冷凝水管中倒流的风险。当接入废水排水系统时，为了防止可能产生的污染，应设置空气隔断措施。

5 一般情况下，空调系统 1kW 冷负荷产生的空气凝结水量为 0.4～0.8kg/h。

4.8 温湿度独立控制与蒸发冷却空调系统

4.8.1 **经技术经济论证合理时，宜采用温湿度独立控制空调系统。**

【说明】

温湿度独立控制空调系统包含温度控制系统和湿度控制系统。由于采用了不同的措施来分别应对空调区的显热负荷与余湿，因此可以在供冷时用较高温的冷源来应对显热，实现整个空调系统的节能。

1 温度控制系统主要用于消除空调区的显热负荷，设计内容包括：高温冷源、输配系统及房间末端。

2 湿度控制系统主要用于空调区的余湿排除，设计内容包括：余湿处理、干燥风输送系统及送风装置。

4.8.2 **温湿度独立控制空调系统的负荷计算应符合以下要求：**

1 计算湿处理负荷时，室外空气参数应采用露点温度或含湿量；

2 应分别计算潜热负荷与显热负荷。

【说明】

1 温湿度独立控制空调系统冷热负荷的计算原理与常规系统相同。但为了在设计中分别应对显热与余湿，在负荷统计时应采用室外露点温度或含湿量来计算，并将显热负荷与余湿（包含了潜热负荷）分别进行统计。

2 当采用新风排出室内全部的余湿时，几种典型房间的新风量和送风含湿量如表 4.8.2 所示。

典型建筑新风系统送风量和送风参数 **表 4.8.2**

建筑类型	温度（℃）	相对湿度（%）	人员产湿[g/(h·p)]	人员新风量[m^3/(h·p)]	送风含湿量（$g/kg_{干空气}$）
旅馆	26	55	109	30	8.7
影剧院			68	20	8.9
商场			184	20	4.0
办公楼			109	30	8.7

注：室内空气含湿量按照11.7$g/kg_{干空气}$计算。

4.8.3 室外气候可按照空气最湿月平均含湿量，划分为干燥地区和潮湿地区。干燥地区应充分利用室外干燥的新风带走室内余湿。

【说明】

根据最热月平均含湿量，可以将我国气候分为干燥区及潮湿区（见表4.8.3）。

我国主要城市所处气候分区表 **表 4.8.3**

分区	夏季对新风的处理要求	代表地区	最热月平均含湿量
干燥地区	降温	博克图、呼玛、海拉尔、满洲里、克拉玛依、乌鲁木齐、呼和浩特、大柴旦、大同、哈密、伊宁、西宁、兰州、阿坝、喀什、平凉、天水、拉萨、康定、酒泉、吐鲁番、银川	＜12$g/kg_{干空气}$
潮湿地区	降温、除湿	哈尔滨、长春、沈阳、太原、北京、天津、大连、石家庄、西安、济南、郑州、洛阳、徐州、南京、合肥、重庆、成都、贵阳、武汉、杭州、宁波、长沙、南昌、福州、广州、深圳、海口、南宁	＞12$g/kg_{干空气}$

在普通的办公等空调区，室内设计参数的含湿量大约为12$g/kg_{干空气}$。当室外含湿量低于室内时，直接利用室外新风来排除室内余湿，可以减少对人工冷源的需求。

当干燥地区的新风含湿量偏高、室内空气含湿量与新风含湿量之差较小时，为了防止排湿所需要的送风量过大带来的不经济或实现困难，需要结合人工除湿方式同时使用。在新风含湿量较高的时段，采用人工除湿方式；较低时采用新风直接排湿。

4.8.4 温度控制系统冷源应采用高温冷源。

1 高温冷源可以采用自然冷源，如地下水、土壤源热交换等；干燥地区（Ⅰ区）可采用间接蒸发冷却方式获得的冷水；潮湿地区可以采用制冷机组产生的高温冷水、高蒸发温度的直接膨胀式机组等人工冷源；

2 室内显热装置采用强制对流末端设备时，高温冷水的供水温度或直接膨胀式机组的蒸发温度，宜高于室内空气的露点温度，冷水供回水设计温差宜大于或等于5℃；室内

显热装置采用辐射末端设备时，高温冷水的供水温度应根据辐射体表面温度高于室内空气的露点温度至少 1℃来确定，冷水供回水设计温差不宜低于 2℃；

3 当湿度控制系统负担了房间内的部分显热负荷时，温度控制系统的高温冷源装机容量应扣除相应的部分。

【说明】

1 能够通过自然冷源获取高温水时，尽可能减少人工制冷的冷源。

2 辐射末端表面不允许出现凝结水。对流末端，当条件有限或末端装置需要负担更多的房间冷负荷时，可允许出现少量的凝结水，但末端装置必须设置相应的凝结水盘。

3 土壤具有较好的蓄热特性，通过埋地换热器，可利用地下土壤作为空调系统的取热和排热场所。在温湿度独立控制空调系统中，由于夏季空调系统处理显热所需要的高温冷源温度一般在 16～18℃，在土壤年平均温度 10～12℃及以下的地区，可以直接利用土壤换热器来获得温度适宜的高温冷源。土壤源换热器夏季和冬季的工作原理如图 4.8.4 所示。夏季工作时，利用埋地换热器从土壤中取冷，再经过换热装置得到温度水平适宜的高温冷源，满足温度控制需求。

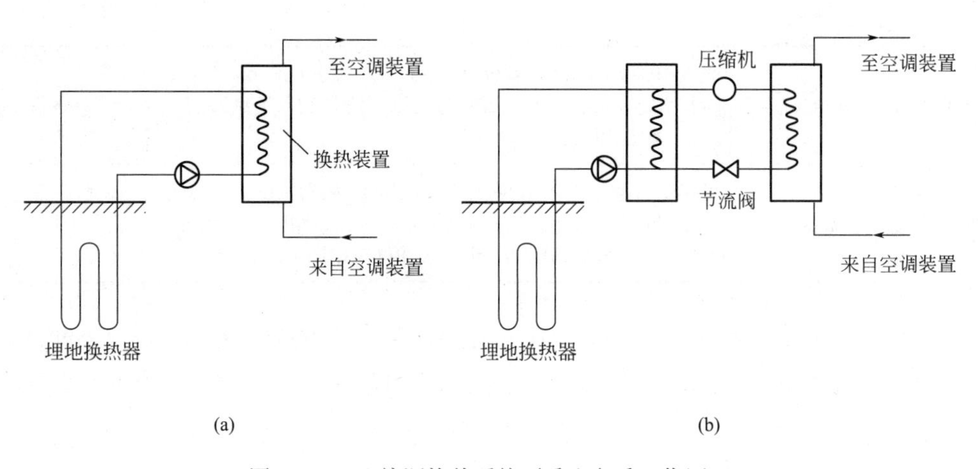

图 4.8.4 土壤源换热系统夏季和冬季工作原理

(a) 夏季；(b) 冬季

4.8.5 条件可行时，干燥地区宜采用蒸发冷却方式制备中央空调系统的高温冷水。

【说明】

采用蒸发冷却方式制备空调冷水，可以降低人工制冷带来的较大的能耗。制备高温冷水的蒸发冷却分为直接蒸发冷却和间接蒸发冷却两种方式。

1 直接蒸发冷却方式

直接蒸发冷却方式是利用水和空气间的传热传质过程进行冷水制备的，图 4.8.5-1 给出了直接蒸发冷却制备冷水的模块及处理过程在焓湿图上的表示，直接蒸发冷却制备冷水的极限温度为进口空气的湿球温度。一般情况下，出水温度与进口空气的湿球温度的差值宜大于或等于2℃。

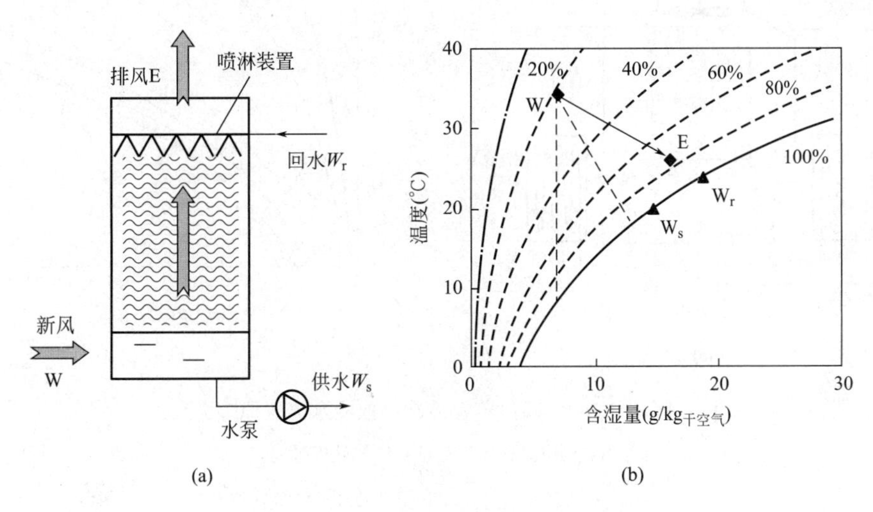

图 4.8.5-1 直接蒸发冷却制取冷水装置

(a) 机组流程原理；(b) 空气处理过程

2 间接蒸发冷却方式

图4.8.5-2所示为间接蒸发冷却装置，室外新风在空气—水逆流换热器中被降温，空气状态接近饱和，然后再和水接触，进行蒸发冷却，这样的流程形式可使空气与水直接接触的蒸发冷却过程在较低的温度下进行，在理想情况下产生的冷水温度等于室外空气的露点温度。一般情况下，出水温度与进口空气的露点温度的差值宜大于或等于3℃。

这种产生高温冷水的间接蒸发冷却装置的处理过程在焓湿图上的表示见图4.8.5-2(b)。其中W为室外空气状态，排风状态为E。室外空气W通过空气——水逆流换热器与W_s点的冷水换热后其温度降低至W′点，状态为W′的空气与W_r状态的水通过蒸发冷却过程进行充分的热湿交换，使空气达到E点。W_s状态点的液态水一部分作为输出冷水，一部分进入空气—水逆流换热器来冷却空气。经过逆流换热器后水的出口温度接近进口空气W的干球温度，与从用户侧流回的冷水混合后达到W_r状态后再从空气—水直接接触的逆流换热器的塔顶喷淋而下，与W′状态的空气直接接触进行逆流热湿交换。这种间接蒸发冷却制取冷水的装置，其核心是空气与水之间的逆流传热、传质，通过逆流传热、传质来减少热湿传递过程的不可逆损失，以获得较低的冷水温度。理想情况下，冷水出口温度可接近进口空气的露点温度，而不是进口空气的湿球温度。

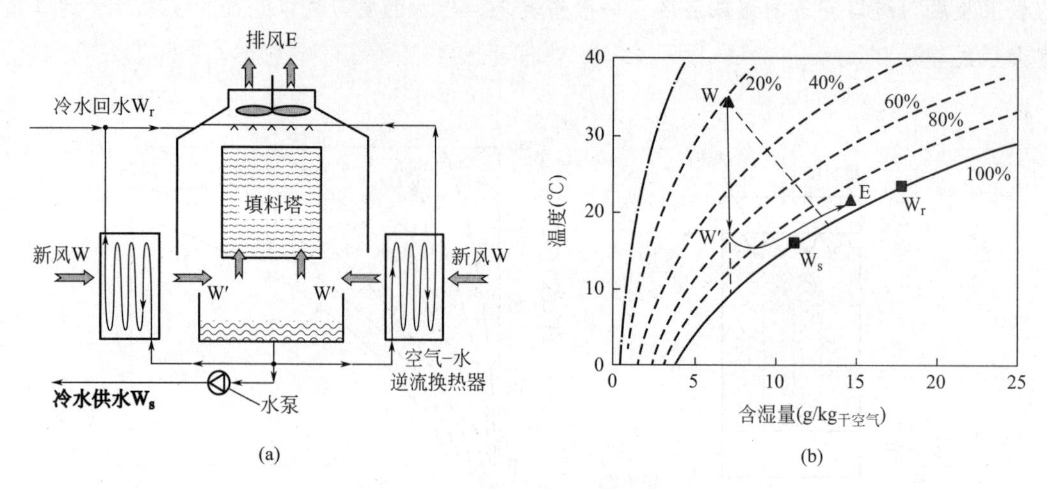

图 4.8.5-2 间接蒸发冷却制取冷水装置原理

(a) 机组流程原理；(b) 空气处理过程

4.8.6 采用人工制冷获得温度控制系统的高温冷源时，宜选用符合现行行业标准《高出水温度冷水机组》JB/T 12325 要求的高温冷水机组或专用的高温直接膨胀式空调系统。当采用常规冷水机组或常规的直接膨胀式空调系统时，应详细核实其技术性能参数，并确保能够安全稳定的运行。

【说明】

通常的常温冷水机组（冷水出水温度在7℃左右）或直接膨胀式空调系统，是按照相应的产品标准条件下设计和生产的。

温湿度独立控制空调系统所需要的冷水机组的出水温度范围，可在14～18℃之间（视具体工程情况而定），常温机组如果按照这一工况运行，其机组效率显然不是最优的。换句话说，利用常温机组来作为温湿度独立控制空调系统的高温冷源，其节能效果会受到较大的影响，也没有充分发挥其本身的优势。

同理，当采用多联机等直接膨胀式空调系统作为高温冷源来直接处理室内空气的显热时，一般要求室内机的蒸发温度在10～12℃，而常规多联机的室内机和整个制冷系统并不是针对高显热处理的特点而设计的，其效率的提高是有限的。同时，由于蒸发温度的提高，对制冷系统的安全稳定运行也可能带来不利的影响。

因此，高温冷源设备应优先采用针对性的专用设备。

4.8.7 温湿度独立控制空调系统的末端热湿处理装置设计，应符合以下原则和要求：

1 显热控制末端采用辐射供冷末端时，应采取严格的防止辐射末端表面结露的措施；

2 空调区湿度控制可采用通风排湿方式和就地循环除湿方式；当送风温度低于室内温度时，显热控制末端应扣除送风所承担空调区的显热负荷；当送风温度高于室内温度时，显热控制应附加送风带入空调区的显热负荷。

【说明】

1 高温冷水、制冷剂等冷媒输送到显热末端换热装置后，与室内空气、壁面等通过对流、辐射方式进行换热，实现对室内温度的控制。采用辐射末端时，不允许表面出现任何结露。一般的民用建筑，为了增加设计的灵活性和招投标的方便，也可采用对流末端。

2 通风排湿和循环风就地除湿都是排除室内余湿的方式。一般来说，为了应用方便，除湿空气的送风温度宜低于室内空气温度，以减少室内显热末端的安装容量。

4.8.8 **显热控制采用辐射末端时，应符合以下规定：**

1 供冷、供热量可按以下公式估算：

（1）地板供暖和顶板供冷： $q=8.92\ (\theta_{s,m}-\theta_i)^{1.1}$ （4.8.8-1）

（2）垂直墙壁供暖和供冷： $q=8|\theta_{s,m}-\theta_i|$ （4.8.8-2）

（3）顶板供暖： $q=6|\theta_{s,m}-\theta_i|$ （4.8.8-3）

（4）地板供冷： $q=7|\theta_{s,m}-\theta_i|$ （4.8.8-4）

式中 q**——供热地板或供冷顶板表面总散热量，**W/m^2**；**

$\theta_{s,m}$**——供热地板表面或供冷顶板表面温度，℃；**

θ_i**——室内设计温度，℃。**

2 采用混凝土结构辐射板、轻薄型辐射板和金属辐射板时，管内设计流速宜取0.3～0.5m/s；采用毛细管型辐射板时，毛细管内流速宜为0.2～0.3m/s。

3 辐射末端的冷水流量宜采用连续调节方式。当采用楼板内埋管时，也可采用“通断式调节”，根据室温变化状况确定的“通断比”来打开和关闭水路的通断阀。

【说明】

干式辐射末端装置可以大致划分为两类：一类是将塑料管直接埋在水泥楼板中，形成冷辐射地板或顶板（如混凝土结构辐射地板、轻薄型辐射地板、毛细管型辐射板）；另一类是以金属或塑料为材料，制成模块化的辐射板产品，安装在室内形成冷辐射吊顶或墙壁（如平板金属吊顶辐射板、强化对流换热的金属吊顶辐射板）。

1 辐射冷热量的计算，与辐射末端的材料关系不大，主要与其表面温度相关。

2 毛细管管径较小，根据一些科研的成果，这里推荐了相对经济的末端管内设计流速。

3 金属板及毛细管辐射末端，热惰性低，冷水宜采用连续调节方式，对室温进行实时控制。辐射地板具有较大的热惰性，一些工程的实践表明：采用通断式调节可满足要求。设计时，“通断时间”可按20～30min为一个周期考虑，但应根据实际工程进行再设定。

4.8.9 用于显热控制系统的干式风机盘管，应符合现行行业标准《干式风机盘管机组》JB/T 11524 的规定。当采用常规风机盘管时，必须对其干工况下的显热供冷能力进行校核计算。

【说明】

由于冷水供水温度的提高，常规风机盘管用于显热控制时，其供冷量远远低于产品在标准工况下的数值。供冷能力校核可按下式进行估算：

$$Q_{c,干工况}=Q_{h,标准}\times\frac{\Delta t_{m,c}}{\Delta t_{m,h,标准}} \tag{4.8.9}$$

式中 $Q_{c,干工况}$——干工况时的显热供冷量，W；

$Q_{h,标准}$——标准供冷工况时的显热供冷量，W；

$\Delta t_{m,c}$——干工况供冷时风侧和水侧的逆流对数平均温差，℃；

$\Delta t_{m,h,标准}$——标准供冷工况时风侧和水侧的逆流对数平均温差，℃。

4.8.10 当人员卫生新风量可满足房间排湿要求时，宜采用新风对空调区排湿，新风参数的确定应符合以下要求：

1 取满足人员卫生要求的最低新风量；

2 送风含湿量 d_o 应根据所采用的湿处理设备的能力来确定。当采用冷凝除湿时，d_o 不宜小于 9g/$kg_{干空气}$；当采用溶液除湿时，d_o 不应低于 7g/$kg_{干空气}$；采用固体除湿转轮时，d_o 不宜低于 5g/$kg_{干空气}$。

【说明】

本条第 2 款给出的几种常见新风处理设备的出风含湿量低限值，是根据全系统的经济性得到的。其目的是：按此参数核算采用人均最低新风量是否可满足房间的排湿要求。如果无法满足，按照第 4.8.11 条执行。

4.8.11 当人员卫生新风量无法满足房间排湿要求时，可采用以下措施：

1 适当增加人均设计新风量，但总量不应超过表 1.5.5 中 L_{QX} 的 150%；

2 按照 4.8.10 条第 2 款的出风含湿量限值计算出的新风量超过 L_{QX} 的 150%时，可利用循环风对空调区进行除湿。

【说明】

1 空调区的排湿，由室内含湿量与送风含湿量之差，以及送风量共同决定，因此当室内工况确定后，送风含湿量与送风量就是一个优选问题。要求过低的送风含湿量，对于室外干空气的利用范围必然缩小，且对新风处理设备的除湿能力要求也会大大提高；如果要求过大的新风风量，则不但导致新风处理显热负荷的增大，而且过大的风量对于风道的设计也会带来不利影响。采用 L_{QX} 的 150%的限值，是根据目前设备的空气处理能力、系统经济性等综合因素分析后得到的。在设计工况时，150%的新风量尽管存在一定的能耗增加，但由于一般民用建筑中，该类房间（例如会议室）并不多，且在夏季或过渡季的很多非设计工况时段，新风的含湿量会低于设计工况，可以充分利用其对房间进行排湿。

2 从表 4.8.2 可以看出：对于商场，如果按照表 4.8.2 中的人均新风量设计，利用新风作为唯一的室内余湿排出方式是不合理的——除非采用除湿转轮等专用除湿设备，否则很难实现送风含湿量达到 4.0g/$kg_{干空气}$的要求。加大新风量尽管有利于房间排湿能力的提高，但新风能耗也将随之加大，由此带来新的不合理。因此这时宜增设独立的循环风除湿系统。

室内人员密度较高的会议室等，也存在类似情况。

4.8.12 在满足使用要求的前提下，对于夏季空调室外空气计算湿球温度较低、干球温度日较差大且水资源条件允许的干燥地区，夏季宜采用蒸发冷却方式处理空气。

【说明】

蒸发冷却利用水的蒸发来实现供冷的目的，因此，所在地区的水资源条件应引起重视，应合理利用水资源，并满足当地有关法规及卫生等要求。蒸发冷却方式的送风状态取决于当地的干、湿球温度，在系统流程设计中，应准确地确定蒸发冷却的级数，合理控制送风除湿能力，以满足室内湿度要求；冬季则需要经过加热加湿处理后才能送入室内。夏季利用蒸发冷却制备冷空气的方式，包括直接蒸发冷却方式、间接蒸发冷却方式以及间接与直接结合的蒸发冷却方式。

1 夏季新风处理

在干燥地区夏季根据室外空气状况，由直接或间接蒸发冷却新风机组制备 18～21℃、8～10g/$kg_{干空气}$的新风送入室内，带走房间的全部湿负荷和部分显热负荷。

直接蒸发冷却过程对空气冷却的极限温度为进口空气的湿球温度，间接蒸发冷却方式出口空气的极限温度为进口空气的露点温度。在上述直接蒸发冷却装置与间接蒸发冷却装置基础上，可以组成多级蒸发冷却装置。

采用直接蒸发、间接蒸发和间接与直接蒸发联合工作制取空调冷风时，分别如图 4.8.12-1～图 4.8.12-3 所示。

2 冬季对新风的加湿处理

室外低温、干燥的新风首先进入加热器中被加热，之后再进入喷淋塔中被加湿，达到适宜的参数后再送入室内（见图 4.8.12-4）。

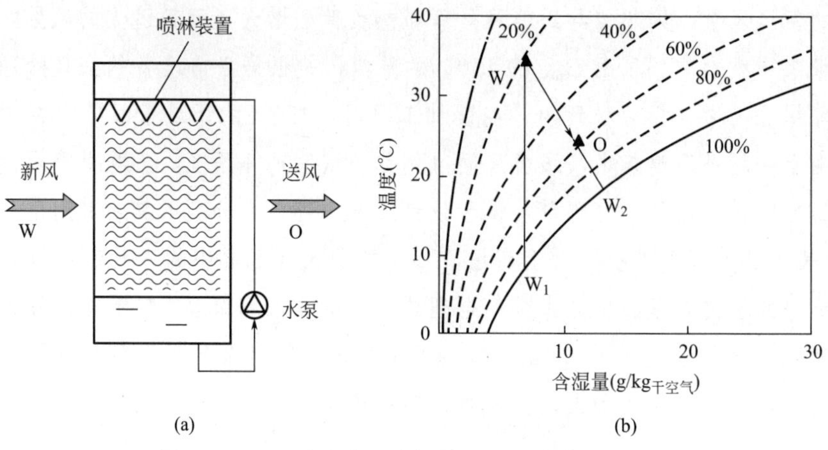

图 4.8.12-1　直接蒸发冷却制取空调冷风装置原理

（a）直接蒸发冷却模块；（b）空气处理过程

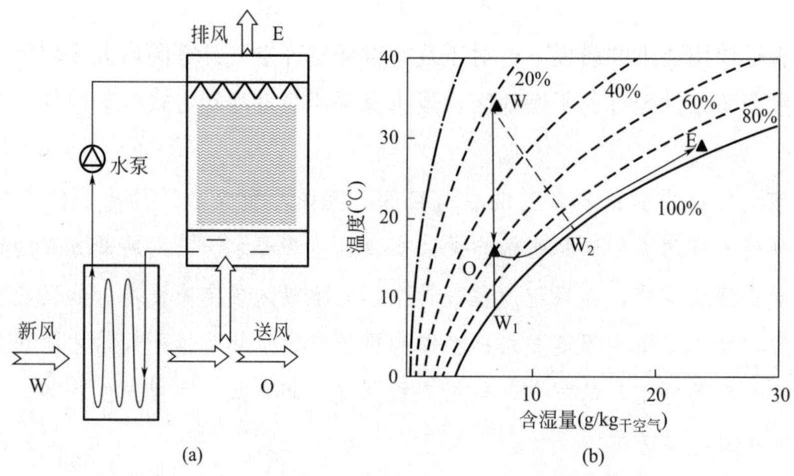

图 4.8.12-2　间接蒸发冷却制取空调冷风装置原理

（a）外冷式间接蒸发冷却模块；（b）空气处理过程

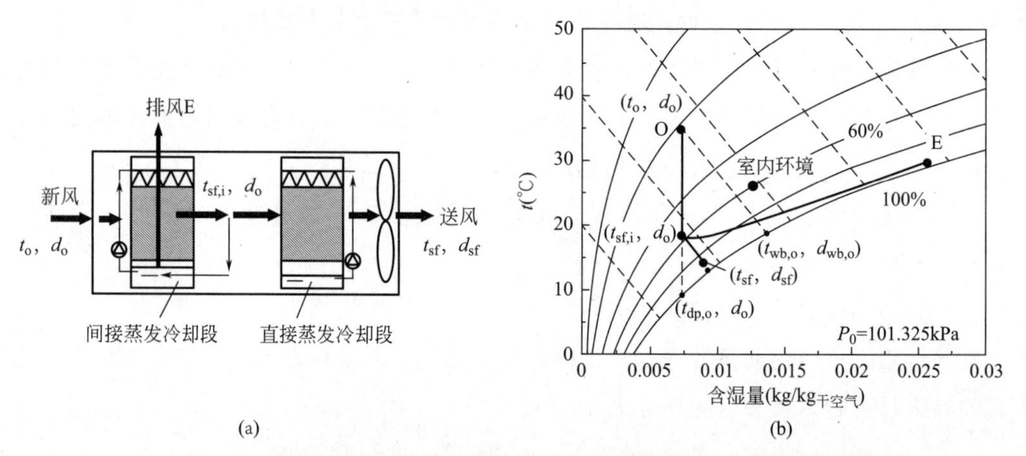

图 4.8.12-3　间接蒸发与直接蒸发联合工作制取空调冷风装置原理

（a）装置原理图；（b）空气处理过程

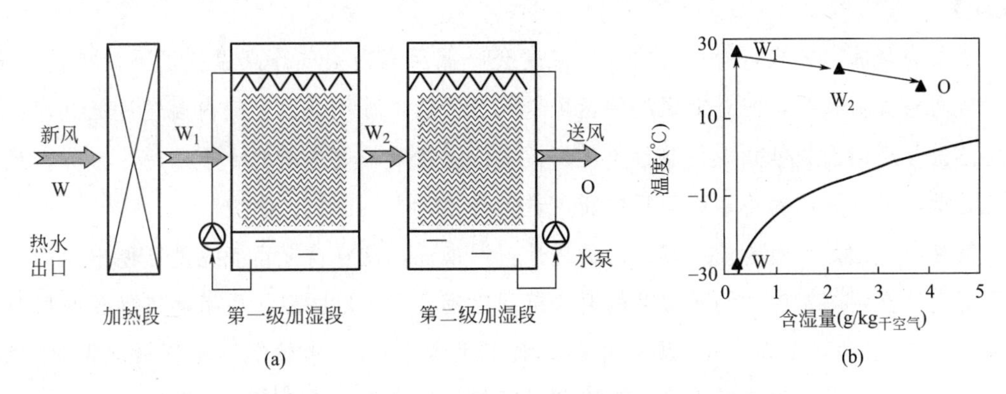

图 4.8.12-4 干燥地区新风冬季加湿处理装置原理

(a) 装置原理图；(b) 空气处理过程

4.8.13 潮湿地区采用新风对空调区除湿时，新风可采用冷却除湿、溶液除湿、转轮除湿和联合除湿等处理方式。

【说明】

潮湿地区的室外空气含湿量大于室内。因此，如果采用新风对空调区除湿（排湿），则新风应先进行除湿处理。几种不同的除湿方式在焓湿图上的表示如图 4.8.13 所示。

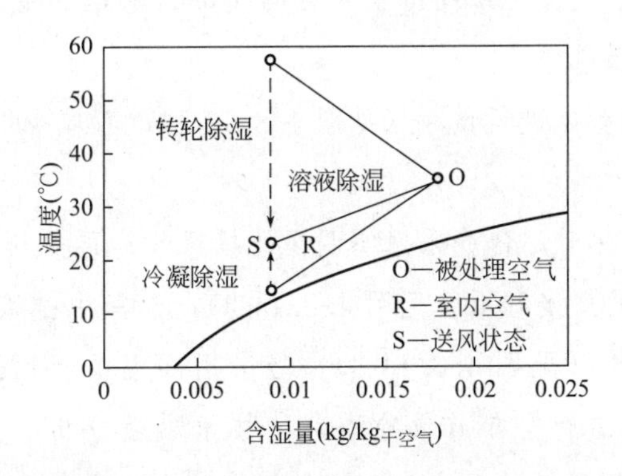

图 4.8.13 不同除湿方式的空气处理过程

4.8.14 新风采用冷却除湿方式时，可采用低温冷水或直接膨胀式冷媒系统，通过表冷器来实现。当过渡季采用过低温度的新风送入房间可能会导致房间温度过低时，宜对冷却除湿后的新风采取再热措施。无再热措施时，如果新风直接送入空调区，则新风送风口宜采用低温送风口。

1 冷却除湿时宜充分利用高温冷源对新风进行预冷；

2 当室内设置集中排风系统时，应优先利用排风直接再热；当无法利用排风直接再热时，可采用液体工质进行预冷和再热；经全年分析可行时，也可以利用新风本身进行再热。

【说明】

采用冷却除湿方式，处理后的空气温度会降低至室内空气露点温度以下。在过渡季，由于房间冷负荷减小，当过低温度的新风送入房间后，可能会引起室内温度过低（即：室内发热量及房间围护结构的得热量不足以抵消低温新风带进房间的冷量）时，为防止房间温度过低，可以考虑对冷却除湿后的新风进行再热。

需要注意的是：对于民用建筑的舒适性空调来说，这种情况尽管也是可能出现的，但由于舒适性空调对室温和相对湿度的要求范围比较大（可以按照《民用建筑供暖通风与空气调节设计规范》GB 50736—2012 中的二级工况考虑），一般情况下不宜采取再热方式。只有对于室内热湿比较小且人员全天停留时间较长的房间，可以考虑采取这一措施。建议再热的边界条件如下：

（1）对于全天使用且冷源系统全年实时保证使用的办公室和会议室，新风除湿后的设计送风温度低于 12℃时，可考虑再热；

（2）室内存在较大的余湿散发且使用时间较长的房间（例如某些房间中设置水景水面时），可考虑再热；

（3）一般的商场、平时使用时间不超过 4h 的会议室，不宜考虑对新风的再热。

为了保持室内较好的气流组织或防止人员的吹冷风感，低温新风直接送入空调区时，宜采用高诱导性能的低温风口。

1 利用高温冷源对新风进行预冷（见图 4.8.14-1），可减少低温冷源的用量，提高整体系统的能效。

2 低温冷风需要再热时，优先采用空调区的排风作为再热热源。再热可通过空气-空气热交换器对集中排风的直接利用（见图 4.8.14-2）；无集中排风系统时，也可采用液体工质循环进行间接热回收（见图 4.8.14-3）。当采用高温的新风进风本身作为再热热源（见图 4.8.14-4）时，宜进行全年（供冷季）的技术参数分析（尤其要注意当室外新风处于低温高湿工况时的再热能力）。尽可能减少采用电热或其他人工化石能源作为再热热源。

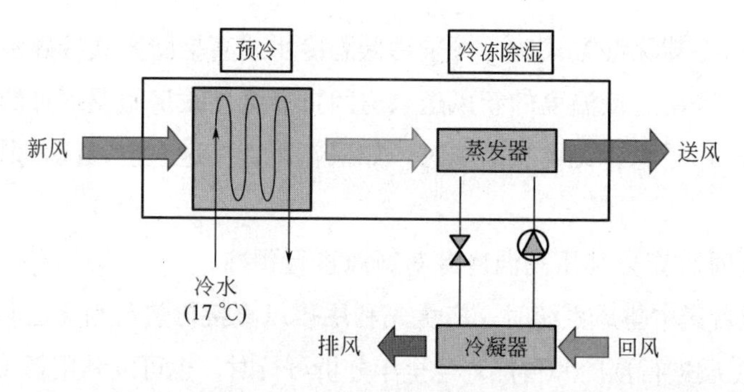

图 4.8.14-1 某种独立冷源形式的冷冻除湿新风机组原理图

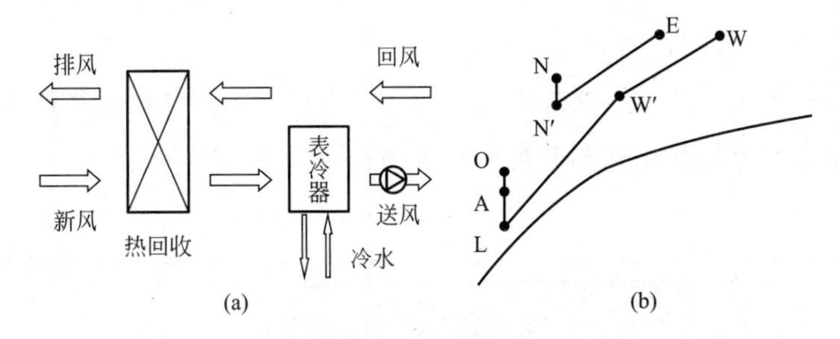

图 4.8.14-2 采用排风再热和排风预冷的冷冻除湿系统

（a）装置原理图；（b）空气处理过程

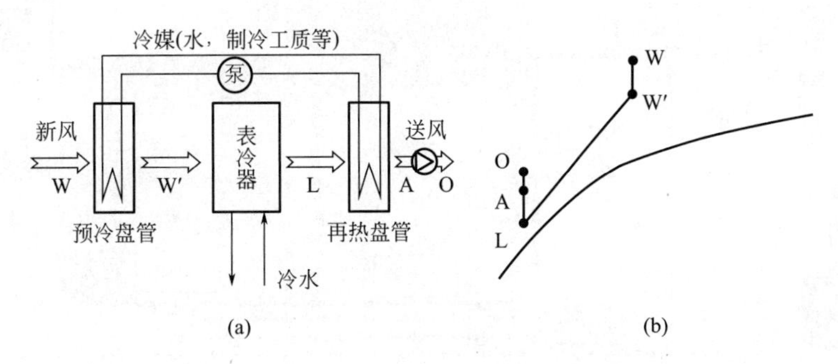

图 4.8.14-3 采用液体工质进行预冷和再热的冷冻除湿系统

（a）装置原理图；（b）空气处理过程

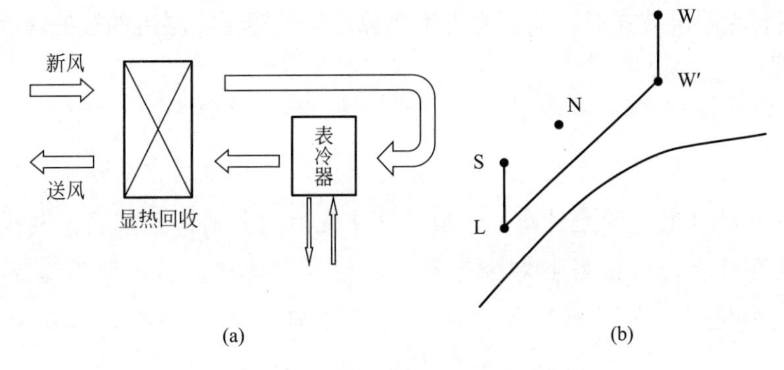

图 4.8.14-4 利用新风进风再热的处理过程

（a）装置原理图；（b）空气处理过程

4.8.15 **采用溶液调湿新风机组时，宜采用热泵驱动式溶液除湿方式，其机组内的面风速应符合产品的要求。**

【说明】

溶液调湿是利用低温浓溶液对新风进行降温除湿，同时吸收升温后的溶液需要循环再生。溶液除湿过程中通过合理的设计可以将空气直接处理到送风参数。溶液机组包括再生单元，除湿单元和全热回收单元，如图 4.8.14 所示。

合理控制截面风速，防止与空气直接接触的溴化锂、氯化锂或氯化钙等盐溶液进入空气中，并且使用塑料材料或不锈钢材料防止腐蚀。

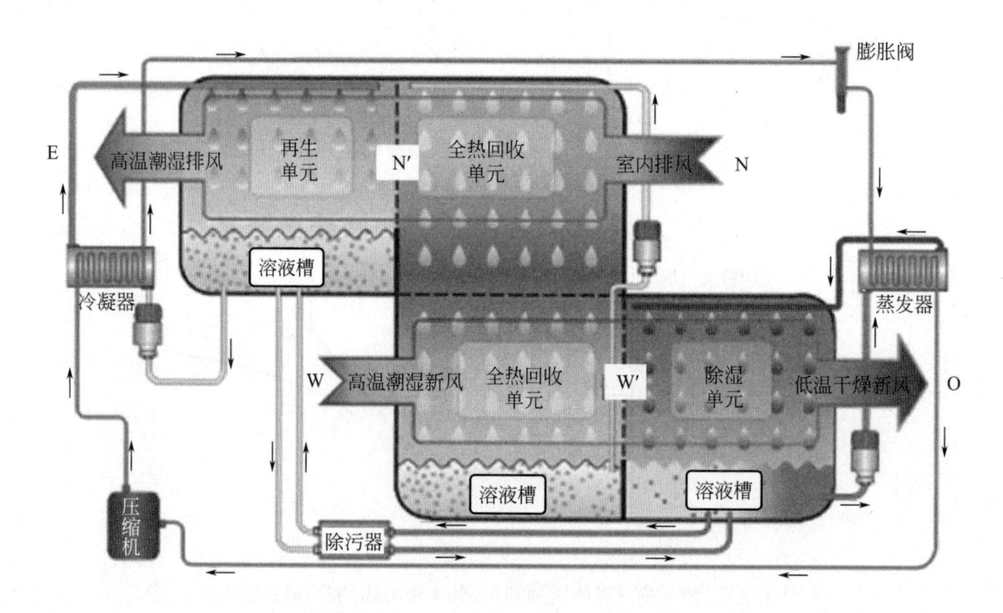

图 4.8.15 溶液除湿新风机组原理

4.8.16 采用转轮除湿方式时，应配置再生热源；经过转轮除湿后的被处理空气，应配置空气冷却器。

【说明】

转轮除湿型设备是利用吸湿剂对空气进行除湿，传热传质方向相反，空气状态沿等焓线变化，致使出口空气温度过高，一般还需要配对空气的降温模块。其吸湿剂需要高温空气进行循环再生，因此需要对除湿空气进行升温处理。转轮除湿型新风机组也可以是组合式空调机组，包括热回收模块、转轮除湿末端、表冷器调温模块、加湿模块、过滤器等。采用转轮除湿时，除湿后的空气应有降温的冷却段，且宜采用室内排风热回收对新风进行预冷。带有冷却环节（预冷、再冷）的转轮除湿新风机组如图 4.8.16 所示。

由于再生热源的温度要求比较高，在民用建筑中，需要夏季配置高温热源相对来说并不方便。因此，本条适合于建筑中夏季有较高温的可利用余热（蒸汽或高温热水）的情况(例如工业建筑附属的小规模民用建筑)。

一般情况下，民用建筑空调系统不宜采用这种处理方式。

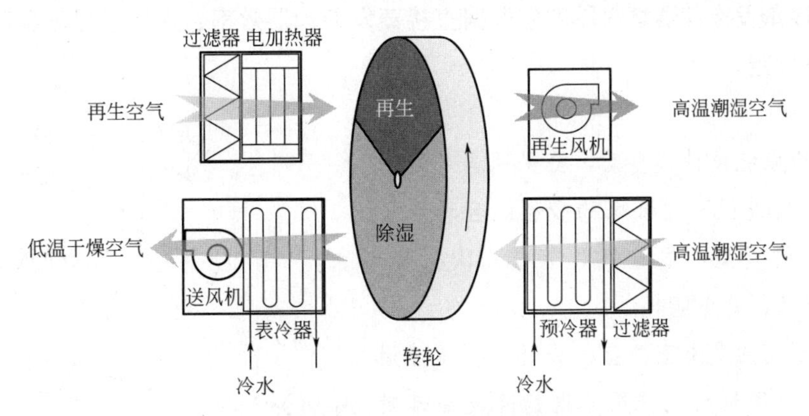

图 4.8.16　带有冷却盘管的转轮除湿新风机组原理图

4.8.17　采用蒸发冷却制冷空调系统时，系统的补水量应进行分项计量。补水量主要由蒸发水量、排污水量及飘逸损失三部分组成。

【说明】

制冷机组和空调机房等的补水管处设置水表，对补水量进行计量。

4.8.18　蒸发冷却空调系统形式应根据夏季空调室外计算湿球温度（或露点温度）以及空调区显热负荷、散湿量等，经技术经济比较后确定，并宜符合下列规定：

1　对高大建筑空间、人员较密集场所，如剧院、体育馆等，宜采用蒸发冷却全空气空调系统；通过蒸发冷却处理后的空气，承担空调区的全部显热负荷和散湿量；

2　空调区较多、建筑层高较低且各区温度要求独立控制时，宜采用空气—水蒸发冷却空调系统；各空调末端由蒸发冷却装置提供空调冷水。

【说明】

考虑到系统的节能以及高温冷水的应用，空气—水蒸发冷却空调系统宜结合温湿度独立控制空调形式，即：通过蒸发冷却处理后的室外空气承担空调区的余湿，而显热负荷主要由蒸发冷却产生的高温冷水来承担。

4.8.19　蒸发冷却全空气空调系统设计应符合下列规定：

1　蒸发冷却器的类型和组合形式应根据夏季空调室外设计湿球温度或露点温度确定；

2　送风量应根据室内外空气设计参数、空调区负荷特性及空调机组空气处理中状态点等经计算确定；

3　蒸发冷却器的迎面风速宜采用 2.2～2.8m/s，间接蒸发冷却器效率不宜小于 50%，直接蒸发冷却器效率不宜小于 70%。

4 直接蒸发冷却器填料厚度应根据直接蒸发冷却器效率、入口干湿球温度、迎面风速等经计算确定。

【说明】

1 进行系统设计选型时，应采用当地逐时室外气象参数进行不保证率的校核，合理选用蒸发冷却器的类型，尽量做到节省一次投资，系统运行经济，减少能耗。

2 在不同的夏季室外空气设计干、湿球温度下，空气处理机组应采用不同的蒸发冷却功能段。以下以图 4.8.19 和表 4.8.19-1 及表 4.8.19-2 来说明。

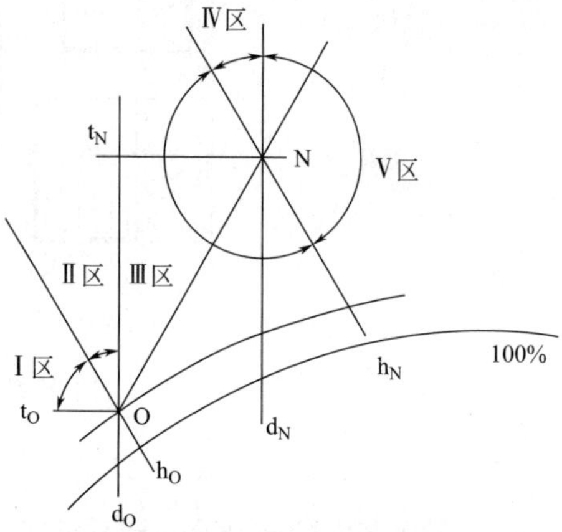

将不同的夏季室外空气状态点在 $h-d$ 图上划分为五个区域，其中点 N、O、W 点分别代表室内空气状态点、空调送风状态点和室外新风状态点。

图 4.8.19 夏季室外空气状态点在焓湿图上的区域划分

不同区空气处理特性如表 4.8.19-1 所示。

不同区空气处理特性 **表 4.8.19-1**

分区	室外空气特性和空气处理要求	空气处理方式图示
Ⅰ	$h_W \leqslant h_O, d_W \leqslant d_O$；经等焓加湿可达到所要求的送风状态点；取100%新风	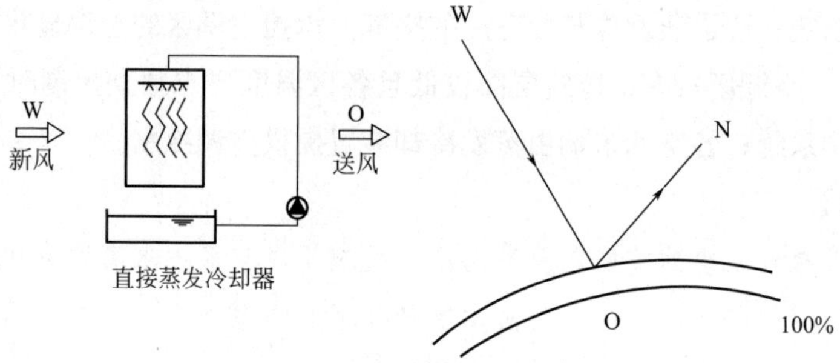 W 新风 ⇨ 直接蒸发冷却器 ⇨ O 送风；W→O→N，100%；直接蒸发冷却
Ⅱ	$h_W > h_O, d_W \leqslant d_O$；先等湿降温，再经过等焓加湿可达到所要求的送风状态点；宜取100%新风	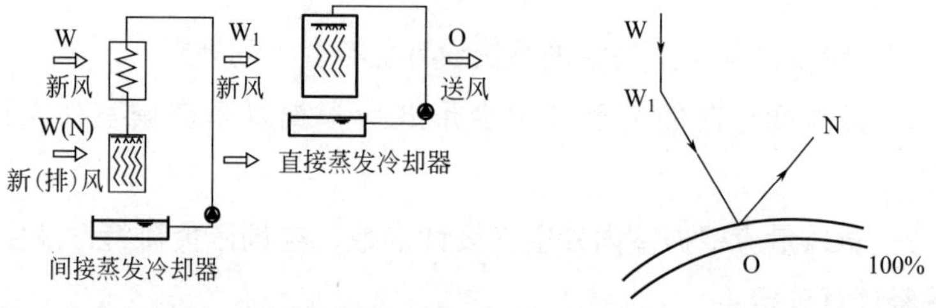 W 新风，W(N) 新(排)风 ⇨ 间接蒸发冷却器 ⇨ W_1 新风 ⇨ 直接蒸发冷却器 ⇨ O 送风；W→W_1→O→N，100%；间接蒸发冷却＋直接蒸发冷却

续表

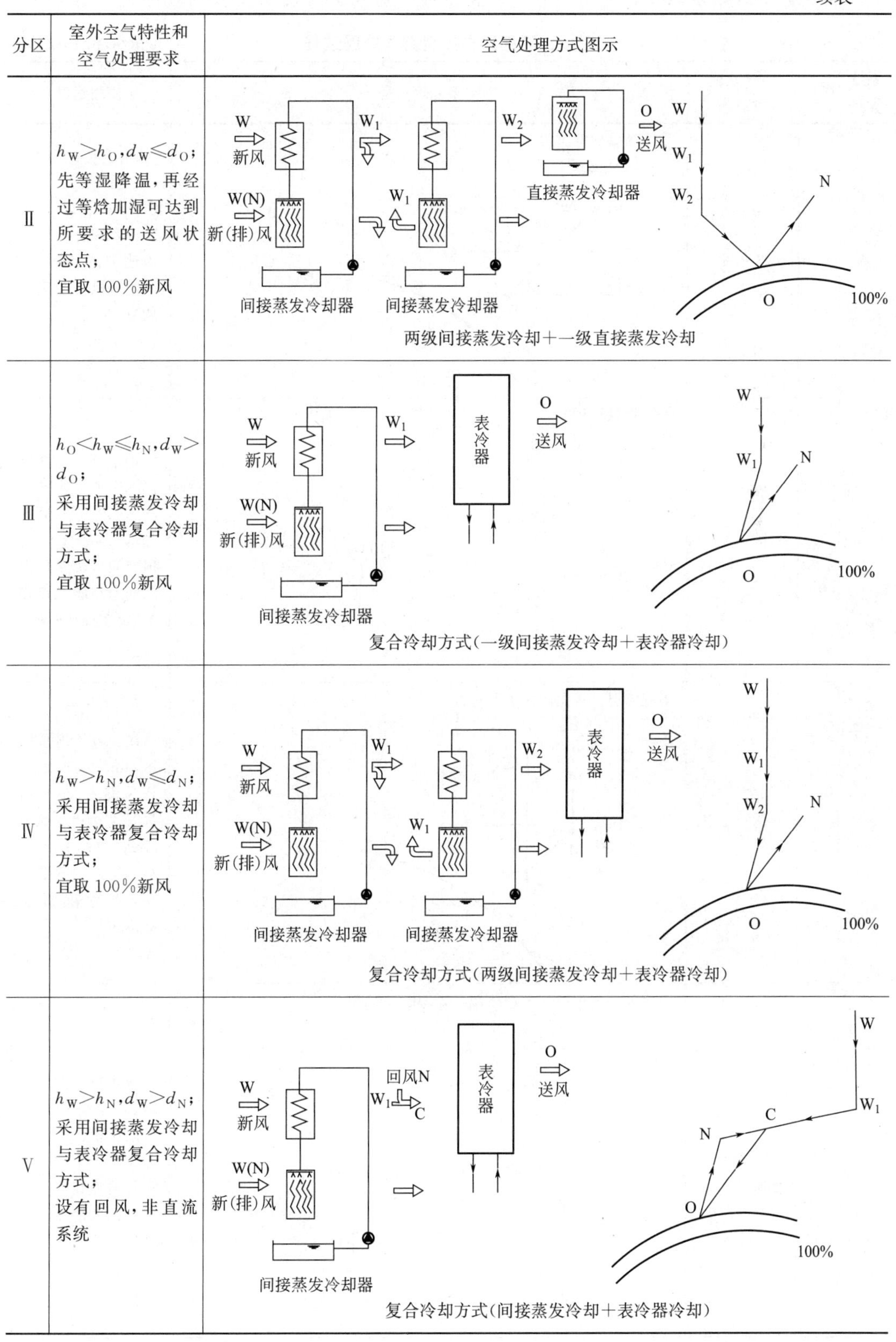

分区	室外空气特性和空气处理要求	空气处理方式图示
Ⅱ	$h_W>h_O$，$d_W \leqslant d_O$；先等湿降温，再经过等焓加湿可达到所要求的送风状态点；宜取100%新风	两级间接蒸发冷却＋一级直接蒸发冷却
Ⅲ	$h_O<h_W \leqslant h_N$，$d_W>d_O$；采用间接蒸发冷却与表冷器复合冷却方式；宜取100%新风	复合冷却方式（一级间接蒸发冷却＋表冷器冷却）
Ⅳ	$h_W>h_N$，$d_W \leqslant d_N$；采用间接蒸发冷却与表冷器复合冷却方式；宜取100%新风	复合冷却方式（两级间接蒸发冷却＋表冷器冷却）
Ⅴ	$h_W>h_N$，$d_W>d_N$；采用间接蒸发冷却与表冷器复合冷却方式；设有回风，非直流系统	复合冷却方式（间接蒸发冷却＋表冷器冷却）

从温度、湿度独立控制的角度，也可将空气处理描述为表 4.8.19-2 所示的过程。

温度、湿度独立控制空气处理过程 **表 4.8.19-2**

系统类型	序号	空气处理过程	空气处理过程	使用建议
全空气系统	1	直接蒸发	等焓降温加湿过程 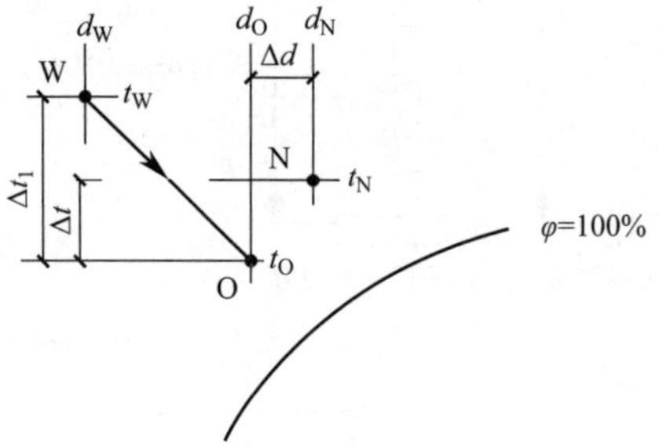	适用于干燥气候区，允许室内空气流速大的场所，要求送风机可变流量调节
	2	间接蒸发	等湿降温过程 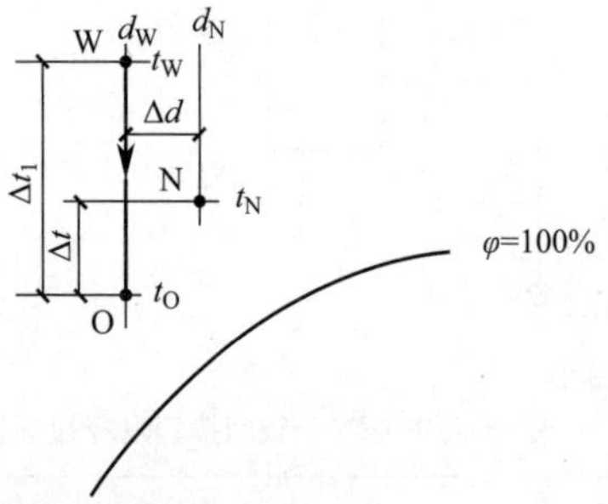	适用于较干燥气候区，相对于进风空气，送风空气没有加湿；冬季室内排风经间接蒸发二次风通道与新风热交换，可实现热回收
	3	间接＋直接蒸发	等湿降温—等焓降温加湿过程 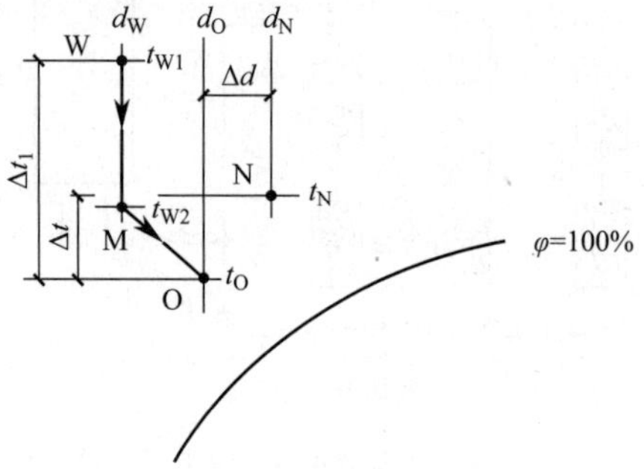	适用于较干燥气候区，可获得较低的送风温度，减少送风管尺寸和送风能耗；也可将室外新风与室内空气混合后，再等湿降温处理
	4	间接蒸发＋制冷剂直接膨胀盘管	室内外空气混合—等湿降温—除湿降温过程 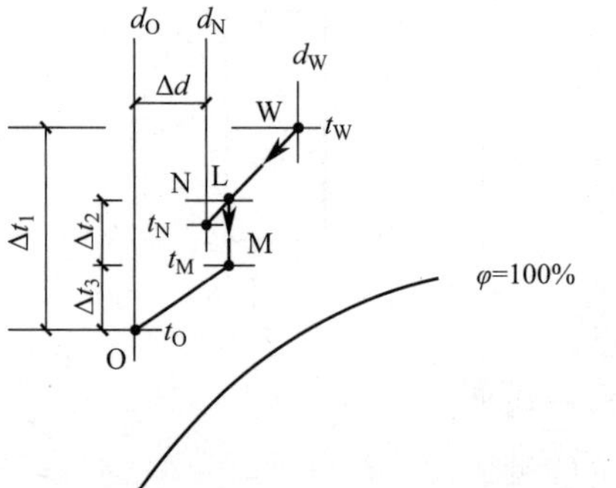	适用于较干燥气候区、夏季空调少部分时段室内空气含湿量高于室内的含湿量时或较为潮湿的地区大部分时段空气处理

续表

系统类型	序号	空气处理过程	空气处理过程	使用建议
全空气系统	5	直接蒸发＋高温水等湿降温	新风系统：直接蒸发；水系统末端：高温水等湿降温 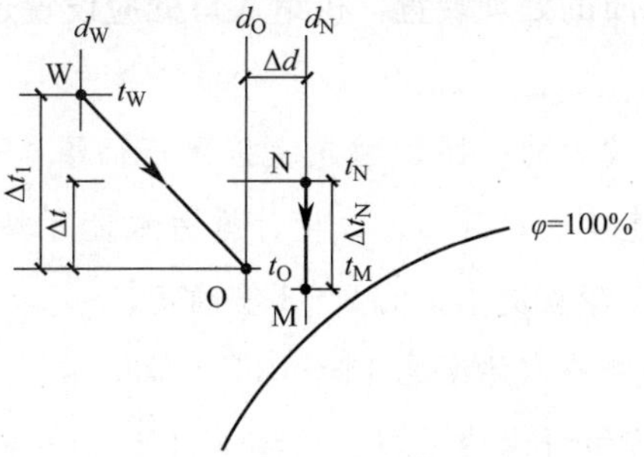	适用于干燥气候区
新风＋末端设备空调系统	6	等湿降温＋高温水等湿降温	新风系统：等湿降温；水系统末端：高温水等湿降温 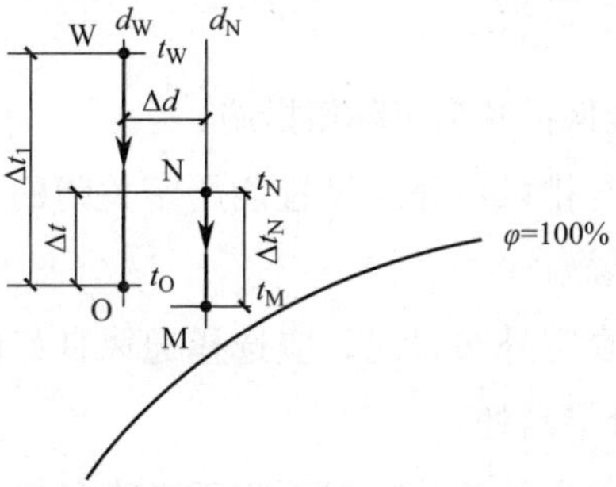	适用于较干燥气候区
	7	间接蒸发＋直接蒸发＋高温水等湿降温	新风系统：间接蒸发—直接蒸发。水系统末端：高温水等湿降温 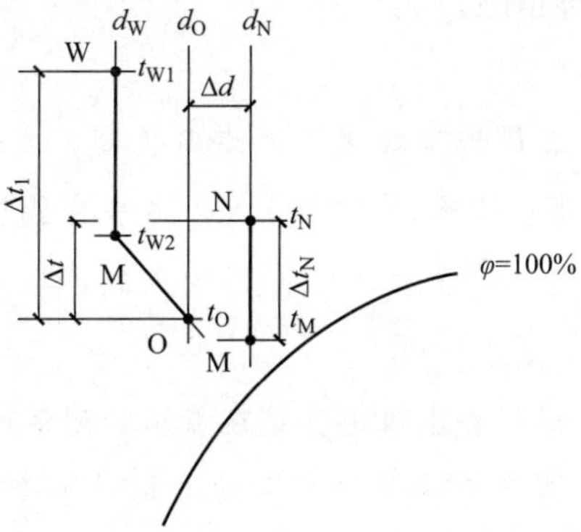	适用于较干燥气候区

4.8.20 **采用蒸发冷却方式的全空气空调系统，空调区具备条件时，宜采用置换通风和下送风等送风方式。**

【说明】

蒸发冷却系统的设计出风温度，一般会高于常规系统，与置换送风或下送风方式的特点相接近。如果空调区具备采用置换送风或下送风条件，应优先采用。

4.8.21 **蒸发冷却系统制取空调冷水时，系统的补水及水质应符合以下规定：**

1 **蒸发冷却制冷空调系统的补水量应按照产品生产厂家提供的数据确定，或根据补水水质、蒸发水量、排污量等进行计算；补水量应计量；**

2 **应设置保证循环水水质的处理装置，机组入口处应设置过滤器或除污器。**

【说明】

1 不同产品的补水量有较大的差距，因此宜按照产品要求确定。为保障系统正常运行，蒸发冷却循环水要进行连续或定时排污，设计排污水量可取蒸发量。因此，当尚无产品资料时，补水量可按照其冷却蒸发水量的2～3倍确定。

2 间接蒸发冷却冷水机组冷水温度在14～18℃之间，在此温度范围内一般没有结垢危险，但由于是开式系统，应做好水的过滤。循环水水质应符合现行国家标准《工业循环冷却水处理设计规范》GB 50050的有关规定及有关产品对水质的要求。

4.8.22 **蒸发冷却空调系统安全保护及消声隔振措施：**

1 **空调系统的新风进风口与排风口处应设置能严密关闭的风阀；严寒和寒冷地区的空调系统热水盘管应采取防冻措施；**

2 **蒸发冷却制冷空调机组在室外布置时，应选择通风良好的场地；冷水系统为开式系统时，应将机组安装在水系统最高处；**

3 **蒸发冷却制冷空调设备的室外安装位置不宜靠近声环境、振动要求较高的房间或建筑，必要时采取降噪及减振等措施。**

【说明】

1 空调系统停止运行时，新风进口如果不能严密关闭，夏季热湿空气会侵入，造成金属表面和室内结露现象的发生；冬季冷空气侵入，造成室温降低，甚至使加热盘管结冻。所以，在新风进口、排风出口处设置严密关闭的风阀，在严寒和寒冷地区采用保温风阀。

2 冷水系统为开式时，可以将冷水机组安装在屋顶、建筑的顶层屋面等处。

3 蒸发冷却制冷空调设备所产生的噪声和振动，相对于普通的风冷设备略大，因此需要特别重视噪声与振动问题，必要时采取降噪及减振措施。

4.9 分散式空调系统

4.9.1 **以下情况下，不宜采用多联机空调系统：**

1 **冬季设计工况下的性能系数较低时，不宜采用多联机空调系统供暖；**

2 **振动较大、油污蒸汽较多、空气中存在腐蚀性气体等场所；**

3　产生电磁波或高频波等场所。

【说明】

多联机空调机组因其设备布局的灵活性、室内机种类的多样性、冷媒泄漏对室内物品的损害较低，在租售型建筑中得到广泛应用。但受多联式空调机组服务半径限制，大体量建筑中较难找到足够的、合适的室外机位置。若室外机分散布局在建筑中各层贴邻外墙处，既不利于物业维护，也无法避免室外机的振动、噪声对周围房间的干扰。此时，还需综合比较分析后，再确定设备方案。

1　冬季设计工况下的性能系数，即是在冬季室外空调计算温度时的总供热量（W）与总输入功率（W）之比。当室外环境温度较低时，机组的运行能效下降，从经济、节能角度看均不合理，故不建议在此情况下使用空气源多联式空调机组供热，应考虑其他供热措施。按照《公共建筑节能设计标准》GB 50189—2015 规定，这时的 *COP* 值宜大于或等于 1.8。考虑到随着“双碳”目标的推进和产品性能的提高，本条不再规定具体的 *COP* 数值要求。设计时可按照现行规范进行，也可通过技术分析后合理应用。

2　室内机蒸发器的翅片较密，在油污蒸气较多场所使用，容易挂油积尘，难于彻底清洗，长期积累造成设备运转效率下降。

3　室外机是变频设备，远离其他变频设施，可以防止互相干扰，避免影响运行安全。

4.9.2　多联机空调系统的划分应考虑楼层、房间朝向、使用功能、使用时间和频率、室内温、湿度环境要求等因素，应用时应符合以下基本原则：

1　以机组使用率或满负荷率控制在系统的高效运行区域为目标，合理划分空调系统；

2　应优先综合性能系数较高的多联式空调机组型号；

3　优化冷媒管配置长度，冷媒管最大长度时的性能系数应大于或等于 2.8；

4　应尽可能减小室内机之间、室内与室外机之间的高度差；

5　同一系统中的室内机数量不应超过产品对室内机最大连接数量的限制。

【说明】

空调区负荷特性相差较大时，宜分别设置多联式空调系统。相近的空调使用需求、相似的运行环境、接近的楼层等有利条件，都会使多联机处于高效运转区，有利于设备运行和节能。

1　各品牌多联式空调机组在室内机、室外机管路连接的技术要求上存在一定的差异，而产品技术资料上的数据基本来自于实验室测定，与实际运行状态之间也存在偏差，建议在接管设计时勿采用产品技术资料中的极限数值，留有一定余量，利于产品订货后的二次深化修改。

2　设计阶段，冷媒管的各项最大长度，可按表 4.9.2-1 确定。

多联机系统冷媒管设计最大长度 **表 4.9.2-1**

种类		管道总长度(m)	室内外机高差(m)		室内机之间高差(m)	第一分歧管后最远管长(m)
			室外机在上	室外机在下		
商业多联式空调机组		120	50	40	30	40
家用多联式空调机组	≤11.2kW	25	20	20	3.5	20
	11.3～15.5kW	60	30	30	3.5	30
	15.6～20kW	75	30	30	10	30
	20.1～33.5kW	100	30	30	15	30
直膨组合式空调机组		60	30	25	—	—
带有冷媒-水热交换室内机的多联式空调机组		30	30	25	15	25
燃气多联式空调机组		100	50	50	15	40

注：1. 采取放大冷媒管径、增加回油弯等措施时，可以按照产品技术性能进行详细核算并突破表中所列数据。
2. 指物理长度而不是“当量长度”。

3 业主确定产品品牌后，应咨询产品制造商在项目所在地的技术人员，对产品参数进行确认后，进行深化和修改。

4 设计阶段，室内机连接数量不宜超过表 4.9.2-2 的规定：

室内机最大连接数量 **表 4.9.2-2**

室外机容量(kW)	22.4～25.2	25.3～33.5	33.6～50.4	50.5～56.0
最大连接数量(台)	8	10	16	18
室外机容量(kW)	56.1～61.5	61.6～73.5	73.6～101.0	≥101.1
最大连接数量(台)	20	26	32	38

注：根据室内外机布置的相对关系、室内机容量的具体情况，可以按照产品技术性能进行详细核算。

绝大部分设备供货商对最大连接数量都是通过计算得到：连接数量＝室外机容量/最小室内机容量 2.2kW，室外机的输送能力在遇到分歧管后，会大幅降低，无论系统总管道长度可以达到多少，目前的产品中，在不采取放大管径等措施的前提下，第一分歧管以后的管长都在 40～50m 范围内。

最大连接数量的实现，对应的前提如下：

(1) 室内机布局要求比较集中，尤其在第一分歧管后不能太分散；

(2) 室内机蒸发器之前是电子膨胀阀，不能是毛细管。

值得注意的是：部分厂家资料中允许最大连接数量在表 4.9.2-2 的计算基础上再放大 1.3 倍（即：超配），尽管这样做也可以保证系统运行，但室内机会明显衰减。如果具体工程项目必须超配时，应和产品制造商确认后方可实施。

4.9.3 应按建筑物使用房间的用途、使用要求、冷（热）负荷特点、气候条件及能源状况，确定多联式空调机组的形式：

1 仅用于建筑物供冷时，宜选用单冷型风冷机组或水源式机组；

2 当建筑物按季节变化需要供冷、供热时，宜选用热泵型机组；

3 当同一多联式空调系统中需要同时供冷、供热时，宜选用热回收型机组。

【说明】

仅有供冷需求且有设置冷却塔的条件时，采用冷却塔作为散热设备的水源多联式空调机组，其制冷效率高于空气源多联式空调机组，宜在设计中优先考虑。水源多联式空调机组的冷凝器承压一般可达到2.0MPa，在超高层建筑中具有较好的适用性。

4.9.4 选用的多联式空调机组，其性能应符合现行国家标准《多联式空调（热泵）机组能效限定值及能效等级》GB 21454 和《建筑节能与可再生能源利用通用规范》GB 55015 的相关规定。

【说明】

见《多联式空调（机组）能效限定值及能效等级》GB 21454 及《建筑节能与可再生能源利用通用规范》GB 55015。

4.9.5 多联机空调系统的室内机组选型，应符合以下原则：

1 按照室内机组布局、气流组织等要求，选择合理的室内机组形式和数量；

2 同一系统内的室内机组，其型号宜接近；

3 考虑室内机组长期运转带来的冷媒流失、翅片积灰等因素，所选室内机的供冷供热能力宜比房间空调计算冷热负荷大20%。

【说明】

1 同一系统中，由于各台室内机与室外机的高度差、接管长度不同，即使室内机型号相同，供能能力也存在差异。当室外机性能出现衰减时，不同型号的室内机衰减并不同步，型号较小的室内机衰减偏多，故同一系统中室内机型号不宜相差过大。

2 多联式空调室内机的运行环境与风机盘管相似，《实用供热空调设计手册》（第二版）提出“由于盘管用久后管内积垢，管外积尘，影响传热效果，冷热负荷需进行修正”，并给出冷却、加热两用盘管的冷热负荷修正系数为1.2的建议。多联式空调机组长期运行后，也存在冷媒流失、室内机盘管积尘等情况。建议室内机按照所需供冷（或供热）量放大20%选型。

4.9.6 直接膨胀式组合空调机组的出风温度或送风温差应符合第4.4.1条的规定。

【说明】

送风温度或送风温差是根据室内需求以及防结露等因素确定的，直接膨胀式系统用于组合式空调机组及一次回风系统时，也应遵守同样的规定和原则。

4.9.7 冬季采用直接膨胀式组合空调机组处理新风时，新风的进风温度不应低于产品技术资料允许的最低温度限值；当应用地点的室外温度低于限值时，应采取预热措施。

【说明】

直膨组合式空调机组由于压缩机的压缩比等技术问题，进风温度不能过低，当严寒、寒冷地区的室外温度低于直接膨胀式组合空调机组进风温度要求时，应对进风采取以下预热措施：

1 利用排风余热加热新风，提高新风进入机组温度。

2 设置新回风混合段，使冬季冷凝器进口空气温度达到产品的要求，送风机按照冬季混合风量选型并采用变频控制方式。夏季按照设计新风量运行（无回风），冬季打开混风阀门，利用室内回风空气加热室外进风，提高冷凝器进口空气温度。这个措施相对简单，但机组尺寸增大、风机能耗上升，建议应用在 10000m^3/h 风量以下的新风系统中。

3 建筑内有冬季供热用热水时，可在机组内增设热水预热盘管。

4 项目所在地有绿电（如风电）或有鼓励用电政策时，可采用电预热。

4.9.8 多联机空调系统的室外机及室内机的安装容量，应按照以下原则确定：

1 当室内设计工况与室内机的名义工况不一致时，应对室内机的供热或供冷能力进行修正后，确定室内机的选型和安装容量。

2 按上述确定的室内机安装容量的累加值来预确定室外机组的名义制冷（热）量。

3 室外机的修正应包括：室外设计工况与室外机的名义工况不一致时的温度修正，室内、外机容量配比率修正，冷媒管长修正，室内、外机组的安装高差修正以及融霜修正，按下式进行：

$$Q=Q_R\times\alpha\times\beta\times\delta \tag{4.9.8}$$

式中 Q——室外机组的实际制冷（热）量，kW；

Q_R——室外机组的名义制冷（热）量，kW；

α——室内、外设计温度和室内、外机组配置率修正系数，由设备供货商提供；

β——室内、外机组之间的连接管等效长度和安装高差综合修正系数，由设备供货商提供；

δ——室外机换热器积灰、冬季制热时融霜的修正系数，由设备供货商提供。

4 当 $Q\leqslant 90\%Q_R$ 时，宜适当加大预选的室外机安装容量。

【说明】

1 室内、外机的能力与所处的环境参数息息相关，当实际环境参数与名义工况参数不一致时，修正是非常必要的。修正系数宜按产品技术资料选取。

2 由于多联机系统的性能与室内外机的容量配比率（即：室内机累加安装总容量与室外机安装容量之比）有关，因此室外机的修正是一个迭代过程。考虑到一些修正因素时必然存在的这一实际情况，设计时可先按照容量配比率不大于且接近100%来预选室外机。

从目前的实际情况看，随着建筑的施工建造甚至投入运营后，经常出现使用需求与设计阶段并不一致的情况，因此建议在设计阶段容量配比系数不宜选取过大，为后期调整留有余量。

施工配合阶段，根据使用需要的更改而增减室内机台数时，制冷工况下的容量配比率不宜超过115%。在冬季独立承担供热负荷时，容量配比率宜控制在100%左右。

3 设计时如果没有明确的产品厂商，式（4.9.8）在应用时，各修正系数可按照以下数据取值：

（1）制冷状态$\alpha=1.0$，制热状态$\alpha=0.6\sim0.8$；

（2）当管道总物理长度不超过100m、室内外机高差不超过40m时，取$\beta=0.9$；制冷剂连接管道总长度应包括室外机长度，多个模块单元组合时，冷媒管道在设备模块之间合并连接，也须计入总长度。

（3）换热器积灰及融霜修正系数，取$\delta=0.8\sim0.85$。当室外环境温度低于5℃时，应考虑融霜修正（燃气热泵多联式空调机组除外）。

4 预选室外机在修正后的能力如果达不到其名义工况下能力的90%以上，则可能带来设计工况下的配置率过大，导致其实际性能不足的情况，因此宜加大室外机的安装容量。这时，在名义工况下，配置率低于100%是相对安全的。

4.9.9 室外机的散热翅片应避免太阳直射，必要时宜设置不影响进风和散热排风效果的遮阳板。

【说明】

由于室外机夏季制冷时直接采用空气干球温度进行冷却，太阳直射到散热翅片后，会严重降低冷却效果，因此宜设置夏季翅片遮阳设施。但遮阳板不应对进风和排风产生影响。

需要冬季供热的系统，室外机翅片的太阳直射有利于提高翅片温度而改善供热性能。因此，为夏季设置的遮阳设施宜采用活动遮阳，冬季不使用。

4.9.10 室外机应设置在通风良好的区域，并符合以下要求：

1 侧排风式室外机的排风方向宜与当地空调使用季节的主导风向一致；当与主导风向相反时，宜设置出口导风装置；

2 多个模块的室外机相邻模块之间的间距宜大于或等于100mm；多个模块的室外机如果采用多排布局，当室外机进风面相对时，排间距应大于或等于1500mm；当室外机检修面与进风面相对时，排间距应大于或等于1000mm。

3 检修面与周边围挡的间距应大于或等于800mm，围挡物顶部标高不限但不应有水平突出物；进风面与周边围挡的间距应大于或等于1000mm，且围挡物顶部标高不应超过室外机出风口标高800mm；当围挡顶标高超过要求时，应加高室外机的基础标高或在室外机出风口上设置垂直导风筒等措施。

4 出风口上方3m高度范围内有水平遮挡物时，应设置导风弯头。

5 排风扇余压应按照垂直导风筒或导风弯头的阻力进行计算后确定。

【说明】

目前越来越多的工程项目受建筑条件的约束，室外机设置在半室外的空间内，室外机通过通风百叶与室外环境进行热交换，而百叶的做法、面积等因素直接影响到室外机的正常工作，故建议通风百叶进行如下设置：室外机通风百叶应采用“一”字形直百叶，叶片向下倾角不大于20°，叶片间距不小于80mm，百叶有效通风率不小于80%，顶出风排风风速控制在5～7m/s，侧出风室外机排风风速控制在3～5m/s，进风风速控制在1.5m/s以内。

需要注意的是：本条所列的款项，都是根据实际工程中可能发生的时间及限制条件所做出的，也就是设计时的最低要求。为了保证室外机按照设计工况正常运行，原则上应尽可能通过与各专业的配合，减少遮挡情况的发生。

1 防止排风受到室外风压的影响。对于冷暖两用系统，宜在供冷或供暖的主要目标选择之一来确定。例如：当以供冷为主要目标时，宜采用夏季主导风向。

2 相邻模块之间的间距宜大于或等于100mm是为了满足模块组装和检修的要求。多排布置时的排间距要求，是为了保证各排之间的进风不受影响。

3 规定检修面的最小间距，是为了围护检修的需要，规定进风面与围挡的间距，同样是为了保证进风的顺畅。当围挡物的顶标高过高时，部分排风可能会因围挡物的阻碍而在进风面形成短路，因此提出了对围挡物顶标高的限制（见图4.9.10）。当由于建筑原因使得围挡物的高度不满足要求时，可采用加高室外机的安装标高或者在排风出口上增设垂直导风筒（使得排风出口高度满足本条要求）等措施。

4 顶部上方的水平遮挡物也会对排风形成阻碍。例如：当室外机设置在建筑的楼层中（如避难层等）时，应设置导风弯头，使排风从水平方向排出室外。

5 设置导风筒或导风弯头后，排风阻力加大，相应的排风机余压应提高，建议这时的最小余压值大于或等于 50Pa。

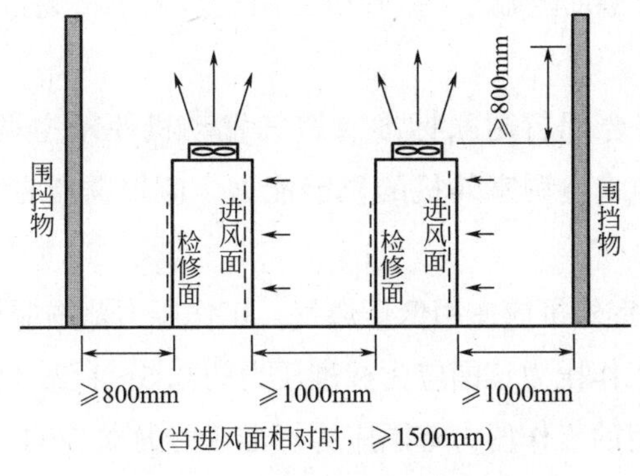

图 4.9.10　室外机安装位置尺寸

4.9.11　**室外机安装的其他要求：**

1　一般情况下，基础高度应高于周围地面 150mm 以上；基础宜采用混凝土制作，如果采用型钢架时，应采取防锈措施并确保基础的稳定牢固；设置于人员经常停留房间的屋面时，应考虑必要的减振措施；基础周围应考虑排水措施；

2　冬季存在冰雪覆盖的地区，设备基础应高于冰雪堆积区，必要时在设备进排风口处设置防雪罩；在沿海城市，其制作材料应可防止盐碱类物质对设备的腐蚀；在沙漠地区及其附近时，应设置防沙保护措施；

3　设置在有噪声控制要求的建筑物附近时，应根据噪声控制需求采取隔声障或消声措施。

【说明】

1　室外机所在区域的地面需做防水处理，并设置地漏等排水措施。

2　严寒地区的防雪措施如图 4.9.11 所示。

考虑积雪厚度时，底座或基础的高度应适当加高。

3　沿海城市应要求产品制造商对室外机内压缩机壳体、管道、冷凝器翅片等部位的表面喷涂耐腐蚀涂层，并针对涂层对冷凝器的换热能力进行修正，可在设备表中对此提出要求。沙漠地区室外机应尽量放置在背风面，或结合景观设置灌木、爬藤等绿植，对室外机进行保护，同时要求产品制造商对冷凝器表面进行处理，提高管道和翅片抗风沙破坏的能力。

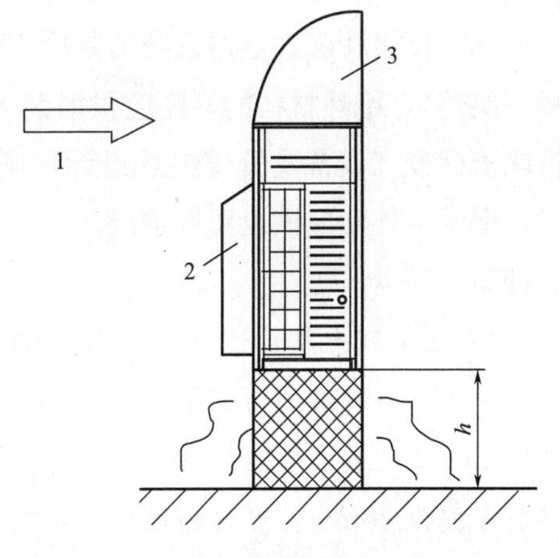

图 4.9.11　严寒地区室外机的防雪措施

1—冬季主导风向；2—进风口防雪罩；3—排风口防雪罩；h—底座或基础的高度

4.9.12 采用燃气多联式空调机组时，应符合以下规定：

1 项目所在地应燃气供应充足，室外机的用气负荷不得超过当地的供气能力，且不能影响周围居民用气。

2 选用的机组应符合现行国家标准《燃气发动机驱动空调（热泵）机组》GB/T 22069的规定；燃气多联式空调室外机的供能能力，应根据所在地的燃气低位热值进行校核。

3 燃气多联式空调室外机应使用低压燃气，工作压力范围应符合下列规定：

(1) 天然气机组的工作压力范围应为标准压力的0.5～1.25倍；

(2) 液化石油气机组的工作压力范围应为标准压力的0.7～1.2倍。

4 室外机应设置燃气泄漏监测装置，出现泄漏时，应就地切断供气阀门，并向预定位置发出报警信号。

5 室外机设置除符合第4.9.9条的基本要求外，还应远离建筑物外窗和人员停留区域，并宜设置在防雷保护区内或采取防雷措施；周围不应有易腐蚀、易燃、易爆等危险品和可燃气体；检修侧宜预留1000mm的空间；设置在地面时，周围应设置护栏或车挡。

6 室外发动机排气冷凝水管道应作不小于0.02的坡度，并采取保温防冻措施。

【说明】

燃气多联式空调机组应用时，除满足电驱动多联式空调机组的一般要求外，还应特别重视其应用的安全问题。

燃气应用的“标准压力”可分别查询《天然气》GB 17820—2018和《液化石油气》GB 11174—2011的规定。

4.9.13 直接膨胀式空调系统的制冷剂配管应采用不燃或难燃型泡沫橡塑绝热制品进行保温（绝热），绝热材料的厚度应根据铜管管径、绝热材料的导热系数大小确定，并符合现行国家标准《设备及管道绝热设计导则》GB/T 8175的规定。当制冷剂管道设置在室外时，保温层外面应该设置保护层。

【说明】

1 在干球温度为35℃、相对湿度为75%的环境下，如果采用导热系数（λ）等于0.035W/（m·K）、湿阻因子不小于800的绝热材料，当铜管外径（ΦD）不大于12.7mm时，最小绝热层厚度为15mm；当铜管外径（ΦD）不小于15.88mm时，最小绝热层厚度为20mm。当绝热材料的导热系数为其他数值时，可根据最小绝热层厚度进行修正。超过上述的高热湿环境参数时，绝热层厚度应经过计算后适当增加。

2 室内机带有辅助电热功能且加热器附近的管道需保温时，应采用不燃材料，并做隔水隔汽处理。

3 室外制冷剂管道保温层外面应该设置保护层，是为了防止雨水侵蚀、阳光照射等产生的老化而降低使用寿命，保护层可采用金属扣板、PVC-U套管等材料。

4.9.14 多联机空调系统的自动控制系统，应根据用户的使用要求并结合产品的功能，由设备制造商提供。

【说明】

多联机空调系统与冷热源设置的中央空调系统不同，整个系统是由一个产品制造商独立生产的。因此要求多联机空调系统的供货商同时提供配套的控制系统。

除设备自我运行监测的功能随设备配置外，从用户管理需求上，还建议从以下几个方面考虑配置全部或部分运行管理功能：

（1）设备的启停控制、温度设定、风速设定、风向设定、睡眠、停电记忆等；

（2）制冷、制热、自动、送风、除湿、（地暖、供暖）模式转换；

（3）液晶屏幕显示运转情况；

（4）温度调节，定时开关机功能；

（5）故障代码显示功能；

（6）过滤网清洗提示功能；

（7）背光显示，夜间操作方便；

（8）针对酒店等场所，可订制客房门卡与室内机接口相连，插上门卡后，可自由控制室内机，门卡取下时，室内机延迟自动关机。

4.9.15 多联式空调机组的配电系统要求如下：

1 多联式空调机组的室内机、室外机各自独立供电；

2 同一多联机系统的所有室内机组应采用同一配电回路供电；

3 当一套多联式空调系统为多个业主服务时，其配电系统应设置独立的配电箱。

【说明】

此条内容看似应归属于电气专业，但设备的配电提资是由暖通专业来完成，早期的小型多联机系统，其室内机是可以从室外机引电，但现在市场上的设备已不再允许这么做。多业主共用一套多联机系统，因为个别业主关闭电闸造成的邻里纠纷也有所发生。故增加此项内容。

1 现在市场上的多联式空调机组室外机内不再设置备用回路，从安全性、供电距离等方面考虑，严禁室内机从室外机引电。

2 同一系统、同一回路，便于物业管理、维护。

3 多联式空调系统在运行期间，全部室内机均要求处于供电状态，能够及时对室外机向室内机发出的控制、检测等信号予以反馈。当室外机未接收到室内机信号时，会认为其出现故障，从而自动停机。多业主共用一套多联式空调系统时，某业主可能由于长期离开而关闭自己所住单元的配电总闸，造成其他业主无法使用。多联式空调系统若是独立配电，各单元内的室内机供电不会因配电总闸关闭而被切断，从而保证其他业主的正常使用。

4.9.16 **全年进行空气调节，且各房间或区域负荷特性相差较大，需要长时间向建筑同时供热和供冷，经技术经济比较合理时，宜采用水环热泵空调系统供冷、供热。**

【说明】

水环热泵空调系统是用水环路将水—空气热泵机组（向用户直接提供冷热风）、水—水热泵（向用户提供冷热水）或水—冷媒热泵（向末端提供制冷剂）并联在一起，构成一个以回收建筑物内部余热为主要特点的热泵供暖、供冷的空调系统。当需要长时间向建筑物同时供热和供冷时，在直接节省外界提供供热能源的同时，由于冷却水温相对较低，一般也能够略微提高制冷能效。

水环热泵空调系统具有实现建筑内部冷热转移、可独立计量、运行调节灵活方便等优点。

但与常规冷源形式相比，水环热泵空调系统的初投资相对较大，且因为分散设置后每个压缩机的安装容量较小，使得 *COP* 值相对较低，可能会导致整个建筑空调系统的电气安装容量相对较大。同时，一体式水环热泵机组（压缩机设置于室内机组）还存在噪声偏大的问题。因此在设计选用时，需要进行较细的分析。从能耗上看，只有当冬季建筑物内存在明显可观的冷负荷时，才具有较好的节能效果。

4.9.17 **水环热泵空调系统在供冷状态时，循环水侧供/回水温度宜为 32℃/37℃；供热供冷联合运行工况时，循环水侧的水温宜为 15～30℃，热泵机组的供回水温差可取 5℃。**

【说明】

水环热泵空调系统全年有两种运行干工况：一是全部热泵机组均做供冷运行，二是部分机组供冷和部分机组供热的联合运行。由于水环热泵机组采用的是机组内自带的四通换向阀进行冷热工况转换，因此在联合工况中，供冷和供热的热泵机组的进出水温度是相同的。水温既不能过高（否则影响供冷机组的能效），也不能过低（否则影响供热机组的能效）。

产品技术资料显示：水环热泵空调机组的循环水侧温度范围可达 5～45℃。参照《水（地）源热泵机组》GB/T 19409—2013 对制冷工况 20～40℃、制热工况 15～30℃的要求，综合考虑水环热泵机组运行的效率、经济性等方面，给出了循环水的温度范围和热泵机组的供回水温差的设计取值。

《水（地）源热泵机组》GB/T 19409—2013 对水环热泵机组的性能要求见

表4.9.17。

水环热泵机组性能系数 表4.9.17

额定制冷量 CC(kW)	热泵型机组综合性能系数 $ACOP$	单冷型机组 EER	单热型 COP
$CC \leqslant 150$	3.8	4.1	4.6
$CC > 150$	4.0	4.3	4.4

注:1. 单热型机组以名义制热量150kW作为分档界限。

2. 水(地)源热泵机组在额定制冷工况和额定制热工况下满负荷运行时的能效,与多个典型城市的办公建筑按制冷、制热时间比例进行综合加权而来的全年性能系数,用 $ACOP$ 表示。全年综合性能系数计算公式为:$ACOP=0.56EER+0.44COP$

4.9.18 应用水环热泵机组时,应计算冬季设计工况的热平衡。当不满足热平衡要求时,应设置辅助冷源或辅助热源。

【说明】

夏季时,末端均处于供冷状态,没有热平衡的要求。但冬季运行时,如果内区发热量过小,则需要向建筑内输入热量;反之,则需要向建筑外排出热量。

1 辅助冷源形式有冷却塔、地源水、地下水等。

采用冷却塔时,宜通过技术经济比较后,确定采用闭式冷却塔还是开式冷却塔。当使用开式冷却塔时,应设置中间热交换器,冷却塔风机宜采用变频调速控制方式。

采用地源水、地下水等形式时,应设置中间热交换器。

中间热交换器一般采用板式热交换器,换热温差可取1~2℃,台数不应少于2台。

2 辅助热源形式有废热、地下水、锅炉供热、屋顶风冷热泵机组等。

有条件时,应优先利用废热作为辅助热源。

采用锅炉供热时,宜设置中间换热器,以保证锅炉水质与系统运行稳定。锅炉及中间换热器台数均不应少于2台。

3 系统循环供水温度高于32℃时宜开启辅助冷源,低于15℃时宜开启辅助热源。

4 当设置辅助热源时,其供热安装容量应根据冬季供热负荷和系统可回收的内区余热等,按下式计算确定:

$$\Delta Q=Q_{\mathrm{R}}-Q_{\mathrm{L}}-N_{\mathrm{L}}-N_{\mathrm{R}}-N_{\mathrm{P}} \tag{4.9.18}$$

式中 ΔQ——辅助热源的供热量,kW;

Q_{R}——冬季供热房间的计算热负荷,kW;

Q_{L}——冬季供冷房间的计算冷负荷,kW;

N_{L}——末端设备供冷时的输入电功率,kW;

N_{R}——末端设备供热时的输入电功率,kW;

N_{P}——循环水泵的轴功率,kW。

4.9.19 水环热泵空调系统的循环水系统设计，应符合以下要求：

1 循环水系统应采用变流量系统；

2 系统设计流量应为所有末端机组在不同运行工况下设计流量之和的较大值；

3 系统应采用变频调节水泵转速的方式，根据循环水的供回水压差进行控制；

4 热泵机组出水管段应设双位式电动两通阀，并与机组连锁，提前于机组开启并延时于机组关闭；热泵机组进水管段应设过滤器、水流开关、流量调节阀或平衡阀等附件；

5 位于供暖或空调房间内的室内循环水供回水管道，应按照夏季工况的冷却水设计温度对室内的散热控制要求进行保温设计。

【说明】

1 采用变流量系统，可根据系统需求调节循环流量，节省水泵运行能耗并保证运行机组的水流量。

2 进行系统设计流量计算时，夏季供冷与联合运行工况的设计流量均应计算，并选择其中的较大者作为设计流量。

3 系统变流量的调控方式，与中央空调冷水系统相同。

4 尽管循环水系统应采用变流量系统，但从目前的产品情况看，水环热泵机组宜采用定流量运行方式，以保证其安全稳定的运行。因此，为适合系统变流量，各机组应设置自控阀，机组不使用时应关闭。为保证机组定流量运行，该电动阀应采用双位式控制方式——这一点与中央空调水系统的空调机组末端水量调节有一定的区别，设计时应注意。

5 联合循环水系统内的水温在15～30℃内变化，与供暖或空调房间的室温差值不大，因此可以不考虑它们之间的热交换。在联合运行时，一般是冬季工况室内空气的相对湿度低于夏季工况，因此15℃的水管也基本不存在使房间空气的结露问题。因此，循环水管道的保温主要应控制夏季冷却水（一般会高于室温）对室内的散热，以降低室内空调冷负荷。保温层的性能和具体厚度的计算，可参照空调热水系统进行。

4.9.20 水环热泵机组的设计与选择，应符合以下要求：

1 水环热泵机组设计工况与额定工况不一致时，应根据性能曲线进行修正；

2 冬夏负荷性质不同的空调区，应分别设置水环热泵机组。

【说明】

1 热泵机组针对工况的修正，主要体现在室内参数方面。一般情况下与室外参数的关系不大。

2 同一台水环热泵机组在同一时刻的运行参数是唯一的。因此，对于联合运行时需要送冷风和需要送热风的空调区（例如空调内区和外区），应分别配置对应的水环热泵机组。

4.9.21 设置于空调区的冷热风型热泵机组，应采取有效的隔振及消声措施来保证设备噪声满足空调区的要求。当无法满足空调区的噪声要求时，宜采用冷热水型或冷媒型水环热泵机组。

【说明】

冷热风型水环热泵（内置压缩机）的运行噪声比较高，直接设置于空调区时，应采取消声、隔声和减振措施。如果空调区对噪声要求严格或采取的措施无法满足要求时，建议采用冷热水型水环热泵（机组提供冷热水，末端采用风机盘管等设备），或采用冷媒型水环热泵（机组供应冷媒，末端采用直接蒸发式盘管，也称为“水环式多联机系统”）。

4.9.22 电能型除湿机设计应用时，设置于室内参数精度控制要求不高的空调区，可采用升温型除湿一体机；当室内参数精度要求较严格时，宜采用恒温型或调温型。

【说明】

电能型除湿机分升温型、恒温型、调温型。由于升温型除湿一体机的出风携带压缩机运行时释放的热量，会造成室内局部区域存在1～2℃的温度波动，不适用于室温控制要求严格的房间。

4.9.23 在寒冷或严寒地区，冬季存在供冷需求时，室外机宜配套设置干冷器；有冻结危险的地区，干冷器内为冷却水时，应添加防冻液。

【说明】

在数据中心、精密机房等有工艺要求的房间，由于房间内部发热量较大，有可能存在整个冬季需要供冷的情况。对于寒冷或严寒地区，当无法采用室外冷空气直接对室内降温而必须运行直接膨胀式空调机组时，采用干冷器对房间空气进行处理，也是节能的重要措施之一。有防冻要求的地区，干冷器中宜加入防冻液。

4.9.24 在电气用房、数据机房等重点防水的房间内设置精密空调机组时，其凝结水管、水冷式机组的供回水管，应采取防止水泄漏至房间的措施。

【说明】

防止水泄漏的措施分物理隔绝与检测技术应用两方面：

1 对水的流动范围进行限制，如挡水围堰、玻璃隔离等。

2 设置感知水泄露的报警措施，如地面敷设感应线缆、管道上缠绕感应线缆等。

4.9.25 商用精密空调系统设计时，应符合下列规定：

1 室内、外机之间接管最大长度宜小于或等于50m；

2 室外机在上时，室内、外机的高差宜小于或等于50m；室外机在下时，其高差宜

小于或等于 30m；

3　室外机应放置在通风良好位置。下进风、上出风机组的进风侧净空应大于或等于 1m，侧进风、侧出风或侧进风、上出风机组，进风侧净空不少于 0.8m。

【说明】

1　接管长度对机组性能会产生影响。

2　保持同样性能时，室内机与室外机的高差与它们的相对位置有关。

3　由于精密空调系统对运行可靠性的要求高于舒适性空调，因此其进风侧净空宜适当加大。

4.10　特殊用房空调设计

4.10.1　**本节所指的特殊用房，主要包括以下内容：**

1　数据中心用房，见第 4.10.2 条～第 4.10.16 条；

2　医疗建筑用房，见第 4.10.17 条～第 4.10.21 条。

【说明】

近年来，数据中心和医疗建筑在我国有了较大的发展。由于这些建筑的一些主要房间在使用时与工艺密切相关，并不完全按照普通的舒适性空间的室内参数要求来考虑，因此其暖通空调系统所采用的技术措施也会有相应的调整和变化。

4.10.2　**数据中心机房的空调设计应根据数据中心的等级、气候条件、建筑条件、设备的发热量等因素确定，并满足高可靠性、运行费用低、高效节能、低噪声和低振动的要求；当电子信息设备尚未确定或者无特殊要求时，可按表 4.10.2-1 确定。**

各级数据中心空调系统技术要求　　　　**表 4.10.2-1**

项目	技术要求			备注
	A 级	B 级	C 级	
环境要求				
冷通道或机柜进风区域的温度	18～27℃			不得结露
冷通道或机柜进风区域的相对湿度和露点温度	露点温度宜为 5.5～15℃，同时相对湿度不宜大于 60％			不得结露
主机房环境温度和相对湿度（停机时）	5～45℃，8％～80％，同时露点温度不宜大于 27℃			不得结露
主机房和辅助区温度变化率	使用磁带驱动时，应小于 5℃/h 使用磁盘驱动时，应小于 20℃/h			不得结露
辅助区温度、相对湿度（开机时）	18～28℃，35％～75％			不得结露

续表

项目	技术要求			备注
	A级	B级	C级	
辅助区温度、相对湿度(停机时)	5～35℃,20%～80%			不得结露
不间断电源系统电池室温度	20～30℃			不得结露
主机房空气粒子浓度	应少于17600000粒			每立方米空气中粒径大于或等于0.5μm的悬浮粒子数
空气调节				
主机房和辅助区设置空调调节系统	应		宜	—
不间断电源系统电池室设置空调降温系统	宜		可	—
主机房保持正压	应		可	—
冷水机组、冷水泵、冷却水泵、冷却塔	应 $N+X$ 冗余($X=1\sim N$)	宜 $N+1$ 冗余	应满足基本需要(N)	—
冷水供水温度	宜7～21℃			—
冷水回水温度	宜12～27℃			—
机房专用空调	应 $N+X$ 冗余($X=1\sim N$),主机房中每个区域冗余 X 台	宜 $N+1$ 冗余,主机房中每个区域冗余一台	应满足基本需要(N)	—
采用不间断电源系统供电的设备	空调末端风机、控制系统、末端冷冻水泵	控制系统	—	—
蓄冷装置供应冷水的时间	不应小于不间断电源设备的供电时间	—		—
双冷源	可	—		—
冷水供回水管网	应双供双回、环形布置	宜单一路径		—
冷却水补水储存装置	应设置	—		—
冷却水储水量	宜满足12h用水	—		当外部供水时间有保障时,水存储量仅需大于外部供水时间; 应保证水质满足使用要求
冷热通道隔离	宜设置			—

【说明】

数据中心所包括的房间如表 4.10.2-2 所示。除表 4.10.2-1 外，数据中心的其他房间可按照舒适性空调设计。

数据中心建筑所包含的房间　　表 4.10.2-2

区域	所含房间
主机房	服务器机房、网络机房、存储机房
辅助区	进线间、测试机房、总控中心、消防和安防控制室、拆包区、备件库、打印室、维修室
支持区	变配电室、柴油发电机房、电池室、空调机房、动力站房、不间断电源系统用房、消防设施用房
行政管理区	办公室、门厅、值班室、盥洗室、更衣间、用户工作室
总控中心	总控中心

4.10.3　**主机房与支持区和辅助区，应分别设置空调系统。**

【说明】

主机房的空调参数与支持区和辅助区的空调参数（及其精度）要求不同。

4.10.4　**主机房内冷负荷计算时，电子信息设备的散热量应以设备实际用电量为准。当设计初期设备的用电量不能完全明确时，可参考所配置的 UPS 电源的容量和冗余量来估算设备的散热量和冷负荷。**

【说明】

空调系统的冷负荷主要是电子信息设备的发热，设备发热量大（设备 24h 稳定运行时，耗电量中约 97%都转化为热量）。但设备（机柜）的发热量与机柜功能选择（最终反映到设备电耗上）有较大的相关性，当一些项目无法在设计时准确确定时，可按本条进行估算。

4.10.5　**主机房空调系统的气流组织形式应根据电子信息设备本身的冷却方式、设备布置方式、设备散热量、室内风速、防尘和建筑条件综合确定，必要时可采用计算流体动力学(CFD) 对主机房气流组织进行模拟和验证。**

【说明】

气流组织形式要根据设备对空调系统的要求，并结合建筑条件综合考虑（见表 4.10.5）。

主机房常用的气流组织形式及特点　　表 4.10.5

气流组织形式	下送上回	上送上回(或侧回)	侧送侧回
送风口	活动地板风口(可带调节阀)； 带可调多叶阀的格栅风口； 其他风口	散流器； 带扩散板风口； 百叶风口； 格栅风口； 其他风口	百叶风口； 格栅风口； 其他风口

续表

气流组织形式	下送上回	上送上回(或侧回)	侧送侧回
回风口	格栅风口、百叶风口、网板风口、其他风口		
送回风温差	8～15℃,送风温度应高于室内空气露点温度		

4.10.6 主机房的空调气流组织，宜按以下要求设计：

1 机柜间宜采用封闭通道的气流组织方式；

2 当需要降低送风阻力时，可采用水平送风的行间冷却方式；

3 单台机柜发热量大于 4kW 的主机房，宜采用活动地板下送上回、行间制冷空调前送后回等送风方式，并宜采取冷（热）通道隔离措施。

【说明】

冷通道封闭如图 4.10.6-1 所示。活动地板下送上回方式如图 4.10.6-2 所示。

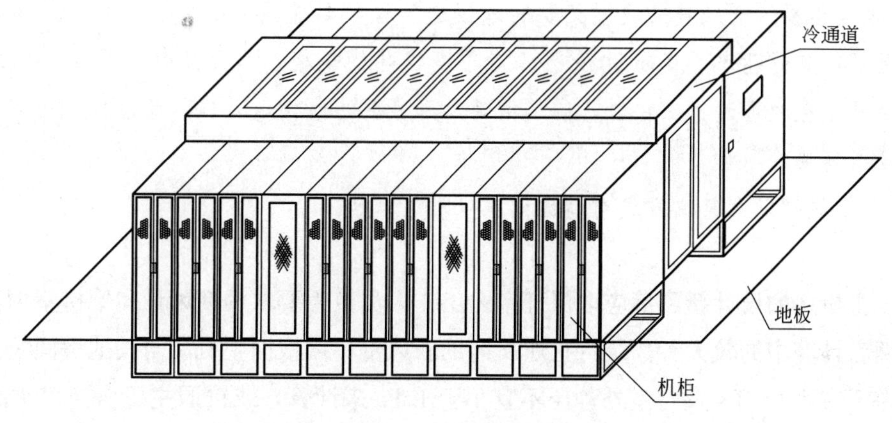

图 4.10.6-1 冷通道封闭示意图

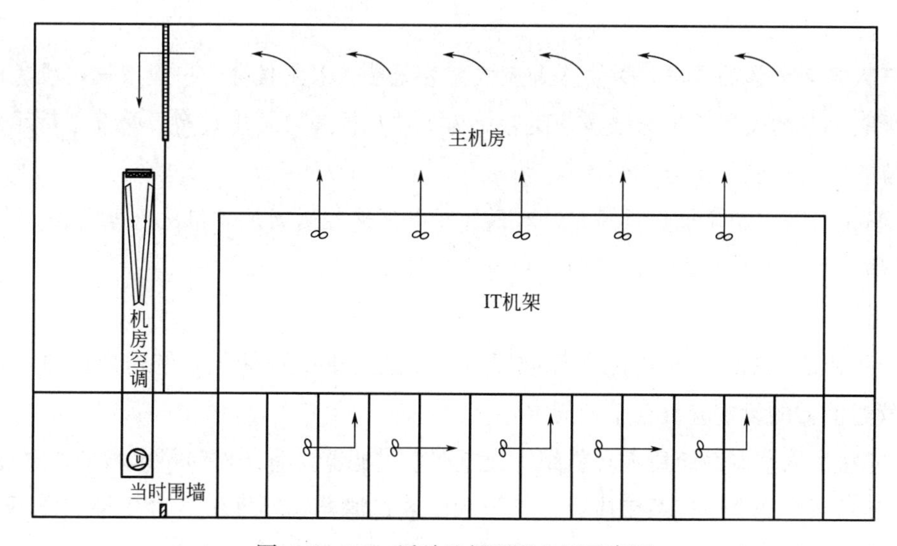

图 4.10.6-2 活动地板下送上回示意图

4.10.7 主机房采用活动地板下送风时，符合下列规定：

1 主机房供冷宜采用专用地板送风口，地板高度应根据总送风量确定；

2 地板送风口宜布置在冷通道区域内靠近机柜进风口处，并宜带风量调节装置；

3 地板送风口的最大开孔率宜小于或等于60%，其送风量应按机柜送风量需求计算确定。对于高发热机柜，当地板送风口布置数量不够时，应采用带加压风扇的地板送风口；

4 当活动地板下作为空调静压箱时，电缆线槽及消防管线的走向宜与气流方向一致并沿地板静压箱周边布置，不应布置在静压箱地板送风口正下方。

【说明】

1 地板送风可参照第4.4.13～4.4.16条进行设计。

2 地板送风口靠近机柜进风口，可使送风效率提高。带风量调节装置，可以根据实际机柜的发热量，现场调整送风量。

3 根据需要的送风量来设置必要的地板送风口和要求其开孔率。但由于送风地板有承压的要求，其开孔率不宜超过60%。对于高发热的机柜，当无条件设置足够的地板送风口（尤其是在改造过程中）时，应采用带加压风扇的地板送风口，通过加大送风孔口风速来保证所需要的风量。

4 防止线槽以及其他管道对地板送风口形成遮挡。

4.10.8 主机房的设计新风量应取保证室内工作人员卫生要求的新风量和维持室内正压所需风量两者计算中的较大者。维持正压所需的新风量，可根据主机房与其他房间及走廊之间的压差不宜小于5Pa及与室外静压不宜小于10Pa来计算，或按照主机房换气次数$1h^{-1}$计算。新风量可采用机房压力进行实时控制。

【说明】

保证人员新风量的要求，并防止邻室或室外尘粒进入主机房。一般来说，机房的围护结构性能较一般的民用建筑好很多。运行时为了防止机房内正压过高以及节省新风处理的能耗，宜根据室内空气压力控制新风量。

1 当采用独立新风机组送风时，可通过变频调速控制新风机组的送风机。

2 当采用全空气系统时，可调节新风阀的开度。

4.10.9 主机房空调循环机组的送风或回风，以及主机房用新风系统送风应进行过滤处理，空气过滤器的设置应符合下列规定：

1 主机房内空调系统用循环机组宜设置粗效过滤器，有条件时可以增加中效过滤器；

2 新风系统或全空气系统应设置粗效和中效过滤器，环境中所含化学物质不符合工艺及卫生要求时，可以增加亚高效过滤器和相应的化学物质过滤装置；

3 **末级过滤装置宜设置在正压端；**

4 **空气过滤器效率应符合现行国家标准《空气过滤器》GB/T 14295 的规定，并宜选用低阻、高效、能清洗、难燃和容尘量大的滤料制作；**

5 **空气过滤器的阻力应按终阻力计算；**

6 **宜设置过滤器阻力监测、报警装置，并应具备更换条件。**

【说明】

机房对空气含尘浓度有一定的要求。

由于空气中的悬浮粒子有可能导致电子信息设备内部发生短路等故障，为了保障重要的电子信息系统运行安全，主机房在静态或动态条件下的空气含尘浓度应进行相应的控制，每立方米空气中粒径大于或等于 0.5μm 的悬浮粒子数应少于 1760 万粒。空气中存在硫化物、氮氧化物、盐雾等腐蚀性物质，容易引起金属的腐蚀。腐蚀严重时，将导致硬件设备的容错机制失效，服务器产品要求数据中心机房对腐蚀性气体污染物可参考美国标准《过程测量和控制系统的环境条件：大气污染物》ANSI/ISA-71.04—2013 定义的气体腐蚀等级 G1（铜片反应腐蚀速率每月小于 300Å，银片反应腐蚀速率每月小于 200Å），故主机房及配电室建议安装化学过滤装置。

4.10.10 **当主机房专用空调机设置在主机房内时，应做好防水措施。**

【说明】

当有水管进入主机房（例如：空调机组明装设置于主机房以及采用水冷式盘管背板冷却的机柜等）时，应充分考虑水管和附件漏水以及冷水管道或盘管突然损坏带来的水患，应设置可靠的防水措施：

1 带水部分的水管、阀件等，宜与主机房尽可能隔断。

2 无法完全隔断时，应在供回水均设置可快速关闭的电动阀。

3 设置漏水报警措施。

4.10.11 **当允许主机房的空调机组无台数备份设置时，单台空调制冷设备的制冷安装容量宜留有 15%～20%的余量。**

【说明】

按照第 4.10.1 条，B 级和 C 级机房并无强制要求空调机组设置备份（B 级宜设置）。为了提高空调制冷设备的运行可靠性及满足未来可能出现主机房冷量增加（例如服务器扩充）的需求，空调设备的制冷设备安装容量应适当放大。

这里提到的制冷设备，既包括集中设计的冷源设备，也包括分散设置的各直接膨胀式空调机组。

4.10.12 机房专用空调、行间制冷空调宜采用送风温度结合风机变频调速的控制方式。空调机应带有通信接口，通信协议应满足数据中心监控系统的要求，监控的主要参数应接入数据中心监控系统，并应记录、显示和报警。

【说明】

采用送风温度并结合风机变频的控制方式，可以最大限度降低风机的运行能耗。具体实施时，可参照变风量系统的设计。

4.10.13 主机房内的湿度控制，宜由机房专用空调机组或行间制冷空调机组配套相应的设备及控制环节。

【说明】

机房湿度要求见表4.10.2-1。由机组配套湿度控制，可以根据机组的特点实现最优的控制模式。当某些机组无法配套时，也可以由设计人员另行设计独立的湿度控制系统。可采用的加湿器包括：电极加湿器、湿膜加湿器、红外加湿器、超声波加湿器等。加湿装置的供水水质应满足工艺、卫生要求及加湿水供水要求。

4.10.14 总控中心内为工艺服务的辅助房间的空调系统，设置原则及标准与主机房相同，但辅助房间相对于主机房，应为负压。

【说明】

总控中心内的各系统提供集中监控、指挥调度、技术支持和应急演练的平台。因此，当总控中心设置有这些为主机房服务的工艺性空调系统时，其设置原则及标准与主机房相同。

为了防止对主机房室内参数的干扰，主机房对于辅助房间应保持相对正压。

4.10.15 变配电室、电池室及不间断电源系统用房的空调系统的气流组织形式应根据电气设备本身的冷却方式、设备布置方式、设备散热量和建筑条件综合确定。

1 UPS设备的发热量，按照以下式估算：

$$Q=A\times\cos\varphi\times\frac{1-\eta}{\eta} \tag{4.10.15}$$

式中 Q——UPS发热量，kW；

A——UPS最大安装容量，kVA；

$\cos\varphi$——UPS功率因素；

η——UPS的整机效率。

2 蓄电池设备的发热量，可根据蓄电池室的使用面积，按照200～400W/m^2进行估算。

【说明】

蓄电池在放电过程中，将化学能转化为电能是一个吸热过程，可以不考虑其发热。在充电过程的后期，由于电能转化效率的降低，此时会有较大的发热量。但目前各产品制造商尚无法提供详细的蓄电池发热量数据，因此根据现有项目的实际经验，采用面积指标估算。

本条第 2 款给出的发热量面积指标，是基于蓄电池按照 3 层叠放布置的。如果叠放层数较多，可取较高值；反之取较低值。

当采用空调系统降温时，对于非连续工作的 UPS 或蓄电池，其冷负荷计算时应考虑逐时系数。

4.10.16 数据中心机房的 UPS 和蓄电池室，应根据需求设置必要的事故通风系统。

【说明】

具体做法可见《措施》第 3 章的相关条文。

4.10.17 医疗建筑的病房、手术部、门诊、医技室等房间的设计参数，宜分别按表 4.10.17-1～表 4.10.17-3 选取。

病房常用设计参数 **表 4.10.17-1**

房间名称	夏季		冬季		新风量 [m³/(h·p)] (h⁻¹)	噪声 [dB(A)]
	干球温度 (℃)	相对湿度 (%)	干球温度 (℃)	相对湿度 (%)		
成人病房	26	30～55	20	同夏季	(2)	≤45
儿童病房	26	40～55	22		(2)	≤45
早产儿病房	24～26	40～55	24～26		(2)	≤45
婴儿病房	24～26	40～55	24～26		(2)	≤45
洁净病房(百级)	23～25	50	23～25		(3)	≤45
负压病房	24～26	40～55	20～22		(6)	≤45
负压隔离病房	24～26	40～55	20～22		(12)	≤45
负压隔离(重症)病房	23～25	50	23～25		(12)	≤45
核医学病房	24～26	40～55	18～20		(3)	≤45

洁净手术部用房主要技术指标及设计参数 **表 4.10.17-2**

名称	室内压力	最小送风换气次数 (h^{-1})	工作区平均风速 (m/s)	温度 (℃)	相对湿度 (%)	最小新风量或换气次数		噪声 [dB(A)]	最低照度 (lx)	术间自净时间 (min)
						$m^3/(h \cdot m^2)$	(h^{-1})			
Ⅰ级洁净手术室和需要无菌操作的特殊用房	正压	—	0.2～0.25	21～25	30～60	15～20	—	≤51	≥350	10

续表

名称	室内压力	最小送风换气次数(h^{-1})	工作区平均风速(m/s)	温度(℃)	相对湿度(%)	最小新风量或换气次数		噪声[dB(A)]	最低照度(lx)	术间自净时间(min)
						$m^3/(h\cdot m^2)$	(h^{-1})			
Ⅱ级洁净手术室	正压	24	—	21～25	30～60	15～20	—	≤49	≥350	20
Ⅲ级洁净手术室	正压	18	—	21～25	30～60	15～20	—	≤49	≥350	20
Ⅳ级洁净手术室	正压	12	—	21～25	30～60	15～20	—	≤49	≥350	30
体外循环室	正压	12	—	21～27	≤60	—	2	≤60	≥150	—
无菌敷料室	正压	12	—	≤27	≤60	—	2	≤60	≥150	—
未拆封器械、无菌药品、一次性物品和精密仪器存放室	正压	10	—	≤27	≤60	—	2	≤60	≥150	—
护士站	正压	10	—	21～27	≤60	—	2	≤55	≥150	—
预麻醉室	负压	10	—	23～26	30～60	—	2	≤55	≥150	—
手术室前室	正压	8	—	21～27	≤60	—	2	≤60	≥200	—
刷手间	负压	8	—	21～27	—	—	2	≤55	≥150	—
洁净区走廊	正压	8	—	21～27	≤60	—	2	≤52	≥150	—
恢复室	正压	8	—	22～26	25～60	—	2	≤48	≥200	—
脱包间	外间脱包	—	—	—	—	—	—	—	—	—
	负压	—	—	—	—	—	—	—	—	—
	内间暂存	8	—	—	—	—	—	—	—	—
	正压	—	—	—	—	—	—	—	—	—

门诊、医技房间的设计参数 **表 4.10.17-3**

房间名称	夏季		冬季		新风量[$m^3/(h\cdot p)$](h^{-1})	噪声[dB(A)]
	干球温度(℃)	相对湿度(%)	干球温度(℃)	相对湿度(%)		
通用诊室	26	60	20	40	(2)	≤45
CT、DR	18～24	40～60	18～24	40～60	(4)	≤45
MRI	20～22	40～60	20～22	40～60	(4)	≤45
直线加速器	24～26	40～60	24～26	40～60	(10～12)	≤45
检验、病理	24～26	40～60	20～22	40～60	(8～10)	≤45

续表

房间名称	夏季		冬季		新风量 [m^3/(h·p)] (h^{-1})	噪声 [dB(A)]
	干球温度 (℃)	相对湿度 (%)	干球温度 (℃)	相对湿度 (%)		
静配中心	24～26	40～60	20～22	40～60	(3～4)	≤45
中心供应	24～26	30～60	18～20	30～60	(4～10)	—

【说明】

表 4.10.16-1～表 4.10.16-3 出自《医院洁净手术部建筑设计规范》GB 50333—2013。医疗建筑与其他民用建筑有一定区别，因此专门列出细化的设计参数。

4.10.18 医院普通病房和产科病房的空调系统宜采用“新风除湿＋显热末端”的温湿度独立控制系统；新风应单独处理且设计新风量不宜小于 2h^{-1} 换气。产科病房的冷热源宜单独设置。

【说明】

病房对空气环境的卫生要求，应高于一般民用建筑。采用温湿度独立控制空调系统可以减少空调系统产生凝结水带来的湿表面，防止细菌滋生。换气次数 2h^{-1} 取自《民用建筑供暖通风与空气调节设计规范》GB 50736—2012。

2 由于温度和使用时间要求不同，产科病房宜设置独立的冷热源。

4.10.19 其他病房的空调系统设计，应符合以下要求：

1 洁净病房：空调形式可采用一次回风净化空调系统、二次回风净化空调系统、净化新风机组＋循环风机系统等，宜采用独立冷热源，并设置备用系统，以保证 24h 不间断运行的需要。

2 传染病房：传染病区内清洁区、半污染区、污染区的机械送、排风系统应按区域独立设置，空气压力从清洁区至半污染区至污染区依次降低，清洁区应为正压区，污染区应为负压区。负压病房非呼吸道传染病房换气次数不小于 3h^{-1}，呼吸道传染病房换气次数不小于 6h^{-1}；负压隔离/重症病房换气次数不小于 12h^{-1}。非呼吸道传染病房可采用风机盘管＋新风系统；呼吸道传染病房宜采用全新风直流式空调系统，气流组织宜采用上送下排方式。新风设粗效＋中效＋亚高效过滤，半污染区、污染区排风设高效过滤，冷热源宜单独设置，排风设备宜考虑备用。

3 核医学病房：冷热源宜单独设置，可采用多联机＋新风系统。核医学病房相对区域外应保持负压，排风应高空排放，排出口设过滤设备，排风管道应保持负压，穿越此区域防护墙体的管道封堵应严密，排风设备宜考虑备用。

【说明】

1 以5级（百级）洁净病房为例，采用一次回风净化空调系统、二次回风净化空调系统、净化新风机组＋循环风机系统，原理示意分别见图4.10.19-1～图4.10.19-3。

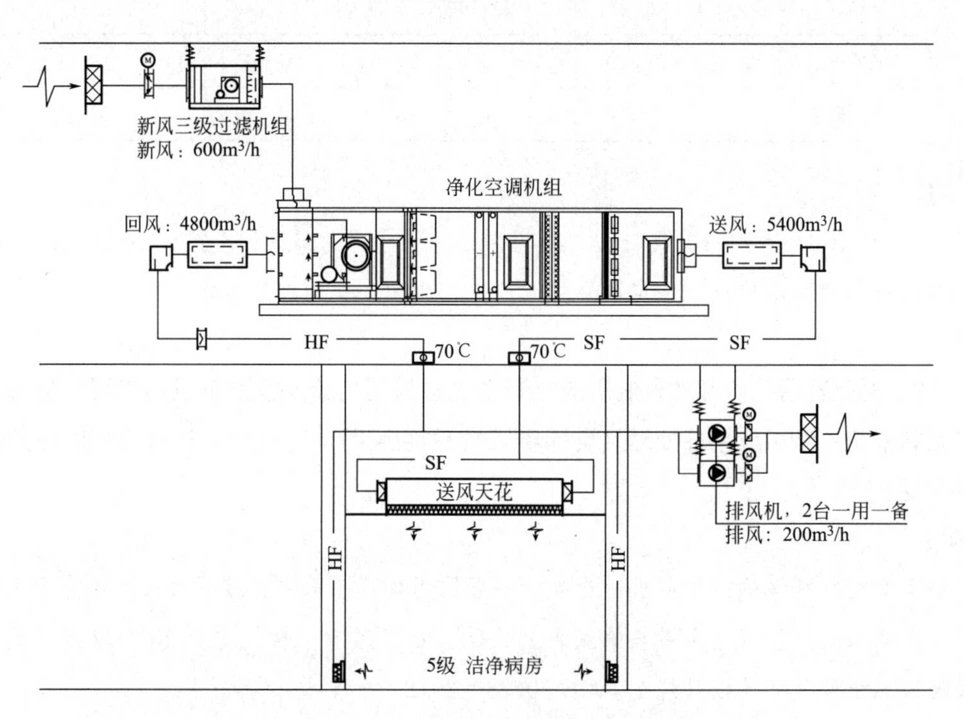

图4.10.19-1 一次回风净化空调系统原理图

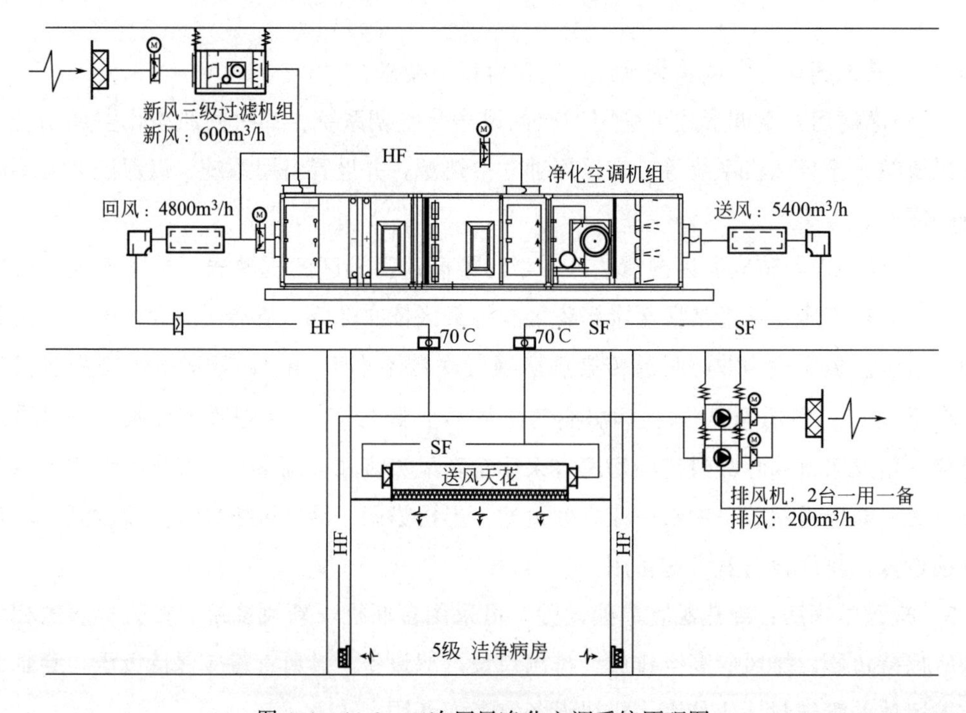

图4.10.19-2 二次回风净化空调系统原理图

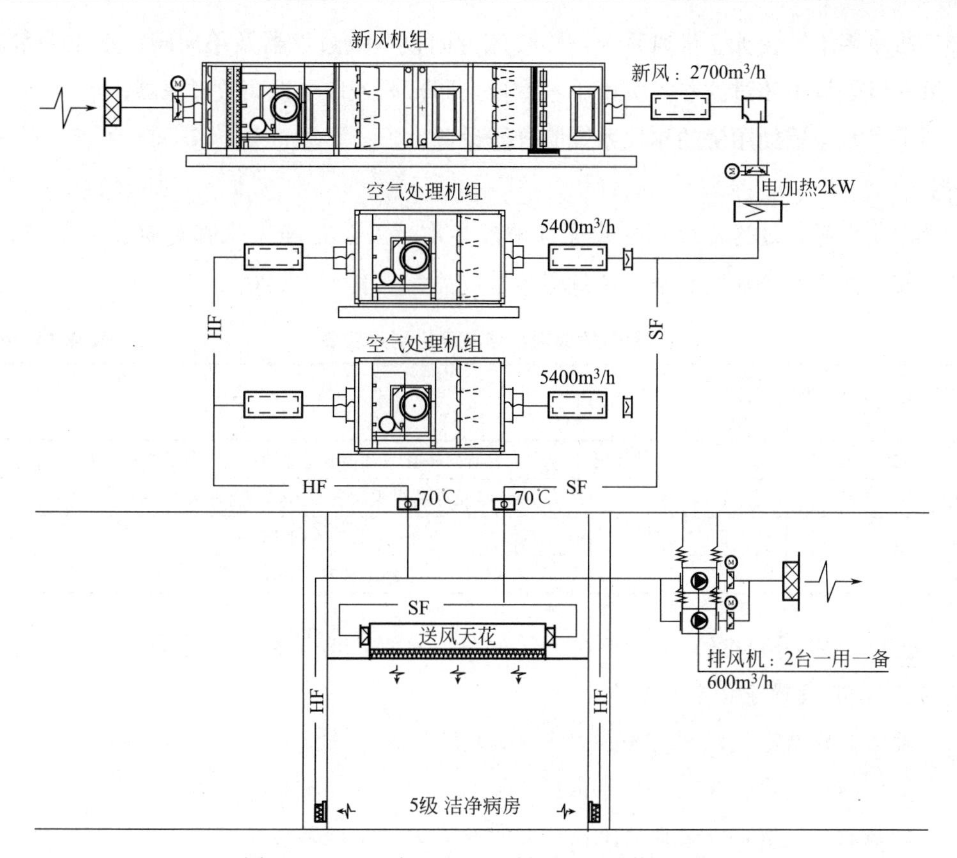

图 4.10.19-3 新风机组＋循环风机系统原理图

2 区域设置及换气次数取自《传染病医院建筑设计规范》GB 50849—2014。为防止含传染性的空气外溢，呼吸道传染病区域需保持负压，排风机需 24h 不间断运行，宜考虑备用。

3 核医学病房通常设置在封闭区域内，规模普遍较小，从几间至十几间不等，且病人均服用带辐射性的药物，对温度较敏感，冷热感觉不尽相同，可采用多联机＋新风系统。排风出口过滤设备可采用活性炭或干式化学过滤器等设备。为防止含辐射性的空气外溢，核医学病房区域需保持负压，排风机需 24h 不间断运行，宜考虑备用。

4.10.20 医院手术部设计，应符合以下要求：

1 Ⅰ级、Ⅱ级手术室和负压手术室，应一对一设置净化空调系统；Ⅲ级手术室，每个净化空调系统可服务于 2～3 个房间；

2 ICU 在有“平疫结合”转换要求时，宜设置净化空调系统；

3 辅助区（7 级/万级、8 级/十万级、8.5 级/三十万级）宜按不同净化级别设置净化空调系统；

4 手术室采用高效送风单元、上送下回的气流组织方式，并尽量使送风的洁净气流覆盖于手术台部位；

5 新风过滤器的设置，宜根据当地环境空气状况确定，一般可采用 1～3 道过滤措施；

6 洁净手术室设独立排风系统，顺气流方向设中效过滤器及单向阀；正压手术室排（回）风入口处设中效过滤器，负压手术室排（回）风入口处设高效过滤器；

7 手术室与辅助用房的排风系统应分开设置。

【说明】

1 净化级别、过滤器设置参照现行国家标准《医院洁净手术部建筑技术规范》GB 50333。其中洁净用房等级和洁净度级别的对应关系见表 4.10.20。

菌落数级别和洁净度级别对应表 **表 4.10.20**

洁净用房等级	空气洁净度级别		参考手术
	手术室	周边区	
Ⅰ	5	6	假体植入，某些大型器官移植，手术部位感染可能直接危及生命及生活质量的手术
Ⅱ	6	7	涉及深度组织及生命主要器官的大型手术
Ⅲ	7	8	其他外科手术
Ⅳ			感染和重度污染手术

2 ICU（重症监护室）由于存在不同的病例情况，为了在发生传染病疫情时有利于"平疫转换"，宜设置净化空调系统。

3 辅助区的洁净度级别，一般为 7 级、8 级和 8.5 级。

4 保证洁净气流优先送至手术区。

5 加强新风过滤，尽可能降低高效送风单元或高效过滤器的过滤负荷。

6 对排风系统过滤器的设置要求。

7 为了防止交叉污染，手术室与辅助房间应分开设置。

以Ⅰ级手术室为例，手术室采用的一次回风净化空调系统和二次回风净化空调系统，分别如图 4.10.20-1、图 4.10.20-2 所示。

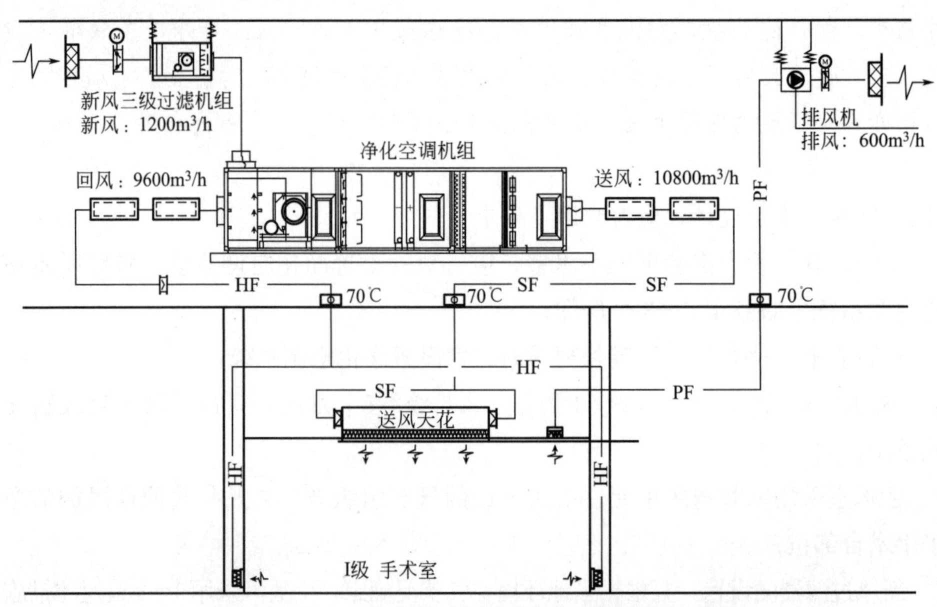

图 4.10.20-1 手术室一次回风净化空调系统原理图

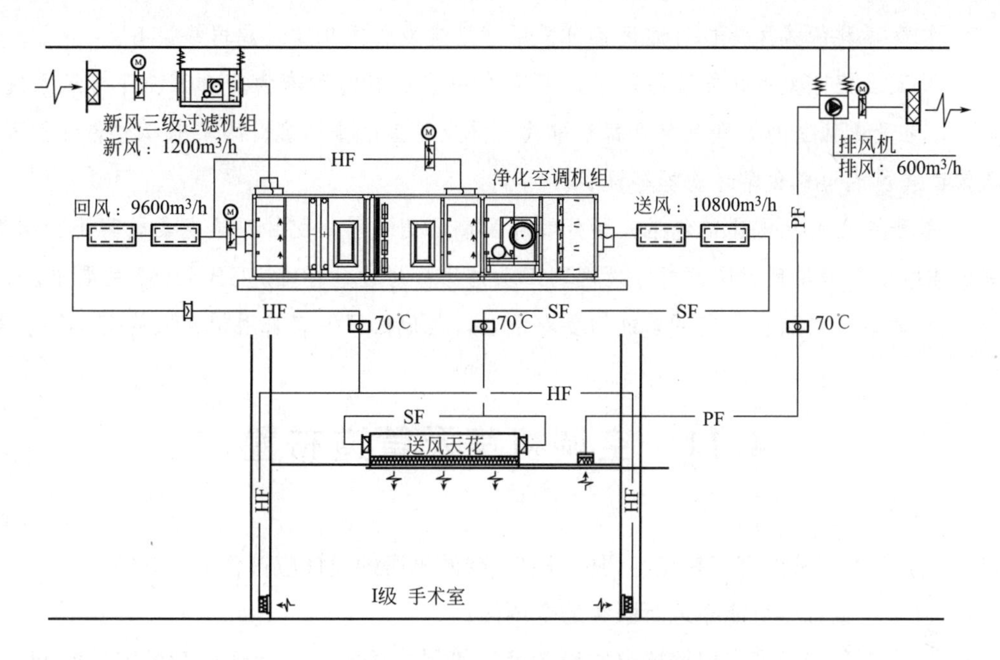

图 4.10.20-2 手术室二次回风净化空调系统原理图

4.10.21 门诊、医技楼设计，应符合以下要求：

1 通用诊室：优先采用温湿度独立控制系统，也可采用常规风机盘管＋新风系统；过渡季内区诊室可采用加大新风量或设多联机系统的方式消除余热；

2 放射/疗科：除核磁共振的扫描间需采用恒温恒湿专用空调系统以外，其余宜采用多联机系统，有小时湿度波动要求的房间增设除湿机；放射/疗科的排风宜独立设置，高能直线加速器的排风应高空排放；

3 核医学科：除 PET-MRI 的扫描间、回旋加速操作间需采用恒温恒湿专用空调系统以外，其余 PET-CT、SPECT 等均可采用多联机系统，有小时湿度变化率要求的房间增设除湿机；排风需高空排放且排风机宜设置备用，排风出口设过滤设备；

4 检验、病理室：空调可采用多联机＋新风系统，其排风宜高空排放，排风出口设过滤设备；

5 静配中心：均采用净化空调系统，空气洁净度按 C 级设置，局部 A 级通过设置超净台或生物安全柜实现，气流组织采用上送下回/排方式；

6 中心供应室：除无菌区（8.5 级）需采用净化空调系统以外，其余均可采用风机盘管＋新风系统或多联机＋新风系统。

【说明】

1 通用诊室的空调系统无特殊要求。

2 为防止相互影响，放射与核医学科的排风系统宜独立设置。高能直线加速器的排风可能带有一定的放射性，应高空排放，以减少对周围人员的影响。

3　核医学科的排风出口过滤设备可采用活性炭或干式化学过滤器等设备。

4　检验、病理室的散热设备较多，且存在一些可能的污染物。为了确保排风系统的安全性，应设置独立的排风系统且高空排放，并设置备用排风机。排风出口过滤设备可采用高效过滤器或干式化学过滤器等设备。

5　静配中心的功能通常包括：肠外营养配制、普通药物配制、抗生素类药物配制等，其室内洁净度应满足现行国家标准《医药工业洁净厂房设计标准》GB 50457 的要求。

6　无菌区应按照净化空调系统的要求设置，其他区域不宜采用带回风的全空气系统。

4.11　空调机房及管道布置

4.11.1　空气处理机组宜安装在空调机房内。空调机房的设计应符合下列规定：

1　机房位置宜尽可能靠近所服务的空调区；

2　机房面积和净高应根据选定的设备及风管尺寸确定，并保证风管的安装空间以及适当的机组操作、检修空间；

3　空调机房内应考虑设置给水、排水和地面防水设施；

4　空调机房的外门和窗应向外开启；位于地下室或核心筒（剪力墙）内的机房，其机房门尺寸宜考虑设备的进入与就位；当机房门尺寸不能满足要求时，应预留安装孔洞。

【说明】

为了保证正常的使用和运维管理检修的需要，原则上空气处理机组宜设置于空调机房内或其他机电用房内。

1　空调机房的位置，需要在方案或者初步设计时与建筑专业协商确定。机房与所服务的空调区的距离宜尽可能减小，以降低空气输送能耗。

2　避免由于机房面积的原因导致机组风机压头损失较大，造成实际送风量小于设计风量的现象发生。

3　机房在运维过程中需要一定的用水，因此应设置给水和排水设施。

4　位于地下室以及高层建筑核心筒内的机房，施工会早于空调机房内的设备及管道施工安装。因此，在设计布置机房时需要根据机房内的设备尺寸，在核心筒上预留设备进出口。当某些组合式空调机组可以拆散安装时，其进出口尺寸应满足可拆部件的最大尺寸的要求。

4.11.2　空调管道或与其他管道共同敷设于专用的管道层时，应向相关专业提出对管道层设计的如下要求：

1　一般情况下，管道层的净高不宜低于 1.8m；当管道层内有结构梁时，梁下净高不

应低于1.2m；层高小于或等于2.2m的管道层内不宜安装空气处理机组及其他需要经常维修的空调通风设备；

2 人员检修通道的净宽不应小于0.7m，净高不应低于1.2m；

3 应设置人工照明，宜有自然通风；

4 当管道层内敷设有空调水管时，应设置地面排水设施。

【说明】

1 作为对土建（一般情况下是对建筑专业，但同时应核对结构专业）的要求。

2 对建筑专业的要求。

3 对电气专业的要求和对机房内空气环境的建议。

4 对给水排水专业的要求。

4.11.3 当空气调节设备安装在屋顶或者露天安装时，应采用露天安装型产品。若采用非露天安装型产品，应考虑遮阳和防雨措施。有“防恐”要求的空调系统，不应设置于非专门管理人员可接近的室外。

【说明】

为保证空调设备不因受风、雨、异物等侵蚀损坏影响可靠运行，可采用遮阳、防盐雾腐蚀、防虫或小动物进入、电机防雨罩等措施。

4.11.4 采用组合式空调机组时，机组安装区域或机房的地面荷载，一般情况下可按照6～8kN/m^2提出。当采用带制冷循环的直接膨胀式机组时，应根据实际选用产品的质量提出；在设计初期为满足结构计算时，可按照10kN/m^2提出。

【说明】

结构荷载是设计时的重要资料。一般在设计开始时，需要结构专业提供计算用荷载资料。

5 集中供暖空调系统的冷热源与室外管网

5.1 一 般 规 定

5.1.1 供暖空调的冷热源应根据建筑物规模、功能、使用特点、负荷特性、运行管理水平、建设地点的能源条件、结构、价格以及节能减排和环保政策等，经过综合论证确定，并按照以下顺序和原则进行优化：

1 有可供利用废（余）热的区域，应充分利用废（余）热作为热源；当废（余）热的温度较高时，宜采用吸收式冷水机组作为冷源；

2 充分考虑天然冷热源和可再生能源的利用，当天然冷热源或可再生能源无法完全满足需求时，应设置辅助冷热源；

3 当1、2款条件不具备时，热源应优先采用城市或区域热网，冷源应优先采用电制冷机组；

4 当不具备1～3款的条件时，寒冷地区冬季宜采用电动热泵作为供暖热源，并结合夏季供冷联合使用；当气候条件许可时，严寒地区宜优先考虑电动热泵；当无法使用电动热泵时，应结合当地的能源供应形式，可采用蓄热式电热锅炉、燃气锅炉、直燃机作为供暖热源或采用分布式燃气热电联供系统；

5 无法采用热泵技术或采用热泵供暖时能效很低的寒冷和严寒地区，当采用风电、光电等绿色能源作为电热供暖的热源时，应设置蓄热系统；

6 夏季室外空气露点温度较低的地区，应充分考虑蒸发冷却技术的应用；

7 执行分时电价的地区，经技术经济比较，采用低谷电能够明显起到对电网“削峰填谷”和节省运行费用时，宜采用蓄能系统供冷供热；

8 夏热冬冷地区以及干旱缺水地区的中、小型建筑，有条件时可采用空气源热泵或土壤源地源热泵系统供冷、供热；

9 有天然地表水等资源可供利用或者有可利用的浅层地下水且能保证100%回灌时，可采用地表水或地下水地源热泵系统供冷、供热；

10 具有多种能源供应的地区，可采用复合式能源供冷、供热，其中的人工冷热源宜采用电能驱动为主要形式。

【说明】

冷热源的选择和确定是多样化的。在保证满足供暖空调需求的条件下，应根据实际情况进行经济技术的合理分析后确定。

1 废热或余热的充分利用符合能源梯级利用的思想，减少能源的浪费。在利用废热或余热时，需要对其温度进行评估。通常，单效吸收式制冷要求的热媒温度为85℃以上的热水或0.1MPa以上的蒸汽，双效吸收式制冷要求140℃以上的热水或0.4～0.8MPa的蒸汽。当废热或余热可以满足这些要求且利用可带来较好的经济性时，宜将其作为人工制冷的驱动能源，应用吸收式制冷设备。

2 天然冷热源与可再生能源的利用，是设计时应优先考虑的。但天然能源受到各种因素的制约和限制，因此必要时需要配置人工冷热源。人工冷热源可以独立配置，也可以和天然冷热源联合设置，构成复合式冷热源系统。当联合设置时，天然冷热源与人工冷热源各自分担的比例，也应通过经济技术的合理分析后确定。

3 在有城市或区域热网的地区，应优先采用热网供热，以提高整个社会的供热效率和减少环境污染。在冷源方面，从目前的产品来看，以电能驱动的人工冷源设备的能效远远高于吸收式制冷；未来建筑零碳化排放，也要求以建筑电气化为目标。因此空调冷源不应再采用化石能源燃烧热直接用热力制冷的方式，例如直燃式溴化锂制冷或蒸汽溴化锂制冷（第1款中提到的废热蒸汽除外）。

4 大部分寒冷地区利用热泵技术供热，在供热温度不是很高的情况下，全年能效比可达3.0，其能源转换率可高于一次能源燃烧的直接供热效率。严寒地区应根据室外环境温度或低位热源条件确定。蓄热式电锅炉是平抑电网峰谷差的一种蓄能方式。利用燃气燃烧传热时，热电联供是提高一次能源利用价值和能源转换率的有效方式，在充分论证供需平衡的条件下，合理采用。

5 对于有大量风电、光电等绿色电力可利用的寒冷地区和一部分室外温度较低的寒冷地区，采用热泵供暖时系统能效有可能较低（设计工况下热泵性能系数低于1.2）甚至因为室外气温过低无法正常使用时，可考虑利用风电、光电作为电热供暖的能源。由于风电、光电的来源并不能全天实时保证，因此应设置蓄热系统将白天的多余电能蓄存，至夜间使用。经一些项目的调研和分析，由于绿电电价的支持，当设计工况下热泵的性能系数低于1.2时，与电热蓄热系统应用相比，热泵系统增量投资的回收年限为10～15年，在经济性上不尽合理。

6 较干燥地区，通过等焓加湿处理方式可直接降低新风温度，也可间接制备冷水供空调使用，是一种较好的绿色节能技术，但应注意水资源的可靠性。

7 蓄冷蓄热可在用户端平抑电网的峰谷差，提高谷时发电设备的效率，也能提高电网安全，是一种综合节能技术。在有峰谷差价的地区，也能为用户带来经济效益。

8 夏热冬冷地区的冬季室外环境温度较适合热泵技术应用，效率高，使用灵活。对有室外布孔条件的项目，使用地源热泵技术也利于土壤的热平衡。

9 地表水或地下水作为热泵低品位热源，节能且环保；另外，这两种水源也比利用冷却塔排热后的冷却水温度低，可提高制冷效率。

10 根据我国“双碳”目标，未来建筑零碳化的主要实施路径为建筑电气化。因此，供暖空调系统也应按照这一思想，以电能作为主要的能源应用形式，并减少和完全消除化石能源在建筑中的使用。

5.1.2 城市或区域集中供冷供热系统的采用，应符合以下原则：

1 严寒地区，不应采用区域集中供冷；

2 其他气候区采用区域集中供冷时，冷水供冷半径不宜超过 1.5km；

3 夏热冬冷地区、夏热冬暖地区和温和地区，不应采用城市集中供热；夏热冬冷地区采用区域集中供热时，热水供热半径不宜超过 2.0km；

4 夏热冬暖地区和温和地区，不应采用区域集中供热；

5 以居住建筑为主的区域，不应采用区域供冷。

【说明】

本条不包括建筑内设置的供冷和供热水系统。

城市或区域供冷、供热系统的采用，应经过经济技术比较，并结合建筑所在地的总体规划和相关政策来决定。

1 严寒地区全年供冷的时间非常短，设置城市或区域集中供冷系统，将导致运行时间短、运行能效低等问题，不应采用。

2 通过对我国大部分实际工程案例的调研，发现城市级别的集中供冷系统，也存在能耗高、用户满足度不好、运行费用高等问题，因此也不应采用。根据现有的研究成果和实际工程案例，当采用区域供冷系统时，应控制区域供冷的半径，以降低冷水输送能耗。

3 同样，夏热冬冷地区采用城市供热，以及夏热冬暖地区和温和地区采用区域供热，都存在较大的输送能耗问题和设备利用率低带来的经济性不良的情况。

4 居住建筑在使用方式上与公共建筑完全不同，居住建筑随机性大、使用习惯随使用者变化而变化、空调负荷需求的离散度大，同时使用系数在大部分时刻都非常低，但全年甚至典型设计日的同时使用系数难以确定（导致合理的装机容量设计变得非常困难）。如果采用区域供冷，会导致冷水的实际耗电输热比非常低且设备利用率低等问题，因此不应在居住建筑中使用。

5.1.3 符合第 5.1.2 条规定的公共建筑群，同时具备下列条件并经综合论证合理时，可采用区域供冷系统：

1 区域内均为单一用户自建自管建筑；

2 区域内设置集中空调系统建筑的容积率较高，且设计冷负荷密度大、同时使用系数较低；

3 **建筑全年供冷时间长，且需求一致；**

4 **具备建设区域供冷站及管网的条件。**

【说明】

区域供冷可以大幅度提高设备使用率，降低设备装机容量。同时，通过专业化运营管理，智能化水平高、减少用户端管理人员等，综合节能效果好。但区域供冷需要有一定的应用条件。

1 自建自管的建筑，可通过管理人员的积极性来提高运行节能效果。

2 如果容积率不高或冷负荷密度不大，会导致输送能耗所占比例大幅提高。各建筑的同时使用系数较低时，设备综合利用率提高。

3 全年供冷时间越长，设备和系统的利用率越高，经济性越好。

4 需要对整个建设区域的建设条件进行详细的评估。

5.1.4 **区域供冷系统的冷热源系统，应为蓄冷系统。**

【说明】

区域供冷系统作用半径较大、冷水输送距离长、冷源设备安装容量大、制冷电耗大，为了降低冷水输送能耗，应尽可能加大冷水的设计温差；通过蓄冷可提高区域的综合冷源利用率、降低冷源设备的峰值用电量、为电网“消峰填谷”并取得较好的经济效益。因此，区域供冷系统的冷源侧应采用蓄冷系统（和相应的措施）。

通常的蓄冷方式有水蓄冷、冰蓄冷等。

5.1.5 **集中热源机房的设计总安装容量，应根据冬季热负荷需求的最大值确定。**

【说明】

热负荷的最大值也就是热源机房的设计安装容量。在方案设计时，可按照《措施》第1章中的指标来估算设计安装容量。但施工图设计时，为了使得集中热源机房的设计安装容量符合实际，应根据各区域的具体热负荷情况来确定。

一般情况下，可以按照各区域的热负荷计算值累加得到。当区域内的某些建筑冬季间歇使用（例如办公建筑、公共交通建筑以及展览建筑等，一般夜间使用率不高）时，由于通常供暖室外计算温度的出现时刻为夜间，且这些建筑可以只考虑非使用时的值班温度，因此热源的总安装容量可以根据实际情况进行适当的修正。

必要时，可根据各区域的建筑情况，采用全年热负荷逐时模拟计算。

5.1.6 **确定集中冷源机房的设计总安装容量时，不应附加安全系数。总安装容量应按照下式计算：**

$$Q=\mathrm{a}\times \mathrm{Max}[(Q_{\mathrm{CL1}}+Q_{\mathrm{X1}}),\cdots\cdots,(Q_{\mathrm{CL}n}+Q_{\mathrm{X}n})]+Q_{\mathrm{SP}} \tag{5.1.6}$$

式中 Q——冷源机房的设计总安装容量，kW；

a——各空调区的同时使用系数，对于单一使用性质的建筑（例如办公、酒店、商业、餐饮等）可取 0.9～0.95，对于会展、会议等建筑（群），根据其使用要求来确定，一般可取 0.7～0.8，综合性建筑（具备办公、酒店、商业、餐饮等两种以上建筑功能时）可取 0.8～0.9；

Max——对后面括号内各项逐时累加后，取最大值；

$Q_{CL1\sim n}$——典型设计日计算时刻（1～n）的建筑逐时冷负荷，kW，见第 5.1.7 条；

$Q_{X1\sim n}$——典型设计日计算时刻（1～n）的逐时新风冷负荷，kW，见第 5.1.8 条；

Q_{SP}——设计工况下，冷水系统输配形成的冷负荷，kW，见第 5.1.9 条。

【说明】

目前几乎所有的建筑冷源装机容量都是偏大的。

考虑到新风最大冷负荷的出现时间与建筑最大冷负荷的出现时间并不一定吻合的因素，在确定冷源容量时，新风冷负荷也宜按照典型设计日参数进行逐时计算。

因此，将建筑冷负荷与新风冷负荷逐时累加后，挑选出其最大值，也即为该建筑的基准设计冷负荷。同时，应考虑建筑内不同区域空调系统的同时使用系数，并最终可以得到建筑的空调设计冷负荷（即：对建筑空调供冷负荷的需求）。

冷水系统在使用过程中，由于冷水泵的热功转换以及冷水管道传热形成的“冷损失”（即 Q_{SP}），也需要冷水机组来负担。

5.1.7 建筑逐时冷负荷 $Q_{CL1\sim n}$，可按照以下方法之一计算：

1 将建筑内各空调区的逐时冷负荷，逐时累加；

2 将建筑整体视为一个空调区或房间，逐时计算。

【说明】

各空调区的冷负荷计算计算方法，见《措施》第 4.2 节，这是选定空调区末端设备的依据之一。对于集中设置冷源的中央空调系统而言，从使用和运行节能方面来要求，各空调区的末端设备，都应该设置良好的自动控制系统，使得其冷量能够“按需供应”。由于各空调区使用时间段不完全相同，设计负荷出现时间并不一致，每个末端的供冷量并非同步变化，各空调区的供冷需求是可以相互“补偿”的。因此，建筑的冷负荷不应该是各空调区或末端的设计计算负荷的算术和，而应该是每个时刻累计之和后选取的最大时刻值（与第 4.2 节中关于空调区冷负荷计算原理是一致的），且必定小于各空调区设计负荷之算术和。

1 目前许多计算软件具备将各空调区冷负荷逐时累加而得到建筑的冷负荷（逐时累加的最大值）的功能，有条件时可直接采用这一方法。

2 将建筑整体视为一个房间，其“房间”温度可取各室内设计温度的“面积加权平均值”（当各空调区的室内设计温度的差值不超过2℃时，也可取主要功能房间的室内设计温度），并按照第4章的计算方法，分别计算外围护结构冷负荷和室内冷负荷。

采用第2款的方法时，其原理与第1款的是相同的。不同之处在于：计算室内冷负荷时，建筑内的人员和照明总负荷，与第1款计算得到的各空调区人员和照明负荷可能有所出入。就人员总数而言，在建筑的人员总数，一般会少于各空调区计算人员总数之和（因为各空调区在使用时并不一定都是满员的，例如在同一层设置的办公室和所附属的会议室）；因此如果能够得到该建筑使用时总人数的最大值，用第2款的方法计算人员总冷负荷的准确度会高于第1款的方法。对于照明来说，第1款按照具体空调区的照明安装容量计算，而第2款方法只能按照“面积加权平均安装容量”计算，因而前者的精确性可以认为高于后者。

因此，当采用第2款的方法但无法准确确定建筑内的总人数和照明（包括机电设备）安装容量时，可以按照主要功能房间的人数和电力安装容量的面积指标乘以该建筑的空调建筑面积来确定。

5.1.8 **在计算建筑的逐时新风冷负荷时，宜将建筑整体视为一个空调区或房间，并采用典型设计日逐时计算方法。其室内参数和人员数量，可按照第**5.1.5**条的说明选取；人均新风量可以按照“面积加权新风量”或主要功能房间的人均新风量选取。**

【说明】

本条仅适用于确定集中冷源的安装容量。

典型设计日的逐时新风冷负荷计算，重点在于确定典型设计日各逐时的新风焓值；其确定原则是：典型设计日新风夏季室外状态点的含湿量不变。具体方式如下：

（1）根据相关规范确定夏季室外状态点；

（2）按照日较差法，计算典型设计日室外干球温度逐时值，见式（1.5.14-1）。

（3）根据式（1.5.14-1），计算得到逐时干球温度和设计状态的含湿量，由此可计算（或在焓湿图上确定）出典型设计日各时刻的室外空气焓值。

（4）根据总新风量和室内外空气焓差，可计算得到典型设计日各时刻的新风冷负荷 $Q_{X1\sim n}$。

5.1.9 **冷水系统输配系统形成的冷负荷 Q_{SP} 计算，应为以下两部分之和：**

1 冷水泵运转形成的冷水温升；

2 冷水在管道中的传热损失。

【说明】

本条与空气处理系统中的空气温升计算原理相同。

1 冷水在管道中流动过程中，水泵的轴功率全部转换成了对冷水的加热（包括克服冷水管阻力时产生的摩擦热），从而形成了对集中冷源的冷负荷需求。水泵的轴功率按照下式计算：

$$N_S = G \cdot H / (367 \cdot \eta) \tag{5.1.9-1}$$

式中 N_S——水泵需求的轴功率，kW；

G——水泵在设计工况点的流量，m^3/h；

H——水泵在设计工况点的扬程，m；

η——水泵在设计工况点的效率。

2 尽管冷水管道都有保温，但冷水与周围环境仍然存在传热损失，从而形成对集中冷源的附加冷负荷。此附加冷负荷可按照式（5.1.9-2）计算，也可按照表 4.7.1 中的冷水温升来折算。

$$Q = \frac{t_a - t_W}{\frac{1}{2\pi\lambda}\ln\frac{d+2\delta}{d} + \frac{1}{\alpha\pi(d+2\delta)}} \times L \tag{5.1.9-2}$$

式中 Q——冷水管道传热损失形成的冷源附加冷负荷，kW；

t_a——保温层外的空气温度，℃，取当地夏季空调室外计算日平均温度；

t_W——冷水管道温度，℃，可取空调冷水设计供/回水温度的平均值；

λ——保温材料的导热系数，W/（m·℃）；

d——冷水管外径，m；

δ——保温材料厚度，m；

α——保温层外表面对流换热系数，W/（m^2·℃），可取 8.7；

L——冷水管长度，m。

5.1.10 冷热源设备的台数及单机容量（制冷量或制热量）选择，应与供暖空调负荷全年变化规律相适应，并满足设计负荷及部分负荷运行时的要求。除采用多机头制冷机组或全负荷蓄冷方式外，冷水机组不宜少于两台。

【说明】

一般来说，只需要采用一台冷水机组的项目，都是规模非常小的项目，其对供冷的保障率要求相对比较低；多机头机组本身在压缩机上有一定的备用，也可以部分弥补由于某台压缩机故障带来的影响。

全负荷蓄冷系统可通过蓄冷系统提供一定的供冷保障措施，在冷水机组突然出现故障时使用。但其保障时间比较短，故障冷水机组应尽快维修，否则影响整个建筑的使用。

5.1.11 冬季供暖及空调供热系统的换热器不应少于两台。当一台停止工作时，剩余换热器的设计换热量应符合以下要求：

1 寒冷地区，不低于设计总供热量的65%；

2 严寒地区，不低于设计总供热量的70%。

【说明】

本条主要是针对寒冷和严寒地区的室内温度安全保障来要求的。

对于包含了新风处理的空调供热系统，按照上述保障率要求来核算剩余换热器的换热能力时，设计总换热量可扣除集中新风系统的加热量。也就是说，在换热器出现故障时，可短期停止集中新风系统（对于全空气系统，由于新风阀与空调机组连锁启停，关闭新风阀的工作量较大）的运行，优先保证室内温度。

5.1.12 选择冷水（热泵）机组时，应考虑机组水侧污垢等因素对机组性能的影响，采用合理的污垢系数对供冷（热）量进行修正。

【说明】

机组名义污垢系数为：蒸发侧0.018m^2·℃/kW，冷凝侧0.044m^2·℃/kW。机组水侧污垢对换热产生不利影响，当水质较差（如地表水、再生水、污水等）时，应按照实际的水质情况（尤其是冷却水侧）修正。一般的方式是：设计人在设备表中提出蒸发器和冷凝器的污垢系数要求，由机组生产商按照设计要求修正后提供满足符合设计需求的制冷制热量的产品。

5.1.13 所选用的冷热源设备的能效值，应符合相关设计标准和产品标准的规定。

【说明】

应选用较高能效值的设备，以降低运行能耗。设计时应按国家或地方节能标准，结合产品类型选用。

5.1.14 供暖空调冷热水和冷却水系统中的冷水（热泵）机组、水泵、末端装置等设备和管道、阀部件的实际工作压力，不应大于所选用产品的额定工作压力。

【说明】

产品额定工作压力是长时间正常使用不产生应力破坏的制造标准。选用的设备、管道和阀部件应大于系统的工作压力。在设计中，对于水系统采用竖向分区的项目，可根据末端所处位置，适当放大其工作压力。

5.1.15 舒适性空调系统中的冷水机组，一般不考虑备用；当必须备用时，冷水及冷却水管道设计和机房电力装机容量等，应按照无备用时的装机容量计算。工艺性建筑对制冷有特殊要求的场所，其备用方式按照相应的要求设计。

【说明】

对目前全国空调建筑的安装容量和使用情况调研发现，实际上现有的安装容量，在使用时基本上都没有完全用足，且大部分建筑在最大空调负荷时的使用容量只有其安装容量的50%～70%，也就是说，按照现行的设计方式，建筑集中冷源的安装容量都已经有一定的富裕，再设置备用机组实际上是浪费。

对于某些服务品质要求非常高的建筑（例如超大型枢纽机场建筑等），可能建设单位从使用安全性出发要求设置一定的备用，也是可以理解的。但是，在计算冷水和冷却水管道以及冷却塔设置时，不应该计入备用机组的装机容量；变电系统设计时，也不应为此增加容量。

对于信息中心等要求全年不允许停止空调运行的场所，应按照相应的级别来进行备用（包括配电系统也如此）。

5.1.16 空调冷热水系统的设计温度和温差，应与集中冷热源的供应参数和末端设备的设计参数相匹配，并按照以下原则确定：

1 采用冷水机组直接供冷时，空调冷水供水温度宜大于或等于5℃，空调冷水设计供回水温差应大于或等于5℃；有条件时，宜适当增大设计供回水温差；

2 采用蓄冷空调系统时，空调冷水供水温度和供回水温差应根据蓄冷介质和蓄冷、释冷方式分别确定，冷水供水温度可取3～5℃，供回水温差宜为8～11℃；

3 采用市政热力或其他一次热源，并通过换热器加热的二次空调热水时，其供水温度宜根据系统需求和末端能力确定；对于非预热盘管，供水温度宜采用50～60℃，用于严寒地区预热时，供水温度宜大于或等于70℃；空调热水的供回水温差，严寒和寒冷地区宜大于或等于15℃，夏热冬冷地区宜大于或等于10℃；

4 空调末端为辐射供冷末端时，供水温度应以末端设备表面不结露为原则确定；供回水温差应大于或等于2℃，宜为3～5℃；

5 采用蒸发冷却或天然冷源制取空调冷水时，空调冷水的供水温度应根据当地气象条件和末端设备的工作能力合理确定；采用强制对流末端设备时，供回水温差宜大于或等于4℃；

6 采用空气源热泵、地源热泵等作为冷热源时，空调冷热水供回水温度和温差，应按设备要求和具体情况确定，并应使系统具有较高的制冷供热性能系数；

7 当建筑内的空调冷热水系统需要设置中间换热器时，宜采用板式换热器；换热器的二次侧出水与一次侧进水的温差，可按以下要求确定：用于冷水换热时，宜大于或等于1℃；用于热水换热时，宜取3～5℃。

【说明】

确定冷热水设计温度和温差时，应充分考虑冷热源设备的性能参数和空调末端换热能力，三者应协调与匹配。

1 考虑冷水机组的性能和安全运行。冷水机组直接供冷时，蒸发温度一般在2～3℃，因此冷水温度不宜低于5℃，目前常规冷水机组的产品标准规定的供/回水温度为7℃/12℃。当采用5℃供水温度时，设计供回水温差可为6～7℃。

2 由于蓄冷系统的供水温度一般低于常规系统，因此在保证末端换热能力的情况下，应加大设计供回水温差，以补偿由于输送距离加大带来的能耗损失。区域供冷由于输送距离远，为降低输送能耗，应采用蓄冷系统。当采用冰蓄冷方式时，供水温度可取较低值，供回水温差可取较大值；采用水蓄冷方式时，不宜低于5℃，供回水温差可取较小值。

3 一次热源为较高品质的热媒（来自城市热网或高温水锅炉房）时，为了降低用户二次水系统的能耗及末端设备的投资，应充分考虑对高品质一次热源的利用，适当提高热水的供水温度。就目前来看，50～60℃的供水，可以满足我国各地区的建筑空调系统加热要求。但对于严寒地区的预热盘管，为了防冻的需要，宜提高供水温度。但要注意的是：由于目前大多数盘管采用的是铜管串铝片方式，因此水温过高时要注意盘管的热胀冷缩问题。尽管目前的一些设备（例如风机盘管）都是以10℃温差来标注其标准供暖工况的，但通过理论分析和多年的实际工程运行情况表明：对于严寒和寒冷地区来说适当加大热水供回水温差，现有的末端设备是能够满足使用要求的（并不需要加大型号）；对于夏热冬冷地区而言，即使对于两管制水系统来说，采用10℃温差也不会导致末端设备的控制出现问题。

4 辐射供冷系统，由于防结露所要求的冷水供水温度较高，为了加大末端的供冷量以适应空调区域的需求，冷水流量应适当提高，因此冷水温差一般会低于强制对流末端。从目前的一些研究成果来看，2～4℃的冷水温差，是大多数辐射末端在考虑水流阻力和传热能力之后的优化结果。

5 采用蒸发冷却或天然冷源制取空调冷水时，由于冷水供水温度一般高于人工制冷的冷水机组出水温度，在一些地区做到5℃的水温差存在一定的困难，因此，提出了比人工制冷的冷水机组略为小一些的温差（4℃）。根据对空调系统综合能耗的研究，4℃的冷水温差对于供水温度为16～18℃的冷水系统并采用现有的末端产品，能够满足要求和得到能耗的均衡。当然，针对专门开发的一些干工况末端设备，以及某些露点温度较低而能够通过蒸发冷却得到更低水温（例如12～14℃）的地区，可以将上述冷水温差进一步加大。

6 空气源热泵和地源热泵等作为冷热源时，与蒸发冷却制冷的情况类似，受设备性能或气候条件的限制较多，需要针对具体应用来确定。

7 对于采用竖向分区且设置了中间换热器的超高层建筑，由于需要考虑换热后的水温要求，其一级热水可以提高到65℃，因此需要设计人根据具体情况提出需求的供水温度。换热器的二次侧出水与一次侧进水的温差过小时，会导致换热器的选型过大（以及水阻力过大）等情况，需要进行合理性分析后确定。

5.1.17 建筑冬季需要供应集中空调冷水且经济技术分析合理时，应优先考虑天然冷源冷却。当夏季采用冷却塔作为集中冷源系统的散热设备时，冬季可利用冷却塔提供冷水，并符合以下要求：

1 应设置换热器，对房间间接供冷水；换热器换热器的二次侧出水与一次侧进水的温差的温差宜为1～2℃；

2 冷却塔使用时的设计供水温度，宜取6～7℃，供回水温差宜小于或等于4℃，供水温度的最低值宜控制在3℃以上；

3 冷却塔供冷的冷水泵与用户侧空调冷水泵的参数，应根据供冷负荷的需求来确定；当参数合适时，可采用夏季冷却水泵和空调冷水泵；

4 冷却水管应保温。冬季室外空调设计温度低于0℃的地区，冷却塔应采取防冻措施；冷却塔停止使用期间室外温度连续2h低于0℃的地区，或者冷却塔冬季连续使用时的室内冷负荷不足以使得冷却水温度保持在0℃以上时，也应对冷却塔和相应的室外管路采取防冻措施。

【说明】

当室外温度合适时，采用冷却塔等天然冷源直接供冷，可减少人工机械制冷的能源消耗。由于天然冷源需要另外设置，会略微增加投资，因此宜进行经济技术分析。

1 由于安装高度、水质等原因，冷却塔产生的冷水不应直接用于空调末端，应通过设置板式换热器的方式间接供冷。换热温差的规定，与第5.1.16条第7款的理由相同。

2 冬季供冷房间的冷负荷一般会略小于夏季设计工况（供冷房间与周围房间存在一定的传热），采用同一个末端设备时，冷水温度可比夏季设计工况高1～2℃，在考虑换热器换热温差后，冷却塔供冷的设计冷水温度，可基本等同于夏季的空调冷水设计温度。为了防止运行过程中出现结冻情况，应采取措施，控制最低供水温度。

3 直接采用冷却水泵作为冷却塔供冷的冷水泵，可以减少设备的投资。但如果冬季需要的冷水流量与冷却水泵或夏季空调冷水泵的参数差距较大时，宜另行设置冷却塔冬季冷水泵和空调水泵。

4 冬季低于0℃时，为防止塔内水结冰，冷却塔应设置防冻措施。当冷却塔停止使用时，水管内的水温度为6～7℃。经计算，当室外温度低于0℃的连续时间超过2h，以及室内空调负荷较小而冷却塔供冷能力较大、排热量不足以使水温在运行过程中实时保持0℃以上时，也可能导致室外管道的结冰。防冻措施一般可采用电热方式：冷却塔底盘内应设电加热管并与水位连锁，室外管道采用伴热电缆。

5.1.18 当区域供冷供热系统与除集中供应的绿色电能外的可再生能源联合工作时，可再生能源宜设置于区域供能系统的末端用户。

【说明】

集中供应的绿色电能也是高品质能源，可直接作为区域冷热源站的驱动能源使用。

其他可再生能源（例如空气能、地源热泵、太阳能光热和分散设置的太阳能光伏发电等），大都存在稳定性较差、能源品质相对较低的情况，这决定了它们集中利用时的冷热水温差不宜过大，否则其能源利用率会大大降低。因此，利用这些可再生能源产生冷热水时，其输送距离不应过大，最好是针对每个建筑设置，与区域冷热源构成联合运行的复合式冷热源系统。

5.1.19 **冷热管网的自动调节装置，除满足《措施》第10章的要求外，还应符合以下设计原则：**

1 **直供系统的建筑热力入口处，宜设置初调试水力平衡装置；**

2 **在用户侧设置增压泵或混水泵时，应采用调速水泵；**

3 **蒸汽用户应根据用热设备需要设置减压、减温装置并进行自动控制；**

4 **管网关键点、热力站、建筑热力入口处的温度、压力、流量、热量信号宜传至集中控制室。**

【说明】

本条的各条款均是为了满足外网变流量系统的需要和运行管理的要求。

5.2 冷水机组应用

5.2.1 **应按照实际使用工况和条件来选择冷水机组，并结合建筑的冷负荷特点，综合考虑对*COP*值、*IPLV*值（综合部分负荷性能系数）和*NPLV*值（非标准部分负荷性能系数）的要求。**

【说明】

国家标准规定的常规冷水机组名义工况时的冷水进/出口温度为12℃/7℃（高温冷水机组为21℃/16℃），冷却水进/出水温度为30℃/35℃。同时机组名义工况时的蒸发器水侧污垢系数为0.018m^2·℃/kW，冷凝器水侧污垢系数为0.044m^2·℃/kW。

在实际工程设计时，冷水和冷却水的温度有可能与“国标”工况不一致（例如一些空调系统采用12℃/6℃等），或者设计时预计在使用过程中冷水与冷却水无法较好保证和满足水质要求时，都应进行修正，修正方式可以参见相应的产品资料。

由于设计时尚无法确定未来所使用的产品品牌，也可能导致修正无法进行。设计人可在设备表中明确提出本项目冷水机组工况和条件，作为未来设备投标的技术要求。

5.2.2 **电制冷冷水机组类型的选择，应结合工程具体情况，综合考虑。**

【说明】

各种类型的冷水机组具有不同的特点，因此需要结合建筑的空调特性和要求，进行综合比较后确定。综合比较时考虑的主要因素包括：建筑负荷特点、总制冷容量要求、变负荷运行的需求、单机容量范围、运行管理要求以及经济性等。

各类常用的冷水机组的主要特点见表5.2.2。

各种类型电制冷冷水机组的特点比较 **表5.2.2**

类型	适用范围	主要特点
涡旋式	单机制冷量 Q<100kW	涡旋式压缩机的零件数量较少，运行可靠，使用寿命较长； 压缩机为回转容积式设计，余隙容积小，摩擦损失小，运行效率高； 振动小，噪声低，抗液击能力高
螺杆式	单机制冷量 Q=580～1700kW	*COP* 值和单机容量都高于涡旋机，容积效率高； 结构简单，易损件少，运行可靠，调节方便，通过滑阀可实现制冷量在10%～100%范围内无级调节 对湿冲程不敏感，无液击危险
离心式	单机制冷量 Q>580kW	*COP* 值和单机容量一般都高于前两种，运行较为平稳，振动较小，噪声较低； 单位制冷量所占用机房面积少； 通过导叶控制，可实现制冷量在15%～100%范围内无级调节
磁悬浮离心式	单机容量 Q=875～3500kW	部分负荷和低冷却水温度下的制冷性能系数高； 无需润滑系统，可靠性高，后续维修保养费用低； 调节方便，在15%～100%范围内能实现无级调节； 运行噪声低，振动小

注：当采用变频调速时，本表所列机组的性能可进一步提升。

5.2.3 **选择双工况冷水机组时，应符合以下原则：**

1 结合制冷工况与蓄冰工况的运行负荷与运行时间，综合确定制冷工况与蓄冰工况的性能系数要求；全负荷蓄冷系统应采用蓄冷工况条件下 *COP* 较高的主机；

2 单机容量在螺杆机产品的容量范围内（见表5.2.3）时，宜选用螺杆式机组；单机容量较大时，宜采用离心式机组；

3 选用冷机组时，蓄冷工况蒸发温度应满足蓄冷装置的蓄冷要求（见表5.2.3）。

双工况制冷机的特性 **表5.2.3**

机组形式	最低供冷温度	性能系数(*COP*)		典型选用容量范围(空调供冷工况)	
	℃	空调供冷工况	蓄冰制冷工况	(kW)	(RT)
螺杆式	−12～−7	4.1～5.4	2.9～3.9	180～1900	50～550
离心式	−6	5～5.9	3.5～4.5	700～7000	200～2000

注：1. 空调工况冷却水的进/出水温度为32℃/37℃，载冷剂供/回液温度为7℃/12℃；蓄冷工况冷却水进/出水温度为30℃/33℃，载冷剂供液温度为−5.5℃。
2. 表中列出的机组 *COP* 是参考范围值，实际选用机组时，应根据工程的使用条件，以产品生产厂提供具体机组电脑选型计算书为准。
3. 双工况机组的 C_f 值(制冰工况与空调工况制冷量的比值)一般为0.6～0.75，数值高的机组性能较好。
4. 选用离心式冷水机组时应注意对冷却水温度的要求。

【说明】

1 以乙烯乙二醇溶液为载冷剂的水冷式机组 *COP*、*IPLV* 比常规水冷式冷水机组低，双工况主机在蓄冷工况时的 *COP* 也低于其空调工况。全负荷蓄冷系统，机组只是在蓄冷工况下运行，因此应采用蓄冷工况条件下 *COP* 较高的主机。对于办公等蓄冷时段制冷负荷较大的建筑，尽管多采用部分负荷蓄冷方案，但考虑到全年大部分时间的蓄冷工况下的运行时间较长，也宜优先采用蓄冷工况条件下 *COP* 较高的主机，可使得整个系统的效率提高。

2 小冷量时，螺杆式机组蓄冷工况下效率相对较高，宜优先选用。单机冷量较大时，螺杆机的整体 *COP* 优势不如离心式机组。从目前的产品情况看，单级离心式机组的性能不太容易满足蓄冰系统的相关参数要求，因此都采用多级压缩式离心机组。

3 蓄冷一放冷周期内所需载冷剂的最低供液温度，见表 5.2.3。

5.2.4 **需要同时供冷和供热的建筑，经过技术经济分析合理时，可选用热回收型冷水机组。有生活热水需求的建筑，可选用热回收功能的冷水机组，作为生活热水的热源或预热热源。设计还应符合以下原则：**

1 根据所需求的热水温度，确定热回收形式；当采用热回收经济合理的热水温度不能满足要求时，生活热水还应设置辅助热源；

2 宜采用热水回水温度控制方式控制热回收量；

3 在热回收冷水机组和常规冷水机组混用的系统中，当建筑内有供热需求时，应优先运行热回收冷水机组；

4 热回收冷水机组并联系统，适用于热回收冷水机组与系统中其他冷水机组冷量相差不超过 50%的项目；热回收冷水机组串联系统，适用于热负荷波动较大或热回收冷水机组的制冷量和常规冷水机组的冷量差距大的项目。

【说明】

1 部分热回收型冷水机组的热水温度（通常可高于 45℃），高于全热回收型冷水机组。由于热回收型冷水机组的主要任务是制冷，通过热回收供热仅是其制冷过程中的副产品，热水温度过高将影响冷水机组制冷效率，甚至造成冷水机组运行不稳定。因此，热回收系统不能完全按照生活热水需求的温度来确定。当不满足生活热水需求时，只能作为生活热水的预热使用。

2 热水回水温度控制方案可以提高冷水机组的运行稳定性，在部分负荷时 *COP* 相对较高。

3 当建筑有供热需求时，优先运行热回收机组，可以减少建筑外部的供热量。

4 热回收冷水机组系统形式包括并联系统和串联系统，分别如图 5.2.4-1 和图 5.2.4-2 所示。

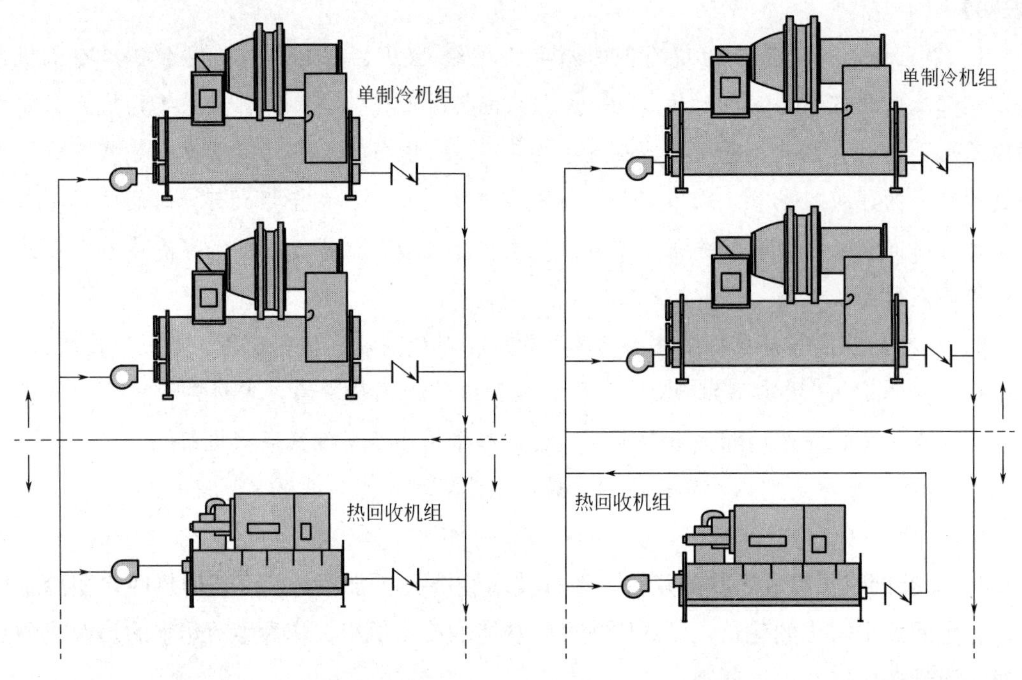

图 5.2.4-1　热回收冷水机组并联系统　　　图 5.2.4-2　热回收冷水机组串联系统

5.2.5　全年逐时空调负荷变化较大或全年冷却水温度变化较大的建筑，宜采用变频冷水机组。

【说明】

在全年冷负荷变化较大时，变频冷水机组运用变频调速自控系统，使机组在各种工况或负荷下都处于相对高效的状态，全年平均性能系数得以提高，节能效果显著。同时，机组软启动可减小对电网、电气设备及机械的冲击。离心式冷水机组通过入口导叶调节机构与变频调速的联合作用，使机组冷量调节范围更宽。

因磁悬浮变频离心机组可以无油运行，提高了机组的可靠性和部分负荷效率。同时，需要时也可提供较高的冷水供水温度（用于信息中心空调系统，以及作为温湿度独立控制空调系统显热控制的冷源等），具有较好的节能效果；运行噪声也远低于常规的冷水机组。有条件时可优先采用。

5.2.6　电制冷冷水机组的单台电机装机功率大于 1200kW 时，应采用 10kV 高电压供电的冷水机组；大于 900kW 时，宜选用 10kV 高电压供电的冷水机组。

【说明】

电制冷冷水机组的供电方式及启动方式宜参照现行国家标准《民用建筑电气设计标准》GB 51348 和地方规定执行。除变频供电的电动机外，单台大于 650kW 的电动机（含电制冷机组），也可采用 10kV 电源供电。

5.2.7 选用溴化锂吸收式冷（温）水机组时，应遵循以下原则：

1 在有压力不低于0.1MPa废蒸汽、温度不低于80℃的废热水或温度不低于250℃的烟气等适宜的热源时，方可选用；除特殊要求外，不应采用化石燃料的燃烧热直接作为吸收式制冷的驱动能源；

2 作为冷源设备时，冷水出水温度不应低于5℃，并宜同时作为冬季供热的热源装置使用；

3 确定装机容量时，供冷（热）量宜附加10%～15%。

【说明】

1 溴化锂吸收式机组的*COP*远低于电制冷机组，因此其应用时不应直接利用化石燃料产生的热能来作为吸收机的驱动能源（例如直燃机或者通过锅炉房专门为此生产蒸汽来驱动）。但当有余热或废热时，用余热或废热作为驱动能源，可以减少常规能源的消耗量。见第5.1.1条第3款说明。

2 为了防止过低的蒸发温度和冷却水温度产生的溴化锂溶液结晶现象，对冷水温度和冷却水温度的低限值，应考虑相应的控制措施。同时作为热源设备时，一机多用，有利于降低投资。

3 由于实际运行过程中存在真空度降低的情况，因此设备安装容量宜适当加大。

5.2.8 采用风冷冷水机组的相关要求，见本章第5.5节。

【说明】

这部分与风冷热泵的相关内容合并要求。

5.2.9 选择制冷剂时，除了应考虑保护臭氧层外，还必须考虑其对全球气候变暖的影响。选用大气寿命短、ODP与GWP值均小、热力学性能优良（*COP*高），并在一定条件下能确保安全使用的制冷剂。

【说明】

常用制冷剂的环境评价指标见表5.2.9。

常用制冷剂的环境评价指标　　表5.2.9

制冷剂名称	ODP	GWP	备注
HCFC-123	0.020	77	至2030年停产
HFO-514a(R-1336mzzZ/C2H2CL2)	0	2	至2030年停产
HFC-134a	0	1430	—
HCFC-22	0.05	1810	至2030年停产
HFC-125	0	3500	—

续表

制冷剂名称	ODP	GWP	备注
HFC-32	0	675	—
R-407C(R32/R125/R134a)	0	1800	—
R-410A(R32/R125)	0	2100	—
R-1233zd	0	1	—
R-513a(R-134a/R-1234yf)	0	631	—
R-245fa	0	790	—
R-1234ze	0	6	—
R-1234yf	0	4	—

5.2.10 采用氨作为制冷剂时，应采用安全性、密封性能良好的整体式氨冷水机组。

【说明】

氨属于有毒物质，有强烈的刺激性气味，为易燃易爆品。

5.3 热交换系统

5.3.1 热交换系统一次侧设计，应符合下列要求：

1 一次热媒在进入换热站的总管上应设置切断阀、过滤器、温度计、压力表等附件，并设置一次热媒的热量计量装置；

2 每台热交换器的一次热媒出入口管道上应设置切断阀，换热器出口管道上应设置流量由二次水出水温度控制的自动调节阀。

【说明】

1 这是为保证一次热媒运维的基本设置要求。

2 根据二次侧出水温度，控制一次侧热媒流量调节阀，自动调节一次侧热媒流量。一般情况下，调节阀宜采用电动驱动式（电动调节阀）。当换热器的热惰性较大（例如采用壳管式或半即热式换热器）时，也可采用自力式恒温阀。

5.3.2 当一次侧热媒为来自建筑外的热水管网时，设计时应考虑以下因素：

1 一次侧热水的设计回水温度，应符合外网对最高回水温度的限值要求；

2 入口处资用压头小于热交换站内一次侧系统阻力时，可根据外网水力工况分析的结果，在一次侧设置增压泵。

【说明】

1 尤其是市政热网，一般对回水温度有限值要求。

2 设置增压泵时，应征得建筑外热网运营部门的同意，以不影响其他用户的水力工况为原则。增压泵的流量应与系统的设计流量一致；增压泵的扬程应通过详细的水力计算后确定。选泵时不宜再附加安全系数。

5.3.3 当一次侧热媒为蒸汽时，应满足以下要求：

1 蒸汽压力高于热交换站设备的承压能力时，应设置蒸汽减压阀和安全阀，安全阀泄压管出口应引至安全放散点；

2 汽水换热器一次热媒出口，宜串联设置水-水换热器，并将其作为二次热水的预热器；水-水换热器宜将凝结水温降至80℃以下；

3 应设置凝结水回收系统，汽-水换热器出口管上宜装设疏水器，凝结水的出水温度和回水压力应符合热源运营部门的规定。

【说明】

蒸汽和凝结水系统的做法和要求，还可参见《措施》第6章的相关规定。

1 从设备和系统的使用安全考虑，其中安全阀应设置在蒸汽减压阀之后。

2 在一次侧串联设置水-水换热器，既可将凝结水的热量进一步利用，又可降低凝结水的温度以便于回收再利用。

3 凝结水进行回收，可减少优质的水质浪费和热量的浪费。一般来说有以下回收利用方法：

(1) 利用疏水器背压回水或通过设置闭式凝结水箱及凝结水泵，将凝结水输送至外网凝结水系统中。闭式凝结水罐应按压力容器的要求设计和制造，并配备安全阀和水位计。

(2) 水-水换热器宜将凝结水温降至80℃后可直接排入开式凝结水箱（开式凝结水箱的容量可按20～40min储水量考虑），并通过凝结水泵将凝结水输送至外网凝结水系统中；当蒸汽供应运营部门明确要求不回收凝结水时，该凝结水可作为二次热水系统的补水使用。

(3) 凝结水泵应设有备用泵。闭式凝结水罐和凝结水泵的承压能力和适用温度，应符合系统使用条件。

5.3.4 二次水侧的设计，应符合下列要求：

1 二次水的参数（温度、压力）应符合用户设备的运行要求；

2 当一个热交换站需要供应多种不同参数的热水时，宜分别设置独立的热交换系统；

3 二次水系统有多个环路时，宜设置分水器和集水器。分水器和集水器每个环路的进出口水管上，可根据需要设置手动调节阀或水力平衡装置，并应设置泄水装置及温度计、压力表等附件；

4 二次水循环水泵应采用调速水泵（或变速控制）。其进口侧（或回水总管）应设置

过滤器，过滤器前后应设置压力表、切断阀。

【说明】

1　二次水直接为用户侧服务，其供回水温度和承压需满足用户设备的运行要求。

2　如果仅有个别热量需求非常小的区域且所要求的供水温度较低（例如，局部采用地板辐射供暖的空调建筑，地板辐射供暖的供热量需求远小于空调供暖热量的需求，且前者需求的供水温度低于后者），通过经济技术分析比较后认为较为合理时，该区域的供暖环路也可与楼内二次热媒的主系统合并，并通过采用混水方式来供应供暖热水。但需要特别注意以下两点：

（1）各系统的设备和管道承压，均应按照工作压力最大的系统来要求；

（2）供水温度较低的热水系统，其回水温度不宜低于主系统的设计回水温度。

3　水系统有三个以上环路时，设置分集水器有利于回路之间的水力平衡和初调试。

4　二次侧循环水泵采用变速控制，有利于运行节能，是目前推广和应用较好的方式。水泵进口侧设置过滤器，防止杂质进入泵体，保护泵体正常运转及延长使用寿命。过滤器前后设置压力表以监测过滤器是否堵塞，根据压差值定期清理过滤器，过滤器前后设置切断阀便于拆卸过滤器进行清理更换。

5.3.5　热水和补给水的水质，以及水处理设施的选定，应根据有关规范、用热设备及用户的使用要求确定，一般按下述原则考虑：

1　为供暖、空调用户供热的系统，其补给水一般应进行软化处理，宜选用离子交换软化水设备。对于原水水质较好、供热系统较小、用热设备对水质要求不高的系统，也可采用加药处理或电磁水处理等措施。

2　当用热设备或用户对循环水的含氧量有规定时，热交换站的补给水系统应设置除氧设施，可采用解析除氧或还原除氧、真空除氧等方式。

【说明】

热水水质标准可参照表 5.3.5。

热水水质要求　　**表 5.3.5**

对水质的要求	补给水	循环水
悬浮物(mg/L)	≤5	≤10
总硬度(mmol/L)	≤6	≤0.6
pH(25℃)	≥7	10～12
溶解氧(mg/L)	—	≤0.1
含油量(mg/L)	≤2	≤1

5.3.6 **热交换器选型，应符合以下规定：**

1 **换热器的设计参数和适用介质，应满足用户对热交换站的要求；**

2 **热交换器的单台出力和配置台数组合，应能满足冷热负荷及其调节的要求；冬季供暖和空调供热用热交换器，还应符合第** 5.1.11 **条的规定；**

3 **蒸汽-水换热系统，宜选用管壳式换热器；当机房条件受限时，也可采用板式换热器；**

4 **水-水换热系统应采用板式换热器；当一、二次水的供回水温差比（$\Delta t_1/\Delta t_2$）≥3时，可采用不等截面的板式换热器。**

【说明】

1 满足用户要求是基本原则。

2 在满足用户热负荷调节要求的前提下，同一个供热系统中的换热器台数不宜多于5台，并符合第5.1.11条的规定。

3 对于蒸汽-水换热而言，采用管壳式换热器的汽-水换热效果比较好。但管壳式换热器尺寸较大，给换热机房的布置带来困难时，也可采用板式换热器。

4 板式换热器的换热面积较大，同等换热量条件下尺寸小、重量轻，适合于水-水换热系统。不等截面板式换热器，其一、二次侧的水流通道面积不同（截面积比通常为1/2）。当温差比值较大时，采用不等截面板式换热器可提高大温差侧的流速，防止大温差侧的换热系数过低。相当于在同样换热量的情况下减少换热器面积，有一定的经济性。

5.3.7 **采用整体式换热机组时，应符合以下要求：**

1 **应采用将热交换器、二次水循环系统、补水系统、水温控制系统等按需要组合，且在工厂完成设备组装、调试、检验的机电一体化整件产品；**

2 **供热时，换热机组内的换热器总台数和总容量，应符合第** 5.1.9 **条的规定。当一个机组中有多个换热器时，其二次水循环泵宜与换热器一一对应设置。**

【说明】

1 整体式换热机组结构紧凑、占地空间小。根据用户需要设置，集成设置在机架上在工厂组合完成。选用时需要考虑换热机组在建筑内的运输通道。

2 一一对应设置，与第5.7.3条的原则相对应。

5.4 蓄能系统

5.4.1 **以电力制冷的空调冷源系统，当符合下列条件之一，且经技术经济分析合理时，宜采用蓄冷系统：**

1 执行分时电价或有绿电供应，以及有其他鼓励低谷用电政策时；

2 电力低谷时段不使用中央空调的建筑；

3 设计日空调峰谷冷负荷相差悬殊且在电力低谷时段负荷较小时；

4 电力装机容量不足或电力供应受到限制时；

5 采用低温送风或需要供应较低温度冷水时；

6 要求部分时段有备用冷量或有应急冷源需求时。

【说明】

随着我国经济快速发展，电力负荷屡创新高，电力系统峰谷差持续拉大，调峰压力进一步增加。空调蓄冷技术是电力负荷调峰的手段之一，具有综合的节能和经济效益。

1 在未来“双碳”转型期，随着建筑电气化推进，尽管电能应用领域的限制可能会逐渐“放宽”，但电力系统的峰谷差依然会在长时间存在，减少这一峰谷差，实际上可以减少全社会的发电安装容量。因此，如果执行分时电价，或者有绿电或其他鼓励用电的措施时，采用蓄冷仍不失为一种好的方式。

2 低谷时段不使用中央空调的建筑，为蓄冷系统的应用创造了好的条件。

3 由于白天的空调负荷远远大于夜间，因此当建筑所在地的电力供应受到限制时，通过夜间蓄冷，白天用蓄冷系统（或联合冷水机组）供冷的模式，可以达到满足白天空调负荷的要求。

4 冰蓄冷系统可以提供较低的冷水温度，适合于低温送风空调系统应用。

5 蓄冷系统也可以作为备用冷量或应急冷源使用。

5.4.2 蓄冷系统设计时，应对典型设计日 24h 的逐时空调负荷进行计算，并根据设计日蓄冷—释冷负荷平衡要求进行系统中的设备配置。建筑内的空调系统间歇使用时，蓄冷系统应考虑间歇运行的附加冷负荷。

【说明】

1 逐时负荷计算是蓄冷系统设计的重要依据。在确定系统及设备配置时，从经济性出发，应保证在设计日的蓄冷时段能够完成全部预定的冷量蓄存；在放冷时段，应力求在设计日能够将蓄冷冷量全部释放。对于冰蓄冷系统，当由于设备规格等原因无法全部释冷时，蓄冷装置的“残冰率”应小于或等于5%。

2 由于空调系统的间歇运行，夜间的部分得热通过建筑的蓄热后转移到了白天，因此在进行蓄冷—释冷负荷平衡计算时，应考虑间歇运行所转移的逐时冷负荷的影响。对于典型的办公建筑，间歇运行附加冷负荷见表 5.4.2。

表 5.4.2 的使用方法：按照设计预定的开机时间，逐时将对应的楼板、内隔墙和家具的附加冷负荷，增加至房间该时刻计算的总冷负荷上。

办公建筑空调系统间歇运行时的蓄冷空调系统附加冷负荷［W/（m^2·K）］ 表 5.4.2

建筑构件	开空调后的小时数							
	1h	2h	3h	4h	5h	6h	7h	8h
楼板	13.61	10.31	8.13	6.43	5.09	4.05	3.23	2.59
内墙（a=0.2）	1.17	0.71	0.50	0.35	0.25	0.18	0.13	0.10
内墙（a=0.4）	2.33	1.43	0.99	0.70	0.50	0.36	0.26	0.20
内墙（a=0.6）	3.50	2.14	1.49	1.05	0.75	0.54	0.40	0.29
内墙（a=0.8）	4.67	2.85	1.99	1.40	1.00	0.72	0.53	0.39
家具（b=0.2）	1.72	0.49	0.16	0.05	0.02	0.01	0.00	0.00
家具（b=0.4）	3.44	0.98	0.32	0.11	0.04	0.01	0.00	0.00
家具（b=0.6）	5.16	1.47	0.48	0.16	0.06	0.02	0.01	0.00
家具（b=0.8）	6.88	1.96	0.64	0.22	0.08	0.03	0.01	0.00

注：1. 此表适用于轻型外墙，楼板和内墙厚度在 10～15cm 的情况。
2. 表中：a——内墙面积与楼板面积的比值，b——家具面积与楼板面积的比值。a、b 值根据建筑实际情况估算。

5.4.3 蓄冷模式应根据冷负荷特点、峰谷电价情况、冷源设备安装空间等因素，通过经济计算比较后确定。除下列情况外，宜按部分负荷蓄冷方式设计：

1 当以减少峰值用电负荷为主要目标时；

2 当峰谷电价差较大、以降低运行费用为主要目标，且经技术经济分析可行时。

【说明】

部分负荷蓄冷是以投资与运行费用的平衡和充分发挥设备的能力为出发点来考虑的，在电网高峰（和部分平峰）时段，蓄冷系统和制冷机组分别承担供冷负荷。部分负荷蓄冷的建设费用比常规空调系统高，但运行费用比常规空调系统低，故应用较广泛。

全负荷蓄冷，白天完全通过蓄冷装置供冷，不运行制冷机组，因此峰值用电负荷最少。不同蓄冷系统的运行费用与峰谷电价的差值密切相关。峰谷电价差达到一定程度时，全负荷蓄冷的全年运行费用可以做到最低。但全负荷蓄冷系统的建设费用较高，占地面积较大。

5.4.4 蓄冷系统所采用的蓄冷形式应根据建筑物类型及设计日冷负荷曲线、空调系统规模及蓄冷装置特性等因素确定。

1 建筑空调水系统的总静压较低或有足够的空间设置蓄冷水池或水罐时，宜采用水蓄冷系统；

2 机房面积相对紧张的建筑、区域供冷系统等，当采用水蓄冷系统对实现要求的冷水供水温度或希望达到的供回水设计温差较困难时，宜采用冰蓄冷系统。

【说明】

1 利用水的温度变化储存显热量。一般蓄冷温度为 4～6℃，蓄冷温差可取 5～10℃，单位蓄冷能力在5.9～11.2kWh/m³，制冷机蓄冷时效率衰减小。与冰蓄冷相比，水蓄冷设备体积大，对于大型建筑而言，建设闭式承压式蓄水罐的费用较高，通常以采用开式蓄冷水水池（水箱或开式蓄水罐）作为主要的蓄冷装置，且大多设置于建筑的底层。因此，对于高度较高的建筑，为防止水泵的扬程过大不经济且不运行时系统进空气，如果采用开式水蓄冷装置，不应采取直接供冷方式。经技术经济分析合理时，可采用间接换热的方式，或“直接+间接”的供冷方式。

2 利用冰的相变潜热储存冷量，单位蓄冷能力为40～80kWh/m³。蓄冷设备体积小，可提供较低的空调供水温度。但制冷机蓄冷时效率衰减大，适宜规模大及区域供冷的工程。

3 采用共晶盐蓄冷也是一种方式。共晶盐为无机盐与水的混合物，单位蓄冷能力约为20.8kWh/m³，制冷机可按空调运行工况运行，效率高，运行费用低。但系统的初投资相对较高。

5.4.5 水蓄冷系统设计时，可不设基载机组；冰蓄冷系统在蓄冷时段需要同时供冷的建筑，且符合下列情况之一时，宜配置基载机组；当不设置基载机组时，应设置防止二次水冻结的措施。

1 基载冷负荷超过制冷主机单台空调工况制冷量的20%时；

2 基载冷负荷超过350kW时；

3 基载负荷下的空调总冷量（kWh）超过设计蓄冰冷量（kWh）的10%时。

【说明】

因为水蓄冷系统冷水机组不用双工况运行，当存在基载负荷时，冷水机组可以采用“边蓄边供”的方式，因此不用设置基载机组。冰蓄冷系统采用的是双工况机组，当基载冷负荷较大时，如果直接用蓄冰工况来实现“边蓄边供”的方式，其运行能耗相对偏高。因此，当基载负荷较大或其占空调总负荷或总冷量的比例较大时，宜单独设置基载机组在空调工况下运行，以满足基载冷负荷的需求。

当不设置基载机组时，可利用在蓄冰工况运行的机组同时供应基载负荷，这时低温载冷剂直接进入板式热交换器，得到二次冷水向夜间空调末端系统供冷。为了防止二次侧冷水发生冻结，应通过混水方式，使得低温载冷剂进入板式换热器时的温度不低于2℃。

5.4.6 蓄冷系统典型设计日的空调总冷量，应按照式（5.5.6-1）计算：

$$Q=\sum_{i=1}^{24}q_i \tag{5.4.6-1}$$

式中 Q——典型设计日空调总冷量，kWh；

q_i——典型设计日逐时冷负荷，kW，计算方法见第5.4.2条。

【说明】

式（5.4.6-1）适用于施工图设计阶段，将典型设计日各时刻的逐时冷负荷求和即可。

在施工图设计初期，为了构建蓄冷系统和得到其大致的参数，可采用系数法或平均法，根据建筑设计冷负荷估算设计日逐时冷负荷。施工图完成前，应按照式（5.4.6-1）校核。

1　系数法：利用常规制冷估算冷负荷方法计算典型设计日设计冷负荷，乘以不同功能建筑逐时冷负荷系数求得各时刻的逐时冷负荷。

$$q_i = k \cdot q_{max} \tag{5.4.6-2}$$

式中　k——逐时冷负荷系数，见表 5.4.6；

q_{max}——建筑设计冷负荷，kW。

各类建筑的逐时冷负荷系数 k（估算值）　　**表 5.4.6**

时间	写字楼	宾馆	商场	餐厅	咖啡厅	歌厅	保龄球馆
1:00	0	0.16	0	0	0	0	0
2:00	0	0.16	0	0	0	0	0
3:00	0	0.25	0	0	0	0	0
4:00	0	0.25	0	0	0	0	0
5:00	0	0.25	0	0	0	0	0
6:00	0	0.50	0	0	0	0	0
7:00	0.31	0.50	0	0	0	0	0
8:00	0.43	0.67	0.40	0.34	0.32	0	0
9:00	0.70	0.67	0.50	0.40	0.37	0	0
10:00	0.89	0.75	0.76	0.54	0.48	0	0.30
11:00	0.91	0.84	0.80	0.72	0.70	0.35	0.38
12:00	0.86	0.90	0.88	0.91	0.86	0.40	0.48
13:00	0.86	1.00	0.94	1.00	0.97	0.40	0.62
14:00	0.89	1.00	0.96	0.98	1.00	0.40	0.76
15:00	1.00	0.92	1.00	0.86	1.00	0.41	0.80
16:00	1.00	0.84	0.96	0.72	0.96	0.47	0.84
17:00	0.90	0.84	0.85	0.62	0.87	0.60	0.84
18:00	0.57	0.74	0.80	0.75	0.81	0.76	0.86
19:00	0.31	0.74	0.64	0.70	0.75	0.89	0.93
20:00	0.22	0.50	0.50	0.63	0.65	1.00	1.00
21:00	0.18	0.50	0.40	0.61	0.48	0.92	0.98
22:00	0.18	0.33	0	0.50	0	0.87	0.85
23:00	0	0.16	0	0	0	0.78	0.48
24:00	0	0.16	0	0	0	0.71	0.30

2 平均法：设计日总冷量应按下式计算：

$$Q=\sum_{i=1}^{n}q_i=n\cdot m\cdot q_{\max}=n\cdot q_{\mathrm{p}} \tag{5.4.6-3}$$

式中 q_i——设计日逐时冷负荷，kW；

$q_{\max}$——设计冷负荷，kW；

q_{p}——日平均冷负荷，kW；

n——设计日空调运行小时数，h；

m——平均负荷系数，设计日平均冷负荷与峰值冷负荷的比值，一般可取0.75～0.85。

5.4.7 全负荷冰蓄冷系统的蓄冰装置容量和制冷机组容量，应根据空调运行时数和蓄冰运行小时数，分别按照下列规定计算。

1 蓄冰装置容量可按式（5.4.6-3）计算。

2 制冷机组容量按下式计算：

$$q_{\mathrm{c}}=\frac{Q_{\mathrm{s}}}{n_2\cdot C_{\mathrm{f}}} \tag{5.4.7}$$

式中 q_{c}——空调工况制冷机制冷量，kW；

C_{f}——制冰工况下制冷量变化率，即制冷机制冰工况与空调工况制冷量的比值，风冷机组取0.65，螺杆式水冷冷水机取0.65～0.7，离心式冷水机组取0.62～0.65，三级离心式冷水机组约为0.7～0.8；

n_2——制冷机制冰工况下的日运行小时数，h，一般取所在城市低谷电价时数。

【说明】

不同品牌双工况冷水机组制冰工况制冷量变化率 C_{f} 有所不同，宜结合产品性能曲线或通过详细计算确定。

5.4.8 部分负荷冰蓄冷系统的制冷机组容量和蓄冰装置容量，应根据蓄冷总负荷、制冷和蓄冰联合供冷时数和制冷机组制冰时数，分别按照式（5.4.8-1）和式（5.4.8-2）计算。

1 制冷机容量：

$$q_{\mathrm{c}}=\frac{Q_{\mathrm{s}}}{C_1\cdot n_1+C_1\cdot n_2} \tag{5.4.8-1}$$

式中 n_1——白天双工况主机制冷运行小时数，h；

C_1——有换热设备时双工况主机制冷工况系数，一般取0.8～0.95；

其余符号同前。

2 蓄冰装置容量：

$$Q_{\mathrm{s}}=k_1\cdot n_2\cdot c_{\mathrm{f}}\cdot q_{\mathrm{c}} \tag{5.4.8-2}$$

式中 k_1——考虑蓄冷装置无效容量和冷损失后的实际附加系数，一般可取 1.05～1.10；

其余符号同前。

【说明】

蓄冷装置无法做到 100%蓄冷及放冷，保温后也有一定的冷损失存在，因此需要一定的附加系数。

5.4.9 **蓄冰装置可按以下原则选用：**

1 **建筑供冷曲线比较稳定时，宜采用盘管式蓄冰装置；**

2 **当建筑需要急速取冷时，宜采用封装式蓄冰装置；**

3 **当需要采用 0～1.5℃低温冰水混合物供冷时，宜采用动态蓄冰装置。**

【说明】

目前市场上有多种蓄冰装置。

1 盘管式蓄冰装置

(1) 蛇形盘管：钢制（碳钢、不锈钢），连续卷焊或无缝钢管焊接而成的立置蛇形盘管，碳钢外表面须热镀锌，管外径 26.67mm，冰层厚度为 25～30mm。可内融冰也可外融冰；取冷均匀，温度稳定。

(2) 椭圆截面蛇形盘管：钢制（碳钢、不锈钢），连续卷焊而成的立置椭圆截面蛇形盘管，碳钢外表面须热镀锌，冰层厚度为 25～30mm。可内融冰也可外融冰；取冷均匀，温度稳定。

(3) 纳米导热盘管：由添加纳米导热和强度助剂的塑料管通过热熔焊接而成，管外径 20mm，壁厚 2mm，结冰厚度为 19～21mm。耐腐蚀、重量轻，结冰均匀，释冷温度稳定，可用于内融冰系统，也可用于外融冰系统。

(4) 圆形盘管：盘管为聚乙烯管，外径分别为 16mm 和 19mm，冰层厚度为 12.7mm。为内融冰方式，并做成整体式蓄冰筒。

(5) U 形盘管：盘管由耐高温的石蜡脂喷射成型，每片盘管由 200 根外径为 6.35mm 的中空管组成。管两端与直径 50mm 的集管相联。冰层厚度为 10mm，管径很细，载冷剂系统应加强过滤措施。

2 封装式蓄冰装置

将蓄冷介质封装在球形或板形小容器内，并将许多蓄冷小容器密集地放置在密封罐或开式槽体内。载冷剂在小容器外流动，将其中蓄冷介质冻结或融化。运行可靠，单位取冷率高，流动阻力小，载冷剂充注量大。

(1) 冰球：硬质塑料制成空心球，壁厚 1.5mm，直径 98mm。封装球内充水(91%)，水在其中冻结蓄冷。单位蓄冷量 56kWh/m^3，闭式系统膨胀量 3%。

(2) 凹面冰球：硬质塑料制成空心球，球体外径 103mm，在表面压制 16 个凹坑，凹坑直径 25mm。封装球内充水率高，水在其中冻结蓄冷，凹坑可变形，减少内压、增加换热。单位蓄冷量 52～58kWh/m^3。

（3）冰板：由高密度聚乙烯制成 815×304（或 90）×44.5（mm）中空冰板，板中充注去离子水。冰板有次序地放置在卧式圆形密封罐内，制冷剂在板外流动换热。

3　动态蓄冰装置

（1）冰晶式：将低浓度载冷剂冷却至 0℃以下，产生细小（直径 100μm）、均匀的冰晶，与载冷剂形成泥浆状的物质，储存在蓄冷槽内。融冰速率高，供冷温度低（0～1℃），单位蓄冷量 41.6～66.6kWh/m^3。制冷与供冷可同时进行。

（2）冰片滑落式：在制冷机的板式蒸发器上淋水，其表面不断冻结薄冰片，然后滑落至蓄冰槽内储存冷量。融冰速率高，供冷温度低（1～1.5℃），单位蓄冷量 37.0～41.6kWh/m^3。制冷与供冷可同时进行。

5.4.10　冰蓄冷系统中的双工况制冷机组，应能满足空调供冷工况和蓄冰工况的制冷量要求。机组台数不宜少于 2 台，不应设置备用机组。

1　除动态制冰机组外，双工况制冷机组性能系数（*COP*）和蓄冰工况制冷量变化率（C_f）应符合表 5.4.10-1；

2　双工况冷水机组空调供冷工况与蓄冰工况参数应符合表 5.4.10-2。

双工况制冷机组性能系数（*COP*）和蓄冰工况制冷量变化率（C_f）　表 5.4.10-1

冷机类型		名义制冷量 CC(kW)	性能系数(COP)		蓄冰制冷工况制冷量变化率 C_f
			空调供冷工况	蓄冰工况	
水冷	螺杆	CC≤528	4.3	3.3	65%
		528<CC ≤1163	4.4	3.5	
		1163<CC≤2110	4.5	3.5	
	离心	CC>2110	4.6	3.6	
		1163<CC≤2110	4.5	3.8	60%
		CC>2110	4.6	3.8	
风冷或蒸发冷却	活塞或涡旋式	50<CC≤528	2.7	2.6	70%
	螺杆式	CC>528	2.7	2.5	65%

双工况冷水机组空调供冷工况和蓄冰工况参数　表 5.4.10-2

冷机类型	标准侧	空调供冷工况	蓄冰工况
水冷机组	蒸发器侧	蒸发器侧供/回水温度 5℃/10℃；载冷剂为质量浓度为 25%的乙二醇溶液	蒸发器侧出水温度－5.6℃；载冷剂为质量浓度为 25%的乙二醇溶液；制冰工况蒸发器侧设计流量等同于空调工况
	冷凝器侧	冷凝器侧供/回水温度 32℃/37℃	冷凝器侧进水温度 30℃；制冰工况冷凝器侧设计流量等同于空调工况

续表

冷机类型	标准侧	空调供冷工况	蓄冰工况
风冷机组	蒸发器侧	蒸发器侧供/回水温度5℃/10℃；载冷剂为质量浓度为25%的乙二醇溶液	蒸发器侧出水温度－5.6℃；载冷剂为质量浓度为25%的乙二醇溶液；制冰工况蒸发器侧设计流量等同于空调工况
	冷凝器侧	环境进风温度为35℃	环境进风温度为28℃

注：所有工况下，蒸发器污垢系数为0.018m^2·℃/kW，水冷冷凝器污垢系数为0.044 m^2·℃/kW。

【说明】

空调供冷工况（一些资料中也简称“空调工况”），指的是冷水机组为满足建筑空调供冷时的机组运行工况，与空调系统的冷水温度工况，不一定完全相同。蓄冰工况（一些资料中也称为“制冰工况”），指的是满足制冰要求时的机组运行工况。

1 制冷机在蓄冰工况的产冷量小于空调供冷工况制冷量。在其他参数不变时，一般蒸发温度每降低1℃，产生冷量会减少2%～3%；设计时应根据设备性能参数确定。

2 冷凝温度每降低1℃，制冷量可提高1.5%，风冷系统按当地逐时干球温度计算；水冷系统应根据第5.1.10条计算得到典型设计日逐时湿球温度后，按照设计工况时选择的冷却塔出水温度与湿球温度的差值（一般为4℃），计算得到典型设计日的冷却塔逐时出水温度。

3 当双工况主机配置乙二醇蒸发器制冰和冷水蒸发器供冷的双蒸发器时，如果采用外融冰系统且冰池水面最低标高为外网水系统最高点时，可采用开式水系统。释冷温度1～3℃，冷水不需换热直接进入冰槽融冰，白天可提高主机效率，减少一次冷水泵扬程。该机组适用于大型区域供冷空调工程。

5.4.11 盘管式蓄冰装置融冰方式的选用宜按照以下原则：

1 区域供冷或有较低供水温度要求的工程，宜采用外融冰方式；

2 单体建筑的常温空调及一般低温供水要求的工程，宜采用内融冰方式。

【说明】

盘管式蓄冷设备是由浸在冰槽中的盘管构成换热表面。在蓄冷时，载冷剂在盘管内循环，吸收水的热量，在盘管外表面形成冰层。而取冷方式有两种：

1 外融冰：槽内水参与空调水循环或换热，冰层由外向内融化。供水温度1～3℃，可采用压缩空气加强冰水换热。单位蓄冷量33.3～55.5kWh/m^3。但外融冰系统相对较为复杂，因此适用于大型区域供冷或有较低供水温度要求的工程。

2 内融冰：与空调水换热的载冷剂在盘管内循环，冰层由内向外融化，槽内水为静态。载冷剂供冷温度2～5℃。单位蓄冷量43.4～66.6kWh/m^3。内融冰系统构成简单，适用于单体建筑的常温及一般低温供水要求的工程。

5.4.12 冰蓄冷系统中，制冷机组与蓄冷装置的连接形式宜按照以下原则确定：

1 全蓄冷系统和供水温差小（5～6℃）的部分蓄冷系统，宜采用并联形式；

2 空调冷水系统的设计供回水温差较大（大于或等于7℃）时，宜采用串联形式。

【说明】

制冷机组与蓄冷装置的连接，从定性上可分为并联或串联两种形式。

1 并联形式

双工况制冷机组与蓄冷装置并联设置。两个设备均处在高温（进口温度8～11℃）端，能独立发挥各自的效能，见图5.4.12-1。

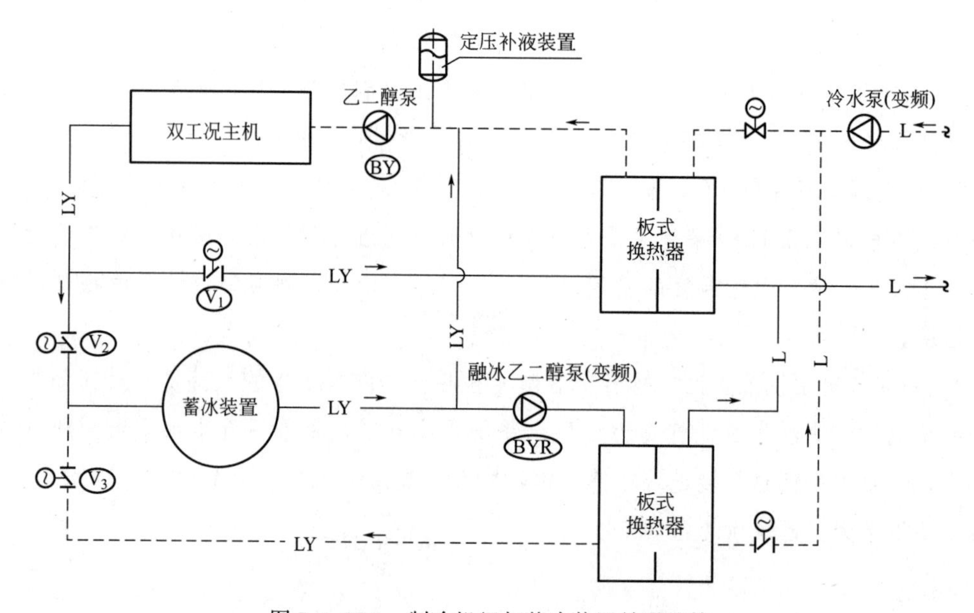

图5.4.12-1 制冷机组与蓄冷装置并联连接

2 串联形式

双工况主机与蓄冷装置串联布置，其设备运行稳定，参数控制环节相对简单。在串联形式中，又分为主机上游和主机下游两种连接方式。

(1) 主机上游：制冷机处于高温端，制冷效率高，而蓄冷装置处于低温端，释冷速率低。适合蓄冰装置融冰温度较平缓的冰蓄冷、温差大于8℃的水蓄冷以及空调负荷变化平稳且供水温度要求严格稳定的工程，见图5.4.12-2。

(2) 主机下游：制冷机处于低温端，制冷效率低，而蓄冰装置处于高温端，融冰效率高。适合融冰温度变化较大的蓄冰装置、封装式蓄冰装置或空调负荷变幅较大的冰蓄冷，见图5.4.12-3。

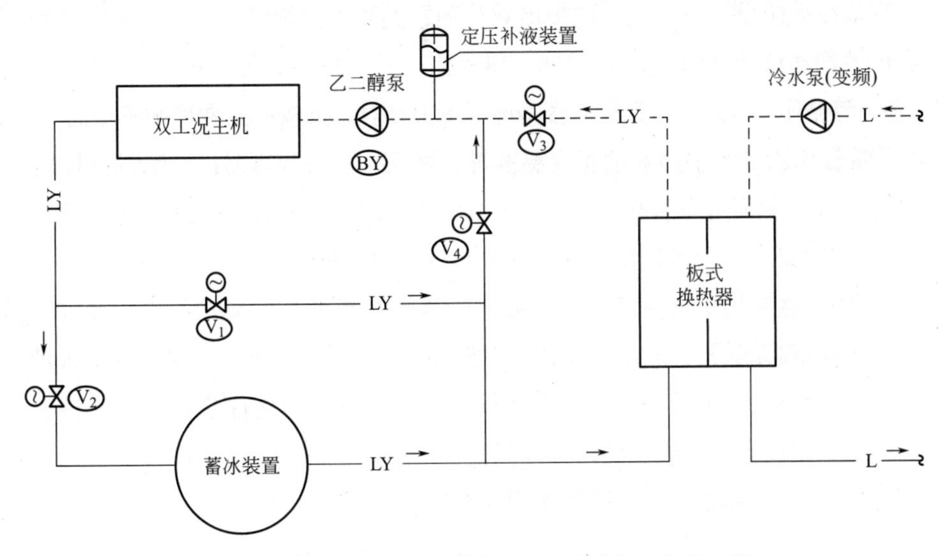

图 5.4.12-2　制冷机组与蓄冷装置串联连接（主机上游）

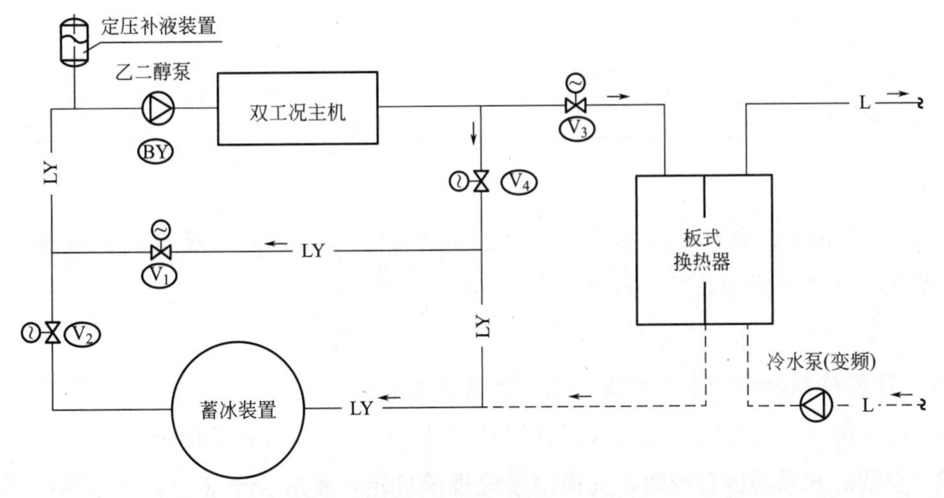

图 5.4.12-3　制冷机组与蓄冷装置串联连接（主机下游）

5.4.13　**蓄冰系统双工况主机在蓄冰制冷工况时的运行温度，应根据空调系统的需求、主机特性和蓄冰装置形式，并对蓄冰装置的蓄冷和释冷特性曲线进行校核计算后确定。双工况主机空调供冷工况时的供回水温度，应满足用户侧的需求。**

【说明】

冰蓄冷系统可满足常温空调所需要的冷水温度（7℃/12℃）以及低温大温差供冷冷水温度（3℃/13℃）。必要时，可提供1～3℃的冷水供水温度。

蓄冰装置的供冷温度一般为3～5℃，双工况主机制冰工况时的乙二醇出口温度可达−7～−5℃、进口温度为−3～−1℃。

5.4.14 冰蓄冷系统设计时，应明确提出载冷剂种类和溶液浓度需求。一般宜采用空调专用、加有缓蚀剂和泡沫剂的25%～30%（质量比）乙二醇水溶液，并符合以下要求：

1 乙二醇循环泵的流量和载冷剂管路进行水力计算，可按照空调冷水管道的计算方法，并根据不同质量比乙二醇水溶液的相变温度进行修正。水力计算时，比摩阻宜控制在50～200Pa/m，各并联环路阻力差额不应大于10%。计算流量和总阻力值修正系数见表5.4.14。

2 乙二醇管路系统严禁选用内壁镀锌或含锌管材及配件。

3 乙二醇管路应为闭式系统，应设置定压及膨胀装置。封装式蓄冰装置应考虑蓄冰单元冰水相变体积膨胀挤占载冷剂的容积，膨胀水罐（箱）应能容纳这部分膨胀量。

4 乙二醇管路系统中的阀门宜采用金属硬密封，阀门与管件应具有严密性。系统管路的相对最高点应设自动（或手动）排气阀。

5 多台蓄冰装置并联时，应采用同程式系统。

乙二醇水溶液的流量计阻力修正系数　　表5.4.14

载冷剂＼特性	相变温度(℃)	流量修正系数	管道阻力修正系数
20%乙二醇	−7.8	1.072	1.200～1.150
25%乙二醇	−10.7	1.090	1.242～1.181
30%乙二醇	−14.1	1.109	1.282～1.211

【说明】

乙二醇的密度、黏度、比热与水不同。采用乙二醇时，双工况主机制冷量下降约2%、板式换热器传热系数下降约10%。

5.4.15 冰蓄冷系统中的水泵设置，应符合以下规定：

1 乙二醇泵、冷却水泵应按双工况主机一对一匹配，应设置备用泵。

2 空调冷水泵的设置台数，宜根据系统规模确定，不应少于2台；一般情况下可不设置备用泵，且宜采用变频控制；

3 载冷剂管路系统的循环泵，宜采用机械密封型或屏蔽型。

【说明】

1 备用泵宜和所有主机相连接。

2 冷水泵宜采用变频调速，降低输送能耗。

3 乙二醇对某些材料有一定的腐蚀，应防止其泄漏。

5.4.16 采用水蓄冷（蓄热）系统时，应符合以下要求：

1 当冷（热）水系统的最高点低于蓄冷（热）水箱（池、罐）的设计水面时，应采用直接供冷（热）方式，并利用蓄热水箱的水面水位作为水系统的定压水位；

2 当冷（热）水系统的最高点高于蓄冷（热）水箱（池、罐）的设计水面时，宜设置板式换热器，进行间接供冷（热）。

【说明】

1 蓄冷（热）水直接供应，减少了热交换带来的㶲损失，有利于提高能源效率。直供方式适用于总高度较低的冷热水系统。

2 水系统的最高点高于蓄水箱的设计水面时，由于重力作用，系统停止运行时可能会导致水系统中的水回流到蓄水箱中，从而使得水系统的最高点充满空气，对系统再次运行带来非常不利的影响。因此，这时宜采用通过换热器的间接方式供水。

5.4.17 采用水蓄冷时，制冷机容量应在设计蓄冷时段内完成预定蓄冷量，并应在空调工况运行时段内满足空调制冷要求。冷水机组的容量按以下公式计算后确定：

1 全负荷蓄冷：

$$q_c=\frac{Q_c \cdot K}{n_2} \tag{5.4.17-1}$$

2 部分负荷蓄冷：

$$q_c=\frac{Q_c \cdot K}{n_1+n_2} \tag{5.4.17-2}$$

式中 q_c——冷水机组制冷量，kW；

Q_c——设计日空调总冷负荷，kWh；

K——冷损失附加率，取1.01～1.03；

n_2——夜间蓄冷运行小时数，h；

n_1——白天冷水机组运行小时数，h。

【说明】

当采用设置于室外的蓄冷水罐或室内开式蓄冷水池时，K 值可取较大值；采用室内闭式蓄冷水池时，K 值可取较小值。

5.4.18 蓄冷（热）水槽的有效容积计算方法如下：

$$V=\frac{3600\times Q_s}{K\times\rho\times c\times\Delta t} \tag{5.4.18}$$

式中 V——水槽的设计有效容积，m^3；

Q_s——水槽的设计有效蓄能量，kWh；

K——在蓄能周期内实际输出与理论之比，可取0.85～0.90；

ρ——水的密度，kg/m^3；

c——水的比热容，kJ/(kg·K)；

Δt——供回水温差,℃。

【说明】

Q_s包含水槽需要蓄存的冷热量、蓄能水槽冷热损失以及蓄冷（热）水泵发热量等。

5.4.19 **水蓄冷（热）蓄水箱设计，应符合以下要求：**

1 蓄水箱可采用温度分层型及混合型，其容量应按所需要的释冷量与损耗的冷量之和确定；

2 蓄水箱结构可为钢制或混凝土结构，并宜与建筑物结构结合，新建建筑宜与建筑结构一体化设计、施工；采用钢制水箱时，数量不宜少于2个；

3 蓄水箱的最低蓄水深度宜为2～3m；

4 蓄冷水温不应低于4℃；蓄冷水箱的制冷进水（来自冷水机组）口和供冷取水（用户冷水供水）口应设置在水箱下部，制冷回水（去冷水机组）口和供冷回水（用户冷水回水）口应设置在水箱上部；

5 蓄热水箱的热水进水（来自热源设备）口和供热取水（用户热水供水）口应设置在水箱上部，热水回水（去热源装置）口和供热回水（用户热水回水）口应设置在水箱下部；当采用热水罐蓄热时，斜温层厚度不宜超过1.0m；

6 蓄冷水池与消防水池合用时，应有确保消防用水安全的措施；蓄热水池不应与消防水池合用。

【说明】

蓄冷（热）水槽形式有：温度自然分层式、多水槽式、隔膜式、迷宫式、折流式等。

1 温度自然分层式：利用水温在4℃以上时，水温升高、密度减小，在0～4℃范围内，水温降低、密度增大的原理，达到冷温水自然分层的目的。

在蓄冷罐中下部冷水与上部温水之间由于温差导热会形成温度过渡层即斜温层（见图5.4.19-1）；清晰而稳定的斜温层能够防止冷水和温水的混合，但同时减少了实际可用冷水容量，降低了蓄冷效率，斜温层一般控制在0.3～0.8m为宜。

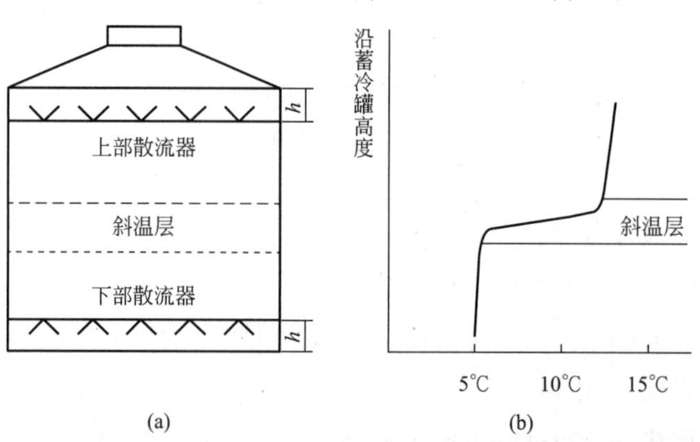

图5.4.19-1 自然分层式蓄冷水罐及其斜温层

(a) 自然分层蓄冷水罐原理图；(b) 斜温层示意图

2 隔膜式：在蓄水罐内部安装一个活动的柔性隔膜或一个可移动的刚性隔板，实现冷热水的分离，通常隔膜或隔板为水平布置。这样的蓄水罐可以不用散流器，但隔膜或隔板的初投资和运行维护费用与散流器相比并不占优势。隔膜式水蓄冷罐见图 5.4.19-2。

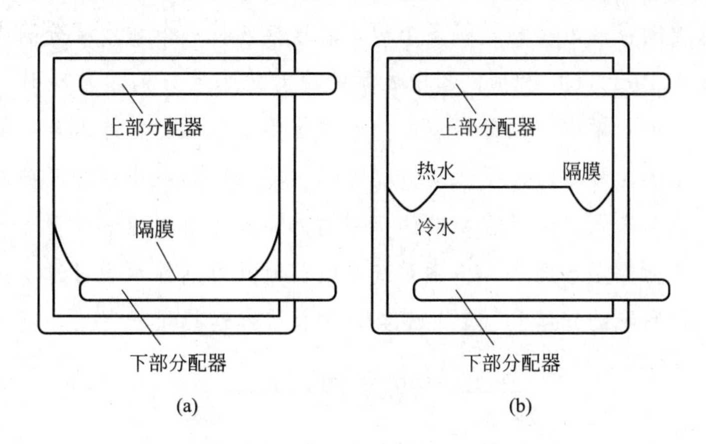

图 5.4.19-2 隔膜式蓄冷水罐示意图

(a) 释冷结束时隔膜的位置；(b) 释冷中期时隔膜的位置

3 迷宫式：采用隔板将蓄冷水槽分成很多个单元格，水流按照设计的路线依次流过每个单元格。迷宫法能较好地防止冷热水混合，但在蓄冷和放冷过程中有一个是热水从底部进口进入或冷水从顶部进口进入，这样易因浮力造成混合；另外，水的流速过高会导致扰动及冷热水混合；流速过低会在单元格中形成死区，减小蓄冷容量。迷宫式蓄冷罐见图 5.4.19-3。

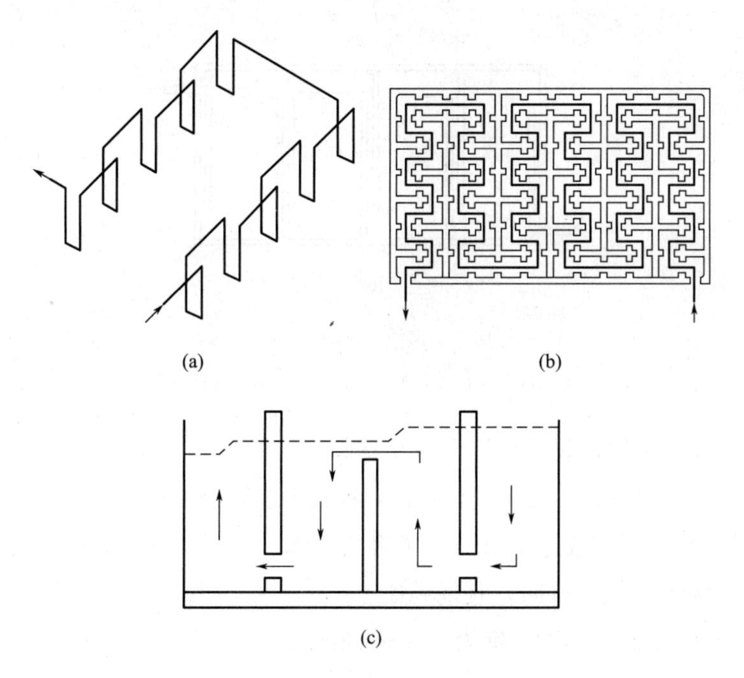

图 5.4.19-3 迷宫式蓄冷水槽示意图

(a) 水流示意图；(b) 平面布置图；(c) 断面图

4 多槽式水蓄冷系统：冷水和热水分别储存在不同的罐中，以保证送至负荷侧的冷水温度维持不变。多个蓄水罐有不同的连接方式，一种是空罐方式，如图 5.4.19-4（a）所示。它保持蓄水罐系统中总有一个罐在蓄冷或放冷循环开始时是空的。随着蓄冷或放冷的进行，各罐依次倒空。另一种是将多个罐串联连接或将一个蓄水罐分隔成几个相互连通的分格，如图 5.4.19-4（b）所示，图中表示蓄冷时的水流方向。蓄冷时，冷水从第一个蓄水罐的底部入口进入罐中，顶部溢流的热水送至第二个罐的底部入口，依次类推，最终所有的罐中均为冷水；放冷时，水流动方向相反，冷水由第一个罐的底部流出。回流温水从最后一个罐的顶部送入。由于在所有的罐中均为温水在上、冷水在下，利用水温不同产生的密度差即可防止冷温水混合。多罐系统在运行时其个别蓄水罐可以从系统中分离出来进行检修维护，但系统的管路和控制较复杂，初投资和运行维护费用较高。

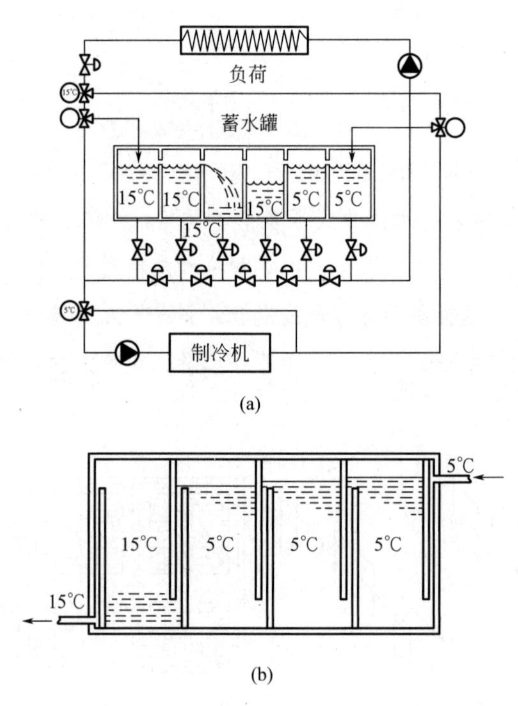

图 5.4.19-4 多槽式水蓄冷系统示意图

（a）空罐连接方式；（b）多罐串联式或一罐分隔式连接方式

5.4.20 采用水蓄冷罐时，设计应符合以下要求：

1 自然分层水蓄冷罐的高径比（H/D）宜大于或等于 1.6；

2 当立式罐体积小于或等于 100m³ 或卧式罐体积小于或等于 150m³ 时，宜采用成品罐；当罐体直径大于 3800mm 时，宜现场加工；

3 水蓄冷罐内斜温层厚度，宜为 0.3～0.8m；

4 水蓄冷罐的有效利用率，一般取 85%～90%；

5 采用开式水蓄冷罐时，需根据工艺要求和现场情况，参照现行行业标准《供冷

供热用蓄能设备技术条件》JG/T 299，合理确定罐体内径 D、蓄冷液面高度 H 等设计参数。

【说明】

采用自然分层水蓄冷罐时，应尽可能加大高宽比（圆形为高径比），降低斜温层厚度，以减弱冷热掺混程度，提高蓄冷（热）有效容积比例。

5.4.21 布水器设计应符合以下要求：

1 上下布水器形状应相同，布水器应对称于槽的垂直轴和水平中心线，分配管上任意两个对称点处的压力应相等；

2 布水器形状宜为八角形、H 形或径向圆盘形等；

3 布水器支管上孔口尺寸与间距应使布水器沿长度方向的出水流量均匀；

4 布水器设计分支流量分配均匀。

【说明】

布水器设计主要影响罐体内水流的混合扰动，需控制弗鲁德数 $Fr<2$，宜为 1；雷诺数 Re 应为 240～850，罐体内的截面流速应均匀并小于 0.3m/s。

5.4.22 蓄冷（热）水箱的绝热设计应按照《措施》第 8 章的要求进行，并符合以下要求：

1 对蓄冷水箱绝热层厚度计算时，水箱内水温按照 4℃取值，以 24h 内传热损失不超过总蓄冷量（kWh）的 1%为基准，且绝热层外表面温度大于水箱外周围空气的露点温度；

2 蓄热水箱的水温应按照设计蓄热水温度计算，并以 24h 内热损失不超过总蓄热量（kWh）的 3%为目标；

3 在进行绝热设计时要考虑蓄冷槽底部、槽壁的绝热；设置于室外时，在防护层外还需施加带有反射效果的涂层；

4 蓄热水箱的热损失不应超过蓄热量的 5%。

【说明】

蓄冷（热）水箱的冷热损失主要取决于其表面积、周围环境温度和介质温度。

保冷层的隔气层设计见《措施》第 8 章。

5.4.23 水蓄冷制冷机组与蓄冷装置的连接形式，宜按照以下原则确定：

1 全蓄冷系统和空调冷水系统的设计供回水温差小于或等于 8℃的部分蓄冷系统，宜采用并联形式；

2 空调冷水系统的设计供回水温差大于 8℃时，宜采用主机上游串联形式。

【说明】

并联系统见图 5.4.23-1，主机上游串联系统见图 5.4.23-2。

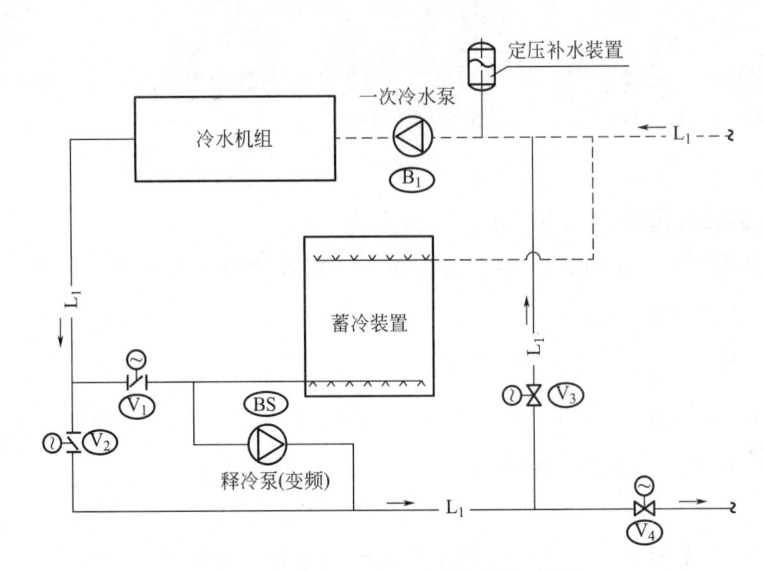

图 5.4.23-1　水蓄冷并联系统示意图

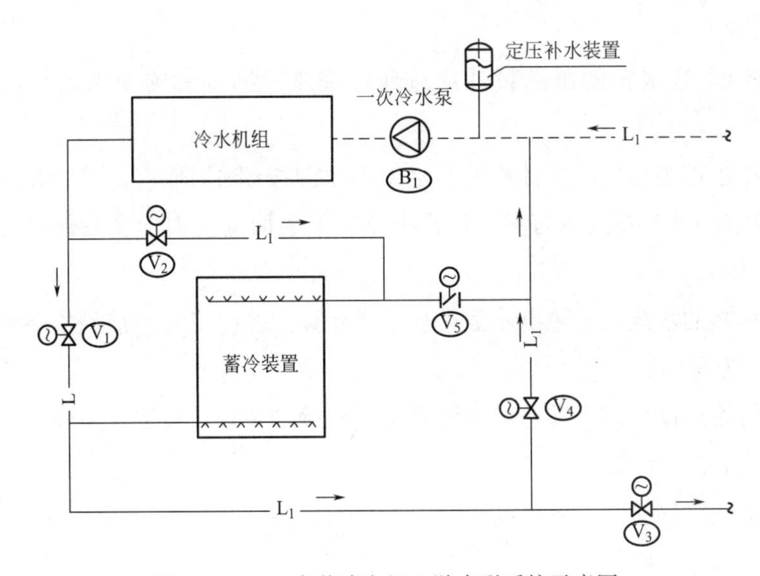

图 5.4.23-2　水蓄冷主机上游串联系统示意图

5.4.24　当符合下列条件之一，并经技术经济比较合理时，宜采用蓄热系统：

1　执行分时电价，且采用电力驱动的热泵供热或电热装置为热源时；

2　利用太阳能光热作为热源时；

3　利用余热或废热作为热源，但余热或废热的供应能力不能实时满足与建筑热负荷需求时。

【说明】

本条是考虑这些热源不能实时满足建筑热负荷需求的情况下做出的（由于供热或供暖一般用于严寒和寒冷地区，在室外温度较低的某些时段，热泵的供热能力会下降，通过蓄热来补充）。

5.4.25 当符合下列条件之一，并经技术经济比较合理时，可采用以电锅炉或电加热装置为热源的蓄热系统：

1 电力供应充足，且电力供应侧鼓励用电时；

2 无法采用电力驱动的热泵或其他形式的直接供热方式，且电热锅炉或电加热装置在典型设计日的电力低谷时段的总用电量（kWh）占全天总用电量的70%以上，或在电力平峰时段的最大负荷（kW）不超过总装机容量的20%时；

3 用于电热的可再生能源电能的用量为全天总用电量（kWh）的60%以上时。

【说明】

以前的一些标准中对电热的限制范围比较多，例如：只允许电热在电力低谷时段使用等。考虑到“双碳”发展目标及未来的建筑电气化发展趋势，电热应用的场所会有所扩大，但消除用电高峰仍然是目标之一，因此直接电热在大多数情况下，应结合蓄热系统来使用才是比较合理的。同时，也可充分利用可再生能源（风电、光电等）的电能，结合蓄热使用。

5.4.26 当采用电热锅炉蓄热系统时，应通过合理的经济分析确定热水蓄热系统的类型，一般情况下可按以下要求进行：

1 全负荷蓄热系统，适用于全天热负荷较小的建筑和峰谷电价差较大的地区；

2 当允许电能在电力平峰时段直接使用时，可采用部分负荷蓄热系统，但其容量配置，应符合第5.4.25条第2款的要求。

【说明】

根据蓄热负荷不同，蓄热分为全量蓄热（又称全负荷蓄热）和分量蓄热（又称部分负荷蓄热）两种类型。为了降低白天的电力峰值，全量蓄热的一般理解是：在夜间进行蓄热运行，白天的供热负荷全部由蓄热系统来承担；同样，分量蓄热是：白天依靠蓄热系统和热源装置同时运行来保证建筑供热负荷的需求。

采用全量蓄热时，为了满足夜间供热的需求，在夜间蓄热的同时，设置基载电锅炉为建筑供热；白天则利用蓄热热水提供需要的供热量，电锅炉可停止使用或作为白天蓄热水供暖能力不够时的补充。从使用需求来看，全量蓄热适用于以下场所：

（1）需要全天24h保证室内温度的建筑（例如：酒店、住宅等）；

（2）对于夜间不供暖或者白天生产和生活热水的热量需求较大而夜间供暖负荷很小的

建筑（例如商场、运动场馆以及仅白天有大量供热需求的工艺性建筑等），夜间蓄存白天所需要的全部热量，白天全部利用蓄热热水供热。

采用分量蓄热时，同样需要设置夜间的基载电锅炉，在白天利用电锅炉和蓄热系统联合为建筑供热，由于该系统的蓄热量小于全量蓄热，因此，锅炉的装机容量和蓄热装置的体积，都明显小于前者。但电锅炉可能会在电力低谷段甚至平峰段运行。

5.4.27 **供暖空调中的水蓄热系统宜采用常压蓄热方式，不宜采用高温蓄热方式。**

【说明】

从需求来看，常压蓄热的热水温度完全能够满足一般的供暖空调水系统的需要。常压蓄热与高温蓄热方式的比较如表5.4.27所示。

常压蓄热与高温蓄热方式的比较 **表5.4.27**

系统分类	定义	特点
常压蓄热	蓄热温度低于常压下的水的沸点温度，一般为90～95℃	控制和保护系统要求较低； 蓄热装置在常压下工作，加工要求一般； 蓄热和供热温差有限，运行费用较高； 单位体积蓄热量较小，蓄热装置体积较大
高温蓄热	蓄热温度高于常压下的水的沸点温度，一般为120～140℃	可以供应温度较高的热水，能满足不同功能的需要； 储热罐体积较小； 水泵等设备初投资降低，降低运行费用； 安全保护和自控系统复杂

5.4.28 **蓄热与供热循环水泵的设置，应符合下列要求：**

1 水泵允许介质温度，应比锅炉设计出水温度高10～15℃；

2 循环水泵的设置台数宜与锅炉台数相同；低温蓄热时，循环水泵台数不应少于2台；高温蓄热时，循环水泵台数不宜少于3台，且当其中任何一台停止时，其余水泵的总流量应能满足最大循环水流量的要求；

3 仅为蓄热服务的水泵，其总流量应按照蓄热系统计算流量并考虑5%～10%的流量安全系数；当循环水泵蓄热和供热兼用时，水泵设计总流量应选择蓄热系统水泵设计总流量与供热系统水泵设计总流量中的较大者；

4 仅为蓄热服务的水泵，其扬程宜在蓄热水循环系统水流中阻力的基础上附加2～5m；当循环水泵蓄热和供热兼用时，水泵扬程应选择蓄热系统水泵设计扬程与供热系统水泵设计扬程中的较大者。

【说明】

对于锅炉等设备，安全运行非常重要，因此水泵的参数与台数选择，适当留有富余量。当循环水泵蓄热与供热兼用时，应同时满足两个系统的参数，因此其流量和扬程都应采用两个系统之中的需求较大者。

供热系统的水泵流量和扬程选择，可参见《措施》第1、2、5章的要求。需要注意的是：当按照供热系统所选择的水泵流量和扬程大于按照蓄热系统选择的参数（包括流量与扬程附加之后）时，其流量和扬程不应再进行5%～10%及2～5m的附加。

5.4.29 **采用电热锅炉的热水蓄热系统时，电热锅炉的总安装容量，应按照以下方式计算：**

1 全量蓄热时，按式（5.4.29-1）计算：

$$N=\frac{\sum_{i=1}^{24}q_{1i}+Q_2}{T\times\eta} \tag{5.4.29-1}$$

2 需24h保证室温时，按式（5.4.29-2）计算：

$$N=\frac{\sum_{i=1}^{24}q_{1i}+Q_2}{24\times\eta}-q_{c} \tag{5.4.29-2}$$

3 仅白天供暖（即：间歇供暖）时，按式（5.4.29-3）计算：

$$N=\frac{\sum_{i=j}^{n+j}q_{i}+Q_2}{(n+T)\times\eta} \tag{5.4.29-3}$$

式中 N——安装总容量，kW；

q_{1i}——典型设计日的逐时供热负荷，kW；

Q_2——蓄热水箱典型设计日的热损失，kWh，取$\sum_{i=1}^{24}Q_{1i}$的1.10～1.15倍（蓄热运行时间小于或等于8h时，取1.15；蓄热运行时间大于10h时，取1.0）；

T——低谷电的小时数（即：蓄热锅炉运行小时数），h；

η——电锅炉的热效率；

q_{c}——基载锅炉的安装容量，kW，为典型设计日最大热负荷时刻值与蓄热锅炉安装容量的差值（蓄热锅炉安装容量，按照将蓄热装置在蓄热时间段蓄满全部热量来计算）；

q_{i}——典型设计日第j时刻（供暖开始时刻）至第$n+j$时刻（供暖结束时刻）的逐时供热负荷，kW；

n——非蓄热锅炉的运行小时数，即：建筑供暖运行的小时数。

【说明】

1 式（5.4.29-1）为采用全天热（kWh）平衡的计算方法。显然，由于锅炉白天不运行，其装机容量最大，但对白天电力的消峰能力最强。

2 式（5.4.29-2）针对对于需要全天24h保证室内温度的建筑（例如：酒店、住宅等），考虑了电热锅炉白天运行。

3 式（5.4.29-3）适用于对于夜间不供暖或者白天生产和生活热水的热量需求较大而夜间供暖负荷很小的建筑（例如商场、运动场馆以及仅仅白天有大量供热需求的工艺性建筑等），同样是考虑了白天电热锅炉运行的情况。

5.4.30 **热水蓄热装置的有效容积应按以下公式计算：**

$$V=\frac{3.6\times N\times T\times\eta}{\Delta t\times C\times\rho} \tag{5.4.30}$$

式中 V——蓄热装置的有效容积，m^3；

Δt——蓄热温差，℃；

C——水的定压比热，kJ/（kg·K）；

ρ——水的密度，g/cm^3。

其余符号同式（5.4.29-1）。

【说明】

蓄热温差：蓄热水体蓄存全部设计蓄热量时的水温与蓄热水体全部设计蓄热量释放完毕时的水温之差。在一般情况下，也可以理解为从蓄热装置取热时的出口水温与回到蓄热装置时的进口水温之间的温差。

5.4.31 **当采用蓄热水直供方式时，蓄热水温度和温差应与用户侧相同；当采用通过换热器间接供热方式时，蓄热水温度及回水温度，宜分别高于用户侧供水及回水温度3～5℃。当采用可再生能源提供的热量蓄热，且通过换热器间接供热方式时，换热器的平均换热温差宜≥2℃。**

【说明】

根据供暖系统与空调系统对热水温度的需求不同，蓄热水温应有区别。当采用热交换间接式供热时，选取3～5℃的热交换器换热温差，从技术经济比较上看，是较为合理的。也符合第5.1.14条第7款的原则。

将可再生能源提供的热源（例如太阳能光热）进行蓄热时，由于热源温度相对较低，可通过加大换热器面积、降低换热温差来充分利用可再生能源，因此允许换热器的平均换热温差减小。

5.5 热 泵 应 用

5.5.1 **在冬季设计工况下，电动式空气源热泵热水机组的 *COP* 大于或等于2.0时，可作为集中供暖空调系统的热源；*COP* 大于或等于3.0时，应优先选择作为集中供暖空调系**

统的热源。

【说明】

电动式空气源热泵是实现建筑电气化的一个有效途径。当其冬季设计工况下的*COP*达到2.0时，根据我国各地的气候和产品变工况运行的性能分析，在整个冬季供热季节的运行过程中，其季节平均*COP*一般会达到2.6～3.0以上，与采用燃烧化石能源直接供热相比，其一次能源的消耗量目前处于同等水平。当冬季设计工况下的*COP*达到3.0时，显然整个冬季供热的一次能源消耗量会低于化石能源直接燃烧供热。

5.5.2 **采用空气源热泵冷热水机组作为冬季热源和夏季冷源装置时，一般情况下宜按照冬季设计工况进行配置，并符合以下要求：**

1 **当空调冷负荷超过选配的机组在夏季设计工况下制冷装机总容量800kW及以上时，超过部分宜另行配置夏季供冷专用的水冷冷水机组；**

2 **当空调冷负荷超过选配的机组在夏季设计工况下制冷装机总容量600kW以下时，可按照夏季设计工况配置热泵机组；**

3 **当空调冷负荷低于选配的机组在夏季设计工况下制冷装机总容量时，宜采用多台热泵机组的配置方案，且部分台数运行时应与夏季设计冷负荷和部分负荷相匹配。**

【说明】

本条从系统复杂性、经济性和运行节能几个方面综合考虑而提出设计要求。

1 空气源热泵制冷*COP*一般低于水冷式冷水机组，同时考虑到目前常用的水冷螺杆式或离心式冷水机组产品的实际容量和效率，在制冷量800kW（可适合于水冷螺杆式冷水机组）及以上时，采用水冷冷水机组带来的节能效益比较显著。

2 热泵具有一机多用的特点，既可单独供热，也可在冬季供热、夏季供冷，另设水冷冷水机组可能增加系统的复杂性。因此，如果按照冬季选配的热泵机组，在夏季工况下核算其总制冷量不足但差值不大（小于或等于600kW）时，为了简化系统，可以按照夏季工况来选配热泵机组。这时冬季设计工况下总供热量虽略有富裕，但总体对能耗的影响不大。当超过的值在600～800kW之间时，由设计人员综合多方面因素确定。

3 按冬季选配的机组，当夏季总制冷量有富裕（大于建筑冷负荷需求）时，考虑到未来建筑电气化的需求，除了可再生能源利用和有城市热网的地域外，供暖空调将以热泵为主要的热源装置。因此可不再调整热泵的总容量。但在热泵机组的台数及容量搭配时，应使供冷运行的热泵能够夏季设计冷负荷以及部分负荷时的调控需求相匹配。宜考虑的措施有两个：(1) 需要供冷运行的热泵总制冷量，大于且接近总冷负荷；(2) 采用部分低冷负荷工况下性能较好的热泵机组。

5.5.3 **当建筑供冷的同时存在稳定的供热需求，且经技术经济比较合理时，可采用热回**

收式空气源热泵机组。设计时，应符合以下要求：

1 热回收器的热水供水温度一般为 45～60℃；

2 当热水使用需求与热回收机组不同时运行，或热回收能力小于小时最大耗热水量时，应设置蓄热箱；

3 当利用热回收机组直接提供生活热水时，与热回收器连接的所有水管管材应符合生活热水对管材的要求。

【说明】

采用热回收机组，在制冷的同时回收部分冷凝热用于供热，有利于提高能源的利用率，适用于以下场所：(1) 夏季空气处理需要通过再热方式来保证的场所，例如有全年恒温恒湿要求的美术馆和博物馆的藏品库房、医院手术室、采用冷却除湿和再热空气处理的温湿度独立控制系统和置换送风系统等；(2) 冷、热水均送至末端的四管制水系统；(3) 有稳定的生活热水供应需求的场所。

1 热水温度不宜过高，以免导致制冷时 *COP* 下降过多。

2 如果热水的供需不协调，宜设置蓄热水箱来调节。

3 直接提供生活热水时，宜采用不锈钢管、铜管或内衬塑钢管。

5.5.4 空气源热泵冷热水机组的选择和配置，应遵守下列原则：

1 应按照工程所在地的实际工况和气候条件进行选型计算；制热工况下，供热量按照附加 20%考虑除霜修正；

2 有条件时，夏热冬冷地区、夏热冬暖地区及温和地区可采用复合式冷却的热泵机组；

3 热泵机组单台容量及台数应能适应冷热负荷全年变化规律，且不宜少于 2 台。

【说明】

1 我国空气源热泵产品标准规定的室外空气标准工况是：室外空气干球温度 7℃、湿球温度 6℃，但实际工程的室外气象条件与标准工况不可能完全相同；同时，由于热泵在冬季运行时需要除霜，也会对其供热量产生影响。因此，应按照工程所在地的实际工况和气候条件进行选型计算，并考虑除霜修正。实际制热量可按式 (5.5.4) 计算：

$$Q=q\times K_1\times K_2 \tag{5.5.4}$$

式中 Q——机组实际工况下的制热量，kW；

q——标准工况下的制热量，kW；

K_1——室外空气调节计算干球温度的修正系数，按产品样本选取；设计时如果尚无确定产品时，可根据冬季空调设计温度，按照图 5.5.4-1 查取；

K_2——机组融霜修正系数，取值范围为 0.8～0.9；或根据冬季室外湿球温度，按照图 5.5.4-2 查取。

2 复合式冷却热泵机组同时配置有风冷冷凝器和水冷冷凝器，夏季一般采用水冷冷凝器，冬季时可切换至风冷冷凝器，应用该产品可提高夏季制冷时的能效。

3 热泵机组单台容量及台数的选择，和第5.1.8条的原则保持一致。

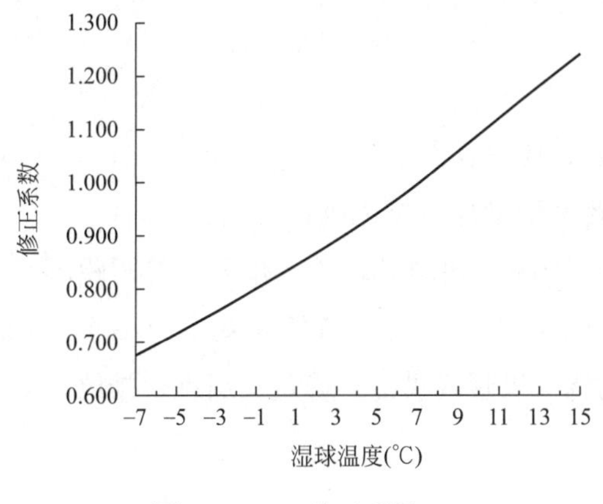

图5.5.4-1 修正系数K_1

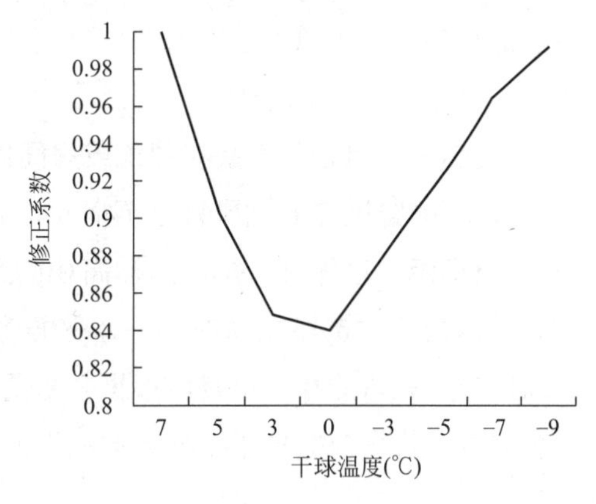

图5.5.4-2 修正系数K_2

5.5.5 空气源热泵冷热水机组的设计，应符合下列要求：

1 应合理设计冷却空气进、排风的气流组织，进风口处的进气速度宜控制在1.5～2.0m/s，排风口处的排气速度不宜小于7m/s；进、排风口之间的距离应尽可能加大，以防止进、排风短路。多台机组分前后布置时，应避免位于主导风上游的机组排出气流对下游机组吸气的影响，机组的排风应直接排至室外且排风出口上方10m范围内不应有遮挡物，机组进风侧之间的间距不宜小于3.0m。当上述条件不满足时，宜通过CFD模拟分析确定。

2 应避免污浊气流的影响。

3 应优先考虑选用噪声低、振动小的机组；设置于楼板上或屋顶时宜根据布置位置和需求采取适当的隔振措施，必要时应采取降低噪声的措施。

4 热泵机组基础标高一般应高于完成面300mm，布置在可能有积雪的地方时，基础高度应适当加高。

【说明】

空气源热泵冷热水机组（包括供暖空调用和生活热水用）的设置，应满足室外机通风顺畅，以保证制冷工艺要求，同时应满足检修、振动及噪声的要求。

1 通风顺畅的基本要求是：热风能够顺利地从机组排风口排除、室外冷却空气能够顺利地吸入并保证排风量和进风量符合产品的性能要求，排风与进风不应存在回流循环（即“短路”）现象。

2 厨房油烟等污浊气流对空气换热器的换热性能会产生影响。

3 大部分采用空气源热泵冷热水机组的工程，机组都设置于屋顶（在超高层建筑中，也有的设置于设备层），由于机组自带有压缩机，运行时有一定的振动，宜根据设置位置及对临近房间的影响采取隔振措施。机组的噪声一般在65～75dB（A），必要时也应采取消声或隔声措施。

4 对于冬季可能存在严重积雪的地点，基础高度应超过常年积雪厚度100mm以上。具体做法可参见图4.9.11。

5.5.6 **当热泵机组必须安装在建筑或房间内时，应符合以下要求：**

1 **机组的排风应通过风管排至室外，必要时增设加压排风机；**

2 **当机组的室外进、排风口标高相同且位于同一朝向时，进、排风口的间距不宜小于10m；当处于建筑外立面的同一水平投影位置时，进、排风口的高差不应小于3.0m，且排风口与进风口的相对位置应根据其主要功能（供暖或供冷）确定；当进、排风口处于不同朝向时，排风口应位于主导风向的下游。**

【说明】

1 根据机组冷凝器风扇的风压和排风管的阻力，决定是否需要增设排风机以及确定排风机的参数，该排风机应与机组连锁启停。

2 由于冬夏季的主导风向可能不同，因此设计时宜根据热泵主要承担的功能来确定主导风向。当以夏季制冷为主时，应采用夏季主导风向，排风口应位于进风口上部；以冬季供热为主时，宜采用冬季主导风向，排风口应位于进风口下部。对于制冷和供热重要性相同的建筑（例如夏热冬冷地区），宜采用全年平均风向作为主导风向，一般来说排风口宜位于进风口的上部。

5.5.7 **冬季室外空气计算干球温度在－8～2℃且湿球温度大于或等于5℃的地区，在技术经济比较合理时，可采用热源塔热泵系统作为空调的冷热源。热源塔热泵系统设计应符合以下要求：**

1 **应校核热源塔和低热源热泵机组在最低环境温度下的取热和供热能力，保证机组选型满足系统供热量要求；**

2 **热源塔的设置，可参考第5.5.5条的要求执行；**

3 **冷热源侧工艺管道设计安装应考虑在最低点排空防冻液进入贮存设备的措施。防冻液贮存设备需要有顶盖，应设有上锁的检修人孔。**

【说明】

热源塔热泵的配置，可参照第5.5.2条和第5.5.4条第3款。

热源塔热泵系统是以室外空气为冷热源，以热源塔为排热和取热装置，采用蒸汽压缩式热泵技术进行供冷、供热的热泵系统。夏季，热源塔利用蒸发冷却为热泵机组提供稳定冷源；冬季，热源塔利用低于冰点载体介质，高效提取冰点以下的空气潜热能，从而为热泵机组提供可靠热源。热源塔热泵机组具有以下特点：

（1）在冬季湿冷地区，尤其是夏热冬冷地区的长江流域使用，热源塔热泵机组不存在风冷热泵严重结霜以及地源热泵适用区域受限的问题，适用于我国南方冬季特殊的“低温高湿”气候条件，综合季节能效比高。

（2）热源塔热泵与地源热泵比，不用考虑地源侧冬、夏季冷热负荷均衡问题；与风冷热泵比，不用考虑辅助电加热和冬季融霜的问题，单机功率范围较大。

5.5.8 地源热泵系统设计前应对场地状况及浅层地热能资源进行勘察，确定换热系统实施的可行性与经济性。

【说明】

地源热泵供冷/热的能力受土壤热物性、水体热物性和环境温度等因素的影响，在确定方案前，必须进行下列地质水文等资料的详细勘察：

1 地埋管换热系统勘察内容应包括：岩土层的结构，岩土体热物性，岩土体温度，地下水静水位、水温、水质及分布，地下水径流方向、速度，冻土层厚度；

2 地下水换热系统勘察内容应包括：地下水类型，含水层岩性、分布、埋深及厚度，含水层的富水性和渗透性，地下水径流方向、速度和水力坡度，地下水水温及其分布，地下水水质，地下水水位动态变化；

3 地下水换热系统勘察时，还应进行水文地质试验，试验内容应包括：抽水试验，回灌试验，测量出水水温，取分层水样并化验分析分层水质，水流方向试验，渗透系数计算；

4 地表水换热系统勘察内容应包括：地表水水源性质、水面用途、深度、面积及其分布，不同深度的地表水水温、水位动态变化，地表水流速和流量动态变化，地表水水质及其动态变化，地表水利用现状，地表水取水和回水的适宜地点及路线。

资料勘察的具体要求及操作步骤，详见现行行业标准《地源热泵系统工程勘察标准》CJJ/T 291。

5.5.9 地埋管热泵系统设计，应符合以下原则：

1 当地埋管地源热泵系统的应用建筑面积为 3000～5000m^2 时，宜进行岩土热响应试验；当应用建筑面积大于或等于 5000m^2 时，应进行岩土热响应试验；岩土热响应试验结果应作为地埋管换热器换热量计算的依据；

2 地埋管的埋管方式、规格与长度，应根据冷（热）负荷、占地面积、岩土层结构、岩土体热物性和机组性能等因素确定；

3 分别按供冷与供热工况进行地埋管换热器的长度计算，并取其中的较大值作为设计值；同时还应与建筑全年动态负荷进行耦合计算，且最小计算周期宜为 1 年。计算周期

内，地源热泵系统总释热量和总吸热量宜基本平衡；

4 当地埋管系统最大释热量和最大吸热量相差较大时，应减少地埋管总长度，并设置辅助热源或冷却源，与地埋管换热器联合运行。

【说明】

1 岩土热响应试验预测土壤的取热、储热能力，为确保地源热泵的供能、运行可靠性和节能效果，其为不可省略的工作。由于试验时的水温、土壤温度等与实际运行时不同，岩土热响应试验得到的换热量（W/m），不应直接作为地埋管换热量，而是作为计算地埋管换热器换热系数计算的基础依据性数据。

2 提出了地埋管设计的影响因素。垂直埋管方式在大多数情况下具有较好的适应性。

3 总释热量和总吸热量的全年平衡不是设计工况下的冷热负荷（kW）相等，也不是全年的冷热量（kWh）相等。而是在考虑压缩机电量和水泵输送能耗基础上的平衡。由于土壤具有热传递和季节性热恢复的特点，因此并不要求完全的土壤热平衡。一般来看，当总释热量和总吸热量的比值为0.9～1.1时，可以认为符合土壤热平衡的要求。如果超过这一比值，则计算周期应延长，并以满足热泵机组的最低要求或能耗要求为目标，对最终完全热平衡时的地埋管换热器冬夏出水温度进行校核和确定。

4 如果完全热平衡时的地埋管换热器冬夏出水温度不能满足目标要求，说明地源热泵承担的冷负荷与热负荷的比值不合理，因此应增设辅助热源或冷却源（热汇）。

5.5.10 **地埋管管材及管件选择：**

1 地埋管应采用化学稳定性好、耐腐蚀、导热系数大、流动阻力小的塑料管材及管件，管件与管材应为相同材料。

2 地埋管质量应符合国家现行标准中的各项规定。管材的公称压力及使用温度应满足设计要求，其最低公称压力不应小于1.0MPa。地埋管外径及壁厚可按表5.5.10-1和表5.5.10-2选用。

聚乙烯（PE）管外径及公称壁厚（mm） **表5.5.10-1**

公称外径 dn	平均外径		公称壁厚/材料等级		
	最小	最大	公称压力		
			1.0MPa	1.25MPa	1.6MPa
20	20.0	20.3	—	—	—
25	25.0	25.3	—	$2.3^{+0.5}$/PE80	—
32	32.0	32.3	—	$3.0^{+0.5}$/PE80	$3.0^{+0.5}$/PE100
40	40.0	40.4	—	$3.7^{+0.6}$/PE80	$3.7^{+0.6}$/PE100
50	50.0	50.5	—	$4.6^{+0.7}$/PE80	$4.6^{+0.7}$/PE100

续表

公称外径 dn	平均外径		公称壁厚/材料等级		
	最小	最大	公称压力		
			1.0MPa	1.25MPa	1.6MPa
63	63.0	63.6	$4.7^{+0.8}$/PE80	$4.7^{+0.8}$/PE100	$5.8^{+0.9}$/PE100
75	75.0	75.7	$4.5^{+0.7}$/PE100	$5.6^{+0.9}$/PE100	$6.8^{+1.1}$/PE100
90	90.0	90.9	$5.4^{+0.9}$/PE100	$6.7^{+1.1}$/PE100	$8.2^{+1.3}$/PE100
110	110.0	111.0	$6.6^{+1.1}$/PE100	$8.1^{+1.3}$/PE100	$10.0^{+1.5}$/PE100
125	125.0	126.2	$7.4^{+1.2}$/PE100	$9.2^{+1.4}$/PE100	$11.4^{+1.8}$/PE100
140	140.0	141.3	$8.3^{+1.3}$/PE100	$10.3^{+1.6}$/PE100	$12.7^{+2.0}$/PE100
160	160.0	161.5	$9.5^{+1.5}$/PE100	$11.8^{+1.8}$/PE100	$14.6^{+2.2}$/PE100
180	180.0	181.7	$10.7^{+1.7}$/PE100	$13.3^{+2.0}$/PE100	$16.4^{+3.2}$/PE100
200	200.0	201.8	$11.9^{+1.8}$/PE100	$14.7^{+2.3}$/PE100	$18.2^{+3.6}$/PE100
225	225.0	227.1	$13.4^{+2.1}$/PE100	$16.6^{+3.3}$/PE100	$20.5^{+4.0}$/PE100
250	250.0	252.3	$14.8^{+2.3}$/PE100	$18.4^{+3.6}$/PE100	$22.7^{+4.5}$/PE100
280	280.0	282.6	$16.6^{+3.3}$/PE100	$20.6^{+4.1}$/PE100	$25.4^{+5.0}$/PE100
315	315.0	317.9	$18.7^{+3.7}$/PE100	$23.2^{+4.6}$/PE100	$28.6^{+5.7}$/PE100
355	355.0	358.2	$21.1^{+4.2}$/PE100	$26.1^{+5.2}$/PE100	$32.2^{+6.4}$/PE100
400	400.0	403.6	$23.7^{+4.7}$/PE100	$29.4^{+5.8}$/PE100	$36.3^{+7.2}$/PE100

聚丁烯（PB）管外径及公称壁厚（mm）　　表 5.5.10-2

公称外径 dn	平均外径		公称壁厚
	最小	最大	
20	20.0	20.3	$1.9^{+0.3}$
25	25.0	25.3	$2.3^{+0.4}$
32	32.0	32.3	$2.9^{+0.4}$
40	40.0	40.4	$3.7^{+0.5}$
50	49.9	50.5	$4.6^{+0.6}$
63	63.0	63.6	$5.8^{+0.7}$
75	75.0	75.7	$6.8^{+0.8}$
90	90.0	90.9	$8.2^{+1.0}$
110	110.0	111.0	$10.0^{+1.1}$
125	125.0	126.2	$11.4^{+1.3}$
140	140.0	141.3	$12.7^{+1.4}$
160	160.0	161.5	$14.6^{+1.6}$

【说明】

1　宜采用聚乙烯管（PE80 或 PE100）或聚丁烯管（PB），不宜采用聚氯乙烯（PVC）管。

2 除别墅类小型工程外，大部分采用地源热泵的建筑，其垂直地埋管长度一般不少于50m；同时考虑循环水泵扬程、定压点压力等，地埋管系统最低点不能超过管材承压，故管材的最低公称压力不应小于1.0MPa。

5.5.11 地埋管应以清洁水作为换热介质。对于严寒地区和寒冷地区，当存在冻结危险时，传热介质中应添加防冻剂，并且热泵的供冷供热工况转换应优先采用在冷媒侧通过四通阀进行切换。

【说明】

在一般情况下，应以水作为换热介质。

在严寒地区和寒冷地区，地源热泵冬季供热时，地埋管侧水温存在低于4℃的情况时，建议添加防冻液，避免地埋管侧存在冻结的风险。目前应用较多的防冻剂主要有：氯化钙和氯化钠水溶液，乙烯基乙二醇和丙烯基乙二醇水溶液，甲醇、异丙基、乙醛水溶液和醋酸钾和碳酸钾水溶液。显然，这种情况下热泵机组的蒸发温度非常低，供热*COP*也显著降低。同时，防冻剂对管道与管件的腐蚀性，防冻剂的安全性、经济性及对换热都可能带来不利的影响。因此，一般情况下不宜采用这种方式。

当必须采用防冻液时，为了防止在工况转换时采用水侧切换过程中防冻液进入各供暖空调末端，故建议优先采用机组冷媒侧通过四通阀进行切换的方式。但目前市场上，中大型热泵机组的内部均无四通阀，只能采用水侧四通阀切换方式。此种情况下，要求在冬夏转换时，放空地埋管内带有防冻液的水，清洗后灌入清水，再转换为夏季供冷状态。带防冻液的水应收集存储，并用于下一个冬季。设计时需要考虑防冻液储存装置的专用存放空间。

5.5.12 地埋管换热器的设计，应符合以下技术要求：

1 夏季运行期间，地埋管换热器出口最高温度宜大于或等于33℃；冬季运行期间，不添加防冻剂的地埋管换热器进口最低温度应小于或等于4℃；

2 地埋管钻孔区域的尺寸，不宜大于地下水径流在1个供冷季或供暖季内（或按照4个月计算）的流动距离；

3 水平地埋管换热器可不设坡度；最上层埋管顶部应在冻土层以下0.4m，距地面不宜小于0.8m，且不宜设置在汽车通行道之下；

4 竖直地埋管换热器埋管深度宜在20～100m，最大深度不宜超过120m，且环路集管不应包括在地埋管换热器计算长度内；钻孔孔径不宜小于110mm，钻孔间距应满足换热需要，间距宜为5～6m，不应小于4.5m。水平连接管的深度应在冻土层深度以下0.6m且距地面大于或等于1.5m；

5 单U形管内的设计流速宜大于或等于0.6m/s，双U形管内的设计流速宜大于或

等于0.4m/s，垂直地埋管的水平环路集管敷设坡度宜大于或等于0.2%，坡向地埋管孔；

6 地埋管环路两端应分别与供、回水环路集管相连接，且宜同程布置；每对供、回水环路集管连接的地埋管环路数宜相等；埋地的供、回水环路集管的间距应大于或等于0.6m，有条件时应尽可能加大；

7 地埋管换热器安装位置应远离水井及室外排水设施，并宜靠近机房设置；

8 地埋管换热系统应设自动充液及泄漏报警系统；

9 地埋管换热系统应根据地质特征确定回填料配方，回填料的导热系数不应低于钻孔外或沟槽外岩土体的导热系数；

10 地埋管换热系统宜按照定流量系统设计；

11 应考虑地埋管换热器的承压能力，若建筑物内系统压力超过地埋管换热器的承压能力时，应设中间换热器将地埋管换热器与建筑物内的水系统分开；

12 地埋管换热系统宜设置反冲洗系统，冲洗流量宜为工作流量的2倍。

【说明】

1 地埋管为闭式系统，其设置位置不当会影响取热的能力，从而影响地源热泵机组的正常运行，故对地埋管的形式、设置位置等提出要求和建议。

2 为了保证每个地埋管钻孔都能够较好的传热，钻孔区域的面积和尺寸不宜过大，以防止中心布置的部分钻孔传热性能下降。

3 为确保地埋管换热器及时排气和强化换热，地埋管换热器内流体应保持紊流状态。

4 一般应在分水器或集水器上预留补水管，在系统循环回路上设开式膨胀水箱或闭式稳压罐，安装压力表、温度计、流量计等测量仪器。

5.5.13 地下水地源热泵系统的设计，应符合以下要求：

1 应符合当地政策、法规的相关要求，取得水资源管理部门的许可，并应根据水文地质勘察资料进行设计；

2 必须采取可靠的回灌措施，确保换热后的地下水全部回灌到同一含水层，并不得对地下水资源造成浪费及污染；

3 地下水的持续出水量应满足地源热泵系统最大吸热量或释热量的要求；

4 热源井设计应符合现行国家标准《管井技术规范》GB 50296的相关规定，并采取减少空气侵入的措施；

5 热源井数量应满足持续出水量和完全回灌的需求；抽水井与回灌井宜能相互转换，其间应设排气装置。抽水管和回灌管上均应设置水样采集口及监测口；

6 热源井位的设置应避开有污染的地面或地层；热源井井口应严格封闭，井内装置应使用对地下水无污染的材料；

7 热源井井口处应设方便人员维护的检查井；

8 地下水换热系统应根据水源水质条件采用直接或间接系统；当地下水取水系统采用按照变流量设计时，热泵机组应适应要求的变流量工况条件；

9 地下水供水管道宜保温。

【说明】

抽取地下水会造成地下含水层的水体容积变化，为避免出现地面塌陷（沙漏效应）等地质问题，要求同等水量的同层回灌；同时应采取防止回灌水被污染的措施，保护地下水资源；通常采用设置抽水量、回灌量及其水质的实时监测系统来实现。

取水井与回灌井的互换措施，也是降低地下水层的不均匀性、保证回灌的有效措施。

地下水的取水量应满足系统的需求，否则应采取其他补充措施。

地下水的取出，相当于在地面开口，避免对地下水质的污染，要求井口封闭。

5.5.14 **当采用中深层地下水时，地热换热器的埋管形式通常采用同轴套管式，以供热形式为主，其室内放热末端可采用地板辐射供暖、散热器、空调机组及风机盘管等形式。**

【说明】

从地下1500～3000m深、温度在70～90℃甚至更高范围的岩石中提取地热能作为热泵系统低温热源，称之为中深层地热源热泵系统。

中深层地热源热泵系统与浅层地源热泵系统相比，主要的区别在于：

1 前者埋管深度较深，其取热量只与土壤热物特性、地下水等有关，全年取热量稳定，换热器延米换热量为120～130W/m，由于提取温度较高，只能冬季供热，难以作为夏季排热的热汇。后者地埋管深度通常在50～200m，会受到环境温度的影响，取热温度范围通常在4～35℃，可取热也能排热，换热器每延米取热量只有35～40W/m，排热量为50～70W/m；由于利用土壤作为蓄热体，需进行全年取热放热平衡计算；

2 前者为封闭式双层套管结构（见图5.5.14），外管通常采用钢管起固定及强化传热的作用，而内管则用塑料管以对循环水进行一定程度的保温。后者为单层塑料管。

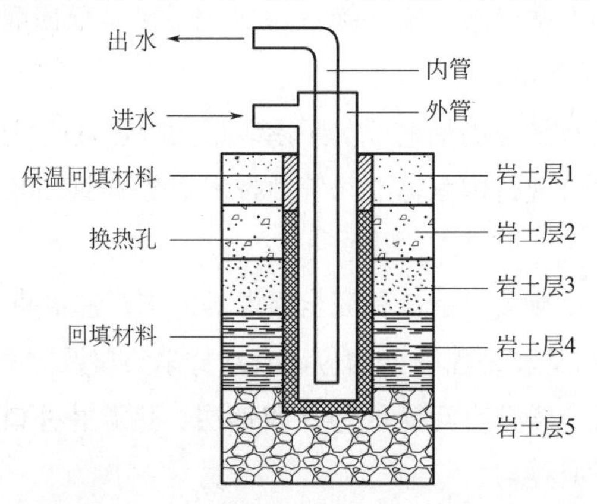

图5.5.14 中深层地热源热泵系统管孔示意图

3 地埋管布局：前者地埋管数量少，一孔地埋管换热器可提供的供热量远远大于后者；后者因为单孔换热器的换热量较小，需要占据一定的土地面积来布置地埋管；可横向或竖向布局，当取热与排热不平衡时，地下介质的温度逐年变化会导致地下换热性能变差。

4 前者是对地下深层热能的应用，但由于目前行业中对这部分地勘和地下热能资源的资料有限，因此在确定采用深层地热时，应在方案设计之前先进性热能的地勘工作，确保有可利用的热能时方可设计。因此与后者相比，前者目前的设计带有一定的不确定性。

当设计项目的周围有已经使用的同类系统时，可作为方案阶段的参考。

5.5.15 **地表水地源热泵系统的设计，应符合下列原则：**

1 **应根据水资源情况，地表水深度、面积，地表水水质、水位、水温情况综合确定设计方案；**

2 **应符合水资源利用的整体规划，并在取得水环境评价许可后，方可实施；**

3 **地表水水质符合水源热泵机组的使用标准时，可采用直接式系统；水体中含有较多的杂质，或对于水源热泵换热器以及钢管有较强的腐蚀性时，宜采用间接式系统。**

【说明】

水资源利用的整体评价和环评，包括对该处水资源的全部利用点而不仅仅是某一个项目，因此需要水资源管理部门对拟采用的方案进行评估并给出许可后才能进行项目的实施。评估的重点内容包括：

1 水体温度变化的评估。原则上，无进流和出流的地表水源不宜采用水源热泵系统；但对于水体容量非常大、无稳定进流和出流的地表水体（例如大型人工湖泊或水库），与自然状态相比，如果夏季水体的平均温升小于或等于1℃或冬季水体的平均温降小于或等于2℃时，可以考虑。

2 对于江河水，实时取水流量不应大于该时刻的江河水流量。

3 为了确保设备及管道系统的使用寿命和安全，对水质提出要求，当水质不满足要求时，应设置中间换热器，隔绝水质对设备及管路的损害，且不应采用化学方法对地表水进行水质处理。

5.5.16 **地表水的取水口及排水口的设置，应符合以下要求：**

1 **取水口应设在水位适宜、水质较好的位置；**

2 **取水进入热泵机组前，应设置过滤、清洗、灭藻等水处理措施；**

3 **取水口及排水口的流速，均不宜大于1.0m/s；**

4 **排水口应尽可能远离取水口，防止排水与取水之间的短路；对于江河水应用时，排水口应位于取水口的下游。**

【说明】

取水的水质、水温是影响江河水源热泵机组正常运行的主要因素，故提出以上要求，为热泵机组运行提供最佳条件。

5.5.17 **江河水源热泵系统设计时，应考虑江河丰水与枯水季节的水位变化：**

1 **热泵机组及其取水和排水管道的安装标高，宜低于枯水季最低水位；**

2 **当热泵机组安装标高高于枯水季水位时，可采用水位下设置换热器的间接式系统，热泵机组与换热器之间形成闭式循环系统；**

3 **根据江河的丰水季水位确定地表水侧设备及管道的工作压力。**

【说明】

1 江河水源热泵的室外侧为开式系统，其定压来自江河水的水面，在枯水季节江河水位最低，热泵系统的室外侧低于此水位才能保证热泵系统的管路不倒空，从而避免空气进入管路，影响水泵和热泵机组的运行。

2 水位下换热器可采用低于枯水季水位设置换热器、水底埋管换热方式、“抛管”等方式，枯水季最低水位应比换热管顶部标高高出 1.5m 以上。

3 江河在丰水季节的水位最高，对水下设备及管道的压力最大，故此时是最不利的运行条件，按此确定工作压力。

5.5.18 **间接式地表水换热系统宜为同程系统，每个换热器的水流阻力宜相同或接近，每个环路集管内的换热环路数宜相同，且宜并联连接。水温差宜取下列数值：**

1 **换热器出水温度与水体的温差：夏季工况 5～10℃；冬季工况 3～5℃；**

2 **换热器进水温度：夏季工况 30～32℃；冬季工况 6～8℃；**

3 **地表水换热器的阻力应小于或等于 100kPa；环路集管比摩阻可按 100～150Pa/m 设计，管内流速宜小于或等于 1.5m/s；系统供回水管比摩阻可按 100～200Pa/m 设计，管内最大流速不应超过表 4.7.6-1 的规定。**

4 **冬季有冻结危险地区的防冻措施，可参见第 5.5.11 条。**

【说明】

当每个换热器的水流阻力相同时，同程系统较容易实现水力平衡，每个支路的进出口水温接近也避免混合造成的热损失，在维护困难的区域是首选方式。

5.5.19 **水源热泵系统中，水源侧的水质应满足热泵机组产品的要求，并根据实际情况采取相应的水处理措施。**

【说明】

1 当源侧水含砂量较大时，为避免机组和管网遭受磨损，可在水系统中加装旋流除砂器；如果工程场地面积较大，也可修建沉淀池除砂；

2 当水中含铁量大于0.3mg/L时，应在水系统中安装除铁处理设备；

3 通常在地下水循环管路中安装综合电子水处理仪，防止地下水中的Ca^{2+}、Mg^{2+}离子在热泵换热器中结垢；同时，还可利用综合电子水处理仪杀菌灭藻；

4 对浑浊度大的水源，应安装净水器或过滤器对其进行有效过滤；

5 对于地下水矿化度较高，对金属的腐蚀性较强，采用水处理的办法费用较高时，宜采用板式换热器间接换热的方式。当地下水的矿化度不大于350mg/L时，水源系统可以不加换热器，采用直接连接；当地下水矿化度为350～500mg/L时，可以安装不锈钢板式换热器；当地下水矿化度大于500mg/L时，应安装抗腐蚀性较强的钛合金板式换热器。

5.5.20 **当地表水体为海水时，与海水接触的所有设备、部件及管道应具有防腐、防生物附着的能力；与海水接触的所有设备、部件及管道应具有过滤、清理的功能。**

【说明】

在海水的取水口处应设置拦污条格栅以及杀菌、防生物附着装置，取水口的最大允许流速宜小于或等于0.2m/s。

海水换热器应选用板式，材质为钛或海军铜，换热器应具备可拆卸性。海水泵材质应具有耐海水腐蚀和抗污损能力，如潜水泵宜采用不锈钢材质，循环泵可以采用阳极保护法等。海水管道的材质：管径小于等于600mm时，宜采用高密度聚乙烯塑料管；管径大于600mm时，可采用混凝土管道或钢管，并应考虑防腐措施，如采取内刷防腐、祛生物附着涂料和阴极保护相结合的防腐措施。添加防冻剂的换热介质涉及的管道及阀件，其与介质直接接触部位材质均不应含有金属锌。

海水输配管道及与海水接触的设备应采取海水电解杀菌祛藻等防止海洋生物附着的措施。

靠近海边设置的热泵站房内的外表面接触大气的设备、管道及金属结构也应同时采取适合海滨空气特征的防腐措施。通常为涂刷环氧类防腐涂料，如环氧富锌、防锈环氧云铁、环氧沥青等。

5.5.21 **用污水作为低位热源时，接入水源热泵机组或中间换热器的污水，应满足现行国家标准《城市污水再生利用 工业用水水质》GB/T 19923或《城市污水再生利用 城市杂用水水质》GB/T 18920等标准的要求。**

【说明】

污水包括城市污水处理厂二级处理水、中水（或再生水）以及原生污水。

5.5.22 **在确定采用城市污水处理厂二级处理水（或再生水）、中水污水源热泵系统前，**

应进行详细的技术经济分析，分析时应考虑如下因素：

1 污水水质、水温及水量的变化规律；

2 与系统设计有关的气象参数变化规律；

3 所服务建筑与污水源侧的距离；

4 所服务建筑的冷、热负荷设计指标与预测的系统全年总供热、供冷量；

5 输配能耗与投资等技术经济比较；

6 地方政策因素。

【说明】

二级处理水、再生水或中水作为地表水源形式，其供冷/热的能力与水的参数、当地气候环境等密切相关；水净化处理成本较高，远距离输送时，输送能耗在整个空调系统中占比也较大。

5.5.23 原生污水源热泵系统仅适用于原生污水量相对稳定的小型建筑；热泵供冷与供热的功能转换必须采用冷媒侧切换方式，且原生污水进入热泵机组时应有可靠的消除杂质与防阻塞措施。同时，还应做污水应用的环境安全与卫生防疫安全评估，并应取得当地环保与卫生防疫部门的批准。

【说明】

原生污水源热泵系统应就近利用建筑所产生的原生污水，且污水量相对稳定，因此机组安装容量不宜过大。

为了防止污水进入空调冷热水系统，冷热功能的转换必须在冷媒侧进行。

污水使用后应排放到城市污水管网之中。

5.5.24 采用城市污水处理厂二级处理水（或再生水）、中水的污水源热泵系统时，应采取以下防止污水对用户侧水造成污染的措施：

1 供冷供热功能转换，采用冷媒侧切换；

2 采用中间换热器，热泵机组与换热器构成间接式循环水系统，功能切换方式按照第5.5.25条的要求设计。

【说明】

由于污水与清水在酸碱度、污物等方面存在差异，供冷、供热若在机外转换，污水在不同工况下进入冷凝器/蒸发器，很难彻底清洗干净，季节转换后，室内清水从冷凝器/蒸发器带出的污物会扩散到整个室内水路管网，故要求供冷供热转换在机组内完成，彻底隔绝污水污染清水的可能性。

中间换热器的设置，水源热泵机组的冷凝器和蒸发器均通入清水，故切换方式由机组容量决定。

5.5.25 水源热泵机组供冷供热功能的转换方式，除符合第5.5.23条和第5.5.24条的要求外，还应根据其制冷或制热容量，并符合以下要求：

1 单台机组或多机头机组的单机头制冷量小于或等于250kW时，应采用冷媒侧切换；

2 单台机组或多机头机组的单机头制冷量在250～450kW时，可采用冷媒侧切换；

3 单台机组或多机头机组的单机头制冷量大于450kW时，宜采用水侧切换。

【说明】

1 从使用上看，直接采用冷媒侧进行冷热工况的切换是最为方便的。水侧切换的管道系统复杂，切换操作复杂，切换过程中水源侧和用户侧的水会存在一定程度的掺混，对用户侧的水质保障不利；对于高层建筑还同时存在源侧（尤其是采用地埋管方式）水压过大的风险。

2 目前的风冷热泵产品，单机头的最大容量在400～450kW，采用的都是冷媒侧切换方式。根据这一实际情况，单机头制冷量小于或等于250kW的水源热泵，采用冷媒切换方式是完全可行也是应该这样做的。单台头制冷量在250～450kW时，优先推荐选用冷媒侧切换方式。单机制冷量大于或等于450kW时，鉴于目前的产品情况，建议按照水侧切换进行设计。

5.6 区域供冷供热系统与室外冷热管网

5.6.1 已有城市或区域热网的地区，建筑供暖空调的热源优先采用城市或区域供热。

【说明】

充分利用现有热网的供热能力，减少重复投资，也可以提高能源的利用率。

5.6.2 区域冷热网内用户的运行管理不由一个单位负责时，各用户与冷热网宜采用间接连接方式。

【说明】

无法对各用户统一管理时，为了防止因某个用户的管理不善而对整个冷热网造成影响，宜通过中间换热器连接而不宜直接连接。

5.6.3 采用区域供冷系统，除满足第5.1.2条外，还应满足以下全部条件：

1 除严寒地区外，需要集中供冷的公共建筑群；

2 符合地区城市规划要求、具备规划建设区域供冷站及其管网，且经技术经济分析

比较合理；

3 供冷区域内的用户明确，集中供冷的公共建筑总容积率大于或等于 2.0 以上或者区域供冷的空调系统冷负荷密度大于或等于 60W/m² 建筑面积；

4 区域内的建筑全年连续运行总时间需求不少于 1600h，或折算满负荷运行时间不少于 600h。

【说明】

除了第 5.1.2 条的相关规定外，本条中的各款也都应是建设区域供冷系统的必备条件，缺一不可。

1 城市公共建筑群街区的区域供冷系统，从冷水输送半径上应满足第 5.1.2 条第 2 款的规定。

2 由于城市规划等原因（例如：各建筑的空调制冷系统的散热装置位置影响规划或相互影响等），某些区域有建设区域供冷的需求。这时应对区域冷站及其管网的建设条件进行详细的落实，并结合需求和实际建设条件，以及拟建设的区域供冷系统的特点，进行详细的技术经济分析（能耗分析时应进行全年能耗计算，经济分析宜采用全寿命期经济分析方法）。

3 只有用户明确，才能保证区域供冷的负荷率和设备的利用率。区域内公共建筑的总容积率大于或等于 2.0 以上，或者空调设计冷负荷密度大于或等于 60W/m² 建筑面积 的街区，与容积率为 5.0～6.0 的采用中央空调系统的单体建筑的情形相当。

4 区域供冷要取得合理的经济效益，全年的连续供冷运行时间和负荷率是一个非常重要的影响因素。

5.6.4 当室内有不同的系统形式，需要的介质温度、阻力差别较大或使用时间不一致时，宜按不同参数分别设置室外管网。当各系统需要的参数差距较小、经经济技术比较后确定采用同一管网时，各建筑的冷热水设计回水温度均不应低于区域冷热站的设计回水温度，并在建筑物入口分系统设置调节控制装置，必要时可设置换热系统、混水泵或多级输送泵。

【说明】

室内供暖空调系统，由于系统形式不同，其需要的参数也各不相同。既有水温参数的区别，也有工作压力或系统循环阻力的差别。当这些差别较大时，管网宜分别设置；当差别较小、分开设置带来的经济性不好时，可合并为同一管网，但从区域冷站的运行参数要求和系统热平衡的角度，要求各建筑的冷水设计回水温度，均不应低于区域供冷站的设计回水温度。

5.6.5 区域供冷与供热系统设计应考虑系统分期建设与投运的要求，根据区域内各用能

单位的投入运行时间和使用强度，结合技术经济分析，确定区域供冷与供热系统的建设时序，并在设计中采取保证后续工程施工尽可能不影响既有系运行统的措施。

1 冷热源站房中的冷热源与水泵等设备，设计时可按照建成后的初期容量配置；机房内各供回水总管，宜按照规划的总用量设计与安装；设备位置以及分区支管接口，应在设计中预留到位；

2 区域管网宜按照规划总用量进行设计和建设。

【说明】

区域供冷与供热系统设计不是传统建筑暖通设计的简单放大，避免传统建筑暖通设计中“选型够用”的理念，应通过良好的项目规划、分期建设等手段，充分吸收行业内部分能源站设计偏大、负荷增长缓慢等教训，通过精细化的设备选型和系统设计，避免过大的设计冗余而出现的“大马拉小车”现象。

为了防止使用过程中对管网的改造和由此产生的水力工况失调等情况，区域供冷供热的管网和机房内的供回水总管宜按照规划总用量进行设计和建设，并按照规划预留好相应的接口。从经济性出发，机房内的设备可采用分期投入的方式，但设计时应预留相应的设备位置和其他条件（结构荷载、配电系统等）。

5.6.6 区域供冷供热管网，应采用变流量系统；在规划总设计流量时的管内最大设计流速宜≤3m/s。

【说明】

末端变流量是空调区域参数控制的基本要求。当末端需求流量减小时，相应的供水总流量也应减少，以降低输送水泵的运行能耗。

有相关研究表明，水流速大于3m/s时，管道及附件的磨损快速增加，对系统的寿命带来不利影响。

5.6.7 区域供冷与供热管网系统的设计应综合考虑冷、热源与区域的现状及发展规划和各用能单位的功能与特点。一般情况下宜采用枝状管网，但当系统内有某些供冷供热不允许间断的用户，或经技术经济论证合理时，可采用环状管网。

【说明】

首先，应考虑经济合理，主干线力求短直，尽量布置在热负荷集中区。

其次，对周围环境影响小而协调，管线应少穿越主要交通线，一般平行于道路中心线并应尽量敷设在车行道以外的地方，当必须设置在车行道下时，宜将检查小室人孔引至车行道外的地方。通常情况下管线应沿街道一侧敷设。

最后，合理选择管网敷设形式。管网布置主要有枝状和环状两种形式。枝状布置是一种常用的管网形式，具有简单、投资低、运行管理方便等优点。环状布置的主要优点是具有很高的供热后备能力，当输配干线某处出现事故时，可以切除故障段后，通过环状管网由另一个方向保证供热。环状管网相比枝状管网投资高，设计计算略微复杂，但安全可靠性较高，且对于系统的水力平衡较为有利。

5.6.8 确定区域供冷与供热设计容量和外网各管段冷热负荷时，应符合以下原则：

1 各管段的设计冷热负荷均应按照所服务对象的冷热负荷综合最大值确定；冷热负荷综合最大计算值的确定应考虑同时使用系数，必要时可采用绘制冷、热负荷曲线方式。

2 管网负荷中，不应计入备用冷、热源及设备的供热能力。

3 采用环状管网时，环状管网的环形干管可按照该环状管网内各用户的最大冷热负荷的 70%计算。

4 冷水管网的冷负荷，按式（5.6.8-1）计算：

$$Q_l = K_1 \times K_2 \times \Sigma Q_i \tag{5.6.8-1}$$

式中 Q_l——各管段的冷负荷综合最大值，kW；

K_1——冷水管网损耗系数（包括冷损失及漏损），可取 1.05～1.1；

K_2——各用户的同时使用系数，可按以下选取：机场、轨道交通枢纽、商业综合体，0.75～0.9；商业、办公、酒店等商务综合区，0.7～0.85；大学园区的教学楼、实验楼、办公楼，0.6～0.75；

ΣQ_i——各用户的设计冷热负荷，kW。

5 热水和蒸汽管网的热负荷，按式（5.6.8-2）计算：

$$Q_r = K_1 \times [(K_n \times \Sigma Q_n) + (K_k \times \Sigma Q_k) + (K_s \times \Sigma Q_s)] \tag{5.6.8-2}$$

式中 Q_r——各管段的热负荷综合最大值，kW；

K_1——热水或蒸汽管网损耗系数（包括热损失及漏损），热水管网可取 1.05～1.1，蒸汽管网可取 1.08～1.15；

K_n——各用户供暖系统热负荷同时使用系数，见第 5.1.3 条说明，取值≤1.0；

K_k——各用户空调通风系统热负荷同时使用系数，可取 0.6～0.9；或根据不同建筑来确定：酒店建筑为主的区域，0.85～0.95；商业、办公建筑为主时，0.7～0.8；机场、轨道交通枢纽、商业综合体，0.6～0.7；

K_s——各用户生活热水及生活用蒸汽系统热负荷同时使用系数，可取 0.35～0.5；

Q_n——各用户供暖系统设计热负荷，kW；

Q_k——各用户空调通风系统设计热负荷，kW；

Q_s——各用户生活热水及生活用蒸汽系统设计热负荷，kW。

【说明】

区域冷热源站房的安装容量，直接影响投资的经济性和运行能耗。同时使用系数是一个很难准确确定的数据，应根据实际调研和建设需求来确定。从目前的实际情况看，区域供冷大都存在设计装机容量过大，导致冷源装置低负荷运行情况较为普遍（即使多台机组，也因为其单台容量过大，导致输配能耗占比较高）。

区域供冷系统是针对多个建筑而言的。这里提到的机场、轨道交通枢纽等，指的都不是单一建筑，而是该区域建筑群。

1 从供冷来看，大学的公共建筑部分，实际上都不会是全部同时使用的，因此其同时使用系数为所列的几类建筑群区域中的最低值。机场、轨道交通枢纽、商业综合体等，其使用的同时性较强，所以取值较高；但它们也存在各建筑出现冷负荷的时间不一致的情况，也应做适当的修正。

2 目前的热负荷计算大都采用的是稳定传热方法，并且计算过程中基本不考虑室内热源（人员、灯光和设备）的发热。实际运行过程中，考虑到对末端调控的设计与节能要求，实际上也会存在各建筑的热量相互补偿或转移的情况。其中，居住建筑（包括酒店等公共建筑），对供暖的保障要求最高，因此取值最大。机场、轨道交通枢纽、商业综合体等，通常是白天使用，且使用时段的室外温度一般会高于当地的供暖或冬季空调室外计算温度，因此，同时使用系数取值最小。

3 环状管网具有较大的自主平衡与调节能力。尽管环形干管设计总流量应小于为环形管之前的总管流量，但简单地采用50%来拆分并不合理，还应考虑到满足不允许供热间断的可靠性要求，环形干管的总流量宜按照输配干线某处出现事故时，能保证正常供热。

4 由于供暖系统对于建筑来说基本上是整个冬季都需要的。一些建筑为了节能，在非使用时段可能会适当调低室内温度，但为了建筑内的防冻，不能完全关掉热源系统，因此供暖热负荷的同时使用系数宜小于或等于1.0。

5.6.9 管网中各环路的设计水流量应根据设计负荷及设计供回水温差来确定，各水环路的设计温差应相同。当冷热水管道合用时，应按照其中的流量较大者确定管道。冷、热水管网各管段的设计流量，应按下式计算：

$$G=3.6\frac{Q}{c\times\Delta t} \tag{5.6.9}$$

式中 G——管网设计流量，t/h；

Q——设计冷、热负荷，kW；

c——水的比热容，kJ/（kg·℃）；

Δt——供回水设计温差，℃。

【说明】

对于冷热水合用的管网，要分别满足冬、夏季的不同要求，因此应按照其需求的较大者作为计算和设计依据。

5.6.10 蒸汽管网的设计流量，应按各用户的最大蒸汽流量之和乘以同时使用系数确定。当供热介质为饱和蒸汽时，设计流量还应考虑由于管道热损失产生的凝结水量。

【说明】

本条是对各用户直接使用蒸汽（而不是用蒸汽作为加热介质）时，对蒸汽管网计算流量的规定。同时使用系数可按0.6～0.9取值。

5.6.11 当区域供冷与供热系统规模较大，或冷热水的供回水参数与建筑末端系统的要求参数相差较大时，宜采用间接连接系统。当采用直接连接系统时，冷热水系统的静压应按照系统内所连接的最高建筑的静水压力计算。

【说明】

从建筑设计与建设周期看，区域供冷和供热系统中各建筑并不一定会与区域冷热系统同时建设。因此，区域供冷供热系统在设计时应考虑到本区域内未来各建筑的使用需求。区域供冷供热系统与建筑内的末端冷热水系统隔离，对前者的安全性与可靠性是最有保证的，这样可以防止各建筑的故障对区域系统带来的影响。当然，由于间接换热会存在一定的烟损失，因此当区域供冷供热系统的规模较小时，也可采用与建筑内末端的直接连接方式，但这时应以技术参数需求最高（供水温度及温差、静水压力等）的建筑作为区域供冷供热系统的设计依据。

5.6.12 室外管道一般采用地下敷设，并符合以下原则：

1 应根据经济技术分析比较和运行管理的需求，确定地下敷设的方式；

2 在综合管廊内敷设时，不得与输送有易挥发、易燃、易爆介质的管道设置于同一舱室内。热力管道的标高应高于冷水，且不应与电缆同舱（或同沟）敷设。

【说明】

1 不同的管道敷设方式对经济性和运维的影响不同。一般的地下敷设方式有：管沟敷设、直埋敷设或综合管廊敷设。

2 热力管道包括热水管、蒸汽管和蒸汽凝结水管。冷水管道可以与热力、自来水、压缩空气、压力排水以及10kV以下的电缆管等管道在同舱室（或同沟）敷设。为了防止热力管道的散热对冷水管道和电缆加热带来的不利影响，热力管道的标高应高于冷水管道，且不应与电缆同舱室（或同沟）敷设，以防止电缆载流能力下降。

5.6.13 管线及附件设置，应符合以下要求：

1 地下敷设的管沟和管道坡度不宜小于0.002，蒸汽及其凝结水管道的坡向应与管道内的介质流向相同，冷热水管的坡向宜与水流方向相反；

2 当冷热水管及蒸汽凝结水管的坡向设置有困难时，各管段的相对高点应安装放气装置，低点应安装泄水装置；

3 当蒸汽管道需要垂直提升或其坡度无法顺蒸汽流动方向设置时，蒸汽管道的低点、垂直升高的管段前以及逆坡蒸汽管道每隔200～300m应设启动疏水和经常疏水装置。经常疏水装置排出的凝结水宜排入凝结水管道，当排入下水管时，排放前应降温至40℃以下；

4 冷、热水的充水处应设置口径较小的手动充水阀和供回水总管之间的手动旁通阀；蒸汽管应设置启动暖管手动阀；

5 蒸汽管网的疏水、放水与排气管管径见第6.6.13条，冷热水管放气、泄水、旁通管直径见表5.6.13。

管道放气、泄水、旁通管公称直径 **表5.6.13**

总管公称直径 *DN*(mm)		50～80	100～150	200～250	300～500	500～800
热水、冷水、	放气管	15	20	25	25	32
	放水管	25	32	40	50	70
冷、热水专用充水管及旁通管		20	25	32	40	40

【说明】

1 水平管道应有一定的敷设坡度。蒸汽及其凝结水管，坡向宜与流向相同，以利于凝结水被带走和排出。冷热水管的坡向与水流方向相反，有利于水中的空气被排出。

2 当室外敷设的管道较长，连续单向的坡向设置可能会存在一定的困难时，允许冷热水管逆坡设置或凝结水管做局部垂直提升，但应做好高点放气、低点泄水措施（包括两个阀门之间每一个管段的高点和低点）。

3 当室外敷设的管道较长时，蒸汽管的坡向设置也会出现同样的情形，这时可将蒸汽管垂直提升或局部逆坡设置。但由于蒸汽管在输送过程中会出现沿程凝结的现象，因此在每段蒸汽管的相对较低处，都应设置启动疏水（当蒸汽间歇使用时，排出蒸汽管中的凝结水）和经常疏水装置（当蒸汽间歇使用时）。

4 为了有利于水系统中气体的排出，水系统初次充水时，应尽可能做到缓慢充水，并在系统充满水之后关闭。在高温高压的蒸气管道启动暖管时，为了防止管道短时间的剧烈伸缩变形，也宜设置专用的小口径手动“充汽阀”。

5.6.14 室外管沟的设计应符合以下原则：

1 应根据工程的现场条件和运行管理的需求，合理确定管沟的尺寸；

2 设置必要的、维修人员可进入的检查井（室）、人孔及事故人孔；

3 保证必要的管道和附件的安装空间和维修空间；

4 没有特殊要求时，管沟尺寸可按表5.6.14采用。

管沟敷设时的相关尺寸要求　　表 5.6.14

管沟类型	管沟净高（m）	人行通道净宽（m）	保温表面与沟墙净距（m）	保温表面与沟顶净距（m）	保温表面与沟底净距（m）	保温表面间净距（m）
通行管沟	≥1.8	≥0.6	≥0.2	≥0.2	≥0.2	≥0.2
半通行管沟	≥1.2	≥0.5	≥0.2	≥0.2	≥0.2	≥0.2
不通行管沟	—	—	≥0.1	≥0.05	≥0.15	≥0.2

【说明】

保证管道安装、人员维护管理和检修所需要的空间。

5.6.15　应按照以下要求设置检查井（室）和人孔：

1　通行管沟与半通行管沟：当设置有蒸汽管道时，人孔间距不应超过 100m；只有热水、冷水管道时，检查井（室）间距不宜大于 400m；

2　管沟内设置有管道附件和附属设备的位置，应设检查井（含人孔）。

【说明】

设置检查井（室）是为了日常的运行维护。

5.6.16　检查井（室）和人孔的设计，应符合下列规定：

1　净高不应小于 1.8m，干管保温结构外表面与检查室地面距离应大于或等于 0.6m；

2　人孔应避开检查室内的设备，人孔直径应大于或等于 0.7m；当检查室净空面积小于或等于 $4m^2$ 时可设 1 个人孔；检查室净空面积大于或等于 $4m^2$ 时，人孔数量以 2 个以上，并对角布置；

3　检查井（室）地面标高应低于管沟内底标高 0.3m 以上，并在人孔下方设置集水坑；

4　检查室内爬梯高度大于 4m 时，应设护栏或在爬梯中间设平台；

5　整体混凝土结构的通行管沟，每隔 200m 宜设一个安装孔。当需要考虑设备或管道进出时，安装孔宽度还应满足设备或管道进出的需要。

【说明】

对检查井（室）设置的具体要求。

5.6.17　管道热补偿设计，应符合以下要求

1　管道活动端热伸长量应按下式计算：

$$\Delta L=\alpha(t_1-t_2)L\times1000 \tag{5.6.17}$$

式中　ΔL——管段的热伸长量，mm；

α——钢材的线膨胀系数，一般可取 1.2×10^{-6}m/（m·℃）；

t_1——管道工作循环最高温度，℃；

t_2——管道安装温度或工作循环最低温度，℃；采用套筒补偿器时，t_2 应取管道安装温度和工作循环最低温度中的较低值；采用方形补偿器、波纹补偿器时，t_2 应取管道工作循环最低温度；

L——计算管道的长度，m。

2 宜优先选用波纹补偿器；波纹补偿器安装时应进行预变形，预变形长度应根据安装温度和工作流体的温度情况来考虑。

3 选用套筒补偿器时，应计算各种安装温度下的补偿器安装长度，并保证管道在可能出现的最高、最低温度下，补偿器留有不小于 20mm 的补偿余量。

【说明】

波纹补偿器使用方便，且不存在泄漏情况。在设计时，需要考虑安装温度（一般可以按照 20℃考虑）与工作温度，并在设计中提出预拉或预压的要求。当管内为热水时，应预拉其自由长度的 30%～50%；当管内为空调冷水时，宜预压其自由长度的 15%～30%。

5.6.18 管道支架的垂直荷载应包括钢管、保温结构及管内介质的重量，蒸汽管道如果采用水作为压力试验时，还应考虑压力试验时的充水重量。管道支架的设置，还应符合以下要求：

1 采用方形补偿器或波纹管补偿器时，应对管道设置导向支架；

2 活动支架之间的最大允许间距见表 5.6.18-1；

3 固定支架之间的最大允许间距见表 5.6.18-2。

管道活动支架最大间距　　表 5.6.18-1

管道公称直径 DN(mm)	地上敷设或管沟敷设		不通行管沟敷设	
	直管段(m)	转角管段(m)	直管段(m)	转角管段(m)
25～40	2	1.5	2	1.5
50～65	3.5	2.5	3	2
80～125	5	3.5	4	3
150～200	8	5	6	4
250～300	11	8	7	5
350～500	14	9	8.5	6

管道固定支架最大间距　　表 5.6.18-2

管道公称直径 DN(mm)	供热介质温度≤150℃		供热介质温度≤300℃	
	方形补偿器(m)	轴向补偿器(m)	方形补偿器(m)	轴向补偿器(m)
25～40	50	—	50	—
50～65	60	50	60	30

续表

管道公称直径 DN(mm)	供热介质温度≤150℃		供热介质温度≤300℃	
	方形补偿器(m)	轴向补偿器(m)	方形补偿器(m)	轴向补偿器(m)
80～125	90	70	80	50
150～300	120	100	100	60
350～500	160	140	140	80

【说明】

设置导向支架的目的是为了防止管道失稳。

5.6.19 当管道较大或温度较高的热媒管道，应计算管道固定支架承受的水平作用力，包括以下三部分：

1 活动支架摩擦力，应按照下式计算：

$$F = \mu \times W \tag{5.6.19}$$

式中 F——摩擦力，kN；

μ——摩擦系数，见表 5.6.19；

W——活动支架的垂直荷载，kN。

2 自然补偿管道弹性力、补偿器弹性力的计算，可查阅相关手册。

3 两侧管道横截面不等或者补偿器流通截面与管道截面不等时，应计算所产生的内压不平衡力；内压不平衡力计算时应以系统水压试验压力为基准。

材料之间的摩擦系数 表 5.6.19

分类	摩擦系数
钢与钢滑动摩擦	0.3
钢与混凝土滑动摩擦	0.6
不锈钢与聚四氟乙烯滑动摩擦	0.1
钢与钢滚动摩擦	0.1

【说明】

冷水管道的对固定支架的作用力相对较小，热水和蒸汽管道由于热胀冷缩变形较大，会形成摩擦力。管径较大时，补偿器的弹性力和内压不平衡力也会较大。建议：DN150 及以上的热水管和 DN80 以上的蒸汽管，应按照本条要求进行计算。

上述计算结果为固定支架单侧的作用力。实际工程中，固定支架两侧的管道均对其最终的合力产生影响。因此，在结构提出设计资料时，应计算固定支架受到的合力。可按照以下原则进行：

1 考虑升温和降温过程，选择最不利工况和最大温差进行计算。

2 当固定支架承受多个支架的作用力时，应考虑多个支管作用力的最不利组合。

3 按本条第1、2款计算的作用力方向相反时，较小方向的作用力可按计算值的70%考虑。

4 固定支架两侧管段相同或两侧均设置有同一型号和规格的补偿器时，其对固定支架产生的内压不平衡力的合力为零。

5 为了防止管道系统试压时固定支架受到破坏，应按照试验压力所产生的最大内压不平衡力来考虑。

6 在同一支架上敷设不同季节运行的多根管道时，计算其活动支架摩擦力及固定支架受力时，应根据管道的运行规律考虑管道可能对固定支架产生的最大合力。

5.6.20 **管道直埋敷设时，应符合以下要求：**

1 直埋敷设且供热介质设计温度不高于130℃的热水、冷水管及凝结水管，应采用钢管、聚氨酯保温层、高密度聚乙烯外保护管结合成一体的预制直埋保温管及管件；

2 直埋敷设蒸汽管道，应采用工作钢管相对外保护管能沿轴向自由移动的预制直埋保温管及管件，保温结构中可设滑动支架、保护垫层、辐射层、空气层或真空层；外保护材料可采用刚制或玻璃钢，当地下水位高于管底时，应采用钢制外护管；

3 冷、热水直埋保温管保温层厚度，应保证外保护管表面温度不高于50℃，并通过经济技术比较后确定；

4 蒸汽管道接触工作钢管保温材料的允许使用温度应比介质温度高100℃以上；当采用复合保温结构时，内层保温材料的外表面温度不应超过外层保温材料安全使用温度的0.8倍；

5 直埋敷设管道的最小覆土深度见表5.6.20-1，同时应满足稳定和抗浮条件；

6 直埋敷设热水管道的管壁厚度，见表5.6.20-2。

直埋敷设管道最小覆土深度 **表5.6.20-1**

管道公称直径 DN(mm)		25～100	125～200	250～300	350～400	450～500
热水、冷水管道(m)	车行道下	0.8	1.0	1.0	1.2	1.2
	非车行道下	0.6	0.6	0.7	0.8	0.9
钢制外护蒸汽管道(m)	车行道下	0.7	0.8	1.0	1.0	1.2
	非车行道下	0.5	0.6	0.8	0.8	1.0
玻璃钢外护蒸汽管道(m)	车行道下	0.8	1.0	1.2	1.2	1.4
	非车行道下	0.6	0.6	1.0	1.0	1.2

直埋敷设热水管道钢管壁厚 **表5.6.20-2**

公称直径 DN(mm)	25～32	40～50	65～100	125～150	200～350	400～500
最小壁厚(mm)	3	3.5	4	4.5	6	7

【说明】

除了必须保证表面温度不造成人员烫伤之外，还应通过对热损失和保温性能的技术经济比较，得到合理的经济厚度。在计算保温性能时，土壤热阻可作为传热阻计入。对于供回水管双管敷设方式，应考虑管道相互的传热影响。

5.6.21 管道直埋敷设时，其热补偿设计应符合下列要求：

1 应根据管道规格、布置长度、工作温度等参数，确定计算方法；

2 直埋敷设冷、热水管道，宜采用无补偿的敷设方式；当采用有补偿敷设时，所选用补偿器的补偿能力不应小于计算热伸长量的1.2倍；

3 直埋敷设蒸汽管道的工作钢管，必须采用有补偿的敷设方式，热伸长量计算与管沟敷设相同；直埋敷设蒸汽管道的钢制外护管，应采用无补偿的敷设方式。

【说明】

无补偿和有补偿的具体做法可参见有关资料或标准图集。

5.6.22 管道直埋敷设时，附件与管件的设置应符合以下要求：

1 管件应能承受管道的轴向荷载；

2 直埋敷设管道上的阀门、补偿器、疏水装置等附件，应采用钢制产品，并宜设置在专用检查井（室）内；直埋敷设蒸汽管道的疏水装置应设在工作钢管与外护管相对位移较小处；疏水井室宜采用主副井的布置方式，关断阀和疏水口应分别设在两个井室内；

3 直埋敷设管道的弯头，宜采用机制光滑弯头；

4 直埋敷设热水、冷水管道转角宜布置为60°～90°，转角管段两侧的臂长（弯头至驻点、锚固点或固定点的距离）不应小于表5.6.22-1的数值；

5 直埋敷设热水、冷水管道，当平面折角小于表5.6.22-2的数值时，可视为直管段，但补偿器前后12m范围内连接的管道不应有折角；

6 直埋敷设蒸汽管道的工作钢管，固定支架的设置与管沟敷设相同；当采用钢制外护管时，宜采用内固定支架；

7 不抽真空的直埋敷设蒸汽管道，必须设置排潮管，排潮管的直径宜按表5.6.22-3选取；排潮管应设置在外护管位移较小处；排潮管排出口可引入专门井室内，如引出地面出口应向下，出口距地面高度不宜小于0.25m。

直埋热水管道转角管段最小臂长　　表5.6.22-1

管道公称直径 DN(mm)	25	32	40	50	65	80	100	125
最小臂长(m)	1.3	1.5	1.8	2.0	2.4	2.6	3.0	3.5
管道公称直径 DN(mm)	150	200	250	300	350	400	450	500
最小臂长(m)	3.9	4.8	5.4	6.2	6.8	7.2	7.8	8.2

直埋热水管道可视为直管段的最大平面折角 表 5.6.22-2

管道公称直径 DN	循环工作温差(℃)					
	50	65	85	100	120	140
25～100	4.3°	3.2°	2.4°	2.0°	1.6°	1.4°
125～300	3.8°	2.8°	2.1°	1.8°	1.4°	1.2°
350～500	3.4°	2.6°	1.9°	1.6°	1.3°	1.1°

直埋蒸汽管道排潮管公称直径 表 5.6.22-3

工作钢管公称直径 DN(mm)	排潮管公称直径 DN(mm)
≤200	32
250～400	40
>400	50

【说明】

规定管道直埋敷设时附件与管件设置的具体做法。

5.6.23 直埋敷设冷、热水管道对固定支架的作用力计算，应包括以下三个部分：

1 过渡段土壤摩擦力或锚固段升温轴向力；

2 弯头升温轴向力或补偿器弹性力；

3 两侧管道横截面不等或者补偿器流通截面与管道截面不等时，应计算所产生的内压不平衡力；内压不平衡力计算时，应以试验压力为基准。

【说明】

与管沟敷设同理，固定支架两侧的管道均对其最终的合力产生影响。计算方法可参见第 5.6.19 条。

5.6.24 直埋敷设蒸汽管道，工作钢管对内固定支架的作用力计算与管沟敷设相同；外护管对外固定支架的作用力可按第 5.6.23 条计算。

【说明】

蒸汽直埋管应分别计算工作钢管的作用力和外护管的作用力。

5.6.25 综合管廊内管道敷设时，要求如下：

1 压力管道进出综合管廊时，应在综合管廊外部设置阀门；

2 综合管廊边沿与相邻地下管线及地下构筑物的最小净距应根据地质条件和相邻构筑物性质确定，且不应小于表 5.6.25 的规定；

3 综合管廊与其他方式敷设的管线连接处，应采取密封和防止差异沉降的措施；

4 当热力管道采用蒸汽介质时，排气管应引至综合管廊外部安全空间。

综合管廊与相邻地下构筑物的最小净距　　表5.6.25

施工方法	明挖施工	顶管、盾构施工
综合管廊与地下构筑物水平净距(m)	1.0	综合管廊外径
综合管廊与地下管线水平净距(m)	1.0	综合管廊外径
综合管廊与地下管线交叉垂直净距(m)	0.5	1.0

【说明】

1 为综合管廊内管道的维护检修用。

2 最小净距与施工方法有关，因此设计时应了解（或明确）其施工方法。

3 管线进出综合管廊时，它们之间可能出现不同的沉降，同时也需要防止进出管线处出现漏水等情况，因此宜采用柔性防水密封措施。

4 蒸汽排气不应放散到综合管廊中。

5.6.26 **凝结水管道的设计流量应按蒸汽管道的设计流量乘以用户凝结水回收率确定。间接换热的蒸汽供热系统凝结水应全部回收。每一个凝结水支管前均应设置疏水器。**

【说明】

1 因蒸汽管道的设计流量为管道可能出现的最大流量，故以此计算出的凝结水流量也是凝结水管的最大流量。

2 排除用汽末端以及室外蒸汽管道所产生的凝结水时，应设置疏水器，防止蒸汽进入凝结水管。

5.6.27 **室外冷热水管网的水力计算方法可参考第2.4.35条和第4.7.6条。在确定室外冷、热水管网的设计流速时，应根据管网的布置，通过经济技术比较、能耗限值等因素确定，并符合以下要求：**

1 最不利环路的最大设计流速不应超过表5.6.27的规定，非最不利环路的管径和流速，应根据管网各环路水力平衡的要求来确定；

2 管段的最大设计流速不得超过3.0m。

室外冷热水管道最不利环路设计流速限值（m/s）　　表5.6.27

公称直径 *DN*(mm)	100	125	150	200	250	300	350	400	450	500	600
热水管道	1.20	1.30	1.40	1.50	1.60	1.70	1.80	2.00	2.20	2.40	2.60
冷水管道	1.40	1.50	1.50	1.60	1.70	1.80	2.00	2.20	2.40	2.60	2.80

【说明】

1 室外冷热水管道的阻力计算方法与室内没有原理上的差别，仅仅是在流速选择和管道的有所不同。

2 表5.6.27为最不利环路的最大设计流速限值。对于新建工程，设计流速的取值应降低。管内最大流速超过3m/s时，会明显加快对管道和阀件的冲刷腐蚀情况。

5.6.28 对蒸汽管网进行详细的水力计算时，蒸汽管道的设计流速按第6.6.14条确定。

【说明】

1 计算时应按设计流量进行设计计算，再按最小流量进行校核计算，保证在任何可能的工况下，满足最不利用户的压力和温度要求。

2 当供热介质为饱和蒸汽时，宜计算管段的凝结水量、起点和终点蒸汽流量，同时，应根据计算管段起点和终点蒸汽压力、温度，确定该管段起点和终点供热介质密度。计算管道压力降时，供热介质密度可取计算管段的平均密度。

3 蒸汽管网应根据管线起点压力和用户需要的压力确定的允许压力降选择管径。

4 蒸汽管网水力计算时，补偿器的局部阻力可采用与同口径蒸汽管道沿程阻力的比值（见表5.6.28）来计算。

补偿器局部阻力与沿程阻力比值 **表5.6.28**

补偿器类型	管道公称直径(mm)	局部阻力与沿程阻力的比值
套筒或波纹管补偿器(带内衬筒)	≤400	0.4
	450～1200	0.5
方形补偿器	≤250	0.8
	300～500	1.0
	600～1200	1.2

5 蒸汽管网最不利环路的设计比摩阻，可按下式计算确定：

$$\Delta P=\frac{(P_1-P_2)\times 10^3}{k\times(L_Z+L_D)} \tag{5.6.28}$$

式中 ΔP——蒸汽管道最大比摩阻，Pa/m；

P_1——管路起点压力（热源蒸汽压力），kPa；

P_2——管路终点压力（用气点压力），kPa；

L_Z——蒸汽管最不利环路的长度，m；

L_D——局部阻力当量长度，m；一般情况下，高压蒸汽可取L_Z的10%；低压蒸汽可取L_Z的30%；对于工厂区：L_D=（10%～15%）L_Z，车间内：L_D=（30%～50%）L_Z；

k——安全系数，可取1.10～1.15。

5.6.29 蒸汽凝结水管道的设计流速，按第6.6.14条确定。凝结水管网设计与水力计算，

应符合以下要求：

1 设计和计算方法与热水管道相同，凝结水管道的管道局部阻力与沿程阻力比值可按表 2.4.35-2 选取。凝结水管的管道截面积，一般不低于同等流量下的热水管道截面积的 2 倍；

2 应根据热源与用户的条件确定凝结水系统形式，根据设计流量通过水力计算确定管道管径，水力计算时应考虑静水压差；

3 自流凝结水系统适用于供汽压力小、供热范围小的蒸汽供热系统，其管径可按管网计算阻力损失不大于最小压差的 0.5 倍确定；

4 余压凝结水系统（背压回水）适用于高压蒸汽供热系统，其管径按管段起点和终点压力差确定；疏水器背压回水时，凝结水系统的总阻力应不超过疏水器背压值的 50%～60%；

5 压力的凝结水系统（凝结水泵压力回水）的凝结水箱和回水泵应设置在各用户点，并应设置安全水封保证凝结水泵吸入管始终处于满水状态。

【说明】

1 凝结水与热水的特性相同，因此设计与计算方法也是相同的。但是，由于凝结水管可能存在非满管流的情况，因此同样流量下需要加大流通截面积。在非满管流情况下，使用一段时间之后，管内锈蚀情况比闭式热水系统严重，因此凝结水管的当量粗糙度大于热水管，设计比摩阻可以按照热水管道比摩阻的 2 倍考虑。

2 凝结水系统按水流动的动力不同，分为自流式、余压及压力凝结水系统。

3 由于自流式凝结水系统又分为低压自流式、高压自流式、闭式满管式。而前两种为开式系统，管路腐蚀严重，二次蒸汽向大气中排放，不但造成热量损失同时也污染周围环境，因此这种系统适用于小型蒸汽供应、冷凝水量少、二次蒸汽量少的系统，使用该系统时，应尽量减少二次蒸汽的排放量。

4 不同类型的疏水器背压不同（见第 5.6.7 条），对凝结水的输送能力也不相同。为了保证凝结水回水系统的可靠性，采用背压回水时，应预留 40%～50%的背压（回水压力）安全系数。

5 为了防止凝结水泵吸入口汽化，应保证水泵吸入管为满水状态。

5.6.30 室外冷热水管网设计应结合室内系统和冷热源系统、水力平衡、稳定性和经济性统筹考虑，并符合以下原则：

1 尽可能降低管路在整个系统中的阻力损失比例；

2 管网主干管的管径，不应小于 *DN*50；通向单体建筑（热用户）的管径，不应小于 *DN*25；

3 当管网供应的用户中有变流量系统和定流量系统共存时，管网应为变流量系统；

用户的定流量系统应设自力式定流量阀。

【说明】

1　有条件时应适当加大管径，尽可能减少管网干管的压力损失。

2　为了管网水力平衡的需要。

3　冷热水管网和用户冷热水系统应采用变流量水系统。但对于某个服务对象内必须采用定流量系统时，应设置定流量阀，防止其他用户调节时引起该用户的流量变化。

5.6.31　**室外管网的下列位置，应设置相应的阀门或调节装置：**

1　一、二次网干线、支干线及一次网支线的起点应设置关断阀门，但室外支线设置长度小于20m时可不设关断阀；

2　当各环路的设计阻力相差悬殊且无法通过调整管径来满足水力平衡要求时，应在阻力较小的环路上设置手动流量调节装置。

【说明】

1　关断阀门是为了满足管理和维修的要求。

2　手动流量调节装置是为了便于水力平衡的初调试。应该注意的是：由于手动流量调节装置（或阀门）的水流阻力较大，设置之后应再次核对环路的水力平衡。核对原则是：设置手动流量调节装置（或阀门）的环路，其设计阻力不应大于其他并联环路中的阻力最大者。

5.6.32　**建筑热力入口装置的设置，应符合以下要求：**

1　室外热网与室内系统连接处应装设关断阀门；在供、回水关断阀门前宜设连通管，连通管管径可取供水管管径的0.2～0.3倍；

2　应设置自动或手动调节装置；

3　在供、回水管上应设温度计、压力表；

4　每栋建筑应设置热量计量装置，流量计宜安装在回水管上；

5　在供水入口和调节阀、流量计、热量计前的管道上应设过滤器；

6　必要时用户端增加循环泵或混水泵；

7　当室内系统使用时间不同时，宜分区设供热时间控制装置。

【说明】

1　为便于管理及维修方便，热力入口处需设置关断阀门；之间的连通管上阀门常闭，当热用户末端关断未使用时，打开连通管上的阀门，可实现热力入口处水管的防冻循环。

2　自动或手动调节装置的设置，应负荷热力入口调节功能的要求。

3　设置温度计、压力表，便于运行管理。

4　设置热计量装置，满足热计量要求，设在回水管上有利于流量计工作寿命。

5 设置过滤器，保护其后的调节阀及流量计等。

6 循环水压差不足时设置。

7 便于分区、分时段节能运行管理。

5.7 冷热源站房冷热水系统工艺设计

5.7.1 集中冷热水系统配置的水泵级数，应考虑系统设计水阻力和各水环路设计水阻力差，并符合下列规定：

1 单体建筑的冷热源站房，当水系统设计总阻力小于或等于 300kPa 时，宜采用一级泵系统；

2 单体建筑的冷热源站房，当水系统设计总阻力大于或等于 400kPa 时，宜采用二级泵系统；对于有多个主环路的水系统，当最大阻力环路与最小阻力环路的阻力差小于或等于 50kPa 时，可将所有次级泵并联为一组集中设置；反之，则宜按各主环路分别设置次级泵；

3 区域供冷供热系统，可根据实际情况采用多级泵系统；当水泵级数为三级及以上时，末级水泵宜设置在各用户建筑中。

【说明】

就目前的水泵产品以及运行情况来看，绝大部分单栋建筑的空调冷水系统的水阻力在 250～400kPa 之间，热水系统的水阻力在 150～250kPa 之间，与常用水泵的性能曲线也比较契合。由于大部分集中热水系统的水流量大于冷水系统水流量，当冷热水采用两管制系统时，一般情况下以冷水系统的水阻力来确定水泵的配置级数，是较为合理的。

这里提到的水泵级数，均是以向用户供应的水系统作为判定标准。例如：当采用了冷热水换热器时，应将换热器视为冷热源装置，其二次水的系统也应符合本条的规定。

一级泵系统简单可靠，适合于系统水阻力较小时采用。二级泵系统，由一级泵和二级泵分别负担源侧与用户侧的水阻力，运行时各自按照需要进行相应的调控，可取得较好的节能效果；但二级泵系统相对复杂且投资会略高于一级泵系统。因此，当设计工况下的阻力在 300～400kPa 时，设计人可根据具体项目情况，通过经济技术分析后合理选择水泵的配置级数。当各主环路（即：各供冷供热区域的主干管环路）的水阻力差值超过 50kPa 时，一般来说，水泵的型号会增大一个规格，因此宜分环路设置次级泵。

由于区域管网长度较长且用户与冷热源站房的距离差距较大，各环路管道的最大阻力差值可能达到 120～150kPa（以 80～100Pa/m 估算，不计用户内的水流阻力损失）。对于冷热水循环泵来说，如果按照较高的扬程要求来配置，则将导致水泵能耗的浪费。采用多级泵或分设环路泵，可使得每台水泵按照实际所需进行配置，降低水泵的总安装容量，并且运行调节更有针对性，有利于节能。

5.7.2 民用建筑的供暖和空调的冷热水系统，均应按照变流量系统进行设计，可选用以下形式或符合以下要求：

1 压差旁通控制变流量一级泵水系统；

2 冷热源设备定流量二级泵水（或多级泵）变流量水系统；

3 冷热源设备变流量一级泵水系统；

4 冷热源设备变流量二级泵水系统；

5 当采用的冷热源设备满足变流量一级泵水系统的使用条件时，不宜采用冷热源设备定流量的二级泵水系统；

6 当冷热源装置为换热器时，其二次水（用户侧冷热水）应采用冷热源设备变流量一级泵（或二级泵）水系统。

【说明】

冷热水变流量系统，是基本的设计要求。

1 压差旁通控制变流量一级泵系统的特点是冷水泵配备的级数为一级。单台冷热源设备的流量与冷水泵的流量在运行过程中均不会实时变化。为了适应末端的流量调节变化，通过供回水主管之间设置的压差旁通阀满足系统运行需求。这是变流量一级泵系统的典型模式。

2 冷热源设备定流量二级泵水系统的特点是冷水泵配备的级数为两级（或多级）。运行过程中，冷热源设备和初级泵（一级泵）的流量均不实时变化，但次级泵（二级泵）的流量随着末端调控需求的变化而变化。这是变流量二级泵系统的典型模式。

3 冷热源设备变流量一级泵系统的特点是冷水泵配备的级数为一级。在运行过程中，冷热源设备和冷水泵的流量均随着末端调控需求而实时变化。

4 冷热源设备变流量二级泵水系统的特点是水泵配备的级数为两级。在运行过程中，冷热源设备、初级泵和次级泵的流量均随着末端调控需求，都实时变化。

5 冷热源设备变流量一级泵系统在系统构架的复杂性和运行能耗方面都优于传统的冷热源设备定流量二级泵水系统，因此当符合前者的使用条件时，应优先采用前者。

6 与冷水机组略有不同的是，换热器在变流量运行过程中并不会出现换热设备的安全问题。因此，其水泵（包括一级泵或者规模较大而采用多级泵时）的流量，应根据末端调控需求的变化而变化。

5.7.3 冷热源设备与循环水泵应一对一匹配设置，并宜采用一对一的管道连接方式。

1 当一对一连接有困难时，可采用共用集管的连接方式，每台冷热源设备出水管道上应设置与对应水泵连锁开关的电动开关阀；

2 当机房内冷热源设备的水流阻力不同时，冷热源设备与水泵应一一对应连接，且

水泵的扬程应根据对应的冷热源设备阻力分别计算。

【说明】

冷热源设备与水泵采用一一对应的接管连接方式（也有的资料称为“先串后并”方式），有利于冷热源设备的稳定运行且可降低投资，应优先选用这一连接方式。

1 由于机房内管道布置等原因，如果采用共用集管连接（也有的资料称为“先并后串”方式），设置电动开关阀（一般为开关式电动蝶阀）的目的是为了在系统运行中切断不运行的冷热源设备的水路，防止未经制冷或制热的旁流进入供水而降低供水的温度品质。

2 在一些机房中，冷热源设备采用了大小搭配的方式以适应运行时的冷热负荷变化。由于大小设备的水流阻力并不完全相同，因此其对水泵的扬程也是不同的。如果采用共用集管的连接方式，每台冷热源设备的流量在运行中很难实时保证。

5.7.4 以旁通阀控制压差的变流量一级泵系统的设计，应符合以下要求：

1 应设压差控制旁通管和电动旁通调节阀，电动旁通调节阀的设计流量宜取单台最大冷热源设备的流量，控制压差应根据系统的水力计算后确定；

2 压差传感器以及旁通电动阀的接口，宜设置于总供回水管之间；接口与第一个分支管或分集水器之间的距离，应满足变流量总管流量传感器的安装要求。

【说明】

1 通过总供回水管压差对旁通电动阀的流量进行调控，满足用户侧的需求；当有多台不同容量的冷热源设备时，从安全的角度出发，宜采用单台最大冷热源设备的流量作为旁通的设计流量。

2 为了确保每个末端的实时供水量，压差传感器以及旁通电动阀的接口宜设置于总供回水管之间；当需要进行冷热量计量时，为了提高流量测量的精度，流量传感器应设置在流量可实时变化的总管（一般是回水管）上。因此，从旁通电动阀在回水管上的接口与集水器（或者第一个分支管）之间，应留出一定的直管段，其长度不宜小于流量传感器口径的5倍。如果不对总管进行流量测量（例如在每个分集水器环路设置流量传感器和冷热量计量后来得到总的冷热量方式）时，压差传感器以及旁通电动阀的接口也可设置

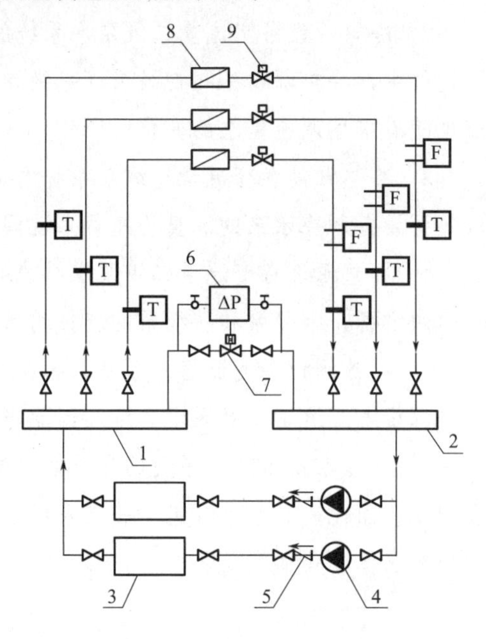

图 5.7.4 分路冷热量计量示意图
1—分水器；2—集水器；3—冷水机组；4—定流量冷水循环泵；5—止回阀；6—压差控制器；7—旁通电动调节阀；8—末端空气处理装置；9—电动两通阀

于分集水器上，如图 5.7.4 所示。

5.7.5 设计采用冷热源设备变流量一级泵系统时，冷热循环水泵应采用变频调速泵，并应对冷热源设备的适应性、控制策略和运行管理可靠性进行论证，且符合以下要求：

1 采用冷水机组或锅炉时，应在设计中明确提出其安全运行的最小允许流量和单位时间的最小允许流量变化率；

2 应设压差控制旁通管和电动旁通调节阀，电动旁通调节阀的设计流量宜取各台冷热源设备允许最小流量中的最大值和单台循环水泵允许最小流量中的最大值之间的较大者，控制压差应根据系统的水力计算后确定；

3 压差传感器以及旁通电动阀的接口位置要求，同第 5.7.4 条第 2 款；

4 当冷热源设备与循环水泵采用共用集管连接时，出水管道上应设置与对应冷热源设备连锁开关的电动两通阀；

5 当循环水泵台数少于冷热源设备台数时，冷热源设备与循环水泵应采用共用集管连接方式，并应在对冷热源设备与循环水泵的台数运行控制策略进行合理论证后设置相应的自动控制措施，确保设备的安全运行。

【说明】

1 由于流量、温差和冷热量三者呈耦合关系，因此需要详细分析论证系统控制方案。

2 冷水机组或锅炉设备在运行过程中存在对最小流量的安全运行要求，设计时应符合所选用产品的相关要求。同时，水泵本身也存在对最小流量（或最低转速）的控制要求。压差控制环节的控制要求一般分为两个环节：首先是控制水泵的转速；当达到最小流量（设备或水泵最小流量要求中的较大者）时，为了保证系统能够正常使用，压差控制环节转换为控制旁通电动阀，这实际上已经与压差旁通控制变流量一级泵系统具有相同的特点了（但本系统中旁通电动阀的设计流量远小于压差旁通控制变流量一级泵系统）。

3 见第 5.7.3 条第 2 款的说明。

4 见第 5.7.3 条第 3 款的说明。

5 由于冷热源设备允许变流量运行，冷热源设备与循环水泵的设置台数可以不同。因此应采用共用集管连接的方式。但当水泵数量少于冷热源设备数量时，说明有可能一台水泵对应了多台设备。当水泵变流量时，为了确保设备运行安全，需要同时兼顾各设备的流量控制。这是应对水泵和冷热源设备的运行控制策略进行详细的分析论证，并采取可靠的运行调控措施。

5.7.6 二级泵系统一般情况下宜采用冷热源设备定流量二级泵水系统，次级泵应采用变频调速。经技术分析且确保合理可行的前提下，可采用冷热源设备变流量二级泵水系统。二级泵系统的设计还应符合以下要求：

1 冷热源设备与初级泵的设置台数和连接方式，同第 5.7.3 条；

2 应在冷热源侧和负荷侧的总供、回水管之间设平衡管，平衡管上不应设阀门，管径不宜小于总管管径；

3 同一并联二级泵组应选用相同型号水泵；

4 各二级泵系统环路应分别设压差控制旁通管和电动旁通调节阀；电动旁通调节阀的设计流量应取单台二级水泵的允许最小流量，控制压差应根据系统的水力计算后确定；压差传感器以及旁通电动阀的接口位置要求，同第 5.7.4 条第 2 款；

5 应按冷热源侧和用户侧，分别计算一级泵和二级泵的扬程。

【说明】

当设计采用冷热源设备变流量二级泵水系统时，需要对初级泵和次级泵的变频控制方案进行详细的分析。由于该系统目前应用尚不广泛，还需要设计者深入研究。

1 本系统中，冷热源设备和初级泵均为定流量运行，因此其台数和连接方式与压差旁通控制变流量一级泵系统的要求相同。

2 平衡管是冷热源侧水系统与用户侧水系统水量平衡的桥梁。平衡管设计时，应尽可能减少水流阻力。

3 次级泵组采用同型号水泵，有利于工况分析和运行调控。

4 最小流量控制方式，见第 5.7.5 条第 2 款的说明。

5 设置的平衡管在总供、回水管之间的连接点是冷热源侧与用户侧水系统的分界线。目前一些二级泵系统在实际运行过程中出现了平衡管倒流（回水通过平衡管进入供水管），从而形成了一种“恶性循环”：二级泵运行频率越高，回水进入供水管的流量越大，送至末端的供水温度越高，房间供冷效果越差。这一情况的产生原因之一就是二级泵的选择与运行扬程过大。因此，必须以此分界线为基础，对一、二级水泵的扬程进行详细计算，并严格做到平衡管在供总水管的连接点的压力，在任何运行工况下均不得小于其在回水总管连接点的压力，防止平衡管反向（系统回水通过平衡管流向系统供水）流动。

5.7.7 采用模块式冷热水机组时，宜采用一级泵系统，并符合以下规定：

1 每个模块式机组宜独立配置水力模块（冷热水循环泵），并符合第 5.7.3 条的要求；

2 当采用一台水泵为多台模块机组服务时，水系统设计除符合第 5.7.4 条的要求外，每个模块的水环路上应设置开关式电动蝶阀；同时，水泵宜根据模块机组的开启台数进行变频调速控制。

【说明】

模块机组一般应用于规模较小的工程，宜采用一级泵水系统。

1 模块机组运行时，一般要求水量恒定，因此水系统应符合第 5.7.4 条的要求。

2 当冷热负荷需求降低时，为了节能应停止部分模块机组的运行。对于一台水泵为多台模块机组服务的系统，不运行的模块机组的水路应切断以防止回水旁流。当水路切断后，需要的水流量减少，因此水泵宜根据模块机组台数的变化进行阶梯式的变频调速控制（可不采用无级变频），调速过程中应保证运行中的模块机组水量不变。

5.7.8 冷热水循环泵的设置及台数选择除满足上述各条的要求外，还应符合以下规定：

1 两管制空调水系统中，当空调热水和空调冷水的流量和管网阻力相吻合时，冷热水泵宜合用，反之则应分别设置冷水和热水循环泵；

2 一般情况下，除全年都需要保证供冷运行外，冷水循环泵可不设置备用泵，热水循环泵可设置一台备用泵；当采用大小搭配的冷水机组配置方式且小机组需要长时间保证运行时，可针对小机组设置备用泵；

3 采用多级泵时，每一多级泵组内的水泵型号应相同；每一多级泵组内的水泵设置台数宜按照一台水泵最小流量运行时的供冷（热）能力为该多级泵组设计供冷（热）负荷的25%计算；

4 蓄冷系统的冷水循环泵设置要求与多级泵组相同，乙烯乙二醇泵应按双工况主机一对一连接的方式配置，并宜设置备用泵。

【说明】

1 冷热水流量和管网阻力“吻合”的含义，包括以下三种情况：

(1) 供冷和供热工况时，系统对水泵总流量和扬程的需求完全相同。

(2) 按照供冷或供热中的较大需求选择水泵时，当其中的部分水泵运行时的总流量和扬程正好满足较小的另一个设计工况的需求。例如：按照供冷选择3台水泵后，其中两台运行正好能够满足供热运行的需求。

(3) 在上述两种情况下，尽管设计工作点不一致，但供冷或供热的设计工作点都正好处在（或接近但不高于）所选择的水泵的性能曲线上，且两个工作点的效率都能满足相关节能标准的规定。

在上述3种“吻合”工况下，冷热水泵合用，可以降低设备的投资。

2 从目前的实际运行情况来看，冷机的实际装机容量都偏大，即使是在夏季室外气候处于设计工况时，也很少全部装机投入运行。因此，除了类似于信息中心等需要全年供冷运行的项目外，冷水机组可不设置备用泵。供热因为涉及人员健康的需求，可考虑备用泵，但当热源设备的容量满足第5.1.9条和第6.3.5条第4款时，可不设置备用热水泵。冷水机组大小搭配设计时，一般采用小机组来保证低负荷运行的要求，因此小机组的运行时间相对较长，必要时可设置备用泵。

3 如前面条文提到的，多级泵应采用变频调速控制。同一泵组内并联的多级泵采用同一型号，有利于控制系统的设计和水泵并联运行工作点的稳定。水泵的设置台数需要考虑对低负荷的满足情况。当水泵最低运行流量满足设计流量的25%时，通过压差旁通阀的控制，还可以使得用户侧的流量进一步降低直至与冷热源设备同步停止运行。目前采用的大部分水泵均配置的是同轴冷却风扇，其最低转速大约为额定转速的40%～50%，因此可按此比例和水泵性能及控制要求确定水泵的最低流量。

4 蓄冷系统中的蓄冷泵，为确保蓄冷运行时间段的可靠性，宜设置备用泵。

5.7.9 冷热水循环泵的扬程计算，应符合以下原则：

1 一级泵系统的冷水泵扬程，不应小于水系统在设计工况下的最不利末端环路的水流阻力；

2 二级泵系统中，初级泵与次级泵所负担的环路阻力的分界点，应为平衡管在供水总管与回水总管的连接点。应按照各自负担的范围，分别计算相应的水流阻力；

3 水泵流量与扬程确定，还应符合第1.8.4条的规定。

【说明】

1 一级泵系统中，冷水泵承担了整个冷水系统的循环要求。计算时应注意区分“最不利环路”——由于各末端设备的水流阻力并不相同且各管段的比摩阻也不同，最不利环路不一定是管道作用距离最远的环路。因此计算时需要对多个环路进行计算。

2 二级泵系统的平衡管（也称“盈亏管”）与供、回水总管的连接点，是二级泵系统中初级泵与次级泵负担范围的分界线（即：设计工况下，平衡管两侧接管处的压差为零）。由于二级泵系统实际上是一个串联水泵系统，各级水泵的扬程会对系统水力工况产生非常大的影响。因此必须对各级水泵所负担范围的水流阻力进行详细的计算。

3 水路阻力计算完成后，按照第1.8.4条的要求确定选泵扬程。

5.7.10 空调冷热水系统中，按照系统阻力计算选择水泵参数后，应对水系统的耗电输冷（热）比 $EC(H)R\text{-}a$ 进行验算。当 $EC(H)R\text{-}a$ 不满足相关节能标准的规定时，应对整个水系统的管径选择、末端和主机水阻力限值以及阀门等附件的设置进行调整，直至合格为止。空调冷热水系统的 $EC(H)R\text{-}a$ 值，应符合式（5.7.10）的要求。

$$EC(H)R\text{-}a=0.003096\sum(G\cdot H/\eta)/\sum Q\leqslant[A(B+\alpha\sum L)]/\Delta T \quad (5.7.10)$$

式中 $EC(H)R\text{-}a$——循环水泵的耗电输冷（热）比；

G——每台运行水泵的设计流量，m^3/h；

H——每台运行水泵对应的设计扬程，m；

η——每台运行水泵对应设计工作点的效率；

Q——设计冷（热）负荷，kW；

ΔT——规定的计算供回水温差，℃，见表5.7.10-1；

A——与水泵流量有关的计算系数，见表5.7.10-2；

B——与机房及用户的水阻力有关的计算系数，见表5.7.10-3；

α——与$\sum L$有关的计算系数，见表 5.7.10-4 或表 5.7.10-5；

$\sum L$——从冷热机房至该系统最远用户的供回水管道的总输送长度，m；当管道设于大面积单层或多层建筑时，可按机房出口至最建筑内远端空调末端的管道长度减去 100m 确定。

ΔT 值（℃） **表 5.7.10-1**

冷水系统	热水系统			
	严寒地区	寒冷地区	夏热冬冷地区	夏热冬暖地区
5	15	15	10	5

注：1. 对空气源热泵、溴化锂机组、水源热泵等机组的热水供回水温差按机组实际参数确定。
2. 对直接提供高温冷水的机组，冷水供回水温差按机组实际参数确定。

A 值 **表 5.7.10-2**

设计水泵流量 G	$G \leqslant 60m^3/h$	$200m^3/h \geqslant G > 60m^3/h$	$G > 200m^3/h$
A 值	0.004225	0.003858	0.003749

注：多台水泵并联运行时，流量按较大流量选取。

B 值 **表 5.7.10-3**

系统组成		四管制单冷、单热管道	二管制热水管道
一级泵	冷水系统	28	—
	热水系统	22	21
二级泵	冷水系统①	33	—
	热水系统②	27	25

①多级泵冷水系统，每增加一级泵，B 值可增加 5。
②多级泵热水系统，每增加一级泵，B 值可增加 4。

四管制冷、热水管道系统的 α 值 **表 5.7.10-4**

系统	管道长度$\sum L$范围(m)		
	$\sum L \leqslant 400$	$400 < \sum L < 1000$	$\sum L \geqslant 1000$
冷水	$\alpha = 0.02$	$\alpha = 0.016 + 1.6/\sum L$	$\alpha = 0.013 + 4.6/\sum L$
热水	$\alpha = 0.014$	$\alpha = 0.0125 + 0.6/\sum L$	$\alpha = 0.009 + 4.1/\sum L$

两管制热水管道系统的 α 值 **表 5.7.10-5**

系统	气候区	管道长度$\sum L$范围(m)		
		$\sum L \leqslant 400$	$400 < \sum L < 1000$	$\sum L \geqslant 1000$
热水	严寒地区	$\alpha = 0.009$	$\alpha = 0.0072 + 0.72/\sum L$	$\alpha = 0.059 + 2.02/\sum L$
	寒冷地区	$\alpha = 0.0024$	$\alpha = 0.002 + 0.16/\sum L$	$\alpha = 0.0016 + 0.56/\sum L$
	夏热冬冷地区			
	夏热冬暖地区	$\alpha = 0.0032$	$\alpha = 0.0026 + 0.24/\sum L$	$\alpha = 0.0021 + 0.74/\sum L$

注：两管制冷水系统 α 计算式与表 5.7.10-4 四管制冷水系统相同。

【说明】

本条来自《公共建筑节能设计标准》GB 50189—2015 所规定的各项计算参数的要求和限值。

5.7.11 集中供暖热水系统中，按照系统阻力计算选择水泵参数后，应对热水系统的耗电输热比 $EHR\text{-}h$ 进行验算。当 $EHR\text{-}h$ 不满足相关节能标准的规定时，应对整个水系统的管径选择、末端和主机水阻力限值以及阀门等附件的设置进行调整，直至合格为止。供暖热水系统的 $HER\text{-}h$ 值，应符合式（5.7.11）的要求。

$$EHR\text{-}h = 0.003096\sum(G \cdot H/\eta)/\sum Q \leqslant [A(B+\alpha\sum L)]/\Delta T \tag{5.7.11}$$

式中 $EHR\text{-}h$——集中供热系统耗电输热比；

G——每台运行水泵的设计流量，m^3/h；

H——每台运行水泵对应的设计扬程，m；

η——每台运行水泵对应设计工作点的效率；

Q——设计热负荷，kW；

ΔT——设计供回水温差,℃；

A——与水泵流量有关的计算系数；

B——与机房及用户的水阻力有关的计算系数；

$\sum L$——热力站至供暖末端（散热器或辐射供暖分集水器）供回水管道的总长度，m；

α——与 $\sum L$ 有关的计算系数。

【说明】

本条来自《公共建筑节能设计标准》GB 50189—2015。目前所规定的各项计算参数的要求和限值为：

1 A 值，见表 5.7.10-2。

2 B 值，一级泵系统时 B 取 17，二级泵系统时 B 取 21。

3 α 取值：

(1) 当 $\sum L \leqslant 400m$ 时，$\alpha = 0.0115$；

(2) 当 $400m < \sum L < 1000m$ 时，$\alpha = 0.003833 + 3.067/\sum L$；

(3) 当 $\sum L \geqslant 1000m$ 时，$\alpha = 0.0069$。

5.7.12 空调冷热循环水泵的类型的选择，应符合以下规定：

1 宜选用比转数较低、性能曲线较陡的单级离心泵；

2 落地安装时，宜采用卧式泵；当配电机功率小于或等于 25kW 且采取了较为适宜的隔振措施时，可采用立式泵；所需配电机功率大于 5.5kW 时，不宜采用管道泵；

3 **如果采用卧式泵，当流量小于或等于 300m³/h 时，宜选用端吸泵；当流量大于或等于 500m³/h 时，宜选用双吸泵；**

4 **热媒泵选择：其允许工作温度，应大于热媒最高温度；**

5 **应考虑水系统静水压力的影响，确保水泵的额定工作压力大于“入口静水压＋水泵净扬程”。**

【说明】

1 比转数较低的离心泵，运行相对平稳、高效区范围较大、运行噪声较小。由于在一般项目中对水流量的控制大都是选择水系统压差（个别也有采用压力）作为控制参数的，如果水泵性能曲线比较陡，则在同样的流量变化时，压差或水泵扬程的变化更大，更容易被压差传感器检测到（在传感器精度相同的情况下，这时的控制参数检测更准确）。

一般情况下，单级离心式水泵可满足冷热水系统所需要的扬程。

2 卧式泵重心低，运行平稳且效率较高。对于机房面积紧张的小型工程，如果采用立式泵，其容量应有所限制，应采取更为有效的减振措施。直接在管道上安装的管道泵，容量不应过大，以防止水泵的振动通过管道传递。

3 由于构造特点，端吸泵工作时，水泵承受的轴向推力与水泵流量直接相关，因此大流量下宜采用轴向无推力（或推力极小）的双吸泵更为合理（其效率通常高于端吸泵）。但端吸泵的投资比同工况下的双吸泵低，流量较小时采用端吸泵可降低初投资。流量在 300～500m³/h 范围时，目前大部分主流产品均有端吸和双吸两大类产品，因此不做规定，由设计人根据实际情况决定。

4 根据产品标准，未特殊指明时，水泵的允许工作温度一般不超过 80℃。

5 根据产品标准，未特殊指明时，目前的水泵的额定工作压力都是以吸入口压力为 0.3MPa 为基准来要求的。空调冷热水系统一般为闭式循环系统，当其实际高度超过 30m 或者开式系统中水泵吸入口的压力超过 0.3MPa（例如冷却塔安装高度较高、从积水盘直接抽水的冷却水系统且冷却水泵设置于地下机房）时，应在图中明确提出水泵的额定工作压力要求。

5.7.13 当冷热水系统有多个主要水环路时，宜设置分集水器进行水量分配。分集水器直径的确定应按照以下两种方式计算得到的最大者确定：

1 **系统设计总流量下的断面流速小于或等于 1.0m/s；**

2 **最大接管直径的 2 倍。**

【说明】

设置分集水器的目的是为了水分配的均匀性，因此其本身不应存在较大的水流阻力。

5.7.14 冷热水系统循环水的水质保障，可采取以下措施：

1 冷热源设备、循环水泵、补水泵等设备的入口管道上应设置过滤器或除污器；

2 宜采用电子式静电除垢水处理装置或自动加药装置；

3 采用钢板制散热器的热水系统，宜设置真空脱气设备。

【说明】

1 过滤器或除污器的设置主要是为了清除水中的杂质，但其水流阻力较大，不应随意采用。一般来说，水泵吸入口前应设置过滤器或除污器；当循环水泵至冷热源设备的供水管路比较短时，冷热源设备可不再设置过滤器或除污器。为了降低水流阻力，水过滤器或除污器的净流通截面积宜为接管面积的 1.5 倍以上。

2 电子式静电除垢装置或加药装置是为了清除或减少循环水长期在管内流动过程中形成结垢，对于冷热水系统均适用。

3 由于水中的溶解氧容易对钢板产生较强的腐蚀，因此采用钢制散热器的热水系统，排除水中的空气和溶解氧是一个需要重视的环节。

5.7.15 除必要的控制阀件外，冷热源系统还应设置以下附件：

1 冷热源设备的进出口应设置手动阀、压力表和温度计；蒸汽换热器的凝结水出口还应设置疏水器；

2 水泵进出口及过滤器前后，均应设置手动阀和压力表。

【说明】

设置这些附件是为了初调试和人工检查运行状况时使用，或设备检修时关闭用。当需要同时具备初调试与关断功能时，手动阀应优先采用具有一定调节性能的调节阀、球阀或蝶阀；当仅为检修开关需要时，大口径管道可采用闸阀或蝶阀，小口径管道宜采用截止阀或旋塞阀。

5.7.16 冷热水系统的补水与定压系统设计，应满足以下要求：

1 补水水质应符合现行国家标准《采暖空调系统水质》GB/T 29044 的相关规定。根据当地自来水水质，必要时对补水进行软化处理；当水系统对含氧量要求较高时，可采用气压罐定压补水方式，或者采取相应的除氧措施。

2 当需要对补水进行软化处理时，宜设置软化水箱。软化水箱的有效容积可取 0.5～1.0h 的补水泵流量；采用气压罐定压时，软化水箱的有效容积还应同时容纳水系统的补水量和膨胀水量。

3 除对含氧量要求较高的钢板制供暖水系统应采用隔膜式气压罐定压外，应优先采用高位膨胀水箱作为定压装置，一般情况下，膨胀水箱底部标高，应以保证冷热水系统内的最小工作压力点之间的压力（表压）大于或等于 10kPa 来确定。

4 采用高位膨胀水箱对系统直接补水时，膨胀管可兼作系统的补水管。采用补水泵

时，补水点宜设在循环水泵的吸入管段；膨胀水箱优先采用浮球阀补水。

5 无法采用高位膨胀水箱时，宜采用气压罐＋水泵的定压补水装置，定压点压力，应以保证冷热水系统内的最小工作压力点之间的压力（表压）大于或等于15kPa来确定；除区域供冷供热系统外，不宜采用无气压罐的变频泵直接作为系统的定压设备；气体定压罐的安全泄放管宜接至补水箱。

6 补水泵使用台数不宜超过2台，补水管路上应设置自力式定流量阀。

7 每个闭式系统均应独立设置定压系统。膨胀管上不应设置阀门；当因检修等要求必须设置时，应采用电动开关阀，且在水系统中应设置安全阀；电动开关阀的启停，应与定压补水系统的启停连锁。膨胀管管径可按表5.7.16确定。

膨胀管管径表 **表5.7.16**

系统冷负荷(kW)	＜350	350～1800	1801～3500	3501～7000	＞7000
膨胀管(mm)	20	25	40	50	70

【说明】

1 补水水质是保证循环水水质的重要措施。国家标准《采暖空调系统水质标准》GB/T 29044—2012对供暖空调水质提出了具体要求。当给水硬度较高时，为不影响系统传热、延长设备的检修时间和使用寿命，应对补水进行软化处理。

2 补水泵不宜直接与软化水处理装置相连接。离子交换软化设备供水与补水泵补水不同步，且软化设备常间断运行，因此需设置水箱储存一部分调节水量。

3 开式水箱或补气式气压罐，由于水与空气直接接触，水中会不断融入氧气，对于钢板制散热器有较强的腐蚀能力，因此应采用隔膜式气压罐定压。除此之外，在有条件时应优先采用高位膨胀水箱定压。当系统最高点为水平管道时，顺水流方向的端点一般为该管道的压力最低点。由于膨胀水箱最低水位标高总是大于其底部安装标高，规定底部标高是相对安全的，也符合设计的常规表达方式。

4 在采用膨胀水箱进行定压补水时，一般宜将补水直接补至膨胀水箱中。当软化补水系统与膨胀水箱分开设置时，可采用补水泵补水方式，如图5.7.16-1、图5.7.16-2所示。浮球阀是一种机械式自适应补水装置，可靠性相对较高。

5 区域供冷供热系统的规模较大，存在漏水的可能性也随之增加。但建筑内的冷热水系统泄漏量极少，如果采用变频泵直接作为系统的定压设备，为了保持定压压力，变频泵将始终处于工作状态。当系统无泄漏时，变频泵会长时间在低流量甚至零流量下工作，对其使用寿命是非常不利的。由于系统安全泄水的水质较好，宜接至补水箱重复利用。

6 系统初期上水时，充水流量越小，越能够将系统内的空气有效地从系统顶部排出。因此，系统上水和正常补水，宜采用一台补水泵运行。当单台补水泵的设计流量不大于系统循环水量的0.6%时，也可采用两台水泵在充水时同时运行的方式，以减少系统初次充水时间。设置自力式定流量阀的目的是为了防止开始上水时补水泵过载（开始上水时，所需要的扬程非常低，容易导致大流量形成的过载）。

7 设置膨胀管是为了防止系统内发生水的热膨胀时产生的压力升高而对系统产生破坏的情况。如果因为系统检修等特殊原因而在膨胀管上设置阀门，当阀门关闭时，系统应有对应的安全措施——设置泄压安全阀。检修完成后，阀门应随定压补水系统的正常工作而打开。

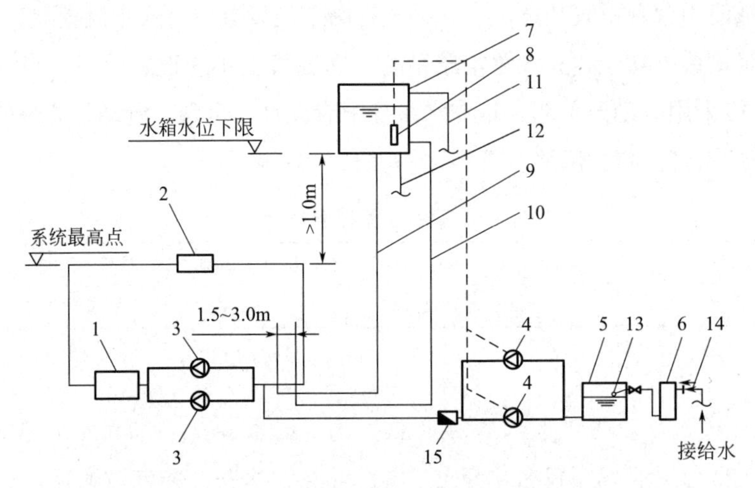

图 5.7.16-1 补水泵补水系统

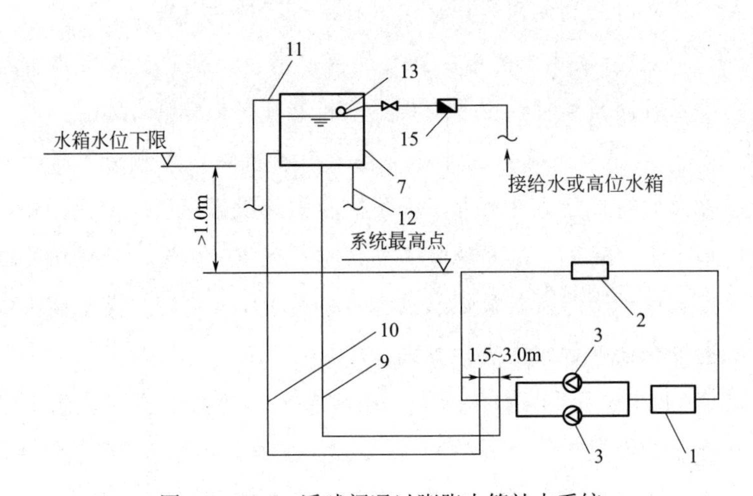

图 5.7.16-2 浮球阀通过膨胀水箱补水系统

图 5.7.16-1、图 5.7.16-2 中各数字含义如下：1—冷热源装置；2—用户；3—冷热水循环泵；4—补水泵；5—补水箱；6—水处理设备；7—膨胀水箱；8—水箱液位计；9—膨胀管；10—循环管；11—溢水管；12—泄（排）水管；13—浮球阀；14—给水倒流防止器；15—水表。

5.7.17 气压罐的各相关压力（kPa），按以下方法确定：

1 补水泵启泵压力：$P_1 \geqslant$系统补水点设计工作压力+50；

2 补水泵停泵压力：$P_2 = P_1 +$（80～120）；

3 电磁阀开启压力：$P_3 = P_2 +$（20～30）；

4 安全阀开启压力：$P_4 = P_3 +$（20～30）。

【说明】

设置电磁阀和安全阀，都是为了保证系统在特定情况下的安全措施。例如当系统工作在停泵压力时突然出现的水热膨胀情况。就目前的产品以及对施管道系统的施工验收要求来看，试压一般为设计工作压力的1.5倍。因此，短暂的系统和设备超压，一般不会对设备造成破坏，故以P_2应作为确定系统和设备工作压力的依据。

通过对市场现有压力传感器及控制系统的调研，压力测量精度已经得到了很大的提高，因此本条给出的P_2计算方法，可以不再和气压罐压力比发生联系。同时，考虑到安全阀是一个机械自力式装置，从动作精度上将P_4的设定值略微放大，一般也不会超过设备和系统的试验压力，总体来说是安全的。

5.7.18 补水定压系统的技术参数，可按以下要求确定：

1 补水泵的设计选泵流量（m^3/h），宜根据每小时补充系统水容量（m^3）的5%～10%计算；当系统水容量计算有困难时，也可按系统循环水量的0.5%～1%确定；

2 采用补水泵直接补水时，补水泵的设计选型扬程应大于补水泵停泵压力；

3 采用膨胀水箱定压时，膨胀水箱有效容积为膨胀水量与调节水量之和；

4 采用气压罐定压时，其容积应根据调节容积来计算确定。

【说明】

1 计算系统水容量涉及的因素较多，不同设备、不同管径及管道长度都对此有较大的影响。据某个采用新风加风机盘管和风冷冷水机组的全空气空调系统办公建筑项目对系统初次充水量的实测表明：其系统水容量大约为$2kg/m^2_{建筑面积}$；按此计算，该建筑的补水泵的设计流量为$1 \sim 2\ m^3/(h \cdot 万\ m^2_{建筑面积})$即可满足要求。如果按照系统循环水量的百分比来确定补水量，则系统较大时取较低值，系统较小时取较高值。需要注意的是：按照本条规定的0.5%～1%的系统循环水量确定补水量，只适合于建筑内的独立冷热源站房。当冷热水系统有较长的室外冷热水管网时，补水泵的补水量宜按照《措施》第6.5.5条第1款执行。

2 补水压力指的是补水系统至补水点的压力，应为补水泵出口压力减去补水泵出口至补水点的水流阻力。

3 膨胀水箱的有效容积V_Y（L），按照以下公式计算：

$$V_Y = V_p + V_t \tag{5.7.18-1}$$

$$V_p = \alpha \times V_c \times \Delta t \tag{5.7.18-2}$$

式中 α——水的膨胀系数，取 0.0006；

V_c——系统水容量，L，按 1.5～2.0L/$m^2$$_{建筑面积}$选取；

Δt——水的平均温差，℃，一般冷水取 15℃，热水取 45℃；

V_t——调节水量，L，按照补水泵运行 3min 的水容量与保持膨胀水箱调节水位高差不小于 200mm 的水容量两者中取较大者。

4 气压罐的容积 V_Q，按下式计算：

$$V_Q \geqslant 10 \times V_t \tag{5.7.18-3}$$

式中 V_Q——气压罐实际总容积，L；

V_t——气压罐调节容积，按照补水泵运行 3min 的水容量计算；当补水泵采用变频泵时，按照补水泵额定流量运行 1min 的水容量计算。

5.8 制冷散热系统

5.8.1 应根据项目实际情况，合理确定制冷系统的散热形式和散热设备。

【说明】

民用建筑中使用的制冷散热设备主要包括：冷却塔（开式或闭式）、干式冷却器及风冷冷凝器、蒸发式冷凝器等。

冷却塔是水冷式冷水机组最常用的散热装置，当水质允许且冷水机组的设置位置低于冷却塔集水盘时，宜采用开式冷却塔直接散热。当对水质有较高要求时，可采用闭式冷却塔。当有全年散热运行需求（例如为信息中心服务的全年空调冷却系统）时，采用闭式冷却塔可减少全年耗水量。

风冷冷水机组的冷凝器一般与冷水机组为一体式设备。

干式冷却器与闭式冷却塔类似，用于某些工艺性空调设备散热，其闭式循环部分可以是制冷剂也可以是其他介质。与闭式冷却塔不同，当室外环境温度较高而采用喷淋水降温时，喷淋系统需另外配置。

蒸发式冷凝器换热原理与闭式冷却塔相同，但热交换是在制冷剂与喷淋水之间进行的，通过喷淋水的蒸发降低制冷剂的温度。

5.8.2 水资源相对充足的地区或集中设置冷热源时，冷热源设备宜优先采用水冷冷凝器，且冷却水应循环使用（除直接采用水源水之外）；干球温度较低且水源匮乏的地区或分散设置冷热源时，可采用风冷式冷凝器或干式冷却器。

【说明】

冷却塔的补水流量包括：热交换的水蒸发量、飘水量以及冷却水系统排污水流量，应

选择飘水量少的冷却塔。在实际运行过程中，当飘水量较少时，实际需要的补水流量仅仅为水在冷却过程中的蒸发量，一般不超过冷却水循环流量的0.3%。

采用水源热泵机组时，其冷却水来自土壤换热（土壤源热泵）、地下水、地表水等，自然具备了循环利用的条件（地下水和地表水换热后均应回至其取水水源）。

水资源匮乏的地区，如果室外干球温度较低，经论证其全年空调系统可取得较好的能效且具有较好的经济性时，也可采用风冷式冷水机组或干式冷凝器。

5.8.3 **制冷散热设备宜与制冷设备的台数相同。当采用模块式组合设备时，每个模块组的冷却能力宜与单台制冷设备的需求相对应。**

【说明】

为便于冷源系统控制，以制冷设备的参数为主配置散热设备；台数相同或相对应，是为了使得运行控制的方便。当采用母管制时，仍可通过多台散热设备的并联运行增加散热面积的方式提高散热效率。

5.8.4 **集中设置冷热源时，冷却塔应集中布置。对水温、水质、运行等要求差别较大的设备，冷却水系统宜分开设置；小型分散的水冷柜式空调器或小型户式冷水机组，冷却水系统可合用。**

【说明】

冷却塔集中布置可方便运行管理。多台水冷柜式空调器散热设备合用有利于在极端天气下提高散热效率。小型户式冷水机组合用冷却水系统时应考虑不同用户的计量需求。

5.8.5 **制冷散热设备应根据实际项目所在地的气候条件选用。**

【说明】

基本气象参数应包括空气干球温度、空气湿球温度、大气压力、夏季主导风向、风速或风压、冬季极端最低气温等。冷却塔计算所选用的空气干球温度和湿球温度宜采用历年平均不保证50h的干球温度和湿球温度，并应与所服务的空调系统的设计空气干球温度和湿球温度相一致。当有全年不间断运行需求时，应以极限参数条件作为选型依据。

对于风速较大的地区，还应根据当地风速，对冷却塔结构的稳定性提出相应的要求。

5.8.6 **集中冷热源系统宜采用开式冷却塔，且应优先选择逆流式；采用闭式冷却水系统时，必须设置相应的定压补水系统。**

【说明】

开式冷却塔投资少、重量较轻，逆流式的换热效率高，应优先选用。但制冷设备（如水环热泵末端设备等）对水质有较高的要求时，宜采用闭式冷却塔。由于闭式冷却塔构成的水系统与空调冷热闭式循环水系统的特点相同，因此需要设置相应的定压补水与膨胀措施，可参见本章5.7节。

5.8.7 冷却水系统的水温和流量，应按下列原则确定：

1 进、出水温度应按室外气象参数、所选用的制冷机组冷凝器散热要求（包括设计工况进出水温及流量）确定。

2 设计进出水温差可选5℃时，冷却塔的逼近温差宜为4℃；当设计需要减小逼近温差或加大进出水温差时，应校核所选用的产品性能或提出明确的技术参数要求。

3 如果在一年的运行过程中可能出现冷却塔出水温度低于冷水机组最低冷却水进水温度限值时，应采取冷水机组冷却水进水温度控制措施。

4 冷却水系统的设计流量，应按下式计算：

$$G=3.6\times Q_0\left(1+\frac{1}{COP}\right)/(c\times\Delta T) \tag{5.8.7}$$

式中 G——冷却水设计流量，m^3/h；

Q_0——冷水机组设计制冷量，kW；

COP——冷水机组在实际设计工况下的性能系数；

c——水的定压比热，取4.187kJ/（kg·℃）；

ΔT——冷却水系统的设计水温差，℃。

5 冷却塔选型时，其实际处理能力宜在上述基础上附加10%～20%的安全系数。

【说明】

1 需要特别注意的是：目前国家标准中，冷水机组与冷却塔的产品标准在冷却水的参数上并不一致：冷水机组标准中，冷凝器的进/出水温为30℃/35℃，而冷却塔的进/出水温为37℃/32℃。

2 “逼近温差”指的是：在指定冷却水温差的条件下，冷却塔出水温度与室外空气湿球温度之间的温度差。冷却塔产品标准中，在冷却水温差5℃时的“逼近温差”为4℃（湿球温度28℃时，进/出水温度为37℃/32℃）。因此，当采用标准冷却塔时，对于湿球温度接近28℃的地区，冷水机组的冷却水温宜按照32℃/37℃确定；如果室外湿球温度高于28℃，则应对冷却塔提出明确的技术要求，或选用时根据产品的性能曲线核算后适当加大冷却塔型号；当室外湿球温度较低时，可按照湿球温度修正后的实际出水温度来确定冷水机组的冷却水进出水温度。

3 为了保证必要的“两器”压差，对冷凝器最低进水温度有一定要求（一般不宜低于14～16℃）。在严寒、寒冷和部分夏热冬冷地区，当室外湿球温度较低时，冷却塔出水温度也会相应降低，因此机组在运行时的冷却水进水温度应保证在最低温度限值以上。通常的措施有以下几种：

(1) 在机组冷却水供回水之间设置旁通管和由最低供水温度控制的旁通电动调节阀。应用此方式时，应对水泵可能运行的最大流量工况点的轴功率进行校核，必要时加大冷却水泵电机的配置容量，防止电机过载。

(2) 当冷却塔风扇采用变频调速方式时，由最低供水温度直接控制风机转速。

4 计算冷却水系统设计流量时，Q_0、COP、ΔT 等均应为在实际设计工况（而非产品标准工况）下的参数。当冷却水泵采用变频控制方式时，冷却水最小设定流量必须符合冷水机组运行要求（与空调冷水系统相同，见第5.7节）。

5 冷却塔的性能会对整个制冷系统产生非常大的影响。目前冷却塔的规定性能标准，都是以成品在实验室中测试数据为基准的。但在实际工程中，绝大部分冷却塔都是在现场组装而非制造商在工厂组装为成品整体供货的。现场组装的条件和技术能力，与工厂组装成品在质量控制方面，存在一定的差距，这也是目前很多项目的冷却塔性能不能达到其规定性能指标的一个重要原因。因此设计中应考虑到这一因素。

如果冷却塔的设计与选型由其他专业负责，本专业在提出资料时宜将本条规定的10%～20%的安全系数附加在对冷却塔处理水量的提资要求中。但冷却水泵流量与扬程选择时的附加值，应符合第1.8.4条的规定。

5.8.8 多台冷却塔并联使用时，冷却水总管应采用不变径的设置方式，并应采取以下措施之一，防止积水盘吸空：

1 优先采用集水盘有效存水高度较大的冷却塔；

2 集水盘有效存水高度不够时，应采用提高冷却塔安装与回水总管安装高差方式；

3 当安装高差不足以防止集水盘吸空时，各台冷却塔的集水盘下应设连通管，或进出水管上均设密封性能较好的电动蝶阀；

4 当采用通过供回水母管连接的开式冷却塔时，所有冷却塔的安装高度应相同，以防止不同水面高差引起的溢水及影响运行的情况；如果开式冷却塔的设置高度不同，其冷却水系统应独立设置。

【说明】

当只有部分冷却塔运行时，如果水力平衡不好，不运行的冷却塔的集水盘有可能出现吸空（冷却塔吸水口无水）的现象。为了尽可能改善冷却塔之间的水力平衡条件，连接各冷却塔的冷却水总管宜采用不变径的设置方式（减少总管阻力）。同时，还应采取第1～4款之一的防止集水盘吸空措施。

1 加大集水盘有效存水高度是最有效的措施。集水盘的容积除了满足正常工作时的要求外，还应能够存储停止运行时冷却塔正常工作水位之上的供水管道中的水容量，防止因此产生的溢流，同时也有助于防止集水盘的吸空。此部分水容量（m^3）可按照冷却塔处理水量（m^3/h）的1.5%计算。同时，为了防止对冷却塔补水系统的污染，冷却塔的补水口应高于积水盘溢流口。从目前的使用情况来看，当冷却塔集水盘的有效存水高度大于800～1000mm时，可以消除吸空现象。

2 如果集水盘的存水高度不够（目前的标准产品为300mm左右），提高各冷却塔的安装标高，利用冷却塔集水盘与出水总管的高差形成“放吸空高差”，与加大存水盘有效存水高度的作用是相同的。在工程设计中，这是一个针对目前的标准产品最保险的解决方案，应优先考虑。防止集水盘水吸空的安装高差，可以通过水力计算得到。

3 如果因为种种原因无法采取上述措施时，应考虑设置连通管或进出水电动阀。

4 多台冷却塔并联运行的条件下，应在设计时保证各塔的集水盘液位高度一致。

5.8.9 **冷却塔的设置，应符合以下要求：**

1 无特殊要求时，不设置备用冷却塔；

2 选择模块式冷却塔且组合在一起使用同一积水盘时，各模块塔之间的风室宜采取隔断措施；

3 冷却塔设置位置应通风良好，避免气流短路及建筑物高温高湿排气、厨房油烟排风等的影响；

4 选用非不燃材料制造的冷却塔，其安装位置应远离建筑消防排烟的室外排出口；

5 严寒和寒冷地区需要冬季运行的制冷系统，其集水盘和冷却水管均应设置防冻措施。当另行设置冷却水集水箱时，冷却塔集水盘正常工作水面与集水箱设计水位之间的高差应小于或等于5m。

【说明】

1 与冷水机组的台数设置原则相同。

2 为了防止各模块塔之间冷却风的相互影响，其风室宜相互隔离。

3 除选型时进行气象参数的修正外，还应考虑因冷却塔排出的湿热空气回流和干扰对冷却效果的影响，必要时应对设计干、湿球温度进行修正。如果周围有围挡，当冷却塔边沿距围挡的净空尺寸小于其进风面高度（对于方形冷却塔），以及冷却塔边沿与周边围挡的净平面面积小于其进风面积（通常适用于圆形塔）时，或者多排布置的冷却塔，当相邻两个塔排的间距小于2倍进风面高度（仅方形冷却塔存在多塔组合）时，宜考虑湿热空气回流的影响——设计湿球温度宜在选定的气象条件基础上增加0.5～1.3℃。

4 目前大部分冷却塔采用的是玻璃纤维材料制造，防火性能不属于不燃材料。因此其位置应远离火源，例如消防排烟的室外排出口等。

5 对于需要冬季运行的冷却塔，其集水盘和冷却水管均应设置防冻措施（例如采用电热装置或水管电伴热方式）。也有些工程采用在室内另设置集水箱（集水盘不积水）的方式来防止集水盘内的水冻结。对于后一种方式，由于室内集水箱低于冷却塔集水盘水面，会导致冷却水泵的扬程加大。经分析计算，当冷却水泵增加的扬程不大于5m时，冷却水泵增加的电耗与集水盘采取电热装置防冻的电耗基本相同。如果高差过大，冷却泵电耗的增加会导致整个系统的电耗增加。

5.8.10 **冷却水泵的设计与选择，应符合以下要求：**

1 冷却水泵与冷水机组的连接方式、选型及其流量和扬程附加安全系数的确定，与冷水泵相同；无特殊需要时，可不设置备用泵；

2 设计采用多台冷却泵时：如果冷却塔与冷却水泵位置相距较远，宜采用母管与冷却塔连接；冷却泵的配电容量应按照单台运行时的最大流量要求来配置。

【说明】

1 与冷水泵的原则相同，见第5.7.3条、第5.7.9条和第5.7.12条。

2 采用多台冷却水泵时，冷却塔与冷却水泵可采用一对一的连接方式，有利于防止出现水泵超载运行。但如果冷却塔位置与冷却泵相距较远，一一对应的连接方式会占用较大的管道布置空间，从经济性看是不合适的，这时宜采用母管连接方式。母管连接方式还可以在极端天气时通过增加冷却塔运行台数来改善散热能力。

3 一般工程中的冷却水系统很少采用流量或扬程的自动控制措施，因此当运行台数较少时，容易发生超载现象。通常有两种解决方法：

(1) 根据实际工程，在水泵曲线图上分析其可能出现的最大工作流量点，并以此作为配电机额定功率的依据。这样可以保证电机不超载运行，同时由于流量的加大，也有利于提高冷水机组运行时的*COP*值，但水泵在高流量运行时的实际能耗一般会大于设计点能耗；

(2) 在每个冷却水泵环路上设置自力式定流量阀，限制冷却水泵的流量不超过设计流量。这种方法增加了冷却水系统的阻力和投资，一般情况下不建议使用。

5.8.11 **冷却水管路的设计流速，可按表5.8.11选取。其最大设计流速不应超过室外冷水管道的最大设计流速。**

冷却水管路设计流速推荐值 **表5.8.11**

<table>
<tr><th colspan="2">管道类型</th><th>管径 DN(mm)</th><th>流速(m/s)</th><th>备注</th></tr>
<tr><td colspan="2" rowspan="2">水泵出水管</td><td>≤250</td><td>1.0～1.5</td><td rowspan="9">管径小时取小值，
管径大时取大值</td></tr>
<tr><td>>250</td><td>1.2～1.6</td></tr>
<tr><td rowspan="3">水泵吸水管</td><td rowspan="2">接水箱</td><td>≤100</td><td>0.6～0.8</td></tr>
<tr><td>>100</td><td>0.8～1.2</td></tr>
<tr><td>接循环干管</td><td colspan="2">与水泵出水管相同</td></tr>
<tr><td colspan="2" rowspan="3">循环干管</td><td>≤250</td><td>1.3～1.8</td></tr>
<tr><td>300～500</td><td>1.5～2.0</td></tr>
<tr><td>>500</td><td>2.0～2.8</td></tr>
</table>

【说明】

水泵吸水管从水箱里吸水时，为了防止水泵进口压力过度降低，吸水管设计流速宜稍小一些。由于水泵出水口连接的阀件较多且阻力系数较大，因此出水管流速宜低于循环干管流速。

最大设计流速见表 5.6.28。

5.8.12 冷却水补水系统的设置，应符合下列规定：

1 冷却塔补水管管径和补水泵选择时，选泵流量可取冷却循环水量的 1%～2%；

2 设置低位集水箱的冷却水系统，宜在冷却水集水箱处补水、泄水、溢水；不设集水箱的冷却水系统，应在冷却塔处补水、泄水、溢水；

3 应设置自动补水管和手动补水管。自动补水管应能自动控制集水箱或冷却塔底盘最低水位；手动补水管应设置在集水箱或冷却塔底盘最高水位以上，其管径宜比自动补水管管径大 2 号。

【说明】

水蒸发量一般不超过 0.3%，飘水量与产品质量、构造等相关，这些都是正常运行时的连续补水需求；同时，还需要考虑排污补水（间歇性补水）。

5.8.13 冷却水水质应符合相关规范的要求，必要时设置加药装置或静电除垢及防藻除砂等处理设施。水质要求也可参考表 5.8.13 确定。

冷水机组冷却水水质标准　　　　表 5.8.13

指标	pH(25℃)	电导率 (S/cm)	氯化物 Cl^- (mgCl/L)	硫酸根 SO_4^{2-} ($mgCaSO_4^{2-}/L$)	酸消耗量(pH4.8) ($mgCaSO_4^{2-}/L$)
冷却水标准值	6.5～8.0	＜800	＜200	＜200	＜100
指标	总硬度 ($mgCaCO_3/L$)	铁 Fe (mgFe/L)	硫离子 S^{2-} (mg S^{2-}/L)	铵离子 NH (mg NH^{4+}/L)	融解硅酸 SiO_2 (mg SiO_2/L)
冷却水标准值	＜200	＜1.0	不得检出	＜1.0	＜50

【说明】

表 5.8.13 符合冷水机组运行对于冷却水水质的要求，具体项目应当根据当地水质情况与指标的对比针对不达标的指标采取适宜的处理方式。尤其是长期连续运行的系统，要更关注冷却水的水质。

5.8.14 风冷冷凝器及干式冷却器夏季应在室外干球温度 35℃条件下正常工作。建筑物使用条件或工艺设备有特殊需求的情况，需要在更高温度下正常工作时，应采用高温型冷凝器或干式冷却器，必要时可采用夏季室外极限干球温度对设备散热能力进行校核。

【说明】

干球温度35℃是风冷冷水机组及冷凝器产品制造标准规定的标准测试工况之一，项目中如果超过这个参数，冷水机组制冷量将下降。当项目在极端条件（超过35℃）下需要满足需求时，则应当采用高温型冷凝器（室外干球温度不低于42℃）。

5.8.15 有冬季供冷需求时，宜采用带自然冷却功能的冷凝器或并联干式冷却器方式满足冬季自然冷却需求。

【说明】

自然冷却冷水机组或干式冷却器可满足冬季室外低温条件下压缩机不运行的供冷需求，可有效降低冬季供冷能耗。

5.8.16 风冷冷凝器通常由厂商按设计要求的参数选定。当采用干式冷却器且有冬季供冷需求时，应根据工程所在地气象条件采取必要的防冻措施。并宜符合以下原则：

1 应优先采用中间换热器将带有防冻液的室外循环散热介质与室内循环散热介质隔离，减少防冻液的使用和泄漏造成的影响；规模较小的工程或系统也可采用不经过中间换热器的方式，将防冻液直接与制冷剂换热；

2 防冻液不宜直接进入室内冷水循环系统和空调末端；

3 防冻液的浓度应根据介质性能及工程所在地的冬季室外气象条件确定，必要时应采用冬季极端干球温度作为设计条件；

4 充注防冻液的系统，应校核工作工况条件下干式冷却器或风冷冷凝器的散热能力，修正因比热容变化产生的散热能力衰减；

5 采用防冻液的系统，其循环泵的流量和扬程，可按照对应浓度的比热容和黏度的计算结果，分别附加5%～10%的安全系数。

【说明】

目前常用的防冻液有乙二醇、丙三醇等，这些介质具有腐蚀性强、比热容小、黏度大的特点，且其价格比水高，无法随时排放。因此尽量将需要用乙二醇介质的系统范围减小有利于降低运行成本和造价。

采用防冻液的管道及设备在设计时应当根据防冻液的特性考虑材质、流量和扬程的修正，与冰蓄冷系统中的乙二醇溶液的措施相同。

5.8.17 采用蒸发式冷凝系统作为散热设备时，换热器宜采用管式冷凝器或板翅式冷凝器。

【说明】

管式冷凝器或板翅式冷凝器比翅片式冷凝器具有更强的抗腐蚀性和耐久性。

5.8.18 蒸发式冷凝器的最大小时耗水量应根据室外空气蒸发水损失、飘水损失和排污损失计算确定。最大小时耗水量可按下式计算：

$$W=1.1\left(1+\frac{1}{R-1}\right)\left(1+\frac{3.8Ar}{\eta}\right)\frac{3600Q_{Z}}{r} \tag{5.8.18}$$

式中 W——耗水量，kg/h；

R——循环水浓缩倍率，循环水离子与补水离子浓度比，可取2～4；

Ar——室外空气流量与制冷剂流量的质量流量比；

Q_{Z}——蒸发冷凝器的散热量，kW；

η——蒸发冷凝效率。

【说明】

与冷却塔散热原理一致，水分蒸发是蒸发式冷凝器的主要散热方式，其他耗水部分还包括连续的飘水损失和间断性排污损失。

5.9 冷热源机房设计与配合

5.9.1 冷热源机房设计时，应符合下列规定：

1 宜分别靠近空调冷热负荷的中心。

2 水冷式冷水机组一般宜设在建筑物的地下室，无条件时也可设在裙房中或独立设置；风冷冷水机组应设置在室外或屋顶上；锅炉房的设置要求见《措施》第5章。

3 冷热源主机房宜配设值班室或控制室；值班室或控制室与主机房之间应设具有一定隔声能力的观察窗。根据使用与管理需求，机房周边也可设置办公室、休息室、卫生间、维修及工具间。

4 应预留满足主机房内最大不可拆装设备尺寸和重量的安装孔（洞）及设备运输与就位通道。

5 制冷剂和蒸汽安全阀的泄压管，应接至室外安全处。

6 应有良好的通风设施；地下机房应设置机械通风，必要时设置事故通风；机房的通风系统必须独立设置，不得与其他通风系统联合。

7 值班室、控制室或办公室等的室内设计参数应满足工作要求。

8 地面和设备机座应采用易于清洗的面层，用水设备的基础周边应设置排水沟。

9 冬季有防冻要求时，如果机房内设备和管道中存水或不能保证完全放空，应采取供热措施，保证房间温度达到5℃以上。

【说明】

1 靠近负荷中心设置机房，有利于降低输送能耗，也便于水力平衡。

2 水冷冷水机组荷载较重且为运转设备，在建筑最底层设置可以减少结构承载，更利于设备振动、噪声的处理。在裙房中尤其是独立设置的站房，对主体建筑使用环境的干扰最小。在设备层、屋顶和在最底层设的站房，应注重减振、降噪等措施，降低噪声的影响，以及振动、共振等传递噪声。风冷冷水机组应设置于通风良好的屋面或室外。

3 站房内设置值班室、控制室是对日常运维人员的劳动保护，工艺布置中还应注意配电室的位置条件。对大型站、独立站房设计时，应保证人员生活、卫生等需求的附属设施，如办公、休息、维修、备件工具等房间。

4 一般来说，制冷机房内的冷水机组尺寸和重量都较大，宜从室外地面通过吊装孔直接吊装进入机房。当设置于建筑的地下室并在设计中拟利用汽车坡道和地下车库车道作为其运输与就位的通道时，应注意以下问题：

(1) 运输通道的尺寸和结构荷载，应满足所运输设备的重量要求；

(2) 由于地下车库或车道的净高有限，大型设备无法采用大型货运车辆在地下室内运输，因此，即使运输通道的结构荷载可以满足要求，也不应采用有弧形或有转弯的车道作为运输通道。

5 某些制冷剂对人体健康有不利影响，蒸汽温度较高，均不应泄露在主机房内，其安全阀泄压管应排至室外无人员活动区域。

6 机房通风设计见《措施》第4章。

7 保证值班室、控制室或办公室等的室内参数满足运维人员的需求。

8 建筑专业应设置相应排水沟，以及时排除设备检修时的排水或运行时的漏水。

9 冬季防冻的需要。

5.9.2 制冷机房内设备布置应符合下列规定：

1 主机与墙之间的净距不宜小于1m，与配电柜的距离不应小于1.5m；

2 主机之间或其他设备之间的净距不宜小于1.2m；

3 在需要维护保养的主机端，宜留有不小于蒸发器、冷凝器等换热器长度的维修距离；

4 主机与其上方的水管、风（烟）道的净距不宜小于0.8m，与电缆桥架的净距不应小于1.2m；

5 机房内主要通道的宽度不宜小于1.5m，次要通道的宽度不小于0.8m；

6 机组与突出物、附属设备之间的净距不小于0.8m。

【说明】

保证正常运行、维护和保养，以及管理人员通行的合理间距。

5.9.3 制冷机房的结构净高应符合以下要求：

1 采用单机容量小于 1000kW 的电制冷机组，宜为 3.5～4.5m；采用大型制冷机组时，宜为 4.5～5.0m；采用吸收式制冷机组时，宜比同容量的电制冷机组再增加 0.5m。有电动起吊设备时，还应考虑起吊设备的安装和工作高度。

2 附属设备间的结构净高不应小于 3m。

3 温度表、压力表及其他测量仪表应设在便于观察的位置。需要人工操作的手动阀门，其安装高度距地宜小于或等于 1.8m；当设置高度过高时，宜采用操作装置在人员活动除的阀门或设置工作平台。

4 蓄能系统房间的结构净高应根据蓄能系统的形式确定。蓄能装置可以布置在主机房内，也可设置在单独房间（或空间）内。

【说明】

结构净高指的是：地面到结构最大梁底的高度。

1 布置合理的机房内，一般设置 1～2 层水管、1 层风管和 1 层电缆桥架，其综合占用的空间高度为 1.2～1.8m，同时考虑设备上方与这些管道的间距。吸收式制冷机组在同容量时的设备高度略大于电制冷机组，其净高宜适当增加。对于特大型机房（例如大型区域冷热源站房），当设置有起吊设备时，应根据起吊设备的形式确定结构净高。

2 方便附属房间内的管道布置。

3 当手动阀门设置高度过高时，宜采用连杆或链条传动的手动操作机构，也可根据机房内的条件设置工作平台。

4 蓄能装置的形式和种类较多，对空间高度的要求不尽相同。例如：采用水蓄能的蓄水罐，为了提高高径比，其净空尺寸要求较大；封装式冰蓄冷装置的高度一般也会高于盘管式冰蓄冷装置。设计时应根据具体情况来合理考虑。

5.9.4 热交换站的规模和数量，按下列原则确定：

1 热交换站的规模应根据用户长期总热负荷确定。分期建设的项目，应统一考虑热交换站的位置和站房建筑，工艺系统和设备可一次设计、分期安装；

2 居住小区供暖用的热交换站，供热半径宜在 1.0km 以内，供热规模不宜大于 15 万 m^2（供暖面积）；

3 当自然地形高差大时，宜根据管道布置条件和设备承压能力，分区设置热交换站。

【说明】

自然地形高差较大，共用一个换热站导致地形低的用户承受较大的工作压力，对投资、安全运行均不利。

5.9.5 热交换站房设计时，应注意以下因素：

1 采用板式热交换器时，热交换站的结构净高不宜小于 3.0m；采用壳管式或容积式热交换器时，热交换站的结构净高不宜小于3.5m；同时应满足设备吊起、安装、检修、操作、更换的空间和管道安装的要求；

2 热交换站的平面布置，应保证设备之间有运行操作通道和维修拆卸设备的场地；壳管式换热站前端应预留抽卸换热器内部管束所需要的检修空间；板式换热器侧面应留有维修拆卸板片垫圈的空间；

3 采用壳管式或容积式热交换器的站房，应预留设备运输出入口或吊装孔。

【说明】

1 板式换热器的设备尺寸远远小于壳管式与容积式换热器。

2 第2款与第3款，与第5.9.2条和第5.9.1条的要求原则相同。

5.9.6 热交换站安全保护设计要求如下：

1 热交换站的值班室位置应邻近安全出口；

2 热交换站的蒸汽系统的安全阀，应采用全启式弹簧安全阀；热水系统的安全阀应采用微启式弹簧安全阀。

【说明】

1 便于值班人员在紧急情况时的安全疏散。

2 蒸汽系统的温度较高，对使用安全阀的要求提高。

5.9.7 设计时应向电气专业（包括控制专业）提出以下资料：

1 冷热源站房的功能和用途；

2 制冷主机的电压等级与供电要求；

3 机房内各种设备自带的启动、运行控制装置；当设备不自带控制装置，需要由电气或控制专业完成控制系统设计时，应提出相应的工艺与控制要求；

4 对于大型冷热源机房，宜设事故照明和疏散指示装置；测量仪表集中处宜设局部照明；

5 可燃或有害气体探测与事故通风控制要求；

6 必要时的通信要求。

【说明】

1 冷热源站房的功能和用途等，是确定供电负荷等级的依据。

2 制冷主机的电压等级应符合第5.2.6条的要求。

3 有条件时，冷热源站房内的主要设备（冷热源设备、水泵、定压补水等装置）应优先采用机电一体化的产品。当设备不配套运行控制装置时，设计人应根据工艺设计并结合系统使用的需求，将站房内的系统和设备控制要求清晰地提出。

4 大型冷热源机房内，设备、管道及支吊架等固定装置较多，设置事故照明和疏散指示装置可为管理人员在发生照明失电事故或紧急疏散时提供必要条件，确保运维人员的安全。

5 一些冷热源机房需要设置事故通风措施。例如：制冷机房的制冷剂泄漏、燃油燃气锅炉房的燃料泄漏等情况下，均应有相应的事故通风系统。

6 有人值守的冷热源站房，必要时可设置通信设施。

5.9.8 设计时应向给水排水专业提出以下资料：

1 给水量；

2 排水要求；

3 根据需要设置灭火系统。

【说明】

1 冷热源机房用水较多，包括：补水用量、洗涤与清洁用水量等。

2 结合排水地沟设置相应的排水系统。当无法设置排水地沟而采用地漏排水时，应加密排水地漏的设置。

3 根据不同的类型，采取不同的灭火方式。

5.9.9 设计时应向结构专业提出以下资料：

1 设置于楼板上的冷热源站房，应根据设备的选型，提出设备荷载与布置平面图；当管道采用落地支架安装时，还应提出管道对楼板的荷载；

2 大型冷热源站房内的管道采用吊装安装时，应提出对上层楼板的荷载；

3 采用混凝土基础时，应提出设备基础的尺寸要求。

【说明】

1 在设计配合前期，可按照10～15kN提出楼板荷载。当设备设置在最底层时，可不提供地面荷载。

2 大型冷热源站房内的管道较多且管径较大，吊装安装时管道与水的重量会对结构上层楼板的荷载产生影响。

3 根据目前我国的建筑施工分工，混凝土基础属于土建专业的施工范围，因此应表示在土建图中。一般来说，冷热源站房的设备基础可采用C20～C25的混凝土制作。当采用混凝土板减振台座时，减振板内应配筋。

6 锅 炉 房

6.1 一 般 规 定

6.1.1 本章适用于以天然气、城市煤气、轻柴油为燃料，锅炉单台容量和运行参数为下列范围的供热锅炉房设计：

1 蒸汽锅炉：单台额定蒸发量小于或等于10t/h、额定工作压力0.1～1.6MPa；

2 热水锅炉：单台额定出力小于或等于14MW、额定工作压力0.1～1.6MPa。

【说明】

考虑到民用建筑设计项目涵盖范围一般为中小型锅炉，因此本章不涉及单台蒸发量超过10t/h的大型蒸汽锅炉或单台热功率超过14MW的大型热水锅炉的设计。尽管锅炉房也是暖通空调系统的热源形式之一，但由于其本身具有一些独特的特点，因此在《措施》中作为独立一章来编写，以方便设计时应用。

6.1.2 锅炉房设计应遵守以下总体原则：

1 锅炉房设计应取得热负荷、燃料和水质资料，并应取得当地的气象、地质、水文、电力和供水等有关基础资料；

2 锅炉房燃料的选用应做到合理利用能源和节约能源，并应与安全生产、经济效益和环境保护相协调。燃气锅炉房的备用燃料应根据供热系统的安全性、重要性、燃气供应的保证程度和备用燃料的可能性等因素确定。

3 设置于地下、半地下、地下室和半地下室的锅炉房，严禁选用液化石油气或相对密度≥0.75的气体作为燃料。

【说明】

本条引自《锅炉房设计标准》GB 50041—2020。

为了防止燃气在室内聚集后无法排除而引起的安全隐患，当燃气的密度大于或等于0.75时，不得在设置于地下或半地下的锅炉房中采用。

6.1.3 锅炉房位置的选择，宜综合考虑下列要求：

1 宜靠近热负荷比较集中的地区，并应使引出热力管道和室外管网的布置在技术、经济上合理，其所在位置应与所服务的主体项目相协调；

2 应有利于减少烟尘、有害气体、噪声对居民区和主要环境保护区的影响，全年运行的锅炉房应设置于总体最小频率风向的上风侧，季节性运行的锅炉房应设置于该季节最大频率风向的下风侧，并应符合环境影响评价报告提出的各项要求；

3 住宅建筑物内不宜设置锅炉房；

4 当锅炉房和其他建筑物相连或设置在其内部时，不应设置在人员密集场所和重要部门的上一层、下一层、贴邻位置以及主要通道、疏散口的两旁，并应设置在首层或地下室一层靠建筑物外墙部位；

5 采用常（负）压燃油或燃气锅炉时，锅炉房可设置在地下二层或屋面上；当设置在屋面时，锅炉房围护结构距离通向屋面的安全出口不应小于6m。

【说明】

住宅建筑物内设置锅炉房，不仅存在安全问题，而且还有环保问题，无论是从大气污染，还是从噪声污染等方面看，都不宜将锅炉房设置在住宅建筑物内。

锅炉房作为独立的建筑物布置有困难，需要与其他建筑物相连或设置在其内部时，为确保安全，特规定不应布置在人员密集场所和重要部门的上一层、下一层、贴邻位置和主要通道、疏散口的两旁。

锅炉房设置在首层、地下一层，对泄爆、安全和消防比较有利。锅炉房本身高度超过一层楼的高度，设在其他建筑物内时，可能要占两层的高度，对这样的锅炉房，只要本身为一层布置，中间并没有楼板隔成两层，不论它是否已深入到该建筑物地下第二层或地面第二层，在《措施》中仍将其作为地下一层或首层。

本条中“人员密集场所”是指公众聚集场所，如公共浴室、候诊室、候车室、商业卖场、教室、餐厅、病房、会议室、养老院、福利院、托儿所、幼儿园、公共图书馆的阅览室、公共展览馆、博物馆的展示厅、影剧院的观众厅、劳动密集型企业的生产加工车间和员工集体宿舍、旅游景点、宗教活动场所等。

本条中“重要部门”是指档案室、通信站、贵宾室等。

6.1.4 当需要采用蒸汽时，一般民用建筑中常用的设计蒸汽压力可按表6.1.4选用。

民用建筑用户的设计蒸汽压力 **表6.1.4**

蒸汽用途	设计蒸汽压力(MPa)
生活热水换热	0.3～0.6
厨房设备(蒸具、消毒器、开水箱、洗碗机等)用汽	0.1～0.3
洗衣房、医院用汽	0.8～1.0
吸收式制冷	0.6～0.8

【说明】

根据目前的设备使用要求确定。

6.1.5 锅炉供暖设计应符合下列规定：

1 锅炉选用台数和单台锅炉设计容量的确定，应以保证锅炉全年高效运行为主要原则，并考虑设备的运行维护的方便性和系统的经济性；

2 当供暖系统的设计回水温度小于或等于50℃时，宜采用冷凝式锅炉。

【说明】

1 各台锅炉的容量相同时，可以使得系统简单、运行维护方便、投资较低。但简单地采用各台锅炉等容量设置时，可能会导致单台锅炉在低负荷时的运行效率过低。因此，需要结合在保证锅炉全年高效运行的原则下，确定容量与台数的搭配。

2 在低供暖（热）水温时，冷凝式锅炉因可以降低排烟温度，因此具有提高热效率、减少排放污染的特点。

6.1.6 锅炉房的设置应符合以下原则：

1 锅炉房内应根据规模和工艺需要，设置锅炉间、日用油箱间、燃气调压和计量间、变配电室、锅炉给水和水处理间、生活间（包括休息间、厕所等）、控制仪表室、化验室和维修室等；

2 锅炉房的辅助间和生活间宜贴邻锅炉间一侧布置，化验室应布置在采光较好、噪声和振动较小处，并使取样操作方便；

3 锅炉房宜为独立的建筑物；当锅炉房设在建筑物内时，蒸汽锅炉单台额定蒸发量不应超过10t/h，且额定蒸发压力不超过1.6MPa；热水锅炉单台额定热功率应小于或等于7MW，且额定出水温度小于或等于120℃；

4 锅炉房至少应有两个出口，分别设在两侧；但对独立锅炉房的锅炉间，当炉前走道总长度小于12m，且总建筑面积小于200m^{2}时，其出入口可设1个；锅炉间人员出入口应有1个直通室外；

5 锅炉间为多层布置时，其各层的人员出入口不应少于2个；楼层上的人员出入口，应有直接通向地面的安全楼梯；

6 锅炉间通向室外的门应向室外开启，锅炉房内的辅助间或生活间直通锅炉间的门应向锅炉间内开启。

【说明】

对锅炉房的生产辅助间（修理间、仪表校验间、化验室等）和生活间（值班室、更衣室、浴室、厕所等）的设置问题，要根据现行国家标准《工业企业设计卫生标准》GBZ 1和当地的具体条件，因地制宜地加以设置。

采光、噪声和振动对化验室的分析工作有较大影响，因此，在设置锅炉房化验室时，要考虑上述影响。同时，由于锅炉房的取样、化验工作比较频繁，因此也要考虑其便利性。

锅炉房存在一定的安全要求，因此应优先选择独立建设。当无法独立建设时，其容量和参数均应有所限制。

锅炉间通向室外的门应向外开启，这是为了方便锅炉房工作人员的出入，同时当锅炉房发生事故时，便于人员疏散；与锅炉间贴邻的工作间或生活间直通锅炉间的门应向锅炉间内开启，这是因为当锅炉房发生事故时，使门趋向自动关闭，减少其他房间因锅炉爆炸而带来的损害，也有利于其他房间的人员进入锅炉间抢险。

6.1.7 锅炉与锅炉房围护结构的净距，不应小于表 6.1.7 的规定，并应符合下列要求：

1 应考虑锅管更换空间，当设计考虑在炉前更换时，炉前净距应能满足操作要求；

2 大于 6t/h 的蒸汽锅炉或大于 4.2MW 的热水锅炉，当炉前设置仪表控制室时，锅炉前端到仪表控制室的净距可减为 3m；

3 装有快装锅炉的锅炉房，应有更新整装锅炉时能顺利通过的通道；锅炉后部通道的距离应根据后烟箱能否旋转开启确定；

4 锅炉上部操作点到屋顶最低结构的净高应大于或等于 2m；锅炉上方不需操作时，顶部空间的净高应大于或等于 0.7m。

锅炉与建筑物的净距 **表 6.1.7**

蒸汽锅炉(t/h)	热水锅炉(MW)	炉前(m)	锅炉两侧和后部通道(m)
1～4	0.7～2.8	2.50	0.80
6～10	4.2～14	3.00	1.50

【说明】

锅炉操作地点和通道的净空高度规定不应小于 2m，这是为便于操作人员能安全通过。但要注意对于双层布置锅炉房需要在锅炉上部设起吊装置者，其净空高度应满足起吊设备操作高度的要求。在锅炉、省煤器及其他发热部位的上方，在不需操作和通行的地方，其净空高度可缩小为 0.7m，这个高度已能使人低身通过。

表 6.1.7 所列数据都是最小值，采用时以满足所选锅炉的操作、安装、检修等需要为准，设计时可根据锅炉房工艺特点适当增加。当锅炉在操作、安装、检修方面有特殊要求时，其通道净距以满足其实际需要为准。

表 6.1.7 的要求不包括模块锅炉和立式锅炉。

6.1.8 锅炉房辅机间的布置，应符合下列要求：

1 减少噪声对周围环境的干扰，必要时应采取隔声、减振措施，以达到环保要求；

2 水泵基础之间净距一般不小于 0.5m，两台水泵合用一个基础时，其基础四周应有不小于 0.7m 的通道；吸入口径小于或等于 100mm 的水泵，允许基础一侧靠墙面设置；

3 水处理间主要操作通道的净距不宜小于1.2m，离子交换器等设备前操作通道不宜小于1.2m，辅助设备操作通道的净距不宜小于0.8m；

4 分汽（水）缸、水箱等设备前，应有操作和更换阀件的空间。

【说明】

1 按照锅炉房周围环境对噪声的要求进行。

2 第2～4款要求均为考虑辅机设备的检修所需要的空间。

6.1.9 锅炉房工艺设计应符合现行国家标准《锅炉房设计标准》GB 50041、现行行业标准《锅炉安全技术规程》TSG 11以及防火规范等现行国家标准规范的有关规定。

【说明】

有关锅炉的规范、标准和管理规程比较多，都是设计时需要严格遵守的。

6.1.10 在抗震设防烈度为6度及以上地区建设锅炉房时，其建筑物、构筑物和管道设计均应采取符合该地抗震设防标准的措施，并应满足现行国家标准《建筑机电工程抗震设计规范》GB 50981的规定。

【说明】

民用建筑的锅炉房属于比较重要的生活设施，尤其是严寒和寒冷地区的冬季供暖，其运行使用涉及人员的身体健康，应确保在规定的地震设防烈度限值之下时，能够正常使用。

6.2 燃气（油）与安全

6.2.1 当锅炉房使用城镇燃气为燃料时，燃气质量应符合现行国家标准《城镇燃气设计规范》GB 50028的有关规定；当锅炉房采用其他类型燃气作为气源时，燃气的质量、压力、流量应满足对应的相关规范标准及用气设备的要求。

【说明】

锅炉房使用的燃料，应根据当地的供应情况采用。

6.2.2 锅炉房的燃气调压站、调压装置和计量装置的设计，应符合现行国家标准《城镇燃气设计规范》GB 50028的有关规定。

【说明】

燃气锅炉房设计中，燃气系统是其中的重要部分，应按照相应规范进行。

6.2.3 燃气锅炉房应设置专用的调压设施和供气系统。

【说明】

为了保证燃气锅炉能安全稳定地燃烧，对于供给燃烧器的气体燃料，应根据燃烧设备的设计要求保持一定的压力。在一般情况下，由市政燃气管网供给用户的燃气，如果直接供燃气锅炉使用，往往压力偏高或压力波动太大，不能保证稳定燃烧。当压力偏高时，会引起脱火和发出很大的噪声；当压力波动太大时，可能引起回火或脱火，甚至引起燃气锅炉爆炸事故。因此，对于供给燃气锅炉使用的燃气，必须经过调压。

6.2.4 锅炉房内的燃气管道设计应符合现行国家标准《城镇燃气设计规范》GB 50028 和《工业金属管道设计规范》GB 50316 的有关规定，并应满足下列要求：

1 锅炉房燃气管道宜采用单母管，但需要常年不间断运行的锅炉房宜采用双母管；采用双母管时，每一母管的流量可按锅炉房最大计算耗气量的 75%计算；

2 在引入锅炉房的室外燃气母管上，在安全和便于操作的地点应装设与锅炉房燃气浓度报警装置联动的快速切断阀（电磁阀）；

3 每台锅炉的燃气干管上均应装设关闭阀和快速切断阀，每个燃烧器前的供气支管上应装设手动关闭阀，阀后应串联装设两个电磁阀；

4 锅炉房燃气管道宜架空敷设；输送相对密度小于 0.75 的燃气的管道，应设在空气流通的高处；输送相对密度大于或等于 0.75 燃气的管道，宜装设在锅炉房外墙和便于检测的位置；

5 每台锅炉燃气干管上应配套性能可靠的燃气阀组，阀组前燃气供气压力和阀组规格应根据燃烧器要求确定，并宜设定在 5～20kPa，燃气阀组供气质量流量应能使锅炉在额定负荷运行时，燃烧器稳定燃烧；

6 锅炉房内燃气管道不应穿越易燃或易爆品仓库、值班室、配变电室、电缆沟（井）、电梯井、通风沟、风道、烟道和具有腐蚀性质的场所；

7 燃气管道宜采用无缝钢管焊接，管道与设备、网件、仪表等宜采用法兰连接。

【说明】

通常情况下，锅炉房燃气管道宜采用单母管，连续不间断供热的锅炉房，可采用双调压箱或源于不同调压箱的双供气母管，以提高供气安全性。

进入锅炉房的燃气供气母管上装设紧急切断阀，目的是为了在事故状态下迅速关闭气源，该切断阀还要与燃气浓度报警装置联动，阀后气体压力表要便于就地观察供气压力和了解锅炉房内供气系统的压降。

中压和次高压燃气管道宜选用无缝钢管，其质量应符合现行国家标准《输送流体用无缝钢管》GB/T 8163 的规定；燃气管道的压力小于或等于 0.4MPa 时，可选用热镀锌钢管（热浸镀锌），其质量应符合现行国家标准《低压流体输送用焊接钢管》GB/T 3091 的规定。

钢管焊接或法兰连接可用于中低压燃气管道（阀门、仪表处除外），并应符合有关标准的规定。

6.2.5 燃气管道上应按下列要求装设放散管、取样口和吹扫口。

1 放散管、取样口和吹扫口的数量和位置应能满足将管道内的燃气或空气吹净的要求；

2 放散管应引至室外，其排出口应高出锅炉房屋脊 2m 以上，与门窗之间的距离不应小于 3.5m；

3 密度比空气大的燃气放散，应采用高空或火炬排放，并应满足最小频率上风侧区域的安全和环保要求；

4 放散管管径可按表 6.2.5 选用。吹扫量可按吹扫段容积的 10～20 倍计算，吹扫时间可采用 15～20min。

燃气系统放散管管径　　表 6.2.5

燃气管管径 *DN*(mm)	25～50	65～80	100	125～150	200～250	300～350
放散管管径 *DN*(mm)	25	32	40	50	65	80

【说明】

日常维修和停运时燃气管道要进行吹扫放散，系统设置以吹净为目的，不留死角。

吹扫量和吹扫时间是经验数据，工程实践中确认可以满足要求。

6.2.6 燃气管道垂直穿越建筑物楼层时，应符合以下规定：

1 应设置在独立的管道井内并靠外墙敷设，穿越建筑物楼层的管道井每隔 2 层或 3 层应设置不低于楼板耐火极限的防火隔断，相邻 2 个防火隔断的下部应设置丙级防火检修门；建筑物底层管道井防火检修门的下部应设置带有电动防火阀的进风百叶；管道井顶部应设置通大气的百叶窗；管道竖井墙体应为耐火极限不低于 1.0h 的不燃烧体；

2 管道井内的燃气立管上不应设置阀门。

【说明】

1 设置底部进风百叶和顶部通大气的百叶是为了使得管道井有良好的自然通风。

2 由于阀门存在严密性问题，为确保管道井内的安全，防止有可燃气体从阀门处泄漏，从而引发事故，故规定在管道井内的燃气立管上不应设置阀门。

6.2.7 当轻柴油为燃料时，锅炉房室外贮油罐的总容量应根据运输方式和供油周期确定，采用汽车运输时不宜小于 5～10d 的锅炉房最大耗油量；室外贮油罐与建筑物的防火间距

应符合现行国家标准《建筑设计防火规范》GB 50016 的有关规定。

【说明】

以轻柴油为燃料的锅炉房，其供油系统的设计内容，包括运输、卸油、贮油罐、油泵、日用油箱间及管路系统。设计中除应符合现行国家标准《建筑设计防火规范》GB 50016 的相关要求外，还应考虑燃油的运输、卸油等因素。

6.2.8 **贮油罐至锅炉房的输油系统设计，应符合下列要求：**

1 **输油泵不应少于 2 台，当其中一台停止使用时，其输油泵的容量不应小于锅炉房最大计算耗油量的 110%；**

2 **在输油泵进口母管上应设置油过滤器 2 个（一用一备）；油过滤器的滤网网孔宜为 8～12 目/cm^2，滤网流通截面积宜为其进口管截面积的 8～10 倍；**

3 **贮油罐至油泵房之间的管沟，应有防止油品流散和火灾蔓延的隔绝措施；**

4 **输油管通宜采用地上敷设，当采用地沟敷设时，在地沟进建筑物的连接处应用耐火材料隔断。**

【说明】

从实际工程的调研中看到，有些单位在设置油罐、日用油箱、油桶的场所没有采取防止油品滴、漏流失的措施，以致周围地面浸透油品，房间油气浓厚，很不安全。一些单位采用油槽或装砂油槽，定期清埋，取得了较好的效果。如果贮油房间采用挡油门槛时，其收集漏油能力能大于该房间总贮油容量的 110%。

油管道采用地上敷设，维修管理方便，出现事故时能及时发现，抢修快。油管道采用地沟敷设时，有地沟隔断，可以防止事故蔓延和发展。

6.2.9 当燃油锅炉房配置容积式供油泵且自身不配套安全阀时，在其出口的阀门前靠近油泵处的管段上必须装设安全阀。

【说明】

燃油锅炉房中常用容积式供油泵和螺杆泵，泵体上一般都带有超压安全阀，但也有部分本体上不带安全阀。为避免因油泵出口阀门关闭而导致油泵超压，必须在出口阀前靠近油泵处的管道上另装设安全阀。由于各油泵厂生产的油泵产品结构不一致，为了保证供油管道系统的安全运行，当采用不带安全阀的容积式供油泵时，必须在其出口的阀门前靠近油泵处的管段上装设安全阀。

6.2.10 **日用油箱的设计应符合下列要求：**

1 **锅炉房日用油箱应布置在专用房间，且应设防火墙和甲级防火门；油箱的布置高度应使供油泵有足够的灌注头；**

2 油箱容量不应大于 $1m^3$；当锅炉房总蒸发量大于或等于 30t/h，或总热功率大于或等于 21MW 时，室内油箱应采用连续进油的自动控制装置；当锅炉房发生火灾事故时，室内油箱应自动停止进油；

3 应采用钢制焊接闭式油箱，油箱上部应装设直通室外的通气管，通气管出口处应设置阻火器和防雨设施，排气口应高出屋面 1m 以上，与门窗的距离不得小于 3.5m；

4 油箱宜采用可就地显示和远控连锁的电子式液位计，油箱进油管宜装防爆型自动启闭阀，并和油箱液位计连锁；

5 油箱的进油管和回油管宜从顶部插入，管口均应位于油箱液位以下；

6 油箱底部应设紧急排空阀，泄油管可接到贮油罐或事故泄油坑；当油箱底部低于室外油罐或事故泄油坑时，泄油系统应设防爆型自动启闭阀门和防爆型泄油泵，且能够就地启动和在防灾中心远程自动。

【说明】

1 设在室内的油箱应有防火措施，当发生危急事故时，应把油箱内的油迅速排出，放到室外事故油箱或具备安全贮存条件的地方。

2 紧急排油管上的阀门应设在安全的地点，当发生事故，采取紧急排放操作时，不应危急人身的安全从安全角度考虑，排油管上明确并列装设手动和自动紧急排油阀，同时结合民用建筑锅炉房的特点，自动紧急排油阀应有就地启动和防灾中心遥控启动的功能。

3 玻璃管式液位计一般都不具备进行电气连锁功能，不应采用。

4 管口距油箱底部，宜为 200mm 左右。

6.2.11 锅炉房内输油管系统设计应符合下列要求：

1 锅炉房供油管道宜采用单母管，但常年不间断运行的锅炉房的供油系统宜采用双母管，每根母管流量可按锅炉房最大计算耗油量和回油量之和的 75%计算；回油管道应采用单母管；

2 供油泵和供油管道的计算流量应按锅炉房最大计算耗油量和回油量之和考虑，喷油嘴的回油量应根据锅炉制造厂的技术规定取值；

3 回油管路应设置调节阀，当设置 2 台或 2 台以上锅炉时，每台锅炉的回油干管上应设止回阀；

4 每台锅炉的供油干管上应设关闭阀和快速切断阀，每个燃烧器前的燃油支管上应设关闭阀；

5 锅炉配置机械雾化燃烧器时，在油加热器和燃烧器之间的管段上应设置油过滤器，过滤网网目不宜小于 20 目/cm^2，滤网流通截面积不宜小于其进口管截面积的 2 倍；

6 供油管宜顺坡敷设，但接入燃烧器的重油管道不宜坡向燃烧器，轻柴油管道坡度不应小于 0.3%；

7 **输油管路应采用无缝钢管焊接，除与设备、阀件、仪表等可采用法兰连接外，其余应采用氩弧焊打底的焊接连接；**

8 **输油管路流速可按表 6.2.11 选用。**

输油管道常用平均流速 **表 6.2.11**

油品黏度	恩氏黏度(OE)	1～2	2～10	1～10	10～20	20～60	20～120
	运动黏度(mm^2/s)	1～11.5	11.5～27.7	27.7～72.5	72.5～145.9	145.9～438.5	438.5～877.0
平均流速(m/s)	泵吸入管	≤1.5	≤1.3	≤1.2	≤1.1	≤1.0	≤0.8
	泵压出管	≤2.5	≤2.0	≤1.5	≤1.2	≤1.1	≤1.0

【说明】

锅炉房常年不间断供热时，所采用的双母管当其中一根在检修时，另一根供油管可满足锅炉房最大计算耗油量（包括回油量）的 75%，在一般情况下可满足其负荷要求。

燃油锅炉在点火和熄火时引起爆炸的事例颇多，原因是未能及时、迅速切断油源。如采用手动丝杆阀门，则有可能由于阀门关闭太慢，在关闭了第一个阀门后，第二个阀门还未来得及关闭便爆炸了。为此，规定每台锅炉供油干管上要装设快速切断阀。2 台或 2 台以上的锅炉，在每台锅炉的回油干管上装设止回阀，可防止回油倒窜至炉膛中，避免事故的发生。

机械雾化燃烧器的雾化片槽孔较小，油在加温后析出的碳化物和沥青的固体颗粒对燃烧器会造成堵塞，影响正常燃烧。凡燃油锅炉在机械雾化燃烧器前装设过滤器的，运行中燃烧器不易被堵塞。因此，在机械雾化燃烧器前要装设油过滤器。油过滤器的滤网网孔要求与燃烧器的结构形式有关。滤网的网孔普遍采用不少于 20 目。滤网的流通面积一般不小于过滤器进口管截面积的 2 倍。

油管道敷设一般都宜设置一定的坡度，而且多采用顺坡。轻柴油管道采用 0.3%的坡度和重油管道采用 0.4%的坡度是最小的坡度要求。但接入燃烧器的重油管道不宜坡向燃烧器，否则在点火启动前易发生堵塞现象，或漏油流进锅炉燃烧室。

6.2.12 **燃油管道垂直穿越建筑物楼层时，应设置在管道井内，并宜靠外墙敷设；管道井的检查门应采用丙级防火门；燃油管道穿越每层楼板处应设置不低于楼板耐火极限的防火隔断；管道井底部应设深度为 300mm 的填砂集油坑。**

【说明】

为保证燃油管道垂直穿越建筑物楼层时对建筑物的防火不带来隐患，故要求建筑物设置管道井，燃油管道在管道井内沿靠外墙敷设，并设置相关的防火设施，这是确保安全所需要的。

6.2.13 燃油系统的附件严禁采用能被燃油腐蚀或溶解的材料制作。

【说明】

为保证燃油管道的使用安全和使用寿命，防止燃油泄漏引起火灾事故，故提出本条规定。

6.3 设 备 选 择

6.3.1 锅炉台数和容量应根据设计热负荷，经技术比较后确定，并应符合下列规定：

1 锅炉台数和容量应按所有运行锅炉在额定蒸发量或热功率时能满足锅炉房最大设计热负荷的要求；

2 保证锅炉房在较高或较低热负荷运行工况下能安全运行，并应使锅炉台数、额定蒸发量或热功率、锅炉效率和其他运行性能均能有效地适应热负荷变化，且应考虑全年热负荷低峰期，单台锅炉的容量应保证其长时间处于较高运行效率；

3 在保证锅炉具有长时间较高运行效率的前提下，各台锅炉的容量宜相等；

4 合理确定锅炉总台数：供暖或空调供热用锅炉不应少于2台，新建独立锅炉房设计安装的锅炉总台数不宜超过5台，扩建和改建的独立锅炉房中的锅炉总台数不宜超过7台，建筑内设置的锅炉房的锅炉总台数不宜超过4台，模块式锅炉组合台数不宜多于10台；

5 当其中一台锅炉因故障停止工作时，剩余锅炉的总供热量应符合业主最低保障供热量的要求；寒冷地区和严寒地区用于供暖或空调供热的锅炉房，剩余锅炉的总供热量不应低于设计供热量的65%和70%。

【说明】

本条对锅炉台数和容量的选择做了详细的规定。锅炉房的锅炉台数和容量首先要满足热负荷需要，并进行技术经济比较，结合热负荷的调度、锅炉检修和扩建可能性来确定。

本条规定的锅炉房锅炉总台数：新建锅炉房一般不宜超过5台，扩建和改建锅炉房的锅炉总台数一般不宜超过7台，对建筑内设置的锅炉房锅炉台数的限制，规定不宜超过4台。这样一方面可以控制锅炉房的面积，另一方面也是安全的需要，台数越多，对安全措施要求越多。当锅炉单体容量不相同时，应保证一台最大容量的锅炉检修时剩余的锅炉能满足连续生产用热所需的最低热负荷和供暖通风、空调和生活用热所需的最低热负荷值。因此一般情况下，供暖锅炉数量应大于或等于2台。

用于寒冷和严寒地区供暖及空调供热的锅炉房，其剩余供热量的要求，与供暖及空调供热换热器的设置要求相同，见第5.1.11条。

6.3.2 锅炉供热介质的选择，应符合下列规定：

1 单纯作为供暖热源时，供热介质应为热水；采用间接供暖时，大型区域供热锅炉房的供水温度不应超过 115℃，中小型锅炉房的供水温度不应超过 95℃；采用锅炉直接供暖时，供水温度不宜超过 75℃；

2 供应生产或工艺用汽为主的锅炉房，应采用蒸汽作为锅炉供热介质；

3 当需要锅炉房为供暖、空调、蒸汽等多种用途提供热源时，应根据各种热媒用量和温度等因素进行经济技术比较，在锅炉房内设置一种或分别设置两种不同供热介质的锅炉；蒸汽热负荷在总供热负荷中的比例不大于 70%且总热负荷大于 1.4MW 时，不应采用蒸汽锅炉作为唯一的热源。

【说明】

专供供暖通风用热的锅炉房宜选用热水锅炉，以热水作为供热介质。

供生产用汽的锅炉房应选用蒸汽锅炉，所生产的蒸汽直接供生产上应用。

同时供生产用汽及供暖通风和生产用热的锅炉房是选用蒸汽锅炉、热水锅炉，还是蒸汽、热水两种类型的锅炉，需经技术经济比较后确定。一般来讲，对于主要为生产用汽而少量为热水的负荷，宜选用蒸汽锅炉，所需的少量热水由换热器制备；主要为热水而少量为蒸汽的负荷，可采用“热水锅炉＋蒸汽锅炉”或“热水锅炉＋蒸汽发生器”的配置方式。

6.3.3 锅炉供热介质参数的选择应符合下列规定：

1 供生产用蒸汽压力和温度的选择应满足生产工艺的要求，民用建筑中的用气压力宜按表 6.1.4 确定；

2 热水热力网设计供水温度、回水温度应根据工程具体条件，并应综合锅炉房、管网、热力站、热用户二次供热系统等因素，进行技术经济比较后确定。

【说明】

锅炉房的供热参数以满足各用户用热参数的要求为原则。但在选择锅炉时，不宜使锅炉的额定出口压力和温度与用户使用的压力和温度相差过大，以免造成投资高、热效率低等情况。同时，在选择锅炉参数时，要根据供热系统的情况，做到合理用热。

6.3.4 锅炉选择时，应综合考虑技术、经济、环保等因素，并符合下列规定：

1 应有较高热效率和能适应热负荷变化；锅炉的设计热效率应满足：燃气锅炉大于或等于 92%，燃油锅炉大于或等于 90%；

2 燃油、燃气锅炉应符合全自动运行的要求和具有可靠的燃烧安全保护装置；

3 应采用全自动锅炉，额定功率大于 2.1MW 的燃气锅炉燃烧器应采用自动比例调节方式；额定功率小于 2.1MW 的锅炉宜采用比例调节方式；

4 应采用低氮排放锅炉，氮氧化物物排放量应满足当地的锅炉烟气排放标准；

5 当选用不同容量和不同类型的锅炉时，其容量和类型不宜超过两种。

【说明】

常用锅炉的参数系列见表 6.3.4-1 和表 6.3.4-2。

饱和蒸汽锅炉基本参数 **表 6.3.4-1**

额定蒸发量(t/h)	额定出口蒸汽压力(表压)(MPa)					
	0.4	0.7	1.0	1.25	1.6	2.5
0.1	√	—	—	—	—	—
0.2	√	—	—	—	—	—
0.5	√	√	—	—	—	—
1	√	√	√	—	—	—
2	—	√	√	√	√	—
4	—	√	√	√	√	√
6	—	—	√	√	√	√
8	—	—	√	√	√	√
10	—	—	√	√	√	√

注:“√”——有可选设备,“—”——无此规格设备。

热水锅炉基本参数 **表 6.3.4-2**

额定出力(MW)	额定出口水温度/进口水温度(℃)							
	95/70		115/75		130/70		150/90	
	额定出口水压力(表压)(MPa)							
	0.4	0.7	0.7	1.0	1.0	1.25	1.25	1.6
0.1	√	—	—	—	—	—	—	—
0.2	√	—	—	—	—	—	—	—
0.35	√	√	—	—	—	—	—	—
0.7	√	√	√	—	—	—	—	—
1.4	√	√	√	—	—	—	—	—
2.8	√	√	√	√	√	√	√	—
4.2	—	√	√	√	√	√	√	—
7.0	—	√	√	√	√	√	√	—
10.5	—	—	—	—	—	√	√	—
14.0	—	—	—	—	—	√	√	√

注:同表 6.3.4-1。

6.3.5 当热负荷较小的建筑采用常压热水锅炉供热时，应符合下列条件：

1 供热量不宜大于 1.4MW；

2 供热设计温度不应大于 90℃；

3 **采用带换热设备的二次间接换热机组或供热系统。**

【说明】

常压热水锅炉是指锅炉本体开孔或者用连通管与大气相通，在任何情况下，锅炉本体顶部表压为零的锅炉。近年以来，由于各种因素，常压热水锅炉越来越多应用于供暖系统，配置换热器，将不能承压的常压热水锅炉水循环系统与承压的建筑物供暖系统隔开，其中最主要的原因是出于安全的考虑。

6.3.6 **采用真空相变锅炉时，应符合下列条件：**

1 **供水设计温度不应大于85℃；**

2 **单台容量不应大于7.0MW；**

3 **不宜采用一台锅炉直接供应多个热媒参数的方案。如果负荷值稳定且特性一致，可采用内置双盘管设备。**

【说明】

真空热水锅炉运行时，在真空负压下炉体内的热媒水吸收燃料燃烧释放的热量，沸腾汽化为低温蒸汽，低温蒸汽上升至真空室内将热能传递给炉体内部换热器中的循环水后，冷凝成水后回到炉体内再次吸热成为蒸汽，形成“沸腾→蒸发→冷凝→水”的循环。真空相变锅炉的供水温度低，最高供水温度只能达到85℃。

真空相变锅炉通过内置的换热器供应热水，多回路系统是指在一台锅炉内置2个或更多的换热器，分别供应不同的分区及不同的供水系统，达到一机多用的效果。但因其内置换热器配置及锅炉负荷的调节复杂，锅炉在多负荷变化下很难达到满意的供热效果，所以在正常情况下不建议使用多个回路系统。

6.4 锅炉送风及烟气排除系统

6.4.1 **锅炉的计算燃气量、燃油量，应按下式计算：**

$$B_j=\frac{3600Q}{\eta\cdot Q_d} \tag{6.4.1}$$

式中 B_j——锅炉额定热功率的计算燃气量（或燃油量），Nm^3/h（或 kg/h）；

Q——锅炉额定热功率，kW；

Q_d——燃料的低位发热量，kJ/Nm^3（燃气）或 kJ/kg（燃油）；

η——锅炉热效率。

【说明】

计算时应区分燃料种类。当采用燃油燃气两用锅炉时，应分别计算。

6.4.2 **锅炉烟风道设计时，宜尽可能利用烟气热压来克服烟风道的阻力。当热压不满足要求时，烟风道需要的额外风压，应符合下列要求：**

1 烟风阻力不大、无尾部受热面的小型锅炉，不应超过 10Pa；

2 大型锅炉不应超过 40Pa。

【说明】

首先应通过烟道设计（例如调整管道尺寸和布置、尽可能减少水平烟道长度等）来降低烟风道的阻力，以使得烟气热压能够满足要求。

这里提到的烟风道的额外风压指的是：流动总阻力−烟气热压抽力。这部分风压需要依靠锅炉的出口背压来提供。

1 无尾部受热面的小型锅炉（如立式烟火管锅炉、模块锅炉等）的烟气出口背压一般不超过 15Pa。由于锅炉容量小，烟风道阻力较低，一般情况下应利用烟囱热压来克服锅炉烟风系统的流动阻力。

2 大型锅炉在配置了鼓风机的情况下，出口背压最大值不超过 50Pa，当利用热压不足以克服烟风道流动总阻力时，剩余部分可通过依靠锅炉背压来提供。为了保证烟气的有效排出，预留 10Pa 的安全裕量。

6.4.3 **锅炉烟气量按下式计算：**

$$V_y = B_j[V_y^0 + (\alpha_{py} - 1)V_k^0]\frac{273 + t_y}{273} \tag{6.4.3}$$

式中 V_y——**烟气量，m^3/h；**

B_j——**同式（6.4.1）；**

α_{py}——**排烟过剩空气系数，燃油燃气锅炉可取 $\alpha_{py}=1.2$；**

V_y^0——**标准状态下理论烟气量，Nm^3/Nm^3（燃气）或 Nm^3/kg（燃油），北京地区天然气 $V_y{}^0=10.4Nm^3/Nm^3$，轻柴油 $V_y{}^0=12Nm^3/kg$；**

V_k^0——**标准状态下燃烧理论空气量，Nm^3/Nm^3（燃气）或 Nm^3/kg（燃油），北京地区天然气 $V_k{}^0=9.4Nm^3/Nm^3$，轻柴油 $V_k{}^0=10.5Nm^3/kg$；**

t_y——**锅炉排烟温度，℃，由制造厂提供，或按照 180～250℃选取。**

【说明】

烟气量计算是锅炉烟风道和烟囱设计的基础。

在设计初期也可采用估算的方式来计算烟气量。估算时，每产生 0.7MW 热量或 1/h 蒸汽量的锅炉，燃烧所需的空气（20℃时）量约为 $1000m^3/h$，所产生烟气量（在 150℃排烟温度时）约为 $1800m^3/h$。

6.4.4 **烟道阻力 ΔP_{yd} 应为沿程摩擦阻力和局部阻力之和，应按下列公式计算：**

1　烟道的沿程摩擦阻力：

$$\Delta P_{yd}^{m}=\lambda \frac{v^2 \cdot \rho_y}{2d_d}L \qquad (6.4.4\text{-}1)$$

式中　ΔP_{yd}^{m}——烟道沿程摩擦阻力，Pa；

λ——烟道摩擦阻力系数，金属烟道 $\lambda=0.02$，砖砌或混凝土烟道 $\lambda=0.04$；

v——烟气速度，m/s；

ρ_y——烟气密度，kg/m³，$\rho_y=1.34\frac{273}{273+t_y}$，$t_y$ 为锅炉排烟温度，℃；

L——烟道长度，m；

d_d——烟道直径（圆形烟道）或当量直径（非圆形烟道），m，对于非圆形烟道，按下式计算：

$$d_d=\frac{4F}{u} \qquad (6.4.4\text{-}2)$$

式中　F——烟道截面积，m²；

u——烟道周边长，m。

2　烟道的局部阻力：

$$\Delta P_{yd}^{j}=\xi \frac{v^2 \cdot \rho_y}{2} \qquad (6.4.4\text{-}3)$$

式中　ΔP_{yd}^{j}——烟道局部阻力，Pa；

ξ——烟道局部阻力系数；

其余符号同式（6.4.4-1）。

【说明】

民用建筑中一般采用金属制烟道。当多台锅炉共用烟道时，与各锅炉烟道相连接的母管烟道宜采用同尺寸（不变径）的设置方式，以尽可能降低阻力。

6.4.5　烟囱阻力应为沿程摩擦阻力和出口阻力之和，按下列公式计算：

1　烟囱的沿程摩擦阻力：

$$\Delta P_{yc}^{m}=\lambda \frac{\omega_{pj}^2 \cdot \rho_{pj}}{2d_{pj}}H \qquad (6.4.5\text{-}1)$$

式中　ΔP_{yc}^{m}——烟囱沿程摩擦阻力，Pa；

λ——烟囱摩擦阻力系数，$\lambda=0.04$；

ω_{pj}——烟囱内烟气平均流速，m/s；

ρ_{pj}——烟囱内烟气平均密度，kg/m³，可简化取 ρ_y；

d_{pj}——烟囱的平均直径，m，$d_{pj}=\frac{d_1+d_2}{2}$，式中 d_1、d_2 分别为烟囱的出、入口

内径，m；

H——烟囱高度，m。

2 烟囱的出口阻力：

$$\Delta P_{yc}^{c}=\frac{\omega_2^2\cdot\rho_2}{2} \tag{6.4.5-2}$$

式中 ΔP_{yc}^{c}——烟囱出口阻力，Pa；

ω_2——烟囱出口处烟气流速，m/s；

ρ_2——烟囱出口处烟气密度，kg/m³，可简化取 ρ_y。

【说明】

当采用非圆形烟囱时，d_{pj} 应为烟囱出入口的平均当量直径。各截面当量直径的计算方法见式（6.4.4-2）。

6.4.6 烟囱热压形成的抽力按式（6.4.6-1）计算。烟囱热压形成的抽力过大时，应在烟道上设置风量控制装置。

$$S_y=H\cdot g\left(\rho_k^0\frac{273}{273+t_k}-\rho_y^0\frac{273}{273+t_{pj}}\right) \tag{6.4.6-1}$$

式中 S_y——烟囱抽力，Pa；

H——烟囱高度，m；

ρ_k^0、ρ_y^0——标准状态下空气和烟气的密度，kg/m³，$\rho_k^0=1.293$kg/m³，$\rho_y^0=1.34$kg/m³；

g——重力加速度，取 9.81m/s²；

t_k——外界空气温度，℃，仅用于冬季供暖时，取 10℃；全年使用时，取 30℃；

t_{pj}——烟囱内烟气平均温度，℃，按下式计算：

$$t_{pj}=t_y-\frac{1}{2}\cdot\frac{A}{\sqrt{D}}H \tag{6.4.6-2}$$

式中 t_y——同式（6.4.3）；

D——最大负荷下由一个烟囱负担的各锅炉蒸发量之和，t/h；

A——考虑烟囱沿程烟气温降的修正系数，取 0.8。

【说明】

对于微正压燃烧的燃油、燃气锅炉，水平烟道的长度应根据现场情况和烟囱抽力确定，并应维持锅炉微正压燃烧的要求。当烟囱抽力不足时，应由锅炉厂家提高燃烧机组和炉膛的燃烧正压。

如果烟囱出口过高（例如：烟囱出口设置在高层建筑内的屋顶）、烟囱抽力过大时，应采取减小烟道、烟囱断面尺寸，或在烟道系统设置抽风量控制装置（例如手动风量调节阀等）。

6.4.7 烟囱出口内径 d_i 应按下式计算：

$$d_1=\sqrt{\frac{B_j \cdot n \cdot V_y(t_c+273)}{3600\times273\times0.785\omega_2}} \tag{6.4.7-1}$$

式中 d_1——烟囱出口内径，m；

B_j——同式（6.4.1）；

n——合用一根烟囱的锅炉台数；

V_y——锅炉烟气量，m^3/h，见式（6.4.3）；

ω_2——烟囱出口处烟气流速，m/s；

t_c——烟囱出口处烟气温度，℃，按下式计算：

$$t_c=t_y-\frac{A}{\sqrt{D}}H \tag{6.4.7-2}$$

式中符号同式（6.4.6-2）。

【说明】

烟囱出口内径应保证在锅炉房最高负荷时，烟气流速不致过高，以免阻力过大。微正压燃烧的锅炉，全负荷时烟囱出口流速按 10～15 m/s 设计。

在锅炉房最低负荷时，烟囱出口流速不宜低于 2.5m/s，以防止空气倒灌。

6.4.8 烟道和风道的设计，应符合下列要求：

1 应使风道、烟道平直且气密性好、阻力小，转弯处应以弧形或斜角过渡，总烟道汇合处应避免气流对撞；

2 每台锅炉的烟囱或烟道宜独立设置，当多台锅炉共用烟囱或烟道时，应保证每台锅炉的排烟量满足自身运行要求，且支烟道或支风道上应装设带可靠限位的闸板阀或调节阀；

3 风道和烟道采用钢板制作时，冷风道钢板厚度宜为 2～3mm，热风道和烟道厚度宜为 3～5mm，截面较大时应设加强筋；

4 应在适当位置设置必要的热工测点和永久采样孔，并安装用以测量采样的固定装置；

5 烟道及烟囱内壁应采取相应的防腐措施；

6 燃气锅炉的烟道和烟囱最低点应设置冷凝水排水设施；

7 水平烟道长度应根据现场情况和烟囱抽力确定，并应使燃油、燃气锅炉能维持微正压燃烧的要求；

8 水平烟道应有不小于 1%坡向锅炉或排水点的坡度；

9 排烟温度低于烟气露点时，烟道及烟囱内壁应采取相应的防腐措施；

10 室外布置烟道和风道时，应设置防雨、防晒设施；

11 锅炉烟道应装设防爆门，防爆门和防爆膜直径不应小于200mm，防爆门的位置应有利于泄压和避免危及人员安全。

【说明】

1 作为一般要求，目的是使烟风道的阻力小，泄漏少。

2 烟风道的阻力均衡能使燃烧工况好。多台锅炉共用烟道时，烟道设计应使每台锅炉的引力均衡，并防止各台锅炉在不同工况运行时发生烟气回流和聚集的情况。

3 设计风道、烟道时，要在适当位置设置必要的热工和环境保护等测点，并满足测试仪表及测点对装设位置的技术要求。

4 烟道和热风道存在热膨胀，要采取补偿措施，补充措施可采用补偿器。

5 烟囱的抽力主要是克服水平烟道的阻力，因此要缩短水平烟道的长度，减小烟气的阻力损失，并使锅炉能满足微正压燃烧的要求。

6 烟气中的冷凝水宜排向锅炉，或在适当的位置设排水装置排出。

7 本款规定主要是考虑烟道及烟囱的防腐蚀问题。

8 燃油、燃气锅炉的未燃尽介质往往会在烟道和烟囱中产生爆炸，为使这类爆炸造成的损失降到最小，故要求在烟道设防爆装置。

6.4.9 **烟囱结构应符合下列要求：**

1 钢板烟囱高度与其直径之比超过20倍时，必须沿圆周等弧度设置3根或4根牵引拉绳，烟囱与基座连接部分宜做成锥形；

2 烟囱宜采用双层不锈钢板（内夹层填充保温材料）成品烟囱。

【说明】

规定钢烟囱的最小厚度是为了保证刚度，以避免在制造、运输或吊装时产生变形。对薄壁钢烟囱，刚度不够时，除可增加壁厚外，也可设置加强圈。

当烟囱高度与直径之比大于20（$d/h>20$）时，可采用拉索式钢烟囱。

6.4.10 **锅炉的污染物排放应符合现行国家标准《锅炉大气污染物排放标准》GB 13271的有关规定；锅炉房在机场附近时，烟囱高度尚应符合航空净空要求。**

【说明】

锅炉房烟囱高度除应符合现行国家标准《锅炉大气污染物排放标准》GB 13271的规定外，还应符合当地政府颁布的锅炉房排放地方标准。对机场附近锅炉房，烟囱高度还要征得航空管理部门和当地规划部门的同意。

6.4.11 **新建锅炉房的烟囱出口标高，应比烟囱周围半径200m距离内最高建筑物顶标高高出3m。当确有困难时，应通过环评论证，并按照批复的环境影响评价文件确定。**

【说明】

此条引自《锅炉大气污染物排放标准》GB 13271—2014。

由于目前的大中型城市高楼林立，在城市中建设锅炉房（尤其是独立锅炉房）时，有时这一要求难以满足。这时应进行环评论证。

6.5 热水锅炉水系统

6.5.1 **热水锅炉的出口水压不应小于锅炉最高供水温度加20℃所对应的饱和压力。**

【说明】

热水锅炉运行时，当锅炉出力与外部热负荷不相适应，或因锅炉本身的热力或水力的不均匀性，都将使锅炉的出水温度或局部受热面中的水温超出设计的出水温度。运行实践证明，温度裕度低于20℃时，锅炉存在汽化的危险，为防止汽化的发生，本条规定热水锅炉的温度裕度不低于20℃。

6.5.2 **热水锅炉循环水系统应设置下列保护措施：**

1 **锅炉应具有可靠的断水自动停机连锁保护功能；**

2 **热水系统循环水泵出口，宜采用缓闭式止回阀；**

3 **在循环水泵的进水管段上设置重锤式微启式安全阀，其超压泄水管可接入开式给水箱或排水沟。**

【说明】

1 在突然停电、水泵突然故障等情况下，防止炉水汽化，保护锅炉安全。

2 缓闭式止回阀关闭过程时间较长，与其他类型（例如旋启式、升降式等）相比，可有效防止停泵时由于止回阀快速关闭所带来的对水泵的冲击力。

6.5.3 **热水锅炉房循环水系统设计应符合下列要求：**

1 **锅炉机组范围内的阀门和其他附件应按锅炉制造厂的规定布置安装；**

2 **每台热水锅炉进、出水管上，应装设便于操作的关断阀，进水管上还应设置止回阀；**

3 **并联安装的锅炉，每台锅炉的进水管上应设电动两通开关式阀；**

4 **锅炉房内连接循环水泵、锅炉、分（集）水器的供回水母管宜采用单母管；运行参数（压力、温度）相同的热水锅炉和循环水泵可合用一个循环管路系统；运行参数不同的热水锅炉和循环水泵应分别设置循环水管路系统；**

5 **在循环水泵上游的进口母管上（或水泵进水管上）应装设除污器在除污器的前后**

管路上应配置压力表和切断阀，并应设旁通管和旁通阀；

6 循环水管路系统的最高处及易聚集气体的部位，应设置自动排气装置；在系统的最低处或低凹处，应设置排水管和排水阀；

7 有多个供热点的锅炉房宜设置分水器和集水器，分水器和集水器应配置泄水阀、温度计、压力表等。

【说明】

锅炉本体外的阀门和附件必须符合现行行业标准《锅炉安全技术规程》TSG 11 的规定。热水系统的安全阀应采用微启式安全阀。安全阀应装设泄放管，泄放管上不允许装设阀门。泄放管应直通安全地点或水箱，并有足够的截面积和防冻措施，保证排放畅通。

6.5.4 锅炉热水系统的选择和水泵的设置，应符合下列要求：

1 系统较大、阻力较高，各环路负荷特性或阻力相差悬殊，且负荷侧为变流量系统时，可采用锅炉侧定水量、用户侧变水量的多级泵系统；

2 直接供热系统，当燃气锅炉对供回水温度和流量的限定与负荷侧在整个运行期对供回水温度和流量的要求不一致时，应按热源侧和用户侧配置多级泵水系统；

3 单级泵系统和多级泵系统的一级泵，其台数和流量宜与锅炉台数相对应；

4 当水泵台数少于 3 台时：一级泵应设置备用泵；各供热环路的二级泵宜采用水泵变速控制，且可不设备用泵。

5 作用半径较小的热水系统，经可靠分析并确认锅炉可变流量运行时，也可采用一级泵变速变流量系统。

【说明】

锅炉热水系统与《措施》第 5 章中的冷热源水系统的原理相同，用户侧应采用变流量系统。

有压锅炉一般应按定流量设计。

无压锅炉、真空锅炉以及热水机组，在确认可采用变流量运行时，也可按照一级泵变速变流量系统设计。见第 5.7.2 条第 3 款。

6.5.5 热水循环水补水系统的设计应符合下列规定：

1 一次热网系统的补水泵选泵流量宜为系统循环水量的 2%～5%；补水泵扬程应根据补水点压力和补水系统阻力计算后确定；补水泵台数不宜少于 2 台（一备一用），备用水泵应自动投入运行；

2 补水点应设置于循环水泵吸入侧母管上或集水器上；

3 循环水系统的日常补水流量宜按照循环水流量的 1%计算；补给水箱的有效容量，应根据热水系统的补水量和锅炉房软化水设备的具体情况确定，但不应小于 0.5h 的日常补水流量；

4　全年供热的锅炉房，补给水箱宜采用带中间隔板可分开清洗的隔板水箱；

5　水箱应配备进、出水管和排污管，溢流装置、人孔、水位计等附件。

【说明】

1　补水泵选泵流量确定时，一般应考虑热水系统日常补给水量和事故补给水量，从统计来看，日常补水量不超过系统循环水量的1%；当系统作用半径较大时，补水量宜取较大值。补水泵扬程应计算确定（补水点压力＋补给水箱至补水点的阻力），一般情况下可在补水点压力的基础上增加30～50kPa。

2　为了防止某台设备在检修时（通常需要关闭其水路上的检修阀）无法向系统补水，补水点应设置于热水总管上。为了降低补水点压力，补水点宜在热水循环泵的吸入侧。当设计采用多台热水循环泵并联时，宜将补水点设置于并联母管上。

3　从软化设备进入补水箱的流量，应不小于补水泵的设计流量以保证补水泵连续运行时水箱内始终有水，防止补水泵出现“抽空”现象。规定补水箱有效容积也是为了对这两者的协调。

4　全年不能停止供热的锅炉房，为了保证补水箱检修时系统的正常运行，可采用设置备用补水箱的方式，也可以采用带中间隔板的水箱（相当于两个水箱）以降低投资。

5　对水箱附件的设置要求。

6.5.6　锅炉循环水系统的定压、膨胀应符合下列规定：

1　定压（膨胀）管与系统的接口位置应保证水系统中任何一点不低于热水的汽化压力，宜设置在系统最低运行压力处；当定压（膨胀）管可满足补水量的要求时，定压点也可以作为系统的补水点；

2　热水系统的定压装置应根据系统规模、供水温度和使用条件等具体情况确定，一般情况下宜采用高位开式膨胀水箱定压；

3　采用补水泵作恒压装置时，除规模较大的区域供热水系统外，不宜采用无调节容量的变频调速泵直接定压；

4　采用高位膨胀水箱作为定压装置时，高位膨胀水箱的最低水位应高于热水系统最高点1m以上；设置在有冻结风险位置的高位膨胀水箱及其管道应有防冻措施，当采用设置循环水管的防冻措施时，循环管在热水系统中的接口位置宜与膨胀管接点相距2～3m，且在热水系统正常运行时，循环管接口处的系统压力应低于膨胀管接点的系统压力；

5　膨胀管上不应设置任何阀门。

【说明】

1　热水系统与冷水系统不同，在水温较高时，应考虑汽化压力。

2　高位开式水箱定压稳定、运行管理方便，宜在一般情况下优先选用。

3 当供热系统较小（例如只为单栋建筑服务）时，系统漏水量也是非常小的。如果采用变频调速的补水泵直接定压，有可能出现补水泵为了满足定压但流量很小（甚至无流量）而连续运行的情况，对水泵的工作寿命带来不利影响。大型区域热网从目前的实际运行来看，的确存在一定的漏水情况。

4 在寒冷和严寒地区，高位水箱直接设置于室外时，存在一定的冻结危险，应采取相应的防止水箱内的水冻结的措施。

5 防止人为误关闭阀门对系统造成损坏的风险。

6.6 蒸汽锅炉汽水系统

6.6.1 **蒸汽锅炉房的锅炉台数小于或等于 3 台时，给水母管应采用单母管；需要常年不间断供汽的锅炉房和给水泵不能并联运行的锅炉房或锅炉台数超过 3 台时，给水母管宜采用双母管或采用单元制锅炉给水系统。**

【说明】

当锅炉房装设的锅炉台数在 3 台及以下时，锅炉给水可采用单母管，也可采用单元制系统（即 1 泵对 1 炉，另加 1 台公共备用泵，比采用双母管方便）。但当锅炉台数在 3 台以上时，如果仍采用单元制加公用备用泵的给水方式，则给水泵台数过多，故采用双母管较为合理。对常年不间断供汽的蒸汽锅炉房和给水泵不能并联运行的锅炉房，锅炉给水母管采用双母管或采用单元制锅炉给水系统更为可靠。

6.6.2 **锅炉房所需总给水量应按下式计算：**

$$G=1.1(G_1+G_2) \tag{6.6.2}$$

式中 G**——锅炉房所需总供水量，**m^3/h**；**

G_1**——运行锅炉在额定蒸发量时所需的给水量，**m^3/h**；**

G_2**——锅炉房其他设备所需水量，**m^3/h**。**

【说明】

式（6.6.2）中 1.1 为供水量计算的安全系数，G_1 应包括连续排污耗水量。

6.6.3 **锅炉给水泵的选择和设置，应符合下列要求：**

1 水泵的台数应能适应锅炉房全年热负荷变化的要求，并应设置备用；不宜少于 2 台，并联运行的台数不宜超过 4 台；

2 当流量最大一台给水泵停止运行时，其余给水泵的总流量应能满足所有运行锅炉在额定蒸发量时所需给水量的 110%；

3 给水泵选泵扬程，应按下式计算：

$$H=1.1(H_1+H_2+H_3) \tag{6.6.3}$$

式中 H——给水泵扬程，kPa；

H_1——锅炉锅筒在实际使用压力下安全阀的开启压力，kPa；

H_2——省煤器和给水系统的压力损失，kPa；

H_3——给水系统的水位差，kPa。

【说明】

锅炉房供汽的特点是负荷变化比较大，在选择电动给水泵时，要按热负荷变化的情况，对给水泵的单台容量和台数进行合理配置，才能保证给水泵正常、经济地运行。给水泵要有备用，以便在检修时启动备用给水泵以保证锅炉房的正常供汽。在同一给水母管系统中，给水泵的总流量应当在最大 1 台给水泵停止运行时，仍能满足所有运行锅炉在额定蒸发量时所需给水量的 110%。给水量包括蒸发量和排污量。有些锅炉房采用降温装置或蓄热器设备，这些设备的用水量应计入给水泵的总流量中，降温水耗量可根据热平衡计算确定。

式（6.6.3）中 1.1 为水泵选择扬程时的安全系数。

6.6.4 锅炉给水系统应采取下列安全措施：

1 每台给水泵入口应安装切断阀，出口依次安装止回阀、调节阀；

2 锅炉的每个进水管上应安装一个截止阀（靠近锅炉）和一个止回阀；额定蒸发量大于 4t/h 的锅炉还应设自动给水调节阀，并在司炉便于操作的地点装设手动控制给水装置；

3 在不可分式省煤器入口的给水管上应安装切断阀（靠近省煤器）和止回阀；在可分式省煤器的入口处和通向锅筒（壳）的给水管上应分别装设切断阀和止回阀，可分式省煤器的出口管上应安装安全阀，安全阀的开启压力为装设处工作压力的 1.1 倍，安全阀超压排放管的设置同第 6.5.2 条第 3 款；

4 在省煤器可能聚集空气的位置应装设放气管，省煤器最低处应装设放水管和阀门，省煤器的出口处还应装设接至给水箱的放水管和切断阀；

5 对于配有可分式省煤器的锅炉，应设有不通过省煤器直接向汽包供水的旁通给水管及切断阀。

【说明】

1 本条是保证蒸汽锅炉与蒸汽系统之间的安全连接所必需的。当几台蒸汽锅炉并联运行时，可保证每台锅炉正常安全地切换。

2 蒸汽锅炉自动给水调节器上设手动控制给水装置，并设置在司炉便于操作的地点，是考虑到运行的安全需要。同样原因，热水锅炉的自动补水装置上也宜设手动控制装置。

3 在省煤器的给水管路上装逆止阀的目的是为了防止给水泵或给水管路发生故障时，水从汽包或省煤器反向流动，因为如果发生倒流，将造成省煤器和水冷壁因缺水而烧坏。安全阀排放管的设置要求同第6.5.2条第3款。

4 在锅炉启动、停炉及低负荷运行时，保证省煤器有必要的水流速度，防止汽化。

6.6.5 锅炉房蒸汽系统设计应符合下列要求：

1 锅炉房内运行参数相同的锅炉，其蒸汽管宜采用单母管，需要常年不间断供汽的锅炉房可采用双母管；

2 有多路蒸汽供应时宜设分汽缸，分汽缸应有紧急排汽管；

3 每台锅炉的蒸汽管与蒸汽母管（或分汽缸）连接时，应安装两个阀门，其中一个靠近母管（或分汽缸），另一个紧靠锅炉汽包（或过热器出口），两个切断阀之间应有通向大气的疏水管和阀门，其内径不得小于18mm。

【说明】

1 为使系统简单，节省投资，锅炉房内连接相同参数锅炉的蒸汽（热水）母管一般采用单母管；但对常年不间断供汽（热）的锅炉房宜采用双母管，以便当某一母管出现事故或检修时，另一母管仍可保证供汽。

2 通过分汽缸使得各路供汽量的初调试较为方便。

3 多台锅炉并联运行时，每台蒸汽（热水）锅炉与蒸汽（热水）母管或分汽（热水）缸之间的各台锅炉主蒸汽（供水）管上均要装设2个切断阀，是考虑到锅炉停运检修时，若其中1个阀门泄漏，另1个阀门还可关闭，避免母管或分汽（分水）缸中的蒸汽（热水）倒流，以确保安全。

6.6.6 蒸汽系统的疏水器和疏水管道设置，应符合以下规定：

1 蒸汽管道最低点、弯曲段下部，以及流量计、热交换器和分汽缸等设备下部；

2 蒸汽干管末端、蒸汽立管底部、减压阀的两侧；

3 顺坡水平蒸汽干管每隔150～200m，或逆坡水平蒸汽干管每隔100～200m，水平蒸汽伴热管每隔50m左右；

4 当热交换器凝结水设计出水温度低于85℃时，可不设疏水器；

5 锅炉房内的热交换器冷凝水出水口高于锅炉上汽包时，其蒸汽管和凝结水管可直接与锅炉连接而不装疏水器。

【说明】

蒸汽管道开始启动暖管时会产生大量凝水，为防止水击，应及时疏水，在直线段，顺坡时蒸汽与凝结水流向相同，每隔150～200m应设启动疏水，逆坡时蒸汽与凝结水方向相反，每隔100～200m应设启动疏水。在蒸汽管道的低点和垂直升高之前，启动及正常运行时均有凝结水集结，为避免水击，需要连续、及时地将凝结水排走，故应设置经常疏水装置。

6.6.7 疏水器的选择、安装和设计，应符合下列原则：

1 疏水器的设计排水量，应按下式确定：

$$G=K\cdot G_{L} \tag{6.6.7-1}$$

式中 G——疏水器的排水能力，kg/h；

G_L——计算蒸汽凝结水量，kg/h；

K——选择疏水器的安全系数，蒸汽管道和分汽缸取2.0～3.0。

2 疏水器的背压应满足输送系统所需资用压力，按下式计算：

$$P_2\geqslant n(\Delta P_g+H_1+H_2) \tag{6.6.7-2}$$

式中 n——安全系数，取1.5～2.0；

ΔP_g——疏水器到排放终点处的管道系统阻力，MPa；

H_1——凝结水接受容器内的表压力，MPa；

H_2——疏水器出口侧管道提升高度产生的静水压力，MPa。

3 选择疏水器时，应根据其种类来确定其背压，并满足第2款的要求。不同种类的疏水器的背压，按照表6.6.7计算。

疏水器背压计算表（MPa） 表6.6.7

疏水器类型	背压计算公式	备注
吊桶式疏水器	$P_2=0.4\sim0.6P_1$	P_2——疏水器背压 P_1——疏水器入口压力
热动力式疏水器	$P_2=0.4P_1$	

注：压力均指的是表压。

4 除启动时有大量凝结水的疏水点外，疏水器不宜装设旁通管；当需要实时保证系统稳定可靠工作时，可采用两个疏水器并联设置方式。

5 当疏水器后的管段有提升高度时，疏水器后应装止回阀。

6 不同凝结水疏水支管合并时，其连接点的相互压差不应大于0.3MPa。

【说明】

启动时有大量凝结水的疏水点，疏水器处应装旁通管，旁通管和疏水器应水平安装。

当疏水器排出的凝结水需要向上提升至某一高度后与凝结水干管连接时，疏水器后的支管上应装置止回阀，且支管应接至干管的上游。

当有多种压力不同的疏水支管时，压力相近的支管可接到同一疏水母管。但对于疏水压差大于0.3MPa的不同参数的凝结水水支管，不宜合并输送，可先引入疏水扩容器、二次蒸发箱，分离出二次蒸汽梯级利用，再合管用凝结水泵输送。

6.6.8 除特殊情况外，蒸汽凝结水应回收再利用。

【说明】

蒸汽凝结水是一种优质水源，其水质和温度品质较好，从节能与节水的角度来看，都应进行回收再利用。一些较大型的区域蒸汽管网中，当用汽点距离蒸汽锅炉房较远、蒸汽的回收系统投入可能较高，经经济技术比较且取得了蒸汽供应方同意的情况下，可不再集中回收至锅炉房再利用。但这时宜考虑就地利用凝结水的措施；如果排放，则需要做好符合环保要求的凝结水降温等处理措施。

6.6.9 当凝结水无法采用余压回水和自流回水时，应设置凝结水箱和水泵将水送至锅炉房。凝结水泵的设置应符合下列要求：

1 水泵台数不应少于2台，其中1台备用。当任何1台水泵停止运行时，其余水泵总流量应能满足系统水输送量的要求。

2 水泵应能适合被输送凝结水的温度和压力。

3 水泵的扬程应按下式计算：

$$H=P_{C}+P_{G}+\Delta H+50 \tag{6.6.9}$$

式中 H——水泵扬程，kPa；

P_{C}——水泵出口侧设备压力，kPa；当采用开式水箱时，水泵出口侧设备压力取0；采用热力除氧水箱时，取20～30kPa；

P_{G}——凝结水箱最低水位和泵出口侧给水箱或除氧水箱内最高水位的高差，kPa；

50——富裕压头。

【说明】

当凝结水和软化补充水在凝结水箱混合后用泵输送至除氧系统或锅炉时，运行水泵总流量应能满足所有运行锅炉在额定蒸发量下所需给水量的1.1倍。

当由凝结水泵直接向锅炉供水时，其扬程应按给水泵的要求计算。

6.6.10 当用汽压力小于供汽压力时，应按下列原则选择和设置减压阀：

1 应根据蒸汽流量和阀前后压力的要求，选择减压阀；

2 单个减压阀的前后压力比值不宜超过5.0，超过时宜串联设置2个减压阀；

3 最小流量小于最大流量的10%，宜使用2个减压阀并联；

4 减压阀应设置旁通管；

5 减压阀前后应设置压力表，阀后应设置安全阀。

【说明】

当减压阀前后压力比大于5～7倍时，或阀后蒸汽压力较小时，可应用串联2个减压阀来消除减压阀工作时的噪声和振动。

并联设置减压阀，2个减压阀分配原则应按照1/3、2/3的总流量分配。

安装压力表主要是为了调试时能检查减压阀的减压效果，使用中可随时检查供水压力、减压阀减压后的压力是否符合设计要求，即减压阀工作状态是否正常。

6.6.11 蒸汽凝结水回水与锅炉补充软化给水宜合用水箱，水箱的设置应符合下列要求：

1 凝结水箱宜设置一个，常年不间断运行的宜设置2个或一个中间带隔板的可分别进行清洗的隔板水箱；水箱宜用钢板焊制并做防腐处理，水温高于50℃时应做外保温；

2 水箱的总有效容积确定时，凝结水箱宜为20～40min的最大凝结水回收流量；当水处理设备设有再生备用设备时，给水箱（或合用水箱）的总有效容积宜为锅炉房总额定蒸发量所需30～60min的给水流量；

3 锅炉给水箱（或除氧水箱）的安装高度应保证给水泵运行时不发生气蚀；水泵中轴线的安装高度与凝结水箱工作水位高差的最小限值，应不大于水泵最大吸水高度＋0.5m；当给水箱和给水泵距离较远时，应考虑水泵吸水管压力损失。

【说明】

1 凝结水箱的设置原则与循环水的定压补水水箱相同，见第6.5.6条和第6.5.7条。

2 锅炉总额定蒸发量小于或等于4t/h的锅炉房，水箱容积计算时应采用上限值。

3 不同水温时离心水泵的最大吸水高度，见表6.6.11。

不同水温时离心水泵的最大吸水高度　　表6.6.11

水泵进水温度(℃)	10	20	30	40	50	60	75	80	90
最大吸水高度(m)	－6.2	－5.9	－5.4	－4.7	－3.7	－2.3	0	2	3

当水箱内的水温大于75℃时，水泵进水口的安装标高应低于水箱的工作水位标高；当水箱内的水温小于或等于75℃时，允许水泵进水口的安装标高高于水箱的工作水位标高，但其高差不得大于表6.6.11的最大吸水高度并考虑附加0.5m的安全高度。

举例说明：

(1) 当水温为20℃时，凝结水箱工作水位与水泵安装高度的高差最大限值应为5.9－0.5＝5.5m；

(2) 当水温为90℃时，水泵安装高度应最多不超过凝结水箱工作水位3＋0.5＝3.5m。

如果水泵吸水管的阻力较大，上述计算中还应加上吸水管的阻力损失。

6.6.12 蒸汽管道的坡向宜和管内蒸汽的流向一致（顺坡），汽水管道的坡度宜按表6.6.12确定。

汽水管道坡度　　表 6.6.12

管道类别	蒸汽管		凝结水管	排污管
	顺坡	逆坡		
一般坡度	0.003	—	—	—
最小坡度	0.002	0.005	0.003	0.003

【说明】

蒸汽管道的坡向与蒸汽流向相同时，有利于排除管道中产生的凝结水。

6.6.13　蒸汽管网的最高点应安装排气管，最低点、垂直上升管前和阀门前应装设放水管，疏水管、放水管和排气管管径可按表 6.6.13 选取。

蒸汽管网的疏水管、放水管和排气管管径　　表 6.6.13

蒸汽管道公称直径 *DN*(mm)	≤125	150～200	250～300	350～600
启动疏水管公称直径 *DN*(mm)	20～25	25～32	32～50	32～50
经常疏水管公称直径 *DN*(mm)	20	20	20	20
放水管公称直径 *DN*(mm)	20	20	25	32
排气管公称直径 *DN*(mm)	15	15	20	20

【说明】

在蒸汽管道的低点和垂直升高之前，启动及正常运行均有凝结水集结，为避免水击，需要连续、及时地将凝结水排走，故应装设经常疏水附件。

6.6.14　汽水管道的设计流速，可按表 6.6.14 选择。

汽水管道的流速表　　表 6.6.14

工作介质	管道种类	流速(m/s)
饱和蒸汽	*DN*＞200 *DN*＝150～100 *DN*＝80～50 *DN*≤40	35～40 30～35 25～30 15～25
排气	压力容器排汽管 无压容器排汽管	80 15～30
二次蒸汽	利用的二次蒸汽 不利用的二次蒸汽	15～30 60
锅炉给水	水泵吸水管 给水总管	0.5～1.0 1.5～3

续表

工作介质	管道种类	流速(m/s)
凝结水	凝结水泵吸水管 凝结水泵出水管 余压凝结水管 自流凝结水管	0.5～1.0 1～2 0.5～3 ≤0.5

【说明】

小管宜取较小值，大管宜取较大值。

6.7 锅炉水处理和排污

6.7.1 锅炉房给水、锅水、补水、循环水的水质标准应符合现行国家标准《工业锅炉水质》GB 1576 的要求，并满足以下规定：

1 蒸汽锅炉应采用锅外化学处理，水质应符合表 6.7.1-1 的规定；

2 额定蒸发量小于或等于 4.0t/h，且额定蒸汽压力小于或等于 1.0MPa 的蒸汽锅炉，当对汽、水品质无特殊要求时，也可采用锅内加药处理，其水质应符合表 6.7.1-2 的规定；

3 承压热水锅炉给水应进行锅外水处理。对于额定功率小于或等于 4.2MW 的热水锅炉和常压热水锅炉，可采用锅内加药处理，其水质应符合表 6.7.1-3 的规定；

4 余热锅炉及电热锅炉的水质标准应符合同类锅炉的要求。

蒸汽锅炉锅外化学处理水质标准　　表 6.7.1-1

项目		给水			锅水		
额定蒸汽压力(MPa)		≤1.0	>1.0 ≤1.6	>1.6 ≤2.5	≤1.0	>1.0 ≤1.6	>1.6 ≤2.5
悬浮物(mg/L)		≤5	≤5	≤5	—	—	—
总硬度(mmol/L)		≤0.03	≤0.03	≤0.03	—	—	—
总碱度(mmol/L)	无过热器	—	—	—	4～26	4～24	4～16
	有过热器	—	—	—	—	≤14	≤12
pH(25℃)		7～10.5	7～10.5	7～10.5	10～12	10～12	10～12
溶解氧(mg/L)		≤0.1	≤0.1	≤0.05	—	—	—
溶解固形物(mg/L)	无过热器	—	—	—	<4000	<3500	<3000
	有过热器	—	—	—	—	<3000	<2500
SO_3^{2-}(mg/L)		—	—	—	—	10～30	10～30
PO_4^{3-}(mg/L)		—	—	—	—	10～30	10～30

续表

项目	给水			锅水		
相对碱度(游离 NaOH/溶解固形物)	—	—	—	＜0.2	＜0.2	＜0.2
含油量(mg/L)	≤2	≤2	≤2	—	—	—
含铁量(mg/L)	≤0.3	≤0.3	≤0.3	—	—	—

蒸汽锅炉锅内加药处理水质标准 **表 6.7.1-2**

项目	给水	锅水
悬浮物(mg/L)	≤20	—
总硬度(mmol/L)	≤4	—
总碱度(mmol/L)	—	8～26
pH(25℃)	7～10.5	10～12
溶解固形物(mg/L)	—	≤5000

热水锅炉水质标准 **表 6.7.1-3**

项目	锅内加药处理		锅外化学处理	
	给水	锅水	给水	锅水
悬浮物(mg/L)	≤20	—	≤5	—
总硬度(mmol/L)	≤6	—	≤0.6	—
pH(25℃)	7～11	9～12	7～11	9～12
溶解氧(mg/L)	—	—	≤0.1	—
含油量(mg/L)	≤2	0.5	≤2	0.5

【说明】

1 硬度 mmol/L 的基本单元为 C（$1/2Ca^{2+}$、$1/2Mg^{2+}$）。

2 碱度 mmol/L 的基本单元为 C（OH^-、$1/2CO_3^{2-}$、HCO_3^-），下同。对蒸汽品质要求不高，且不带过热器的锅炉，使用单位在报当地锅炉压力容器安全监察机构同意后，碱度指标上限值可适当放宽。

3 当锅炉额定蒸发量大于或等于 10t/h 时应除氧，额定蒸发量小于 10t/h 的锅炉如发现局部腐蚀时，给水应采取除氧措施，对于供汽轮机用汽的锅炉给水含氧量应小于或等于 0.05mg/L。

4 如果测定溶解固形物有困难时，可采用测定电导率或氯离子（Cl^-）的方法来间接控制，但溶解固形物与电导率或与氯离子（Cl^-）的比值关系应根据试验确定，并应定期复试和修正比值关系。

5 全焊接结构锅炉相对碱度可不控制。

6 表 6.7.1-1 仅适用于燃油、燃气锅炉。

7 通过补加药剂使锅水 pH 控制在 10～12。

8 额定功率大于或等于7.0MW的承压热水锅炉给水应除氧，额定功率小于7.0MW的承压热水锅炉宜除氧。

6.7.2 锅炉给水的处理方式，应根据原水水质和锅炉给水、锅水标准，凝结水的回收量及锅炉排污率及投资建设方的具体情况确定。处理后的锅炉给水，不应使锅炉产生的蒸汽对生产或生活使用造成有害影响，一般可做如下考虑：

1 原水总硬度小于或等于175mg/L（以$CaCO_3$表示）时，可采用加药水处理，反之则应采取软化措施；

2 原水悬浮物含量大于2mg/L时，进入水处理设备前应过滤；原水悬浮物含量大于20mg/L时，进入水处理设备前应经混凝、澄清和过滤处理；

3 当原水水压不能满足水处理工艺要求时，应设置原水加压措施。

【说明】

锅炉给水的处理方式很多，需要结合实际应用情况合理选取。满足需要时，尽可能采用物理方法来处理。当采用蒸汽锅炉时，对于某些化学处理方法（例如本条第1款）有可能使锅炉产生的蒸汽中带有化学成分，因此要特别重视蒸汽的用途，不能因化学成分对生活或工艺产生影响。

1 加药或软化处理适用于供热锅炉。当用于蒸汽锅炉时，其蒸汽不宜直接与人员接触或不能对某些对软化化学品有敏感的生产与工艺产生影响。

2 民用建筑中的锅炉房，其给水一般采用自来水，悬浮物指标不是问题。

3 采用自来水时，如果自来水压无法满足水处理工艺要求，宜设置加压泵等措施。

6.7.3 化学水处理设备用于热水锅炉时，其制水能力应满足热水系统的补给水量、水处理系统的自用化学水量和其他用途的化学水消耗量。用于蒸汽锅炉时，其制水能力应为下列消耗量之并附加20%的富余量：

1 空调蒸汽加湿量；

2 蒸汽用户与锅炉房自用汽过程中产生的凝结水损失；

3 锅炉排污，一般按照不超过蒸发量的10%计算；

4 室外管网漏汽漏水，可按蒸发量的5%～10%选取；

5 水处理系统的自用化学水量；

6 其他用途的化学水消耗量。

【说明】

本条是对锅炉处理水量的能力要求。空调用蒸汽加湿和其他使用过程中由于凝结水不回收带来的损失，与补水量直接相关。当无室外蒸汽管网（仅仅在建筑内使用）时，蒸汽和凝结水管网的泄漏量可按≤1%考虑。

6.7.4 当采用固定床离子交换器时，一般不宜少于 2 台，其中 1 台为再生备用；当软化水消耗量较少时，可只设置 1 台，但其设计出力应满足设备运行和再生时的软化水消耗量，单柱离子交换器设备运行时的出力可按软化水消耗量的 2 倍考虑。

【说明】

固定床离子交换器的设置不宜少于 2 台，其中 1 台为再生备用。每台每昼夜再生次数宜按 1～2 次设计。当软化水的消耗量较小时，可设置 1 台，但其设计出力应满足离子交换器运行和再生时的软化消耗量。

6.7.5 锅炉除氧系统的设计，应按下列原则确定：

1 对于蒸汽锅炉，额定蒸发量小于 6t/h 时给水宜采取除氧措施；大于或等于 10t/h 时给水应除氧；

2 承压热水锅炉和常压热水锅炉的额定功率小于 7.0MW 时，给水宜除氧；承压热水锅炉额定功率大于或等于 7.0MW 时，给水应除氧；

3 锅炉除氧可采用热力除氧、真空除氧、解析除氧和还原铁过滤除氧等方式。

【说明】

当水中含氧量较高时，会引起锅炉的“氧腐蚀”，因此设计时需要重视，并结合实际情况，合理采用除氧方式。

6.7.6 锅炉房排污设计应符合下列要求：

1 应设排污降温池，排污水应降至 40℃后，方可排入室外排水系统；

2 锅炉的下锅筒、下联箱、省煤器的最低处等，应设定期排污阀装置；蒸汽锅炉应根据锅炉本体情况设置连续排污装置；

3 锅炉机组排污管道及其配备的阀门，应按锅炉制造厂成套供应的产品进行布置安装，且应符合相关产品标准及管理规程的规定；

4 锅炉的排污阀及其管道不应采用螺纹连接；

5 锅炉排污管道应减少弯头，保证排污畅通。

【说明】

螺纹连接的阀门和管道容易产生泄漏，故规定不应采用螺纹连接。排污管道中的弯头容易造成污物的积聚，导致排污管堵塞，所以要减少弯头，保证管道的畅通。排污管不应高出锅筒或联箱相应排污口的高度。

6.7.7 锅炉定期排污管道的设置应符合下列要求：

1 每台锅炉宜采用独立的定期排管道，并分别接至排污膨胀器或排污降温池；

2 当几台锅炉合用排污母管时，每台锅炉接至排污母管的干管上必须装设切断阀，

切断阀前宜装设止回阀，排污母管上不得装设阀门。

【说明】

设置独立的定期排污管道，有利于锅炉安全运行；但当几台锅炉合用排污母管时，要考虑安全措施：在接至排污母管的每台锅炉的排污干管上装设切断阀，以备锅炉停运检修时关闭，保证安全；装设止回阀可避免因合用排污母管在锅炉排污时相互干扰。

6.7.8 **蒸汽锅炉的连续排污管道应符合下列要求：**

1 **一般情况下，锅炉房宜设置 1 台连续排污膨胀器，膨胀器上应装设安全阀；**

2 **每台蒸汽锅炉的连续排污管道宜分别接至连续排污膨胀器；**

3 **锅炉出口处应装设节流阀，锅炉连续排污管出口和膨胀进口处，应各设一个切断阀。**

【说明】

目前民用建筑中，应用蒸汽锅炉的容量都不是很大，台数一般也不超过 4 台。当锅炉房内蒸汽锅炉的使用台数较多时，考虑到投资和布置上的合理性，推荐每 2～4 台锅炉合设 1 台连续排污膨胀器。当数台锅炉合用 1 台连续排污膨胀器时，为安全起见，要在每台锅炉的连续排污管出口端和连续排污膨胀器进口端各装设 1 个切断阀。连续排污膨胀器上要装设安全阀。

6.7.9 **蒸汽锅炉连续排污量应如下确定：**

1 **连续排污率按照式（6.7.9-1）或式（6.7.9-2）计算，连续排污量按式（6.7.9-3）计算。**

$$P=\frac{\rho \cdot A_0}{A-\rho \cdot A_0} \cdot 100\% \tag{6.7.9-1}$$

$$P=\frac{\rho \cdot S_0}{S-\rho \cdot S_0} \cdot 100\% \tag{6.7.9-2}$$

$$D_{LP}=P \cdot D \tag{6.7.9-3}$$

式中 P——连续排污率，%，取式（6.7.9-1）和式（6.7.9-2）两式中较大计算值；

A_0——给水的碱度，mmol/L；

A——锅水允许碱度指标，mmol/L，见表 6.7.1-1 和表 6.7.1-2；

ρ——锅炉补水率（或凝结水损失率）；

S_0——给水的溶解固形物含量，mg/L；

S——锅水所允许的溶解固形物指标，mg/L，见表 6.7.1-1 和表 6.7.1-2；

D_{LP}——锅炉连续排污量，kg/h；

D——锅炉蒸发量，kg/h。

2　蒸汽压力小于或等于 2.5MPa、单台容量小于或等于 20t/h 的锅炉，当采用锅外化学处理时，锅炉排污率不宜大于 10%。

【说明】

连续排污的目的主要是将蒸汽包中的盐浓度高的炉水排出，防止含盐量过高造成汽水共腾，影响蒸汽品质和锅炉安全。

由于锅炉排污要损失一些热量和水量，会使燃料消耗量增加。所以在保证锅炉水、汽质量的前提下要尽量减少锅炉排污率。

6.7.10　锅炉定期排污量应如下确定：

1　采用炉外水处理时，每次排污量按应上锅筒水位变化控制，按下式计算：

$$G_d = n \cdot D \cdot h \cdot L \tag{6.7.10-1}$$

式中　G_d——每台锅炉定期排污量，m^3/次；

n——每台锅炉上锅筒个数；

D——上锅筒直径，m；

h——上锅筒水位排污前后高差，m，一般取 $h=0.1$；

L——上锅筒长度，m。

2　采用锅内加药水处理时，排污量应按下式计算：

$$G_d = \frac{G(g_1 + g_2)}{g - (g_1 + g_2)} \tag{6.7.10-2}$$

式中　G_d——每台锅炉定期排污量，m^3/次；

G——排污间隔时间内的给水量，m^3；

g——锅水所允许的溶解固形物指标，mg/L，见表 6.7.1-1 和表 6.7.1-2；

g_1——给水的溶解固形物含量，mg/L；

g_2——加药量，mg/L。

【说明】

定期排污主要是为了排除炉水中的水渣和污垢。通过正确合理的排污排掉炉水中的杂质、泥垢、水垢，控制炉水的碱度及含盐量，使炉水水质符合国家标准，保证了受热面的清洁，延长了锅炉的使用寿命。

6.8　电锅炉及蒸汽发生器应用

6.8.1　当采用电热锅炉集中提供热水时，应结合建筑类型，通过合理的经济分析确定是否采用热水蓄热系统。

【说明】

建筑的冬季热负荷与夏季冷负荷，在特点上是完全不同的。建筑冷负荷的特点是夜间较小，白天达到峰值，而建筑热负荷正好相反。

从电力供应侧，总体来说通常夜间电力用量处于低谷，鼓励夜间用电的目的是使白天的用电峰值下降。但随着某些特殊类型建筑（如酒店、医院类建筑）的夜间热负荷峰值的到达，采用电热水锅炉蓄热时，夜间的电力负荷将远远超过白天（这和空调蓄冷系统是完全相反的）。如果考虑蓄热效率，夜间用电量（kWh）也比白天大得多。因此，对于供暖而言，热水蓄热对电力的“消峰填谷”能力以及经济性能是非常有限的。

因此，电锅炉热水蓄热系统的应用条件之一是：建筑电力装机容量不受限制、电力充足、供电政策对供暖支持和电价优惠地区的建筑，以及无集中供热以及燃气条件，或消防对化石燃料使用有限制的建筑。

由于采用热水全蓄热系统时的电锅炉装机容量常大于非蓄热系统，但其优点是可以充分利用夜间低谷电（甚至绿电能源），对于冬季峰谷电价比较高或有政策倾斜的地区，有可能会带来一定的经济效益。因此是否采用热水蓄热系统，应进行详细的技术经济分析后确定。

6.8.2 选用电锅炉时，其热效率应符合以下要求：

1 电阻式、微压相变式和半导体式应大于98%；

2 电磁式应大于97%；

3 固体蓄热式应大于95%且本体24h散热损失小于3%。

【说明】

由于存在一定电子元件的散热损失，电热锅炉实际热效率并不是100%。对于固体蓄热式电热锅炉，亦存在蓄热材料的热损。

6.8.3 采用电热锅炉热水蓄热系统的锅炉总装机容量，应按第5.4.29条的要求计算。

【说明】

见第5.4.29条。

6.8.4 电阻加热方式的电锅炉单台容量宜小于或等于2000kW，最大不超过3000kW。选型时应综合考虑下列要求：

1 在锅炉房布置条件许可时，宜选用制热蓄热一体化、蓄热温度高的承压电锅炉；

2 应配备高质量、使用寿命长的电热元件，电热元件组件应装卸方便，且配置有“逐级投入—退出”的步进式控制程序；

3 应具有先进完善的自动控制系统，应配置安全可靠的超温、超压、缺水、低水位

等参数的自动保护装置；电路系统应配各过流、过载、缺相、短路、断路等项目的自动保护装置，在保护装置动作时应有相应的报警信号显示；

4 应配置可靠的辅助设备；

5 单台容量应和电力变压器的容量相匹配，一台锅炉不应由多台变压器分散供电，但多台小容量电锅炉及其他电气设备，可共用一台变压器；

6 锅炉数量宜为两台或两台以上。

【说明】

因锅炉容量的增加需要依靠电热元件的数量来实现，因此其最大容量会受电热元件结构布置等限制。

1 电锅炉有两种类型，一种是直热式的，即普通电锅炉，即插即用；另一种是蓄热式电锅炉的，它利用夜间廉价低谷电进行蓄热储能，在白天峰平电时以供热、热水、热风形式释放，供用户使用，运行成本比直热式电锅炉低。

2 “逐级投入—退出”的方式有利于运行容量的调节和运行参数的稳定。

3 对锅炉安全运行的要求。

4 对锅炉配套附属设备的要求。

5 一台电锅炉同时由多台变压器供电时，对变压器的运行调节不利。

6 锅炉台数的一般要求，也是供暖系统最低保障能力的需求。

6.8.5 蓄热与供热循环水泵的设置，应符合下列要求：

1 水泵允许介质温度应比锅炉设计出水温度高 10～15℃；

2 循环水泵的设置台数宜与锅炉台数相同；低温蓄热时，循环水泵台数不应少于 2 台；高温蓄热时，循环水泵台数不宜少于 3 台，且当其中任何一台停止时，其余水泵的总流量应能满足最大循环水流量的要求；

3 仅为蓄热服务的水泵，其总流量应按照蓄热系统计算流量并考虑 5%～10%的流量安全系数；当循环水泵蓄热和供热兼用时，水泵设计总流量应选择蓄热系统水泵设计总流量与供热系统水泵设计总流量之中的较大者；

4 仅为蓄热服务的水泵，其扬程宜在蓄热水循环系统水流中阻力的基础上附加 2～5m；当循环水泵蓄热和供热兼用时，水泵扬程应选择蓄热系统水泵设计扬程与供热系统水泵设计扬程之中的较大者。

【说明】

对于锅炉等设备，安全运行非常重要，因此水泵的参数与台数选择，适当留有富余量。当循环水泵蓄热与供热兼用时，应同时满足两个系统的参数，因此其流量和扬程都应采用两个系统之中的需求较大者。

供热系统的水泵流量和扬程选择，可参见《措施》第 1、2、5 章的要求。需要注意的是：当按照供热系统所选择的水泵流量和扬程大于按照蓄热系统选择的参数（包括流量与扬程附加之后）时，其流量和扬程不应再进行5%～10%及2～5m的附加。

6.8.6 电锅炉房蓄热水箱（罐）总有效容积按式（5.4.30）计算。

【说明】

见第5.4.30条。

6.8.7 电热锅炉的工作压力，应符合以下规定：

1 常压型锅炉工作压力宜小于0.1MPa，承压型锅炉工作压力宜小于0.3MPa；

2 相变锅炉本体换热器承压不应大于2.0MPa；

3 真空/微压锅炉本体运行压力宜小于0.1MPa。

【说明】

以上所述压力均为表压，是根据目前的产品情况确定的。

6.8.8 固体蓄热电锅炉的设计，应符合下列要求：

1 锅炉台数不宜少于2台，且可不设备用锅炉；

2 多台电锅炉可共用一台变压器；

3 采用风—水换热器形式的锅炉应采用水电分离结构；

4 蓄热材料使用期20年内参数衰减变化率小于1.0%；

5 固体介质蓄热系统中，取热风机应采用变频调速、免维护、自润滑、耐高温设备；蓄热设备上的风—水换热器数量应保证在蓄热体最低允许取热温度下取热的要求；

6 基础底面应达到一级防水要求。

【说明】

蓄热工艺系统的加热、放热、蓄热和对外供热过程由蓄热电锅炉完成。由于具有一定的蓄热能力，可以不设置备用锅炉。

固体蓄热电锅炉中，取热风机的使用环境温度较高，应特别注意并提出对风机的相关要求。

6.8.9 采用相变蓄热电锅炉时，其蓄热材料应符合下列要求：

1 相变材料的可选温度范围为－10～200℃；

2 相变储能装置应为常压开式结构；

3 蓄热材料经过6000次循环后蓄热能力衰减应不大于20%；

4 相变储能材料应安全无毒、绿色环保。

【说明】

相变蓄热电锅炉利用无机相变材料的潜热蓄存并向外供热，因此对蓄热材料有一定的要求。

6.8.10 当建筑或区域内的蒸汽用户分散时，不宜采用蒸汽锅炉集中供应蒸汽的方式；宜根据蒸汽使用地点，分散设置蒸汽发生器。蒸汽发生器的驱动能源应根据具体工程的能源供应情况合理确定，并符合以下要求：

1 应执行现行国家标准《锅炉房设计标准》GB 50041，可不执行《锅炉安全技术规程》TSG 11—2020；

2 蒸汽发生器的设备间应符合消防规范；采用燃气（燃油）型蒸汽发生器时，应设可燃气体浓度报警装置及事故通风设施；

【说明】

大量工程实践表明：集中供应蒸汽系统在运行管理等方面存在一定的问题，导致蒸汽“跑冒滴漏”现象严重，且凝结水回收率较低，形成较大的热量和优质水资源的浪费。

1 《锅炉房设计标准》GB 50041—2020 的适用范围包括：以水为介质的蒸汽锅炉锅炉房，其单台锅炉额定蒸发量为1～75t/h、额定出口蒸汽压力为0.10～3.82MPa（表压）。

《锅炉安全技术规程》TSG 11—2020 的不适用范围有“设计正常水位容积（直流锅炉等无固定汽水分界线的锅炉，水容积按照汽水系统进出口内几何容积计算）小于30L，或者额定蒸汽压力小于0.1MPa的蒸汽锅炉”，而蒸汽发生器的水容量小于30L，不属于锅炉特种设备监管范围。

2 设备间与应用同类能源锅炉房的原则要求相同。

6.9 锅炉房设计配合

6.9.1 锅炉房的火灾危险性分类和耐火等级应符合下列规定：

1 燃气锅炉房及其燃气调压间和气瓶专用房间的耐火等级，不应低于二级。当总蒸发量小于或等于4t/h或热水锅炉总额定热功率小于或等于2.8MW时，锅炉间的建筑耐火等级不应低于三级；

2 油箱间、油泵间的耐火等级不应低于二级。

【说明】

满足现行国家标准《建筑设计防火规范》GB 50016 的规定。

6.9.2 锅炉房的外墙、楼地面或屋面应有相应的防爆措施，并应有相当于锅炉间占地面积

10%的泄压面积，泄压方向不得朝向人员聚集的场所、房间和人行通道，泄压处也不得与这些地方相邻。地下锅炉房采用竖井泄爆方式时，竖井的净横断面积应满足泄压面积的要求。

【说明】

泄压面积可将玻璃窗、天窗、质量小于或等于 60kg/m^2 的轻质屋顶和薄弱墙等面积包括在内。

6.9.3 **锅炉房锅炉间与辅助间或贴邻建筑的隔断，应为防火隔墙，并应符合下列规定：**

1 **锅炉间与油箱间、油泵间和重油加热器间之间的防火隔墙，其耐火极限不应低于 3.0h，隔墙上开设的门应为甲级防火门；**

2 **锅炉间与调压间之间的防火隔墙，其耐火极限不应低于 3.0h；**

3 **锅炉间与其他辅助间或贴邻建筑之间的防火隔墙，其耐火极限不应低于 2.0h，隔墙上开设的门应为甲级防火门。**

【说明】

满足现行国家标准《建筑设计防火规范》GB 50016 的规定。

6.9.4 **燃气锅炉房的调压间宜设置于地面层。调压间的门窗应向外开启，并不应直接通向锅炉间，地面应采用不产生火花地坪。**

【说明】

对调压间门窗开启方向的要求是为了锅炉间的安全，对地面的做法是防止调压间泄漏少量燃气发生爆炸的危险。

6.9.5 **锅炉房为多层布置时，锅炉基础与楼地面接缝处应采取适应沉降的措施。**

【说明】

主要考虑锅炉基础与锅炉房建筑基础沉降不一致时，避免楼地面产生裂缝。

6.9.6 **锅炉房设置于建筑内或于地下室时，应预留能使锅炉房内最大设备搬运件尺寸和重量的就位通道或安装孔洞。运输就位通道应考虑运输荷载对结构的要求，安装孔洞可结合门窗洞或非承重墙处设置。**

【说明】

锅炉本体尺寸和重量都比较大，设置于建筑内时（尤其是当设置于地下室时），应考虑运输、安装就位通道或吊装孔。

6.9.7 **锅炉房的化验室地面和化验台的防腐蚀设计，应符合现行国家标准《工业建筑防腐蚀设计标准》GB/T 50046 的有关规定，其地面应有防滑措施；化验室的墙面应为白**

色、不反光，化验台应有洗涤设施。

【说明】

化验室里的化学药品中的酸、碱性物质具有一定的腐蚀性，在操作过程中若泄漏会给建（构）物带来腐蚀，因此需要进行相关的防腐蚀设计。

6.9.8 **锅炉房设计时，应进行房间消声与隔声处理。一般情况下，锅炉房围护结构的隔声量不宜小于 35dB（A）。**

【说明】

独立建设的锅炉房应考虑噪声对周围环境的影响；设置于建筑内的锅炉房应考虑对周围房间的噪声影响。因此，锅炉房的围护结构（墙、楼板、隔声门窗等）应具有较好的隔声性能。

6.9.9 **锅炉房楼面、地面和屋面的活荷载应根据工艺设备安装和检修的荷载要求确定，并应符合表 6.9.9 的规定。**

楼面、地面和屋面的活荷载 **表 6.9.9**

<table>
<tr><th>名称</th><th>活荷载(kN/m²)</th><th>备注</th></tr>
<tr><td>锅炉间楼面</td><td>6～12</td><td rowspan="5">表中未列的其他荷载应按现行国家标准《建筑结构荷载规范》GB 50009 的规定选用；
表中不包括设备的集中荷载；
锅炉间地面设有运输通道时，通道部分的地坪和地沟盖板可按 20kN/m² 计算</td></tr>
<tr><td>辅助间楼面</td><td>4～8</td></tr>
<tr><td>除氧层楼面</td><td>4</td></tr>
<tr><td>锅炉间地面</td><td>10</td></tr>
<tr><td>锅炉间及辅助间屋面</td><td>0.5～1.0</td></tr>
</table>

【说明】

见表 6.9.9 备注。

6.9.10 **锅炉房设计时，应向电气专业提供下列基本资料：**

1 **锅炉的类型、锅炉房的功能和用途；**

2 **电锅炉的电压等级、供电要求；**

3 **锅炉房设备自带的启动、运行控制装置；当设备不自带控制装置、需要由电气或控制专业完成控制系统设计时，应提出相应的工艺与控制要求；**

4 **锅炉房防爆要求；**

5 **防静电要求与防雷击要求；**

6 **应急电源要求；**

7 **特殊区域的照明要求；**

8 **火灾报警要求；**

9 通信要求。

【说明】

1 锅炉的类型、锅炉房的功能和用途等，是确定供电负荷等级的依据。

2 电极式锅炉或安装容量较大（大于或等于 1000kW）的锅炉，宜采用 10kV 高压供电。

3 有条件时，锅炉应优先采用机电一体化的产品。单台蒸汽锅炉额定蒸发量小于或等于 4t/h 或单台热水锅炉额定热功率小于或等于 2.8MW 的锅炉，其控制屏或控制箱宜由锅炉制造商配套供应，并宜装设在炉前或便于操作的地点。当设备不配套运行控制装置时，设计人应根据工艺设计并结合系统使用的需求，将锅炉房内的系统和设备控制要求清晰的提出。

4 燃油、燃气锅炉房的锅炉间、燃气调压间等有爆炸危险场所的等级划分，应符合现行国家标准《爆炸危险环境电力装置设计规范》GB 50058 的有关规定。

5 对于燃气（油）锅炉、燃气和燃油管道，应采取防静电措施。电热锅炉房应做等电位联接。

6 当设备工艺对供电可靠性有特殊要求时，应设置相应的应急电源，确保供热系统及附属设备在外部电源中断时能安全停运。

7 锅炉房内的锅炉水位表、锅炉压力表、仪表屏和其他照度要求较高的部位，宜设置局部照明。

8 非独立锅炉房和单台热水锅炉额定热功率大于或等于 7MW，或总额定热功率大于或等于 28MW 的独立锅炉房，应设置火灾探测器和自动报警装置；燃油及燃气的非独立锅炉房的灭火系统，当建筑物内设有消防控制室时，应由消防控制室集中监控。

9 有人值守的锅炉房，宜设置必要的通信设施。

6.9.11 电锅炉房的位置距变配电所不宜过远。当锅炉单独设置变配电设施时，锅炉房和变配电设施宜靠近高压电网端布置。

【说明】

电锅炉的容量较大，尽可能靠近变电所有利于减少输电过程中的损耗。

6.9.12 锅炉房的防雷及接地要求：

1 砖砌或钢筋混凝土烟囱，应设置接闪器；

2 燃气放散管的防雷设施，应符合现行国家标准《建筑物防雷设计规范》GB 50057 的有关规定；

3 燃油锅炉房的露天金属储油罐应装设接闪器和接地，接地点不应少于 2 处；当油罐装有呼吸阀和放散管时，其防雷设施应符合现行国家标准《石油库设计规范》GB

50074的有关规定；覆土在0.50m以上的地下油罐，当有通气管引出地面时，在通气管处宜做局部防雷处理。

【说明】

当地下油罐的通气管在周围高的建筑或构筑物防雷保护范围内时，可不考虑防雷设置。

6.9.13 全年运行使用的锅炉房，其控制室、办公室及值班室等人员长期停留的房间以及化验室、仪器分析间，夏季宜设置分散式空调设备；锅炉房及其辅助房间的冬季室内计算温度宜按表6.9.13确定。

锅炉房及其辅助间的冬季室内计算温度　　表6.9.13

房间名称		温度(℃)
锅炉间	经常有人操作时	14～16
	设有控制室，无操作人员经常停留时	≥5
控制室、化验室、办公室、值班室		18～20
水泵房、水处理间		≥5

【说明】

夏季设置供冷空调是为了满足管理人员的需求。夏季不使用的锅炉房，根据使用需求确定是否设置空调降温设备。

无人员经常停留的场所，温度可按照防冻温度考虑。需要经常有人操作的地点，可按照操作人员所必需的工作温度考虑。

6.9.14 设在建筑物内的燃油、燃气锅炉房的锅炉间，应设置独立的机械送排风系统，且应采用防爆设备。锅炉间的机械通风量应符合下列规定：

1 电锅炉房的通风换气次数宜大于或等于$3h^{-1}$；

2 首层设置的锅炉间，采用燃油为燃料时，通风换气次数应大于或等于$3h^{-1}$；采用燃气为燃料时，通风换气次数应大于或等于$6h^{-1}$；

3 设置在地下室或半地下室的锅炉间，通风换气次数应大于或等于$12h^{-1}$；

4 送入锅炉间的室外空气总量，应为排风量与燃烧所需空气量之和，且必须大于锅炉房每小时3次的换气量；

5 送入锅炉房控制室的新风量，应按最大班操作人员的最小卫生新风量计算。

【说明】

燃气在空气中的扩散能力远大于燃油气体，因此前者的通风换气量宜高于后者。地下或半地下的自然通风能力比首层差，机械通风量也应加大。

寒冷地区的锅炉房，当补风量较大时，应考虑室内温度的情况。对于无人值守的锅炉间，室外补风可不加热（由于锅炉间的散热设备多，不会导致其室温低于0℃而冻结）；对于有人经常停留或值守的锅炉间，室外补风宜加热至10℃以上。

6.9.15 燃气调压间、燃气表间、日用油箱及油泵间等有爆炸危险的房间，应设置独立的机械排风系统，且应采用防爆设备；通风换气次数应大于或等于 $12h^{-1}$。

【说明】

这些房间都具有一定的爆炸性风险，机械通风系统应独立设置并满足事故通风的要求。

6.9.16 燃气（油）锅炉房的锅炉间、燃气调压间、燃气表间、日用油箱及油泵间，应按照《措施》第3.4节的要求设置事故通风系统。

【说明】

见第3.4节的相关条文和说明。

6.9.17 机械通风房间内吸风口的位置应按下列规定设置：

1 当燃气或油汽的相对密度小于或等于0.75时，排风系统的室内吸风口位置宜设置在上部区域，吸风口上边缘至顶棚平面（或吊顶）的距离不应大于0.1m；

2 当燃气或油汽的相对密度大于0.75时，排风系统的室内吸风口位置宜设置在下部区域，吸风口下边缘至地极距离不应大于0.3m。

【说明】

根据不同燃料的相对密度，合理确定排风系统的室内吸风口位置，确保有效排除泄漏的燃气或油汽。

6.9.18 锅炉排污水在排放时应降温至40℃以下，有条件时排污水可进行热回收；软化或除盐水处理酸、碱废水，应经过中和处理达标后排放；对于燃气锅炉烟气冷凝水，应处理达标后排放。

【说明】

排污水温度过高时不能直接排入下水道，软化系统废水以及烟气冷凝水中，都含有不同的污染物质，应采取适当的处理措施后才能排放。

6.9.19 设计时应向给水排水专业提出以下资料和要求：

1 一般情况下，锅炉房的给水宜采用一根进水管；

2 当中断给水造成停炉有可能造成生产上的重大损失时，应优先采用两根从室外环网的不同管段或不同水源分别接入的进水管方式；当条件受限仅设置一根进水管时，应设置故障水箱或水池，其总水容量不应小于2h的锅炉房计算用水量；

3 锅炉间、水泵、水处理间应有排水措施；

4 化学水处理的贮存酸、碱设备处应有人身和地面沾溅后简易的冲洗措施；

5 油泵间、日用油箱间宜采用泡沫灭火系统、气体灭火系统或细水雾灭火系统。

【说明】

1 适用于仅为供暖用的锅炉房。

2 对于某些为重大生产工艺服务的锅炉房，需要实时保证锅炉的正常运行，因此需要根据其重要性来考虑给水出现故障时的应急措施。

7 消声与减振

7.1 一 般 规 定

7.1.1 通风空调机房及冷、热源机房的位置，应符合以下原则：

1 冷、热源机房宜单独建设或设于建筑的地下室底层，当设置位置与其他有噪声标准要求的使用房间相邻时，应采取合理的机房隔声、设备减振等措施；

2 通风空调机房不应毗邻对噪声和振动要求标准较高的房间。

【说明】

有地下室的建筑，宜充分利用地下室底层作为冷、热源机房；无地下室的建筑，优先考虑布置在建筑物的一层或与主体建筑脱开的独立机房内；对于超高层建筑，可利用屋顶层或设置专用设备层作为机房。通风空调机房含：空调机房、新风机房、风机房等。

机房应做好隔声、吸声和减振措施，防止对周围房间或区域造成影响。

7.1.2 机房的吸声处理，应符合下列要求：

1 当冷、热源机房设于地下室时，机房操作人员工作区内8h等效连续噪声级不宜超过85dB（A）；且最大连续噪声级不应超过90dB（A）；值班控制室内噪声应小于或等于75dB（A）；

2 通风空调机房集中设置于地下室时，机房内噪声不宜大于80dB（A）；当通风空调机房分层设置时，机房内噪声不宜大于70dB（A）。

3 当机房内噪声不满足以上要求时，机房内表面（含墙面、顶板）应做好建筑吸声处理，吸声结构的平均吸声系数应大于或等于0.7；平均吸声系数按照下式计算：

$$\alpha=(\alpha_{250}+\alpha_{500}+\alpha_{1K}+\alpha_{4K})/4 \tag{7.1.2}$$

式中 α——平均吸声系数；

α_{250}、α_{500}、α_{1K}、α_{4K}——分别为吸声面在250Hz、500Hz、1kHz和4kHz时的吸声系数。

【说明】

机房内表面的吸声处理是为了降低机房内噪声，从而减少通过机房围护结构的传声。

1 不同材料在不同频段时的吸声能力，可在相关资料中查询。表面吸声设计可采用包括穿孔板和吸声材料组合的多种方式。

2 湿度较大、通风状况较差的机房内，尽可能选用具备防潮和便于清洁的吸声材料。

7.1.3 **通风空调系统风管与附件的设置，应符合以下原则：**

1 **风管内气体流动应力求稳定、顺畅，风管断面的气流流速应均匀，避免突然变径和改变方向。**

2 **冷水机组、水泵、风机、空调机组等振动较大的设备，其进出口（包括水管和风管）应采用软接头连接。**

3 **进出通风空调机房风管上的阀门等部件，宜设于机房内。当设于机房外时，应根据机房外房间的噪声要求对这些部件采取适当的隔声措施。**

4 **水管系统管内压力、流速均应按规定选用，防止压力过大、流速过快而引发噪声；管道不宜穿过有较高噪声要求的房间；管道穿楼板和隔墙处，管道外壁与洞口之间宜填充弹性材料。**

5 **风机盘管应选择性能好、噪声低的产品，并采取有利于减低噪声的安装方式。**

【说明】

1 风管、三通、弯头、变径管等通风构件，具有一定的噪声自然衰减考能力，但随着风速的增加而加大，其本底噪声值也会增加，因此需要将管内风速控制在一定范围内，以保证其增加的本底噪声不超过其衰减能力。管内风速从噪声角度考虑一般不宜大于8m/s，超过后应采取相应的消声措施。原则上应尽可能使气流均匀流动，逐步减速，避免急剧转弯，避免管道截面突然变小，引起气流升高，气流噪声增大。

2 为了降低固体传声，振动较大的设备进出口应设置软连接，减少振动沿管道传递。

3 风管上的阀件一直作为噪声源考虑，因此，阀件宜设于机房内；当设于机房外且风速较大时，宜设置隔声罩或隔声板等降噪措施，风阀后宜增设相应的消声措施。

4 管道本身由于液体或气体的流动而产生振动，当与墙壁硬接触时，会产生固体传声，因此宜设置弹性材料来防止固体传声。

5 控制风机盘管的噪声途径有：选择低噪声风机盘管、选择有利于降低噪声的配置方式，追加消声处理和增长出风口至需要安静部位的距离等。

7.1.4 **风机传动方式选择应优先选直联；风机布置时应保持风机入口气流均匀，在出口直管段1m范围内的风管上，不宜设阀门等附件。**

【说明】

风机直联传动，振动是最小的。

风机进、出口处的管道不得急转弯，风机和风管的不合理连接会使风机性能受到很大的影响，同时增加气流噪声，应使通风机进、出口的气流平稳、均匀，通风机传动方式的传动效率由高至低排序为：直联、联轴器、皮带传动。风管阀门一直是作为噪声源考虑，在管路布置和计算上尽量达到平衡，不宜用阀门去调节，对于高速风管更为重要。

7.1.5 对于设置于楼板上且振动较大的设备，应采取重型减振台座，必要时可设置浮筑楼板。

【说明】

空调、制冷设备运行时的振动传给基础，它以弹性波的形式沿建筑结构传到所有与机房毗邻的房间中，并以空气噪声的形式被人所感受。冷水机组、大功率风机或水泵等设备，振动较大，将设备配置在重量较大的减振台座（一般采用混凝土台座）上，然后在下面设置隔振装置，能够减少设备本身的振动，降低机组的重心，增加稳定性。

7.2 噪声及振动标准

7.2.1 典型民用建筑和典型房间的室内允许噪声标准可按表7.2.1-1～表7.2.1-7确定。

普通住宅室内允许噪声级［dB（A）］ 表7.2.1-1

房间类别	昼间	夜间
卧室	≤45	≤37
起居室(厅)	≤45	

高级住宅室内允许噪声级［dB（A）］ 表7.2.1-2

房间类别	昼间	夜间
卧室	≤40	≤30
起居室(厅)	≤40	

学校建筑室内允许噪声级 表7.2.1-3

房间类别	允许噪声级[dB(A)]
语音教室、阅览室	≤40
普通教室、实验室、计算机房、音乐教室、琴房、教师办公室、休息室、会议室	≤45
健身房、教学楼中封闭的走廊、楼梯间	≤50

医院室内允许噪声级 表7.2.1-4

房间类别	高要求标准[dB(A)]		低限标准[dB(A)]	
	昼间	夜间	昼间	夜间
病房、医生人员休息室	≤40	≤35	≤45	≤40
各类重症监护室	≤40	≤35	≤45	≤40
诊室	≤40		≤45	

续表

房间类别	高要求标准[dB(A)]		低限标准[dB(A)]	
	昼间	夜间	昼间	夜间
手术室、分娩室	≤40		≤45	
洁净手术室	—		≤50	
人工生殖中心净化区	—		≤40	
听力测听室	—		≤25	
化验室、分析实验室	—		≤40	
入口大厅、候诊厅	≤50		≤55	

旅馆室内允许噪声级［dB（A）］　表 7.2.1-5

房间类别	特级		一级		二级	
	昼间	夜间	昼间	夜间	昼间	夜间
客房	≤35	≤30	≤40	≤35	≤45	≤40
办公室、会议室	≤40		≤45		≤45	
多用途厅	≤40		≤45		≤50	
餐厅、宴会厅	≤45		≤50		≤55	

办公建筑室内允许噪声级［dB（A）］　表 7.2.1-6

房间类别	高要求标准	低限标准
单人办公室	≤35	≤40
多人办公室	≤40	≤45
电视电话会议室	≤35	≤40
普通会议室	≤40	≤45

商业建筑室内允许噪声级［dB（A）］　表 7.2.1-7

房间类别	高要求标准	低限值
商场、商店、购物中心、会展中心	≤50	≤55
餐厅	≤45	≤55
员工休息室	≤40	≤45
走廊	≤50	≤60

【说明】

表 7.2.1-1～表 7.2.1-7 是对表 1.5.6-1 和表 1.5.6-2 的补充，可结合使用。

7.2.2　当空调通风系统的噪声有可能对建筑周围环境产生影响时，应考虑相应的噪声处理措施。城市五类区域的环境噪声最高限值按表 7.2.2 采用。

城市区域环境噪声标准限值［dB（A）］ 表7.2.2

声环境功能区类别		昼间	夜间
0类		50	40
1类		55	45
2类		60	50
3类		65	55
4类	4a类	70	55
	4b类	70	60

【说明】

空调通风系统的风口或其他孔口与室外相通（例如新风口、排风口等）时，都有可能对建筑室外的声环境产生影响。国家标准《声环境质量标准》GB 3096—2008对城市五类区域的环境噪声的最高限值做出了规定（见表7.2.2）。表中：

(1) 0类声环境功能区：指康复疗养区等特别需要安静的区域。

(2) 1类声环境功能区：指以居民住宅、医疗卫生、文化教育、科研设计、行政办公为主要功能，需要保持安静的区域。

(3) 2类声环境功能区：指以商业金融、集市贸易为主要功能，或者居住、商业、工业混杂，需要维护住宅安静的区域。

(4) 3类声环境功能区：指以工业生产、仓储物流为主要功能，需要防止工业噪声周围环境产生严重影响的区域。

(5) 4类声环境功能区：指交通干线两侧一定距离之内，需要防止交通噪声对周围环境产生严重影响的区域，包括4a类和4b类两种类型。4a类为高级公路、一级公路、二级公路、城市快速路、城市主干路、城市次干路、城市轨道交通（地面段）、内河航道两侧区域；4b类为铁路干线两侧区域。

7.2.3 **设备及管道的减振设计时，应按照不同的分类来确定合理的振动传递比T。各种分类方式的最大振动传递比限值见表7.2.3。**

各类建筑和设备最大振动传递比（T）限值 表7.2.3

A按建筑用途区分		
隔离固体声的要求	建筑类别	T
很高	音乐厅、歌剧院、录音播音室、会议室、声学实验室	0.01～0.05
较高	医院、影剧院、旅馆、学校、高层公寓、住宅、图书馆	0.05～0.20
一般	办公室、多功能体育馆、餐厅、商店	0.20～0.40
要求不高或不考虑	工厂、地下室、车库、仓库	0.80～1.50

续表

B按设备种类区分			
设备种类		T	
		地下室、工厂	楼层建筑(两层以上)
泵	≤3kW	0.30	0.10
	>3kW	0.20	0.05
往复式冷水机组	<10kW	0.30	0.15
	10～40kW	0.25	0.10
	40～110kW	0.20	0.05
密闭式冷冻设备		0.30	0.10
离心式冷水机组		0.15	0.05
空气调节设备		0.30	0.20
通风孔		0.30	0.10
管路系统		0.30	0.05～0.10
发电机		0.20	0.10
冷却塔		0.30	0.15～0.20
冷凝器		0.30	0.20
换气装置		0.30	0.20

C按设备功率区分			
设备功率(kW)	T		
	底层	楼板(重型结构)	楼板(轻型结构)
≤3	—	0.50	0.10
4～10	0.50	0.25	0.07
10～30	0.20	0.10	0.05
30～75	0.10	0.05	0.025
75～225	0.05	0.03	0.015

【说明】

设备的振动会带来固体传声，因此减振也是消除固体传声的重要手段。振动及噪声要求越严格、对 T 的限值越小。

表 7.2.3 有三种分类方式，实际应用中，当三种分类有重合或交叉时，建议按照最低 T 值（也就是标准要求最高）来确定。

7.3 设备噪声及隔声处理

7.3.1 设备产生的噪声，应在设计时向生产厂商索取或了解。当缺乏详细资料时，可按照本节所给出的各种设备的噪声计算方法进行计算。

【说明】

设计时，首先应按照设备产品样本和技术资料核实其噪声。

如果设计时无法确定产品厂商或暂时缺乏详细资料，可按照本节的要求对设备噪声进行计算，但应在设备确定后进行复核，必要时对所采取的噪声处理措施进行调整和修改。

7.3.2 **暖通空调系统所选用的水泵，其噪声级根据水泵的安装位置确定，并宜符合表 7.3.2 的要求。水泵的噪声按式（7.3.2）计算。**

$$L_W = L_{WB} + 9.7\lg(N \times n) \tag{7.3.2}$$

式中 L_W——水泵声功率级，dB（A）；

L_{WB}——水泵比声功率级，dB（A），按以下取值：A 级，30；B 级，36；C 级，42；

N——水泵电机功率，kW；

n——电机转速，r/min。

水泵噪声级别选择 **表 7.3.2**

<table>
<tr><th>水泵安装场所</th><th colspan="2">水泵噪声允许级别</th><th>水泵电机功率限值(kW)</th></tr>
<tr><td rowspan="5">不贴邻使用房间</td><td colspan="2">A</td><td>功率不限</td></tr>
<tr><td rowspan="2">B</td><td>n=1450r/min</td><td>250</td></tr>
<tr><td>n=2900r/min</td><td>160</td></tr>
<tr><td rowspan="2">C</td><td>n=1450r/min</td><td>110</td></tr>
<tr><td>n=2900r/min</td><td>55</td></tr>
<tr><td rowspan="6">贴邻使用房间</td><td rowspan="2">A</td><td>n=1450r/min</td><td>132</td></tr>
<tr><td>n=2900r/min</td><td>90</td></tr>
<tr><td rowspan="2">B</td><td>n=1450r/min</td><td>55</td></tr>
<tr><td>n=2900r/min</td><td>22</td></tr>
<tr><td rowspan="2">C</td><td>n=1450r/min</td><td>22</td></tr>
<tr><td>n=2900r/min</td><td>5.5</td></tr>
<tr><td>独立冷热源站房</td><td colspan="3">功率和级别不限</td></tr>
</table>

【说明】

根据《泵的噪声测量与评价方法》GB/T 29529—2013，目前我国的水泵噪声共分为 A、B、C、D 四个级别，其中 D 级为不合格级，不应采用。

对于独立建设的冷、热源站房，其噪声对周围房间没有影响，一般情况下可不限制水泵的噪声级别，但如果站房周围环境噪声要求较高（例如表 7.2.2 中所列出的 0、1、2 类地区），可参照表 7.3.2 中的“不贴邻使用房间”的水泵安装场所来选择。

如果采用了内置式冷却风扇电机，则其噪声可在式（7.3.2）计算结果的基础上减少 4～5dB。当采用输送的工作介质来冷却电机或采用屏蔽泵时，其噪声可在式（7.3.2）计算结果的基础上减少 10～15dB。相应的水泵噪声允许级别或电机功率限值，可以适当放宽。

7.3.3 离心式风机的声功率级可根据以下不同的情况进行计算。

1 当已知风机的比声功率级、风量和风压时，按下式计算：

$$L_W = L_{WC} + 10\lg L + 20\lg H - 20 \tag{7.3.3-1}$$

2 无风机比声功率级但已知风机风量和风压时，按下式计算：

$$L_W = 5 + 10\lg L + 20\lg H \tag{7.3.3-2}$$

式中 L_W——风机声功率级，dB；

L_{WC}——风机比声功率级，dB，可查表 7.3.3；

L——风机风量，m^3/h；

H——风机全压，Pa。

【说明】

通风机的噪声包括空气动力噪声和机械噪声两部分，其中以空气动力噪声为主。前者有涡流噪声、旋转噪声和速度的脉动变化，向周围空气辐射噪声，后者有轴承噪声和旋转部件不平衡引起的噪声。通风机的噪声随不同系列、型号和转速而变化，即使同系列同型号的风机，加工质量也会对其噪声产生较大的影响。一般来说，普通离心式风机的比声功率级在 22～25dB，表 7.3.3 是几种常见离心式风机的比声功率级。

几种常见离心式通风机的比声功率级（dB） **表 7.3.3**

T4-72			T4-79			T4-72-11			T4-68		
$\bar{Q}$	L_{WC}	η	$\bar{Q}$	L_{WC}	η	$\bar{Q}$	L_{WC}	η	$\bar{Q}$	L_{WC}	η
0.10	27	0.68	0.12	36	0.78	0.05	40	0.60	0.14	22	0.65
0.14	23	0.78	0.16	34	0.82	0.10	32	0.70	0.17	21	0.79
0.18	22	0.84	0.20	26	0.85	0.15	23	0.81	0.20	21	0.88
0.20	22	0.86	0.25	21	0.87	0.20	19	0.91	0.23	22	0.87
0.24	23	0.86	0.30	23	0.86	0.25	21	0.87	0.25	26	0.81
0.28	28	0.75	0.35	28	0.74	0.30	27	0.76	0.27	29	0.66

注：$\bar{Q}$——流量系数；L_{WC}——比声功率级(dB)；η——全压效率。

7.3.4 轴流式风机的声功率级，按下式计算：

$$L_W = 19 + 10\lg L + 25\lg H + \delta \tag{7.3.4}$$

式中 δ——工况修正值，dB，见表 7.3.4。

轴流式通风机声功率级的工况修正值 δ (dB) 表 7.3.4

叶片数 Z	叶片角度(°)	流量比 L/L_m						
		0.4	0.6	0.8	0.9	1.0	1.1	1.2
4	15	3.5	3.4	3.2	2.7	2.0	2.3	4.6
8	15	−3.4	5.0	5.0	4.8	5.2	7.4	10.6
4	20	−1.4	−2.5	−4.5	−5.2	−2.4	1.4	3.0
8	20	4.0	2.5	1.8	1.9	2.2	3.0	3.5
4	25	4.5	2.0	1.6	2.0	2.0	4.0	5.0
8	25	9.0	8.0	6.4	6.2	6.4	8.0	8.5

注:L——风机选择风量,L_m——风机最高效率点的风量。

【说明】

表 7.3.4 中,L 为设计工况点的风量,L_m 为最高效率点的风量。实际工程中选择风机时,由于所需的设计工况点并不一定正好处于其最高效率点,因此应按照表 7.3.4 进行修正。

7.3.5 **风机在各倍频带的声功率级,按下式计算:**

$$(L_W)_{H_Z}=L_W+\Delta b \tag{7.3.5}$$

式中 $(L_W)_{H_Z}$——**风机在各倍频带的声功率级,dB;**

Δb——**通风机各频带声功率级修正值,dB,见表 7.3.5。**

通风机各倍频带的声功率级修正值 Δb (dB) 表 7.3.5

通风机类型		倍频带中心频率(Hz)							
		63	125	250	500	1000	2000	4000	8000
离心式通风机	前向叶片	−2	−7	−12	−17	−22	−27	−32	−37
	后向叶片	−5	−6	−7	−12	−17	−22	−26	−33
	径向叶片	−3	−6	−9	−14	−19	−24	−29	−35
轴流式通风机		−9	−3	−7	−7	−8	−10	−14	−18
斜流式或混流式风机		−7	−4	−7	−9	−12	−16	−20	−25

【说明】

本条主要针对的是噪声要求较高(需进行不同频程噪声进行评价)的房间。

7.3.6 **同一风机在不同转速的下声功率级,按下式估算:**

$$L_{W2}=L_{W1}+50\lg(n_2/n_1) \tag{7.3.6}$$

式中 n_1、n_2——**同一风机的不同转速,r/min;**

L_{W2}、L_{W1}——**分别为在 n_2 和 n_1 转速下的声功率级,dB。**

【说明】

随着风机转速的变化，其运行参数也会发生变化。为了方便，式（7.3.6）采用转速比来估算。

7.3.7 两个噪声源同时运行时，其叠加的总声功率级按照下式计算。

$$L_{WZ}=L_{Wg}+\Delta\beta \tag{7.3.7-1}$$

$$\Delta\beta=10\lg(1+10^{-0.1\Delta L_W}) \tag{7.3.7-2}$$

式中 L_{WZ}——总声功率级，dB；

L_{Wg}——两台中声功率级较高的风机的声功率级，dB；

$\Delta\beta$——声功率机附加值，按式（7.3.7-2）计算。

ΔL_W——两台风机的声功率级之差（绝对值），dB。

【说明】

为了使用方便，式（7.3.7-2）也可用表7.3.7来表示。

两台风机联合工作时的声功率级附加值 表7.3.7

ΔL_w(dB)	0	1	2	3	4	5	6	7	8	9	10
$\Delta\beta$(dB)	3.0	2.5	2.1	1.8	1.5	1.2	1.0	0.8	0.6	0.5	0.4

多个噪声源叠加时，可按照式（7.3.7-1）先计算噪声最大的两个噪声源叠加后的总声功率级；然后以此结果作为一个噪声源，再与余下噪声源的最大噪声叠加。依此类推，叠加完成后，得到最终的总声功率级。

当多个噪声源有一定距离时，其对某点的声压级也可以采用式（7.3.7-1）、式（7.3.7-2）计算，但应为各噪声源至该点的声压级叠加。

7.3.8 机房的隔声应符合下列要求：

1 机房与使用房间相邻时，其隔墙应采用重质墙体，楼板和顶板不宜采用钢结构；

2 穿越机房围护结构的所有管道（含墙面、顶板、地面）与预留套管之间的缝隙应采用防火隔声材料密实堵严；

3 机房门应采用防火隔声门；

4 运行噪声大于或等于100dB（A）的设备，宜做隔声装置。

【说明】

1 墙体和楼板对空气的隔声量主要取决于其单位面积的重量和频率，面密度增加一倍，隔声量大约提高5dB，平均的倍频程提高斜率为4dB左右。对于机房的墙体和楼板，尽可能采用砖或钢筋混凝土墙体，或采用重墙与轻质墙结合的复合墙体。当机房设置在钢结构楼板上时，该机房宜采用浮筑楼板构造形式（浮筑板厚度宜80～100mm），浮筑板与钢结构楼板之间宜设置橡胶隔振垫或厚度不小于 20mm 的聚苯乙烯板材；浮筑板上的设备隔振，按照《措施》第 7.5 节的要求设计。

2　管道本身由于液体或气体的流动而产生振动，当与墙壁硬接触时，会产生固体传声，因此应使之与弹性材料接触，同时可防止噪声通过孔洞缝隙传递而影响相邻房间及周围环境。

3　门的隔声性能取决于门扇本身的隔声能力和门缝的严密程度。

4　当机房内通过吸声降噪和围护结构的隔声还不能达到控制噪声预期目标时，或机房内设备（风机、水泵等）的声级过高，用吸声降噪和提高围护结构的隔声量不是很经济，以及构造上有困难时，可以采用专用设备隔声罩或者局部隔声屏。

(1) 为防止罩壁受强噪声激发而共振，罩体（或箱体）内壁面与设备间应留有较大的空间，内壁与设备的间隔一般至少应留 200mm。当罩壁用金属薄板时，应加阻尼层；

(2) 罩内表面应有良好的吸声性能，除电机散热所需外，隔声罩应密闭和安装稳定；

(3) 为了方便设备维修或满足生产工艺要求，隔声罩不宜过重，应便于移动或设置吊起罩体的结构。有条件时，尽可能采用整体装卸式罩体。

7.3.9　通风空调设备布置应符合以下原则：

1　通风空调设备自身噪声值超过使用房间对噪声值的要求时，不应将通风空调设备直接设置于使用房间内（或房间吊顶内）；必须设置时，应采取隔声措施；

2　设于室外的通风空调设备，还应根据设备周围环境对噪声的要求进行消声、隔声处理。

【说明】

1　通风空调设备噪声包括风机、压缩机运转噪声、电机轴承噪声和电磁噪声等，其中以风机、压缩机运转噪声为主。风机是空调系统中使用最广泛的设备，也是主要噪声源，因此，应选用风量和风压与系统设计相匹配的低噪声风机，并使风机的工况点尽可能接近最高效率点，此时风机噪声最低。对于空调系统的其他设备，也应选择噪声小的产品。

2　由于建筑功能等原因，当房间或吊顶内必须设置通风空调设备时，应对设备设置隔声罩或其他隔声措施。目前的隔声措施和隔声罩的能力可降低 5～10dB，因此直接设置于室内的设备，其设备噪声不应超过室内噪声限值 10dB 以上。

3　对露天布置的通风、空调和制冷设备及其附属设备（如冷却塔、空气源冷（热）水机组等），其噪声达不到环境噪声标准要求时，亦应采取有效的降噪措施，如在其进、排风口设置消声设备，或在其周围设置隔声屏障等。

7.3.10　当机房内噪声超过人员劳动条件要求（要求 8h 等效连续声级不大于 85dB）且需

要管理人员值守时，应设独立的值班室。值班室开向机房的门应采用隔声门，面向机房的观察窗应密封良好，观察窗的玻璃厚度应大于6mm。

【说明】

机房噪声限值不是为了建立舒适的声环境，而是为了保护劳动者（工人）健康，避免强噪声的危害。

7.4 风道系统的消声设计

7.4.1 **舒适性民用建筑中，对室内噪声应采用声压级进行评价。**

【说明】

1 声压级与声功率级是两个不同的概念，声压级评价的是在声场中的具体点，而声功率级则是对声源的评价。室内人员在声场中的不同位置对声音的反应，是通过人耳来感受的，而人耳感受到的实际上是声音的压力（声压），因此应采用声压级来评价。

室内某点的声压级按照下式计算：

$$L_P=L_W+10\lg\left[\frac{Q}{4\pi r^2}+\frac{4(1-a_m)}{S\times a_m}\right] \tag{7.4.1}$$

式中 L_P——室内人员停留点的声压级，dB；

L_W——声音发出点（一般是空调通风系统在室内的风口）的声功率级，dB；

r——人员停留点距离声音发出点的直线距离，m；

Q——方向性因素，与风口尺寸 d、风口设置位置、风口与停留点的连线与水平线的夹角 θ、噪声频率 f 等因素有关，可按表7.4.1确定；

S——房间总内表面积，m^2；

a_m——室内平均吸声系数，一般房间可在0.1～0.2的范围内选取（室内表面材料吸声性能较好时，取较大值；反之取较小值）。

2 按照式（7.4.1）计算时，非声学要求的房间，噪声频率 f 可按照1000Hz选取；声学要求高的房间，应按照不同的频率（倍频程）分别计算。

3 评价房间噪声是否合格时，应分别计算人员长期停留处的各点声压级。

4 当采用圆形风口时，d 为风口直径；当采用非圆形风口时，$d=\sqrt{风口面积}$，m。

方向性因素 Q 值 **表7.4.1**

$f\times d$(Hz×m)	10	20	30	50	75	100	200	300	500	1000
$\theta=0°$	2.0	2.2	2.5	3.1	3.6	4.1	6.0	6.5	7.0	8.0
$\theta=45°$	2.0	2.0	2.0	2.1	2.3	2.5	3.0	3.3	3.5	3.8

7.4.2 空调通风风道上的消声措施应根据声源噪声的频谱特点、风道内各种附件的噪声衰减及其产生的空气气流附加噪声，合理选择消声器形式和设置数量。

1 对于一般民用建筑的低速通风空调系统，其消声器的设置数量和消声性能要求，可按照消声器在设计风速下的消声性能，用“插入损失法”直接计算确定；

2 对于声学室等噪声要求较高的场所，宜采用“对数叠加法”对风道进行逐段计算后确定。

【说明】

消声器的插入损失，即装置消声器前与装置消声器后相对比较，通过管口辐射噪声声功率级之差。对于管内风速不超过 8m/s 的通风空调系统，用此方法简单方便，一般也不会对房间产生较大的影响。

对数叠加法，是对逐段风道、管件、阀门的气流噪声、自然衰减叠加后传到下段管道的噪声传递逐段进行叠加计算。这是一个较为精确的计算方法，但计算过程复杂，适合于有特殊声学要求的系统。

7.4.3 通风空调系统的消声措施，宜按照以下要求进行：

1 机组的进、出口总管上至少应设置一段消声器；

2 当机房外的风道有足够长度时，其余的消声器或消声弯头可分别设于总管或支管上；

3 当所有消声器均设于机房内时，最后一级消声设备应尽可能靠近机房围护结构，从最后一级消声器出口至出机房围护结构之间的风道，应做好隔声处理；

【说明】

1 进、出口总管上设置消声器是为了防止风管出机房后，一些部件的隔声不力所引起的传声和机房传声。

2 消声器应设于风管系统中气流平稳的管段上，当风管内气流速度小 8m/s 时，消声器应设于接近通风机处的主风管上；当主风道速度大于 8m/s 时，宜分别装在各分支管上设置消声器。

3 消声设备尽可能靠近机房围护结构，可减少经过消声器之后的机房内风道设置，防止机房噪声通过消声器之后的风道二次传入送风系统中。

7.4.4 当一个风系统带有多个房间时，应尽量加大相邻房间风口的管路距离；当对噪声有较高要求时，宜在每个房间的送、回风及排风支管上进行消声处理。声学要求有明显差别的房间，其空调通风系统不应合并。

【说明】

当相邻的空调用房送（回）风是同一管路系统时，宜在两房间之间的连通管路（或各房间支管）上采取消声措施、增大相邻房间风口之间连通管的长度（考虑自然衰减）。

声学要求有明显不同的房间，应设置各自独立的风系统。当条件有限无法独立设置时，应在声学要求高的房间的风管上采取相应的消声措施，并通过合理的风速选择来确保各支路的水力平衡。

7.4.5 **消声器或消声弯头等的选择，应按以下原则进行：**

1 **以消除高频噪声为主时，应采用阻性消声器；**

2 **以消除中低频噪声为主，或用于高温、高湿、高速等环境时，应采用抗性消声器；**

3 **对于无特殊要求的一般民用建筑，可采用阻抗复合消声器；**

4 **消声器选择还应考虑其防火、防飘散、防霉等性能；**

5 **消声器内空气流速不宜大于6m/s；确有困难时，不应大于8m/s，同时应考虑消声器的性能衰减的影响；**

6 **对于噪声控制要求高的房间或采用高速送风系统时，应计算消声器的气流噪声。**

【说明】

1 阻性消声器以吸声材料为主制造，主要是通过吸声使得声能衰减，适用于降低中高频的空气动力性噪声。阻性消声器的形式很多，需根据声源条件、降噪要求和消声器的部位合理选用。阻性消声器内选用的吸声材料和饰面结构除了应满足消声性能的要求外，还应根据环境的需要，考虑防潮、耐高温、净化和承受气流冲刷等要求。直管式消声器的通道直径不宜大于300mm，片式消声器的片距以采用100～200mm为宜，有效通道面积比可控制在50％～60％；阻性消声器每一段的长度以900～1000mm为宜，以便于制作运输和安装。为提高阻性消声器的消声效果，降低阻力损失，必须合理控制消声器内的气流速度。

2 抗性消声器以声波反射形成的共振来降低声能，适用于降低以低、中频噪声为主的空气动力性设备噪声，由于它不需内衬多孔性吸声材料，故能适用于高温、潮湿、高速及脉动气流环境下的消声装置。

3 复合式消声器则是将阻性与抗性消声原理组合设计在同一个消声器内，与普通民用建筑风系统的声源特点比较吻合，且具有较宽频带的消声特性，因此在空调系统的噪声控制中得到了广泛应用。

4 应根据消声器所设置的风管道的用途，考虑其防火、防飘散、防霉等性能。

5 消声器声衰减量，也称轴向衰减量，定义为通过测量消声器内轴向两点间的声压级差所得的消声器单位长度的声能衰减量。消声器与其他附件一样会产生气流噪声（消声器的气流噪声就是当气流以一定速度通过消声器时，由于消声器对直通气流的阻碍，气流在消声器内产生湍流噪声以及气流激发消声器的结构部件振动所产生的噪声，也称为气流再生噪声。气流再生噪声的大小主要取决于消声器的结构形式及气流速度。消声器的结构形式越复杂，消声器内通道界面的粗糙度越大，气流再生噪声越大；气流再生噪声与气流速度近似成六次方的关系），气流再生噪声限制了消声器本身能提供的消声量，因此设计时控制消声器内的风速是至关重要的。

6 当使用房间的噪声要求较高（例如声学室等）或者采用高速送风系统（例如某些变风量空调系统）时，应考虑气流再生噪声的影响。

7.5 减振设计

7.5.1 民用建筑通风空调系统的减振设计，应包括设备减振与管道隔振等内容，以及所采取的相应技术措施。

【说明】

设备减振设计主要针对冷水机组、空调机组、水泵、风机（包括落地式安装和吊装风机）以及其他可能产生较大振动的设备。管道的隔振设计主要是防止设备的振动通过水管及风管传递。

7.5.2 落地安装的设备，其减振台座设计应符合以下要求：

1 减振台座宜采用钢筋混凝土预制件，其尺寸应满足设备安装（包括地脚螺栓长度）的要求；

2 当采用型钢架直接作为减振台座时，其设备的装机容量宜小于或等于4.0kW，且宜由设备供应商按照设计要求的传递率限值，配套供应减振器；

3 减振台座采用钢筋混凝土预制件时，可采用“平板”形和“T”形两种；当设备重心较低时，可采用“平板”形；当设备重心较高时，应采用“T”形；

4 减振台座的质量应结合设备质量和减振器的性能来确定；除随设备自带的减振台座外，一般情况下，减振台座与设备（包括电机）的质量比R为：对于风机减振，$R\geqslant 2.0$；对于水泵减振，$R\geqslant 3.0$；

5 宜设置防止减振台座水平位移的措施。

【说明】

1 钢筋混凝土减振台座是最有效的减振设置方式。

2 对于一些小容量的设备，可由厂家配套供应型钢减振器，但设计应提出相应的技术参数要求。

3 “T”形减振台座有利于降低整个减振体系的重心，保证设备的运行平稳，在有条件时应优先采用。设备重心的高低可以按照设备重心点高度与设备总高度的比值来确定，当该比值大于或等于0.5时，宜采用“T”形减振台座。

4 由于风机的功率一般都小于水泵，因此风机的振动强度也大都小于水泵，因此其减振台座的质量比可适当降低。

5 由于设计时对设备和减振台座的重心难于精确确定，为了防止其运行过程中产生过大的水平位移（尤其是减振台座质量较轻时），宜在周边设置限位措施。

7.5.3 选用减振器自振频率 f_0，应通过以下方式确定：

1 确定合理的振动传递比 T；

2 选配减振器所要求的自振频率 f_0 按下式计算：

$$f_0=f\times\sqrt{\frac{T}{1-T}} \tag{7.5.3}$$

式中 f——设备运行时的扰动频率，Hz，$f=n/60$；

n——设备转速，r/min。

【说明】

振动传递比 T 按表 7.2.3 选取。

7.5.4 减振器的类型宜按下列原则确定：

1 当 $f_0<5$Hz 时，应采用金属弹簧减振器（预应力阻尼型）或空气弹簧减振器；

2 当 5Hz$\leqslant f_0<12$Hz 时，可采用金属弹簧减振器（预应力阻尼型）、空气弹簧减振器或橡胶剪切型减振器；

3 当 $f_0\geqslant12$Hz 时，可采用金属弹簧减振器（预应力阻尼型）、空气弹簧减振器、橡胶剪切型减振器或橡胶隔振垫。

【说明】

减振器的自振频率越低，运行时的减振效果越好，但施工安装（尤其是将减振台座找平使得各减振器的受力均匀）的难度会相对大一些。

“空气弹簧”也是一种较好的减振装置，其具有固有频率小（与金属弹簧差不多）、调试方便的特点。

7.5.5 每台设备所配的减振器设置数量宜为 4 个，最多不应超过 6 个，且每个减振器的受力及变形应均匀一致。

【说明】

安装后使得每个减振器的变形相同，可保证减振系统的稳定和有效运行。由于设计时并不能准确确定减振体系的重心，因此设计时应考虑各减振器在水平各方向上有一定的安装位置可调整范围，为减振系统的安装调整提供条件。

7.5.6 振动较大的设备吊装安装时，应采用金属弹簧或“金属弹簧/橡胶”复合型减振吊钩。

【说明】

减振吊钩的选择方法，与第 7.5.3 条、第 7.5.4 条相同。一般情况下宜设置 4 个减振吊钩。“金属弹簧/橡胶”复合型减振吊钩可以充分利用金属弹簧减振效果好的优点和橡胶隔绝固体传振的特点。

在一般情况下，常用的风机盘管等设备吊装时，可以不考虑减振措施。如果有特殊要求时，可采用橡胶减振吊钩。

7.5.7 冷热源机房或大型空调通风机房的上层为噪声和振动要求较高的房间时，机房内水管及风管宜采用橡胶减振吊钩吊装。

【说明】

这些机房中的设备振动较大，有可能通过管道和吊架向上层楼板传递。

7.5.8 组合式空调机组和设置于地下底层的冷水机组，一般情况下可不设置专用减振台座，其减振器可采用橡胶隔振垫；当冷水机组设置于楼板上时，应设置减振台座并按照第 7.5.4 条和第 7.5.5 条的要求配置减振器。

【说明】

组合式空调机组内的风机，本身具有减振设计，因此一般情况下机外可不用再专设减振台座；由于冷水机组质量较大，一般也不设置专用减振台座。

就目前设备来看，冷水机组的振动小于风机或水泵，设置于建筑的底层时，采用橡胶隔振垫可满足要求。

整体式空调机组或带有型钢基础的组合式空调机组，其减振器的设置数量可按照第 7.5.5 条的要求执行。卧式组合式空调机组不带型钢基础时，宜在每个功能段下设置 2～4 个减振器，以保证机组各功能段不发生因受力变形导致的漏风等情况产生。

8 绝热与防腐

8.1 一 般 规 定

8.1.1 **绝热材料的种类、性能选择以及厚度的确定，宜以全寿命期的经济性为原则，通过经济技术比较后确定。**

【说明】

绝热材料（保温材料与保冷材料的总称）的选用厚度，与其性能直接相关。一般有两个需要设计师关注的厚度：最小厚度与经济厚度。经济厚度一般应采用去寿命期的分析方法得到；而最小厚度是基本要求，不取决于经济性。本章第8.4节和第8.5节给出了水管和风管常用保温绝热材料最小厚度和经济厚度的确定原则（或最小热阻和经济热阻的确定方法）。需要说明的是，这些都是根据目前的相关规范要求，并结合目前保温材料的市场价格和施工安装情况来计算确定的。在应用时，如果相关规范对保温绝热的要求发生变化，或者市场价格发生变化，则应按照最新的情况来确定。

8.1.2 **管道、设备及其附件、阀门等，在下列情况下应对热管道进行保温处理：**

1 **外表面温度高于50℃，且敷设在容易使人烫伤的地方时；**

2 **要求系统内热介质为保证稳定的状态或参数在一定的范围内而必须减小管道或设备的传热量时；**

3 **热介质在生产和输送中热损失较大，经技术经济比较不合理时；**

4 **热介质在生产和输送中散发的热量会对室内温、湿度参数产生不利影响时；**

5 **热介质在生产和输送中温度过高，易造成可燃物燃烧时；**

6 **安装在有冻结危险的场所时；**

7 **当管道内输送气体含有可凝结物时。**

【说明】

1 人体皮肤的温觉温度为20～47℃，温度大于50℃时会烫伤皮肤，为保障人身安全，防止操作人员被烫伤，做此规定。

2 维持介质温度稳定，保证冷热介质输送到末端设备时的温度满足设计参数要求。

3 根据保温材料的投资和对管道及设备散热量带来的热损失，从全寿命期的综合经济性考虑。

4 如果热管道穿越使用房间，可能引起室内温度过高或辐射热对人体的不舒适。

5 某些可燃物质在没有外部火源的作用时，也会因受热或自身发热并蓄热而燃烧，尤其是化学物品使用及储存场所的设计，应重点注意此条。

6 在严寒和寒冷地区，应防止管道和设备出现冻结的要求。

7 为防止工艺管道内部出现凝结而堵塞管道（例如排风中含苯蒸气），如保温不当致使排风管内温度过低时，可能形成凝结物。

8.1.3 **管道、设备及其附件、阀门等，在下列情况下应进行保冷处理：**

1 生产和输送低温介质的管道、设备及其附件，需要防止表面结露时；

2 要求系统内冷介质为保证稳定的状态或参数在一定的范围内而必须减小管道或设备的传热量时；

3 冷介质在生产和输送中冷损失较大，经技术经济比较不合理时；

4 冷介质在生产和输送中散失的冷量产生不安全因素时。

【说明】

1 冷介质管道和设备如果表面温度低于周围空气的露点温度就会出现管道凝露（凝结水）。一般来说这是不允许发生的。

2 同第8.1.2条第2款说明。

3 同第8.1.2条第3款说明。

4 本款主要针对空气分离器的液氮、液氧管线和其他低温介质的管道和相应的设备。

8.1.4 **计算保温层厚度时，应根据冷热介质的压力、温度、流量以及环境温度等参数，选择最不利工况进行计算。计算时，介质温度应取计算管段在设计工况下的温度。**

【说明】

对于冷热水管道，一般可按照其介质水温作为计算工况。对于蒸汽管道，则应考虑其压力与温度的关系：饱和蒸汽可取其饱和压力下的温度，过热蒸汽则应按照蒸汽过热度下的温度来考虑。

8.2 绝热材料的选择

8.2.1 **保温材料的选择应符合不对管道造成腐蚀、易于施工、综合造价经济合理的原则，并符合以下要求：**

1 保温材料的允许使用温度应高于在正常操作情况下管道介质的最高温度；

2 保温材料在平均温度小于或等于350℃时的导热系数宜小于或等于0.12W/（m·K）；

3 硬质保温材料的密度应小于或等于 300kg/m³，半硬质及软质保温材料的密度应小于或等于 200kg/m³；

4 保温材料的含水率（质量比）宜小于或等于 7.5%；

5 用于保温的硬质材料抗压强度宜大于或等于 0.4MPa；

6 经技术经济综合比较合理时，高温条件下使用的保温材料可选用复合材料；

7 室内保温材料及其配套的胶粘剂，应为不燃或难燃（B1 级）材料。

【说明】

常用保温材料包括：离心玻璃棉制品、闭孔发泡橡塑制品、聚苯乙烯泡塑制品、硬质发泡聚氨酯制品、酚醛泡沫制品等。

1 为了确保保温材料的使用寿命，实际使用时的介质温度应低于其允许使用温度 30～50℃。

2 目前可用于保温的材料很多，从使用经济性、施工和占用建筑空间等因素考虑，保温材料的导热系数应有一定的要求，以防止采用的保温材料厚度过大。

3 一般应采用密度较轻、导热系数较低的材料，以防止保温后的管道重量较大。

4 保温材料的性能检验一般是在干燥条件下进行的，实际使用时，如果含水率增加，由于水分在材料中形成对流传热，会导致其保温性能将急剧下降，其表现是材料整体的导热系数急剧提高。

5 对材料抗压强度提出的要求，有利于在施工和维护保养过程中防止其过分压缩导致整体的保温性能下降，且有利于材料的使用寿命。

6 温度越高，所需要的保温层越厚。考虑到一些低导热系数材料对高温的适用性相对较低，因此可采用复合保温方式：接触高温管道的材料选用耐高温（但导热系数可能较大）的材料，外层部分采用低允许使用温度的材料，这样可以降低整个保温材料的厚度，提高经济性。

7 保温材料及胶粘剂防火性能要求，应按照现行国家标准《建筑设计防火规范》GB 50016、《建筑材料及制品燃烧性能分级》GB 8624 执行。

8.2.2 保冷应优先采用导热系数小、湿阻因子大、吸水率低、密度小、耐低温性能好的高效保温材料，并符合以下要求：

1 保冷材料的最低允许使用温度应低于工作时管道介质的最低温度；

2 一般保冷材料在平均温度 25℃时的导热系数应小于或等于 0.064W/（m·K），泡沫塑料及其制品在常温时的导热系数宜小于或等于 0.044W/（m·K）；

3 保冷材料的密度不应大于 200kg/m³；

4 保冷材料的吸水率（质量比）不得大于 3.3%；含水率（质量比）不得大于 1%；介质温度低于 0℃的设备和管道，应采用闭孔型材料；

5 用于保冷的硬质材料抗压强度不得小于 0.15MPa；

6 异型部件宜采用现场发泡方式进行保温；

7 保冷材料的氧指数，室外使用时应大于或等于 30，室内使用时应大于或等于 32。室内保冷材料及其胶粘剂应为不燃或难燃材料。

【说明】

常用保冷材料包括：闭孔发泡橡塑制品、硬质发泡聚氨酯制品、憎水玻璃棉制品等。

1 一般可按照比设计温度低 10℃考虑。

2 同第 8.2.1 第 2 款说明。

3 为了保证材料与保冷管道或设备的接触严密，确保水气不进入保冷层，保冷材料一般选择密度较小的软质材料。

4 保冷时，除了考虑材料的性能外，更重要的是不能在保冷体系或材料中出现凝结水，因此对保冷材料的含水率要求高于保温材料。同时，为了防止施工过程中的吸水，一般宜采用闭孔（泡沫材料类）或憎水（玻璃棉或珍珠岩类制品）材料。对于冰蓄冷系统中的乙二醇管道以及制冷系统中的制冷剂管道，对防止冷凝水的要求更高，因此应采用闭孔软质材料。

5 同第 8.2.1 第 5 款说明。

6 一些阀门等异型部件，如果采用板材作为保温材料，施工时的密封难度较大，也不容易做好，因此宜采用现场发泡成型的方式进行保冷。

7 氧指数是衡量绝热材料安全防火性能的重要指标，氧指数越高，表示材料燃烧需要的氧气浓度越高，材料不容易被燃烧；反之，氧指数低表示材料容易被燃烧。

8.2.3 **保温或保冷材料的保护层，应符合以下要求：**

1 采用非闭孔材料保温时，外表面应设保护层；采用非闭孔材料保冷时，外表面应设隔汽层和保护层；

2 保护层材料的允许使用温度应高于正常操作情况下绝热层外表面最高温度；

3 保护层材料应性能稳定、耐腐蚀、无裂缝、刚度大、不易老化及变形、使用寿命长；

4 保护层材料应防水、防潮性好；

5 施工方便，安装后外观整齐美观。

【说明】

常用保护层材料为金属保护层：镀锌薄钢板、铝合金板、不锈钢板等，多用于室外管道保护层；也可采用玻璃布、复合铝箔、难燃型玻璃钢等构成复合保护层。

隔汽层可采用阻燃型聚乙烯薄膜、复合铝箔等；条件恶劣时，可采用 CPU 防水防腐敷面材料。

8.2.4 绝热层的构造设计，应符合以下原则：

1 绝热结构由内至外：防锈层、绝热层、防潮层、保护层、防腐层；

2 穿越墙体或楼板处的管道绝热层应保持连续不断；

3 绝热厚度大于 100mm 时，绝热结构宜按双层或多层考虑，内外层接缝应彼此错开；

4 设备、直管道、管件等无需检修处，宜采用固定式绝热构造；法兰、阀门、人孔等处宜采用可拆卸式的绝热构造；

5 管道与设备的保冷层外表面不得产生冷凝水，冷管道与支架之间应采用防止“冷桥”措施；

6 高于 3m 的立式设备、垂直管道以及与水平夹角大于 45°且长度超过 3m 的管道，当采用软质材料保温时，应设硬质支撑圈，其间距一般为 3～6m。

【说明】

除风管外，其他使用保冷材料和软质保温材料的管道，其支、吊、托架等处应采用硬质隔热垫块（例如与保温层厚度相同的硬质橡胶管箍等），或采用经防潮防蛀处理后的硬质木垫块支撑。

软质材料的抗压强度都不太高，为了防止垂直绝热材料向下塌陷而影响绝热效果，宜在间隔一定高度时设置硬质支撑圈。支撑圈可采用硬质绝热材料。

8.3 绝热层厚度计算

8.3.1 供暖管道、空调冷热水管道的绝热层厚度，一般按以下原则确定：

1 单热管道应按经济保温厚度法计算保温层厚度；

2 单冷管道应按防结露保冷厚度和经济保冷厚度中的计算较大值确定；

3 冷热合用的水管应按第 1、2 款中计算的较大值确定。

【说明】

绝热既包括保温也包括保冷，热管道防烫伤、冷管道防结露，是绝热层厚度选择时的一个底线要求。绝热材料的厚度由防止表面温度过高（热管道）、防止表面结露（冷管道）和满足经济性（冷热损失与投资的综合平衡）三个主要因素共同决定。冷热合用管道在计算保温经济厚度时，应按照单热水管和单冷管道的计算结果中的较大值确定。

除上述因素之外，当末端对管道内的输送介质有参数限值的要求时，管道绝热层的厚度还应根据介质在管道内输送过程中的温升（冷水）或温降（热水或蒸汽等）的限值要求来确定。

8.3.2 管道与圆筒形设备外径大于1000mm时，可按平板传热来计算绝热层厚度；外径小于或等于1000mm时，应按圆管传热计算绝热层厚度。

【说明】

经计算分析，平面绝热的厚度已经非常接近直径1000mm管道的绝热厚度，因此可以忽略圆管与平板的传热差别。

8.3.3 平面型绝热层的经济厚度，按下式计算：

$$\delta \geqslant 1.8975 \times 10^{-3} \sqrt{\frac{P_E \cdot \lambda \cdot t(T_o - T_a)}{P_T \cdot S}} - \frac{\lambda}{\alpha_s} \tag{8.3.3}$$

式中 δ——绝热层厚度，m；

P_E——能量价格，元/GJ；

λ——绝热材料在平均设计温度下的导热系数，W/（m·K）；

t——年运行时间，h；

T_o——管道或设备的外表面温度，℃；

T_a——环境温度，取管道或设备运行期间的平均气温，℃；

P_T——绝热结构层单位造价，元/m³；

α_s——绝热层外表面向周围环境的放热系数，8.7W/（m²·℃），见表8.3.3；

S——绝热工程投资贷款年分摊率，%。

【说明】

绝热层按经济厚度法计算时，管道或设备最大允许散热损失不得超过现行国家标准《设备及管道绝热技术通则》GB/T 4272的规定。计算过程中相关参数可按表8.3.3选取。

计算参数的选择原则 **表8.3.3**

参数	条件	取值
表面温度 T_o	无衬里的金属设备或管道	取介质温度
	有衬里的金属设备或管道	按传热计算确定
环境温度 T_a	设置在室外	常年运行时取历年平均温度的平均值；季节性运行取历年运行期日平均温度的平均值
	设置在室内	按20℃计取
	设置在地沟内	介质温度≤80℃，按20℃计取
		81≤介质温度<110℃，按30℃计取
		介质温度≥110℃，按40℃计取
放热系数 α_s	取11.63W/(m²·℃)	
单位造价 P_T	包括主材、包装、运输、损耗、安装、成品保护等费用	
年运行时间 t	常年运行按8000h计；供暖季运行按3000h计；供暖期较长的地区按实际供暖小时数计	
能量价格 P_E	按照各地区具体情况确定	
年分摊率 S	按复利计息	

8.3.4 圆筒型绝热层的经济厚度，按下式计算：

$$D_1 \times \ln \frac{D_1}{D_0} = 3.795 \times 10^{-3} \sqrt{\frac{P_E \cdot \lambda \cdot t(T_o - T_a)}{P_T \cdot S}} - \frac{2\lambda}{\alpha_s} \tag{8.3.4-1}$$

$$\delta \geqslant \frac{D_1 - D_o}{2} \tag{8.3.4-2}$$

式中 δ——绝热层计算厚度，m；

D_o——管道或设备外径，m；

D_1——管道或设备绝热层外径，m；

其余符号同式（8.3.3）。

【说明】

同第8.3.3条。

8.3.5 平面型单层防结露保冷层厚度计算公式：

$$\delta \geqslant \frac{B \cdot \lambda}{\alpha_s} \times \frac{T_s - T_o}{T_\alpha - T_d} \tag{8.3.5}$$

式中 T_d——当地气象条件下最热月的露点温度，℃；

T_s——绝热层外表面温度，可取 $T_s = T_d + 0.5$，℃；

B——由于吸湿、老化等原因引起的保冷厚度增加的修正系数，视材料而定，通常可取1.1～1.4；性能稳定的材料取低值，反之取高值；

其余符号同式（8.3.3）。

【说明】

计算参数可按表8.3.3确定。

8.3.6 圆筒型单层防结露保冷层厚度计算公式：

$$D_1 \times \ln \frac{D_1}{D_o} = \frac{2\lambda}{\alpha_s} . \frac{T_s - T_o}{T_\alpha - T_d} \tag{8.3.6-1}$$

$$\delta \geqslant B \times \frac{D_1 - D_o}{2} \tag{8.3.6-2}$$

式中 D_1——防结露要求的最小绝热层外径，m；

其余符号同式（8.3.5）。

【说明】

同第8.3.5条。

8.4 常用水管道及设备绝热

8.4.1 室内外供暖热水管道采用柔性泡沫橡塑保温时，经济绝热层厚度可参照表 8.4.1 选用。热设备绝热层厚度可按最大口径管道的绝热层厚度再增加 5mm 选用。

热介质管道柔性泡沫橡塑经济绝热厚度　　表 8.4.1

使用环境		室内				室外		
		最高介质温度(℃)				最高介质温度(℃)		
		35	45	60	80	45	60	80
绝热层厚度(mm)	20	≤DN40	—	—	—	—	—	—
	22	DN50~DN100	≤DN40	—	—	—	—	—
	25	≥DN125	DN50~DN100	≤DN20	—	—	—	—
	28	—	DN125~DN450	DN25~DN40	—	≤DN32	—	—
	32	—	≥DN500	DN50~DN125	≤DN32	DN40~DN70	≤DN32	—
	36	—	—	DN150~DN400	DN40~DN70	DN80~DN150	DN40~DN70	≤DN32
	40	—	—	≥DN450	DN80~DN125	DN200~DN800	DN80~DN125	DN40~DN50
	45	—	—	—	DN150~DN450	≥DN900	DN150~DN400	DN70~DN100
	50	—	—	—	≥DN500	—	≥DN450	DN125~DN250
	55	—	—	—	—	—	—	DN300~DN900

注：1. 柔性泡沫橡塑的导热系数 $\lambda=0.034+0.00013t_m$[W/(m·K)]。
2. 热价为 85 元/GJ，相当于天然气供热；还贷 6 年，利息 10%。
3. 室内环境温度取 20℃，风速取 0m/s；室外环境温度取 0℃，风速取 3m/s；当室外温度非 0℃时，应根据式(8.4.3)进行修正。
4. 使用期按 120d，2880h 计。

【说明】

热设备的尺寸（直径等）一般会比表 8.4.1 中所列出的管道最大管径更大一些，为了防止其热损失过大，宜适当增加保温层厚度。

8.4.2 室内外供暖热水管道采用离心玻璃棉保温时，经济绝热层厚度可参照表 8.4.2-1 和表 8.4.2-2 选用。热设备绝热层厚度可按最大口径管道的绝热层厚度再增加 5mm 选用。

热介质管道离心玻璃棉经济绝热厚度　　表 8.4.2-1

使用环境		室内			室外		
		最高介质温度(℃)			最高介质温度(℃)		
		60	80	95	60	80	95
绝热层厚度(mm)	25	≤DN40	—	—	—	—	—
	30	DN50～DN125	≤DN 32	—	≤DN 40	—	—
	35	DN150～DN1000	DN40～DN80	≤DN 40	DN50～DN100	≤DN 40	≤DN 25
	40	≥DN1100	DN100～DN250	DN50～DN100	DN125～DN450	DN50～DN100	DN32～DN50
	50	—	≥DN300	DN125～DN1000	≥DN500	DN125～DN1700	DN70～DN250
	60	—	—	≥DN1100	—	≥DN1800	≥DN300

注：1. 离心玻璃棉的导热系数 $\lambda=0.031+0.00017t_m$[W/(m·K)]。
2. 热价为 35 元/GJ，相当于城市供热；还贷 6 年，利息 10%。
3. 室内环境温度取 20℃，风速取 0m/s；室外环境温度取 0℃，风速取 3m/s；当室外温度非℃时，应根据式(8.4.3)进行修正。
4. 使用期按 120d，2880h 计。

热介质管道离心玻璃棉经济绝热厚度　　表 8.4.2-2

使用环境		室内			室外		
		最高介质温度(℃)			最高介质温度(℃)		
		60	80	95	60	80	95
绝热层厚度(mm)	35	≤25	—	—	—	—	—
	40	DN32～DN50	≤20	—	≤20	—	—
	50	DN70～DN300	DN25～DN70	≤40	DN25～DN80	≤40	≤25
	60	≥DN350	DN80～DN200	DN50～DN100	DN100～DN250	DN50～DN100	DN32～DN70
	70	—	≥DN250	DN125～DN300	DN300～DN1000	DN125～DN250	DN80～DN150
	80	—	—	≥DN350	—	DN300～DN1000	DN200～DN400
	90	—	—	—	—	≥DN1100	≥DN450

注：1. 离心玻璃棉的导热系数 $\lambda=0.031+0.00017t_m$[W/(m·K)]。
2. 热价为 85 元/GJ，相当于天然气供热；还贷 6 年，利息 10%。
3. 室内环境温度取 20℃，风速取 0m/s；室外环境温度取 0℃，风速取 3m/s；当室外温度非 0℃时，应根据式(8.4.3)进行修正。
4. 使用期按 120d，2880h 计。

【说明】

1　表 8.4.2-1 和表 8.4.2-2 分别给出了两种不同热价的经济绝热层厚度，35 元/GJ 用于城市集中供热，85 元/GJ 用于天然气供热。

2　热设备的绝热厚度，见第 8.4.1 条说明。

8.4.3　当室外环境温度非 0℃时，热介质管道经济绝热厚度应根据使用期的当地室外平均温度，采用下式对查表 8.4.1 和表 8.4.2-1、表 8.4.2-2 所得的保温厚度进行修正。

$$\delta'=\left(\frac{T_o-T'_w}{T_o}\right)^{0.36}\times\delta \tag{8.4.3}$$

式中 δ'——实际采用厚度，mm；

δ——室外环境温度 0℃时的查表厚度，mm；

T_o——管内介质温度，℃；

T'_w——实际使用期平均环境温度，℃。

【说明】

表 8.4.1 和表 8.4.2-1、表 8.4.2-2 是基于室外温度为 0℃的计算结果制表。设计时如果按照查表选取，则应考虑其室外温度的修正。

8.4.4 设备或水管位于室外时，保冷材料防结露厚度的选择应按下列步骤计算后确定：

1 按式（8.4.4-1）计算出城市所在地的潮湿系数 θ；

$$\theta=\frac{T_s-T_o}{T_a-T_s} \tag{8.4.4-1}$$

式中 T_a——当地气象条件下夏季空气调节室外计算干球温度，℃；

T_s、T_d、T_o 的意义同第 8.3.5 条。

2 根据选用的保冷材料，在图 8.4.4-1～图 8.4.4-3 中查得最小防结露厚度 δ。

3 按下式计算实际选用保冷材料的防结露厚度：

$$\delta'=B\times\delta \tag{8.4.4-2}$$

式中 δ'——实际选用材料的厚度，mm；

B——见第 8.3.5 条。

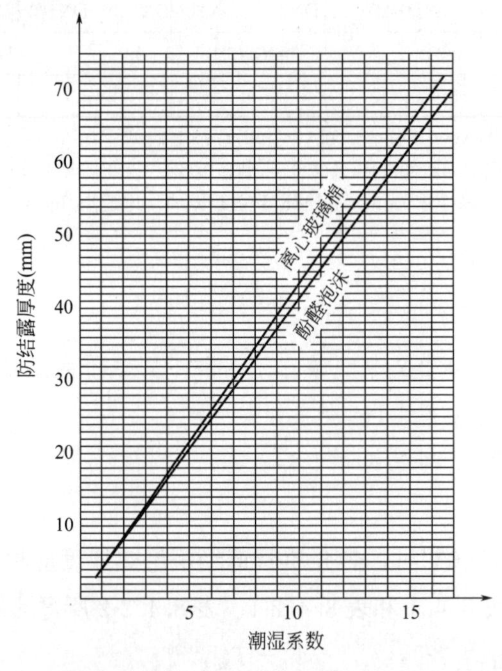

图 8.4.4-1 离心玻璃棉及酚醛泡沫的平面型绝热最小防结露厚度

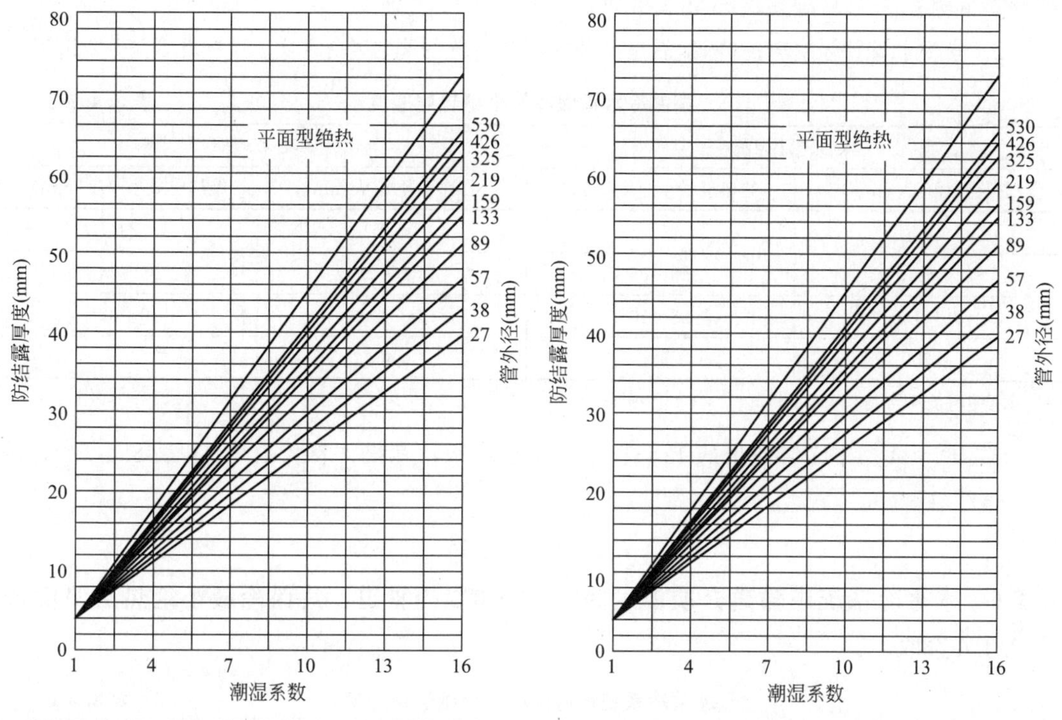

图 8.4.4-2 发泡橡塑材料的最小防结露厚度　　图 8.4.4-3 硬质聚氨酯泡沫材料的最小防结露厚度

【说明】

设计时可根据本章第 8.3 节的公式计算，也可按照本条，通过查图和计算确定。

8.4.5 设置于室内的常规空调冷水管道的保冷最小绝热层厚度可按表 8.4.5-1 选用。

室内空调冷水管保冷最小绝热层厚度　　表 8.4.5-1

柔性泡沫橡塑		离心玻璃棉	
公称管径 *DN*(mm)	绝热层最小厚度(mm)	公称管径 *DN*(mm)	绝热层最小厚度(mm)
≤25	25	≤25	25
32～50	28	32～80	30
70～150	32	100～400	35
≥200	36	≥450	40

注：1. 按满足防结露要求与经济厚度计算确定，冷价为 75 元/GJ，还贷 6 年，利息 10%。
2. 柔性泡沫橡塑的导热系数 $\lambda=0.034+0.00013t_m$[W/(m·K)]。
3. 离心玻璃棉的导热系数 $\lambda=0.031+0.00017t_m$[W/(m·K)]。
4. 室内系指温度不高于 33℃，相对湿度不大于 80% 的房间。

【说明】

1 本条适用于设置于室内的常规空调冷水供回水系统，其冷水温度范围为 5～12℃。当冷水设计水温较低（例如区域供冷的低温冷水管道）时，或设置于室外管沟或综合管廊的冷水管道，其绝热层厚度应适当增加。

2 当冷水设计温度较高(例如温湿度独立控制系统的高温冷水)时，可按表 8.4.5-2 选用。

高温冷水管保冷最小绝热层厚度 **表 8.4.5-2**

柔性泡沫橡塑		离心玻璃棉	
公称管径 *DN*(mm)	绝热层最小厚度(mm)	公称管径 *DN*(mm)	绝热层最小厚度(mm)
≤25	22	≤25	23
32～50	23～25	32～80	25～28
70～150	28～30	100～400	30～32
≥200	32	≥450	36

注:使用条件与表 8.4.5-1 相同。

3 对于数据中心常使用的 12～16℃的中温冷水，可根据表 8.4.5-1 和表 8.4.5-2，按照插值法确定。

8.4.6 冰蓄冷系统中输送介质温度为－10～0℃的管道，其保冷最小绝热层厚度按表 8.4.6 选取。

冰蓄冷系统管道保冷最小绝热层厚度 **表 8.4.6**

柔性泡沫橡塑		硬质聚氨酯发泡	
公称管径 *DN*(mm)	绝热层最小厚度(mm)	公称管径 *DN*(mm)	绝热层最小厚度(mm)
≤50	40	≤50	35
70～100	45	50～125	40
125～250	50	125～500	45
300～1200	55	≥600	50

注:1. 按满足防结露要求与经济厚度计算确定,冷价为 75 元/GJ,还贷 6 年,利息 10%。
2. 柔性泡沫橡塑的导热系数 $\lambda=0.034+0.00013t_m$[W/(m·K)];安全系数取 1.18。
3. 硬质聚氨酯发泡导热系数 $\lambda=0.0275+0.00009t_m$[W/(m·K)];安全系数取 1.25。
4. 室内系指温度不高于 33℃,相对湿度不大于 80%的房间。

【说明】

表 8.4.6 适用于冰蓄冷系统的乙二醇管道。对于采用“冰晶混合液”供冷的冷水管道，其绝热层厚度可在表 8.4.6 的基础上减少 3～5mm。

8.4.7 室内冷凝水管道的最小绝热层厚度可按表 8.4.7 选用。

空调冷凝水管防结露最小绝热层厚度 **表 8.4.7**

位置	材料	
	柔性泡沫橡塑管套	离心玻璃棉管壳
在空调房间吊顶内	9mm	10mm
在非空调房间内	13mm	15mm

【说明】

对冷凝水管道的绝热，主要是防止其产生二次凝露现象。

8.5 风管绝热

8.5.1 设置于室内的空气调节风管绝热最小热阻，应不低于表8.5.1的要求。

室内空气调节风管绝热层的最小热阻 **表8.5.1**

风管类型	适用介质温度(℃)		最小热阻[$(m^2 \cdot K)/W$]
	冷介质最低温度	热介质最高温度	
一般空调风管	15	30	0.81
低温或高温风管	6	39	1.14

注：1. 建筑物内环境温度：冷风时26℃，暖风时20℃。
2. 冷价为75元/GJ，热价为85元/GJ。
3. 以玻璃棉为代表材料，导热系数$\lambda=0.031+0.00017t_m$[$W/(m \cdot K)$]。

【说明】

1 按照本条要求执行时，绝热层的热阻指的仅仅是材料热阻，不包括管道内表面和保温层外表面的发热热阻。

2 表8.5.1来自于《公共建筑节能设计标准》GB 50189—2004。当国家或行业标准有新的规定时，应按照新的要求执行。

8.5.2 低温送风系统的风管不应直接设置于室外。非低温空调系统的送风管和回风管不宜设置于室外，当必须设置在室外时，应根据《措施》第8.3节的要求计算确定其绝热厚度。

【说明】

低温与非低温空调系统的划分见《措施》第4章。

由于风管的表面积远大于水管且空气的比热远低于水的比热，因此在相同环境下输送同样的冷量时，即使风道内的空气温度低于冷水温度，风管内的空气温升也远大于水管内的冷水温升，尤其对于低温送风系统来说，是一个极大的冷量浪费。

在某些建筑中，由于室内空间对风管布置的限制以及空调设备安装位置（例如空调机组设置于屋顶的情况）的要求，可能会存在空调风管设置于室外的情况。这时应在表8.5.1的基础上加强绝热层的性能，并按照8.3节的计算方法确定绝热层的厚度。

为了方便读者，表8.5.2-1、表8.5.2-2分别给出了当风管直接设置于室外且采用玻璃棉绝热层时，空调冷风管绝热层的防结露厚度和经济厚度，可供设计时选用或参考。

室外空调冷风管玻璃棉绝热防结露厚度（mm）　　表 8.5.2-1

潮湿系数 θ	B=1.10	B=1.15	B=1.20	B=1.25	B=1.3	B=1.35	B=1.4
1	20	20	20	20	20	20	20
2	20	20	20	20	20	20	20
3	20	20	20	20	20	20	20
4	20	20	21	22	23	24	25
5	24	25	26	28	29	30	31
6	28	30	32	33	34	36	37
7	33	35	37	38	40	41	42
8	38	40	42	44	45	47	49
9	43	45	47	49	51	53	55
10	48	50	52	55	57	59	61
11	52	55	58	60	62	65	67
12	58	60	63	65	68	71	73
13	62	65	68	71	74	76	79
14	67	70	73	76	79	82	85
15	72	75	78	82	85	88	91
16	77	80	84	87	91	94	97
17	81	85	89	93	96	100	104
18	86	90	94	98	102	106	110
19	91	95	99	103	107	112	116
20	96	100	104	109	113	117	122

注：1. 潮湿系数 θ 应根据绝热工程所在地气候条件及管道内介质温度，按式(8.4.4-1)计算得到。

2. 玻璃棉导热系数采用 $\lambda=0.031+0.00017t_m$[W/(m·K)]。

3. B 为修正系数，见第 8.5.3 条。

4. 最小厚度取 20mm。

室外空调冷风管玻璃棉绝热层经济厚度（mm）　　表 8.5.2-2

风管内介质温度(℃)		5	7	9	11	13	15	17	19
环境温度	21	36	34	31	29	26	22	20	20
	22	37	35	33	30	27	24	20	20
	23	39	36	34	32	29	26	22	20
	24	40	38	35	33	30	27	24	20
	25	41	39	37	34	32	29	26	22
	26	42	40	38	36	33	30	28	24
	27	43	41	39	37	34	32	29	26
	28	44	42	40	38	36	33	31	28
	29	45	43	41	39	37	35	32	29
	30	46	44	42	40	38	36	33	31

注：1. 室外环境温度按夏季最热月平均温度取值，非太阳直射情况。

2. 以经济厚度计算；冷价 75 元/GJ；还贷 6 年，利息 10%。

3. 玻璃棉导热系数采用 $\lambda=0.031+0.00017t_m$[W/(m·K)]。

8.5.3　空调热风管设置在室外时，应根据《措施》第 8.3 节的要求计算确定其绝热厚度。

【说明】

空调热风管的室外设置的原则与冷风管相同。表 8.5.3 给出了常用送风温度下室外空调热风管采用玻璃棉绝热时的经济厚度，供设计时参考。

室外空调热风管玻璃棉绝热层经济厚度（mm）　　　　**表 8.5.3**

风管内介质温度(℃)		26	28	30	32	34	36	38	40
环境温度	−8	56	58	60	62	63	65	67	68
	−6	55	57	58	60	62	64	65	67
	−4	53	55	57	59	60	62	64	66
	−2	51	53	55	57	59	61	62	64
	0	50	52	54	56	57	59	61	63
	2	48	50	52	54	56	58	59	61
	4	46	48	50	52	54	56	58	60
	6	44	46	48	50	52	54	56	58
	8	41	44	46	48	51	53	55	57

注：1. 室外环境应按冬季供热期平均温度取值；风速按 3m/s 计算，超过时绝热层应适当加厚。
2. 以经济厚度计算；热价 85 元/GJ；还贷 6 年，利息 10%。
3. 玻璃棉导热系数采用 $\lambda=0.031+0.00017t_m$[W/(m·K)]。

8.5.4　热设备表面保温层经济厚度可参照表 8.5.4 选用。

设备保温层经济厚度　　　　**表 8.5.4**

保温材料	聚氨酯				离心玻璃棉板								
设备表面温度(℃)	80	95	80	95	80	95	130	80	95	130	150	175	200
环境温度(℃)	20		0		20			0					
保温厚度(mm)	50	57	58	64	80	92	115	93	103	125	137	152	166

注：1. 制表条件：热价为 85 元/GJ；20℃为室内环境温度，风速 0m/s；0℃为室外环境温度，风速 3m/s；冬季运行时间：使用期按 120d，2880h 计。
2. 当室外环境温度非 0℃时，可根据使用期的室外平均温度，采用式(8.4.3)进行修正。

【说明】

对于热设备保温时，保温层的厚度除了考虑表面温度的安全要求这一最低原则外，也应考虑经济性。从实际计算结果来看，后者所要求的厚度远大于前者，因此可直接选用。

8.6　防腐与管道标识

8.6.1　暖通空调的施工说明中，应根据具体设计项目的情况，提出对管道和设备的防腐

设计要求。

【说明】

1 管道和设备的防腐设计是为了确保其使用寿命，保证在使用期限内设备能够在正常的参数下工作和运行，以及管道系统的正常工作。

2 防腐设计要求，一般在施工图设计说明中给出。

8.6.2 管道和设备的防腐设计，应符合以下原则：

1 室内热水供热管网或季节性运行的蒸汽供热管网的管道及附件，应涂刷耐热、耐湿、防腐性能良好的涂料；常年运行的室外蒸汽管道宜涂刷耐高温的防腐涂料；

2 室外架空管道保温材料外应采用镀锌钢板、铝板或硬质聚乙烯等保护层；

3 室内保温管道的保温层外表面无专门设置的保护层时，应涂刷防腐漆；

4 保温层外表面不应做防潮层；

5 风管和水管的支、吊架，应进行防腐处理。

【说明】

1 常年运行的室内蒸汽管道及附件，可不涂刷防腐材料。

2 室外架空管道除了考虑保温性能外，还需要其外表面具有一定的防雨水冲刷、防风吹等能力，其外表面宜采用坚固耐用的材料作保护层。

3 防腐漆本身可以对保温材料起到一定的保护作用。

4 保冷管道的外壁为低温，为防止湿空气进入，需设置防潮层。保温管道及其保温材料的温度较高，可使其内部水蒸气向外渗透，因此可不做防潮层。

5 支吊架通常会与风管或水管直接接触，如果没有防腐处理，其生锈后会“诱使”与风管或水管的接触部分加快锈蚀。

8.6.3 设计时，应提出如下防腐层的做法要求：

1 对于不保温管道，室内管道先涂两道防锈漆，再涂一道调和漆；室外管道先涂刷两道云母氧化铁酚醛底漆，再涂两道云母氧化铁面漆；管沟中的管道，先涂一道防锈漆，再涂两道沥青漆；

2 架空敷设的管道采用普通薄钢板作保护层时，保护层钢板内外表面均应涂刷防腐涂料，施工后外表面应涂敷面漆；

3 保温管道内介质温度低于120℃时，管道表面涂刷两道防锈漆；

4 油毡、玻璃纤维布作保护层时，室内外架空管道涂刷醇酸树脂磁漆三道；地沟内管道涂冷底子油三道；石棉水泥作保护层时，表面涂三道色漆。

5 直埋管道应根据表8.6.3-1中土壤腐蚀性等级和相应的防腐等级，并按表8.6.3-2中有关直埋管道沥青防腐层的要求确定防腐层结构。

土壤腐蚀性等级及防腐等级　　　　表 8.6.3-1

项目	土壤腐蚀性等级				
	特高	高	较高	中高	低
土壤电阻率(Ω·m)	＜5	5～10	10～20	20～100	＞100
含盐量(%)	＞0.75	0.1～0.75	0.05～0.1	0.01～0.05	＜0.01
含水量(%)	12～25	10～12	5～10	5	＜5
在 ΔV=500mV 时极化电流密度(mA/cm^2)	0.3	0.08～0.3	0.025～0.08	0.001～0.025	< 0.001
防腐等级	特加强	加强	加强	普通	普通

直埋管道沥青防腐结构层　　　　表 8.6.3-2

防腐等级	防 腐 层 结 构	每层沥青厚度(mm)	总厚度不少于(mm)
普通防腐	沥青底漆—沥青三层夹玻璃布二层—玻璃布	2	6
加强防腐	沥青底漆—沥青四层夹玻璃布三层—玻璃布	2	8
特加强防腐	沥青底漆—沥青五或六层夹玻璃布四或五层—玻璃布	2	10 或 12

【说明】

本条的 1～4 款为一般管道防腐的基本要求和做法。对于直埋管道，需要根据实际情况合理确定。

8.6.4　设计应明确管道的标识方式。机房和管道层内的明装管道宜满涂颜色，暗装管道可采用色环区别，色环的间距宜为 2～5m。管道颜色可按照表 8.6.4 采用。

常用管道颜色　　　　表 8.6.4

序 号	管道名称	颜色	序 号	管道名称	颜色
1	空调冷水供水管	深绿色	7	供暖供水管	深灰色
2	空调冷水回水管	浅绿色	8	供暖回水管	浅灰色
3	空调热水供水管	深红色	9	补水管及软化水管	白色
4	空调热水回水管	浅红色	10	空气冷凝水管	白色
5	冷却水供水管(低温)	深蓝色	11	蒸汽管	深红色
6	冷却水供水管(高温)	浅蓝色	12	蒸汽凝结水管	浅红色

【说明】

1　管道的标识是为了运行管理的方便。标识一般分为：类别标识和介质流向标识两大类。类别标识可采用颜色或文字，介质流向标识一般采用流向箭头方式。在可以清晰表示的情况下，也可以采用带颜色的箭头来综合标识。

2　室内使用区域的明装管道可不涂色，或按照装饰要求涂色。

3　当保温材料外层采用铝箔时，宜做色环。室内不保温的明装供暖管道，可不涂色。

9 防烟排烟与防火

9.1 一 般 规 定

9.1.1 项目设计时应执行现行国家标准《建筑设计防火规范》GB 50016、《建筑防烟排烟系统技术标准》GB 51251以及行业规范和地方标准的特定规定。

【说明】

《建筑设计防火规范》GB 50016和《建筑防烟排烟系统技术标准》GB 51251是本专业设计中所遵循的有关防火与防烟排烟主要标准规范。行业标准、专业规范有特殊规定的，如地铁站、洁净厂房、地下汽车库、人防等工程设计时，应执行行业规范（《地铁设计规范》GB 50157、《洁净厂房设计规范》GB 50073、《汽车库、修车库、停车场设计防火规范》GB 50067、《人民防空工程设计防火规范》GB 50098等）。

改建工程设计时，对于保留原有结构的工程、受条件限制不可能完全执行现行标准规范时，应提请专题论证。随着城市更新越来越多地采用内部改造方式替代拆除重建方式，现行标准规范对改造工程的适用性问题越来越突出，很多省份颁布了改造工程消防设计规定，针对不同类型的改造工程提出了合理可行的要求。在进行改造工程设计时，应收集项目所在地的有关规定。

9.1.2 建筑防烟排烟系统设计时，所选用的产品应符合消防产品的安全技术要求。

【说明】

《中华人民共和国消防法》规定，消防产品必须符合国家标准；没有国家标准的，必须符合行业标准；尚未制定国家或行业标准的新产品应当按照国家产品质量监督部门会同应急管理部门规定的办法进行技术鉴定，经鉴定符合消防安全的方可使用。国家应急管理部门应公布经技术鉴定合格的消防产品。

建筑防烟排烟系统涉及的产品包括排烟风机、加压送风机、排烟补风风机、排烟阀（口）、防火阀、排烟防火阀等。

国家标准《建筑通风和排烟系统用防火阀门》GB 15930—2007规定了防火阀、排烟防火阀、排烟阀的技术标准，阀门控制方式包括温度感应控制（除排烟阀外）、手动控制、电磁铁控制、电机控制、气动控制等，阀门其他功能包括远距离复位、阀位电信号反馈、防火阀的风量调节等。机械行业标准《消防排烟通风机》JB/T 10281—2014规定了建筑用消防排烟通风机的要求、试验方法、检验规则等，公共安全行业标准《消防排烟风机耐高温试验方法》XF 211—2009 规定了进行消防排烟风机耐高温试验的试验装置、风机安装、试验方法、判定准则等。加压送风机没有相应的国家或行业标准，应按通风机通用标准要求。

9.1.3 **根据建筑不同部位的要求，应分别设置排烟设施和防烟设施。**

【说明】

排烟和防烟，是两个不同的概念。排烟的目的是为了将烟气从特定区域排出；防烟的目的则是为了防止烟气进入特定的区域。

在建筑中，人员平时使用的区域，在不同程度上存在失火的可能性，可能会因此产生大量的烟气。把这些烟气有效排除，是排烟设施应具备的功能。建筑发生火灾后，为了保证人员疏散安全，疏散通道原则上应为无烟通道，这也就是防烟设施应具备的功能。由此可以看出，被排烟的区域应处于负压状态，才能有效地排出烟气。

疏散通道也根据实际使用要求分为“有烟通道”和“无烟通道”两大类。“有烟通道”例如每层的房间外走道，其允许的疏散长度有一定的限制（为 20～30m），以保证室内人员能够有足够的能力快速通过；“无烟通道”也就是常说的防烟通道，原则上应保持其内部的空气相对于“有烟通道”和失火区的正压状态，因此一般来说，防烟通道应通过机械送风方式去实现。

由于建筑类型、规模、高度等情况千差万别，要求所有建筑内的人员防烟通道都采用机械加压来防烟，对于建筑的使用功能会产生较大的影响，同时也会增加大量的投资，在经济性方面存在一定的问题。因此，目前的相关规范中，对不同建筑的不同防烟通道，在保证疏散人员安全的情况下，也允许不设置机械加压而采取一些自然通风的方式，将可能进入疏散通道的少量烟气排出。实际上这是一种类似于“降低污染物浓度”的通风措施。值得注意的是：防烟通道不应采用机械排烟方式，因为这样会人为地在防烟通道中制造“负压”，容易将失火点的烟气更多地引入防烟通道。

9.1.4 **机械加压送风系统的室外取风口宜设置在建筑下部。当取风口与烟气室外排出口的水平投影重合时，取风口顶标高应低于排烟口底标高 6m 以上。当取风口与烟气排出口之间的高差低于 6m 时：如果同一朝向设置，其水平距离应不小于 20m；不同朝向设置时，宜不小于 10m。**

【说明】

发生火灾时，烟气通常会沿建筑外侧向上蔓延。当加压送风系统取风口设于建筑上部时，可能会吸入烟气，威胁消防疏散通道安全。因此，宜将加压送风系统取风口设置在建筑下部。

在某些建筑中，加压风机和加压送风的取风口在建筑下部设置可能会存在一定的困难（例如独立塔楼，由于建筑下部或地下室往往无机房设置位置，常常将加压风机和排烟风机同时设置在屋顶等情况），这时应将加压取风口与烟气的室外排出口在水平方向上拉开一定的距离，有条件时最好设置在建筑不同的朝向。

9.2 防 烟

9.2.1 **建筑的防烟部位，应根据工程具体情况采取合理防烟措施。**

【说明】

《建筑设计防火规范》GB 50016—2014 规定防烟楼梯间、防烟楼梯间前室、剪刀楼梯间的共用前室、消防电梯前室、合用前室、剪刀楼梯间的共用前室与消防电梯前室合用的前室、避难走道的前室、避难层（间）均属于防烟部位，应根据工程具体情况采取相应措施，保证防烟部位在发生火灾时具备保障人员安全疏散的条件。封闭楼梯间不能自然通风或自然通风不满足要求时，应设置机械加压送风系统或采用防烟楼梯间。可以理解为封闭楼梯间也属于防烟部位，其自然通风条件应符合楼梯间自然通风防烟要求，否则应设置机械加压送风系统。

《建筑防烟排烟系统技术标准》GB 51251—2017 规定，当避难走道超过一定长度时也应设置机械加压送风。因此，避难走道也属于防烟部位。

9.2.2 **下列部位应设置机械加压送风系统：**

1 建筑高度大于 50m 的公共建筑、工业建筑和建筑高度大于 100m 的住宅建筑，其防烟楼梯间、独立前室、合用前室、共用前室以及消防电梯前室；

2 建筑高度小于或等于 50m 的公共建筑、工业建筑和建筑高度小于或等于 100m 的住宅建筑，其共用前室与消防电梯前室合用的合用前室，以及不能设置自然通风的防烟楼梯间、独立前室、共用前室、合用前室和消防电梯前室；

3 无自然通风条件或自然通风不满足要求的建筑地下部分的防烟楼梯间前室及消防电梯前室；

4 当防烟楼梯间在裙房以上部分采用自然通风时，不具备自然通风条件的裙房的独立前室、共用前室及合用前室；

5 不能满足自然通风条件的封闭楼梯间。

【说明】

以上要求来自于《建筑防烟排烟系统技术标准》GB 51251—2017 的要求。

9.2.3 采用机械加压送风系统时，系统设计应符合以下要求：

1 防烟楼梯间前室与消防电梯前室合用时，防烟楼梯间与合用前室，应分别独立设置机械加压送风系统；

2 剪刀楼梯采用共用前室或其共用前室与消防电梯前室合用的合用前室时，两个楼梯间、共用前室及合用前室，应分别独立设置机械加压送风系统；两个剪刀楼梯间设置各自的独立前室时，可按第3、5款的要求执行；

3 建筑高度小于或等于50m的公共建筑、工业建筑和建筑高度小于或等于100m的住宅建筑，当独立前室或合用前室满足一定的要求时，其楼梯间可不设置机械加压送风系统；

4 建筑高度小于或等于50m的公共建筑、工业建筑和建筑高度小于或等于100m的住宅建筑，当其独立前室、共用前室或合用前室设置机械加压送风系统而楼梯间采用自然通风防烟方式时，前室加压送风口应布置在前室上部且送风气流不应朝向楼梯间门；

5 建筑高度小于或等于50m的公共建筑、工业建筑和建筑高度小于或等于100m的住宅建筑，当楼梯间独立前室仅有一个门与走道或房间相通时，可只在楼梯间设置；如果独立前室有两个以上门与走道或房间相通时，楼梯间与独立前室应分别设置机械加压送风系统。

【说明】

1 采用合用前室时，为了防止楼梯间与合用前室的相互影响，应分别设置独立的加压送风系统。

2 剪刀楼梯间实际上是两个独立的楼梯间。当设置机械加压送风系统时，两个楼梯间的送风系统应互相独立，保证其压力不受另一个楼梯间压力的影响。如果两个剪刀楼梯设置了各自的独立前室（而不是采用共用前室或合用前室），则可按本条第3、4款的要求执行。

3 本款提到的独立前室或合用前室所满足的要求如下：

(1) 采用全敞开的阳台或凹廊。

(2) 设有两个及以上不同朝向的可开启外窗，且独立前室两个外窗面积分别不小于2.0m^2，合用前室两个外窗面积分别不小于3.0m^2。

上述两个要求的目的都是为了使得加压的前室在人员疏散过程中可能进入的少量烟气能够迅速排至室外而不会进入楼梯间。

4 本款应用时，前室内的送风口应靠近前室通向楼梯间的疏散门（侧部或顶部），送风方向应针对前室门入口或与楼梯间门的平行方向，保证前室内的空气流动方向与人员疏散方向相反，且在送风口至前室门之间，气流不应被遮挡。同时，在计算前室加压送风量时应考虑前室向楼梯间的漏风。

5 当楼梯间独立前室只有一个门时，可通过楼梯间加压空气来保证其独立前室门所需要的风速；如果独立前室有多个通向走道或房间的门，它们同时开启时，仅仅依靠楼梯间的加压来保持多个门需要的风速较为困难，因此应对其独立前室设置加压送风系统。

9.2.4 防烟前室的机械加压送风系统，当服务楼层超过3层时，防烟前室应每层设置常闭加压送风口；服务楼层不超过3层时，前室加压送风口可采用常开风口，但各层前室应设置手动启动加压送风机和向消防控制中心报警的装置。

【说明】

加压送风口一般都采用自带操作控制装置的常闭型风口，发生火灾时，应开启着火层及其上下各一层共3层前室的加压送风口，同时可连锁启动加压风机。

如果机械加压送风系统服务的总楼层数不超过3层，一旦发生火灾，所有前室加压风口均应开启，所以采用常开风口也是符合要求的。但常开风口本身并没有通信信号及连锁功能，因此采用常开风口时，应在各层前室设置手动启动加压送风机的装置，同时向消防中心报警。

9.2.5 设置机械加压送风系统时，应根据加压送风部位疏散门的设置和加压送风系统设置情况计算送风量，并符合以下要求：

1 当加压送风系统负担的楼层总高度不超过24m时，可直接取计算风量作为系统设计送风量；

2 当加压送风系统负担的楼层总高度超过24m时，应将计算风量与《建筑防烟排烟系统技术标准》GB 51251—2017 加压送风计算风量表比较后，取较大值作为设计送风量。

【说明】

对具体工程设计而言，应按照加压送风系统所服务的楼梯间、前室的开门条件（门数量、门洞尺寸）、楼层数、加压送风系统设置情况计算加压送风量。

在《建筑防烟排烟系统技术标准》GB 51251—2017中规定的加压送风计算风量，是按照一定的实际条件（例如实际门缝宽度、漏风情况等）计算并综合得出的，而设计时如果对这些基础参数取值过小，实际上有可能不能满足使用要求。当加压系统负担的高度较小时，其影响相对较小，可以直接取计算值作为设计送风量。但当加压系统负担的高度较大时（楼层数较多的情况下），为了减少上述计算值与实际情况的差距，要求计算值与《建筑防烟排烟系统技术标准》GB 51251—2017中加压送风计算风量表比较，取两者中的较大值作为系统计算风量。

楼梯间的加压送风量按照2～3层门开启来计算。如果某些楼层有多个门，计算时应首先统计每层疏散门开启（对于有多个疏散门的楼层，应按照所有疏散门全部开启）后的门洞面积，并选择其中开启面积最大的2～3层的合计门洞面积，按照保持门洞风速来计算所需要的加压风量。

前室一般按照失火层及其上下层门洞开启来计算加压风量。与楼梯间同理，当某些层的前室开门数量超过 1 个时，可按连续 3 层中全部疏散门开启时的开门门洞面积之和的最大值，按照保持门洞风速来计算所需要的加压风量。

9.2.6 防烟部位的空气压力，宜按（防烟）楼梯间、前室、室内顺序递减。门的漏风量计算应按照各门关闭的条件下进行，门两侧允许压差值应经计算确定。各防烟部位的空气压力，可按照表 9.2.6 取值。

各防烟部位的空气压力 **表 9.2.6**

加压送风系统设置情况			空气压力(Pa)		
防烟楼梯间	前室	消防电梯前室	防烟楼梯间	前室	消防电梯前室
加压	加压	—	40～50	25～30	—
加压	不加压	—	40～50	20～25	—
—	—	加压	—	—	25～30
不加压	加压	—	5～10①	30～40	—

①适用于前室与楼梯间之间未设置全敞开的阳台或凹廊的情况。

【说明】

加压送风系统启动时，加压部位通往室内的门两侧压力由高到低方向与人员疏散开门方向相反，推开门所需要的力随门两侧压差的加大而增大，过大时可能会妨碍人员逃生。因此，必须采取措施控制门两侧压差。门两侧压差不应低于《建筑防烟排烟系统技术标准》GB 51251—2017 规定的低限值，同时不得高于按实际情况计算得出的最高允许压力差。

表 9.2.6 是以房间或走道的压力为零作为基准的。各防烟部位压力关系应为：（防烟）楼梯间压力高于前室压力、前室压力高于室内（或走道）压力。

但对于前室与楼梯间之间未设置全敞开的阳台或凹廊的情况，如果楼梯间不加压、前室加压的情况下，显然楼梯间压力会低于前室压力（当前室加压时，如果楼梯间开门，则前室的空气会流向楼梯间）。因此建议这时对前室的压力取值适当提高，以保证前室对走道或室内的烟气有更好的防护效果。通过对一些典型案例的计算，在仅考虑各层楼梯间门漏风、不考虑热压和风压影响的情况下，此时楼梯间的空气压力为 5～10Pa。

封闭避难层（间）的空气压力可取 20～30Pa。

9.2.7 计算加压系统风量时，门洞风速按表 9.2.7 取值。

门洞断面风速 **表 9.2.7**

加压送风系统设置情况			要求门洞部位	门洞风速(m/s)	备注
防烟楼梯间	前室	消防电梯前室			
加压	加压	—	所有门	0.7	包括有多个门的独立前室

续表

加压送风系统设置情况			要求门洞部位	门洞风速(m/s)	备注
防烟楼梯间	前室	消防电梯前室			
加压	不加压	—	楼梯间门	1.0	
—	—	加压	消防电梯前室门	1.0	
不加压	加压	—	前室门	$0.6\times(\frac{A_1}{A_g}+1)$	A_1——楼梯间门总面积； A_g——前室门总面积

【说明】

1 表 9.2.7 中的前室包括独立前室、合用前室、共用前室。

2 A_1、A_g 分别为计算其送风量的前室通往楼梯间和室内走道的门总面积。

9.2.8 风口的风量应取保持防烟部位压差和保持门洞风速两者计算出的风量的较大者。当机械加压送风系统负担了3个以上的前室时，加压送风系统的计算风量还应考虑未开启加压送风口的漏风量。

【说明】

第 9.2.6 条和第 9.2.7 条所计算的送风量，是保持门全关时各防烟部位保持正压所需要的送风量和门打开时保持门洞风速所需要的送风量。通常来说后者会大于前者，因此前室的加压送风口的送风量一般情况下可按照后者选取。

按照第 9.2.4 条的规定，当前室超过 3 层时开启加压的前室为 3 层，因此非加压层前室的加压风口也存在一定的漏风。根据目前的加压风口产品情况，非加压前室的加压送风口漏风量按照每平方米加压送风阀漏风量 0.083 m^3/s 计算。计算系统风量时，所有非加压层前室的加压送风口漏风量应累计。

9.2.9 设置机械加压送风的防烟楼梯间、前室、封闭楼梯间，应对同一疏散通道中各区域之间的压力（或压差）设置控制措施。

【说明】

加压送风系统风量由保持开启门的门洞风速和未开启门以及未开启楼层的加压风口的漏风量两部分组成，由于保持开启门门洞风速的风量远高于漏风量，当加压部位的疏散门处于关闭状态时，该区域通常会超压，因此应采取泄压措施。

为了保证泄压措施的及时有效，应优先采用自力式泄压方式，例如重锤式泄压阀等。如果通过分析论证有效时，也可采取电信号对阀门、风机等进行自动控制的措施。

9.2.10 当地上、地下楼梯间合用加压送风系统时，宜按照两个独立楼梯间考虑，各自设置独立的送风主管。

【说明】

当地上、地下楼梯间合用加压送风系统时，应采取措施保证地上、地下楼梯间各自的加压送风量。实际上，工程中普遍采用设置一个送风立管，在地上、地下楼梯间分别按各自要求设置风口、采用双层百叶风口的做法，由于风口调节能力很有限，很难满足调试要求。因此，有条件时应分别设置地上、地下楼梯间加压送风立管并设置调节风阀，如图 9.2.10 所示。

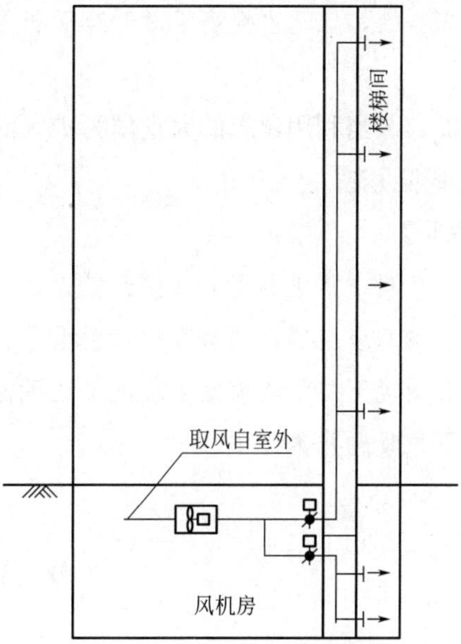

楼梯间
取风自室外
风机房

图 9.2.10 地上与地下楼梯间合用加压送风系统示意图

9.2.11 当避难层（间）设置机械加压送风系统时，加压送风口应远离在加压送风时需要开启的外窗。

【说明】

根据《建筑防烟排烟系统技术标准》GB 51251—2017 的规定，设置机械加压送风系统的避难层（间）还应设置有效面积不小于地面面积 1%的可开启外窗。在进行加压送风口布置时，应将其布置在远离可开启外窗的位置，防止送风与外窗短路直接排出室外。

9.2.12 采用直灌式加压送风的楼梯间，楼梯间内的加压送风口应尽可能远离楼梯间设置通往室外出口的楼层。

【说明】

《建筑防烟排烟系统技术标准》GB 51251—2017 的规定，建筑高度不超过 50m 且设置竖井困难时，可采用直灌式加压送风方式。楼梯间外门通常为非防火门，没有严密性要求，当送风口布置在外门附近时，由于直灌式加压送风将全部风量通过 1～2 个送风口送入楼梯间，因此大量送风可能从楼梯间外门直接泄漏出去，导致楼梯间压力的不均匀或某些楼层的室内进入楼梯间门的开门门洞风速无法保证。因此，采用直灌式加压送风方式时，送风口应尽可能远离楼梯间的对外出口门。

9.2.13 当可开启外窗有效面积大于或等于 3.0m² 且不小于前室地面面积的 3%时，首层扩大前室采用自然通风方式。

【说明】

参考上海市地方标准。实际工程中，扩大前室面积大、空间高、开门多，采用机械加压方式无法形成相对于室内走道的压力差。因此，允许采用自然通风方式来保证扩大前室的安全性，但适当提高了对开口面积要求。

9.2.14 当利用建筑的大堂作为扩大前室时，宜按大堂排烟的相关要求设置自然排烟或机械排烟设施。

【说明】

工程中常见利用大堂作为扩大前室，大堂往往面积大、空间高，大堂内通常会布置装饰、休息座椅等，还有可能布置咖啡、快餐等服务设施，大堂本身有一定的火灾危险性。这种情况下按扩大前室要求设置通风窗难以保证其安全性，宜将大堂作为需要排烟的场所按要求设置排烟设施。

9.3 排 烟

9.3.1 排烟系统设计图纸应表达完整、清晰。

【说明】

为了设计配合、图纸审查、施工和运行管理的需要，排烟系统设计平面图中宜表示防烟分区划分，并标注以下内容：

1 防烟分区面积、空间净高（是否吊顶及吊顶形式）、是否有喷淋、最小清晰高度、储烟仓厚度、挡烟垂壁高度等。

2 采用自然排烟的场所，注明排烟窗设置高度开启方式、储烟仓内实际有效排烟面积和计算所需排烟面积。

3 采用机械排烟系统的场所，注明排烟口底标高、排烟量。

4 有补风系统的场所，标明补风口标高、补风量（或补风口面积）。

5 高大空间，注明是否设置有喷淋系统。

9.3.2 正确理解房间与防烟分区概念，合理采取相应措施。

【说明】

当房间面积大于一定值时应排烟，此处的房间面积为与周围场所有实体分隔形成的面积，而不是一个防烟分区的面积。因此，如果人为将一个应设置排烟设施的大房间、通过划分防烟分区而分成若干个面积小于《建筑防烟排烟系统技术标准》GB 51251—2017 规定应设置排烟设施的面积的区域而不设排烟设施的做法，显然是不合理的。

由实体（隔墙、门、楼板）与周围场所分隔的房间自然成为一个防烟分区。不应将多个房间划分成一个防烟分区。

防烟分区划分的意义是：民用建筑的绝大部分房间的净高都在 6m 以下，这些房间在采用机械排烟排烟系统时，目前的排烟量是以房间面积为基准来计算的（净高超过 6m 的房间除外），当某个房间的面积非常大时，为了防止烟气蔓延范围过大，《建筑防烟排烟系统技术标准》GB 51251—2017 对防烟分区的最大面积（或最大长度）做出了规定。超过最大面积的规定时，应将房间划分为多个防烟分区（见表 9.3.9）。

防烟分区可采用挡烟垂壁、结构梁或隔墙等方式作为划分边界。同时，防烟分区不应跨越防火分区。由于防烟分区隔断需要在建筑图上表示，因此在本专业设计中，应根据房间的情况向建筑专业提出划分的建议，作为本专业做好排烟设计的基础条件。

9.3.3 **排烟方式的选择，应符合以下规定：**

1 **有条件时应优先采用自然排烟方式；**

2 **当采用自然排烟方式不能满足要求时，应采用机械排烟系统；**

3 **同一个防烟分区应采用同一种排烟方式；**

4 **采用挡烟垂壁划分、空间连通的防烟分区宜采用同一种排烟方式。**

【说明】

1 自然排烟依靠建筑本体设置的排烟窗、洞口，简单方便，不占用建筑室内空间，建设和维护成本较低，在有条件且满足相关标准规范的要求时，应优先采用。

2 无法采用自然排烟方式或不满足相关标准规范的要求时，应设置机械排烟系统。

3 对于同一个防烟分区，如果既有自然排烟也有机械排烟系统，由于两者对室内空气压力的影响明显存在区别，因此当它们同时运行时，会导致排烟分区内的气流混乱，无法做到有组织地排烟，也无法保证它们各自负担的排烟量。

4 如果挡烟垂壁分隔后的相邻防烟分区空气串通（无法完全隔绝），当采用不同排烟方式排烟时，这两个防烟分区存在烟气相互蔓延的可能性，尤其是自然排烟的分区，有可能无法正常排出烟气而蔓延到机械排烟的分区中。

9.3.4 **进深超过 30m 的半室外场所，当可能受火灾烟气影响时，应设置排烟措施。**

【说明】

具有顶板、一面或周边敞开对室外的半开敞空间，在大型场馆及一些交通枢纽建筑中较为常见。当建筑内房间向半开敞空间排烟时，或者半开敞空间可能发生火灾时，由于顶板限制烟气的流通扩散，从而影响人员疏散。因此，参照《建筑防烟排烟系统技术标准》GB 51251—2017 对排烟口距离最远端不超过 30m 的规定，进深超过 30m、可能存在烟气影响的半开敞空间也应该考虑排烟措施，例如设置机械排烟系统、在顶板上设置自然排烟洞口等。

此类场所不需设置排烟补风系统。

9.3.5 设置细水雾或气体灭火设施的区域，不应设置排烟系统。

【说明】

通过汽化膨胀降低空气中的氧气浓度、窒息灭火是细水雾灭火的主要原理，气体灭火则通过密度大于空气的不燃气体湮没燃烧部位、阻断氧气、窒息灭火。因此，设置细水雾或气体灭火系统的区域，在发生火灾时应保持密闭状态，不应设置排烟系统（包括自然排烟和机械排烟）。

9.3.6 冷库的冷藏间和冷冻间，不应设置排烟设施。

【说明】

冷库的冷藏间和冷冻间，平时库内温度低，无明火作业，发生物品燃烧火灾可能性较低，且均无人员长期停留，设置为保证人员安全疏散的排烟系统的必要性不大。同时，排烟管道若进入冷库冷藏间、冷冻间，对库体的保温结构处理会产生较大影响，从而影响冷库的正常使用。

9.3.7 不作为消防时的人员疏散通道且采取了防火卷帘分隔的楼梯、自动扶梯区域，可不设置排烟措施。

【说明】

建筑中仅用于平时交通、不用于消防疏散且采用防火卷帘分隔的开敞楼梯，这些部位空间小、不存在大量可燃物，发生火灾时由防火卷帘将其与周围空间隔绝开来，不影响建筑内人员疏散和火灾控制，因此可不设置排烟设施。

9.3.8 高大空间内设置的、不作为疏散使用的开敞楼梯或自动扶梯，其靠高大空间侧可不设置挡烟垂壁，但开敞楼梯或自动扶梯与各楼层的连接口部处，应作为防烟分区的分隔边界。

【说明】

设置于高大空间内不作为消防疏散的开敞楼梯或自动扶梯（例如商场中庭内设置的自动扶梯）空间，属于高大空间的一部分，没有必要设置挡烟垂壁将其与高大空间分隔开。但是，在开敞楼梯或自动扶梯通往各楼层的连接口部处，应设置挡烟垂壁，将高大空间与各楼层的烟气隔断，防止烟气的相互蔓延。

9.3.9 不规则形状防烟分区的长边长度宜按烟气在其中能够蔓延的最大距离确定。

【说明】

《建筑防烟排烟系统技术标准》GB 51251—2017 规定了矩形防烟分区的长边最大长度。限制防烟分区长边长度的目的是为了控制烟气蔓延距离、防止烟气因蔓延距离过长而下沉。因此，对于不规则形状的防烟分区，宜按照烟气在防烟分区内可能出现的最大蔓延距离（见表 9.3.9）来控制防烟分区大小。

在实际应用时，应同时满足表 9.3.9 对面积和长度的限值。

公共建筑、工业建筑防烟分区的最大允许面积及其长边最大允许长度　　表 9.3.9

空间净高 H(m)	最大允许面积(m^2)	长边最大允许长度(m)
$H \leqslant 3.0$	500	24
$3.0 < H \leqslant 6.0$	1000	36
$H > 6.0$	2000	一般情况下，60
		具有自然对流条件时，75

注：1. 公共建筑和工业建筑中的走道宽度≤2.5m 时，其防烟分区的长边最大允许长度不应超过 60m。

2. 空间净高大于 9m 时，防火分区之间可不设置挡烟设施。

3. 汽车库防烟分区面积按照《汽车库、修车库、停车场设计防火规范》GB 50067—2014 的要求执行，防烟分区长边长度不应超过 60m。

9.3.10 **采用挡烟垂壁划分防烟分区的，确定挡烟垂壁的底标高时，应考虑排烟口布置条件，并不应低于该防烟分区的最小清晰高度。**

【说明】

在一般情况下，可以先确定防烟分区的设计烟层底部高度，并按照下式计算排烟口的最大允许排烟量：

$$L_{max}=4.16\times\gamma\times d_b^{\frac{5}{2}}\times\left(\frac{T-T_0}{T_0}\right)^{\frac{1}{2}} \tag{9.3.10}$$

式中 L_{max}——排烟口最大允许排烟量，m^3/h；

γ——排烟位置系数；当排烟口中心与最近的墙体的距离为排烟口当量直径的 2 倍及以上时，取 $\gamma=1.0$；2 倍以下或者排烟口设置在墙体上时，取 $\gamma=0.5$；

d_b——排烟口最低点以下的烟层厚度，m；

T——烟层的平均温度，K；

T_0——环境温度，K。

1 对于有吊顶房间，可以直接应用式（9.3.10）。

2 对于无吊顶的房间，应考虑该区域结构梁等楼板下突出的构造物对烟气的影响。一般有两种做法：

（1）排烟口与排烟风管的标高基本相同（顶部尽可能贴梁底），见图 9.3.10（a），这时与有吊顶的房间处理方式可以相同——通过清晰高度和设计的排烟口最低标高确定 d_b 后，按照式（9.3.10）计算出最大允许排烟量。

（2）当排烟口的最低吸入点标高高于该防烟分区内最低的结构梁等构造物的底标高［见

图 9.3.10（b）］时，为了防止结构梁阻碍烟气流动，清晰高度的底标高应低于该防烟分区内最低的结构梁等构造物的底标高，两者的高差 Δh，按照排烟口周边结构梁围成的周长与 Δh 的乘积（即：结构梁下的烟气流通面积）不小于该排烟口净面积的 2 倍来确定。

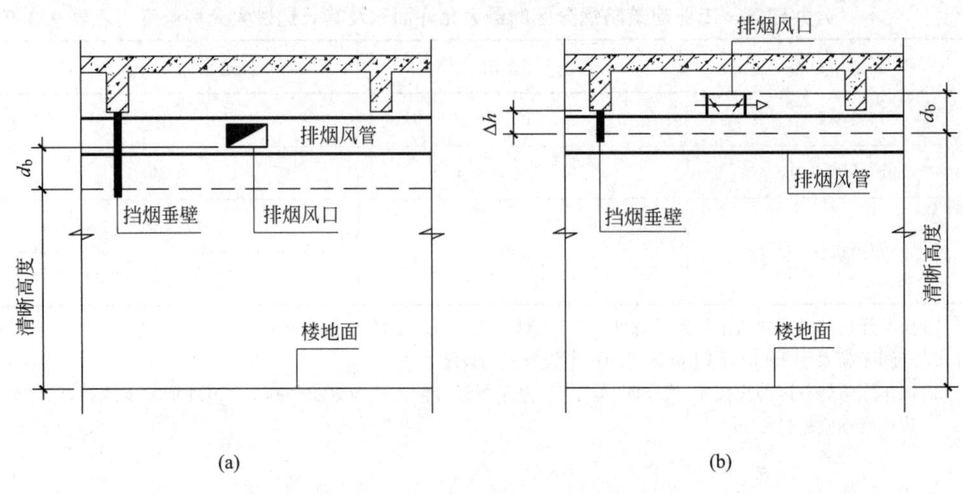

图 9.3.10 排烟口安装方式示意图

9.3.11 空间净高不大于 3m 的走道和室内区域划分防烟分区时，挡烟垂壁底距地面高度不应小于 2.0m，且宜采取措施尽可能提高清晰高度。

【说明】

当走道或房间净高低于 3m 时，按照《建筑防烟排烟系统技术标准》GB 51251—2017，允许最小清晰高度按照空间净高的 1/2 取值。但为了防止挡烟垂壁等隔断物影响人员的疏散，当划分防烟分区、设置挡烟垂壁时，挡烟垂壁的底标高应大于或等于 2m，且每个挡烟垂壁形成的围合区域，应作为一个防烟分区并设置相应的排烟口。

因此，当空间净高低于 3m 时，宜采取措施尽可能提高设计烟层高度。例如疏散走道的排烟系统设计，宜采用均匀开口吊顶或在封闭吊顶上开设排烟口，将排烟口设置在吊顶以上，从而最大可能提高走道清晰高度，提高疏散走道安全性。

9.3.12 未设置火灾自动报警系统的建筑，采用活动挡烟垂壁作为防烟分区时，应能在现场就地手动或在值班室或其他有人员值守的房间远程启动挡烟垂壁。

【说明】

未设置火灾自动报警系统的建筑内设置活动挡烟垂壁时，宜采用电动控制挡烟垂壁，在现场和值班室（或其他有人值守房间）设置开关按钮操作挡烟垂壁。

9.3.13 采用自然排烟的场所，不宜采用外门的上部作为排烟通道。

【说明】

外门高度可能达到清晰高度线以上，如果利用外门上部排烟，则会形成烟气流动方向与人员疏散方向一致，有可能造成人员疏散路线受烟气影响。因此，不建议利用外门上部作为自然排烟口。

9.3.14 同一防火分区内的防火单元共用一套排烟及排烟补风系统时，不得通过公共区域或相邻防火单元进行排烟补风，且排烟风管与补风管的耐火极限不应低于2h。

【说明】

防火单元用于阻断火灾危险性高房间的火灾蔓延或阻止外部火灾蔓延到室内物品重要的场所，但其不是防火分区，无独立的疏散出口。当建筑内布置较多防火单元时，按防火单元设置排烟与补风系统布置困难，为了工程应用可行，排烟系统和补风系统可以合用，但应通过各自的送风口进行补风，而不应利用与排烟防火单元相邻的公共区域或防火单元进行补风。

同时，还应提高排烟风管和排烟补风管的耐火极限，与防火阀的设置相适应，以防止火灾通过排烟管道和排烟补风管道蔓延。

9.3.15 对于使用空间净高有变化房间或区域，计算排烟量时，其净高 H 应按照图9.3.15选取。

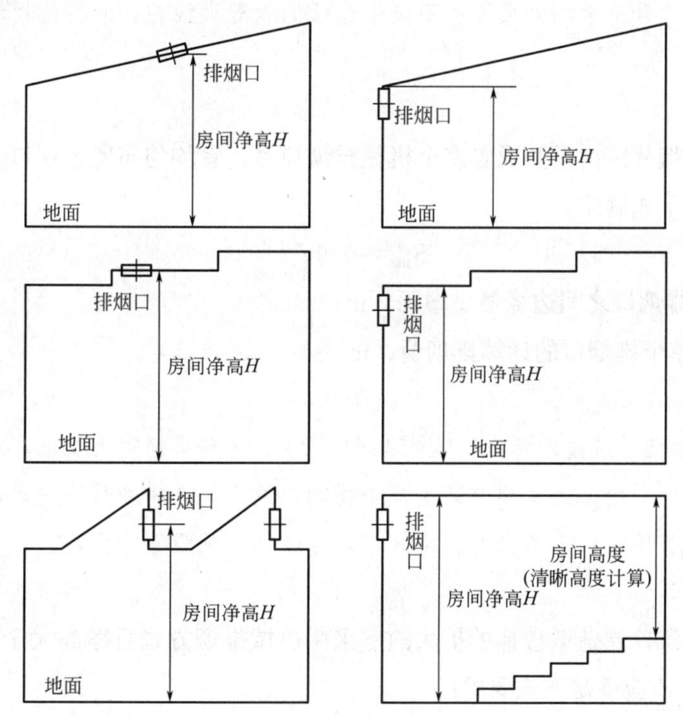

图9.3.15 房间净高确定方法示意图

【说明】

由于建筑空间形态的多样化，这里给出了一些典型的使用空间净高有变化房间或区域在计算排烟量时的净高计算方法。

9.3.16　净高大于 18m 或采用自动水炮灭火设施的场所，应按照无喷淋场所进行排烟系统设计。

【说明】

《建筑防烟排烟系统技术标准》GB 51251—2017 条文说明中提出“空间净高大于 8m 的场所，当采用普通湿式灭火（喷淋）系统时，喷淋灭火作用已不大，应按无喷淋考虑；当采用符合现行国家标准《自动喷水灭火系统设计规范》的高大空间场所的湿式灭火系统时，该火灾热释放速率也可以按有喷淋取值。”

《自动喷水灭火系统设计规范》GB 50084—2017 规定，一般情况下，民用建筑和厂房采用湿式系统的净空高度是 8m，因此当室内净高大于 8m 时，应按无喷淋场所对待。如果房间按照高大空间场所设计的湿式灭火系统，加大了喷水强度，调整了喷头间距要求，其允许最大净空高度可以加大到 12～18m。由此可见，净高高于 18m 的场所，不在《自动喷水灭火系统设计规范》GB 50084—2017 的涵盖范围内，不宜按照有喷淋场所考虑。

自动水炮灭火设施没有列入《自动喷水灭火系统设计规范》GB 50084—2017 中，也不宜按照有喷淋场所考虑。同时，参照上海市工程建设规范《建筑防排烟系统设计标准》条文说明，认为“自动水炮灭火设施不属于连续的水灭火设施，它的使用场合不能作为有喷淋场合”。

9.3.17　一个防烟分区内需要设置多个机械排烟口时，宜均匀布置排烟口，排烟口之间边缘最小净距可按下式确定：

$$S_{min}=0.9V_e^{1/2} \tag{9.3.17}$$

式中　S_{min}——排烟口之间边缘最小净距，m；

V_e——单个排烟口的计算排烟量，m^3/s；

【说明】

《建筑防烟排烟系统技术标准》GB 51251—2017 没有明确间距要求，一个排烟分区内设置多个排烟口，一般是为了弥补满足单个排烟口最大允许排烟量不足时的措施。如果排烟口距离较近，等同于一个集中的大排烟口，存在烟层被吸穿的问题。

9.3.18　公共建筑首层疏散楼梯的扩大前室采用机械排烟方式且净高大于 3.6m 时，其烟层底部设计高度 Z 应满足下式要求：

$$Z\geqslant 2.0+0.2H \tag{9.3.18}$$

式中 H——排烟空间的室内净高，m。

【说明】

参考上海市地方标准。当公共建筑首层疏散用的扩大前室采用机械排烟方式时，该处疏散人员集中且数量多，为避免造成人群恐慌，排烟量计算中采用的设计烟层底部高度应在最小清晰高度的基础上适当提高。

9.3.19 **当一个排烟系统负担有多个防烟分区排烟时，排烟系统计算风量应为该系统内开启的排烟口的最大计算风量与各不开启排烟口的漏风量之和。**

【说明】

带有多个常闭排烟阀的排烟系统，最多考虑开启两个排烟阀，因此排烟系统的计算风量应同时满足系统内两个最大排烟量的排烟口的计算风量之和。同时，与负担多个前室的加压送风系统原理相同，不开启的排烟口在排烟系统运行时会存在一定的漏风，其漏风量可按照该排烟口设计排烟量的3%～5%确定。

9.3.20 **排烟系统的风口选型，应符合以下要求：**

1 **烟气吸入口宜采用百叶风口、格栅风口等形式的风口，不宜选用散流器、旋流风口、条缝风口等形式；风口的长宽比不宜大于1∶4；**

2 **每个排烟系统只负担一个防烟分区时，该防烟分区内的排烟口可采用常开风口，但应在防烟分区内设置向消防控制中心报警并连锁启动排烟风机的装置；**

3 **当一个排烟风机负担了多个防烟分区的排烟时，每个防烟分区的排烟支管上应设置常闭式排烟阀或每个排烟口均设置常闭式排烟阀；**

4 **侧墙安装且中心安装高度低于2.0m或在净高低于2.3m的吊顶上安装的排烟口，不应采用板式排烟口。**

【说明】

1 排烟吸入口形式应有利于烟气的流动。相同面积的风口，其长宽比越大，风口阻力系数越大。

2 当排烟系统只负担一个防烟分区排烟时，无论该分区设置有几个烟气吸入口，都可采用常开式风口，这样发生火灾时该防烟分区内的烟气吸入口都是开启的，具备了排烟的条件。在防烟分区内设置手动报警装置是为了及时向消防控制中心报警并联锁启动排烟风机。

3 排烟口或排烟阀作为一种定型产品，平时是处于常闭状态的。当一个排烟风机负担了多个防烟分区的排烟时，为了防止烟气通过排烟风管在不同的防烟分区之间蔓延，每个排烟点均采用排烟口或者防烟分区的支管上设置排烟阀（烟气吸入口采用普通常开风口时），均可以实现对不同防烟分区的烟气隔绝要求。

4 板式排烟口的开启部分通常是一块活动的、可沿中心轴旋转的平板，在开启时，活动平板会占据一定的疏散空间。为了防止人员疏散过程中与活动平板发生碰撞等情况，侧墙安装时如果安装标高过低或者吊顶安装时的标高过低，都不应采用。

9.3.21 **排烟风机的吸入口，应设置280℃动作的常开式排烟防火阀，并与排烟风机连锁。**

【说明】

按照排烟系统要求，当烟气温度达到280℃时，应停止排烟风机运行并封断排烟管道。

9.3.22 **设置排烟系统的场所，应考虑排烟补风措施。排烟区的补风还应符合以下要求：**

1 **设置自然排烟方式的场所，应采用自然补风方式；**

2 **设置机械排烟的场所，当自然补风无法满足要求时，应设置机械补风系统；**

3 **排烟区的补风口应位于储烟仓高度以下；**

4 **排烟区域的补风量不应小于该区域排烟量的50%。**

【说明】

排烟场所应有补风系统，补风的目的是保证排烟效果。补风宜直接来自室外。当条件有限时，也可通过临近区域（第9.3.14条所规定的情形除外）进行补风，但临近区域本身的补风，应来自室外。

补风可分为机械补风和自然补风两种方式。自然补风方式可通过设置满足要求的补风通路面积（直接开向室外的补风用窗户或与相邻空间相通的补风洞口），由排烟造成的负压吸入补风，在火灾房间自然平衡的条件下保证排烟效果。

对于机械排烟的场所，当自然补风不满足要求时，应设置机械补风系统，以保证排烟效果，例如：需要排烟的地下走道和地下房间。

面积大于500m^{2}的地上房间，如果无直接对外的可开启外窗，仅仅依靠其走道等进行自然补风，很难满足要求，这时应设置补风系统。

自然排烟场所排烟量由火灾火势大小、排烟窗面积、室外风向风速等条件决定，不是一个固定风量，如果采用机械补风，有可能导致该场所的烟气蔓延。因此，自然补风的场所应采用自然补风方式。

9.4 防　　火

9.4.1 **应对建筑暖通空调系统中火灾危险性大的设备用房采取措施，限制或消除其对建筑防火安全的威胁。**

【说明】

暖通空调系统中存在火灾危险性大的设备用房，应对这些设备用房采取相应措施，防止设备用房火灾扩散到建筑中，影响建筑防火安全。采取的措施包括：

1 锅炉房宜独立设置。设置于建筑内时应布置在地面层或地下一层靠外墙部位，负压锅炉还可布置在地下二层或屋顶；燃油锅炉房油箱间应采用防火隔墙与锅炉间分隔；锅炉间不应与人员密集场所贴邻，且应设置泄爆口，泄爆口应与建筑主要出入口和紧急疏散口保持不小于6m的安全距离。在设计时，应对建筑专业的上述布置情况进行校核，必要时向建筑专业提出修改与调整的要求。

2 通风空调机房应采用防火隔墙和甲级防火门与其他部位隔开；风管道进出通风空调机房时应设置防火阀。

3 燃气锅炉房应设置燃气浓度报警装置和事故通风系统，事故通风系统应与燃气浓度报警装置连锁。

9.4.2 暖通空调系统使用的材料，应符合建筑防火要求。

【说明】

1 通风空调风管应采用非燃材料制作；通风与空调系统的风管材料、配件及柔性接头等应符合现行国家标准《建筑设计防火规范》GB 50016的有关规定。

2 剧场、影剧院、体育馆等人员密集建筑（场所）通风空调风管应采用不燃材料保温（保冷），其他建筑通风空调风管应采用燃烧性能不低于B1级、氧指数不低于30%的难燃材料或不燃材料保温（保冷）。

3 防火墙、防火隔墙、防火阀两侧2m范围内风管应采用非燃材料保温（保冷）。

4 采用管道式电加热器时，电加热器两侧1m范围内风管应采用非燃材料保温（保冷）。

5 暖通空调设备、供暖热水管道、空调冷热水管道的绝热材料，其燃烧性能应不低于B1级、氧指数不低于30%。

6 排烟管道应采用不燃材料隔热。

9.4.3 采用镀锌钢板风管外包防火板时，外包防火板的厚度应根据风管对耐火极限的要求，按表9.4.3选取。

不同耐火极限风管主要材料厚度表 **表9.4.3**

金属风管外包防火板		
耐火极限（h）	岩棉厚度(mm)	硅酸钙板材厚度(mm)
0.5～1.0	50	8
2.0	50	9
3.0	50	12

注：岩棉密度为100kg/m³。

【说明】

普通的空调通风风管、排烟分管等，在不同情况下的耐火极限要求不同，应根据具体应用场所的要求，合理确定防火板的厚度。

9.4.4 应采取措施防止火灾通过建筑供暖、通风、空调系统穿墙孔洞或管道蔓延。

【说明】

应采取措施防止火灾通过暖通空调系统管道穿越防火（隔）墙、楼板处的洞口和风管道蔓延。采取的措施包括：

1 通风空调系统划分应符合要求。水平方向通风空调系统不应服务于不同防火分区，通风空调系统竖向服务楼层数不宜超过5层。

2 供暖热水管道、空调冷热水管道、通风空调风管穿越防火墙、防火隔墙、楼板处应采用柔性有机堵料、无机堵料泡沫封堵材料等封堵管道与预留孔洞之间的缝隙，塑料管道应采用阻火包带封堵，封堵料耐火极限应与穿越部位构件耐火极限相同。

3 通风空调风管道穿越防火墙、防火隔墙、楼板、贵重设备房间隔墙处和水平支管与竖井内立管连接处等应设置防火阀，防火阀应设置在靠近分隔体处。

4 通风空调风管道穿越变形缝/沉降缝为防火墙、防火隔墙处应在变形缝两侧设置防火阀，防火阀应设置在靠近分隔体处。

5 供暖热水管道穿越防火墙处应设置固定支架。

9.4.5 排除含有油污等的气体的通风管道，应顺气流方向设置0.5%的向下坡度，同时在管路系统和设备最低处应设置水封及排液装置。当排除有氢气或其他比空气密度小的可燃气体混合物时，排风系统的风管应沿气体流动方向具有上倾的坡度，其值不小于0.5%。

【说明】

设置向下坡度，有利于防止管道内油污聚集而引起管道内失火。同样道理，对于密度低于空气的可燃气体混合物排风系统，应设置顺气流方向的向上坡度，防止可燃气体在风管内聚集。

9.4.6 可燃气体管道、可燃液体管道和电缆等，不得穿过风管的内腔，也不得紧贴风管的外壁敷设。可燃气体管道和可燃液体管道，不应穿过通风、空调机房。

【说明】

这些管道和电缆，本身不是暖通空调设计的范围，但在设计配合中应密切关注。

9.4.7 下列场所的暖通空调系统，应根据不同的情况分别采取针对性措施：

1 存在与散热器表面接触易发生爆炸物质的厂房不应设置散热器供暖系统；散热器管道不应穿过存在与供暖管道接触能引起自燃、爆炸或产生爆炸性气体的房间，确需穿过时应采用不燃材料隔热；

2 散发与供暖管道接触易发生爆炸物质或散发物质遇水、水蒸气引起自燃、爆炸或产生爆炸性气体的厂房不应采用循环风热风供暖；

3 甲、乙类厂房不应循环使用室内空气；丙类厂房循环使用含有易燃或有爆炸危险的粉尘、纤维的室内空气时应将粉尘浓度降到爆炸下限的25%以下；民用建筑不应循环使用含有易燃易爆物质的室内空气；

4 排风中含有易燃易爆气体、粉尘、蒸气时应采用金属风管、防爆风机，金属风管应采取导除静电的接地措施，排风机不应设置在地下室、半地下室内；

5 含有燃烧或爆炸危险粉尘的排风应经过净化处理后进入排风机；遇水可能爆炸的粉尘不得采用湿式除尘器；采用干式除尘器时应采用不产生火花的除尘器；输送管道、除尘器、过滤器应设置泄压装置；

6 散发密度小于0.7倍空气密度可燃气体的房间应设置密闭吊顶、可燃气体浓度报警、事故排风装置，事故排风口应设置于吊顶上；

7 含有易燃易爆物质的排风系统出口应布置在易于扩散处，应远离火源并远离建筑主要出入口、疏散出口和通风空调系统及防排烟系统取风口。

【说明】

本条所列的大部分是有一定工业要求的场所，在一些综合性民用建筑（例如实验建筑等）中也可能会遇到。同时，还应按照这些场所要求的一些专项规范和标准进行设计。

9.5 其　　他

9.5.1 通风空调系统和防排烟系统设计时，应根据阀门的功能和使用要求，合理设置和选用。

【说明】

常用防排烟与防火的阀门功能和设置要求可参考表9.5.1。

常用防火阀门设置　　表9.5.1

阀门类型	平时状态	安装位置	控制方式	联动控制要求	复位方式	风量调节	备注
防火调节阀	常开	通风空调风管进出通风空调机房的管道上	70℃温控关闭	连锁停风机	手动	可	—
		通风空调风管穿越防火墙、防火隔墙处，水平支管与立管连接处	70℃温控关闭	无要求	手动	可	—
			70℃温控和电动开启与关闭	无要求	手动或电动	可	根据控制需要选用
		厨房排油烟管道穿越防火墙、防火隔墙处	150℃温控关闭	连锁停风机	手动	可	—

续表

阀门类型	平时状态	安装位置	控制方式	联动控制要求	复位方式	风量调节	备注
排烟防火阀	常开	排烟管道进出机房管道上	280℃温控关闭	连锁停风机	手动	可	—
		排烟管道穿越防火墙、防火隔墙处,水平支管与立管连接处	280℃温控关闭	无要求	手动	可	—
			280℃温控和电动开关	无要求	手动或电动	可	根据控制需要选用
排烟阀	常闭	排烟口、排烟支管	现场手动、消防控制中心手动和火灾报警系统自动开启	连锁启动排烟风机与补风机	手动	无	—
加压送风阀	常闭	加压送风口	现场手动、消防控制中心手动和火灾报警系统自动开启	连锁启动加压风机	手动	无	—

9.5.2 防火阀门类型的选用，宜符合以下原则：

1 防火阀、排烟防火阀设置位置较高不便于复位操作时宜选用记忆合金代替易熔片；

2 非必要时不采用电动控制阀门。

【说明】

1 高大空间内防火阀、排烟防火阀设置于屋顶下部时通常难以操作，易熔片可能出现误动作，为便于日常维护，宜采用记忆合金代替易熔片。

2 通常在排烟系统及补风系统与通风空调系统合用时才会有采用电动控制阀门的需求。电动控制阀门可以重复动作，根据需求进行开关控制，可以满足系统模式转换控制要求。但是，阀门控制动作越复杂，阀门可靠性越低。因此，工程设计时宜避免采用这种方式。

9.5.3 消防控制中心显示防火阀门、防排烟风机状态要求如下：

1 有连锁要求的防火阀，应显示开闭状态；无连锁要求且有条件时，宜显示开闭状态；

2 应显示所有排烟系统排烟阀、排烟防火阀开闭状态；

3 应显示所有加压送风系统常闭加压送风口开闭状态。

4 应显示所有加压送风机、排烟风机、排烟补风机启停状态。

【说明】

确保消防中心能够完全掌握建筑内与防烟排烟和防火要求有关的设备与阀门的状态。

10 控制与监测

10.1 一 般 规 定

10.1.1 控制与监测分为手动控制与监测、自动控制与监测。

1 手动控制与监测通过常规仪表、手动阀门、手动开关等进行设备及系统的运行控制与监测；

2 自动控制与监测系统通过传感器采集系统运行参数，通过调节器、执行器调节被控对象，实现控制目标。

【说明】

本章所提到的控制与监测，指的是暖通空调系统在使用过程中，为满足使用要求而对系统运行参数和系统中的设备及附件进行实时的检测和合理的运行控制的过程。

手动启停可分为远距离控制和现场就地控制等模式。手动启停控制设备或系统中，可包含该系统或设备内本身自带的参数自动控制方式（例如：设置分体式空调设备的系统）。

自动控制与监测可分为集中自动控制系统、机电一体化自动控制系统和群智能控制等不同形式。

10.1.2 控制与监测系统的设置目标如下：

1 符合工程使用标准要求，保证供暖通风与空气调节服务区域室内温湿度及空气品质达到设计要求；

2 提高系统能效，降低运行能耗；

3 降低人员劳动强度，提高运行管理水平。

【说明】

满足使用需求是第一位的。在此基础上，尽可能通过自控系统对运行管理水平的提高，使得能效提升、运行能耗和人员工作强度降低。

10.1.3 控制与监测系统应根据设置目标，合理选择以下部分或全部内容：

1 设置必要的设备、阀门等附件的联锁控制，保证系统运行安全；

2 通过设置运行数据监测和调节操作装置，采用适当的控制策略，实现供暖通风与空气调节系统运行工况调节及运行工况转换；

3 监测系统主要设备、附件的运行状况，发生故障时发出报警信号并记录故障情况；

4 采集并记录系统重要运行数据，进行能耗、设备能效、系统运行状况等分析。

【说明】

本条规定了控制与监测系统的基本功能，也是进行暖通空调系统控制与监测系统设计的一些基本内容要求。对于实际工程可以根据具体设置的暖通空调系统情况，并根据建设方的相关要求，合理进行取舍。

1 联锁控制包括：设备开机顺序、停机顺序，设备开/停机时对应阀门的开/闭控制等。

2 为了确保实时控制的要求得以实现，应考虑到全年的控制策略和工况转换要求。一些重要的工况转换，需要实时的检测参数作为依据，并宜自动转换。例如：焓值控制方式，由于实际上在夏季，每天都有可能室外焓值低于室内焓值的过渡季状态。因此，空调系统的过渡季不是全年的自然春秋季，必须实时对比室内外的空气参数（焓值），才能更合理实现控制要求。

3 检测设备、附件的运行状态以及被控参数的实时数据，可以为可能发生和已经发生的系统、设备及附件的故障提供分析和管理的依据。

4 从未来对暖通空调系统的使用要求来看，仅仅维持基本的使用要求是远远不够的。能耗、碳排放等，是未来更值得关注的问题。通过对能耗数据的分析，可以充分发挥人的主观能动性，实现反馈控制与前馈控制相结合的优化控制模式。

10.1.4 控制与监测系统选择原则：

1 工程规模小或系统简单、运行设备少、调节控制要求低的工程宜采用手动控制与监测方式；

2 系统复杂、运行设备多、运行调节要求高的工程应设置自动控制与监测系统；

3 采用自动控制与监测系统时，宜采用基于数字控制器所构成的直接数字控制系统。

【说明】

本条规定了监控系统的选择原则，应根据工程具体情况，合理选用控制与监测方式。

1 对于一些构架简单、运行要求单一的系统（例如仅根据使用简单需求进行设备启停的通风系统、仅设置少量分散式空调设备的建筑等），为了降低投资，可采用手动启停方式进行设备的控制。

例如：住宅小区地下车库通风设备的运行控制，在完成风系统平衡调试和风量调试后系统的运行控制通常只有开关控制，没有调节控制要求，此时应采用手动控制方式。为便于运行管理，可采用集中手动控制方式进行风机的集中启停控制。

当采用多联机、单元机等空调系统时，多联机、单元机具有包括冷源和室内温湿度的完整的自动控制系统，与之相配套的新风机组（包括新风换气机）、冬季热源及建筑内的其他通风设备宜采用机电一体化控制方式，通过总线将所有设备连接起来进行集中启停控制和主要运行数据与状态监测。

2 对于采用集中冷热源空调系统的工程，由于其规模较大、系统复杂（建筑内有大量需要进行调节控制的水系统和空调末端设备）、参数的实时控制依靠手动难以完成或者投入的人力较大时，采用自动控制与参数自动监测系统能更好地实现第10.1.2条提出的目标。

3 暖通空调的控制系统，从早期的常规仪表控制，发展到目前技术已经非常成熟、应用广泛的直接数字控制（DDC）系统，两者最大的差别在于控制器的控制方式和控制器之间的通信与交互，后者都显示出了强大的优势。

无论是目前通称的DDC系统，还是在工业控制领域常见的PLC技术，以及群智能控制系统，从本质上都是直接数字控制技术的应用。三者的主要区别如下：

(1) 常规DDC系统，目前大多是多层级结构（一般有三级），通过集中控制中心，辐射设置各层级现场DDC控制器，并以现场DDC控制器为区域中心进行下一步的扩展设置。各个现场DDC控制器通过集中控制中心进行信息的协调和交互。系统构建完成后，除了通用部分软件外，还需要进行一定的应用软件编程。

(2) PLC控制器也称为可编程控制器，也是通过现场或工厂出厂前的编程来实现控制要求的。与常规DDC不同的是，其软件基本上都是针对性编程的订制化软件，适用于特定要求的场所和用途。

(3) 群智能控制系统是一种新型自动控制系统形式，通过智能单元划分、智能控制节点布置、搭建控制系统拓扑结构、应用APP软件实现对设备和系统的运行调节控制与监测。在系统结构形式上与常规DDC系统的最大区别，是采用了“无中心化”的系统构架——尽管其现场控制器与常规DDC系统的现场控制器功能相差不大且也是应用了直接数字控制技术，但系统中取消了各现场DDC控制器进行协调的集中控制中心。同时，这种系统形式更强调发展机电一体化的智能产品，以充分发挥系统的效益和优势。

10.1.5 所有集中控制的动力设备，均应设置现场手动控制措施或装置，实现远程控制与就地控制的切换。就地控制时，远程控制应确保切除，且切换开关的状态应在集中控制系统中明确显示。

【说明】

规定本条是从保护管理人员安全和局部系统再调适的基础上考虑的。

当某些环节存在局部问题时，可能需要在现场对一些参数或设备运行工况和状态进行重新试验甚至重新调适。为了不影响系统内其他控制内容的正常进行，只需要针对有问题的环节来进行。

由于动力设备大多处于较高速运转的状态，需要防止管理人员在维护、检修等过程中设备由于远距离误启动带来的人身伤害，这一点是特别重要的。电气专业一般也会有同样的规定。

10.1.6 在监控系统设计中，暖通空调专业的工作范围和内容如下：

1 绘制暖通空调系统自动控制原理图，并明确各监测与控制点的性质，以及各种输入输出信号点数量；

2 根据控制原理图的要求，设置合理的监测与控制设备和元器件；

3 确定设备、附件动作条件与顺序，提出设备、附件连锁控制要求；

4 确定设备、附件调节控制逻辑，提出设备、附件运行调节控制策略；

5 确定工况转换边界条件及各控制点在全年不同运行季节的设计参数；

6 必要时，结合使用方的要求，提出适宜的能源管理与节能运行方案；

7 有条件时，参与监控系统的调试工作。

【说明】

暖通空调系统的自动控制系统设计由暖通专业和电气专业共同完成。暖通专业作为工艺专业，应向自控设计专业（民用建筑中一般为电气专业，也有的细分为弱电专业或智能化专业）提出明确的工艺要求。本条的1～6款，都是这些要求的内容。

1 控制原理图是完成本专业控制逻辑的基础，通过本图，可以反映出各监控点的性质，并统计出各类监控点的数量，从而可确定暖通空调控制系统的大小和规模。

2 根据控制原理图的要求，合理设置需要检测与控制的元器件，是实现自动控制的基本条件。这些设备和元器件包括：为实现运行控制与监测要求所需要的参数检测元件（例如：温湿度、CO_2浓度、压力或压差、风量、水量等参数测量传感器），以及为完成控制所必需的执行机构和调控设备（例如：自动控制的水阀、风阀等），必要时还可包括控制器（或调节器）。原则上，这些设备和元器件，应在暖通空调设计图中有明确的表示。

3 为了进一步说明问题，宜结合第1、2款的情况，对每个控制环节给予详细的文字说明。尤其是控制策略和控制参数，是自动控制工程师编制控制软件并进行自动控制系统调试的依据。需要注意的是：即使是同类性质的系统，在具体应用时也可能会存在一定的区别。文字说明（包含控制原理图），应该对这些区别进行区分。

4 节能是设置自控的一个重要目标，因此必要时设计人可根据项目的具体情况，提出节能运行与能源管理的方案甚至细化的控制要求和措施，例如：能耗及冷热量的计量等。

5 参与调试工作，一方面可以确认控制系统是否按照原设计运行，另一方面也可以根据实际情况，对原设计要求的不足或缺陷进行调整和修改，使系统更为完善和适用。

10.1.7 **当设置中央管理系统时，应采用数字通信技术，并宜设置在建筑内的专用房间。**

【说明】

大中型建筑具有设备多、机电系统复杂、使用要求多样的特点，因此其中央管理系统应采用数字通信技术来实现。为了管理的方便，建筑中宜设置专门的集中监控用房。

10.1.8 **中央管理系统应具备以下功能：**

1 **设备远距离启停控制；**

2 **设备、控制元器件运行状态及系统主要参数监测、显示、再设定和故障报警；**

3 **系统运行参数收集、存储；**

4 **应配置系统能效与能耗分析管理软件；**

5 **密码保护安全机制；**

6 **必要时可设置与互联网的通信接口。**

【说明】

中央管理系统的设计，对本专业来说主要是提出相应的功能要求。

1 对设备进行远距离启停控制是基本要求。

2 实时监测和显示设备和控制元器件（调节阀等）的工作状态以及系统主要控制参数的实时情况，有利于提高管理水平。同时，也可通过这些监测和故障报警信号，分析可能出现的问题。当需要时，中央管理系统也可以直接对主要参数进行再设定。

3 历史数据的记录对于管理的重要性是不言而喻的，也为采取进一步的管理措施提供了依据。一般来说，中央管理系统应能够存储至少一年的所有检测数据。

4 通过软件实现自动或人工与自动相结合的暖通空调系统能耗和能效的分析与预测，为采取进一步提高能效和降低能耗的措施提供技术支持。

5 设置不同的安全密码权限，并可记录所有的操作，防止误操作行为的发生。

6 通过与互联网的通信，可利用更多的人力、技术和大数据资源，提升管理水平。

10.2 常用设备与阀门的监控

10.2.1 **设备与阀门监控功能及其输入/输出信号设置，应满足设备启/停与阀门开/关控制、调节控制、安全保护和状态监测的要求。**

【说明】

暖通空调设备与阀门监控是暖通空调系统自动监测与控制的基本单元，设备与阀门是暖通空调系统中进行调节控制的直接对象，设备、阀门的基本监控内容包括启停控制、状态反馈、运行参数反馈、安全联锁（指设备自身直接的安全联锁控制，例如冷水机组水流开关联锁控制不包括设备间的联锁控制，例如冷源系统设备顺序启停）、故障报警等，还包括为系统调控对设备的控制要求预留的条件（或预留控制点位）。

10.2.2 风机常用监控功能和输入/输出信号设置可参考表10.2.2确定。

风机常用监控功能和输入/输出信号设置　表10.2.2

控制方式	输入/输出信号	备注
开关控制	DO—风机启停控制信号 DI—风机手动/自动状态反馈信号 DI—风机进出口压差开关反馈信号 DI—风机电源热继电器故障信号	配套设置风机进出口压差开关； 电机功率大于15kW时，宜增设电机功率测量的AI信号
双速控制	DO—风机低速运行启停控制信号 DO—风机高速运行启停控制信号 DI—风机手动/自动状态反馈信号 DI—风机进出口压差开关反馈信号 DI—风机电源热继电器故障信号	配套设置风机进出口压差开关，风机低速运转时应能输出信号； 电机功率大于15kW时宜增设电机功率测量的AI信号
变频调速	DO—风机启停控制信号 AO—频率控制信号 DI—风机手动/自动状态反馈信号 DI—风机进出口压差开关反馈信号 DI—风机电源热继电器故障信号 3DI—变频器监测点： 运行状态信号 手/自动状态信号 故障报警信号	配套设置风机进出口压差开关，在风机最低速运转时应能输出信号； 可增加变频器运行频率反馈信号； 需要获取风机进出口压差值时，风机进出口压差开关DI改为压差AI； 电机功率大于15kW时宜增设电机功率AI信号

【说明】

1 表10.2.2中输入/输出栏为基本的输入/输出信号要求。当自动控制系统要求更高时，可参考备注栏增设输出信号。

2 当要求变频风机反馈运行频率时，变频器应具有运行频率反馈功能。变频器可以通过接线端子与自动控制系统进行数据传输，也可以通过数据接口方式与自动控制系统进行数据交互。

3 变频风机宜采用风机进出口压差（模拟量）代替风机出口压差开关，压差传感器既可以显示风机工作状态，需要时还可以通过压差计算实时风量。

10.2.3 水泵常用监控功能和输入/输出信号设置可参考表10.2.3确定。

水泵常用监控功能和输入/输出信号设置 表 10.2.3

控制方式	输入/输出信号	备注
开关控制	DO—水泵启停控制信号 DI—水泵手动/自动状态反馈信号 DI—水泵出口水流开关信号 DI—水泵电源热继电器故障信号	配套设置水泵出口水流开关； 电机功率大于 22kW 时宜采用水泵进出口压差 AI 信号替代出口水流开关 DI 信号，并增设水泵电机功率 AI 信号
变频调速	DO—水泵启停控制信号 AO—频率控制信号 DI—水泵手动/自动状态反馈信号 AI—水泵进出口压差信号 DI—水泵电源热继电器故障信号 3DI—变频器监测点(同风机)	配套设置水泵进出口压差传感器； 可增加变频器运行频率反馈信号； 电机功率大于 22kW 时宜增设水泵电机功率 AI 信号

【说明】

1 水泵常用监控功能和输入/输出信号设置原则与风机类似。

2 用水泵进出口压差（模拟量）替代水泵出口水流开关，既可以避免变频泵流量降低时水流开关误报故障，还可以根据进出口压差计算水泵流量，结合水泵电机功率，实时监测水泵效率。

10.2.4 水冷冷水机组常用监控功能和输入/输出信号设置可参考表 10.2.4-1 和表 10.2.4-2 确定。

水冷冷水机组常用监控功能和输入/输出信号设置 表 10.2.4-1

控制方式	输入/输出信号	备注
冷水、冷却水定流量	DO—冷水机组启停控制信号 DI—冷水机组电源热继电器故障反馈信号 DI—冷水机组冷水出口水流开关信号 DI—冷水机组冷却水出口水流开关信号 COM—冷水机组内部参数监控	配套设置冷水机组冷水、冷却水出口水流开关； 冷水机组额定制冷量大于 1758kW 时，宜增设冷水机组冷水进出口压差和冷却水进出口压差、冷水机组电机功率信号反馈
冷水变流量、冷却水定流量	DO—冷水机组启停控制信号 DI—冷水机组电源热继电器故障反馈信号 AI—冷水机组冷水进出口压差信号 DI—冷水机组冷却水出口水流开关信号 COM—冷水机组内部参数监控	配套设置冷水机组冷水进出口压差传感器、冷却水出口水流开关； 冷水机组容量大于 1758kW 时，宜增设冷水机组冷却水进出口压差、冷水机组电机功率信号反馈
冷水变流量、冷却水变流量	DO—冷水机组启停控制信号 DI—冷水机组电源热继电器故障反馈信号 AI—冷水机组冷水进出口压差信号 AI—冷水机组冷却水进出口压差信号 COM—冷水机组内部参数监控	配套设置冷水机组冷水、冷却水进出口压差传感器； 冷水机组容量大于 1758kW 时，宜增设冷水机组电机功率信号反馈

续表

控制方式	输入/输出信号	备注
冷水、冷却水定流量双工况冷水机组	DO—冷水机组启停控制信号 DO—冷水机组工况控制信号 DI—冷水机组电源热继电器故障反馈信号 DI—冷水机组冷水出口水流开关信号 DI—冷水机组冷却水出口水流开关信号 COM—冷水机组内部参数监控	配套设置冷水机组冷水、冷却水出口水流开关； 冷水机组容量大于1758kW时，宜增设冷水机组冷水进出口压差和冷却水进出口压差、冷水机组电机功率信号反馈

冷水机组内部参数监控表　　表10.2.4-2

序号	信息点	序号	信息点
1	DI—手动/自动状态反馈信号	7	AI—蒸发器冷媒温度或传热温差
2	DI—冷水机组运行状态反馈信号	8	AI—冷凝器冷媒温度或传热温差
3	DI—冷水机组故障报警信号	9	AI—压缩机电流百分比
4	2AI—冷水进、出口温度	10	AI—压缩机运行时间
5	2AI—冷却水进、出口温度	11	AI—压缩机电机频率(冷水机组变频控制时)
6	AO—冷水出口温度设定(需要由自动控制系统进行冷水温度设定时)		

【说明】

1　冷水机组基本监控功能包括机组的启停控制、出力控制、缺水保护、故障报警和主机运行状态和主要运行参数（冷水进出口温度、冷却水进出口温度、蒸发器/冷凝器换热温差、压缩机电流百分比等）监测。

2　机组出力控制由机组内部控制实现，通过调节压缩机负载（变频、调节螺杆机滑阀、离心机入口导叶阀等方式）控制出水温度为设定值。

3　冷水机组内部配置有冷水/冷却水欠流保护装置，当冷水/冷却水流量低于下限要求时冷水机组控制器自动禁止启动（启动时）或发出指令停机（运行时），防止损坏机组。设置于冷水机组冷水/冷却水出口管道上的水流开关（或冷水/冷却水进出口压差传感）为冷水机组外部保护措施，DDC控制系统接收到水流开关信号或压差大于最低限时允许启动机组，否则不启动机组或当机组运行时停止机组运行。

4　宜采用冷水/冷却水进出口压差（模拟量）代替冷水/冷却水出口水流开关。压差监测可避免水流开关误报故障，还可用于计算冷水/冷却水流量，进而结合冷水机组电机功率监测计算冷水机组实时制冷效率。

5　DDC控制系统应读取并在中控室显示冷水机组主要运行参数，便于管理人员掌握冷水机组运行状况。当需要由DDC控制系统设定冷水供水温度时，应要求设备制造商开放冷水机组控制器的冷水供水温度设定权限。

6 DDC控制系统应接收并在中控室显示冷水机组故障报警信号。

10.2.5 开式冷却塔常用监控功能和输入/输出信号设置可参考表10.2.5确定。

开式冷却塔常用监控功能和输入/输出信号设置　　表10.2.5

控制方式	输入/输出信号	备注
冷却风扇定速控制	DO—冷却塔风扇启停控制信号 DI—冷却塔风扇电机电源热继电器故障信号 DI—风扇手动/自动状态反馈信号 DO—冷却水进水电动阀开关控制信号 DO—冷却水出水电动阀开关控制信号 DI—集水盘防冻开关信号(用于冬季供冷时) DO—电加热控制信号(用于冬季供冷时)	供冷可靠性要求高的项目可增设冷却水电导率传感器AI和自动排污阀开关控制DO
冷却风扇变频控制	DO—冷却塔风扇启停控制信号 DI—冷却塔风扇电机电源热继电器故障信号 DI—风扇手动/自动状态反馈信号 AO—冷却塔风扇频率控制信号 3DI—变频器监测点(同风机) AO—出塔水温信号 DO—冷却水进水电动阀开关控制信号 DO—冷却水出水电动阀开关控制信号 DI—集水盘防冻开关信号(用于冬季供冷时) DO—电加热控制信号(用于冬季供冷时)	配套安装冷却塔出水温度传感器； 供冷可靠性要求高的项目可增设冷却水电导率传感器AI和自动排污阀开关控制DO

【说明】

1 冷却塔监控功能包括冷却塔风扇启停/变速、冷却水进出口电动阀开关控制、风扇及电动阀状态监测和故障报警。

2 冬季运行的冷却塔应设置集水盘防冻控制。

3 水质要求高的工程可设置冷却水水质监测与自动排污控制。

10.2.6 空气源冷水/热泵冷热水机组常用监控功能和输入/输出信号设置可参考表10.2.6-1和表10.2.6-2确定。

空气源冷水/热泵冷热水机组常用监控功能和输入/输出信号设置　　表10.2.6-1

控制方式	输入/输出信号	备注
冷(热)水定流量	DO—风冷冷水/热泵冷热水机组启停控制信号 DO—热泵工况控制信号(仅用于热泵机组) DI—空气源冷水/热泵冷热水机组电源热继电器故障反馈信号 DI—空气源冷水/热泵冷热水机组冷(热)水出口水流开关信号 COM—空气源冷水/热泵冷热水机组内部参数监控	配套设置空气源冷水/热泵冷热水机组冷(热)水出口水流开关； 空气源冷水/热泵冷热水机组制冷大于1055kW时，宜增设冷(热)水进出口压差、机组电机功率信号反馈

续表

控制方式	输入/输出信号	备注
冷(热)水变流量	DO—空气源冷水/热泵冷热水机组启停控制信号 DO—热泵工况控制信号(仅用于热泵机组) DI—空气源冷水/热泵冷热水机组电源热继电器故障反馈信号 AI—空气源冷水/热泵冷热水机组冷(热)水进出口压差信号 COM—空气源冷水/热泵冷热水机组内部参数监控	配套设置空气源冷水/热泵冷热水机组冷(热)水进出口压差传感器; 空气源冷水/热泵冷热水机组制冷大于1055kW时,宜增设机组电机功率信号反馈

空气源冷水/热泵冷热水机组内部参数监控表　　表 10.2.6-2

序号	信息点	序号	信息点
1	DI—手动/自动状态反馈信号	6	AO—热水出口温度设定(需要由自动控制系统进行热水温度设定发时)
2	DI—空气源冷水/热泵冷热水机组运行状态反馈信号	7	AI—环境温度信号
3	DI—空气源冷水/热泵冷热水机组故障报警信号	8	AI—压缩机电机频率(机组变频控制时)
4	2AI—冷(热)水进、出口温度	9	AI—冷凝风扇转速(冷凝风扇变频控制时)
5	AO—冷水出口温度设定(需要由自动控制系统进行冷水温度设定发时)		

【说明】

1　空气源冷水/热泵冷热水机组基本监控功能包括机组的启停控制、缺水保护、冬季运行的冷水/热泵冷（热）水机组防冻保护、故障报警和主机运行状态及主要运行参数[冷（热）水进出口温度、蒸发器/冷凝器换热温差、压缩机电流百分比等] 监测。

2　机组出力控制由机组内部控制实现，通过调节压缩机负载（变频、调节螺杆机滑阀等方式）控制出水温度为设定值。

3　空气源冷水/热泵冷热水机组内部配置有冷（热）水欠流保护装置，当冷（热）水流量低于下限要求时，机组自带的控制器自动禁止启动（启动时）或发出指令停机（运行时），防止损坏机组。设置于机组冷（热）水出口管道上的水流开关（或冷（热）水进出口压差传感）为机组外部保护措施，DDC控制系统接收到水流开关信号或压差大于最低限时允许启动机组，否则不启动机组或当机组运行时停止机组运行。

4　冬季运行的冷水/热泵冷（热）水机组应设置防冻保护功能，常用防冻保护措施有采用乙二醇溶液、电伴热、热泵循环等。

(1) 当冬季运行的冷水系统与其他系统隔绝、不会由于系统切换造成乙二醇溶液进入其他系统时，宜采用乙二醇溶液作为载冷剂。

(2) 当冬季运行冷水系统在全年各种工况下与其他系统连通情况时，可设置机组蒸发器/冷凝器电伴热。

(3) 热泵热水机组通过控制热泵机组及热水循环泵启停进行冬季防冻控制。设置防冻温度，当空调热水温度低于防冻温度时强制启动机组及循环水泵制热运行，当热水温度高于防冻停机温度时恢复正常控制状态。

(4) 设置防冻控制模式启动温度和结束温度。当机组出口水温达到启动温度时，启动电加热或热泵制热运行；当机组出口水温达到结束温度时，停止电加热或热泵制热运行。

(5) 应在设计要求中明确由机组控制器还是DDC控制系统进行防冻保护控制，并落实在设备表、自控原理图等设计文件中。

5 宜采用冷（热）水进出口压差（模拟量）代替冷（热）水出口水流开关。压差监测可避免水流开关误报故障，还可用于计算冷（热）水流量，进而结合机组电机功率监测计算机组实时制冷效率。

6 DDC控制系统应读取并在中控室显示机组主要运行参数，便于管理人员掌握机组运行状况。当需要由DDC控制系统设定冷（热）水供水温度时，应要求设备制造商开放机组控制器的冷（热）水供水温度设定权限。

7 DDC控制系统应接收并在中控室显示机组故障报警信号。

10.2.7 燃油/燃气热水锅炉常用监控功能和输入/输出信号设置可参考表10.2.7-1和表10.2.7-2确定。

燃油/燃气热水锅炉常用监控功能和输入/输出信号设置　　表10.2.7-1

燃料种类	输入/输出信号	备注
燃油	DO—锅炉启停控制信号 AI—锅炉给水压力 AI—锅炉给水温度 AI—锅炉出水压力 AI—锅炉出水温度 AI—供油压力 AI—供油温度 DO—供油快速切断阀开关控制 DI—室内可燃气体浓度报警 COM—锅炉本体控制单元参数监控	配套设置锅炉给水和出水压力、温度传感器，锅炉供油压力传感器、油温传感器、可燃气体浓度传感器
燃气	DO—锅炉启停控制信号 AI—锅炉给水压力 AI—锅炉给水温度 AI—锅炉出水压力 AI—锅炉出水温度 AI—燃气压力 AI—燃气流量 DO—供气快速切断阀开关控制 DI—室内可燃气体浓度报警 COM—锅炉本体控制单元参数监控	配套设置锅炉给水和出水压力、温度传感器，燃气压力传感器、流量传感器、可燃气体浓度传感器

锅炉本体控制单元参数监控表　　表 10.2.7-2

序号	信息点	序号	信息点
1	DI—手动/自动状态反馈信号	7	AI—炉膛压力
2	DI—鼓风机运行状态反馈信号	8	AI—炉膛出口烟气温度
3	DI—锅炉故障报警信号	9	DI—燃烧器燃油/燃气泄漏检测
4	AI—燃气/燃油调节阀位	10	AO—锅炉出口热水温度设定(需要时)
5	AI—风阀阀位控制	11	AO—气温(需要时)
6	AI—鼓风压力		

【说明】

1　燃油/燃气锅炉基本监控功能包括锅炉的启停控制、缺水保护、出力控制、安全保护控制、故障报警和锅炉及供油/供气系统运行状态和主要运行参数（热水进出口温度和压力、油温/油压、燃气压力、燃气/燃油控制阀开度等）监测。

2　锅炉本体应配置压力保护控制，常用压力保护控制措施为设置安全阀，采用控制式安全阀（压缩空气/液压控制式、电磁式）时应配置相应的动力源，采用脉冲控制式安全阀时，冲量接入导管上的阀门应保持全开并设置铅封。

3　锅炉本体控制单元应具备的保护功能应包括供油温度低报警、烟气温度高报警、炉膛压力低报警和超高/超低报警与保护、供油/供气压力低报警与保护、供气压力高报警与保护、鼓风机异常报警与保护、炉膛火焰异常报警与保护、炉膛程序点火系统和熄火保护系统异常报警与保护、燃烧器燃料泄漏故障报警与保护、锅炉压力与水温超限报警与保护、环境可燃气体浓度报警与保护。

4　容量大于或等于1.4MW的锅炉应配置可调节型燃烧器，锅炉本体自控单元应相应具备调节控制燃料流量和空气流量的功能。

5　应对锅炉出水温度进行气候补偿控制，可通过锅炉本体控制单元或DDC控制系统实现。当通过锅炉本体控制单元进行气候补偿控制时，DDC控制系统向锅炉本体控制单元传输气温数据，锅炉本体控制单元根据气温设定锅炉出水温度。由DDC控制系统进行气候补偿控制时，DDC控制系统根据气温确定锅炉出水温度，并将设定值下发到锅炉本体控制单元。

6　DDC控制系统应接收并在中控室显示锅炉故障报警信号。

10.2.8　常用风机盘管监控功能和输入/输出信号设置可参考表10.2.8确定。

常用风机盘管监控功能和输入/输出信号设置　　表 10.2.8

风机盘管类型	监控功能	输入/输出信号 (用于联网型控制器)	备注
单冷型风机盘管	开关控制 温度设定 风量档位手动调节 冷水电动阀调节	DO—开关控制 AO—温度设定 DI—运行状态反馈 AI—室温反馈	—

续表

风机盘管类型	监控功能	输入/输出信号（用于联网型控制器）	备注
单冷型风机盘管	开关控制 温度设定 风量档位自动调节	—	适用于小规模空调水系统
冷热共用盘管型风机盘管	开关控制 温度设定 风量档位手动调节 冷热水电动阀调节 工况转换	DO—开关控制 AO—温度设定 DO—工况转换控制 DI—运行状态反馈 AI—室温反馈	—
冷热共用盘管型风机盘管	开关控制 温度设定 风量档位自动调节 工况转换	—	适用于小规模空调水系统
四管制风机盘管	开关控制 温度设定 风量档位手动调节 冷水电动阀调节 热水电动阀调节	DO—开关控制 AO—温度设定 DI—运行状态反馈 AI—室温反馈	—

【说明】

1 风机盘管常用控制方式为温控器就地控制，常用控制功能有手动开关、温度设定、风量档位调节、工况转换、自动调节冷（热）水路电动阀。一般采用开关型水路电动阀，室温控制要求高时可采用调节型水路电动阀。当采用调节型水路电动阀时，应采用模拟控制型温控器。

2 规模小的建筑的风机盘管控制可采用水路不控制、根据室温自动调节风量档位的控制方式。

3 投资条件许可或者管理要求高的工程可采用联网型风机盘管温控器，由DDC控制系统进行风机盘管的开关、温度设定、工况转换控制，由温控器就地控制水阀开关/开度。

4 风机盘管温控器安装位置应位于风机盘管服务区域内，以保证温控器采集的室温能代表风机盘管服务区域的室温。

5 一个常规温控器不宜控制多台风机盘管，不同型号的风机盘管不应合用温控器。

10.2.9 常用变风量（VAV）末端监控功能和输入/输出信号设置可参考表10.2.9确定。

常用VAV末端监控功能输入/输出信号设置　　表10.2.9

VAV末端类型	监控功能	输入/输出信号(用于数字型控制器)
单冷型VAV末端	温度设定 风量监测 电动风阀调节控制 关闭风阀控制	AO—温度设定 AI—室温反馈 AI—风量反馈 AI—风阀开度反馈 DO—关闭风阀控制 DI—一次风阀状态反馈

续表

VAV末端类型	监控功能	输入/输出信号(用于数字型控制器)
冷暖型VAV末端	温度设定 风量监测 电动风阀调节控制 工况转换控制 关闭风阀控制	AO—温度设定 DO—工况转换控制 AI—室温反馈 AI—风量反馈 AI—风阀开度反馈 DO—关闭风阀控制 DI—一次风阀状态反馈
串联风机VAV末端	风机开关控制 温度设定 一次风量监测 电动风阀调节控制 工况转换控制(用于冷暖型末端) 关闭一次风阀控制	AO—温度设定 DO—风机开关控制 DO—工况转换控制 AI—室温反馈 AI—一次风量反馈 AI—风阀开度反馈 DO—关闭一次风阀控制 DI—风机运行状态反馈 DI—一次风阀状态反馈
串联风机＋再热盘管VAV末端	风机开关控制 温度设定 一次风量监测 电动风阀调节控制 再热盘管控制 工况转换控制 关闭一次风阀控制	AO—温度设定 DO—风机开关控制 DO—工况转换控制 AO—再热盘管控制 AI—室温反馈 AI—一次风量反馈 AI—风阀开度反馈 DO—关闭一次风阀控制 DI—风机运行状态反馈 DI—一次风阀状态反馈
并联风机＋再热盘管VAV末端	风机开关控制 温度设定 一次风量监测 电动风阀调节控制 再热盘管控制 工况转换控制 关闭一次风阀控制	AO—温度设定 DO—风机开关控制 DO—工况转换控制 AO—再热盘管控制 AI—室温反馈 AI—一次风量反馈 AI—风阀开度反馈 DO—关闭一次风阀控制 DI—风机运行状态反馈 DI—一次风阀状态反馈

【说明】

1 VAV末端常用控制方式为数字型温控器就地控制。常用控制功能有手动开关、温度设定、工况转换、关闭一次风阀、自动调节一次风量、再热加热量，常用监测功能包括室温、一次风阀开度、一次风量、再热盘管水路调节阀开度等运行参数和风阀、风机动力型变风量末端的风机运行状态及故障报警。

2 当VAV系统采用定静压控制方式时，VAV末端温控器独立运行，其与DDC控制系统可不进行通信联系。

3 当VAV系统采用变静压或阀位控制方式时，DDC控制系统需要采集VAV系统内各末端一次风阀开度信号。

4 当VAV系统采用总风量控制方式时，DDC控制系统需要采集VAV系统内各末端一次风量信号。

5 当需要对VAV末端进行集中管理时，DDC控制系统应能对VAV系统内的各末端进行开关、设定室温、转换工况、关闭一次风阀控制，DDC控制系统应显示各VAV末端运行状态、室温、一次风阀开度、一次风量、风机动力型末端的风机运行状态、再热型末端的再热盘管水阀开度等运行参数或状态，应显示风阀、风机故障报警。

10.2.10 常用自动控制阀门执行器输入/输出信号设置可参考表10.2.10确定。

常用自动控制阀门执行器输入/输出信号设置 表10.2.10

执行器类型	输入/输出信号	备注
两线开关控制(带弹簧复位)	DO—阀门开启控制信号	常用于风机盘管、冷梁、地板辐射供暖等水路控制阀和风管开关控制风阀
浮点控制(开关/调节)型	DO—阀门开启控制信号 DO—阀门关闭控制信号 DI—开到位反馈信号(可选) DI—关到位反馈信号(可选)	通常不用于开关控制
调节型	AO—阀门开度控制信号	可增加阀门开度反馈信号AI

【说明】

1 阀门执行器执行控制器发出的指令，驱动阀门动作。

2 阀门执行器从控制功能上分为开关型和调节型两种类型。

3 小规格开关控制阀门常用带弹簧复位的执行器，此时只需要设置一个开阀数字量信号，执行器接收到开阀信号后打开阀门，数字量信号断开后依靠弹簧力关闭阀门。

4 需要较大扭矩的开关控制阀采用不带弹簧复位的开关控制执行器，常用两个开关量信号控制执行器动作（称为浮点型控制），一个为开阀信号，另一个为关阀信号。执行器接收到开阀信号时，伺服电机正向旋转使阀门打开；接收到关阀信号时，伺服电机反向旋转使阀门关闭。也有不带弹簧复位的开关控制执行器使用一个开关量信号控制执行器动作，当执行器接收到开关量信号时，伺服电机正向旋转使阀门打开，开关量信号断开时伺服电机反向旋转使阀门关闭。提出控制器输入/输出信号要求时，若不能确定执行器技术要求，按两个开关量信号预留条件。

5 调节型执行器通常采用模拟量信号进行控制，模拟量信号可以是0～10mA或0～10VDC信号，通过模拟量信号控制执行器动作（通过伺服电机正向或反向旋转到达需要的位置）。为降低成本，也可以采用浮点控制型执行器实现调节功能，由控制器输出持续一定时间长度的正向动作或反向动作信号，执行器伺服电机根据指令动作。浮点控制型执行器通过累计计算伺服电机正向或反向旋转的时间判断阀门开度，存在累计误差，需要定期校准。

6 出于成本考虑，通常执行器不进行阀位反馈。当需要反馈阀位时，除了要求控制器和执行器增加相应点位，还要求阀门增加阀位反馈装置（如开到位、关到位触点）。

10.3 系统监测要求与控制策略

10.3.1 暖通空调系统设备顺序启停控制应符合下列要求：

1 冷源系统开机顺序：

①冷却水泵→冷却水电动阀（如果有）→冷却塔风机；②冷水泵→冷水电动阀（如果有）；③冷水机组（以上①、②可同步进行）；

2 锅炉热源系统开机顺序：热水循环泵→热水电动阀（如果有）→锅炉；

3 水—水热交换器开机顺序：

二次侧循环泵→二次侧电动水阀（如果有）→一次侧循环泵（如果有）→一次侧电动水阀；

4 空气处理机组开机顺序：电动水阀→电动风阀→风机；

5 上述系统的停机顺序，均与开机顺序相反。

【说明】

为了保证设备和系统安全运行，应按顺序启停相关设备。

冷水机组启动时需要保证冷却水、冷水流量符合开机要求，因此应首先启动冷水泵、冷却水泵及冷水和冷却水路相关阀门及设备。冷水机组停机时应延迟关闭冷水泵和冷却水泵，因此应先停冷水机组，再停止水泵。当循环泵并联后通过总管与冷水机组连接时，冷水机组对应电动阀应在水泵启动后再打开、在水泵停止前关闭，以防止冷水机组分流导致运行冷水机组流量不足而造成保护性停机。

锅炉启动时需要水流量满足运行要求，因此应首先启动热水循环泵。通常热水循环泵应与锅炉一对一连接。当热水循环泵并联后通过总管与锅炉连接时，与冷源系统控制要求一样，应在水泵启泵后开启电动水阀、在水泵停止前关闭电动水阀。

水—水换热器的开机顺序是：先开二次侧水泵和电动水阀，再开一次侧水泵（如果有）和电动水阀（如果有），其中一次侧电动水阀通常是用于控制二次侧供水温度的电动调节阀。停机顺序相反。

空气处理机组（包括新风空气处理机组、一次回风系统空气处理机组、循环风空气处理机组等）的开机顺序为：先开水路电动阀门（加湿控制阀除外），再开风路电动阀门，最后启动风机。停机顺序相反。

需要特别注意的是：冷热源系统中，由于水泵比电动阀优先开机和延后关机，电动阀开启或全关时，处于水泵的最大工作压差下（接近水泵零流量下的扬程）使用。为了确保能够正常开启或关闭，电动阀需要配置较大执行力矩的执行器。这一点应该在设计文件中明确提出。

10.3.2 设备安全保护控制的设计，应包括以下内容：

1 冷水机组、锅炉应设置低水量保护；

2 室外计算温度低于0℃地区的新风机组应设置防冻保护；

3 水系统压力保护控制；

4 冷水机组、锅炉等设备内部安全保护控制由设备制造商配备。

【说明】

为了保证设备安全，除设备本身设置需要的安全保护控制外，应在系统设计中采取必要的安全保护控制措施。

1 冷水机组、锅炉应设置缺水保护控制，具体做法如下：

(1) 定流量冷水机组的冷水、冷却水出口均设置水流开关，水流开关与冷水机组启动联锁，当水流开关发出缺水信号时自动停止冷水机组（或在执行开机程序时不启动冷水机组）；

(2) 变流量冷水机组宜监测变流量侧进出口压差，当进出口压差小于最低允许值时不启动冷水机组（开机时）或停止冷水机组（运行时）；

(3) 承压及常压热水锅炉一般采用锅炉定流量、负荷侧变流量系统，此时通过锅炉热水出口水流开关进行锅炉缺水保护，当水流开关发出缺水信号时不启动锅炉（开机时）或停止锅炉运行（运行时）；真空锅炉宜采用锅炉变流量系统，此时宜监测锅炉热水进出口压差，当压差低于最低允许值时不启动锅炉（开机时）或停止锅炉运行（运行时）；

(4) 必要时应对冷水机组的冷却水进水温度进行控制，防止过低的冷却水进水温度；

(5) 冷水机组、锅炉停机时均应设置冷（热）水泵、冷却水泵延时停机程序，防止发生冷水机组蒸发器冻结或锅炉热水汽化等损害。

2 室外计算温度低于0℃的地区，新风机组和带新风的空调机组均应设置热水盘管防冻装置和防冻控制。

首先，应设置与风机联锁的电动新风阀，当风机停止时自动关闭电动新风阀。

其次，在热水盘管后设置防冻开关，当温度低于设定防冻温度时加大热水管路电动调节阀开度，并宜联锁启动热水循环泵。寒冷、严寒地区宜设置预热盘管，将室外空气预热到5℃，且当室外温度低于0℃时保持预热盘管热水管路电动调节阀全开。

3 供暖空调水系统由于间歇工作、气候补偿控制等因素会出现水温变化，造成水系统压力变化。当水温降低时，由于体积收缩造成系统压力下降，有可能造成系统内局部负压，此时应向系统补水，宜采用膨胀水箱定压补水，也可采用补水泵＋定压罐补水。采用补水泵＋定压罐方式定压补水时通常采用机电一体化控制方式，控制器根据压力传感器信号进行补水泵启停控制。当水温升高时由于体积膨胀会造成压力升高，有可能超过系统工作压力，造成管道/设备破坏，因此应设置压力保护控制。常用做法是在系统适当部位设置泄压阀，当系统压力超过设定值时通过泄压阀泄压。

4 以上提到的，都是在工程设计中为了保证设备安全使用的一些外部措施。除此之外，设备在运行使用中，其内部还有大量的安全保护要求，这部分一般不由工程设计人员来承担，而由设备制造商随设备配套提供。

10.3.3 冷水机组定流量、负荷侧变流量一级泵冷源系统控制原理及控制点设置如图 10.3.3-1 和图 10.3.3-2 所示。

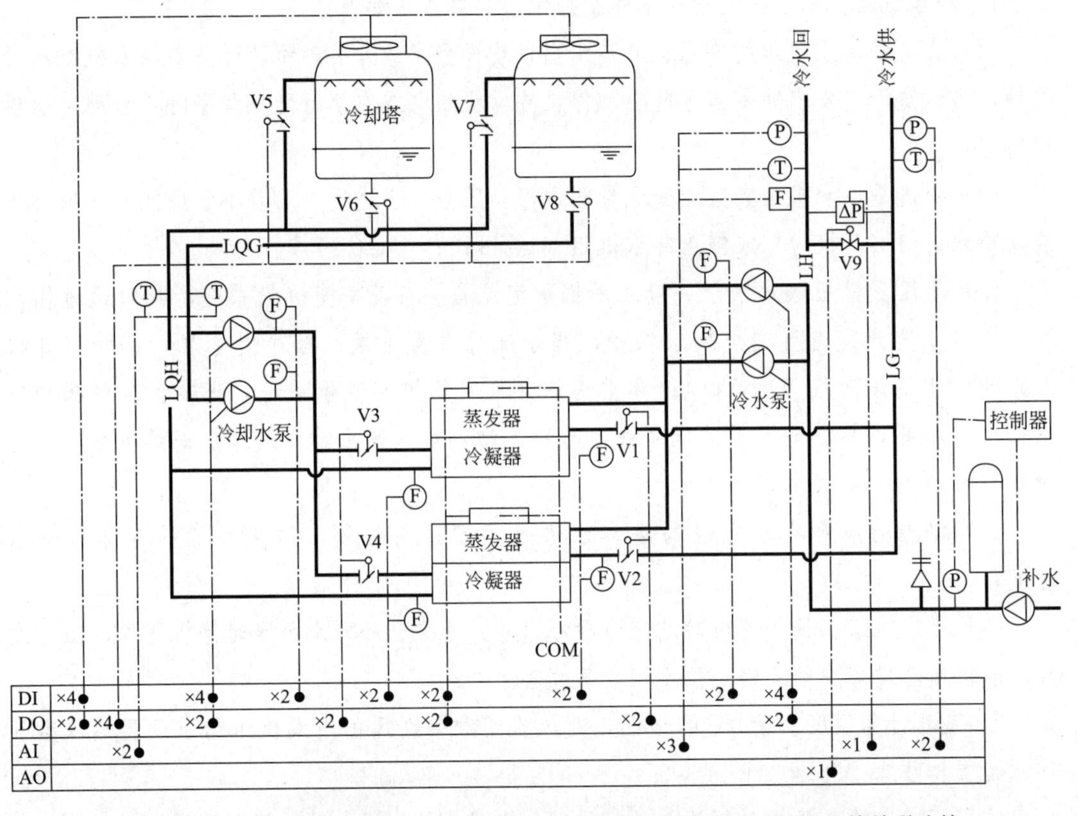

图 10.3.3-1 压差旁通阀控制变流量一级泵冷水系统控制原理图（机组母管并联连接）

LG—冷水供水管；LH—冷水回水管；LQG—冷却水供水管（进冷凝器）；LQH—冷却水回水管（进冷却塔）

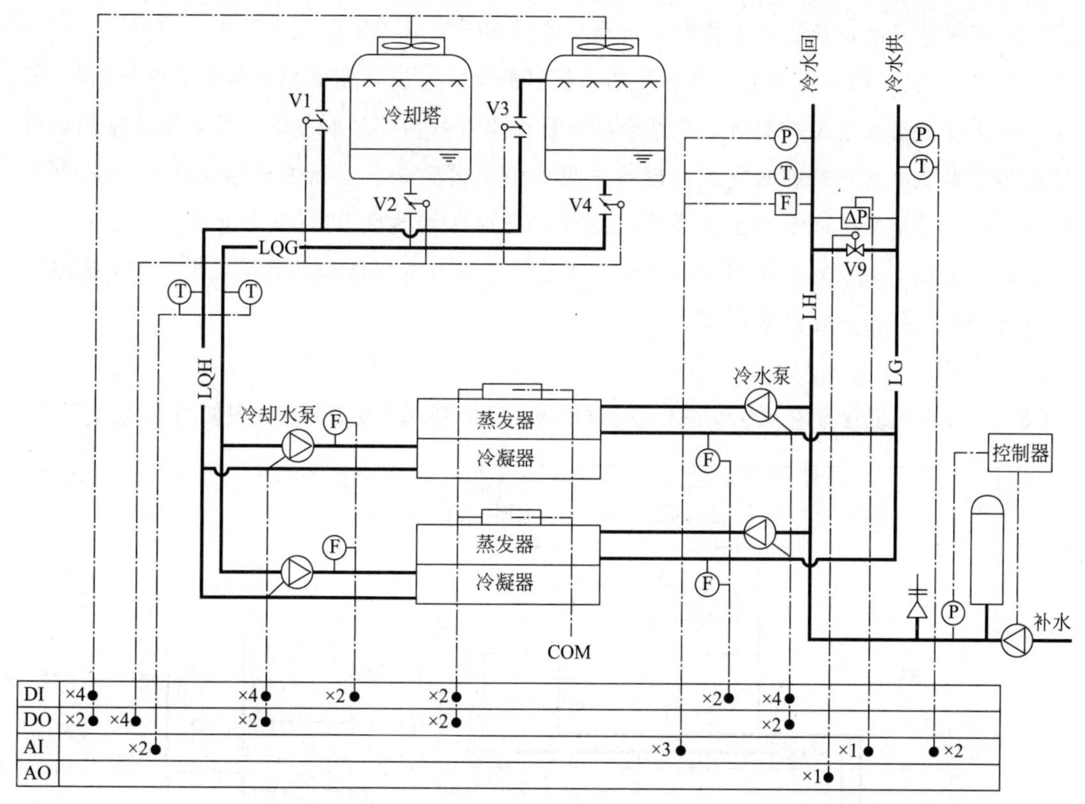

图 10.3.3-2 压差旁通阀控制变流量一级泵冷水系统控制原理图（机组与水泵一一对应连接）

注：管线符号同图 10.3.3-1。

【说明】

冷水机组定流量、负荷侧变流量一级泵冷源系统，又称为压差旁通阀控制一级泵变流量系统。图 10.3.3-1 和图 10.3.3-2 是两种广泛应用的系统形式，它们之间的差别只在于水泵与冷水机组的连接方式上：图 10.3.3-2 中的冷水泵、冷却水泵与冷水机组均一一对应直接连接，因此该图中不需要进行冷水机组冷水、冷却水电动阀门联动控制。除此之外，其他控制逻辑与图 10.3.3-1 相同。以下用图 10.3.3-1 来说明其主要的控制程序和要求。

1 在冷水机组控制屏上设定冷水出水温度，当需要再设定冷水机组供水温度时应由中央控制系统通过通信接口进行冷水机组出水温度设定。

2. 控制系统通过负荷侧供/回水温度、回水流量计算实时冷负荷，并根据冷负荷需求确定冷水机组、冷却水泵、冷水泵运行台数和冷水机组冷水及冷却水路电动阀门的开关。

3 根据冷水机组要求设定最低冷却水温度，根据冷却水温度确定冷却塔运行台数，当冷却水温度低于最低冷却水温度时停止一台冷却塔风机、联锁关闭冷却塔进出水口电动阀门，按此逻辑控制冷却塔启停。

4 压差旁通控制可采用机电一体化控制或控制系统控制。通常采用机电一体化方式，在压差旁通控制器设定供回水压差值，压差旁通控制器根据压差传感器信号调节电动旁通调节阀开度以控制供回水压差，这时不需要压差输入信号和旁通阀开度输出信号；当采用变压差控制方式时，应由集中控制系统调节旁通阀开度以控制供回水压差。

5　对于以末端水阀开度可调为主的系统（例如，主要以空调机组为主的系统），当机组采用变冷水出水温度控制时，应结合冷水机组本身的内部控制要求以及各末端水阀的开度提出出水温度变化的控制方式。建议采用的控制逻辑是：当所有末端水阀处于80%开度以下时，可适当提高机组出水温度设定值；当有末端达到95%以上开度时，宜降低机组出水温度设定值。对于末端水阀以双位式控制方式为主（例如主要是风机盘管的系统），不宜采用变机组出水温度控制模式。

10.3.4　冷水机组变流量、冷却塔风机变频冷源系统控制原理及控制点设置如图10.3.4所示。

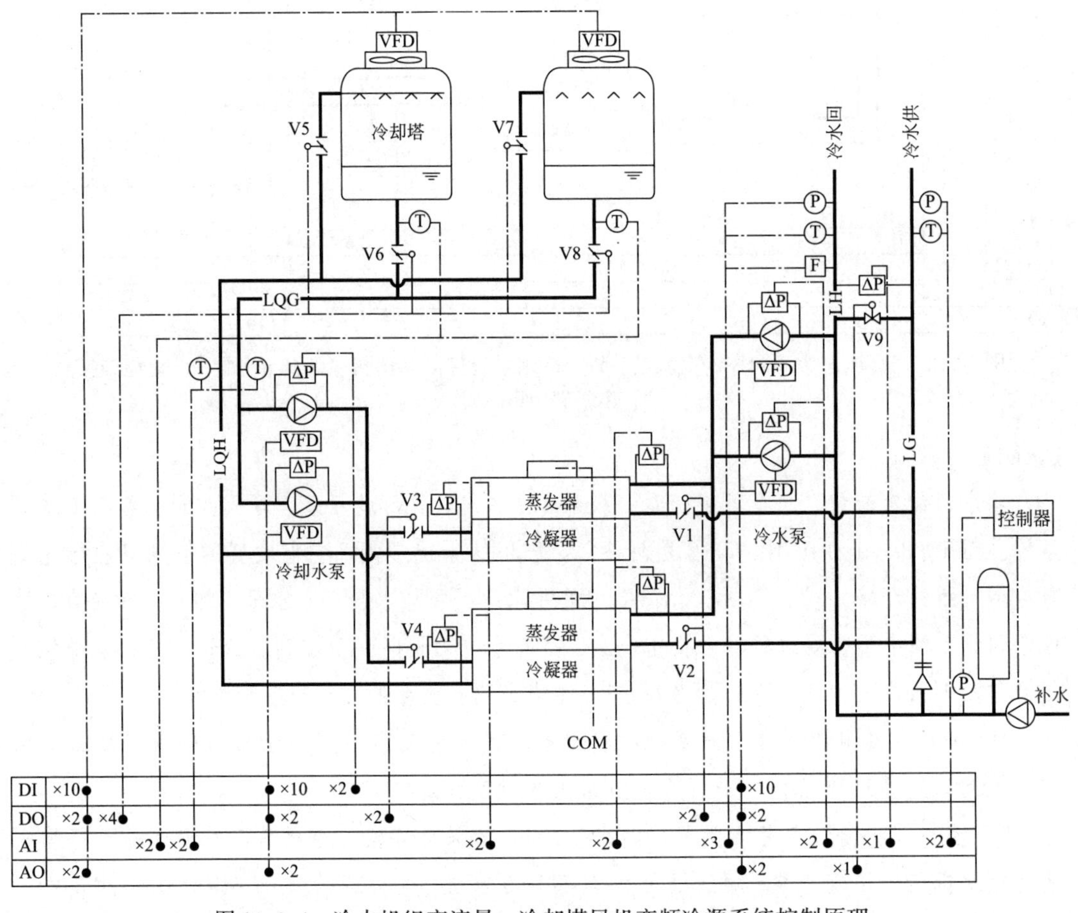

图10.3.4　冷水机组变流量、冷却塔风机变频冷源系统控制原理

注：管线符号同图10.3.3-1。

【说明】

冷水机组变流量、冷却塔风机变频冷源系统的冷水机组出水温度、冷却水最低允许温度设定和冷水机组运行台数及与之对应的电动水阀的控制与第10.3.3条相同，冷水泵、冷却水泵、冷却塔等的控制程序如下：

1　根据冷水机组最低允许冷水流量和冷却水流量，设定冷水机组冷水和冷却水允许最低进出口压差；设定冷水泵、冷却水泵、冷却塔风扇最低允许转速。

2　冷水泵变频控制：

（1）当控制冷水供回水压差时，设定供回水压差，并调节冷水泵转速以维持供回水压差在设定值，至冷水机组冷水进出口压差降到最低允许压差或水泵降低最低允许转速时，不再降低水泵转速，通过调节压差旁通阀开度，维持供回水压差在设定值。与前述相同，当旁通阀采用机电一体化控制方式时，不需要压差输入和旁通阀开度输出信号。

（2）当末端以双位式温度控制的风机盘管为主时，可控制供回水温差，设定供回水温差，调节冷水泵转速以维持供回水温差为设定值，至冷水机组冷水进出口压差降到最低允许压差或水泵降低最低允许转速时，不再降低水泵转速，通过调节压差旁通阀开度，维持冷水机组冷水进出口压差不低于最低允许压差。

（3）当末端与全空气系统为主时，根据空气处理机组冷水阀开度调节冷水泵转速以维持开度最大的空气处理机组冷水电动调节阀开度在90%，至冷水机组冷水进出口压差降到最低允许压差或水泵降低最低允许转速时，不再降低水泵转速，通过调节压差旁通阀开度维持冷水机组冷水进出口压差不低于最低允许压差。

（4）冷水泵变频控制时，其控制软件或程序应确保通过冷水机组的冷水流量的变化速率不超过30%/min。

3　冷却水泵变频控制：设定冷却水供回水温差，根据冷却水供回水温差调节冷却水泵转速以维持冷却水供回水温差为设定值，至冷水机组冷却水进出口压差降到最低允许压差或水泵降低最低允许转速时，不再降低水泵转速。

4　冷却塔风机变频控制：一般情况下获得较低的冷却水温度可以从冷水机组能效提高中获得较高的节能效益，因此在冷却塔出水温度达到冷水机组冷却水最低允许温度之后，冷却塔风扇才开始调节转速，以维持冷却塔出水温度不低于最低允许温度。

10.3.5　二级泵冷源系统，控制原理及控制点设置如图10.3.5所示。

【说明】

二级泵冷水系统的应用是基于冷水机组的冷水不适合做变流量运行为基础来考虑的。因此，本系统中的冷水机组和初级冷水泵控制与第10.3.3条相同。冷却泵和冷却塔的控制可参照第10.3.3条、第10.3.4条的要求执行。以下重点就二级泵的控制程序做出说明。

1　设定二级泵最低允许转速。对于同轴风扇冷却电机，最低转速一般可确定为25～30Hz；对于专用变频电机（带独立冷却风扇），最低转速应根据产品资料的要求进行设定。

2　二级泵变频控制：

（1）当控制冷水供回水压差时，设定各环路供回水压差，并调节对应二级泵转速以维持供回水压差在设定值。

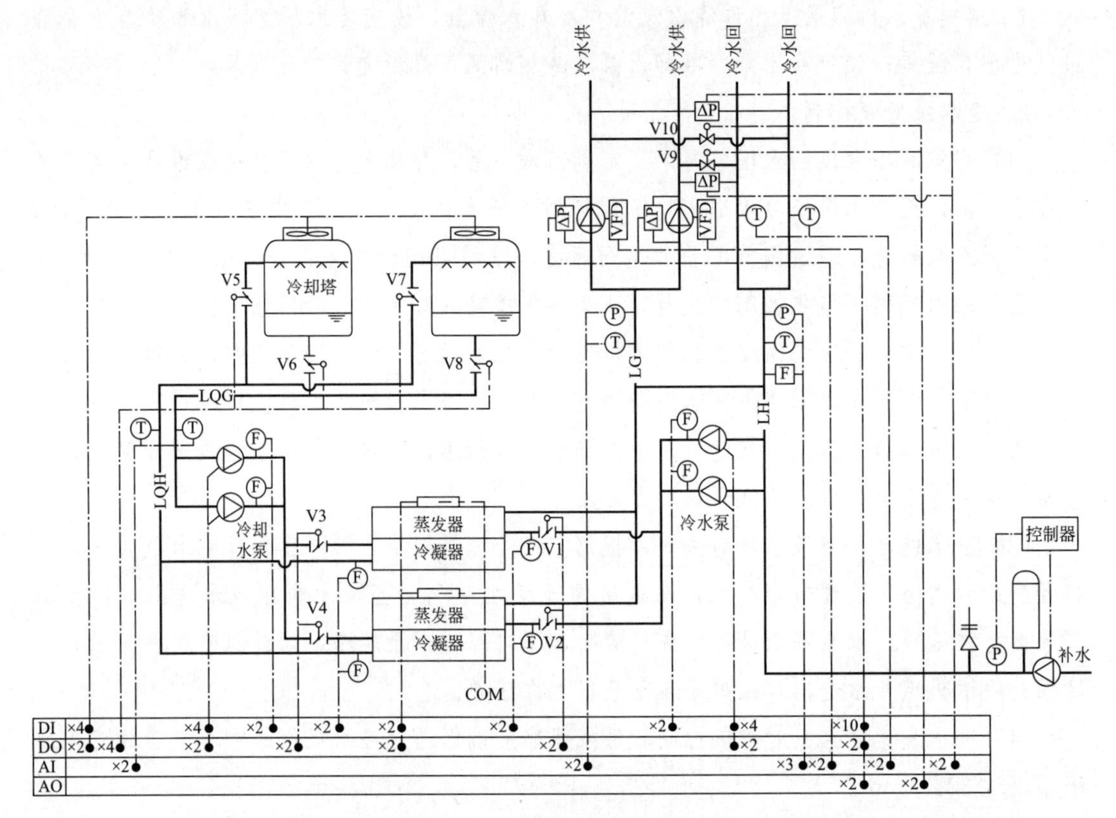

图 10.3.5 二级泵冷水系统控制原理

注：管线符号同图 10.3.3-1。

(2) 当二级泵转速降至最低允许转速时，不再降低水泵转速，通过调节对应压差旁通阀开度，维持供回水压差在设定值。这时，旁通阀控制方式和控制点位设置与前述相同。

(3) 对于以末端水阀开度可调为主的系统，当采用供回水变压差控制时，压差设定值的变化应根据各末端水阀开度的情况，提出变压差设定值的方法和逻辑。建议采用的控制逻辑是：当所有末端水阀处于 80%开度以下时，可适当降低供回水压差设定值；当有末端达到 95%以上开度时，宜提高供回水压差设定值。

10.3.6 冷却塔冬季供冷冷源系统控制原理及控制点设置如图 10.3.6 所示。

【说明】

图 10.3.6 所示冷却塔冬季供冷冷源系统除冬季供冷控制之外的其他控制程序与第 10.3.3 条相同。以下重点介绍冷却塔冬季供冷的控制要求。

1 参数设定：冷却塔供冷换热器一次侧供水温度（即冷却塔出水温度）、二次侧供水温度、冷却塔风机最低允许转速、冷却塔集水盘防冻温度设定值（电加热器启动温度和停止温度）。

2 冷却塔供冷控制：

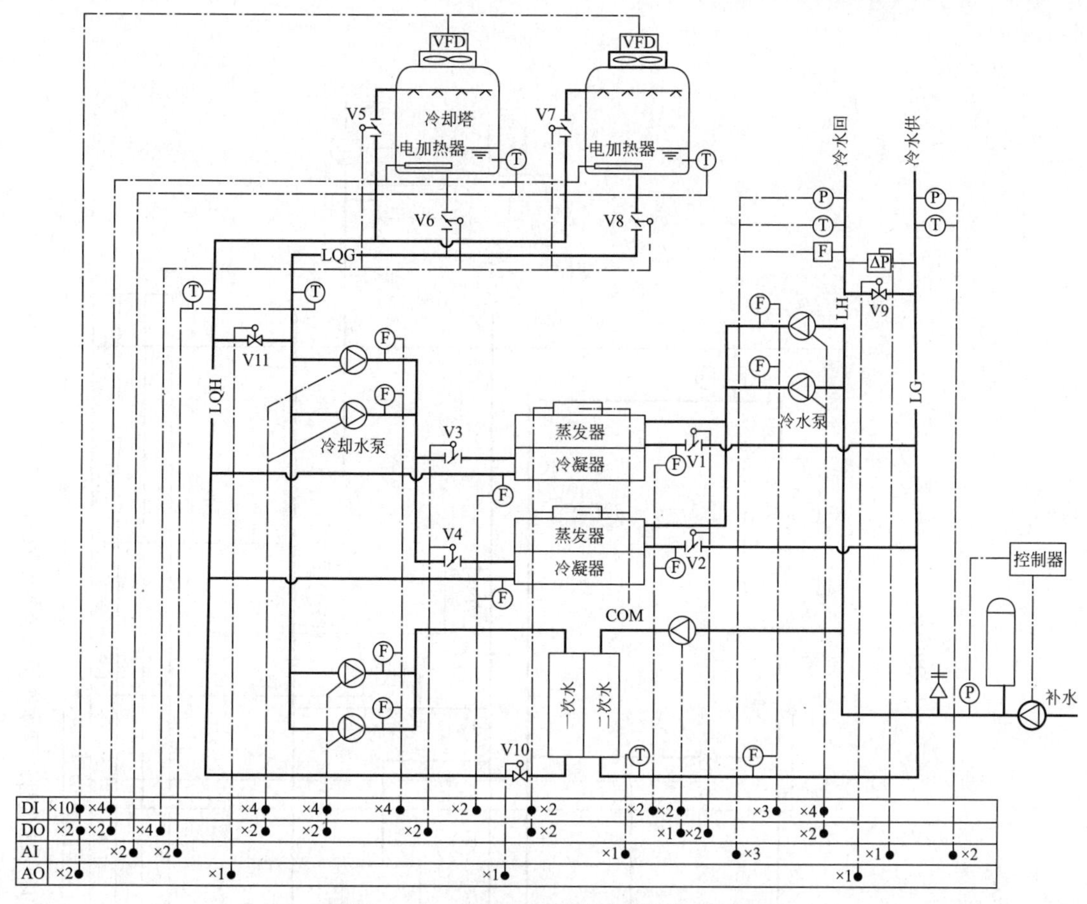

图 10.3.6 冷却塔冬季供冷系统控制原理

注：管线符号同图 10.3.3-1。

(1) 调节冷却塔供冷水—水换热器一次侧水路调节阀开度，以控制二次侧冷水供水温度为设定值；

(2) 调节冷却塔风扇转速，以控制冷却塔出水温度为换热器一次侧供水温度；

(3) 当冷却塔风扇转速达到最低允许转速后，调节冷却水旁通阀开度，以控制换热器一次侧供水温度为设定值。

3 冷却塔防冻控制：当水温降至电加热器启动温度时，电加热器开始加热；当水温升至电加热器停止温度时，电加热器停止加热。

在水泵工况条件适合时，冬季冷却水循环泵可与夏季冷却水循环泵合用，自动控制点位应随之调整。当水泵工况条件不适合时，应独立设置冬季冷水循环泵，相应增加需要的自动控制点位。

值得注意的是：冷却塔出水温度的设定，应依据冬季（或过渡季）的室外湿球温度和冷却塔可能达到的最大“冷幅”（冷却塔出水温度与室外空气湿球温度之差的最大值）来计算确定。

10.3.7 主机上游串联内融冰盘管式蓄冰冷源系统控制原理及控制点设置如图 10.3.7 所示。

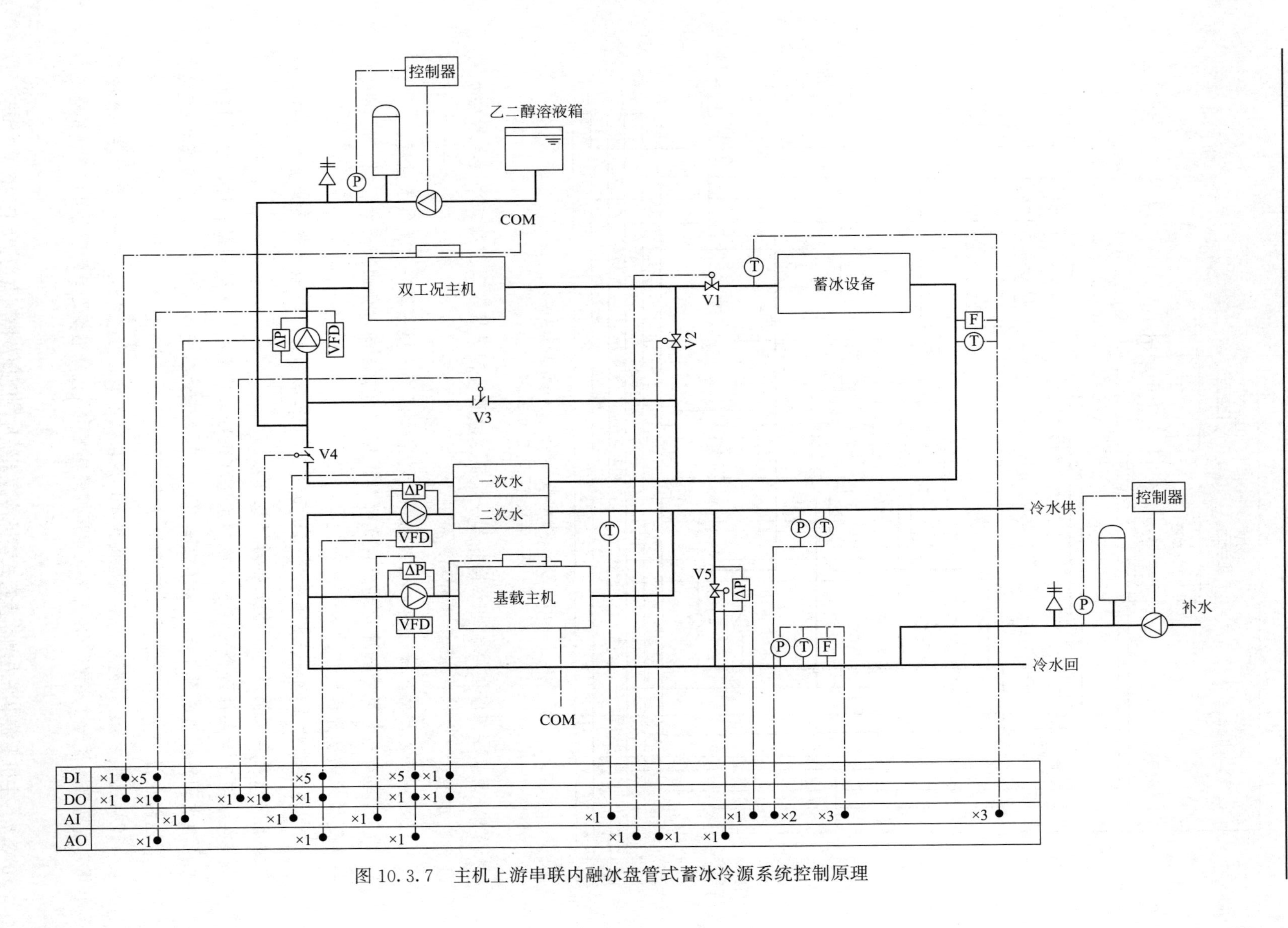

图 10.3.7 主机上游串联内融冰盘管式蓄冰冷源系统控制原理

【说明】

图10.3.7所示主机上游串联内融冰盘管式蓄冰冷源系统的主机、乙二醇溶液循环泵、供冷换热器、基载机组、冷水循环泵的控制点数均按一台为例列举；冷却水系统与前述冷源系统相同，不再重复叙述。工程中按设备实际数量配置控制点。

该系统的运行控制分蓄冰、主机供冷、融冰供冷、联合供冷四种工况。四种工况的控制阀状态见表10.3.7。

主机上游串联内融冰盘管式蓄冰冷源系统各工况阀门状态表　　表10.3.7

阀门	蓄冰	双工况主机供冷	融冰供冷	联合供冷
V1	开	关	开/调节	调节
V2	关	开	关	调节
V3	开	关	关	关
V4	关	开	开	开

1　蓄冰工况控制：

(1) 中央控制系统通过通信接口发送信号（或乙二醇溶液出口温度设定值），将双工况主机工况切换到制冰工况。

(2) 将工况转换阀门V1～V4转换到蓄冰工况状态。

(3) 根据蓄冰量要求确定主机及配套水泵、冷却塔运行台数。

(4) 当蓄冰量达到设定值时自动停止蓄冰运行，或者到控制系统设定的制冰运行时间计划终点时停止蓄冰运行（由乙二醇溶液流量和其进、出蓄冰设备温度积分计算蓄冰设备蓄冰量，也可以采用蓄冰设备内配置的冰量传感器计量蓄冰量）。

2　根据负荷预测制定供冷策略，并根据蓄冰设备剩余冰量修正供冷策略。

3　主机供冷工况控制：

(1) 中央控制系统通过通信接口发送信号（或乙二醇溶液出口温度设定值），将双工况主机工况切换到供冷工况。

(2) 将工况转换阀门V1～V4转换到双工况主机供冷工况状态。

(3) 根据冷负荷要求确定主机及配套水泵、冷却塔运行台数。

(4) 调节主机出水温度，以控制二次水出水温度为设定值。

4　融冰供冷工况控制：

(1) 将工况转换阀门V1～V4转换到融冰供冷工况状态。

(2) 调节乙二醇溶液循环泵转速，以控制二次水出水温度为设定值。

(3) 当乙二醇溶液循环泵达到最低允许转速后，调节V1开度，以控制二次水出水温度为设定值。

5　联合供冷工况控制：

(1) 中央控制系统通过通信接口发送信号（或乙二醇溶液出口温度设定值），将双工况主机工况切换到供冷工况。

(2) 将工况转换阀门 V1～V4 转换到联合供冷工况状态。

(3) 根据供冷策略确定主机及配套水泵、冷却塔运行台数。

(4) 调节阀门 V1、V2 的开度，以控制二次水出水温度为设定值。

6 负荷侧设备运行控制：

(1) 根据供冷策略确定基载主机和供冷换热器启停和运行台数。

(2) 同步调节供冷换热器循环泵和基载主机循环泵转速，以满足负荷侧要求。控制逻辑同二级泵变频系统的二级泵变频控制。

10.3.8 主机并联内融冰盘管式蓄冰冷源系统控制原理及控制点设置如图 10.3.8 所示。

【说明】

图 10.3.8 所示主机并联内融冰盘管式蓄冰冷源系统的主机、乙二醇溶液循环泵、供冷换热器、基载机组、冷水循环泵的控制点数均按一台为例列举；冷却水系统与前述冷源系统相同，不再重复叙述。工程中按设备实际数量配置控制点。

该系统的运行控制分蓄冰、主机供冷、融冰供冷、联合供冷四种工况。四种工况的控制阀状态见表 10.3.8。

主机并联内融冰盘管式蓄冰冷源系统各工况阀门状态表　　表 10.3.8

阀门	蓄冰	双工况主机供冷	融冰供冷	联合供冷
V1	开	关	关	关
V2	关	开	关	开
V3	开	关	关	关
V4	关	关	开/调节	调节
V5	关	关	调节	调节

1 蓄冰工况控制、供冷策略、主机供冷工况控制与主机上游串联内融冰盘管式蓄冰冷源系统控制相同。

2 融冰供冷工况控制：

(1) 将工况转换阀门 V1～V5 转换到融冰供冷工况状态。

(2) 调节乙二醇溶液循环泵转速，以控制二次水出水温度为设定值。

(3) 当乙二醇溶液循环泵达到最低允许转速后，调节阀门 V5 的开度，以控制二次水出水温度为设定值。

3 联合供冷工况控制：

(1) 中央控制系统通过通信接口发送信号（或乙二醇溶液出口温度设定值），将双工况主机工况切换到供冷工况。

(2) 将工况转换阀门 V1～V5 转换到联合供冷工况状态。

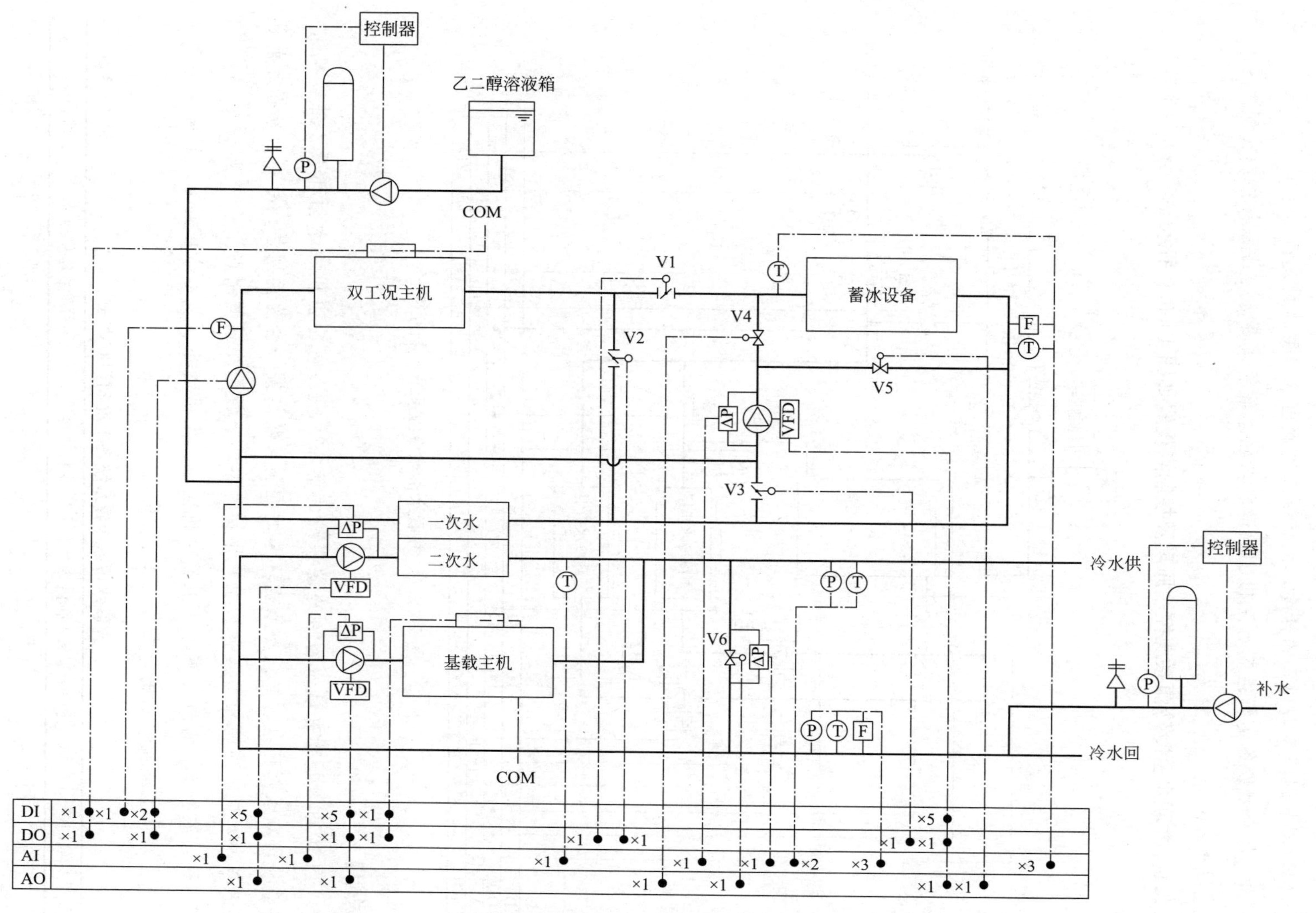

图 10.3.8 主机并联内融冰盘管式蓄冰冷源系统控制原理

(3) 根据供冷策略确定主机及配套水泵、冷却塔运行台数。

(4) 调节阀门 V4、V5 的开度，以控制二次水出水温度为设定值。

4 负荷侧设备运行控制与主机上游串联内融冰盘管式蓄冰冷源系统控制相同。

10.3.9 并联水蓄冷冷源系统控制原理及控制点设置如图 10.3.9 所示。

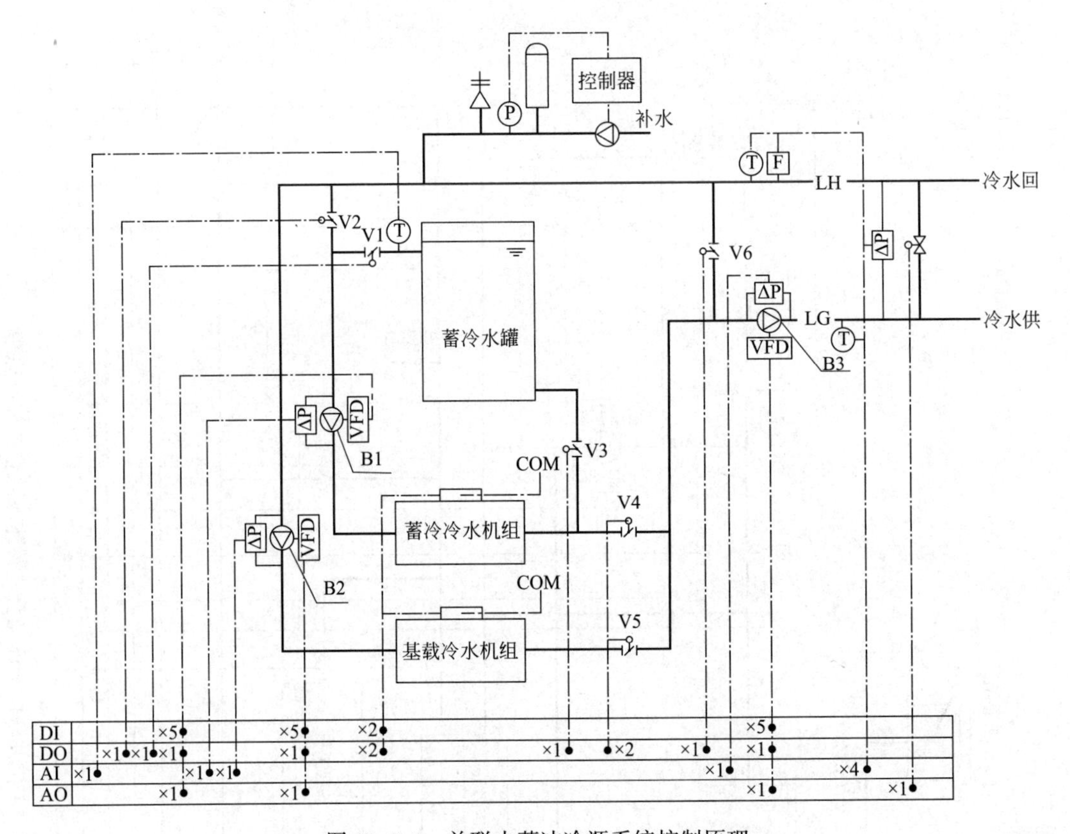

图 10.3.9 并联水蓄冰冷源系统控制原理

【说明】

图 10.3.9 所示并联水蓄冷冷源系统的蓄冷主机、蓄冷主机冷水循环泵、基载机组、基载机组冷水循环泵、二级冷水循环泵的控制点数均按一台为例列举；冷却水系统与前述冷源系统相同，不再重复叙述。工程中按设备实际数量配置控制点。

该系统的运行控制分蓄冷＋基载主机供冷、主机供冷、蓄冷水罐供冷、联合供冷四种工况。四种工况的控制阀状态见表 10.3.9。

并联水蓄冰冷源系统各工况阀门状态表 **表 10.3.9**

阀门	蓄冷＋基载主机供冷	主机供冷	蓄冷水罐供冷	联合供冷
V1	开	关	开	开
V2	关	开	关	开

续表

阀门	蓄冷+基载主机供冷	主机供冷	蓄冷水罐供冷	联合供冷
V3	开	关	开	开
V4	关	开/关*	关	开/关*
V5	开	开/关*	关	开/关*
V6	开	开	关	关

* V4、V5 开关状态与对应冷水机组启停联锁。

1 水泵扬程、转速设定：

(1) 水泵 B1 的额定扬程按蓄冷循环流程设计计算阻力确定，水泵 B2 的额定扬程按阀门 V6 两端压差为零时基载冷水机组流程设计计算阻力确定，水泵 B3 的额定扬程按负荷侧系统设计计算阻力+蓄冷水罐设计计算阻力确定。

(2) 蓄冷+基载主机供冷工况下，水泵 B1、B2 按额定转速运行。

(3) 蓄冷主机供冷工况下，水泵 B1 运行转速确定依据是：以额定流量为运行流量、以“额定扬程一蓄冷水罐设计阻力”为运行扬程时，水泵所对应的转速。

(4) 联合供冷工况下，水泵 B1 的转速确定依据是：以额定流量为运行流量、以“额定扬程一蓄冷水罐设计阻力”为运行扬程时，水泵所对应的转速；水泵 B2 的转速确定依据是：以额定流量为运行流量、以“额定扬程一蓄冷水罐设计阻力”为运行扬程时，水泵所对应的转速。

2 蓄冷+基载主机供冷工况控制：

(1) 将工况转换阀门 V1～V6 转换到蓄冷+基载主机供冷工况状态。

(2) 中央控制系统通过通信接口发送信号，将蓄冷冷水机组冷水出水温度设定为蓄冷工况冷水温度，将水泵转速设定为该工况转速。

(3) 当蓄冷水罐出水温度达到设定值或控制系统设定的蓄冷运行时间计划终点时，停止蓄冷运行。

(4) 水泵 B3 的转速控制方法与二级泵冷源系统按二级泵转速控制方法相同。

3 主机供冷工况控制：

(1) 根据供冷策略确定供冷冷水机组运行台数，并将工况转换阀门 V1～V6 转换到主机供冷工况状态。

(2) 中央控制系统通过通信接口发送信号，将蓄冷冷水机组冷水出水温度设定为供冷工况冷水温度，将水泵转速设定为该工况转速。

(3) 水泵 B3 的转速控制方法与二级泵冷源系统按二级泵转速控制方法相同。

4 蓄冷水罐供冷工况控制：

(1) 将工况转换阀门 V1～V6 转换到蓄冷水罐供冷工况状态。

(2) 水泵 B3 的转速控制方法与二级泵冷源系统按二级泵转速控制方法相同。

5　联合供冷工况控制：

(1) 根据供冷策略确定供冷冷水机组运行台数，并将工况转换阀门 V1～V6 转换到联合供冷工况状态。

(2) 中央控制系统通过通信接口发送信号，将蓄冷冷水机组冷水出水温度设定为供冷工况冷水温度，将水泵转速设定为该工况转速。

(3) 水泵 B3 的转速控制方法与二级泵冷源系统按二级泵转速控制方法相同。

10.3.10　承压燃气热水锅炉热源系统的控制原理及控制点位设置如图 10.3.10 所示。

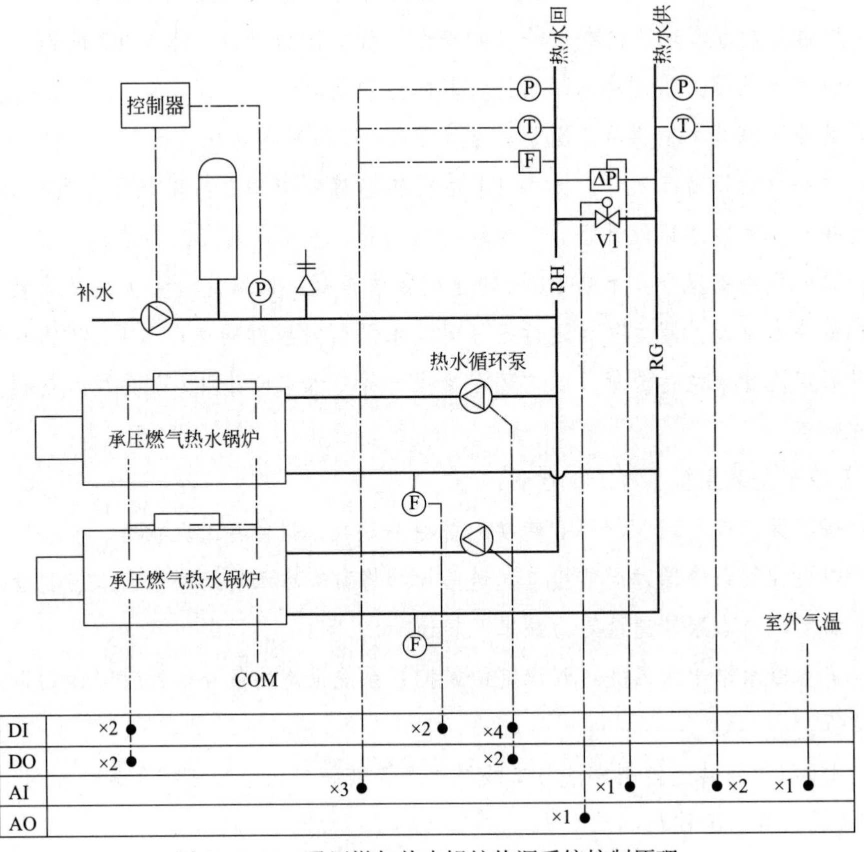

图 10.3.10　承压燃气热水锅炉热源系统控制原理

RG—热水供水管；RH—热水回水管

【说明】

1　由中央控制系统进行气候补偿控制，通过通信接口进行锅炉出水温度设定；

2　控制系统通过负荷侧供/回水温度、回水流量计算实时热负荷，并根据热负荷需求确定锅炉、热水循环泵运行台数；

3　压差旁通控制方法与冷源系统压差旁通控制相同；

4　设置二级泵时，应进行二级泵变频调节，二级泵的变频控制方法与冷源二级泵控制相同。

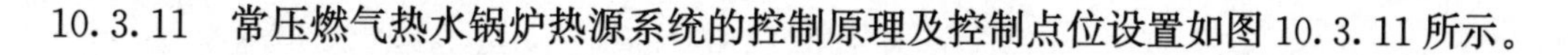

10.3.11 常压燃气热水锅炉热源系统的控制原理及控制点位设置如图10.3.11所示。

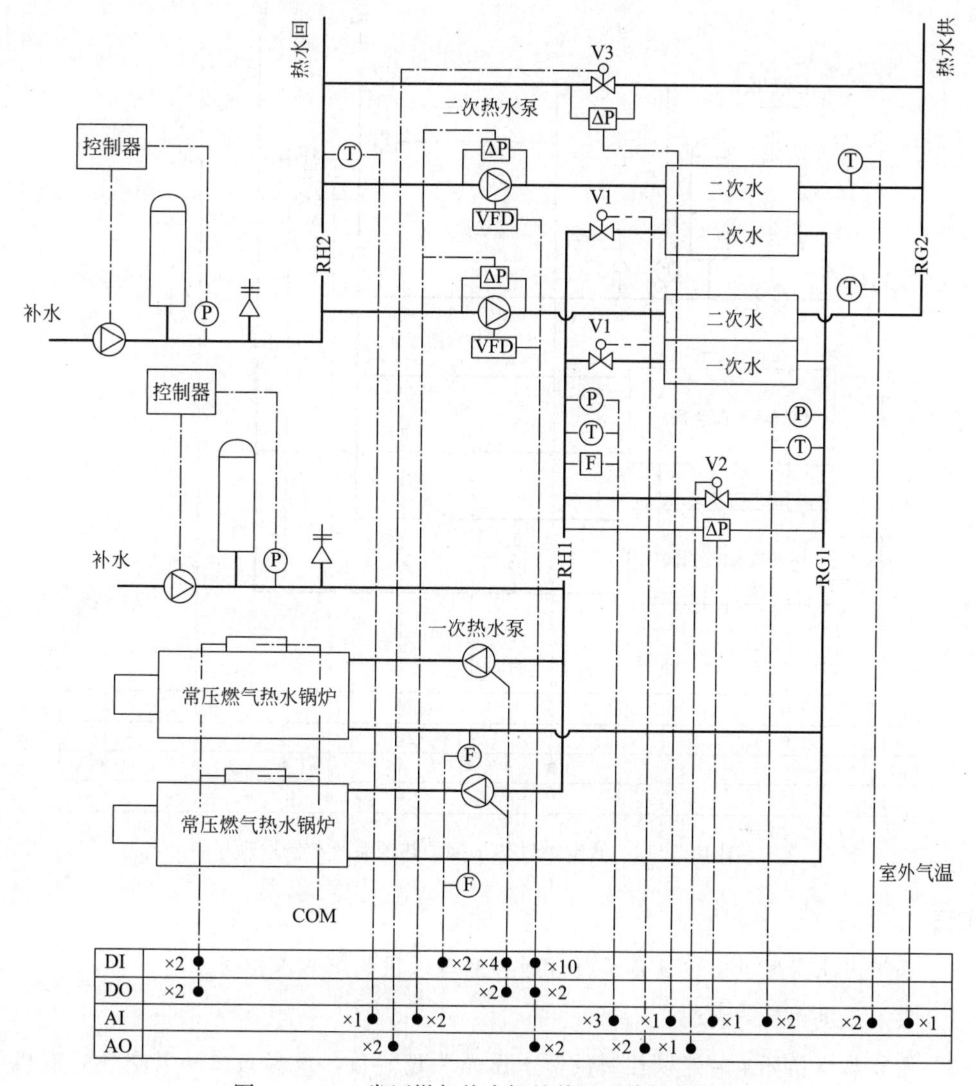

图10.3.11 常压燃气热水锅炉热源系统控制原理

RG1—一次热水供水管；RH1—一次热水回水管；RG2—二次热水供水管；RH2—二次热水回水管

【说明】

1 锅炉出水温度设定、设备运行台数控制与承压锅炉热源相同。

2 调节热交换器一次水侧调节阀开度，以控制二次侧供水温度为设定值。

3 一次水侧压差旁通采用控制系统控制方式时需要设置压差输入信号和旁通阀开度输出信号，采用机电一体化控制方式时不需要压差输入信号和旁通阀开度输出信号。

4 热源二次侧热水泵控制方法与冷源二级泵控制相同。

10.3.12 **真空燃气热水锅炉热源系统的控制原理及控制点位设置如图 10.3.12 所示。**

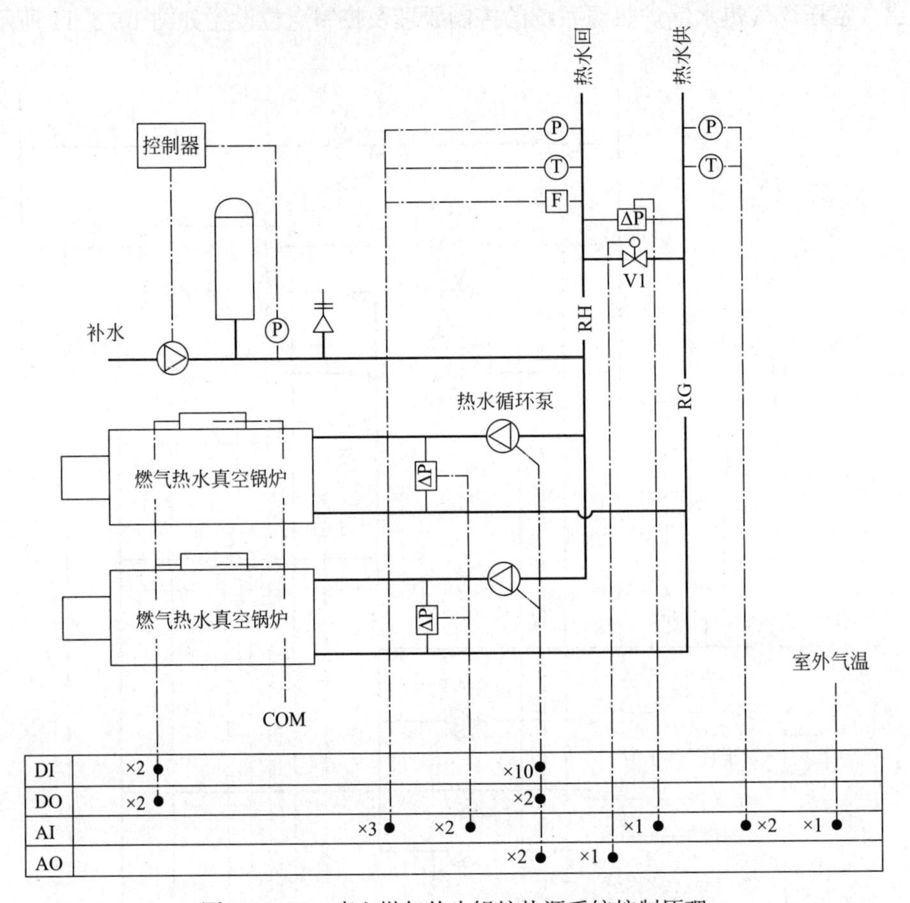

图 10.3.12 真空燃气热水锅炉热源系统控制原理

【说明】

1 锅炉出水温度设定、设备运行台数控制与承压锅炉热源相同。

2 供水温度由锅炉控制。

3 调节热水循环泵转速以控制供回水压差为设定值，或者当末端以空气处理机组为主时控制最大开度热水阀的开度为 90%。

4 当热水循环泵转速达到最低允许转速时不再变速，调节旁通阀开度以控制供回水压差。旁通阀控制方法与前述热源系统相同。

10.3.13 **新风空调系统控制原理及控制点位设置如图 10.3.13 所示。**

【说明】

1 图 10.3.13 所示新风空调系统涵盖了常用功能配置，工程中应按实际情况进行选取或增补，确定控制方案和控制点位。

2 防冻保护控制：冬季空调设计室外温度低于 0℃的地区，应设置防冻保护控制。

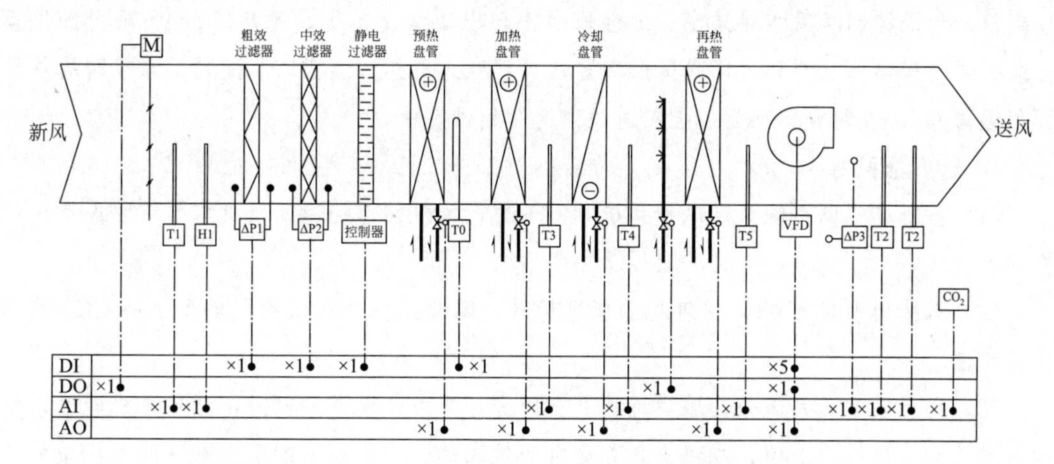

图 10.3.13 新风空调系统控制原理

（1）风机停止时关闭电动风阀。

（2）由防冻开关控制第一级加热盘管后空气温度不低于设定防冻温度，当盘管后空气温度低于设定防冻温度时，防冻开关向现场控制器输入信号，现场控制器发出指令打开盘管热水管路电动阀。常用自动复位式防冻开关，当防冻开关复位后，现场控制器延时关闭盘管热水管路电动阀。

（3）也可以采用温度传感器进行防冻保护。在第一级加热盘管后设置空气温度传感器，在现场控制器中设定盘管热水管路电动阀开阀温度和关阀温度，当空气温度达到开阀温度时现场控制器发出开阀指令打开盘管热水管路电动阀，当空气温度达到关阀温度时现场控制器发出关阀指令关闭盘管热水管路电动阀。采用这种方式时，防冻开关输入信号应改为模拟量输入信号。

3 温湿度控制：

（1）供冷工况：当未设置再热盘管时，调节冷却盘管冷水管路电动阀开度，以控制送风温度为设定值。当送风湿度要求严格、设置再热盘管时，调节冷却盘管冷水管路电动阀开度，以控制送风露点温度为设定值，调节再热盘管热水管路电动阀开度，以控制送风温度为设定值。

（2）供热工况：不设置预热盘管条件下，调节加热盘管水路电动阀，以控制加热盘管后温度 T3 为设定值。设置预热盘管条件下，进风温度不低于 0℃时，首先调节预热盘管水路电动调节阀，以控制加热盘管后温度 T3 为设定值；当预热盘管水路电动阀全开时，调节加热盘管水路电动阀，以控制加热盘管后温度 T3 为设定值。当进风温度低于 0℃时，保持预热盘管水路电动阀全开，到 T3 低于设定值时，调节加热盘管水路电动阀，以控制加热盘管后温度 T3 为设定值。

（3）湿度控制：当采用双位控制的加湿器（例如：高压喷雾等以水泵启停控制方式的加湿器或双位式控制的蒸汽加湿器等）时，控制目标应为：典型房间的室内相对湿度达到设定值（如果控制送风相对湿度，加湿器动作会出现振荡情况，不稳定）；当采用加湿量连续可调的加湿器（例如可调式蒸汽加湿器或可调式电热加湿器以及配置了调节阀的细水雾加湿器等），控制目标可为：控制送风湿度达到设定值。

4 送风量控制：

（1）当新风空调系统为定风量系统时，不进行风机转速控制，风机控制点数按定速风机确定。

（2）当按典型房间 CO_2 浓度控制新风量时，调节风机转速以控制典型房间 CO_2 浓度为设定值。

（3）当新风空调系统分区域设置控制阀门进行开关或调节控制时，调节风机转速以控制送风总管静压为设定值，或结合各分区电动风阀的开度进行变静压控制（同变风量系统的控制，见第 10.3.15 条）。

5 过滤器报警管理：

（1）粗效过滤器压差报警：当粗效过滤器阻力超过设定值时压差开关输出信号报警；

（2）中效过滤器压差报警：当中效过滤器阻力超过设定值时压差开关输出信号报警；

（3）静电过滤器清洗报警：当静电过滤器工作电流低于设定值或累计工作时间超过设定值时，其控制器输出报警信号。

10.3.14 一次回风定风量全空气空调系统控制原理及控制点位设置如图 10.3.14 所示。

【说明】

1 图 10.3.14 所示一次回风空调系统涵盖了常用功能配置，工程中应按实际情况进行选取或增补，确定控制方案和控制点位。

2 防冻保护控制：

冬季设计工况下，混风温度低于 0℃时，应设置防冻保护控制。

（1）风机停止时关闭新风和排风电动风阀。

（2）加热盘管防冻控制与新风空调系统相同。

3 定风量系统调节控制：

（1）供冷工况：

1）当未设置再热盘管时，调节冷却盘管冷水管路电动阀开度，以控制回风温度或典型房间温度（当回风不能正确反映空调系统服务区域温度时，应采用典型房间温度作为调节依据，此时应将回风温湿度传感信号改为典型房间温湿度传感信号）为设定值。

2）当房间湿度要求严格、设置再热盘管时，调节冷却盘管冷水管路电动阀开度，以控制送风露点温度为设定值。调节再热盘管热水管路电动阀开度，以控制回风或典型房间温度为设定值。

（2）过渡季工况：具备加大新风量条件的系统，当室外空气焓值低于回风空气焓值

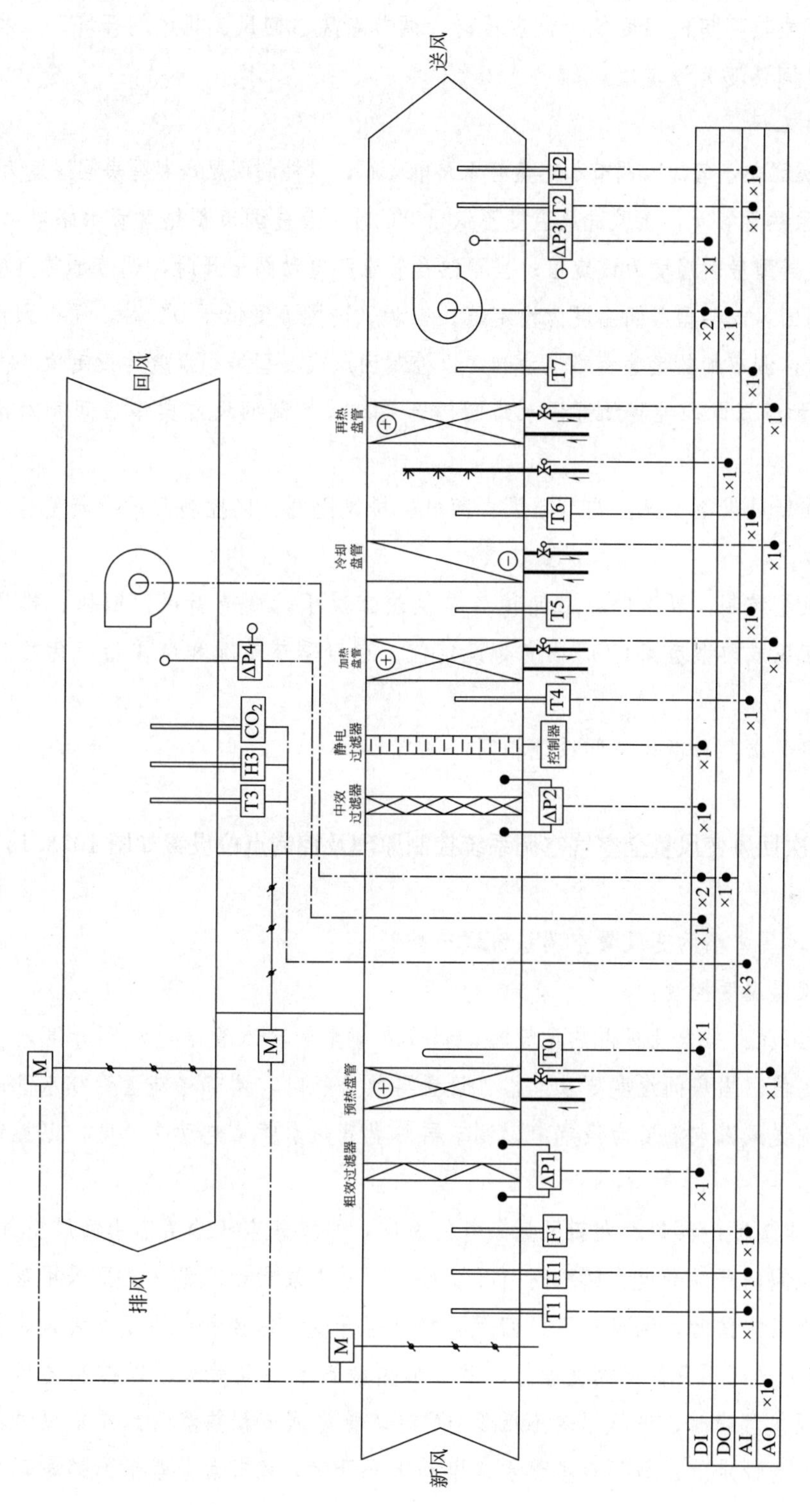

图 10.3.14 一次回风定风量空调系统控制原理

时，使新风和排风阀门开度最大、回风阀门开度最小，采用最大新风量。直至采用最大新风量回风温度或典型房间温度低于设定值时，调节新风、回风、排风阀开度，以控制回风温度或典型房间温度为设定值。

（3）供热工况：

1）不设置预热盘管时，调节加热盘管水路电动阀，以控制回风或典型房间温度为设定值。

2）设置预热盘管时，新风进风温度不低于0℃时，首先调节预热盘管水路电动调节阀，以控制回风或典型房间温度为设定值；当预热盘管水路电动阀全开时，调节加热盘管水路电动阀，以控制回风或典型房间温度为设定值。当新风进风温度低于0℃时，保持预热盘管水路电动阀全开，调节加热盘管水路电动阀，以控制回风或典型房间温度为设定值。

3）设置加湿器时，控制加湿器水路阀门开关，以控制回风或典型房间相对湿度为设定值。

（4）冬季新风供冷工况：调节新风、回风、排风比例，以控制回风或典型房间温度为设定值。

（5）新风量控制：夏季供冷工况和冬季供热工况下，调节新风、回风、排风阀门开度，以控制回风或典型房间 CO_2 浓度为设定值。过渡季节工况和冬季新风供冷工况不控制 CO_2 浓度。

（6）报警要求：与新风空调系统相同。

10.3.15 一次回风变风量全空气空调系统控制原理及控制点位设置如图 10.3.15 所示。

【说明】

1 有变风量末端的变风量空调系统调节控制

（1）送风温湿度控制：

1）供冷工况：当未设置再热盘管时，调节冷却盘管冷水管路电动阀开度，以控制送风温度为设定值。当房间湿度要求严格、设置再热盘管时，调节冷却盘管冷水管路电动阀开度，以控制送风露点温度为设定值，调节再热盘管热水管路电动阀开度，以控制送风温度为设定值。

2）过渡季工况：具备加大新风量条件的系统，当室外空气焓值低于回风空气焓值时，使新风和排风阀门开度最大、回风阀门开度最小，采用最大新风量，直至采用最大新风量送风温度低于设定值时，调节新风、回风、排风阀开度，以控制送风温度为设定值。

3）供热工况：不设置预热盘管时，调节加热盘管水路电动阀，以控制送风温度为设定值。设置预热盘管时，进风温度不低于0℃时，首先调节预热盘管水路电动调节阀，以控制送风温度为设定值；当预热盘管水路电动阀全开时，调节加热盘管水路电动阀，以控制送风温度为设定值。当进风温度低于0℃时，保持预热盘管水路电动阀全开，调节加热盘管水路电动阀，以控制送风或典型房间温度为设定值。设置加湿器时，控制加湿器水路

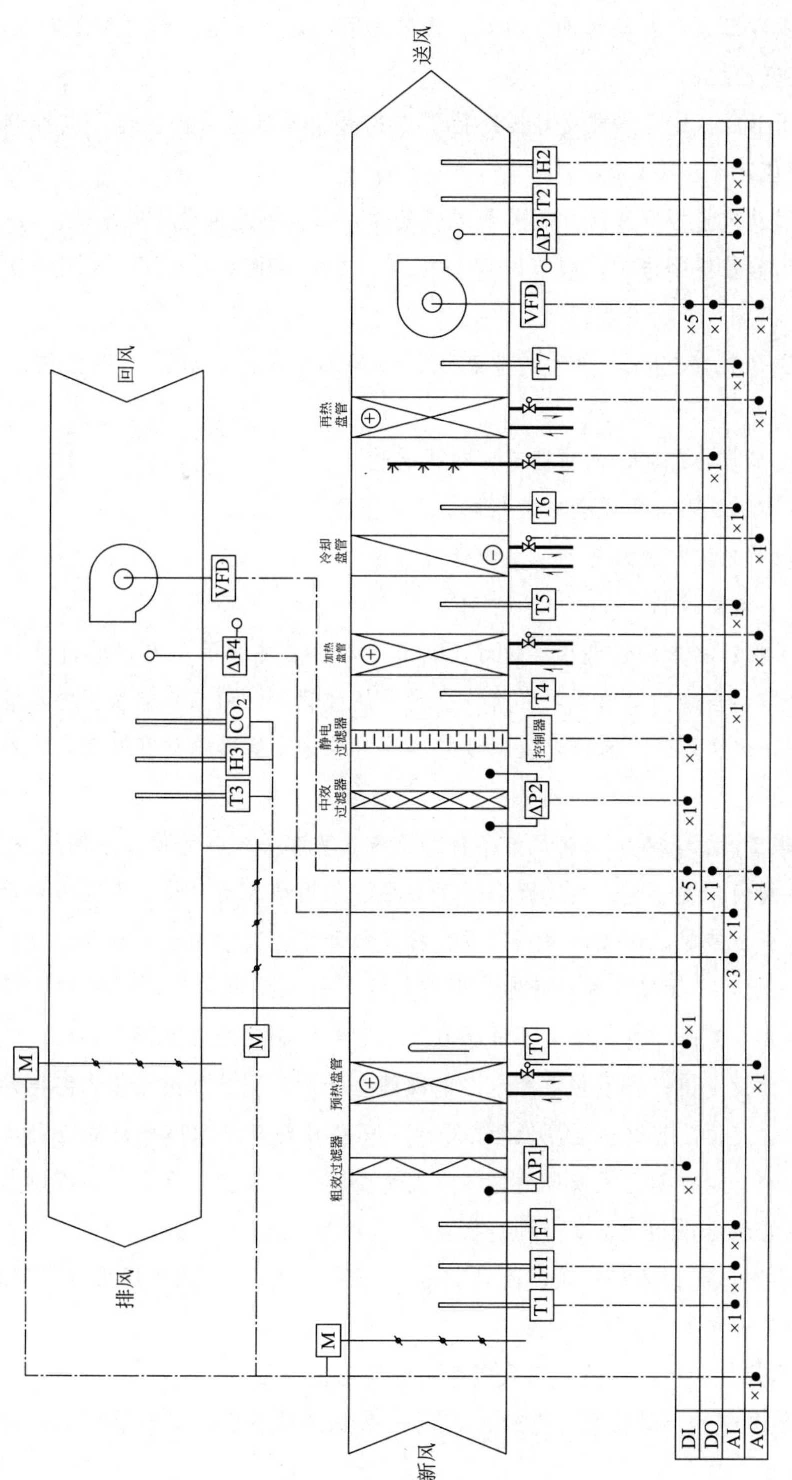

图 10.3.15 一次回风变风量空调系统控制原理

阀门开关，以控制送风相对湿度为设定值。

4）冬季供冷工况：调节新风、回风、排风比例，以控制送风温度为设定值。

（2）风机变速控制

1）当采用静压（定静压或变静压）控制方式时，调节送风机转速，以控制送风管道静压值为设定值。

2）当采用总风量控制法时，调节送风机转速，以控制送风量为需求值。

3）当采用阀位控制法时，调节送风机转速，以控制最不利VAV末端一次风阀开度为90%。

4）调节送风机转速时，同时调节新风、回风、排风阀门开度，以控制新风量为设定值。

5）调节送风机转速时，同步调节回风机转速。

（3）其他控制要求与定风量系统相同。

2　无变风量末端的变风量空调系统调节控制

（1）送风温湿度控制

1）供冷工况：当未设置再热盘管时，调节冷却盘管冷水管路电动阀开度，以控制送风温度为设定值。当房间湿度要求严格、设置再热盘管时，调节冷却盘管冷水管路电动阀开度，以控制送风露点温度为设定值，调节再热盘管热水管路电动阀开度，以控制送风温度为设定值。

2）过渡季工况：具备加大新风量条件的系统，当室外空气焓值低于回风空气焓值时，使新风和排风阀门开度最大、回风阀门开度最小，采用最大新风量。直至采用最大新风量送风温度低于设定值时，调节新风、回风、排风阀开度，以控制送风温度为设定值。

3）供热工况：不设置预热盘管时，调节加热盘管水路电动阀，以控制送风温度为设定值。设置预热盘管时，进风温度不低于0℃时，首先调节预热盘管水路电动调节阀，以控制送风温度为设定值；当预热盘管水路电动阀全开时，调节加热盘管水路电动阀，以控制送风温度为设定值。当进风温度低于0℃时，保持预热盘管水路电动阀全开，调节加热盘管水路电动阀，以控制送风或典型房间温度为设定值。设置加湿器时，控制加湿器水路阀门开关，以控制送风相对湿度为设定值。

4）冬季供冷工况：调节新风、回风、排风比例，以控制送风温度为设定值。

（2）风机变速控制

1）调节送风机转速，以控制回风或房间温度为设定值。

2）当风机转速达到最低允许转速时，调节系统送风温度，以控制回风或房间温度为设定值。

3）调节送风机转速时，同时调节新风、回风、排风阀门开度，以控制新风量为设定值。

4）调节送风机转速时，同步调节回风机转速。

（3）其他控制要求与定风量系统相同。

10.3.16 单风道 VAV 末端控制原理和信号设置如图 10.3.16 所示。

【说明】

图 10.3.16 所示为中央控制系统与单风道 VAV 末端的控制原理和信号设置。

1 在房间温控面板上设定远程/本地控制模式。

2 当设定为本地控制模式时：

（1）设定工况模式（供冷/供暖）；

（2）设定房间温度；

（3）控制器自动比较房间温度与设定值，并调节风量，直至最小风量。

3 当设定为远程控制模式时：

（1）由中央控制系统设定工况模式和房间温度；

（2）控制器自动比较房间温度与设定值，并调节风量，直至最小风量。

4 中央控制系统读取房间温度、VAV 末端风量和风阀开度，用于空调系统控制。

房间温控面板

空调机组一次风

送风

控制器

~220VAC

BACnet与中央控制器通信

输入/输出信号

DI	VAV末端启停状态反馈
DO	远程/本地温度设定控制
DO	远程工况模式转换
AI	房间温度
AI	一次风阀开度
AI	一次风量
AO	远程温度设定

图 10.3.16 单风道 VAV 末端控制原理

10.3.17 串联风机 VAV 末端控制原理和信号设置如图 10.3.17 所示。

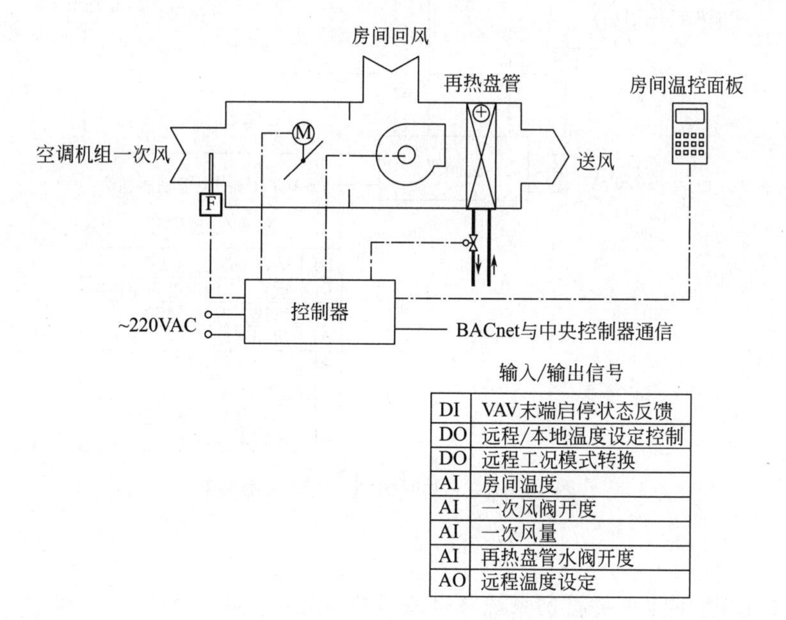

DI	VAV末端启停状态反馈
DO	远程/本地温度设定控制
DO	远程工况模式转换
AI	房间温度
AI	一次风阀开度
AI	一次风量
AI	再热盘管水阀开度
AO	远程温度设定

图 10.3.17 串联风机 VAV 末端控制原理

【说明】

图 10.3.17 所示为中央控制系统与串联风机 VAV 末端的控制原理和信号设置。

1 在房间温控面板上设定远程/本地控制模式。

2 当设定为本地控制模式时：

(1) 设定工况模式（供冷/供暖）；

(2) 设定房间温度；

(3) 供冷工况下，控制器自动比较房间温度与设定值，并调节风量，直至最小风量。

(4) 供暖工况下，控制器将一次风量调至最小风量，并自动比较房间温度与设定值，据此调节再热盘管热水阀开度。

3 当设定为远程控制模式时，由中央控制系统设定工况模式和房间温度，其他控制逻辑与本地控制模式相同。

4 中央控制系统读取房间温度、VAV 末端风量、风阀开度、再热盘管水阀开度，用于空调系统控制。

10.3.18 并联风机 VAV 末端控制原理及信号设置如图 10.3.18 所示。

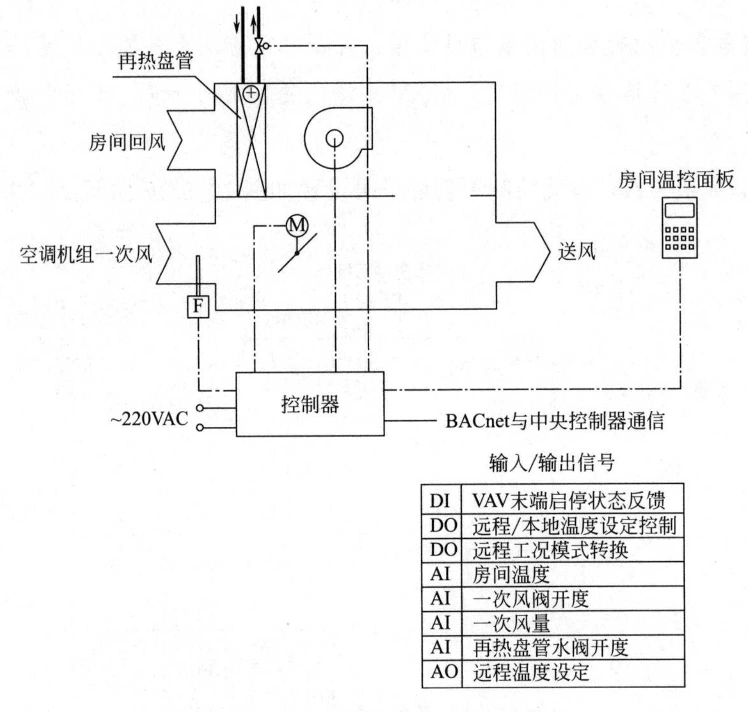

DI	VAV末端启停状态反馈
DO	远程/本地温度设定控制
DO	远程工况模式转换
AI	房间温度
AI	一次风阀开度
AI	一次风量
AI	再热盘管水阀开度
AO	远程温度设定

图 10.3.18 并联风机 VAV 末端控制

【说明】

图 10.3.18 所示为中央控制系统与串联风机 VAV 末端的控制原理和信号设置。

1 供暖模式下，控制器将一次风量调到最小风量，开启VAV末端风机，并自动比较房间温度与设定值，据此调节再热盘管热水阀开度。

2 其他控制策略与串联风机VAV末端相同。

3 中央控制系统读取房间温度、VAV末端风量、风阀开度、再热盘管水阀开度，用于空调系统控制。

10.4 传感器、调节器、执行器与控制阀

10.4.1 传感器的选择应符合下列原则：

1 传感器的类型和使用条件满足实际应用场所的要求；

2 根据工程要求确定合理的传感器测量范围和测量精度；

3 在易燃易爆环境中使用的传感器应采用防燃防爆型传感器。

【说明】

传感器种类繁多，按测量数据分温度、湿度、流量、压力（压差）、速度、水质、空气品质等，按测量介质分空气、水（溶液）等，按输出信号分为输出数字量和输出模拟量两种，按安装方式分管道内、室内等。应按照测量数据、介质、输出信号、安装方式等条件选择传感器。

传感器的工作范围或量程应满足设计要求，如压差开关的压差范围、温湿度传感器的量程等。传感器的精度应满足控制要求，如温度、流量、风速等传感器精度应按工程控制精度要求确定。传感器应满足工作环境要求，包括工作环境的温度、湿度范围、风、雨、尘、腐蚀性、易燃易爆性等。

舒适性空调系统常用传感器的类型及参数参见表10.4.1。

舒适性空调系统常用传感器类型及参数要求 **表10.4.1**

测量参数	介质类型	安装位置	量程	精度/误差	备注
温度	空气	风管	0～50℃	±0.5℃	—
		室内	0～50℃	±0.5℃	—
		室外	－30～50℃	±0.5℃	—
	冷水/冷却水	管道	0～50℃	±0.1℃	—
	热水	管道	0～100℃	±0.1℃	—
	乙二醇溶液	管道	－30～50℃	±0.1℃	—
湿度	空气	风管	0～100%	±5%	—
		室内	0～100%	±5%	—
		室外	0～100%	±5%	—

续表

测量参数	介质类型	安装位置	量程	精度/误差	备注
流量	空气	管道	设计流量的1.2倍	1级	—
	水/乙二醇溶液	管道	设计流量的1.2倍	1级	—
压力/压差	空气	室内	0～50Pa	±1%	—
		风管	0～1000Pa	±1%	—
	水	水管	1.5倍工作压力	0.5级	—
压差开关	空气	—	1.5倍测点压力	—	压差可设定
	水	—	1.5倍测点压力	—	压差可设定
防冻开关	空气/水	—	—	±1℃	可调范围0～10℃
CO_2浓度	空气	管道/室内	0～2000ppm	±5%	—

注：工艺性空调系统采用的传感器类型及其精度，应根据工艺要求确定。

10.4.2 传感器安装位置的确定，应以确保其所测量数据的代表性、可靠性和准确性为原则，并便于调试和维护。确定传感器安装位置时应遵循以下原则：

1 传感器应安装在远离振动、电磁辐射干扰的位置，并应符合产品技术要求；安装在冷流体内的传感器，应防止凝结水流向接线盒；

2 管道安装的传感器，其插入深度应满足要求，并应安装在流体流动稳定的管段或位置；

3 室外空气温、湿度传感器应安装在通风良好且不受太阳辐射影响的地方；室内空气温、湿度传感器应安装在人员活动区，不受太阳照射和其他电磁辐射干扰，远离室内热源和空调送风口；安装在风道或设备内的空气温、湿度传感器应安装在气流混合充分、温湿度均匀的位置；

4 流量传感器应安装在流体流动稳定的管段，其上游直管段长度应大于或等于5*DN*（*DN*为管道公称直径），下游直管段长度宜大于或等于3*DN*；

5 压力/压差传感器不应安装在涡流区。

【说明】

传感器安装位置应能正确反映所测量参数，并保证必要的测量精度。

10.4.3 应根据控制要求，合理选用调节器。

【说明】

调节器（也称为控制器）的调节方式有位式、比例、比例积分、比例积分微分等基本类型。风机盘管、辐射供冷供热、冷梁等末端一般采用位式调节器，舒适性空调系统的湿度控制通常也采用位式调节器：空气处理机组水路电动阀调节、变风量调节和热交换器一次水路电动阀调节宜采用比例积分调节器；间歇使用的空调系统或者波动较大的空调系统可采用比例积分微分调节器。

由于冷水机组在变流量运行时，对单位时间的流量变化速率（%/min）有一定的限制（根据《民用建筑供暖通风与空气调节设计规范》GB 50736—2012 的条文说明，目前的产品一般可承受速率为30～50%/min 的流量变化百分率），为了防止调节器初始输出过大带来的不安全因素，因此在允许冷水机组变流量运行的系统中，水泵变频的控制器不宜采用带有微分功能的控制器，宜采用 PI 控制功能。

电加热器、电热式加湿器的功率控制采用可控硅调功器（晶闸管调功器），其分为调相型和过零型，有三相和单相两种，可接受控制器的 0～10V 或 4～20mADC 的控制信号。

当采用数字控制系统时，也可根据实际需求，在上述基本类型的基础上来确定调节器的调节方式和功能。

10.4.4 执行器的选用应满足控制对象的工作要求。

【说明】

执行器从调节器（也称控制器）接收信号、执行控制动作并反馈动作信号。暖通空调系统常用执行器有电磁执行器、电动执行器和气动执行器，一般的民用建筑宜采用电动执行器；仅做双位控制且对适用场所的噪声无要求时可采用电磁执行器；当有合理的气源且需要较大的执行器力矩时，可采用气动执行器。执行器的主要性能包括调节功能、调节方式、扭矩、电源等。

1 执行器调控方式（见第 10.2.10 条）决定了输入/输出信号类型和数量。执行器的调控功能一般分为开关型和调节型两种。开关型调节可采用两线开关型或三线浮点型两种调节方式，一般采用弹簧复位两线开关型执行器。调节型执行器也分为模拟信号控制和三线浮点控制两种调节方式，三线浮点控制可选配关到位和开到位反馈信号。

2 执行器的扭矩应满足阀门动作力矩要求。电动水阀的扭矩应由阀门生产商按最大关阀压差提出要求。为保证阀门的正常开关，当资料不全时，水路电动蝶阀在不同开/关阀压差下的电机配置容量和电动风阀执行器扭矩，可分别按照表 10.4.4-1 和表 10.4.4-2 选择。

水路电动蝶阀的电机配置容量（kW）　　表 10.4.4-1

开关阀压差(MPa) / 蝶阀口径 *DN*(mm)	0.35	0.45
400	0.2	0.4
600	0.4	0.75
800	0.75	0.75
1000	1.5	1.5

注：本表可配合第 10.3.1 条的系统启停顺序设计采用。

电动风阀执行器扭矩估算值（N·m/m²） 表 10.4.4-2

风阀类型		风速或入口静压		
		<5m/s 或 300Pa	5～13m/s 或 500Pa	13～15m/s 或 1000Pa
气密应用	圆形叶片/边缘密封	12	18	24
	平行叶片/边缘密封	8.5	13	17
	对置叶片/边缘密封	6	9	12
一般应用	圆形叶片/金属座	6	9	12
	平行叶片/无边密封	5	7	10
	对置叶片/无边密封	3.5	5.5	7

注："静压"指的是：在设计工况下，风阀入口的空气静压值。

3 应根据执行器扭矩要求和选用的执行器产品性能参数确定其电源电压等级。电动执行器的电源有 24V ADC、220V AC、380V AC 三个电压等级。用于调节式阀门时，应优先采用 24V AC 电源，如果需要的扭矩较大时可选用 220V AC 电源；但因为 220V 电机的简单控制电路无法做到稳定的全范围定位控制，因此对于后者应提出对控制电路或执行器本身的连续调节要求（不宜采用继电器来实现正反转调节的方式）。用于开关式阀门的执行器，宜选用 220V AC 电源。对于配电机容量超过 1.5kW 的大口径电动水阀，执行器宜采用 380V AC 电源。

4 若控制精度要求不高，或被控制对象的热惰性较大，扰量较小（如容积式热交换器或热容量较大的空调系统），也可采用自力式执行器。

5 空气中含有易燃易爆物质，以及在多粉尘的环境中，不能采用电磁/电动执行器。

6 室外安装的执行器，其防护等级应为 IP67。

10.4.5 应按下列原则选用暖通空调水系统控制阀门：

1 根据控制精度、投资等要求，综合确定阀门的动作方式；

2 根据暖通空调水系统的要求，确定采用两通阀或三通阀；

3 正确选择阀门流量特性，以保证阀门调节控制性能；

4 合理确定阀门工作压差；

5 计算确定阀门流通能力，并选择合理的阀门口径。

【说明】

应根据使用要求选用阀门。暖通空调水系统控制阀门包括空气处理机组、水—水热交换器、风机盘管等设备用于调节控制的阀门和水系统中用于工况切换、水力平衡控制等的阀门。

1 阀门的动作方式总体上分为开关式（通断式）和调节式（实时阀位控制）。从变水量系统的调控要求来说，各末端如果都能够实现实时水量调节，对整个水系统的调控是最为理想的。但调节式阀门的投资高于开关式，因此还需要做经济性分析后再确定。从目前的实际工程使用来看，用于面积较小、热惯性相对较大的房间内设置的风机盘管、辐射末端、VAV末端再热盘管等末端控制，以及对湿度控制精度要求不高的加湿系统时，一般可选用双位式。当投资条件可支持时，采用调节式更为有利。有较高调节性能要求的场所，例如空调机组、换热机组以及水系统压差控制旁通阀等其系统热惯性相对较小且影响范围较大，宜采用调节式。

2 暖通空调水系统通常采用变流量系统，除需要混水等特定情况外，控制末端水流量的阀门，应采用两通阀。当水系统为定流量系统时，应选用三通阀。

3 应按下列原则确定阀门的流量特性：

(1) 双位式控制阀，应为快开特性。

(2) 为了补偿水—空气热交换器的非线性特性，用于空气处理机组冷/热盘管及水—水热交换器控制时，应选用等百分比流量特性控制阀。当采用三通阀时，由于目前绝大多数实际应用的三通阀均为流量特性对称型阀门（即：直流支路和旁流支路的流量特性相同），因此盘管或换热器可连接在直流或旁流的任一支路上；但如果采用流量特性非对称型阀门（直流支路和旁流支路的流量特性不同），则盘管/热交换器应与等百分比特性的支路相连接。

(3) 蒸汽加热器（包括蒸汽—空气加热器和汽—水加热器），其"热量—流量"特性具有线性的特点，因此用于需要实时控制蒸汽量的阀门，应选用直线特性控制阀。

(4) 单纯只需要进行实时流量控制（例如：蒸汽加湿量控制、压差旁通水量控制等）且阀权度较大的场所，应采用直线特性的控制阀（蒸汽控制可不考虑阀权度问题；压差旁通水量控制，当压差传感器压力测点位于旁通控制阀两端时，阀权度接近于1）。如果阀权度较小（例如：混水水量控制时），宜采用等百分比特性控制阀。

4 选择调节阀流通能力时，应先确定阀门的工作压差（即阀门全开时的阻力值）。工作压差的取值，应在保证控制阀的调节性能满足使用要求的基础上，避免给系统增加过高的设计阻力。一般情况下，可按表10.4.5-1确定阀门设计压差ΔP_v。

控制阀设计压差 ΔP_v **表 10.4.5-1**

使用场所	设计压差 ΔP_v
风机盘管等房间末端的通断控制阀	按接管口径或 $0.25\Delta P_r$
空气处理机组冷/热盘管用调节阀	$\geqslant\Delta P_r$ 或 $\geqslant 0.3\Delta P_s$
蒸汽加湿用通断控制阀	$0.8P_1$
蒸汽加热盘管用调节阀	$0.5P_1$
供回水压差旁通控制阀	取设计供回水压差

注：ΔP_r——控制对象在设计工况下的水阻力。当一个控制阀控制多个并联的对象时，ΔP_r 应为阻力最大的被控对象的设计阻力。ΔP_s——设计工况下的供回水压差，即旁通阀的工作压差。P_1、P_2——蒸汽盘管的进口和出口绝对压力。

5 确定调节阀口径时，应计算其需要的流通能力（K_V），并应在设计图中明确标示。根据不同的流动介质，调节阀流通能力可分别按式（10.4.5-1）～式（10.4.5-3）计算。

（1）对于水阀：

$$K_V=\frac{316G}{\sqrt{\Delta P_V}} \tag{10.4.5-1}$$

式中 G——阀门设计流量，m^3/h；

ΔP_V——阀门设计工作压差，Pa；见表10.4.5。

（2）对于蒸汽阀：

$$K_V=\frac{14.14G}{\sqrt{\rho_2 \cdot P_1}} \tag{10.4.5-2}$$

式中 G——阀门设计蒸汽流量，kg/h；

P_1——阀门进口蒸汽绝对压力，Pa；

ρ_2——在压力$0.5P_1$和温度t_1（在P_1下的饱和蒸汽温度,℃）时的蒸汽密度，kg/m^3。

6 由于调节阀的口径并不是连续的，因此，为了满足所通过的最大设计流量的要求，选用的调节阀的流通能力应大于并尽可能接近计算值。常用电动两通阀在不同口径下的K_V值见表10.4.5-2。

常用电动两通阀的K_V值 **表10.4.5-2**

DN	15	20	25	32	40	50	65	80	100	125	150	200	250	300
K_V	1～4	1.2～6.3	8～10	12～16	20～25	32～40	50～63	80～100	120～160	200～250	280～400	450～630	700～1000	1100～1600

注：1. 阀门的K_V值与阀芯直径密切相关。小口径阀门在同一口径时，其设计的阀芯直径可能有一定的变化，因此可提供不同的K_V值。

2. 本表来源于目前一些主要产品的数据，可供图纸设计时确定控制阀口径采用。但具体工程当确认了产品供货厂商时，设计人员应根据厂商的资料，按照计算的K_V值来复核阀门口径。

10.4.6 设计选择调节阀时，应提出关阀压差、工作压力、工作温度、流体种类等工作参数要求。

【说明】

1 关阀压差

关阀压差指的是调节阀关闭时，阀门两侧的工作压差。为了保证阀门能够在需要时正常的关闭，所选择的阀门关阀压差应大于该阀门关闭时在系统中可能受到的最大工作压差。关阀压差越大，阀芯动作时需要的作用力越大，要求执行机构的力矩越大。阀门需要的作用力还与阀门结构有关，不同品牌阀门在相同关阀压差条件下要求的作用力可能有所差异。因此，提交设计文件时，应要求阀门关阀压差，用于阀门选型时计算要求的执行机构力矩。

在暖通空调水系统中，一般情况下采用的是“流开型”（即：阀芯开启方向与阀门的水流方向相同），因此压差控制旁通阀关阀时所承受的压差是最大的（用户侧的设计阻力）。

阀芯构造的不同，同一关阀压差时对阀门的执行力要求有一定区别（受阀孔直径与阀杆直径比值的影响），必要时（尤其是处于关阀压差边界时）宜根据阀门结构参数来计算和提出执行力矩的要求。

2 工作压力

阀门工作压力即通过阀门的流体的工作压力，与阀体强度及密封性能有关，是阀门选型的重要参数。

3 工作温度

阀门工作温度即通过阀门的流体的工作温度。对于暖通空调系统的冷热水，一般的阀门都可以满足工作温度的要求。当流体为过热蒸汽时，应特别注意工作温度要求：饱和蒸汽时，按照蒸汽压力下的饱和温度确定；过热蒸汽时，应按照蒸汽过热度计算。

4 流体种类

流体种类对阀门材质有影响，可能还对阀门结构有要求。当流体具有腐蚀性、含有杂质时，应明确表示。

10.4.7 除特殊要求外，暖通空调系统一般的场所都应采用常闭式控制阀，调节阀和双位阀在不工作时都应能自动复位到关闭状态。当需要采用常开阀门时，设计文件中应注明。

【说明】

暖通空调水系统应采用变流量系统，不使用的末端调节阀、压差控制阀等，均应采用常闭式阀门。一般采用电机反转复位，双位阀可采用弹簧复位方式。

特殊工艺要求阀门在平时使用时必须全开的阀门，应在设计图中特别指明。

10.4.8 水系统控制阀宜安装在水平管段上，且执行机构的电机应高于阀体。冷/热盘管和水—水热交换器的调节阀宜设置在设备出水管路上，蒸汽阀应设置在进口管道上。

【说明】

由于管道系统中可能存在连接不良出现漏水以及考虑到冷水系统的某些地方可能出现冷凝水的情况存在，为了防止漏水或冷凝水流入执行器电机而引起故障等，当电机与控制阀阀杆同轴连接时，控制阀宜安装在水平管道且执行机构的位置应高于阀体；当必须在垂直管段上安装控制阀时，电机安装高度应高于阀杆（角型方式，如图 10.4.8 所示）。

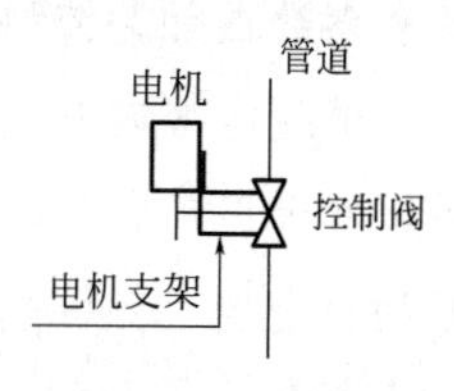

图 10.4.8 垂直管道安装电动阀示意图

10.5 群智能控制系统

10.5.1 **暖通空调的控制系统宜采用群智能控制系统。**

【说明】

群智能控制系统是一种新型的建筑智能化系统，以分布式、扁平化、无中心的建筑智能化网络平台为基础，配置保障网络系统运行的设备、电力及传感器、执行器等附件，实现对建筑的智能化调控和管理。区别于目前应用最广泛的楼宇自控系统，群智能控制系统没有集中的控制处理中心，机电设备均采用分布式控制处理系统。需要纳入智能化控制系统的房间配有智能处理节点（CPN），CPN 是具有运算、控制和信息交换能力的信息处理单元设备，房间内的机电设备控制由该 CPN 完成。冷热源设备、空调机组、新风机组、风机等机电设备也分别配置 CPN，由 CPN 完成对该设备的控制调节。按照服务对象的不同，CPN 分为建筑空间智能处理节点 CPN-A 和源设备智能处理节点 CPN-B 两大类。建筑内所有的 CPN 相互连接，就构成了智能处理节点网络（CPN 网络）。网络节点上的 CPN 之间可进行信息交互和协作。以智能处理节点网络为平台构成了分布式、扁平化、无中央控制器的建筑智能化控制网络系统。

图 10.5.1 是群智能控制系统的拓扑结构示意图，图中每一个节点代表一个智能处理节点（CPN），任一节点都可以是 CPN-A，对建筑空间单元中的机电设备进行控制；也可以是 CPN-B，对源设备及其附件进行控制。网络系统里没有集中处理设备，如需要掌握建筑的整体情况，可使用电脑或手机通过接入建筑内任一台 CPN，运用运行管理软件对建筑内的所有受控设备和参数进行监控和管理。

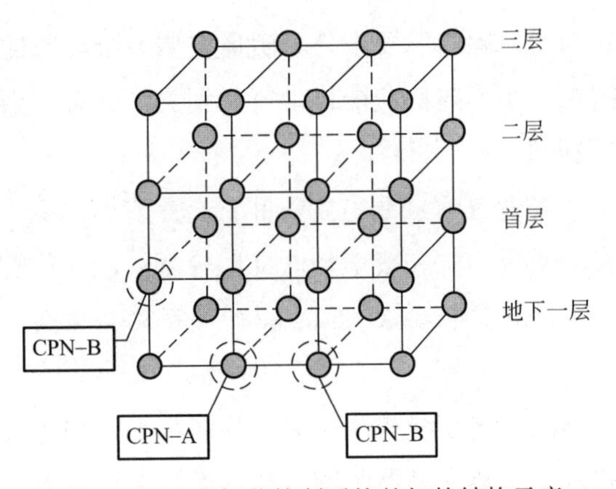

图 10.5.1 群智能控制系统的拓扑结构示意

群智能控制系统，作为国家“十三五”科技攻关项目，已经获得了较为完整的研究成果，在大型工程和一些标志性工程（例如“冰立方”等）中的应用示范表明：系统具有良好的稳定性、可扩充性和经济效益。

10.5.2 **群智能控制系统的设计宜与建筑设计同步进行。**

【说明】

采用群智能控制系统时，涉及空间单元与智能设备单元的划分，因此与建筑房间的分隔以及暖通空调系统的具体布置和单元的拓扑关系密切相关。因此，群智能系统的设计与建筑各专业的设计同步配合进行，对于保证系统的最优化是非常重要的。

10.5.3 群智能控制系统的设计应包括如下主要内容和步骤：

1 划分建筑空间单元和源设备，明确控制内容和控制要求；

2 为建筑空间单元和源设备配置相应的智能处理节点（CPN）；

3 按照建筑空间关系和机电系统工艺流程连接智能处理节点，构建群智能建筑网络系统，并完成供电电源与信号布线设计；

4 提出应用程序软件和运行管理软件的功能要求。

【说明】

建筑空间单元是为实现群智能控制功能而划分的建筑基本单元，包括建筑的空间划分及与该空间使用相关的机电设备，如灯、风机盘管、电动窗等。源设备是为建筑服务、需要进行复杂的智能化管理和调控的建筑机电设备，如冷水机组、水泵、冷却塔、空调机组、新风机组、水泵等。

10.5.4 划分建筑空间单元时，不应跨越空间物理分隔，且该空间内的信息量不应超过所采用的智能处理设备对各类监控设备数量和信息量的上限约定。划分方式及原则如下：

1 建筑空间单元应按建筑楼层、防火分区、墙体等物理分隔进行划分；

2 建筑内的自动扶梯、楼梯间等空间，宜划分为独立的建筑空间单元；

3 建筑空间单元应覆盖所有人员活动的空间区域，且相互不应重叠；

4 每个建筑空间单元的面积宜为60～100m^2，建筑面积较大的房间可划分为多个建筑空间单元；

5 对于通廊等狭长空间，每个空间单元的物理长度不宜超过50m；

6 采用无线信号传输的每个建筑空间单元，其CPN至末端设备（或DCU）的信号传输半径不宜超过10m；

7 建筑外部环境空间应划分为一个或多个独立的建筑空间单元。

【说明】

划分空间单元时，既要考虑物理分隔，也要考虑智能处理节点（CPN-A）产品的信息容量和能力，同时还需要考虑信号传输的距离限制（当采用无线传输方式时）。

10.5.5 每个建筑空间单元配置独立的智能处理节点（CPN-A），构成一个智能空间单元。服务于建筑空间单元内的从属设备，应划归到其所在的智能空间单元中。

【说明】

从属设备指的是：设置于建筑空间单元内、仅与该建筑空间单元的使用功能相关的设备。常见的建筑空间单元及其从属设备类型见表 10.5.5。

常见的建筑空间单元及其从属设备 **表 10.5.5**

空间类型	从属设备类型	备注
房间空间	电动门、电动窗、电动遮阳、电气插座、照明灯具、出入口闸机、摄像机、出入口控制器等； 风机盘管、变风量箱、多联机室内机、分体空调器、空气净化器、辐射末端、送/排风机、房间水泵、电动风阀、电动水阀、热风幕等； 火灾探测器、消火栓等； 环境及人员探测器	从属设备种类可根据需要选定
电梯空间	摄像机、火灾探测器等	
连廊空间	电动窗、电动遮阳等； 电气插座、照明灯具等； 风机盘管、变风量箱、送/排风机、电动风阀等； 摄像机、出入口控制器等； 火灾探测器、消火栓等	
室外空间	摄像机、出入口闸机、出入口控制器等； 建筑用气象站	

10.5.6 **依据建筑机电系统的监控要求，确定纳入群智能控制系统的源设备。**

【说明】

源设备指的是：需要进行智能化管理和调控并可独立完成某一预定功能的建筑机电设备。常见的源设备类型见表 10.5.6。

常见的源设备类型 **表 10.5.6**

专业类型	源设备类型	备注
暖通空调	制冷（热泵）机组、蓄能箱体、换热器、循环泵、冷却塔、干管协调器、定压补水系统、多联机室外机组、空调机组和风机等	各专业源设备的种类可根据需要选定
区域能源	锅炉、太阳能能源系统、换热器和太阳能光伏系统等	
给水排水	给水泵和排污泵等	
电力电气	高压柜、变压器、直流屏、低压柜、自备电源、直流配电柜和光伏发电等	
安防	出入口控制器	
消防	火灾报警控制器、消防联动控制器、消防专用电话总机、消防应急广播控制装置、消防应急照明和疏散指示控制装置、消防电源监控装置、电气火灾监控器、防火门监控器、可燃气体报警控制器、消防水泵、消防炮、气体（泡沫）灭火设备和消防空气压缩机等	

注：“干管协调器”，指的是供回水主干管上设置的压差旁通（阀）控制的整个环节，见第 10.5.9 条。

10.5.7 **有条件时，源设备宜采用机电一体化智能设备，并满足以下要求：**

1 **每个源设备宜自带可与群智能网络接入要求相适应的独立控制器；**

2 **非机电一体化的源设备，应配置独立的智能处理节点（CPN-B）；**

3 **调节控制功能应能满足设备运行调节的要求。**

【说明】

机电一体化设备的优点是：设备产品可以通过自身配带的控制器，除了实现产品内部运转工艺所需要的功能外，还可以满足工程设计中的使用功能。把一些控制程序和要求“固化”在产品中，可以使产品的运行与控制更为稳定和可靠（例如多联机空调系统）。在《措施》第10.3节中提到的各种控制要求和控制系统原理图，其中大部分通用控制需求，都可以通过机电一体化的方式来实现。

当然，由于工程设计中使用功能的多样化，并不是所有机电一体化产品都能够完全满足要求。因此，机电一体化产品更适合于相对通用的控制要求。同时，由于产品制造商与工程设计人员在控制与使用要求上可能存在理解上的差异，设计人员在采用机电一体化产品时，应对其控制功能进行详细的复核，确保满足设计需求。

源设备自带或配置了与群智能网络接入要求相符的控制器之后，即成为一个智能设备单元，可以和群智能控制系统实现无缝连接，确保系统正常运行。

10.5.8 **与源设备控制和使用相关的传感器、执行器等，应划分在该源设备所在智能设备单元内。**

【说明】

智能设备单元由源设备、CPN-B和必要的辅助调控部件（传感器、执行器等）组成。

以循环水泵为例：水泵与其前后的压力传感器、流量开关等划分在一个智能设备单元内，如图10.5.8所示，由一个CPN-B统一控制。

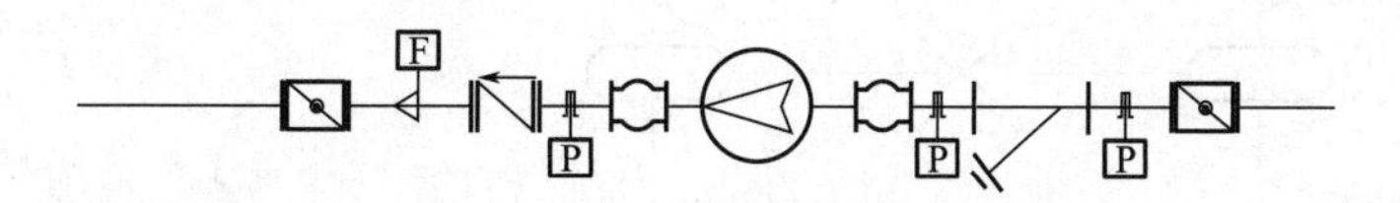

图10.5.8 以循环水泵为源设备的智能设备单元

10.5.9 **冷热源系统中的压差旁通或温度旁通控制等具备实现完整调控功能但没有源设备的独立控制环节（即表10.5.6中的干管协调器），应作为一个独立的智能设备单元。**

【说明】

冷热源系统中的压差旁通或温度旁通控制具备完整的调控功能，但仅有传感器和执行器，没有机电设备。应为其配置独立的CPN-B，划分为独立的智能设备单元，见图10.5.9。其他类似情况可参照设置。

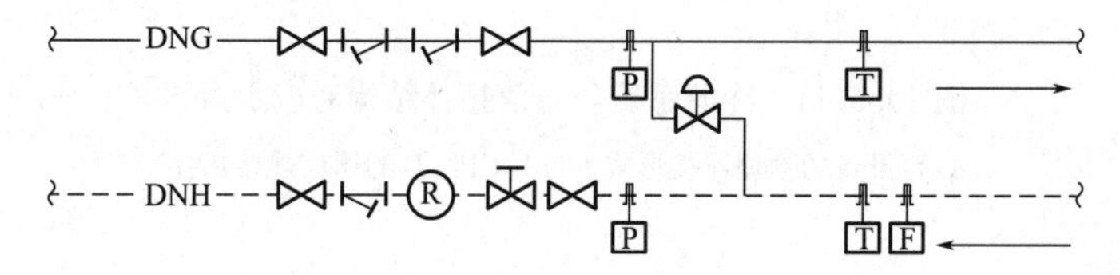

图10.5.9 压差旁通控制的智能设备单元

10.5.10 智能设备单元中的源设备，宜自带满足自身运行使用并能与智能处理节点进行信息交互传输的智能控制器；当产品无法满足要求时，可通过驱动控制器（DCU）与CPN通信。

【说明】

智能设备、传感器、执行器可直接与CPN相连及通信，推荐在设置群智能控制系统的建筑中采用。对于无智能控制器的机电设备，为了实现与CPN连接及通信，需配置驱动控制器（DCU）。驱动控制器（DCU）设置于控制现场，可通过有线或无线方式与智能处理节点连接。

10.5.11 暖通专业应将本专业需要控制的设备种类、位置、控制要求、源设备划分提资给智能化专业，由智能化专业确定CPN的安装位置、供电、接地、布线等，并连接各CPN，形成群智能控制网络系统。

【说明】

群智能控制网络系统应涵盖建筑内所有的智能空间单元和智能设备单元。智能化专业依据智能空间单元的相互逻辑位置关系连接各CPN-A。由于CPN-B之间的连接依据机电系统的工艺流程逻辑关系进行，建议由本专业工程师进行源设备的划分及确定CNP-B之间的连接拓扑。以电制冷冷源系统为例，对应于设备物理连接形式见图10.5.11（a），其每个设备的CPN-B通信连接拓扑见图10.5.11（b）。

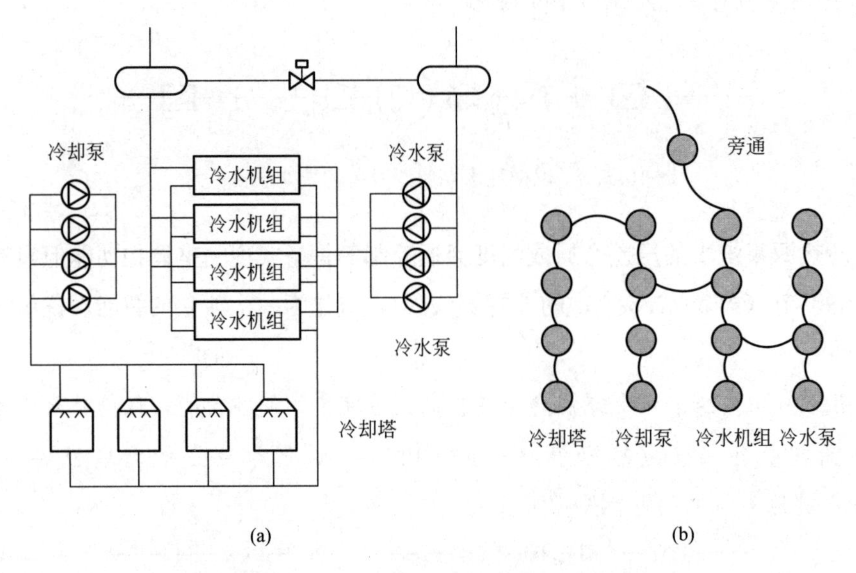

图10.5.11 冷源系统与通信拓扑结构对应示意图

（a）设备的物理连接形式；（b）CPN-B的通信连接拓扑

10.5.12 当设置中央管理系统时，中央管理系统的电脑设备可接入建筑内任一台 CPN，并根据运行管理软件对建筑内的所有受控设备和参数进行监控和管理。

【说明】

由于群智能系统无中心的特点，其中任何一台智能处理节点都允许集中监测电脑设备的接入，并通过运行管理软件的应用，对建筑内的所有受控设备和参数进行管理和监测。采用群智能控制系统时，中央管理系统的主要功能是：设备启停、设备运行状态与参数的监测以及数据分析。一般情况下，中央管理系统不对现场控制器的控制功能做出变更或调整。

附录　施工图主要设备表的编制

【说明】

1　本部分列出了在施工图设计时，本专业主要设备表编制过程中一般应标示的主要内容；当项目有特定需要时，可按照实际情况增加；当项目无此项要求时，可不填写。

2　除特殊指明外，表中均指的是设计工况而非设备的国家标准工况。

3　下列各设备表仅表示对填写内容的要求。施工图中的设备表格式和规格尺寸，应根据设计图纸的情况来排布。

4　附表1～附表34中，“*”表示有明确要求时填写；若无要求，可不列入。

电制冷冷水机组　　附表1

内容名称		编制要求	备注
设备编号		按照表1.2.1-1的系统编号	
设备形式		冷水机组压缩机形式	(变频)离心机、(变频)螺杆机、涡旋机、磁悬浮离心机
单台制冷量(kW)		设计工况下的制冷量	
蒸发器	进/出水温度(℃)	设计工况下的冷水进/出水温度	
	污垢系数($m^2 \cdot K/kW$)	冷水实际污垢系数	软化水:0.044; 非软化水:0.044～0.086。 以上为根据国内水质现状给出的推荐值
	水侧工作压力(MPa)	不小于在冷水系统中承受的最大工作压力	宜符合设备的压力分级
	水流阻力限值(kPa)	设计工况下允许的蒸发器允许水流阻力	
	设计流量(m^3/h)	设计工况下蒸发器的水流量	
	最低允许流量变化率(%)	蒸发器冷水变流量时的最小流量与设计流量的比值	*需要冷水机组蒸发器变流量运行时;建议机组流量变化范围为设计流量的50%～100%
	最低流量变化速率(%/min)	蒸发器冷水变流量时的最小流量变化速率	*需要冷水机组蒸发器变流量运行时;建议最小流量变化速率≥30%
冷凝器	进/出水温度(℃)	设计工况下的冷却水进/出水温度	
	污垢系数($m^2 \cdot K/kW$)	冷却水实际污垢系数	软化水:0.044; 非软化水:0.044～0.086。 以上为根据国内水质现状给出的推荐值
	水侧工作压力(MPa)	不小于在冷却水系统中承受的最大工作压力	宜符合设备的压力分级

续表

内容名称		编制要求	备注
冷凝器	水流阻力限值(kPa)	设计工况下允许的蒸发器允许水流阻力	
	设计流量(m^3/h)	设计工况下冷凝器的水流量	
	最低允许流量变化率(%)	冷凝器冷却水变流量时的最小流量与设计流量的比值	*需要冷水机组冷凝器变流量运行时;常规机组流量变化范围为设计流量的50%~100%
	最低流量变化速率(%/min)	冷凝器冷却水变流量时的最小流量变化速率	*需要冷水机组冷凝器变流量运行时;建议最小流量变化速率≥30%
	最低冷却进水温度限值(℃)	保证安全运行的冷却水最低进水温度	*需要冷水机组在冬季或过渡季运行时,需设置低温旁通管,常规机组进水温度≥14℃
电机与电源	装机容量(kW)	电机安装容量	
	电压(V)	电压等级	
	变频运行要求	填写是否要求机组变频运行	
COP	名义工况	按"国标"工况填写	*需要对施工图审查单位明确时
	设计工况	按设计工况填写	
IPLV		按"国标"工况填写	
最小负荷率(%)		冷水机组最低制冷量百分率	常规螺杆机组≥20%,离心机组≥30%
冷媒要求		可填写冷媒类型	环保冷媒
运行噪声限值[dB(A)]		机组运行噪声	*对噪声有严格要求时
外形尺寸限值(mm)		长×宽×高	对机房布置应有明确要求
质量(kg)		填写机组运转质量	*对设备的安装位置或运输通道的结构荷载有影响时
减振要求	振动传递比限值	按照《措施》第7章的要求	*对隔振有严格要求时,减振装置常规要求设备配套供应
	减振装置供应要求	填写是否由设备配套供应	
机组启动柜与控制柜配备要求		填写是否由设备配套供应	*包括变频控制柜
其他		低温部件保温要求、水流开关配置要求,等	

电制冷双工况冷水机组(蓄冰系统) **附表 2**

内容名称	编制要求	备注
设备编号	按照表1.2.1-1的系统编号	
设备形式	冷水机组压缩机形式	(变频)离心机、(变频)螺杆机、磁悬浮离心机
单台制冷量(kW)	设计工况下的制冷量	

续表

内容名称		编制要求	备注
蒸发器（空调制冷工况）	进/出水温度(℃)	空调设计工况下的冷水进/出水温度	
	污垢系数($m^2 \cdot K/kW$)	冷水实际污垢系数	软化水：0.044； 非软化水：0.044～0.086。 以上为根据国内水质现状给出的推荐值
	水侧工作压力(MPa)	不小于在冷水系统中承受的最大工作压力	宜符合设备的压力分级
	水流阻力限值(kPa)	空调设计工况下允许的蒸发器允许水流阻力	
	设计流量(m^3/h)	空调设计工况下蒸发器的水流量	
蒸发器（蓄冰制冷工况）	进/出水温度(℃)	制冰设计工况下的冷水进/出水温度	
	污垢系数($m^2 \cdot K/kW$)	冷水实际污垢系数	同空调制冷工况
	水侧工作压力(MPa)	不小于在冷水系统中承受的最大工作压力	同空调制冷工况
	水流阻力限值(kPa)	制冰设计工况下允许的蒸发器允许水流阻力	
	设计流量(m^3/h)	制冰设计工况下蒸发器的水流量	
冷凝器（空调制冷工况）	进/出水温度(℃)	空调设计工况下的冷却水进/出水温度	
	污垢系数($m^2 \cdot K/kW$)	冷却水实际污垢系数	软化水：0.044； 非软化水：0.044～0.086
	水侧工作压力(MPa)	不小于在冷却水系统中承受的最大工作压力	宜符合设备的压力分级
	水流阻力限值(kPa)	空调设计工况下允许的冷凝器允许水流阻力	
	设计流量(m^3/h)	空调设计工况下冷凝器的水流量	
	最低冷却进水温度限值(℃)	空调设计工况下冷凝器保证安全运行的冷却水最低进水温度	*需要冷水机组在冬季或过渡季运行时，需设置低温旁通管，常规机组进水温度≥14℃
冷凝器（蓄冰制冷工况）	进/出水温度(℃)	制冰设计工况下的冷却水进/出水温度	
	污垢系数($m^2 \cdot K/kW$)	冷却水实际污垢系数	同空调制冷工况
	水侧工作压力(MPa)	不小于在冷却水系统中承受的最大工作压力	同空调制冷工况
	水流阻力限值(kPa)	制冰设计工况下允许的蒸发器允许水流阻力	
	设计流量(m^3/h)	制冰设计工况下冷凝器的水流量	

续表

内容名称		编制要求	备注
电机与电源	装机容量(kW)	电机安装容量	
	电压(V)	电压等级	
	变频运行要求	填写是否要求机组变频运行	
COP	名义工况	按制冷"国标"工况填写	*需要对施工图审查单位明确时
	设计工况	按制冷/制冰设计工况分别填写	
IPLV		按"国标"工况填写	
最小负荷率(%)		冷水机组最低制冷量百分率	常规螺杆机组≥20%,离心机组≥30%
冷媒要求		可填写冷媒类型	环保冷媒
运行噪声限值[dB(A)]		机组运行噪声	*对噪声有严格要求时
外形尺寸限值(mm)		长×宽×高	对机房布置应有明确要求
质量(kg)		填写机组运转质量	*对设备的安装位置或运输通道的结构荷载有影响时
减振要求	振动传递比限值	按照《措施》第7章的要求	*对隔振有严格要求时; 减振装置常规要求设备配套供应
	减振装置供应要求	填写是否由设备配套供应	
机组启动柜与控制柜配备要求		填写是否由设备配套供应	*包括变频控制柜
其他		低温部件保温要求、水流开关配置要求,等	

蒸汽型吸收式冷水机组 **附表3**

内容名称		编制要求	备注
设备编号		按照表1.2.1-1的系统编号	
单台制冷量(kW)		设计工况下的制冷量	
冷水系统	进/出水温度(℃)	设计工况下的冷水进/出水温度	
	污垢系数($m^2 \cdot K/kW$)	冷水实际污垢系数	软化水:0.044; 非软化水:0.044~0.086。 以上为根据国内水质现状给出的推荐值
	水侧工作压力(MPa)	不小于在冷水系统中承受的最大工作压力	宜符合设备的压力分级
	水流阻力限值(kPa)	设计工况下允许的水流阻力	
	冷水流量(m^3/h)	设计工况下的水流量	
	最低允许流量变化率(%)	冷水变流量时的最小流量与设计流量的比值	*需要冷水变流量运行时; 建议机组流量变化范围为设计流量的50%~100%
	最低流量变化速率(%/min)	蒸发器冷水变流量时的最小流量变化速率	*需要冷水机组蒸发器变流量运行时; 建议最小流量变化速率≥30%
冷却水系统	进/出水温度(℃)	设计工况下的冷却水进/出水温度	
	污垢系数($m^2 \cdot K/kW$)	冷却水实际污垢系数	软化水:0.044; 非软化水:0.044~0.086。 以上为根据国内水质现状给出的推荐值

续表

内容名称		编制要求	备注
冷却水系统	水侧工作压力(MPa)	不小于在冷却水系统中承受的最大工作压力	宜符合设备的压力分级
	水流阻力限值(kPa)	设计工况下允许水流阻力	
	设计流量(m^3/h)	设计工况下的水流量	
	最低允许流量变化率(%)	冷却水变流量时的最小流量与设计流量的比值	*需要冷却水变流量运行时; 常规机组流量变化范围为设计流量的50%~100%
	最低流量变化速率(%/min)	冷凝器冷却水变流量时的最小流量变化速率	*需要冷水机组冷凝器变流量运行时; 建议最小流量变化速率≥30%
	最低冷却进水温度限值(℃)	保证安全运行的冷却水最低进水温度	*需要冷水机组在冬季或过渡季运行时,需设置低温旁通管,常规蒸汽吸收式冷水机组进水温度≥20℃
蒸汽参数	压力(MPa)		
	温度(℃)		
	消耗量(t/h)		
电机与电源	装机容量(kW)	电机安装容量	
	电压(V)	电压等级	
性能系数	名义工况	按"国标"工况填写	*需要对施工图审查单位明确时
	设计工况	按设计工况填写	
最小负荷率(%)		冷水机组最低制冷量百分率	吸收式冷水机组≥15%
运行噪声限值[dB(A)]		机组运行噪声	*对噪声有严格要求时
外形尺寸限值(mm)		长×宽×高	对机房布置应有明确要求
质量(kg)		填写机组运转质量	*对设备的安装位置或运输通道的结构荷载有影响时
减振要求	振动传递比限值		*对隔振有严格要求时; 机组减振装置常规要求设备配套供应,蒸汽管道安装需设置减震装置
	减振装置供应要求	填写是否由设备配套供应	
机组启动柜与控制柜配备要求		填写是否由设备配套供应	*包括变频控制柜
其他		低温部件保温要求、水流开关配置要求,等	

热水型吸收式冷水机组 **附表 4**

内容名称	编制要求	备注
设备编号	按照表 1.2.1-1 的系统编号	
单台制冷量(kW)	设计工况下的制冷量	

续表

内容名称			编制要求	备注
冷水系统	进/出水温度(℃)		设计工况下的冷水进/出水温度	
	污垢系数(m^2·K/kW)		冷水实际污垢系数	软化水:0.044; 非软化水:0.044~0.086。 以上为根据国内水质现状给出的推荐值
	水侧工作压力(MPa)		不小于在冷水系统中承受的最大工作压力	宜符合设备的压力分级
	水流阻力限值(kPa)		设计工况下允许的水流阻力	
	冷水流量(m^3/h)		设计工况下的水流量	
	最低允许流量变化率(%)		冷水变流量时的最小流量与设计流量的比值	*需要冷水变流量运行时; 建议机组流量变化范围为设计流量的50%~100%
	最低流量变化速率(%/min)		蒸发器冷水变流量时的最小流量变化速率	*需要冷水机组蒸发器变流量运行时; 建议最小流量变化速率≥30%
冷却水系统	进/出水温度(℃)		设计工况下的冷却水进/出水温度	
	污垢系数(m^2·K/kW)		冷却水实际污垢系数	软化水:0.044; 非软化水:0.044~0.086。 以上为根据国内水质现状给出的推荐值
	水侧工作压力(MPa)		不小于在冷却水系统中承受的最大工作压力	宜符合设备的压力分级
	水流阻力限值(kPa)		设计工况下允许水流阻力	
	冷却水流量(m^3/h)		设计工况下的水流量	
	最低允许流量变化率(%)		冷却水变流量时的最小流量与设计流量的比值	*需要冷却水变流量运行时; 常规机组流量变化范围为设计流量的50%~100%
	最低流量变化速率(%/min)		冷凝器冷却水变流量时的最小流量变化速率	*需要冷水机组冷凝器变流量运行时; 建议最小流量变化速率≥30%
	最低冷却进水温度限值(℃)		保证安全运行的冷却水最低进水温度	*需要冷水机组在冬季或过渡季运行时,需设置低温旁通管,常规热水吸收式冷水机组进水温度≥19℃
热水参数	温度(℃)	进水		
		出水		
	消耗量(m^3/h)			
电机与电源	装机容量(kW)		电机安装容量	
	电压(V)		电压等级	
	变频运行要求		填写是否要求机组变频运行	
性能系数	名义工况		按“国标”工况填写	*需要对施工图审查单位明确时
	设计工况		按设计工况填写	
最小负荷率(%)			冷水机组最低制冷量百分率	吸收式冷水机组≥15%

续表

内容名称		编制要求	备注
运行噪声限值[dB(A)]		机组运行噪声	* 对噪声有严格要求时
外形尺寸限值(mm)		长×宽×高	对机房布置应有明确要求
质量(kg)		填写机组运转质量	* 对设备的安装位置或运输通道的结构荷载有影响时
减振要求	振动传递比限值		* 对隔振有严格要求时；减振装置常规要求设备配套供应
	减振装置供应要求	填写是否由设备配套供应	
机组启动柜与控制柜配备要求		填写是否由设备配套供应	* 包括变频控制柜
其他		低温部件保温要求、水流开关配置要求等	

水源热泵冷（热）水机组 **附表 5**

内容名称		编制要求	备注
设备编号		按照表 1.2.1-1 的系统编号	
设备形式		冷水机组压缩机形式	涡旋式、螺杆式、满液式、多功能一体式
单台制冷量(kW)		设计工况下的制冷量	
单台制热量(kW)		设计工况下的制热量	
蒸发器（制冷工况）	进/出水温度(℃)	制冷设计工况下的冷水进/出水温度	
	污垢系数(m^2·K/kW)	冷水实际污垢系数	软化水：0.044； 非软化水：0.044～0.086。 以上为根据国内水质现状给出的推荐值
	水侧工作压力(MPa)	不小于在冷水系统中承受的最大工作压力	宜符合设备的压力分级
	水流阻力限值(kPa)	制冷设计工况下蒸发器允许的水流阻力	
	设计流量(m^3/h)	制冷设计工况下蒸发器的水流量	
冷凝器（制冷工况）	进/出水温度(℃)	制冷工况下的冷却水进/出水温度	
	污垢系数(m^2·K/kW)	冷却水实际污垢系数	软化水：0.044； 非软化水：0.044～0.086。 以上为根据国内水质现状给出的推荐值
	水侧工作压力(MPa)	不小于在冷却水系统中承受的最大工作压力	宜符合设备的压力分级
	水流阻力限值(kPa)	制冷设计工况下冷凝器允许的水流阻力	
	设计流量(m^3/h)	制冷设计工况下冷凝器的水流量	
蒸发器（制热工况）	进/出水温度(℃)	制热设计工况下用户侧的进/出水温度	
	污垢系数(m^2·K/kW)	热水用户侧实际污垢系数	软化水：0.044； 非软化水：0.044～0.086。 以上为根据国内水质现状给出的推荐值

续表

内容名称		编制要求	备注
蒸发器（制热工况）	水侧工作压力(MPa)	不小于在热水系统中承受的最大工作压力	同制冷工况
	水流阻力限值(kPa)	制热设计工况下蒸发器允许的水流阻力	
	设计流量(m^3/h)	制热设计工况下蒸发器的水流量	
冷凝器（制热工况）	进/出水温度(℃)	制热设计工况下热源侧的进/出水温度	
	污垢系数($m^2 \cdot K/kW$)	热水源侧实际污垢系数	软化水：0.044； 非软化水：0.044～0.086。 以上为根据国内水质现状给出的推荐值
	水侧工作压力(MPa)	不小于热水系统中承受的最大工作压力	宜符合设备的压力分级
	水流阻力限值(kPa)	制热设计工况下冷凝器允许的水流阻力	
	设计流量(m^3/h)	制热设计工况下冷凝器的水流量	
电机与电源	装机容量(kW)	电机安装容量	
	电压(V)	电压等级	
	变频运行要求	填写是否要求机组变频运行	
COP	名义工况	按“国标”工况填写	* 需要对施工图审查单位明确时
	设计工况	按设计工况填写	
IPLV		按“国标”工况填写	
最小负荷率(%)		冷水机组最低制冷量百分率	常规螺杆机组≥20%，离心机组≥30%
冷媒要求		可填写冷媒类型	环保冷媒
运行噪声限值[dB(A)]		机组运行噪声	* 对噪声有严格要求时
外形尺寸限值(mm)		长×宽×高	对机房布置应有明确要求
质量(kg)		填写机组运转质量	* 对设备的安装位置或运输通道的结构荷载有影响时
减振要求	振动传递比限值	按照《措施》第7章的要求	* 对隔振有严格要求时 减振装置常规要求设备配套供应
	减振装置供应要求	填写是否由设备配套供应	
机组启动柜与控制柜配备要求		填写是否由设备配套供应	* 包括变频控制柜
安装位置			
数量			
其他		低温部件保温要求、防冻措施、水质要求、水流开关配置要求等	

电制冷风冷冷水机组 **附表 6**

内容名称		编制要求	备注
设备编号		按照表 1.2.1-1 的系统编号	
设备形式		冷水机组压缩机形式	(变频)涡旋式、(变频)螺杆式、高效螺杆
单台制冷量(kW)		设计工况下的制冷量	
蒸发器	进/出水温度(℃)	设计工况下的冷水进/出水温度	
	污垢系数(m^2·K/kW)	冷水实际污垢系数	软化水:0.044; 非软化水:0.044~0.086。 以上为根据国内水质现状给出的推荐值
	水侧工作压力(MPa)	不小于在冷水系统中承受的最大工作压力	宜符合设备的压力分级
	水流阻力限值(kPa)	设计工况下允许的蒸发器允许水流阻力	
	设计流量(m^3/h)	设计工况下蒸发器的水流量	
	最低允许流量变化率(%)	蒸发器冷水变流量时的最小流量与设计流量的比值	*需要冷水机组蒸发器变流量运行时;建议机组流量变化范围为设计流量的50%~100%
	最低流量变化速速率(%/min)	蒸发器冷水变流量时的最小流量变化速率	*需要冷水机组蒸发器变流量运行时;建议最小流量变化速率≥30%
电机与电源	装机容量(kW)	电机安装容量	
	电压(V)	电压等级	
	变频运行要求	填写是否要求机组变频运行	
COP	名义工况	按"国标"工况填写	
	设计工况	按设计工况填写	
IPLV		按"国标"工况填写	
环境温度(℃)		工程所在地的夏季室外空调计算干球温度	
最小负荷率(%)		冷水机组最低制冷量百分率	常规螺杆机组≥20%,离心机组≥30%
冷媒要求		可填写冷媒类型	环保冷媒
运行噪声限值[dB(A)]		机组运行噪声	*对噪声有严格要求时
外形尺寸限值(mm)		长×宽×高	对机房布置应有明确要求
质量(kg)		填写机组运转质量	*对设备的安装位置或运输通道的结构荷载有影响时
减振要求	振动传递比限值	按照《措施》第 7 章的要求	*对隔振有严格要求时; 减振装置常规要求设备配套供应
	减振装置供应要求	填写是否由设备配套供应	
机组启动柜与控制柜配备要求		填写是否由设备配套供应	*包括变频控制柜
安装位置			
服务对象			
数量			
其他		水流开关配置要求,等	

空气源热泵冷（热）水机组 附表 7

内容名称		编制要求	备注
设备编号		按照表 1.2.1-1 的系统编号	
设备形式		冷水机组压缩机形式	（变频）涡旋式、（变频）螺杆式、高效螺杆
单台制冷量(kW)		设计工况下的制冷量	
单台制热量(kW)		设计工况下的制热量	
蒸发器（制冷）	进/出水温度(℃)	制冷设计工况下的冷水进/出水温度	
	污垢系数(m^2·K/kW)	冷水实际污垢系数	软化水：0.044； 非软化水：0.044～0.086。 以上为根据国内水质现状给出的推荐值
	水侧工作压力(MPa)	不小于在冷水系统中承受的最大工作压力	宜符合设备的压力分级
	水流阻力限值(kPa)	制冷设计工况下允许的水流阻力	
	设计流量(m^3/h)	制冷设计工况下蒸发器的水流量	
	最低允许流量变化率(%)	蒸发器冷水变流量时的最小流量与设计流量的比值	*需要冷水机组蒸发器变流量运行时；常规机组流量变化范围为设计流量的50%～100%
	最低流量变化速率(%/min)	蒸发器冷水变流量时的最小流量变化速率	*需要冷水机组蒸发器变流量运行时；建议 30%≤最小流量变化速率≤50%
冷凝器（制热）	进/出水温度(℃)	制热设计工况下的冷水进/出水温度	
	污垢系数(m^2·K/kW)	冷水实际污垢系数	软化水：0.044； 非软化水：0.044～0.086。 以上为根据国内水质现状给出的推荐值
	水侧工作压力(MPa)	不小于在热水系统中承受的最大工作压力	宜符合设备的压力分级
	水流阻力限值(kPa)	制热设计工况下允许的水流阻力	
	设计流量(m^3/h)	制热设计工况下冷凝器的水流量	
	最低允许流量变化率(%)	蒸发器冷水变流量时的最小流量与设计流量的比值	*需要冷水机组蒸发器变流量运行时；常规机组流量变化范围为设计流量的50%～100%
	最低流量变化速率(%/min)	蒸发器冷水变流量时的最小流量变化速率	*需要冷水机组蒸发器变流量运行时；建议最小流量变化速率≥30%
电机与电源	装机容量(kW)	电机安装容量	
	电压(V)	电压等级	
	变频运行要求	填写是否要求机组变频运行	
COP	名义工况	按“国标”工况填写	
	设计工况	按设计工况填写	
IPLV		按“国标”工况填写	

续表

内容名称		编制要求	备注
环境温度(℃)	夏季	工程所在地的夏季室外空调计算干球温度	
	冬季	工程所在地的冬季室外空调计算干球温度	
最小负荷率(%)		冷水机组最低制冷量百分率	常规螺杆机组≥20%,离心机组≥30%
冷媒要求		可填写冷媒类型	环保冷媒
运行噪声限值[dB(A)]		机组运行噪声	*对噪声有严格要求时
外形尺寸限值(mm)		长×宽×高	对机房布置应有明确要求
质量(kg)		填写机组运转质量	*对设备的安装位置或运输通道的结构荷载有影响时
减振要求	振动传递比限值	按照《措施》第7章的要求	*对隔振有严格要求时； 减振装置常规要求设备配套供应
	减振装置供应要求	填写是否由设备配套供应	
机组启动柜与控制柜配备要求		填写是否由设备配套供应	*包括变频控制柜
安装位置			
数量			
其他		水流开关配置要求等	

全自动热水锅炉 **附表8**

内容名称			编制要求	备注
设备编号			按照表1.2.1-1的系统编号	
设备形式			锅炉形式	承压锅炉、真空锅炉、常压锅炉
单台供热量(kW)			设计工况下的供热量	
热水参数	进/出水温度(℃)		设计工况下的热水进/出水温度	
	水侧工作压力(MPa)		不小于在热水系统中承受的最大工作压力	宜符合设备的压力分级(常压热水锅炉可不填写此项)
	水流阻力限值(kPa)		设计工况下的水流阻力	
	设计流量(m^3/h)		设计工况下的水流量	
	最低允许流量变化率(%)		热水变流量时的最小流量与设计流量的比值	*真空锅炉变流量运行时； 常规机组流量变化范围为设计流量的50%～100%； 常压及承压锅炉要求定流量运行,无此栏
燃料	种类			天然气、柴油
	低位热值	燃气(kcal/Nm^3)		
		燃油(kcal/kg)		
	流量	燃气(Nm^3/h)	设计工况下燃气消耗量	
		燃油(kg/h)	设计工况下燃油消耗量	
	压力(MPa)			*仅燃气锅炉

续表

内容名称		编制要求	备注
电机与电源	装机容量(kW)	电机安装容量	
	电压(V)	电压等级	
热效率		名义工况下的热效率	
排烟量(m^3/h)			
排烟温度(℃)			
锅炉本体排烟口余压(Pa)			
最小负荷率(%)		热水锅炉最低供热量百分率	≥30%
运行噪声限值[dB(A)]		机组运行噪声	*对噪声有严格要求时
外形尺寸限值(mm)		长×宽×高	对机房布置应有明确要求
质量(kg)		填写机组运转质量	*对设备的安装位置或运输通道的结构荷载有影响时
机组启动柜与控制柜配备要求		填写是否由设备配套供应	*包括变频控制柜
其他		低温部件保温要求、水流开关配置要求,数量等	

全自动蒸汽锅炉 **附表 9**

内容名称				编制要求	备注
设备编号				按照表 1.2.1-1 的系统编号	
设备形式					
单台额定蒸发量(t/h)					
蒸汽压力(MPa)					
饱和蒸汽温度(℃)					
燃料	种类				天然气、柴油
	低位热值	燃气($kcal/Nm^3$)			
		燃油(kcal/kg)			
	流量	燃气(Nm^3/h)		设计工况下燃料消耗量	
		燃油(kg/h)		设计工况下燃料消耗量	
	压力(MPa)				*仅燃气锅炉
电机与电源	装机容量(kW)			电机安装容量	
	电压(V)			电压等级	
热效率				名义工况下的热效率	
排烟量(m^3/h)					
排烟温度(℃)					
排烟口余压(Pa)					
最小负荷率(%)				锅炉最低供热量百分率	≥30%

续表

内容名称	编制要求	备注
运行噪声限值[dB(A)]	机组运行噪声	* 对噪声有严格要求时
外形尺寸限值(mm)	长×宽×高	对机房布置应有明确要求
质量(kg)	填写机组运转质量	* 对设备的安装位置或运输通道的结构荷载有影响时
机组启动柜与控制柜配备要求	填写是否由设备配套供应	* 包括变频控制柜
其他	停机保护要求、水流开关配置要求，数量等	

模块式热水锅炉 **附表 10**

内容名称		编制要求	备注
设备编号		按照表 1.2.1-1 的系统编号	
单台供热量(kW)		设计工况下的供热量	
热水参数	进/出水温度(℃)	设计工况下的热水进/出水温度	
	水侧工作压力(MPa)	不小于在热水系统中承受的最大工作压力	宜符合设备的压力分级
	水流阻力限值(kPa)	设计工况下的水流阻力	
	设计流量(m^3/h)	设计工况下的水流量	
燃料	种类		天然气
	热值($kcal/Nm^3$)	指燃料最低热值	
	流量(Nm^3/h)	设计工况下燃料消耗量	
	压力(MPa)		
电机与电源	装机容量(kW)	电机安装容量	
	电压(V)	电压等级	
热效率		名义工况下的热效率	
排烟量(m^3/h)			
排烟温度(℃)			
排烟口余压(Pa)			
运行噪声限值[dB(A)]		机组运行噪声	* 对噪声有严格要求时
外形尺寸限值(mm)		长×宽×高	对机房布置应有明确要求
质量(kg)		填写机组运转质量	* 对设备的安装位置或运输通道的结构荷载有影响时
机组启动柜与控制柜配备要求		填写是否由设备配套供应	* 包括变频控制柜
其他		停机保护要求、水流开关配置要求，数量等	

壁挂式燃气热水炉　　附表 11

内容名称		编制要求	备注
设备编号		按照表 1.2.1-1 的系统编号	
空调/供暖热水	单台供热量(kW)	设计工况下的供热量	
	进/出水温度(℃)	设计工况下的热水进/出水温度	
	进/出水压差(kPa)	设计工况下的进/出水压差	
	设计流量(m^3/h)	设计工况下的水流量	
生活热水	水量(L/h)		
	进/出水温度(℃)		
燃料	种类		天然气
	热值(kcal/Nm^3)	指燃料最低热值	
	流　量(Nm^3/h)	设计工况下燃料消耗量	
	压力(MPa)		*仅燃气锅炉
电机与电源	装机容量(kW)	电机安装容量	
	电压(V)	电压等级	
热效率		名义工况下的热效率	
工作压力(MPa)			
定压方式			
最小负荷率(%)		壁挂炉最低供热量百分率	
运行噪声限值[dB(A)]		机组运行噪声	*对噪声有严格要求时
外形尺寸限值(mm)		长×宽×高	
质量(kg)		填写机组运转质量	*对设备的安装位置的结构荷载有影响时
其他		是否设置耦合管、停机保护要求、水流开关配置要求,数量等	

热（冷）交换器　　附表 12

内容名称			编制要求	备注
设备编号			按照表 1.2.1-1 的系统编号	
设备形式				水—水、汽—水、乙二醇-水、板式、容积式等
单台换热量(kW)			设计工况下的换热量	
一次热/冷媒	水	供/回水温度(℃)	设计工况下的热水供/回水温度	
		水流阻力(kPa)	设计工况下的水流阻力	
		工作压力(kPa)	不小于在一次侧热/冷水系统中承受的最大工作压力	宜符合设备的压力分级
	蒸汽	蒸汽压力(MPa)		
		蒸汽温度(℃)		

续表

内容名称		编制要求	备注
二次水	供/回水温度(℃)	设计工况下的冷(热)水供/回水温度	
	水流阻力(kPa)	设计工况下的水流阻力	
	工作压力(kPa)	不小于在二次侧热/冷水系统中承受的最大工作压力	宜符合设备的压力分级
设备承压(MPa)			
运行噪声限值[dB(A)]		机组运行噪声	* 对噪声有严格要求时
外形尺寸限值(mm)		长×宽×高	对机房布置应有明确要求
质量(kg)		填写机组运转质量	* 对设备的安装位置或运输通道的结构荷载有影响时
安装位置			
服务范围			
数量			
其他		对应的水泵编号等	

整体（板式）换热机组 **附表 13**

内容名称			编制要求	备注
设备编号			按照表 1.2.1-1 的系统编号	
设备形式				水—水、汽—水等
单台换热量(kW)			设计工况下的换热量	
一次热/冷媒	水	供/回水温度(℃)	设计工况下的热水供/回水温度	
		水流阻力(kPa)	设计工况下的水流阻力	
		工作压力(kPa)	不小于在一次侧热/冷水系统中承受的最大工作压力	宜符合设备的压力分级
	蒸汽	蒸汽压力(MPa)		
		蒸汽温度(℃)		
二次水	供/回水温度(℃)		设计工况下的热水供/回水温度	
	水流阻力(kPa)		设计工况下的水流阻力	
	工作压力(kPa)		不小于在二次侧热/冷水系统中承受的最大工作压力	宜符合设备的压力分级
二次循环泵	设备编号		按照表 1.2.1-1 的系统编号	
	流量(m^3/h)		设备选择流量	
	进出口压差(mH_2O)		设计选择压差	
	功率(kW)		电机安装容量	
	电压(V)		电压等级	
	耗电输冷(热)比	设计值		
		限值		

续表

内容名称		编制要求	备注
运行噪声限值[dB(A)]		机组运行噪声	*对噪声有严格要求时
外形尺寸限值(mm)		长×宽×高	对机房布置应有明确要求
质量(kg)		填写机组运转质量	*对设备的安装位置或运输通道的结构荷载有影响时
减振要求	振动传递比限值	按照《措施》第7章的要求	*对隔振有严格要求时；减振装置常规要求设备配套供应
	减振装置供应要求	填写是否由设备配套供应	
机组启动柜与控制柜配备要求		填写是否由设备配套供应	*包括变频控制柜
安装位置			
服务对象		填写本设备服务的系统名称	
数量		填写机组台数	每台机组中的板换数量
其他		二次侧水泵形式、变频要求、设计点效率、备用关系等	

水泵　　**附表 14**

内容名称		编制要求	备注
设备编号		按照表 1.2.1-1 的系统编号	
设备名称			空调(一次/二次)冷(热)水循环泵、冷却水泵、供暖热水循环泵、锅炉热水循环泵、乙二醇溶液,补水泵、混水泵等
设备形式			单(多)级、立式、卧式、单(端)吸、双吸、变频等
流量(m^3/h)		设计工况下的选泵流量	
扬程(mH_2O)		设计工况下的选泵扬程	
电机与电源	装机容量(kW)	电机安装容量	
	电压(V)	电压等级	380V/220V
转速(r/min)			
吸入口压力(MPa)			
工作压力(MPa)		不小于系统中承受的最大工作压力	宜符合设备的压力分级
效率(%)		设计点效率	
介质温度(℃)			低温/高于80℃时应注明
设备承压(MPa)			
密封方式			
耗电输冷(热)比	设计值		
	限值		
运行噪声限值[dB(A)]		机组运行噪声	*对噪声有严格要求时

续表

内容名称		编制要求	备注
外形尺寸限值(mm)		长×宽×高	对机房布置应有明确要求
质量(kg)		填写机组运转质量	* 对设备的安装位置或运输通道的结构荷载有影响时
减振要求	振动传递比限值	按照《措施》第 7 章的要求	* 对隔振有严格要求时；减振装置常规要求设备配套供应
	减振装置供应要求	填写是否由设备配套供应	
机组启动柜与控制柜配备要求		填写是否由设备配套供应	* 包括变频控制柜
安装位置			
服务对象			
数量			
其他		变频要求、备用关系，对应关系等	

定压补水装置（囊式定压罐定压） **附表 15**

内容名称		编制要求	备注
设备编号		按照表 1.2.1-1 的系统编号	
定压值(MPa)			
启泵压力(MPa)			
停泵压力(MPa)			
电磁阀开启压力(MPa)			
安全阀开启压力(MPa)			
调节容积(m^3)			
定压罐容积(m^3)			
定压罐直径(mm)			
补水泵(一用一备)	流量(m^3/h)	设备选择流量	
	扬程(mH_2O)	设备选择扬程	
	电量(kW)	电机安装容量	
	电压(V)	电压等级	
	转速(r/min)		
运行噪声限值[dB(A)]		机组运行噪声	* 对噪声有严格要求时
外形尺寸限值(mm)		长×宽×高	对机房布置应有明确要求
质量(kg)		填写机组运转质量	* 对设备的安装位置或运输通道的结构荷载有影响时
减振要求	振动传递比限值	按照《措施》第 7 章的要求	* 对隔振有严格要求时；减振装置常规要求设备配套供应
	减振装置供应要求	填写是否由设备配套供应	
机组启动柜与控制柜配备要求		填写是否由设备配套供应	* 包括变频控制柜(使用时)

续表

内容名称	编制要求	备注
安装位置		
服务对象	填写本设备服务的系统名称	
数量		
其他	补水泵变频要求、备用关系等	

空调机组　　**附表 16**

内容名称			编制要求	备注
设备编号			按照表 1.2.1-1 的系统编号	空调机组系统编号
设备形式				组合式或整体式
送风机参数	风量(m^3/h)		设计选择送风量	
	机外余压(Pa)		送风口至回风口的压差	
	电量(kW)			
回风机参数	编号			吊装于机房内的空调机组对应回风机编号；若回风机直接设置于空调机组内，无此编号
	风量(m^3/h)		风机选择风量	
	风压(Pa)		全压或机外余压	吊装于机房内的回风机指全压； 设置于空调机组内的回风机指机外余压
	电量(kW)			
冷盘管参数	冷量(kW)		设计工况下供冷量	
	进/出水温度(℃)		设计工况下的冷水进/出水温度	
	空气温度(℃)	进口干球		
		进口湿球		
		出口干球		冷盘管出口露点温度应高于室内空气露点温度；地面送风空调系统冷盘管出风口温度不宜太低，空调送回风温差宜≤6℃
		出口湿球		
	水侧工作压力(MPa)		不小于在冷水系统中承受的最大工作压力	宜符合设备的压力分级
	水流阻力限值(kPa)		设计工况下盘管允许的水流阻力	宜≤50kPa
热盘管参数	热量(kW)		设计工况下供热量	
	进/出水温度(℃)		设计工况下的冷水进/出水温度	
	空气温度(℃)	进口干球		
		出口干球		
	水侧工作压力(MPa)		不小于在热水系统中承受的最大工作压力	宜符合设备的压力分级
	水流阻力限值(kPa)		设计工况下盘管允许的水流阻力	宜≤50kPa

续表

内容名称		编制要求	备注
加湿器	加湿量(kg/h)		
	加湿形式		加湿形式:湿膜水加湿、高压微雾加湿、蒸汽加湿、高压喷雾加湿、电极加湿等
	加湿介质压力(MPa)		湿膜水加湿不需要填写此项
空气过滤器类型		过滤器形式、过滤等级	过滤器形式:粗效板式、中效袋式、单极静电、双级静电
单位风量耗功率 W_s			
功能段要求			进/回风粗效过滤段、中效过滤段、盘管段、加湿段、风机段等
系统设计新风比(%)			满足人员卫生要求
系统运行可达到的最大新风比(%)			建议人员密集区≥70%,其余区域≥50%
水管接管方向			顺着机组气流方向,水管接管在左侧为左式,接管在右侧为右式
出风口噪声限值[dB(A)]		机组出风口噪声	
外形尺寸限值(mm)		长×宽×高	对机组尺寸应有明确要求
质量(kg)		填写机组运转质量	
减振要求	振动传递比限值	按照《措施》第7章的要求	减振装置常规采用弹簧减振器或橡胶减振垫
	减振装置供应要求	填写是否由设备配套供应	
机组启动柜与控制柜配备要求		填写是否由设备配套供应	*包括变频控制柜
其他		风机效率、机组数量、保温要求,是否要求机组变频运行等	

直膨式分体空调机组 **附表 17**

内容名称			编制要求	备注
设备编号			按照表 1.2.1-1 的系统编号	
冷量(kW)			设计工况下的冷量	
热量(kW)			设计工况下的热量	
冷量调节要求				
室外机电源	电量(kW)			
	电压(V)			
	质量(kg)			
冷盘管参数	空气温度(℃)	进口干球		
		进口湿球		
		出口干球		冷盘管出口露点温度应高于室内空气露点温度;地面送风空调系统冷盘管出风口温度不宜太低,空调送回风温差宜≤6℃
		出口湿球		

续表

内容名称			编制要求	备注
热盘管参数	空气温度(℃)	进口干球		
		出口干球		
送风机参数	风量(m^3/h)		设备选择风量	
	机外余压(Pa)		设备选择余压	
	电量(kW)			
回风机参数	编号			吊装于机房内的空调机组对应回风机编号;若回风机直接设置于空调机组内,无此编号
	风量(m^3/h)		设备选择风量	
	机外余压(Pa)		设备选择余压	
	电量(kW)			
空气过滤器类型			过滤器形式、过滤等级	过滤器形式:粗效板式、中效袋式、单极静电、双级静电
单位风量耗功率 W_s				
功能段要求				进/回风粗效过滤段、中效过滤段、直膨盘管段、加湿段、风机段等
系统最小新风比(%)				满足人员卫生要求
系统最大新风比(%)				建议人员密集区≥70%,其余区域≥50%
制冷季节能效比 *SEER*				* 仅风冷单冷直膨机组填写
制冷/制热全年性能系数 *APF*				
运行噪声限值[dB(A)]	机外噪声			* 对噪声有严格要求时
	出风口噪声			
室外机外形尺寸限值(mm)			长×宽×高	
室内机外形尺寸限值(mm)			长×宽×高	对机房布置应有明确要求
质量(kg)			填写机组运转质量	* 对设备的安装位置或运输通道的结构荷载有影响时
减振要求	振动传递比限值		按照《措施》第7章的要求	* 对隔振有严格要求时;减振装置常规要求设备配套供应
	减振装置供应要求		填写是否由设备配套供应	
机组启动柜与控制柜配备要求			填写是否由设备配套供应	* 包括变频控制柜
其他			风机效率、台数、保温要求等	

热回收新风机组 **附表 18**

内容名称			编制要求	备注
设备编号			按照表 1.2.1-1 的系统编号	
设备形式			热回收装置形式、能量回收方式	热回收装置形式：板式、热管式、转轮式、板翅式、液体循环式 能量回收方式：显热回收、全热回收
送风机参数	风量(m^3/h)		设备选择风量	
	机外余压(Pa)		设备选择余压	
	电量(kW)			
	单位风量耗功率 W_s			
排风机参数	风量(m^3/h)		设备选择风量	
	机外余压(Pa)		设备选择余压	
	电量(kW)			
	单位风量耗功率 W_s			
热回收功能段	夏季新风温度(℃)	进口干/湿球		排风量与新风量的比值范围为 0.75～1.33，比值为 1 时，经济和技术性最合理； 热交换焓效率、温度效率均宜≥60%
		出口干/湿球		
	夏季排风温度(℃)	进口干/湿球		
		出口干/湿球		
	冬季新风温度(℃)	进口干/湿球		
		出口干/湿球		
	冬季排风温度(℃)	进口干/湿球		严寒、寒冷地区，冬季排风温度≤0℃时，热回收新风机组需设置预热段，防止排风侧结霜/冻结
		出口干/湿球		
冷盘管参数	冷量(kW)		设计工况下的冷量	
	进/出水温度(℃)		设计工况下的冷水进/出水温度	
	空气进/出口干/湿球温度(℃)			
	工作压力(MPa)		不小于在冷水系统中承受的最大工作压力	宜符合设备的压力分级
	水流阻力限值(kPa)		设计工况下盘管允许的水流阻力	宜≤50kPa
热盘管参数	热量(kW)		设计工况下的热量	
	进/出水温度(℃)		设计工况下的热水进/出水温度	
	空气进/出口的干/湿球温度(℃)			
	工作压力(MPa)		不小于在热水系统中承受的最大工作压力	宜符合设备的压力分级
	水流阻力限值(kPa)		设计工况下盘管允许的水流阻力	宜≤50kPa

续表

内容名称		编制要求	备注
加湿器	加湿量(kg/h)		
	加湿形式		加湿形式：湿膜水加湿、高压微雾加湿、蒸汽加湿、高压喷雾加湿、电极加湿等
	加湿介质压力(MPa)		湿膜水加湿不需要填写此项
空气过滤器类型		过滤器形式、过滤等级	过滤器形式：粗效板式、中效袋式、单极静电、双级静电
功能段要求			进风粗效过滤段、中效过滤段、热回收段、盘管段、加湿段、风机段等
水管接管方向			顺着机组气流方向，水管接管在左侧为左式，接管在右侧为右式
运行噪声限值[dB(A)]	机外噪声		* 对噪声有严格要求时
	出风口噪声		
外形尺寸限值(mm)		长×宽×高	对机组尺寸应有明确要求
质量(kg)		填写机组运转质量	* 对设备的安装位置或运输通道的结构荷载有影响时
减振要求	振动传递比限值	按照《措施》第 7 章的要求	减振装置常规采用弹簧减振器或橡胶减振垫
	减振装置供应要求	填写是否由设备配套供应	
机组启动柜与控制柜配备要求		填写是否由设备配套供应	* 包括变频控制柜
其他		风机效率、机组数量、保温要求，是否要求机组变频运行等	

变制冷剂流量多联空调机室内机　　**附表 19**

内容名称		编制要求	备注
设备编号		按照表 1.2.1-1 的系统编号	
设备形式		空调室内机形式，明装或暗装	风管式、嵌入式(环绕气流、双向气流、单向气流)、落地式等
高档风量(m^3/h)			
风压(Pa)			采用风管机时填写此项
冷量(kW)		设计工况下制冷量	
热量(kW)		设计工况下制热量	
室内机电源	制冷电量(kW)	制冷工况下的电机容量	
	制热电量(kW)	制热工况下的电机容量	
	电压(V)		

续表

内容名称	编制要求	备注
运行噪声限值[dB(A)]	高档运行噪声	
外形尺寸限值(mm)	长×宽×高	
电辅热电量(kW)		*室内机设置电辅热装置时
其他	是否配置凝结水提升泵,是否室内机需要集中控制等	

变制冷剂流量多联空调机室外机 **附表 20**

内容名称		编制要求	备注
设备编号		按照表 1.2.1-1 的系统编号	
冷量(kW)		按设计工况下的性能	
热量(kW)		按设计工况下的性能	
室外机电源	制冷电量(kW)	制冷工况下的电机容量	需含风机电量
	制热电量(kW)	制热工况下的电机容量	需含风机电量
	电压(V)		
室外温度(℃)	夏季	工程所在地的夏季室外空调计算温度	
	冬季	工程所在地的冬季室外空调计算温度	
SEER	名义工况	按“国标”工况填写	本项仅用于单冷型
APF	名义工况	按“国标”工况填写	本项适用于热泵型
	限值	满足相关规范要求	
运行噪声限值[dB(A)]		机组运行噪声	*对噪声有严格要求时
外形尺寸限值(mm)		长、宽、高	
质量(kg)		填写机组运转质量	*对设备的安装位置或运输通道的结构荷载有影响时
对应的室内机台数	型号 1	同一台室外机对应的不同型号的室内机台数	
	型号 2		
	型号 3		
	型号 4		
室内机总冷负荷(kW)		各型号室内机的总装机负荷	
最远接管距离(m)			
减振要求	振动传递比限值	按照《措施》第 7 章的要求小于或等于 0.15	*对隔振有严格要求时;减振装置常规要求设备配套供应
	减振装置供应要求	填写是否由设备配套供应	
机组启动柜与控制柜配备要求		填写是否由设备配套供应	*包括变频控制柜
安装位置			
服务对象			
数量			
其他		冷媒情况、标准工况参数等	

风机盘管　　**附表 21**

内容名称			编制要求	备注
设备编号			按照表 1.2.1-1 的系统编号	四管制、两管制、分区两管制内(外)区应分别写设备表
设备形式			立式、卧式、明装、暗装、四出风、两出风、吸顶式、壁挂式等	
风量(m^3/h)			宜按中档风量	
机外余压(Pa)			宜按中档余压	
电机容量(W)			宜按高档电量	
冷盘管参数	水量(L/min)		设计工况下的水流量	
	冷量(W)		宜按设计工况下的中档冷量选择	
	进/出水温度(℃)		设计工况下的冷水进/出水温度	
	空气进口温度(℃)	干球	设计工况下的参数	
		湿球	设计工况下的参数	
	水流阻力限值(kPa)		设计工况下允许的盘管水流阻力	
	接口管径(mm)			
热盘管参数	水量(L/min)		设计工况下的参数	
	热量(W)		宜按设计工况下的中档热量选择	空调热水供、回水温度较低时(主机为低温热泵系统),四管制盘管需重点校核热盘管供热量是否满足需求
	进/出水温度(℃)		设计工况下的热水进/出水温度	
	水流阻力限值(kPa)		设计工况下允许的盘管水流阻力	冷热盘管共用时,可只给出冷水工况
	接口管径(mm)			
工作压力(MPa)			空调水系统工作压力	宜符合设备的压力分级
高档噪声限值[dB(A)]			盘管运行高档噪声	*对噪声有严格要求时
其他			回风过滤器要求、是否带回风箱及回风口形式、冷热盘管是否共用、是否需要配带冷凝水提升泵等	

风机　　**附表 22**

内容名称		编制要求	备注
设备编号		按照表 1.2.1-1 的系统编号	
设备形式		风机或风机箱	管道式、离心式、轴流式、斜流式、混流式
风量(m^3/h)		风机选型风量	双速风机应给出高/低档风量
全压(Pa)		风机选型风压	双速风机应给出高/低档风压
电源	电量(kW)		双速风机应给出高/低档电量
	电压(V)		

续表

内容名称		编制要求	备注
转速(r/min)			双速风机应给出高/低档转速
效率(%)		设计工况点的效率	
介质温度(℃)			* 常温系统可不标
单位耗功率 W_s			
质量(kg)		填写机组运转质量	* 对设备的安装位置或运输通道的结构荷载有影响时
噪声限值[dB(A)]			* 对噪声有严格要求时
减振要求	振动传递比限值	按照《措施》第7章的要求	减振装置常规采用弹簧减振器或橡胶减振垫
	减振装置供应要求	填写是否由设备配套供应	
安装位置			
服务对象			
数量			
其他		电机内/外置、是否低噪，是否配壳体消声、是否室内外分设开关、防爆要求、防腐要求、变频要求等	

消防专用风机 附表23

内容名称		编制要求	备注
设备编号		按照表1.2.1-1的系统编号	
设备形式			消防专用、高温排烟、离心风机箱、管道式、轴流式、斜流式、混流式
风量(m^3/h)		风机选型风量	
全压(Pa)		风机选型风压	
电源	电量(kW)		
	电压(V)		
转速(r/min)			
介质温度(℃)		排烟风机：280℃	
质量(kg)		填写机组运转质量	* 对设备的安装位置或运输通道的结构荷载有影响时
安装位置			
服务对象			
数量			
其他			

变风量风机动力型末端装置 附表 24

<table>
<tr><th colspan="2">内容名称</th><th>编制要求</th><th>备注</th></tr>
<tr><td colspan="2">设备编号</td><td>按照表 1.2.1-1 的系统编号</td><td></td></tr>
<tr><td colspan="2">最大送风量(m^3/h)</td><td></td><td></td></tr>
<tr><td colspan="2">最小送风量(m^3/h)</td><td></td><td></td></tr>
<tr><td colspan="2">送风余压(Pa)</td><td>最大送风量时的余压</td><td></td></tr>
<tr><td colspan="2">设计工况风阻力(Pa)</td><td>含再热水盘管阻力</td><td></td></tr>
<tr><td colspan="2">接口软管尺寸(mm)</td><td></td><td></td></tr>
<tr><td rowspan="2">风机电源</td><td>电量(kW)</td><td></td><td></td></tr>
<tr><td>电压(V)</td><td></td><td></td></tr>
<tr><td rowspan="4">再热器</td><td>再热量(kW)</td><td></td><td rowspan="4">再热器采用电热时，此栏改为再热器电量，同时热水供/回水温度及盘管工作压力栏不采用</td></tr>
<tr><td>热水供/回水温度(℃)</td><td></td></tr>
<tr><td>盘管工作压力(MPa)</td><td></td></tr>
<tr><td>盘管水阻力(MPa)</td><td></td></tr>
<tr><td colspan="2">运行噪声限值[dB(A)]</td><td>最大送风量时运行噪声</td><td>* 对噪声有严格要求时</td></tr>
<tr><td colspan="2">数量</td><td></td><td></td></tr>
<tr><td colspan="2">其他</td><td colspan="2">出口消声器、风量调节阀的设置要求等</td></tr>
</table>

诱导风机 附表 25

<table>
<tr><th colspan="2">内容名称</th><th>编制要求</th><th>备注</th></tr>
<tr><td colspan="2">设备编号</td><td>按照表 1.2.1-1 的系统编号</td><td></td></tr>
<tr><td colspan="2">设备形式</td><td></td><td></td></tr>
<tr><td colspan="2">风量(m^3/h)</td><td></td><td></td></tr>
<tr><td colspan="2">出口风速(m/s)</td><td></td><td></td></tr>
<tr><td rowspan="2">电源</td><td>电量(kW)</td><td></td><td></td></tr>
<tr><td>电压(V)</td><td></td><td></td></tr>
<tr><td colspan="2">单位风量耗功率 W_s</td><td></td><td></td></tr>
<tr><td colspan="2">转速(r/min)</td><td></td><td></td></tr>
<tr><td colspan="2">效率(%)</td><td>设计状态点的效率</td><td></td></tr>
<tr><td colspan="2">质量(kg)</td><td>填写机组运转质量</td><td>* 对设备的安装位置的结构荷载有影响时</td></tr>
<tr><td colspan="2">运行噪声限值[dB(A)]</td><td></td><td>* 对噪声有严格要求时</td></tr>
<tr><td colspan="2">数量</td><td></td><td></td></tr>
<tr><td colspan="2">其他</td><td colspan="2"></td></tr>
</table>

吊顶式热回收新风换气机组 附表 26

内容名称			编制要求	备注
设备编号			按照表 1.2.1-1 的系统编号	
设备形式			热回收装置形式、能量回收方式	热回收装置形式：板式、热管式、板翅式、液体循环式； 能量回收方式：显热回收、全热回收
送风机参数	风量(m^3/h)		设备选型风量	
	机外余压(Pa)		设备选型余压	
	电量(kW)			
	单位风量耗功率 W_s			
排风机参数	风量(m^3/h)		设备选型风量	
	机外余压(Pa)		设备选型余压	
	电量(kW)			
	单位风量耗功率 W_s			
热回收功能段	夏季新风温度(℃)	进口干/湿球		排风量与新风量的比值范围为 0.75～1.33，比值为 1 时，经济和技术性最合理 热交换焓效率/温度效率均宜≥60%
		出口干/湿球		
	夏季排风温度(℃)	进口干/湿球		
		出口干/湿球		
	冬季新风温度(℃)	进口干/湿球		
		出口干/湿球		
	冬季排风温度(℃)	进口干/湿球		严寒、寒冷地区，冬季排风温度≤0℃时，不能直接使用新风换气机，需在新风侧设置热水盘管预热
		出口干/湿球		
空气过滤器类型			过滤器形式、过滤等级或效率	过滤器形式：板式、静电式
运行噪声限值[dB(A)]			机外噪声	
			出风口噪声	
外形尺寸限值(mm)			长×宽×高	对机组尺寸应有明确要求
减振要求	振动传递比限值		按照《措施》第 7 章的要求	* 对隔振有严格要求时； 减振装置常规要求设备配套供应
	减振装置供应要求		填写是否由设备配套供应	
机组启动柜与控制柜配备要求			填写是否由设备配套供应	
其他			风机效率、机组数量等	

软水器 附表 27

内容名称	编制要求	备注
设备编号	按照表 1.2.1-1 的系统编号	
设备形式		单罐、双罐
处理水量(m^3/h)		

续表

内容名称		编制要求	备注
原水总硬度(mmol/L)			
出水总硬度(mmol/L)			
工作压力(MPa)			
工作温度(℃)			
电源	装机容量(kW)	电机安装容量	
	电压(V)	电压等级	
控制方式			全自动控制
质量(kg)			
外形尺寸限值(mm)		长×宽×高	

定压补水装置（膨胀水箱定压）　　附表 28

内容名称		编制要求	备注
设备编号		按照表 1.2.1-1 的系统编号	
定压值(MPa)			
启泵压力(MPa)		* 液位传感器控制	* 设置补水泵时
停泵压力(MPa)		* 液位传感器控制	* 设置补水泵时
调节容积(m^3)			
膨胀水箱有效容积(m^3)			
补水泵（一用一备）	流量(m^3/h)	设备选型流量	* 设置补水泵时
	扬程(mH_2O)	设备选型扬程	* 设置补水泵时
	电量(kW)	电机安装容量	* 设置补水泵时
	电压(V)	电压等级	* 设置补水泵时
	转速(r/min)		* 设置补水泵时
运行噪声限值[dB(A)]		机组运行噪声	* 对噪声有严格要求时
外形尺寸限值(mm)		长×宽×高	对机房布置应有明确要求
外形尺寸限值(mm)		长×宽×高	
安装位置			
服务对象			
数量			
其他			

变风量单风道型末端装置　　附表 29

内容名称	编制要求	备注
设备编号	按照表 1.2.1-1 的系统编号	
最大送风量(m^3/h)		

续表

内容名称	编制要求	备注
最小送风量(m^3/h)		
设计工况风阻力(Pa)		
接口软管尺寸(mm)		
运行噪声限值[dB(A)]	最大送风量时运行噪声	* 对噪声有严格要求时
控制器类型		
数量		
其他	出口消声器、风量调节阀的设置要求等	

电热循环风幕 **附表 30**

内容名称		编制要求	备注
设备编号		按照表 1.2.1-1 的系统编号	
设备名称			电热风幕
风量(m^3/h)			
热功率(kW)			
电机与电源	装机容量(kW)	电机安装容量	风机功率+加热功率
	电压(V)	电压等级	
出风口噪声限值[dB(A)]		机组高档运行噪声	* 对噪声有严格要求时
质量(kg)			
外形尺寸限值(mm)		长×宽×高	
其他		安装位置,数量等	

循环风贯流式风幕 **附表 31**

内容名称		编制要求	备注
设备编号		按照表 1.2.1-1 的系统编号	
设备名称			贯流风幕
风量(m^3/h)			
电机与电源	装机容量(kW)	电机安装容量	
	电压(V)	电压等级	
单位风量耗功率 W_s			
出风口噪声限值[dB(A)]		机组高档运行噪声	* 对噪声有严格要求时
质量(kg)			
外形尺寸限值(mm)		长×宽×高	
其他		安装位置,数量等	

厨房油烟净化器　　附表 32

内容名称		编制要求	备注
设备编号		按照表 1.2.1-1 的系统编号	
设备类型			静电式
处理油烟量(m^3/h)		设备选择风量	
设备余压(Pa)		设备选择风量	* 带风机的整体式机组
接口尺寸(mm)			
阻力(Pa)		设计工况下的阻力	
电源	装机容量(kW)	电机安装容量	
	电压(V)	电压等级	
净化效率(%)			
去味组件	形式		光触媒、活性炭等
	去味效率(%)		
	阻力(Pa)		
	活性炭含量(kg)		
质量(kg)		填写机组运转质量	* 对设备的安装位置或运输通道的结构荷载有影响时
运行噪声限值[dB(A)]		机外噪声	* 用于带风机机组
		出风口噪声	
减振要求	振动传递比限值	按照《措施》第 7 章的要求	* 对隔振有严格要求时；减振装置常规要求设备配套供应
	减振装置供应要求	填写是否由设备配套供应	
外形尺寸限值(mm)		长×宽×高	含各组件的尺寸
安装位置			
数量			
其他		是否带自清洁、控制箱、对应排油烟风机编号等	

高压微雾加湿器　　附表 33

内容名称		编制要求	备注
设备编号		按照表 1.2.1-1 的系统编号	
设备名称			高压微雾加湿器
加湿能力(kg/h)			
系统工作压力(MPa)			
电源	装机容量(kW)	电机安装容量	
	电压(V)	电压等级	
运行噪声限值[dB(A)]		机组运行噪声	* 对噪声有严格要求时
质量(kg)		填写机组运转质量	* 对设备的安装位置或运输通道的结构荷载有影响时

续表

内容名称	编制要求	备注
外形尺寸限值(mm)	长×宽×高	
安装位置		
数量		
其他	高压微雾水处理设备、高压铜管是否由设备厂家配套供货、高压微雾水质要求等	

注:当高压微雾加湿器设计作为独立的设备时,编制本表。如果作为空调机组配置的附属设备,则应在相应的空调机组中明确。

分体空调机组 **附表34**

内容名称		编制要求	备注
设备编号		按照表1.2.1-1的系统编号	
冷量(kW)		设计工况下制冷量	
热量(kW)		设计工况下制热量	
电源	制冷输入功率(kW)	制冷工况下的电机容量	
	制热输入功率(kW)	制热工况下的电机容量	*需电辅热电量(如果有辅助电热)
	电压(V)		
高档噪声限值[dB(A)]		机组高档运行噪声	*对噪声有严格要求时
制冷 *SEER*		单冷型填此栏	
制热 *HSPF*		热泵型填此栏	
能效等级			
服务对象			
数量			
其他		单冷型/热泵型、室内机是否带电辅热、是否带冷凝水提升泵、冷媒情况、标准工况参数等	

参 考 文 献

[1] 中华人民共和国住房和城乡建设部．建筑节能与可再生能源利用通用规范．GB 55015—2021[S]．北京：中国建筑工业出版社，2021.

[2] 公安部四川消防研究所．建筑防烟排烟系统技术标准．GB 51251—2017[S]．北京：中国计划出版社，2017.

[3] 中国建筑科学研究院．民用建筑供暖通风与空气调节设计规范．GB 50736—2012[S]．北京：中国建筑工业出版社，2012.

[4] 中国有色工程有限公司，中国恩菲工程技术有限公司．工业建筑供暖通风与空气调节设计规范．GB 50019—2015[S]．北京：中国计划出版社，2015.

[5] 公安部天津消防研究所．建筑设计防火规范(2018 年版)．GB 50016—2014[S]．北京：中国计划出版社，2018.

[6] 亚太建设科技信息研究院有限公司，中国建筑设计研究院有限公司．供暖通风与空气调节术语标准．GB/T 50155—2015[S]．北京：中国建筑工业出版社，2015.

[7] 中国建筑设计研究院．住宅设计规范．GB 50096—2011[S]．北京：中国计划出版社，2011.

[8] 中国建筑科学研究院．住宅建筑规范．GB 50368—2005[S]．北京：中国建筑工业出版社，2005.

[9] 中国建筑科学研究院．公共建筑节能设计标准．GB 50189—2015[S]．北京：中国建筑工业出版社，2015.

[10] 中国建筑科学研究院．民用建筑热工设计规范．GB 50176—2016[S]．北京：中国建筑工业出版社，2016.

[11] 上海市公安消防总队．汽车库、修车库、停车场设计防火规范．GB 50067—2014[S]．北京：中国计划出版社，2014.

[12] 总参工程兵第四设计研究院．人民防空工程设计防火规范．GB 50098—2009[S]．北京：中国计划出版社，2009.

[13] 中国石油和化工勘察设计协会，中国成达工程有限公司．工业设备及管道绝热工程设计规范．GB 50264—2013[S]．北京：中国计划出版社，2013.

[14] 中国疾病预防控制中心，中国疾病预防控制中心辐射防护安全所，北京大学环境学院．室内空气质量标准．GB/T 18883—2002[S]．北京：中国标准出版社，2003.

[15] 中国环境科学研究院、中国环境监测总站．环境空气质量标准．GB 3095—2012[S]．北京：中国环境科学出版社，2012.

[16] 中国环境科学研究院、北京市环境保护监测中心、广州市环境监测中心站．声环境质量标准．GB 3096—2008[S]．北京：中国环境科学出版社，2008.

[17] 国家环境保护局科技标准司．大气污染物综合排放标准．GB 16297—1996[S]．北京：中国标准出版社，1997.

[18] 中国电子工程设计院．洁净厂房设计规范．GB 50073—2013[S]. 北京：中国计划出版社，2013.
[19] 中国电子工程设计院．数据中心设计规范．GB 50174—2017[S]. 北京：中国计划出版社，2017.
[20] 中国建筑科学研究院．医院洁净手术部建筑技术规范．GB 50333—2013[S]. 北京：中国计划出版社，2014.
[21] 中国建筑科学研究院．地源热泵系统工程技术规范(2009 年版). GB 50366—2009[S]. 北京：中国建筑工业出版社，2009.
[22] 合肥通用机械研究院 等．水(地)源热泵机组．GB/T 19409—2013[S]. 北京：中国标准出版社，2014.
[23] 公安部天津消防研究所．建筑通风和排烟系统用防火阀门。GB 15930—2007[S]. 北京：中国标准出版社，2007.
[24] 中国联合工程有限公司．锅炉房设计标准。GB 50041—2020[S]. 北京：中国计划出版社，2020.
[25] 上海市政工程设计研究总院(集团)有限公司，同济大学．城市综合管廊工程技术规范．GB 50838—2015[S]. 北京：中国计划出版社，2015.
[26] 中国建筑科学研究院 等．采暖空调系统水质．GB/T 29044—2012[S]. 北京：中国标准出版社，2013.
[27] 建筑材料工业技术监督研究中心 等．设备及管道绝热设计导则．GB/T 8175—2008[S]. 北京：中国标准出版社，2009.
[28] 建筑材料工业技术监督研究中心 等．设备及管道绝热技术通则．GB/T 4272—2008[S]. 北京：中国标准出版社，2009.
[29] 浙江德盛建设集团公司，清华大学，合肥通用机械研究院 等．多联式空调(热泵)机组应用设计与安装要求．GB/T 27941—2011[S]. 北京：中国标准出版社，2012.
[30] 国家标准化管理委员会．多联式空调(热泵)机组能效限定值及能源效率等级．GB 21454—2021[S]. 北京：中国标准出版社，2021.
[31] 合肥通用机械研究院 等．多联式空调(热泵)机组．GB/T 18837—2015[S]. 北京：中国标准出版社，2016.
[32] 大连三洋制冷有限公司，合肥通用机械研究院 等．燃气发动机驱动空调(热泵)机组．GB/T 22069—2008[S]. 北京：中国标准出版社，2008.
[33] 中国建筑标准设计研究院有限公司．民用建筑设计统一标准．GB 50352—2019[S]. 北京：中国建筑工业出版社，2010.
[34] 中国市政工程华北设计研究院．城镇燃气设计规范(2020 年版). GB 50028—2006[S]. 北京：中国建筑工业出版社，2020.
[35] 中国标准化研究院，合肥通用机械研究院有限公司 等．通风机能效限定值及能效等级．GB 19761—2020[S]. 北京：中国标准出版社，2021.
[36] 中国建筑科学研究院．民用建筑隔声设计规范．GB 50118—2010[S]. 北京：中国建筑工业出版社，2010.
[37] 国内贸易工程设计研究院．冷库设计标准．GB 50072—2021[S]. 北京：中国计划出版社，2021.
[38] 中国建筑东北设计研究院有限公司．民用建筑电气设计标准．GB 51348—2019[S]. 北京：中国建

筑工业出版社，2020.

[39] 中国建筑科学研究院，江苏双楼建设集团有限公司．生物安全实验室建筑技术规范．GB 50346—2011[S]. 北京：中国建筑工业出版社，2011.

[40] 中国合格评定国家认可中心，国家质量监督检验检疫总局科技司，中国疾病预防控制中心 等．实验室 生物安全通用要求．GB 19489—2008[S]. 北京：中国标准出版社，2009.

[41] 中国疾病预防控制中心职业卫生与中毒控制所 等．工作场所有害因素职业接触限值 第 1 部分：化学有害因素．GBZ 2.1—2019[S]. 北京：中国标准出版社，2019.

[42] 中国疾病预防控制中心职业卫生与中毒控制所 等．工作场所有害因素职业接触限值 第 2 部分：物理因素．GBZ 2.2—2007[S]. 北京：人民卫生出版社，2007.

[43] 国家环境保护总局．饮食业油烟排放标准（试行）. GB 18483—2001[S]. 北京：中国标准出版社，2002.

[44] 天津市环保科研所．恶臭污染物排放标准．GB 14554—1993[S]. 北京：中国标准出版社，1994.

[45] 沈阳水泵研究所 等．泵的噪声测量与评价方法．GB/T 29529—2013[S]. 北京：中国标准出版社，2013.

[46] 北京市公用事业科学研究院．燃气热泵空调系统工程技术规程．CJJ/T 216—2014[S]. 北京：中国建筑工业出版社，2014.

[47] 建设综合勘察设计研究院有限公司，江苏山水环境建设集团股份有限公司．地源热泵系统工程勘察标准．CJJ/T 291—2019[S]. 北京：中国建筑工业出版社，2019.

[48] 中国特种设备检测研究院．锅炉房安全技术规程．TSG 11—2020[S]. 2020.

[49] 北京市水务局．污水源热泵系统设计规范．DB11/T 1237—2015[S]，2015.

[50] 北京建筑大学．车库建筑设计规范．JGJ 100—2015[S]. 北京：中国建筑工业出版社，2015.

[51] 中国建筑科学研究院有限公司．严寒和寒冷地区居住建筑节能设计标准．JGJ 26—2018[S]. 北京：中国建筑工业出版社，2018.

[52] 中国建筑科学研究院．夏热冬冷地区居住建筑节能设计标准．JGJ 134—2010[S]. 北京：中国建筑工业出版社，2010.

[53] 中国建筑科学研究院，广东省建筑科学研究院．夏热冬暖地区居住建筑节能设计标准．JGJ 75—2012[S]. 北京：中国建筑工业出版社，2012.

[54] 中国建筑科学研究院，辐射供暖供冷技术规程．JGJ 142—2012[S]. 北京：中国建筑工业出版社，2012.

[55] 中国建筑科学研究院．供热计量技术规程．JGJ 173—2009[S]. 北京：中国建筑工业出版社，2009.

[56] 中国建筑科学研究院．既有采暖居住建筑节能改造技术规程．JGJ/T 129—2012[S]. 北京：中国建筑工业出版社，2012.

[57] 中国建筑科学研究院．公共建筑节能改造技术规范．JGJ 176—2009[S]. 北京：中国建筑工业出版社，2009.

[58] 中国建筑科学研究院．多联机空调系统工程技术规程．JGJ 174—2010[S]. 北京：中国建筑工业出版社，2010.

[59] 中国建筑科学研究院．蒸发冷却制冷系统工程技术规程．JGJ 342—2014[S]. 北京：中国建筑工业出版社，2014.

[60] 哈尔滨工业大学，黑龙江中惠地热股份有限公司．低温辐射电热膜供暖系统应用技术规程．JGJ 319—2013[S]. 北京：中国建筑工业出版社，2013.

[61] 西安建筑科技大学，中国建筑科学研究院有限公司．住宅厨房空气污染控制通风设计标准．T/CECS 850—2021[S]. 北京：中国建筑工业出版社，2021.

[62] 北京市煤气热力工程设计院有限公司．城市供热管网设计规范．CJJ 34—2010[S]. 北京：中国建筑工业出版社，2010.

[63] 中科院建筑设计研究院有限公司．科研建筑设计标准．JGJ 91—2019[S]. 北京：中国建筑工业出版社，2019.

[64] 上海市环境科学研究院．饮食业环境保护技术规范．HJ 554—2010[S]. 北京：中国环境科学出版社，2010.

[65] 中国建筑东北设计研究院有限公司．饮食建筑设计标准．JGJ 64—2017[S]. 北京：中国建筑工业出版社，2017.

[66] 住房和城乡建设部建筑制品与构配件标准化技术委员会．住宅厨房和卫生间排烟(气)道制品．JGT 194—2018[S]. 北京：中国标准出版社，2018.

[67] 中国建筑科学研究院建筑设计研究所．民用建筑采暖通风设计技术措施[M]. 北京：中国建筑工业出版社，1983.

[68] 建设部建筑设计院．民用建筑暖通空调设计技术措施-2 版[M]. 北京：中国建筑工业出版社，1996.

[69] 建设部工程质量监督与行业发展司，中国建筑标准设计研究所．全国民用建筑工程设计技术措施暖通空调・动力(2003 版)[M]. 北京：中国计划出版社，2003.

[70] 住房与城乡建设部工程质量监管司，中国建筑标准设计研究院．全国民用建筑工程设计技术措施暖通空调・动力(2009 版)[M]. 北京：中国计划出版社，2009.

[71] 住房和城乡建设部工程质量安全监管司，中国建筑标准设计研究院．全国民用建筑工程设计技术措施(2009)给水排水 [M]. 北京：中国计划出版社，2009.

[72] 建设部工程质量安全监督与行业发展司，中国建筑标准设计研究院．全国民用建筑工程设计技术措施(2007)节能专篇 暖通空调・动力[M]. 北京：中国计划出版社，2007.

[73] 上海现代建筑设计(集团)有限公司．建筑节能设计统一技术措施(暖通动力). 北京：中国建筑工业出版社，2009.

[74] 北京市建筑设计研究院．建筑设备专业设计技术措施[M]. 北京：中国建筑工业出版社，2006.

[75] 陆耀庆．实用供热空调设计手册．第 2 版[M]. 北京：中国建筑工业出版社，2008.

[76] 关文吉．建筑热能动力设计手册[M]. 北京：中国建筑工业出版社，2015.

[77] 李岱森．简明供热设计手册[M]. 北京：中国建筑工业出版社，1998.

[78] 动力管道设计手册编写组．动力管道设计手册(第 2 版)[M]. 北京：机械工业出版社，2020.

[79] 孙一坚．简明通风设计手册[M]. 北京：中国建筑工业出版社，1997.

[80] 李善化，康慧．实用集中供热手册[M]. 北京：中国电力出版社，2006.

[81] 尉迟斌．实用制冷与空调工程手册[M]．北京：机械工业出版社，2001.
[82] 马大猷．噪声与振动控制工程手册[M]．北京：机械工业出版社，2002.
[83] 项端祈．空调系统消声与隔振设计[M]．北京：机械工业出版社，2005.
[84] 中国电子工程设计院．空气调节设计手册(第三版)[M]．北京：中国建筑工业出版社，2017.
[85] 贺绮华．空调系统的噪声和振动控制[M]．北京：中国建筑工业出版社，2015.
[86] 何梓年，朱敦智．太阳能供热采暖应用技术手册[M]．北京：化学工业出版社，2009.
[87] 施俊良．调节阀的选择[M]．中国建筑工业出版社，1986.
[88] 建筑工程常用数据系列手册编写组．暖通空调常用数据手册(第二版)[M]．北京：中国建筑工业出版社，2002.
[89] [美]AllanT. Kirkpatrick 等．低温送风系统设计指南[M]．汪训昌译．北京：中国建筑工业出版社，1999.
[90] 叶大法，杨国荣．变风量空调系统设计[M]．北京：中国建筑工业出版社，2007.
[91] 李娥飞．暖通空调通病及问题分析．第 2 版[M]．北京：中国建筑工业出版社，2007.
[92] 蔡敬琅．变风量空调设计．第 2 版[M]．北京：中国建筑工业出版社，2007.
[93] 潘云钢．高层民用建筑空调设计[M]．北京：中国建筑工业出版社，1999.
[94] 刘晓华，江亿，张涛．温湿度独立控制空调系统．第 2 版[M]．北京：中国建筑工业出版社，2013.
[95] 潘云钢，刘晓华，徐稳龙．温湿度独立控制(THIC)空调系统设计指南[M]．北京：中国建筑工业出版社，2016.
[96] 赵加宁．低温热水采暖末端装置[M]．北京：中国建筑工业出版社，2011.
[97] 赵文田．供暖散热器选择安装手册[M]．北京：中国电力出版社，2014.
[98] 马最良，姚杨．民用建筑空调设计．第 2 版[M]．北京：化学工业出版社，2009.
[99] 徐伟等．地源热泵工程技术指南[M]．北京：中国建筑工业出版社，2001.
[100] 马最良，吕悦．地源热泵系统设计与应用．第 2 版[M]．北京：机械工业出版社，2014.
[101] 刁乃仁，方肇洪．地埋管地源热泵技术[M]．北京：高等教育出版社，2006.
[102] 陈东．热泵技术手册．第 2 版[M]．北京：化学工业出版社，2012.
[103] 姚杨，姜益强，马最良．水环热泵空调系统设计．第 2 版[M]．北京：化学工业出版社，2011.
[104] 马最良．热泵技术应用理论基础与实践[M]．中国建筑工业出版社，2010.
[105] 马最良，姚杨，姜益强．暖通空调热泵技术[M]．北京：中国建筑工业出版社，2008.
[106] 陆亚俊，马最良，邹平华．暖通空调．第 2 版[M]．北京：中国建筑工业出版社，2007.
[107] 陈晓．地表水源热泵理论及应用[M]．北京：中国建筑工业出版社，2011.
[108] 蒋能照，刘道平．水源・地源・水环热泵空调技术及应用[M]．北京：机械工业出版社，2007.
[109] 李汉章．建筑节能技术指南[M]．北京：中国建筑工业出版社，2006.
[110] 区正源．土壤源热泵空调系统设计及施工指南[M]．北京：机械工业出版社，2011.
[111] 贺绮华，邹月琴．体育建筑空调设计[M]．北京：中国建筑工业出版社，1991.
[112] 全国勘察设计注册工程师公用设备专业管理委员会秘书处．全国勘察设计注册公用设备工程师暖通空调专业考试复习教材(2021 年版)[M]．北京：中国建筑工业出版社，2021.
[113] 《民用建筑供暖通风与空气调节设计规范》编制组．民用建筑供暖通风与空气调节设计规范宣贯

辅导教材[M]. 北京：中国建筑工业出版社，2012.

[114] [德]克劳斯·菲茨讷，海因茨·巴赫. 室内采暖工程[M]. 倪进昌译. 北京：中国建筑工业出版社，2010.

[115] (意)Michele Vio. 散热器采暖与地板采暖系统之比较[M]. 北京：中国建筑工业出版社，2010.

[116] 吴硕贤. 建筑声学设计原理. 第2版[M]. 北京：中国建筑工业出版社，2019.

[117] 王珍吾，高云飞，孟庆林，等. 建筑群布局与自然通风关系的研究[J]. 建筑科学，2007，23(6)：5.